解析建筑

（原著第四版）

[英] 西蒙·昂温　著
尚　晋　谢建军　译

中国建筑工业出版社

著作权合同登记图字：01-2017-4547 号

图书在版编目（CIP）数据

解析建筑：原著第四版/（英）西蒙·昂温著；尚晋，谢建军译. —北京：中国建筑工业出版社，2019.12
书名原文：Analysing Architecture，4e
ISBN 978-7-112-24607-6

Ⅰ.①解… Ⅱ.①西… ②尚… ③谢… Ⅲ.①建筑设计 Ⅳ.①TU201

中国版本图书馆 CIP 数据核字（2020）第022504号

Analysing Architecture, 4th edition / Simon Unwin, 9780415719162

责任编辑：董苏华
责任校对：王 烨

解析建筑（原著第四版）
[英]西蒙·昂温 著
尚 晋 谢建军 译
*
中国建筑工业出版社出版、发行（北京海淀三里河路9号）
各地新华书店、建筑书店经销
北京雅盈中佳图文设计公司制版
北京中科印刷有限公司印刷
*
开本：850×1168毫米 1/16 印张：20½ 字数：491千字
2020年4月第一版 2020年4月第一次印刷
定价：**88.00**元
ISBN 978-7-112-24607-6
（34934）

解析建筑

（原著第四版）

“我读过的最透彻、最易懂的建筑入门书。”

——罗杰·斯通豪斯（Roger Stonehouse）教授，

曼彻斯特建筑学院

“这本书的缜密周全令人惊赞，每一段、每一句、每个平面、每个剖面和每个视角都能让人感受得到。这一切塑造出来的整体品质让这本书对于在努力解读建筑复杂多样因素的学生尤为适合……昂温以建筑师的敏锐行文，以娴熟的建筑师之手绘图。”

——苏珊·赖斯（Susan Rice），

赖斯和埃瓦尔德建筑事务所（Rice and Ewald Architects），

《建筑科学评论》（Architectural Science Review）

《解析建筑》出版到第四版，已成为国际上最好的建筑学入门书。本书的对象是立志成为职业建筑师的读者，并为建筑相关领域（从考古学到舞台设计、园林设计到装置艺术）人士提供了关于这一丰富多彩而又令人着迷的专业一个清晰易懂的认识。作者用许多自己笔记中的插图剖析了全世界各个历史时期的实例，解释了建筑设计的基本策略，并展示了如何用绘图作为解析的手段。

新版的《解析建筑》进行了增订。尤其是第3章“建筑的基本元素”增加了关于各种建筑元素给建筑师带来的“力量”的讨论。第12章“空间组织主题”新添了三节，包括第12.5节“利用灰空间”、第12.6节“墙中室”和第12.7节“隐蔽与远景”。结尾部分的案例研究增加了两个案例——印度的喀拉拉泥屋和日本京都的问鱼亭（茶室）。参考文献进行了增补，索引全面修订。

建筑作品是管理、协调、修正我们与身边世界关系的手段。它们几乎是我们一切事物的构架。建筑是复杂的、微妙的、令人沮丧的……但最终是极大的成就。它可能是一门难以把握的学科；学校中不会给任何人建筑课程特别要求的准备。但这本书能帮助你。

《解析建筑》是西蒙·昂温探讨建筑创作丛书的基础卷。这套丛书还包括《每个建筑师应该理解的二十个建筑》（Twenty Buildings Every Architect Should Understand）和《建筑学练习》（Exercises in Architecture）。

西蒙·昂温是苏格兰邓迪大学建筑学荣誉教授。他曾在英国和澳大利亚生活，并在中国、以色列、印度、瑞典、土耳其和美国讲授他的作品和举办讲座。《解析建筑》被译成中文、日文、韩文、波斯文、葡萄牙文、俄文和西班牙文，并被世界各地作为建筑专业教材。其国际意义可见一斑。西蒙·昂温现在英国加的夫的威尔士建筑学院任教。

对《解析建筑》（之前各版本）的其他评价

“无与伦比！我只翻看了这本书的前三章就不得不写下这个评论。我可以肯定地说这就是建筑领域最好、人人必备的读物。学生、教师和从业者都会从这本书中找到灵感。”

——Depsis, Amazon.com 网站

“昂温着眼于对建筑元素的研究，而不是从作品的知名度、风格、建筑的变迁和建筑史上的地位这些常见的角度进行探讨。他没有沿用艺术历史研究的一般方式，而是通过图解，表达透彻，令人信服，得出许多很有趣味的结论……”

——休·皮尔曼（Hugh Pearman），
《星期日泰晤士报》（The Sunday Times）

“通过清晰的图解分析，西蒙·昂温用这种精彩的方式来分析建筑及美学。从经典的希腊神庙到传统的日本住宅，再到早期现代主义大师的作品，他对这些经受了历史检验的建筑进行了广泛的挖掘。昂温向我们证明了即使建筑类型不停更迭，其中隐含的基本构成原理也是永恒的。从视觉艺术的角度来解读建筑，对于从事这方面研究与工作的学生来说，需要拥有此书。”

——Diane78（纽约），Amazon.com 网站

“这本书写作方式简单明了，避免晦涩难懂的语言表述，向读者介绍了许多建筑的设计概念。所以，我估计这本书除建筑从业者及学生以外，还能拥有大量读者。”

——巴里·拉塞尔（Barry Russell），环境设计师

“从原始人类露营地到20世纪末的现代建筑结构，建筑在人类活动中起着必不可少的作用。这一点在本书中通过作者完美的草图表达，论述得尤为清晰。这本书良好的结构脉络以及通俗易懂的语言也是我极力想要推荐给大家的。”

——medals@win-95.com，Amazon.com 网站

“这本书对如何解析建筑建立了一种系统的方法。其中介绍了建筑元素是如何相关的，进而形成整体，针对不同的具体建筑，都要对‘场所’的含义以及其周围环境进行判别。书中的图解和实例都很不错。每章的前言部分导向明确，便于读者学习相关的基本原理。”

——nikana99@hotmail.com，Amazon.com 网站

“这是一本杰出的著作，我想任何对建筑真正感兴趣的人都应该有一本这样的书。本书成功的最基本要素就是作者有良好的绘画功底——我们能顺着他的草图进行思考。这是学习建筑的人应该掌握的最基本的技巧，昂温通过这种技巧‘与自己交流’，并且用它描述了身边的建筑。他娴熟地画出了大量不同的建筑和建筑场景，很形象地解释了其中蕴含的建筑设计手法。昂温在书中表明了对建筑的定义和理解，那就是：依靠概念的灵活运用和结构清晰的框架去分析建筑，这点深受广大读者赞同。但是他也对这个有些干巴巴的定义作了富有人情的补充：建筑就是对场所的一种标识（场所对于建筑而言就如同含义与语言的关系）。这样他就提出了要讨论的问题：我们为何要如此重视建筑。”

——architecturelink.org.uk/GMoreSerious2.html

“《解析建筑》应该成为建筑教育的必备读物，为建筑绘图分析提供丰富而有力的指导。”

——霍华德·雷·劳伦斯（Howard Ray Lawrence），宾夕法尼亚州立大学

“各方面都很出色，一本与《建筑笔记》同行的书。”

——特里·罗伯森（Terry Robson），讲师，英国巴斯大学

“我认为这本书很出色，我还会继续向我的学生推荐。”

——唐纳德·汉隆（Donald Hanlon），教授，美国威斯康星 - 密尔沃基大学

“这可能是我见过的介绍建筑学最好的一本书。”

——安德鲁·海格特（Andrew Higgott），讲师，英国东伦敦大学

“建筑界许多最有前景的学生都是从这本书学起的。西蒙·昂温的《解析建筑》是对建筑及其技术最优秀的入门读物之一。虽然这样一本书对建筑迷可能不是显而易见的选择，但没有什么方式能比这样一本书更适合了解建筑发展的来龙去脉。即使你不认为自己会去画蓝图或者雇佣承包商（除非你在设计工棚办公室！），这本书也能拓展你对建筑的认识，使你接近专业人士的水平。”

——thecoolist.com/architecture-books-10-must-read-books-for-the-amateur-archophile/(2013 年 1 月)

“作为给大一学生教建筑课的教授，西蒙昂温的《解析建筑》是必读书——我们学生的首选教材。书中有作者本人笔记中的精美绘图，很好地把握了可读性与深度：这是一本极好的关于建筑基本原则的简明入门读物。我竭诚向新接触建筑的读者和经验丰富的建筑师推荐此书。书中自有黄金屋。”

——G·B·皮拉内西（G. B. Piranesi），Amazon.com 网站

“谁也不会犹豫向新生推荐此书：它介绍了对于研究建筑至关重要的思想和参考读物。案例研究尤为翔实。学生会发现这有助于理解建筑学所涉及的许多重大问题。”

——洛兰·法雷利（Lorraine Farrelly），《建筑设计》杂志（Architectural Design）

For Gill

献给吉尔

目 录

解析建筑

“探索——就是一个人不愿去过平淡无奇的日子，并且能够提出不同的见解。如果缺乏创见，事情就会变得糟糕。”

——沃克·珀西（Walker Percy），
《爱看电影的人》（The Moviegoer），
引自劳伦斯·韦施勒（Lawrence Weschler）著，
《欣赏在于遗忘：当代艺术家罗伯特·欧文的一生》
（Seeing is Forgetting the Name of the Thing One Sees：a Life of Contemporary Artist Robert Irwin），1982 年，p1

“然而，当一片金色大地在你面前展开，一切未曾目睹的事情都藏在那里，等着给你惊喜，让你庆幸今生能够亲眼一睹它的时候，为什么还要想这个呢？”

——杰克·克鲁阿克（Jack Kerouac），
《在路上》（On the Road），1957 年，p122

原著第四版前言

3 心理医师斯蒂芬·格罗斯（Stephen Grosz）在他的著作《被诊察的人生》（The Examined Life）* 中讲述了一个男子的故事。每当他独自一人时，即使只有片刻，也会为他在法国的住宅如何改造扩建以臻完美而苦恼不已。格罗斯为我们描述了……

> “……他永无止境的痛苦，他的改造。他思考着重新装饰、改造结构——增加房屋、门窗。‘如果我改变这间房子的形状，颠倒房子的基础，或者把它搬到附近的山顶上，效果会怎样？’……他对这座房子的思绪从未中断：想象着给这座房子换不同的颜料，给那座房子更大的门廊。他画平面草图、室内效果图。如今，在一次会谈中，他画了从正门到厨房的门廊草图。”

在我们开始讲这个故事时，我们知道这个男子就是格罗斯的一位心理病人。但直到最后一行，格罗斯才让我们知道，从男子的心理问题确凿地证明，他在法国根本没有住宅！……那么关于永远为不存在的住宅（或其他建筑）而苦恼的建筑师，格罗斯的故事让我们看到了什么呢？！

格罗斯作为心理医师的前提是，我们都会讲述对我们的生活有意义的故事。大多数人会认为我们的故事主要是通过语言来表达的。然而，作为建筑师，我们用一种截然不同的手段来诠释生活。建筑师使用的是空间和建造形式，通过场所和建筑的设计以非语言的方式“讲故事”。例如，建筑的平面/剖面就是用来诠释其中生活的方案（“故事”）。

此外，从事这项职业的建筑师还面临着另一个挑战：他们创作的“故事”涉及其他人的生活。其他人不仅是建筑师所讲“故事”的听众，他们还是身在其中的角色。建筑的效果和建筑的诗意在人融入其中（成为参与者）并能从中受益时才最强烈、最动人，而不是在他们作为旁观者时。

由于建筑作品是包罗万象的，即它们不是分散地存在于一个框架中（即便在照片中看似乎是），因此具有让人在情感上、心理上以及在身体上受益的潜力。但它们也会扰乱生活。一座住宅可以带来舒适和安全；而单单一面墙会排斥和疏远人，剥夺取用所需之物（水、家庭、景色、自由……）的权利。建筑是一种强大的手段，并贯穿于人类一切历史之中。

本书是关于“讲述”空间“故事”所用“语言”的——建筑的语言。学习这种非文字的建筑语言是建筑学生的首要挑战。有志之人通常会用多年时间让一种外语达到炉火纯青的境界；但建筑学生或许会低估掌握这种语言的困难。就像文字语言一样，非文字的建筑语言需要应用和实践、投入和专注以及对其他人使用方法的分析研究。

本书挑战的是两大误解。一个流行于公众对建筑的欣赏（或不欣赏）之中：建筑首先关注的是建筑物的外观；那是对建筑物的美化。这种局限性的观点——建筑主要关注的是外观——将在后面关于建筑各方面的章节中予以驳斥。其中大部分内容都对建筑作品展开了更全面的剖析，将其作为管理/把控/协调与世界（与地形、气候、神灵、彼此、时间……）关系的手段，而不仅仅是雕塑。

第二大误解则更多地针对建筑学校：“草图”主要是关于扩初设计、视觉思维、解决问题和表现建筑外观的。这些当然是草图的一些用途；

* 斯蒂芬·格罗斯（Grosz, Stephen）《被诊察的人生》（The Examined Life: How We Lose and Find Ourselves），2013 年

4 但本书的基本思想是草图（也许“绘图”听起来更正式）在学习建筑的作用和工作方式上具有更为突出的作用。通过绘图我们不仅探索了新设计的可能性，更获得了基础性的建筑语言[原初语言（metalanguage）]。绘图是分析和理解其他建筑师成就的最佳方式。它是发掘建筑潜力和可能性……获取并发挥其力量的最佳途径。

建筑师（尤其在英国）如今是举步维艰，困难不仅来自皇室，也来自政治家和媒体。本书意在帮助建筑专业学生开始流利地运用他们所选择的创意职业的语言。但愿它也将帮助其他人看到建筑在普遍意义上对于我们的生活，对于保护和组织几乎我们所做的一切事情，并为其提供场所和条件有多么重要。

第四版特点

每个新版本都是澄清和扩充内容的机会。《解析建筑》第四版对第 3 章的“建筑的基本元素”进行了扩充，强调了建筑元素是一种有力的手段：即你可以用它们进行创作。建筑师不仅关心一种元素（墙面、地面、门廊）的外观和建造方式，还关心它在空间组织方案中会发挥怎样的作用。

第 12 章“空间组织主题”增加了三节：“利用灰空间”、“墙中室”和“隐蔽与远景”——其中“墙中室”出自十几年前写的《建筑笔记——墙》（An Architecture Notebook: Wall, 2000）类似章节中。

此外增加了一篇简短的后记；第三版中的十个案例研究扩充到了十二个，增加了对印度的喀拉拉泥屋和日本京都的问鱼亭（茶室）的分析。对于有需要的人，另一本书提供了更多的案例研究——《每个建筑师应该理解的二十个建筑》（Twenty Buildings Every Architect Should Understand, 2010），其中的案例研究比本书中有限的内容更加详细。

最后，参考文献部分进行了扩充，索引全面修订。

西蒙·昂温，2013 年 9 月

原著第三版前言

5 在BBC的一档政治闹剧“The Thick of It”（2007年）* 中，有一个为丑闻辩解的公关人员曾经当着一个下属的面公开说过：“请不要说我欺凌弱小……我比这还要糟！”而当我听到有人把建筑叫作视觉艺术的时候，我也会忍不住反驳：“请不要把建筑叫作视觉艺术！建筑远不止如此！”

建筑是最丰富、最精彩的艺术形式。也许它太丰富了，也许它又为其他艺术形式所嫉妒，导致它被误认为仅仅是某种视觉或者是雕刻艺术，又或者是媒体艺术。也许建筑所包含的内容远比任何建筑师所能意识到的或者做到的要丰富得多。当然，描述（更糟的是构思）建筑时，仅仅将其当作视觉或者雕刻艺术，而无视建筑空间与生活的密切关联，将严重减损建筑的社会价值。建筑的潜质是确立并影响社会关系，引出情绪的反应，甚至影响我们的行为表现，使我们察觉到自己是谁。然而，能够把建筑的完整潜能抑或是一小部分表现出来的建筑师是极其少的。

在整个人类文明中，甚至是蛮荒时代，建筑就像语言一样，平凡但又无处不在（仅“窗”这一形式引入建筑，就使建筑十分多样化了。窗子的式样千变万化，从“凸窗”、“飘窗”、“彩色玻璃窗”到“平板玻璃窗”、“戴克里先式窗”、“威尼斯式窗”等，绝不仅仅如此）。建筑是一种实用的、诗意的、哲学的艺术，我们运用这一艺术来构成并赋予空间形式，成为人类感受世界的媒介。从古至今，建筑常常表现为造价高昂的复杂结构。但是同样，建筑不仅是在海滩上画一个圆这样简单，也不仅是为一个典礼清理一处场地，或者是借用神话、人物渲染一下场所的特征这样容易。理解建筑学是困难的，尽管如此，建筑学必须向固有形式宣战，这就需要我们努力去了解建筑的含义和功能，对于专业人士更是如此。建筑是人类生活不可或缺的空间。建筑也不断启发着我们，在影响人类生活方式的同时也被人类不断地发展着。

第三版增加了将近300页的内容。与前面的版本相一致，继续用艺术的方法去解读建筑，而不仅限于泛泛的介绍。新增的都是近期颇值得分析和研究的案例。关于如何通过草图来解析建筑，在此公布一个网址，欢迎大家参与讨论：routledge.com/textbooks/9780415489287/（推荐的补充阅读参考文献也已扩展，修订了索引）。

本书的目的始终如一：理解建筑语言。建筑语言自从人类的营建活动开始就不断发展，反映出人类发展的印记。为了达到这个目的，要研究广泛的案例，包含古代的、当代的，原始的、复杂的，各国的、各地的建筑实例（前两版已被翻译成中文、日文、韩文、波斯文以及西班牙文，许多国家已用本书作为建筑学课程的教材，证明本书介绍的方法很有效）。

也许，新版《解析建筑》的最大意义在于引发人们用新的方式来研究建筑，培养、传授和激发设计能力。这应该是一种必备的能力，几个世纪以来，不论是伟大的还是平凡的建筑师，这一点从他们身上都得到了明证。但是，很多建筑初学者不会向前辈学习，总是迷信于自我创造，认为靠自己的天赋就可通往成功之路，怕别人嘲笑自己只会模仿和抄袭而不愿向前辈学习。看看20世纪最有创造力的建筑师——勒·柯布西耶，他游历了希腊、意大利、

* “The Thick of It”（《幕后危机》）是英国的电视剧。片中角色是马尔科姆·塔克（Malcolm Tucker），由彼得·卡帕迪（Peter Capaldi）饰演。本剧由阿曼多·拉姆齐导演，编剧是杰西·阿姆斯特朗、西蒙·布莱克威尔和托尼·罗氏。

土耳其，做了大量绘画和写生，通过对修道院、古代庄园、史前居所等建筑的速写分析来扩展想法、获得灵感，这是学习而不是抄袭；而扎哈·哈迪德一直寻求打破建筑长期固有的规则几何造型，以此颠覆所谓的正统说法，这同样也不是抄袭。前者站在延续传统的角度，后者站在变革传统的角度，都是在对建筑的充分学习、理解之上做出的。

西蒙·昂温，2008 年 9 月

原著第二版前言

从 1997 年出版以来，《解析建筑》已经成为建筑教学中的必备教材之一。我很高兴本书对读者有一些帮助，同时我也要感谢那些为本书提供帮助的人。

在撰写第二版时对原来的一些主题进行了扩充和说明，大部分章节补充了新的案例，新的内容也对应新增了一些章节。将原本过于冗长的章节“建筑中的几何”分为“存在的几何”与“理想几何”两章。在书的末尾我加入了更多的案例研究，拓宽了覆盖面。本书的一些地方引用了小说中的语句，大多是对场所的描述，用以反复强调建筑的本质：为人们的生活提供空间和增添诗意。

我已将整本书重新修订，将必须讨论的主题和概念进行分类。大多数修改只是对章节进行微调，使表达方式更为顺畅。对“建筑——场所的标识”与“神庙与村舍”这两章增加了更多实质性的阐述。

第二版与第一版的目标相同，那就是为分析、理解建筑提供一个基本框架。在这版中，为回应一些读者的观点，我重点论述了：建筑实践与学术理解并不相同，对于建筑的学术理解可能早已足够，但用于分析建筑时，这些学术理解只是设计的基础。本书实际上是在论述设计思维、建筑师常用的思考方法，重在分析设计之初应如何构思并形成概念，为解决问题提供线索与切入点。本书的目的就是让读者明白建筑是怎样设计出来的、能起到什么作用，也就理解了 W・R・莱瑟比（William Richard Lethaby）所说的建筑之“积累的力量”是什么含义（文献来源见本书第 10 页）。

我们强调“目标”是什么，以此来分析建筑，并将设计过程中的智慧展现出来。本书并不强调具体建筑的设计过程，而是寻求将建筑共性的“原初语言”提炼出来加以概括。而这些“原初语言”，在不同国家、不同时代的建筑中都各有体现。《解析建筑》中所阐述的，并不是关于建筑应该怎样设计，而是关于建筑已经设计成什么样，去思考建筑为什么设计成这样，还可能是什么样？这种“可能性”来源于设计中遇到的各种矛盾，也来源于模仿和借鉴。让读者自己从矛盾中找到解决问题的方向。这是一个很好的方法：从建筑的结果出发，溯源式地进行再探索，得出的新结果是什么并不重要。

本书的另一个目标是提醒读者，建筑绝非仅仅是外观或风格，要考虑的因素还有很多很多。我过去常常抱怨：过于关注建筑的风格及形式，扭曲了我们对优秀建筑的判断。勒・柯布西耶在《走向新建筑》中也曾抨击了建筑优劣混淆、“是非不明”的情况。我对“建筑的本质就是场所”这种现实理解感到惊喜，场所的设计、塑造远比建筑外观更加重要。建筑的哲理性在于，它不是纸上谈兵的空想，必须通过建构空间才能自我表达。我们能通过哲学书籍认识世界，同样能通过建筑来感知世界。建筑，就像孕育生活的“子宫”，它是一种非语言层面能表达的基础哲学。

我深知自己在坚持什么，但通过文字和图解来写书，不得已间已经在向“形式”妥协，实际上我们往往是通过期刊、杂志上的照片来认识建筑的，虽然形式只是对建筑最肤浅的认识，似乎却成了建筑的全部。即便如此，透过形式看到建筑的本质是建筑师必须要做的。这就是本书关注的重点。

西蒙・昂温，2003 年 1 月

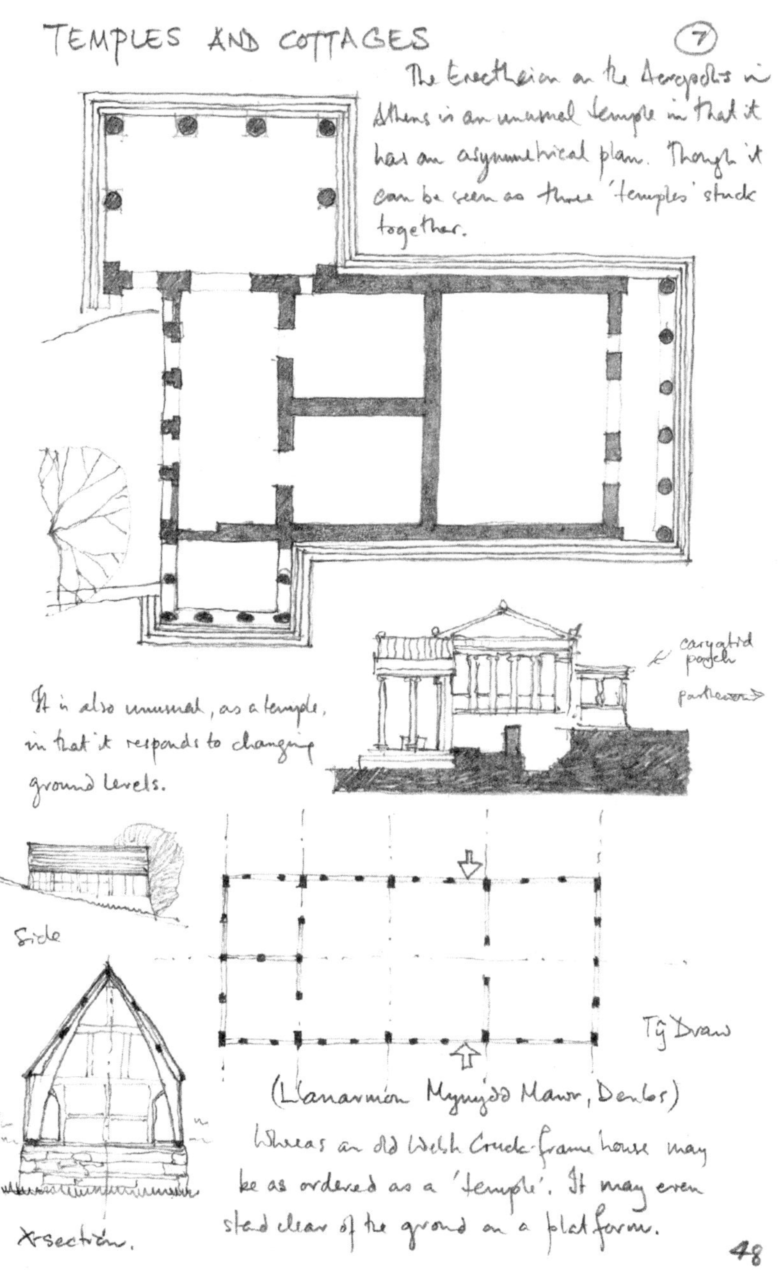
TEMPLES AND COTTAGES
7
The Erectheion on the Acropolis in Athens is an unusual temple in that it has an asymmetrical plan. Though it can be seen as three 'temples' stuck together.
caryatid porch
parthenon
It is also unusual, as a temple, in that it responds to changing ground levels.
Side
Tŷ Draw
(Llanarmon Mynydd Mawr, Denbs)
Whereas an old Welsh Cruck-frame house may be as ordered as a 'temple'. It may even stand clear of the ground on a platform.
X-section.
48

导 言

“现代的建造者需要一种超越时间与国度的建筑因素分类、一种按关键性变化展开的分类……我们在建筑学上比其他学科更容易执迷于名称和类别，而且只要过去建筑试验的整个领域都只是在历史的进程中偶然呈现给我们的，那么设计建筑就很可能视为一种学术活动，而不是它所积累的力量对直接需求的适应……”

——W·R·莱瑟比（W. R. Lethaby），

《建筑学》（Architecture），1911 年，p8—9

“我们的职业是一种古老的语言，并且它是有语法的。而关于这一点人们一无所知。所以，如果他们不了解这种语法，又怎么能盖出房子来？在小学里，你会学到‘A’，然后你学会了‘apple’（苹果）这个词。许久之后你就开始写情书。我想你到此时已经学习这种语言十多年了。对我来说也是这样。你必须要给自己时间来从头学习这种职业。”

——彼得·马尔克利（Peter Märkli），

比阿特丽斯·加利莱（Beatrice Galilee），

引自《IconEye: Icon》杂志在线版，2008 年 5 月，

iconeye.com/read-previous-issues/icon-059-%7C-may-2008/peter-markli

导　言

9 建筑是一种冒险，营建中的种种挑战，会将这种冒险最大化地展现出来。设计训练很重要的一点，就是通过分析已有的建筑作品去理解他们应对挑战的方式。通过阅读任何一个优秀建筑师的笔记，你都会惊喜地看到他们所总结的经验，揣摩这些，最终你会融会贯通。

多年以来，我通过在笔记本上勾绘草图来分析建筑。作为建筑师，我认为这种方法行之有效，并能帮助我不断提炼教学的重点。我笃信：通过研究他人的建筑作品可以提高建筑师的设计水平，通过这种方式，一个人可以逐渐意识到如莱瑟比所说的建筑中“积累的力量”。通过分析其他建筑师的设计方法，最终可明确如何将其运用到自己的设计实践中。

一份笔记，用来分析建筑师的作品，是学习建筑的基本方法。

本书的结构

本书以下的章节即为对我笔记上的一些主题的专述，它们提供了这样的机会来观察建筑基本构成元素、环境影响以及设计者可能采取的创作态度。

在第 1 章详细讨论“如何解析建筑”之后，第 2 章“建筑——场所的标识”提供了建筑的定义，由此提出了对于建筑活动的关注重点。建筑的基本目的是标识行为的场所，对这一点的认识是作者探究本书各相关领域的关键。建筑是我们创造场所的手段；而场所是内含与文脉之间的桥梁。这一主题是贯穿全书的基本思想。

接下来的几个章节定义了建筑的基本元素和限定元素，分析各种设计因素以及常见的空间构成方法。每一章对应一个主题，也有的章是一个大主题下的多个课题。这些主题相当于分析的“过滤器”或参照系，分别提炼出复杂建筑体系中的特定内容。它们是：第 5 章“元素的多元影响”；第 6 章“就地取材、因地制宜”；第 7 章“原始场所类型”；第 8 章“建筑——形成框架”；第 9 章“神庙与村舍”；第 10 章“存在的几何”；第 11 章“理想几何”。在这之后，第 12 章用“空间与结构”之间的关系、“平行墙体”、“竖向分层”、“过
10 渡、层次、核心”、“利用灰空间”、“墙中室”和“隐蔽与远景”这 7 节来探讨组织空间的基本手法。

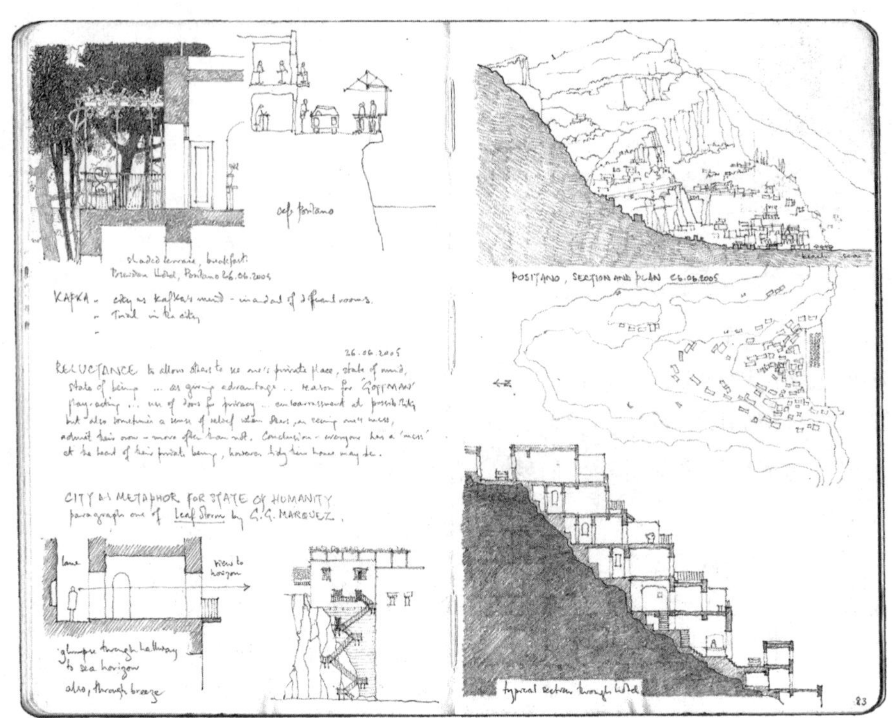

在你的笔记本上，你可以记录下你去过的地方……

所有章节里，文字和图例是对应进行解析的。除了个别图例是对具体元素或概念的图解外，大多数的图例都是本章内容的例证。所选图例大都是平面图或剖面图，这样可以把建筑内在的概念和思路表达得更透彻。平面和剖面既是建筑构思必用的表达方法，也是最适用的分析手段。

书中的案例来自不同的时代、文化、社会、思潮和地区。同时标明了大部分图录的期刊、书目，以便读者查找相关信息。

案例表达采用纯粹的建筑语言（大众化建筑语言），不是像“古典式”、“哥特式”、“现代式”、“安妮女皇式”、“工艺美术式”这样按建筑史所定的风格或时期来分类的，而是根据建筑内在的概念和结构进行分类。所以，因为同属于“平行墙体”（第 12.2 节）这一类别，会把古希腊神庙、哥特式教堂或者 20 世纪芬兰的公墓礼拜堂放在一起讨论；而为了分析“竖向分层”（第 12.3 节）这一概念，会把现代图书馆和维多利亚时代的哥特式钟塔放在一起讨论。

有些案例在不同章节会多次引用，用以分析不同的问题。所有的建筑作品都可通过图解再次验证，所得到的启示未必都是正面的。本书最后部分为“案例研究”，将前文所讲的方法结合到具体建筑中进行全面的解析。

11 人类创造和自然现象不同，其分析方法也不同（如地质构造、某个地区的植物群落、兔子消化道的蠕动……）。建筑是创造的产物，分析时，必须判明建筑本身的逻辑，进而找到那些直接或间接衍生出

上图是我笔记本中的插页，有些可以从我的网站上（simonunwin.com）下载 pdf 文件。

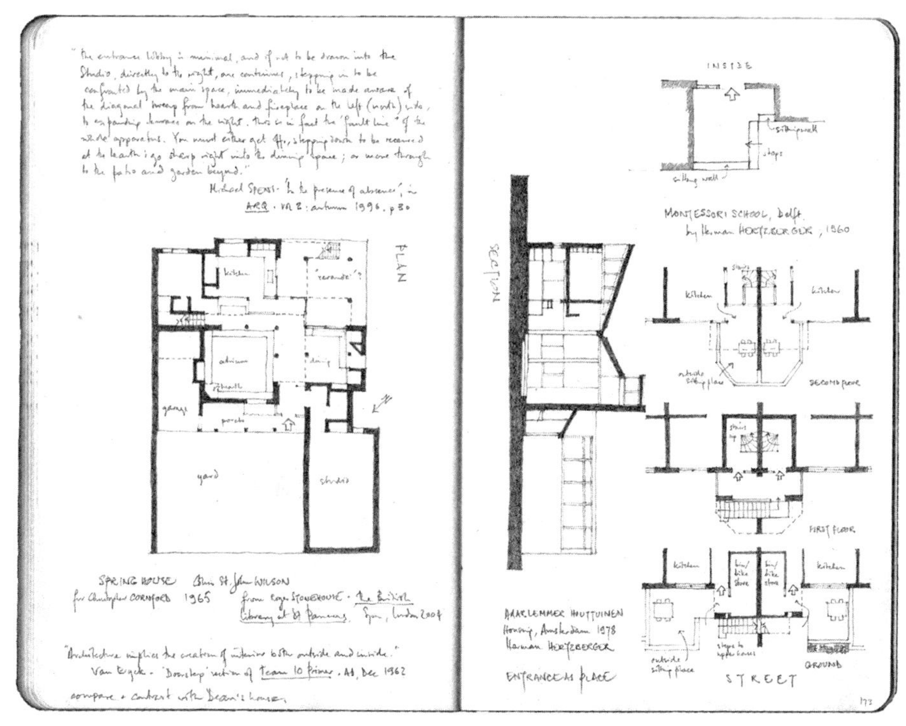

……和学习你在书上或旅途中碰到的建筑。

新方法的理念和策略。建筑师对新概念的尝试，发现并创造着这个时代：曾几何时，建筑的基本元素——墙体还没有出现，后来在遗址中发现的轴向对称空间曾引起轰动……现在，这些都已是无处不在；建筑的语汇（就像我们说话和写作的语言一样），已经进化了上千年，未来还将继续发展下去。

建筑的诗化内涵

本书始终明显贯穿着建筑的诗化意境与哲理内涵。如果说诗歌是人生体验的浓缩，那么，究其本质，建筑本身即是诗篇。当然，有些建筑作品更胜一筹：其塑造的“诗篇”似乎更为卓越——意境极富内涵与启示，不是通俗直白的场所描述，人们通过一次次经历、一次次体验，不断有新的领悟和收获。有时候建筑这首诗容易意会，却难以言传。探索建筑不应有任何偏见，才能使这种分析不断地深入和扩展。为了弄清建筑到底是如何生成的，我开始了自己的研究，并期待能帮助他人对建筑的生成得出自己的理解。

12 我尽自己所能去揭示建筑的各个方面。我不愿做狭隘的、局部的或既定的建筑研究，也不愿设定预期的结论。我不想纠缠于语义或词源问题，也不想滥用比喻以免引发歧义。我希望能立足于研究公认的建筑案例，解析其设计概念和策略，提炼其内在蕴涵的意义，将研究与设计视为共进的开放体系。

所有这些是为了鼓励读者尝试着自己分析，自己找到设计概念和策略并为我所用。一个人通过寻找、记录、解析、反思、实验而得出的结论会比从书本中看到的结论更有说服力。

通过在笔记本上进行草图绘制，能够使你亲身学习并吸收感官及定性上的微妙之处：光和影、反射、肌理、情绪、层次、视点、几何、居住。

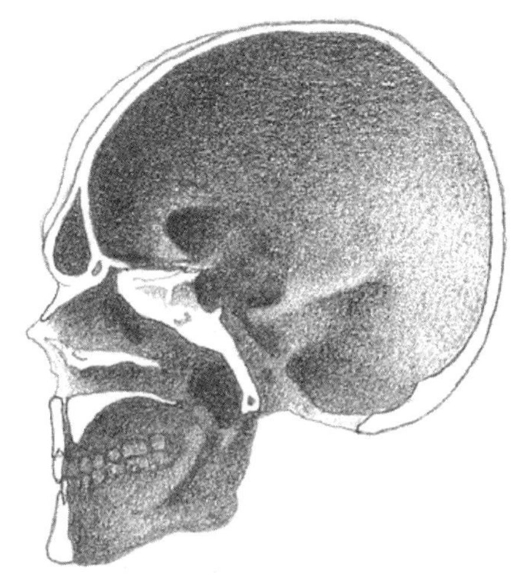

在所有的学科中，创意和原创性的基础是对前人探索的理解。正如牛顿所说，要看得更远就要站在“巨人的肩膀上”。

第 1 章　如何解析建筑

“一个作家在落笔之前首先要阅读他人的作品，即便只是些自己想避免的陈词滥调。”

——谢默斯·希尼（Seamus Heaney），
《诗歌的纠正》（The Redress of Poetry），1995 年，p6

“原创性通常会突然闪现出来，但绝不会没有之前关于形式的经验……模仿是一种积累的方法。在接受它的过程中，学生获得了知识和经验，并会因此更快发现自己的原创性。”

——哈韦尔·汉密尔顿·哈里斯（Harwell Hamilton Harris）
对教师的讲话，1954 年 5 月 25 日
[伯恩哈德·赫斯利（Bernhard Hoesli）与科林·罗（Colin Rowe）记录]，
科林·罗印刷，卡拉戈纳（Caragonne）编辑，
《如我所述：回忆与琐事随笔》
（As I was Saying: Recollections and Miscellaneous Essays），
1996 年，第一卷，p48

“规定是要求‘必须这样做’的，而原理需要‘奏效……并且有史以来一直是’。其中的差别至关重要。你的作品不需要按照‘精心制作’的模式；而是必须在塑造我们艺术的原则中精心制作。焦虑、没有经验的作家才会服从规则。叛逆、未受教育的作家会打破规则。艺术家掌控着形式。”

——罗伯特·麦基（Robert McKee），
《故事》（Story），1999 年，p3

第1章　如何解析建筑

15 我认为建筑很难学，很多人有同感。着手设计时总是毫无头绪，也无从参考。学校教育使我们获得了学习能力，然而语文和数学并不能应对建筑设计的挑战。与此同时，总感觉建筑设计是需要天赋的学科；而长期的语文和数学教育似乎不断吞噬着这种本已有限的禀赋；面对建筑，我们不得不重新学习。入门之初，我们需要重新唤醒自身所蕴藏的天赋；重温儿时自由自在的天性——在森林中点起营火，在沙滩上挖洞盖房子，把桌子当作洞穴钻来钻去，在树干上爬上爬下。

几年前我组织了一次小型展览，由皇家调查委员会（Royal Commission）提供关于威尔士历史遗迹的图像展，他们对一批威尔士民居做了长达几年的长期测绘，涉及农舍、别墅、仓库等各种类型。* 成果主要是平面、剖面还有三维视图，记录了威尔士民居很有特色的空间组织与结构，为此测量了许多实例。当时，与测绘人员有过一次交谈。我指着图板问：“经过长期的测绘，那么现在按原样重建一所房子应该很容易吧，新的基地里做些新的设计应该也不难吧？”他们说可以做到。这说明，经过实地测绘、亲身体验和绘图精解，测绘者掌握了威尔士的地方建筑语言，并能表述自如。

相比测绘成果，皇家调查委员会所采取的对于建筑的学习方法给我带来了更大的启发。我意识到这一方法对学习建筑的普适性，并深感应当推而广之。无疑这对任何有心延续世界各地区或国家建筑传统的人来说，都是一种有效的技术手段。但更重要的是，它也有助于学习建筑基本的“共同语言”（元语言）；这是一切建筑，无论地区性还是国际性的，都会运用的基础语言。

我通过对建筑图解分析来积累基本的建筑语言，逐渐促成了本书的形成，并将其分成了若干主题来表现建筑的不同方面（就如对语言进行词性定义）。但是仅有书本没有实践还是学不到建筑语言的。书
16 能提供给我们关注点与参考源，但我们真正需要的是实践。人们学习一种语言必须通过听、读、分析、不停地反复，再加上长辈不断地纠错，这是时间加努力的结果。就像诗人谢默斯·希尼所说（本章开头引言），“作家源于读者”，建筑同样如此。建筑师必须“阅读”书籍，更要亲身观察体验建筑作品。我自己就是本书的最大受益者，为了教学研究而绘制、分析了大量建筑，使自己的建筑语言掌握得更加牢固。因此建议读者也采用这种图解分析的方法。

* 本书的很多草图都来源于：彼得·史密斯（Peter Smith），《威尔士乡村的房子》（Houses of the Welsh Countryside），1975年。

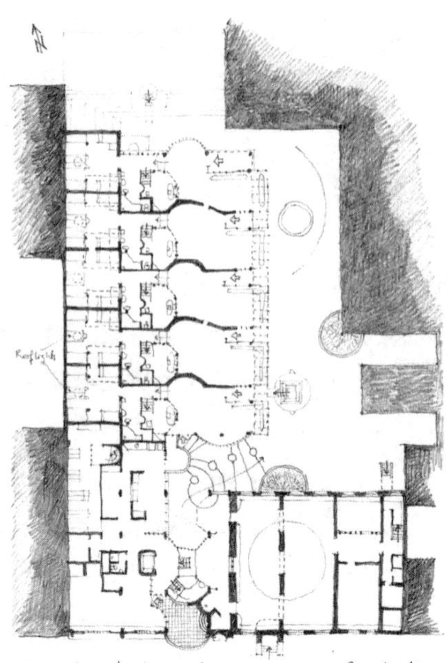

母亲之家，阿姆斯特丹，阿尔多·凡·艾克，1980 年，一层平面

通过图解分析其他建筑师的作品可以理解建筑的基本语言。

如何使用本书

在读本书之前，应该想想如何充分利用这本书，这很重要。有些读者看此书，兴趣在于了解建筑的发展和演化；大多数读者阅读此书，因为正面临着设计上的困境。这是读者与读物的两方面：被动与主动，分析与求证，理解与实践。这两方面都很有用，但是两方面结合起来去阅读将更有成效。举个例子……

精神和审美上真正的快乐，来自对人们工作中所展现的智慧、风趣和创见的洞察和赞赏，还来自对规律与变化之间相互作用的兴趣。我们身处自然界的规律与变化之中：四季轮回、昼夜交替，产生千姿百态的事物；时常爆发的自然灾害看似一样却绝无雷同。即使同一个物种，不论树木、鱼虾还是人类的面孔，每个个体在相似中又千差万别。人类偏偏钟情于这样的规律与变化。比如，诗歌的韵律，舞蹈的戏剧性，歌曲的旋律，等等。即使是数以万计外观一致的飞机，每个也都各有不同，它们起止于不同的地域、航线和方向，乘载着不同乘客去往世界的不同路线；颇具科技时尚的 iPod，同样的外观下却有着不同的歌
17 曲；同一种语言，再多各自不同的词汇，也能找到几个相同相近的词根。在棋盘的方格里可以有几十亿种棋路。这种例子不胜枚举。

我们喜欢观察并对人们创造性工作的想象力和智慧印象深刻：小说、电影中的精彩情节，出人意料的结局，构思精巧的实验，感人至深的乐曲，复杂奇妙的发明，非凡的油画杰作，让人开怀的笑话，精彩巧妙的魔术。我们从感性上欣赏，我们更从理性上认知，因而加深了我们的热爱。因此这就是我们逻辑分析的原因：用一种始终充满思考的方式来理解建筑，分享大师们创造性思维的成就。

但还有一种依赖性较小却会更令人满足的愉悦——它与我们个人的创造力有关，也就是创造出史无前例之作的能力。要从被动转变为主动，从一个欣赏、享受、批评、聆听、生活、采购、嘲笑（即使是行家水平）的人变为有创造性的人，这是让人既振奋又困惑的事情。听笑话易讲笑话难，住房子容易建房子困难，更别说是建造功能和审
18 美都让人满意的建筑了。为一次艺术展览写一篇惊世骇俗的评论是一回事，而策划一次广受关注的艺术展览又是另一回事。问题是如何减轻创造过程的精神孤独，如何得到启发、方法和思想，如何来满足建

这个世界交织着各种关联：规则与突破，标准与变化。

筑各种功能、条件和要求。问题在于如何减少创造者的孤独感；如何寻求支持和信息等有助于不懈追求新思路的素材；如何满足方案、设计和建筑的需求。

解析和实验

就像谢默斯·希尼的评论和威尔士建筑测绘带来的启示，对已有建筑的好奇感进而分析解读，是设计创新最有效的方法。作曲家必须先欣赏并研究别人的音乐；诗人、作家必须先借鉴别人的诗词与佳句；律师必须先精通法律法规才能去申辩；方程式赛车必须借鉴竞争对手才能赢得改进；赢得未来的战争，更要对过去的战争和战略总结研究，因为这是生与死的较量。因此，对历史的理解、评估与分析，是未来创造性的基础。

“analysis”一词来自希腊语“αναλυση”（analyein），意思是“打开”或“解锁”。解析是为了彻底了解事物的各个组成部分及其作用而对事物进行释放、解锁、揭示。解析建筑的目的与任何其他创意行业一样，都是去理解它的基本构成和机制，从而积累并获得其能力。建筑分析不必成为一种以其自身为目的的纯粹学术追求，尽管这可以带来知识和享受。当分析让人看到各种可能，并形成发挥想象力的思维框架时，它就是最有用的。

本书专为解决建筑设计中看似含混不清、令人困扰的挑战而写。但本书并不提出设计的方法或模式（就像炖牛肉的菜谱），而是带来获得建筑设计能力的途径（由于这种能力是人人天生的，或许也可以说是培养）。在这一点上已有同语言的类比。当我们每个人还在牙牙学语的时候，没有人教给我们学习语言或称呼某物的方法或程式；我们是通过聆听、尝试、思考和判断来掌握语言的；我们通过结合周边环境主动与他
19 人交流来培养这些能力。学习设计建筑也能这样开始。我们的建筑设计能力可以从对他人作品的借鉴和分析中汲取营养（就像我们在孩童时代一字一句地听父母讲的话，并琢磨它与当时情景之间的关系）。

但是只靠阅读本书，甚至是将字字句句烂熟于胸，也无法帮助任何人提高天生的建筑设计能力。仅凭分析是不够的；它只有在结合探索与试验、通过创新之作尝试各种设想，才能真的带来作品；就像一个孩子，不会只是听和分析父母说的话，还会模仿他们、去尝试语言。这种对试验、对亲自尝试的重视是十分关键的。就像树木和 iPod 那样，我们每个人都以略为不同的方式培养着各方面的能力，用各种“曲目”装满我们数十亿字节的内存，重新调整自己描述和方案中的各种观思想。

本书所提供的参考架构意在告诉读者，必须投身于实践，去实际体验设计，不墨守成规，才能具有综合能力。举个例子，当你读到“平行墙体”（第 12.2 节）时，我们需要做相关实验，利用草图或模型甚至简单材料来建构真实的空间。用过本书，你会深刻理解平行墙体的作用：空间和结构，感受其所定义的场所，感受墙体所围合的空间，感受自己的场所概念，体验空间内外的差异。从两墙之间的轴线上从内部和外部来感受视觉通道的存在。观察两墙在远处地平线上汇集的焦点。思考几何墙体与自然景观如何融合，造就了轴线并产生了规律；思考它们是如何在这么多可变元素中建构的，概括平行墙体所组织起来的空间感，如何用这种基本形式造就不同空间，如庙宇或监狱。我们需要挖掘并彻底消化这些建筑语言，使其成为你自己的建筑语言，并在未来的设计过程中运用自如。

不要担心“平行墙体”这个概念有什么特殊，2500 年前，古希腊建筑师就用这一语汇来建造经典的神庙，中世纪的工匠们也用它来创造了
20 神秘的大教堂，直至 20 世纪的现代主义、后现代主义的建筑师也广为运用。其实，在任何一个建筑中，组织空间的方法并非仅仅只有平行墙体这种建筑语言，但是从特洛伊的建筑、古埃及神庙、古代陵寝等的时

候起，它确是被从古至今运用了上千年。如果你是位专业的建筑师，你应该十分清楚这种建筑元素的优点和成效，而不是对它的忽视，因为它是一种经典。无知者会觉得这一元素没有创新性，就好像他们从来不按正常的语序：主语 – 谓语 – 宾语的结构来说话，总觉得太平常而毫无新意。这种观点是错误的，如我前文的观点：即使你想要做一些颠覆性的事情，首先你得清楚地了解你的颠覆对象。又如谢默斯·希尼（Seamus Heaney）所说，“研究别人的作品又不想被其束缚，最好的方法就是使用传统的、内在的设计准则和形式，使其成为你自身设计的能力。”

在读完每一章之后都做一些类似的尝试。当你读完第 9 章“神庙与村舍”时，你可以尝试设计与“神庙与村舍”相应的精神性或原生态的建筑。建筑空间需要满足不同人群的需求——尝试作出自己的决定：你希望人们应该怎样生活，或是帮助造其所需。最后再总结检验一下是否满足了人们的需求。当你读到第 2 章“建筑——场所的标识”和第 3 章“建筑的基本元素”这两章时，或者可以去做一个小的模型，尝试用最少最简单的元素来建构不同的空间。

一项设计的开始，常常借助草图解析自己的构思，这也是贯穿本书的表达手法，那就是图解建筑。即使是在沙滩上简单划个范围，也算是最原初的构思，是对空间构建的最初解读。直到想法成熟，就会开始搭建模型甚至于真实的建构。哪怕微不足道，也请享受自己改变世界的这一经历，因为有更大的目标：在今后的设计中掌握并自由地运用这些建筑语言。

建筑的构思

建筑设计源自构思，解析建筑作品的目的绝不仅仅是为了积累常用的建筑语汇，更是为了使自己的创作获得思想（你可以用它来“讲述”的东西）。

21 检验建筑思想的唯一办法是通过实例来验证，甚至不惜限制某些可能，再去创新。最简单的想法可能也最容易把握。当你在沙滩上建成两面平行墙体，一定是某个具体想法的表达。这种简单方式也适用于其他想法。在沙滩上插一根树桩就形成了一处标志，或者在沙滩上围成一圈，就定义出空间和内外。

三个例子一定都基于具体的想法（现在本书将它们每一个都呈现给读者；在理想状况下，每个人都应该有一些自己的想法！），努力去赋予它们现实的形式，去建造它们。在这三个实例中，你还会发现：简单的构想同样可以创造出非凡的空间，两面平行的墙体可以形成一栋住宅或一座圣庙；一根木桩可以形成不同的标志性建筑——哥特式教堂或者高耸的摩天大楼；沙滩上的一个圆圈可以化作教堂、墓地的围墙，或者是中世纪的城市，或者是堡垒森严的城墙。

从另一方面看，建筑的概念就更为复杂了。部分内容在下文中有所体现。其中之一就是：建筑能够确定一条路线。在萨伏伊别墅的设计中（读者会在下文中看到），勒·柯布西耶将这座住宅设计为一条“建筑漫步道”，人们从一层的入口走上坡道并来到二层的起居室和四周封闭的露台，再从坡道走上屋顶花园。而另外一种思想体系是通过楼板、屋顶、柱子的无墙组合将空间变得更加精巧、流动，而不是像箱子一样，呆板地布置空间。密斯·凡·德·罗的巴塞罗那世博会德国馆就是一个很好的例子。另有一些建筑师，如丹尼尔·里伯斯金和扎哈·哈迪德是通过颠覆规则几何体的想法来创作。尤希达·梵德雷利用海贝的形式和空间来做建筑的原型。与此同时，在弗兰克·盖里设计的毕尔巴鄂古根海姆博物馆，通过对钛合金板的精心雕琢与层叠，使建筑形成了巨大的雕塑感震惊了所有人。

但是，建筑思想可以少关注建筑的形式，而更多地侧重观念和方法。比如，作为一种建筑思想，机会主义就侧重于偶然性中发现某种既有的存在。如果一只松鼠在经过几家花园的时候不经意掉下了一个可以发芽的橡树果子，当然你可以挖走它或者任其留在那里。如果你任其留在原地，那它将在你花园中生根发芽，自然生长。我们发现历史上的一些圣庙、教堂、陵墓等是自然生长而成的。而在地形学中，我们学习如何利用坡地、如何平整场地。因为什么地形都可能碰到，例如山顶或深谷（这两种建筑实例会在后面的章节中讲到）。任何建筑项目都要接受现实条件的限制，这些限制条件正是建筑营造的基础，建筑是解决这些矛盾的结果。

22

有一件事是清楚的：现在对建筑创意的需求很高。建筑师的声誉不仅取决于赢得委托项目的能力（这本身就非常困难），还有其创意的原创性（有时与手头工作的适宜性无关）。但实际情况并非总是如此。在

“什么是建筑？我是否应该像维特鲁威一样将它定义为建造的艺术？说实话，不。因为这个定义存在一种极为明显的错误。维特鲁威把因果颠倒了。为了建造，首先就需要构思。我们的先祖只有在头脑中有了屋子的形象才会把它们建造出来。这是思维的产物。这种创造的过程构成了建筑，由此可以将建筑定义为设计并使一切建筑达到完美的艺术。”

——艾蒂安–路易·部雷（Étienne-Louis Boullée），引自海伦·罗西瑙（Helen Rosenau），《部雷与幻想建筑》（Boullée and Visionary Architecture），1976 年，p83

“蛋奶酥不是蛋奶酥；蛋奶酥是秘方。”

——英国广播公司（BBC）的电视剧《神秘博士》（Dr Who）的虚构人物埃莉·奥斯瓦尔德（Ellie Oswald），引用了她女儿克拉拉（Clara）的话

古希腊文化中，为上帝所建的神庙总是采用同一种建筑思想。同一种主题其实可以有多种想法和表达方式——比如飞机类型很多，但基本形式相同（带机翼的机身、机尾和机头）；古希腊神庙也是如此：两组平行墙体组成一间摆放着上帝雕像的神龛；一条轴线连接着入口，延伸到神庙外面的祭坛；外围一周列柱（支撑着坡屋顶）或只是前后有一排柱子（读者将在下文中多次看到这种形式）。在过去，希腊建筑师满足于这种统一的建筑构思，并在他们的神庙建筑上延续了数百年。史前的陵墓由几块巨型石头支撑着上面的拱顶石形成；欧洲的大教堂采用十字形平面以祭坛为中心；摩尔人的清真寺，门厅或者壁龛指引着朝向麦加（伊斯兰教圣地）的礼拜堂，旁边还有大讲坛——所有的这些空间共同设在巨大的穹顶之下，建筑四周设立拱门，每个建筑具体功能不同却以相似的形式出现。而现代建筑思想各异，固有模式逐渐淡去。

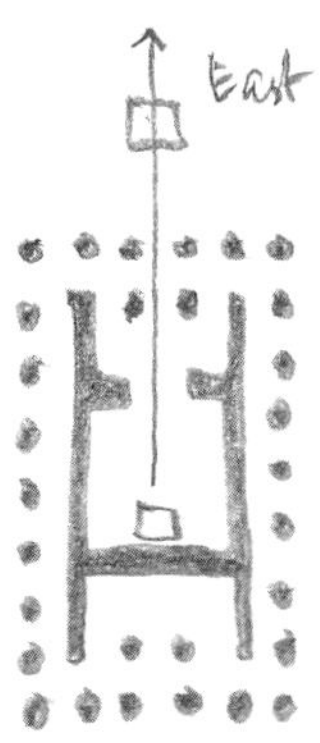

希腊神庙的创意

大教堂的创意

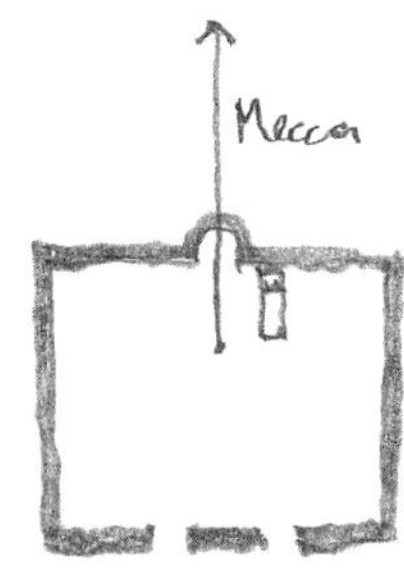

清真寺的创意

不管我们处于哪种文化背景中，产生新想法的源泉极其丰富，经过个人的修改变化，设计手法与思想更为丰富。本书所列建筑实例都是遴选于建筑史上的成功范例。勒·柯布西耶著名的欧洲与中东游历，就考察了大量的优秀建筑，他的许多草图都记录了对这些建筑的感受。不难发现，柯布西耶的许多作品，原型和想法都源自他所记录的这些
23 草图。比如，他记录了罗马时期庞贝古城建筑遗迹的平面和透视，建筑的前室和柱廊花园由一些残留的柱子围合着。这些空间的草图成为他 20 世纪 20 年代所设计的伟大建筑的灵感来源。对罗马庄园的考察，从建筑入口到尽端会客室之间的水平路线和垂直交通随着地势变化，这种步移景异的空间体验对他深有触动，是他萨伏伊别墅设计思想的来源。这样的例子不胜枚举（后面的章节中会介绍），许多伟大的建筑师都是得益于建筑体验，并通过分析获得灵感。

手绘的作用

前面我已经提到，对建筑进行图解分析，掌握并运用建筑基本语言，到形成创作思想，草图是一项基本手段。对建筑师来说，手绘是最基本的能力。一个建筑师不会画草图就好像一位政治家不会演讲一样，他们都需要用最适合的媒介来表达自己或者所借鉴的思想（自己的想法，或是从其他地方借鉴来的）。

勒·柯布西耶的旅行参见：
勒·柯布西耶著，扎克尼奇（Žaknić）译，《东游记》（Journey to the East, 1966 年），1987 年 [Le Corbusier, *Voyages d'Orient (Carnets)*, 1987]

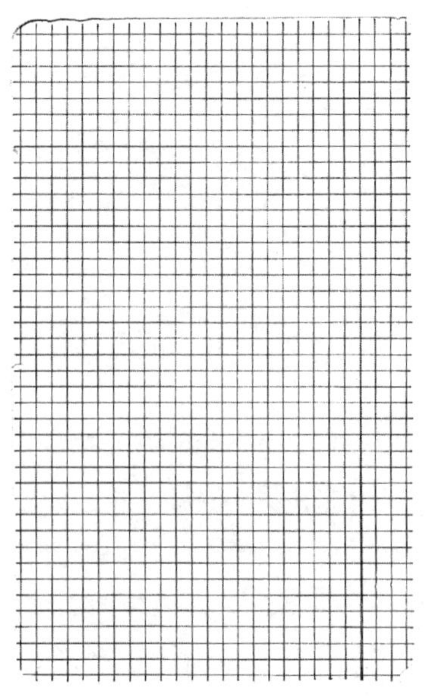

除了笔记本，方格纸也是必备的，绘制建筑的平面、剖面和标记时便于控制和参照。

现在，虽然建筑的表现图都是电脑绘制，但是简单的一支铅笔和一张白纸所创作的草图依然重要。很大程度上来讲，建筑语言就是手绘语言。在没有铅笔没有白纸的史前文明中，人类会用小木棒在松软的泥土上构思想法，自由地以大地为画。而且如果把它们画得足够大——就像孩子在游乐场用树叶画的那样——它们本身就会成为建筑作品。

也许草图看起来还不够直观，但它与建筑之间其实没有边界。可以这么说，草图构思是建筑的摇篮。不管我们的项目是做住宅、庙宇、美术馆还是城市设计，草图会带给我们启发，从无到有形成完整思路。因此，草图使我们的思维具有分析性、批判性，继而产生灵感，最终变成创意。通过对建筑的图解，我们可以达到解析性的理解。通过对萨伏伊别墅或者巴塞罗那世博会德国馆（或者其他任何建筑）平面和剖面的测绘，比只是单纯地看或游历（虽然游历建筑也很重要）要学到得更多。建筑的平面和剖面是极其重要的，因为建筑是空间艺
24 术，这种空间可以通过平面和剖面展现出来，通过对现存建筑的重新测绘，你的设计能力会在不知不觉中变得成熟，得到提高。

因此最好为本书准备一本笔记本（除了一颗好奇的心），你可以随时随地带在身边，这样用起来就很方便。当然，我的建议是最好还需要一支铅笔（要比圆珠笔好，因为可以修改）和一张书签，在你浏览自己笔记的时候要能够足够抢眼地被看到。这些建议也许听起来有些多余，但是是非常关键的。就好像在棋盘上可以玩上亿种游戏，成千上万种建筑都可以以矩形的形式去构想并建造，甚至可以用电脑草图软件设计出我们并非经常看到的建筑形式。这个问题将在第 10 章“存在的几何”和第 11 章“理想几何”两章中详细讨论。但是现在最好用那张小纸来对我的话做个记号，这样就在众多的建筑旋律中重新理清了顺序，突出了重点。*

* * *

建筑师感兴趣的不仅是现在和过去，而更关键的是可能的未来。尽管对于每个人来说（尤其是历史学家），历史的权威（过去；曾经的建筑和建造方式）看似稳固，甚至不可动摇，但建筑师的想象必然面向未来的无限可能。对于历史“权威”的态度只是个人的。

* 关于如何运用笔记和结合我的笔记中所说明的来研究建筑的论述可以浏览《解析建筑》的网址：routledge.com/textbooks/9780415489287/

坐在树荫下的孩子，选择这里停留，就是以最原始的方式为建筑作了一个定义。

第 2 章　建筑——场所的标识

“原始的构造行为是标识场地，而不是原屋（primitive hut）。”

——维托里奥·格雷戈蒂（Vittorio Gregotti），
“写给建筑联盟的信”，纽约，1982 年 10 月，载于《Section A》，
第一期，第一卷，1983 年 2 月 /3 月刊，p8

“建筑学有自己的领域。它与人类生活有特殊的物质关联。建筑不仅仅是媒介或象征，而是过去、现在、未来发生在其中的人类生活的载体和背景，人类的有节奏的步伐、专注的工作、安心休息……都能为建筑所感知。”

——彼得·卒姆托（Peter Zumthor），
“一种观察事物的方式”（A way of looking at things，1988 年），
《思考建筑》（Thinking Architecture），1998 年，p13

“布景是最终演出的几何形态，所以错误的布景会让许多场景无法演出，甚至会破坏演员的许多可能性。”

——彼得·布鲁克（Peter Brook），
《空的空间》（The Empty Space），1968 年，p110

“我们论著的主要观点是：建筑的首要目的是地域，建筑师确立感官上的刺激，让观者以此创造出‘场所’的形象。建筑师的工作是具体化。他要选择一个适宜的温度范围，并创造维持它的手段，控制光线的强度和方向，区分专业的行为模式，组织动线，并以清晰的模式实现建造的过程。建筑师将所有这些因素纳入一个总控的图形，让人能够了解其在空间、时间和万物秩序中的位置。建筑师赋予人存在的载体。”

——唐林·林登（Donlyn Lyndon），“澄碧邨：设计的过程”，
载于约翰·多纳特（John Donat）编，《世界建筑 2》，1965 年，p31

第 2 章　建筑——场所的标识

27 在我们深入研究建筑的基本设计方法之前，必须先对建筑本质和目标进行简要的讨论。在解释“怎样做”（how）之前，首先要明确“是什么”（what）和“为什么”（why）的问题。例如：“什么是建筑学？”，“为什么要对建筑进行研究？”。

客观地讲，有关建筑的文献资料浩如烟海，建筑的目的和定义却从未有过明确的定论，而且，至今仍充满着混淆和争议。我们所从事的建筑活动究竟是一件什么样的事情？这样的问题看似简单，真正回答起来却不那么容易。

寻找答案的不同思考似乎使问题变得更加混淆了，有些还涉及建筑与其他艺术门类的比较。建筑难道仅仅是一种三维空间中的立体雕塑吗？建筑仅仅是一门服务于建造的应用美学吗？建筑是一种实用装饰艺术吗？建筑学是要为房屋注入诗化意境和哲理内涵吗？建筑是为了寻求某种思想流派如古典主义、功能主义、后现代主义来给房屋加以归类的吗？

你对以上问题的回答可能都是“对”！但似乎又无人对我们急需澄清的基本问题作出认真的解答。所有人似乎都在回避这一问题：什么是建筑的真正本质，什么是建筑形式之外的意境所在？人们错过的这些关键问题恰恰是解答一切疑虑的本源。本书所选的素材基础性强，适合建筑的解读和分析，读者易于接近和领会建筑的实质。它是这样一本书：帮助那些致力于潜心研究建筑的人更好地了解他们所从事的这项工作。

最为通俗的建筑定义来自字典中的解释：建筑学是关于房屋设计的一门科学。这样的概念不会让人置疑，但对我们也没有更多的助益。“房屋设计”这种提法局限了我们对建筑从本质上的理解，使人们认为“房屋”无外乎只是一件物品，与花瓶和打火机没有什么本质上的区别。而实际上，建筑所包括的内容远比设计一件物品要宽泛得多。

具有讽刺意义的是，理解建筑更为有效的方法是在将这个词语结合其他艺术形式（尤其是音乐）使用的过程中建立起来的。在音乐学中，交响乐的“建筑”可以认为是将各乐章构成一个思维结构整体的概念组织形式。奇怪的是，这个词极少用在建筑本身上。本书以此作为建筑的基本定义。因此，一栋房子、一组房屋、一座城市、一个花

原始住宅的营造与新潮的现代海滨营地的空间构成实际上十分相似。这两种不同的场所，火源都是空间的核心，又是提供餐饮的炉灶；防风用的篷布既可阻挡寒流侵袭，同时也可营造出私密空间；两者都安排有储存燃料的空间，旅行车的后备厢可存放食品，营地的四周可供落座。如需过夜，可以自备一张旅行床。这些都是一座最简易的住房所必需的空间要素。这些场所的存在要远早于墙体和屋顶的产生。

园的建筑都被认为是它的概念组织形式、它的思维结构。这种建筑定义可以用在所有实例上，从质朴的乡土建筑到雄伟的公共大楼，再到规整的城市环境。

将建筑视作营造行为是一种很好的理解，但仍然没有回答什么是建筑的目的，即建筑中的“为什么”，这仍让人遗憾。本书致力于通过图解分析来回答这些基本问题，思考作为专业人士，追求的目标究竟是什么？在寻找答案的过程中，将目标简单地归结为设计房子，将再次掉进死胡同。一是因为建筑的内涵远超出“房屋”这一范畴，二是这仅仅是字面的解释，不过是“建筑”一词换为“房屋”一词，对建筑的本质没作解释。要寻找建筑的本质，请先忘掉“房屋”这个词，然后去追溯建筑史，这不需精密的考古发掘，也不必纠缠古今谁好谁坏，看看远古的建筑究竟是怎样产生的。

事实上，一个史前家庭是在环境中自然生长的，并没有什么人为的设计。可以设想：当夜幕降临，他们决定停下来，点燃一堆篝火。不论是打算长期住下，还是逗留一夜，他们都已创建了一处场所。此时此刻，篝火构成了人们生活的中心。为了生存，他们围绕篝火展开活动，也就创造了更多的场所：存放燃料的空间、起居空间、休憩空间，或许还要加建一道篱笆用于防护，或许还要搭设一处枝叶编成的顶棚来遮蔽风雨。选择好场地后，他们便开始了房屋的营造，经过空间安排，不同用途的场所逐渐生成，由此，开始了建设的历程。

场所的标识这一思想，围绕建筑这一核心，可以被不断拓展和阐释。这样一来，我们不能将建筑仅仅视为一种语言，而应把它作为一种在许多方面与人一样的客观存在。可以这样说，场所对于建筑的意义，就如同含义与语言的关系。正如含义是语言的本质，建筑的本质
29 就是场所。学习建筑设计就如学习语言一样。与语言相同，建筑种类众多，组织方式各异。环境条件不同，组织、构成的方式也就不同。

这所威尔士农舍的室内布局可以与前页中的海滨营地相对照。不同的是，原本露天的场地为封闭的房间所取代。尽管画面内容勾起了我们对久远生活的追忆，但就建筑本身而言，在尚未具备稳定的物化形式之前，不论他们是何种模样，肯定都是生活的产物。

显而易见，建筑与日常生活休戚相关，生活在改变，场所标识的方法也在改变，建筑随之发展演进。

最重要的是，将建筑视为对场所的标识，带来了这样的理念——建筑不是个人而是公众行为的产物。任何建筑，比如一栋大楼，拿出设计只是开始，之后才谈得上采纳和实施。一幅绘画或一座雕塑可以是个人的精神财富，而建筑则是社会公众的劳动成果。“场所之标识”是公众参与的产物，说明业主和设计师都将对建筑承担责任。使用和功能需要经受时间的检验来考察其合理性。

所谓“传统”建筑是指，通过人的认知和使用，能与其领悟和期待相符的一个整体意义上的空间概念。本页的插图是威尔士农庄的室内布局，图中将楼板剖断以充分显示二层布置情况。由墙体明确划分出的室内空间与前页中的海滨营地的布局可以进行直接对比。炉膛是整座住宅的核心，同时兼作烹调和餐饮场所，炉膛的侧墙上挖凿出的拱形洞口是另一处窑灶，但它只起一些次要的辅助功能。图中左侧的壁柜实际上是一处墙龛式床铺，二层之上另设有一张床位，位置恰好在壁炉上部，炉火升腾的热气可使这张床获得源源不断的温暖。床下的空间可储藏食品。炉膛后面还有一处专为猫安排的位置，上面铺有垫子。与海滨营地不同，该住宅将所有的人居活动安排在一个由墙壁
30 与屋面围合而成的封闭空间中，从外观上看，形象也与前者截然不同。空间布置方式本身就具有明确的含义，该住宅中虽然没有画人，室内各部分的用途仍然直观易懂。不论是屋主还是他人，都可确定无误地在起居室里活动，在灶台上烹调，在炉火旁聊天。这些空间不像其他

威尔士农舍参见：
皇家委员会威尔士古代和历史遗迹调查，《格拉摩根郡：农舍小屋》（Royal Commission on Ancient and Historical Monuments in Walse-Glamorgan: *Farmhouses and Cottages*），1988 年

我们通过一些媒介物体，将周围的事物转化成场所并感知它们。一张椅子提供了可坐的场所……

艺术门类那样抽象，它们是真实世界的组成部分。就空间的意义而言，建筑的本质并不抽象，它是生活的真实写照，本质上讲就是对场所的标识。

场所是建筑的先决条件。我们通过场所与世界关联。人类要生存，居住就是一种必然需要。特定时间内身处特定地点，可视为最简单的居住。人类不断地安置自身：我们能感觉自己身在何处，周围的处境怎样，会权衡接下来去哪里，躺在床上、坐在椅边，或者回到家里。当我们置身这些地方才感到安全和舒适。（错误的时间）处于“错误”的空间时，我们就会感到别扭，比如：在暴风雨中无处藏身，在社会事件中曝光，在陌生的城市里迷路。在我们的生活中，我们要么自己动手，要么依靠他人为自己建造安身之所。人类不停地安排自己，在与外界的协调中不停地“游戏着”：与他人、与琐事、与各种外力，不论这样的空间简单还是复杂，必须适应我们生存、做事、积累物质财富等活动。建筑给予我们存在和活动的物质空间。自然界通过空间感受人类，人类通过空间从物质和精神上也感受着世界。要将物质世界组织成对人类有用的系统空间，建筑师无疑任重而道远。

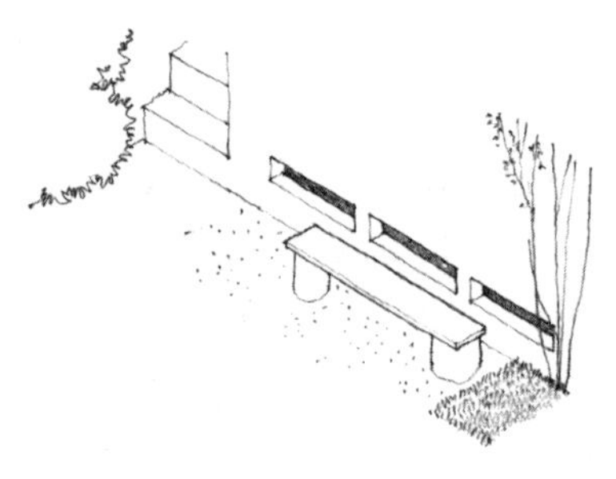

勒·柯布西耶为父母在瑞士蒙特勒（Montreux）附近建造了一座俯瞰莱蒙湖（Lac Léman）的小房子，并设计了一个可以眺望湖面的小凳子。那只不过是一块由两个树干支撑的木板。他后来在一本小册子中提到了这栋房子，并将这个凳子描述为“真正的‘建筑作品’”（an authentic “work of architecture”）。

建筑客观条件

要想理解建筑之精髓，必须先了解建筑所处的外部环境条件。虽然建筑的定义尚未明确，且争议重重，但它肯定不是一种完全从属于精神世界的自由艺术。暂且不说落选方案是否有理念上的问题或其他有争议之处，建筑实施过程也要受到现实因素的种种制约：重力和荷载的制约，基地选址和气候条件，结构和空间协调与否，时间因素对材料和结构的影响……建筑成之于真实的建筑材料，每种材料都有自身特点以及性能。

此外，建筑既服务于人，还要受到人的制约。人类有自己的憧憬、信仰和希望，有受冷暖、触觉、味觉、听觉和视觉影响下的审美
31 心理。人们从事不同的工作，对生活有各种各样的客观需要，对于周围世界的内涵和意义有不同层次的理解。

以上扼要提出一些有关人类生存的客观条件，这是建筑活动必须遵循的外部因素。此外，还有其他一些理论也构成建筑的基础。就像

勒·柯布西耶的湖畔别墅参见：
勒·柯布西耶，《一栋小房子》（Une petite mainson）（1954年），巴塞尔，2001年。
西蒙·昂温，《湖畔别墅》（Villa Le Lac）（电子书），2012年（可通过iPad从iBookstore获得）

…… 一个可提供演讲之处的讲坛。

不同的语言都具有的共同特征一样，如基本词汇、语法规则等。同理，建筑也包括基本元素、模式和结构（物质结构和逻辑结构）。

虽不似其他艺术那样有巨大的想象空间，但建筑的限定因素也并不多。绘画不需要考虑重力影响，音乐仅仅是听觉艺术，而建筑既不受形式所限，也不受既定的感觉体验的限制。从古代开始，建筑就被认为是所有艺术之母。另外，音乐、绘画、雕塑等艺术形式相对独立于现实生活之外，而与生活密不可分正是建筑的卓越之处。建筑是人类活动的一项基本内容。人绝不仅仅是取悦于建筑的观众，而是其参与者和贡献者。画家、雕塑家、作曲家可以抱怨人们不按照他们的思维方式来欣赏作品，或抱怨宣传和展示的方式歪曲了原作的风格，但他们的确可以把握住作品的本质。这种本质的东西可以通过艺术家的创作完全表达在作品中：音乐的乐谱、杂志封面或画面之中。但是，由人的不同需要所决定，建筑的本质却是融合在人类的活动之中，并可以为人的行为所改变。

与电影拍摄作一番比较能更好地说明建筑与其他艺术之间的差异。电影是一种融人物、场地、时间和表演于一体的既综合又复杂的艺术门类，即使是在这种复杂的艺术创作中，导演也可以通过把握剧情、场景、相机角度、剧本等环节来创造出既定的艺术风格，而建筑则完全不同。

而且，建筑的现实往往取决于项目委托。建筑工程——不论是高层建筑、大地景观还是城市规划，通常都需要不断的经济支持。建筑的风格与形式往往决定于资金所有者，他们决定着建筑的功能和最终的样式。

建筑所要面对的客观条件远比其他艺术门类复杂，有自然界强加的各种物质条件及其作用：空间和实体、时间、重力、气候、光线……
32 除了投资者，建筑的使用者也是建筑成果的决定因素。也有更为变化无常的政治条件：人与人之间，人与社会之间所形成的复杂相互关系。毫无疑问，建筑也属于政治的范畴。在此，没有绝对的对错之分。人们可以通过无限多样的方式对周边世界进行营建。因为存在着众多宗教信仰和政治哲学，建筑的使用也就存在众多不同的方式。场所的建构对于人们的生活方式至关重要，因此从历史上看，建筑越来越多地受政治所控制，自由（laissez faire）的选择越来越少。

人们创造场所（或者为他们创造的场所）是为了满足自己的各种日常生活需要——就餐、休息、购物、礼拜、讨论、演说、学习、储存等。空间构成还与人的信仰、希望、世界观等紧密相关，世界观改变，建筑形式随之改变，这种变化贯穿于个人层面、社会和文化层面、不同文化体系的层面。

不同时期流行的建筑风格，取决于当时的社会导向：政治、经济实力及文化理念和社会风潮。如何满足这些社会需求是建筑最大的挑战，建筑需要勇气。

“场所”的定义

1982 年，建筑师维托里奥·格雷戈蒂（Vittorio Gregotti）在纽约建筑联盟演讲时曾说，“地标式建筑与原始的棚屋相比其实是更加原始的建构行为。”但是建筑应起源于更早，人们标识空间的愿望催生了营建的动机，于是建筑就出现了。

像别的词汇一样，“place”一词有多种含义，在建筑研讨中，“place”一词常被用作“地方”，如“纽约（或者某个其他城市）是风貌独特的一个地方（place）：高高的摩天大楼，大规模的城市路网，建筑采用大量新材料，门窗的形式与细节独特等等”[并由此暗示新建筑会以某种方式与那种本质特征联系在一起——即场所精神（genius loci）]。这个词在本书中的用法不同，是更为浅显。这可以从以下步骤中看到：

- 当你在一处空旷的环境中漫无目的地欣赏风景，此时你和周边环境相融合，在自己的精神里形成了场所。

  “场所”是人对周围世界的精神感受。

  33 假如你只是在某地休息了片刻，它能留给你的印象仅是一个休息场所而已。假如经历特殊，场所的印象就会深刻许多。比如从阳光明媚的开阔地突然进入幽深的森林，而同时又与一条毒蛇不期而遇，此时场所带给你的是惊吓感；当然场所还能带给你其他感受，比如安全感。
- 人们每到一地，会有改造场所为我所用的意念。或许，在一个杂草丛生、乱石林立的地方，你会清理出一片空地，然后堆砌围墙

“人或牧师的住所在自然环境中会有家的感觉；它会适应所处的位置，无论是森林、平原还是山谷。从远处蜿蜒而来的小路证明了它的存在。它是旷野的主宰、人与动物的栖身之地。数千年前形成的规律塑造了它的形象。那时的人来到一个地方，开荒破土，并为自己、妻子、儿女、家人、家畜建造房屋。不过……每个聚居地都源于一个选择。我们有意无意地踏上一条小路，沿着它走到整个环境中的某个地点。在那里，我们会说，‘就是这里了。我们将用墙围出这个空间的一部分，在里面安排我们的生活。在我们界定的这个区域里，我们将在开垦和经营这块从大自然中获得的小天地中度过每一天。’如此一来，人就占据着山谷或平原或山峰，辟出一块土地或岩石，并把变幻莫测的东西关在门里。”

——费尔南·普永（Fernand Pouillon）著，吉洛（Gillott）译，《勒·托罗纳之石》（The Stones of Le Thoronet，1964 年），1970 年，p155

建筑建成后看似很复杂，但起点可以很简单。在沙滩上眺望大海，此时你的脑海建立了场景。即便你离开了，记忆和映像却可以留存：这是一个自己曾经驻足的地方。

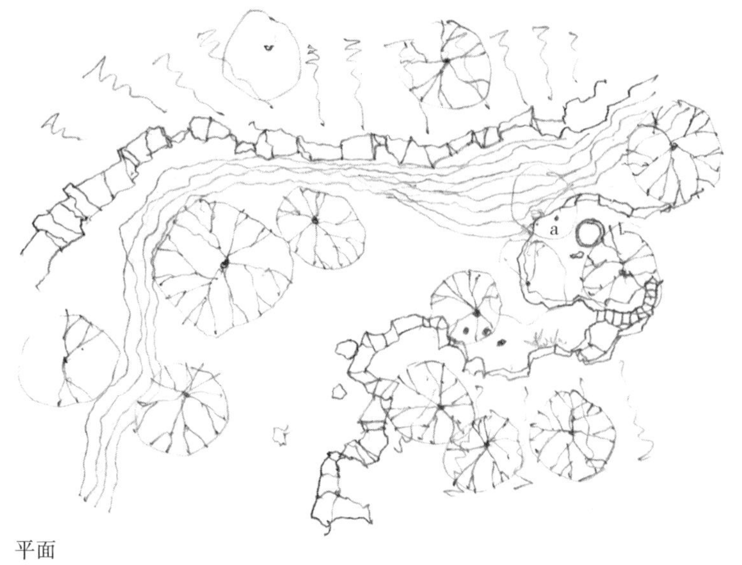

平面

剖面

建筑作品可能不过就是一处天然地形。成为这种“建筑作品”的关键在于：1. 有可供居住或使用的形式；2.（被人）发现具有这种特征，并加以利用。这样它就会被认定为一个场所，从而成为“建筑作品”。

在苏格兰有个地方叫杜尼诺坑（Dunino Den，左图）。它被用于仪式的历史很可能有数千年了。那是一座被回转的河流切成的峡谷。谷底相对平坦，绿树成荫。在这里，一端是被峭壁包围、树木茂盛的崖角，仿佛教堂的讲坛。它的顶部有一个圆形洼地（a），旁边有磨出的足迹状印痕（谁也不知是多久之前形成的，也不知是出自人工还是天成）。它就像一个洗礼的地方。在这个讲坛旁的峭壁上凿出了下到河岸的台阶。这是一个唤起灵感的地方——可以想象人们聚集在河边，参加仪式或聆听来自崖角“布道”的场景。

杜尼诺坑很大一部分构造和布局都是大自然的鬼斧神工。只有台阶是出自人意并添加上去的，洼地（和足迹？）很可能也是。但即便如此，这个独特的地形也构成了一种建筑作品，主要是因为它被人发现，并作为场所加以利用。

尽管我们（在 21 世纪）很可能会觉得不作更多干预是很难的——改变像杜尼诺坑这样一个地方的构造和布局——但天然地形的原始特征和构成仍会使它成为一个建筑作品。

形成领域，或者是住宅或庙宇。

“场所”经由各种建筑元素组合与建构，造出某种空间，也许是人的居所，也许是货物仓库，也许是活动场地，也许是心灵皈依的陵寝墓葬，也许是慰藉神灵的庙宇祀场。

- 当人置身某处，周围的墙体或石块就界定了人的空间；当一座庙宇置身某处，场所界定出的是神的空间。

“场所”是人与周围环境的媒介关联。

- 不论身在何处，通过对场所的识别，你总能知道你在哪里。

通过标识“场所”并对其进行组织，人们对所在的世界形成了认识。

34 场所设定了人们生活的空间秩序，场所是我们和周围世界建立各种感知的有机体，并且影响着我们与他人、与环境、与精神信仰之间的关系。

通过这些途径，人类一点点地改变了整个世界。

以上讨论的是从视觉角度所认识的空间，而空间不仅仅是视觉特征。场所是一种结果，世界的必然结果。作为对不同地方的身份标识

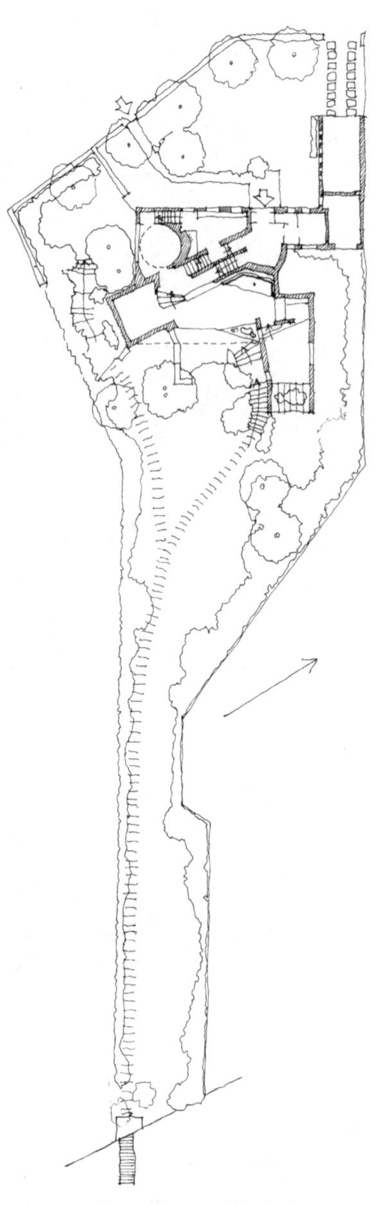

手段，建筑可以造就不同的场景。可以用这个角度去分析和理解纽约这个城市，但是还会涉及更深层次的研究：生活之网是怎么通过街道、广场、庭院、入口、门窗、台阶、廊道、壁炉、祭坛、桌椅等各种建筑空间交织而成的？

“词汇”、“句法”和“意义”

建筑与语言之间的相似性有助于我们了解建构的过程。用语言进行表达时，我们会把词语经由语法组成句子，通过句子来传达完整的信息。建筑构成与此相似：下面章节要介绍的建筑基本元素（墙、屋顶、入口等），相当于建筑语言中的“词汇表”；随后要介绍这些元素的组合方式，相当于建筑构成的“语法”；而本书所定义的“场所”就是建筑构成的结果。因此我们再来回想下沙滩上两面平行墙的事例：每面墙都是一个“单词”，它们平行的这种安排的方法类似于句子的“语法”，最后形成了场所的标识（类似于句子表达出来的“意思”）。

然而虽然有很多的相似性，但是很重要的一点是我们千万不要将语言与建筑之间的比较过分地延展开去。墙并非是单词，反之亦然（除了当我们在出口处写上“离这儿远点”）。当我们渴望去交流，用语言去表达我们对世界的认知的时候，我们就会根据语法关系去组织单词来表达意思，而当我们渴望把自己容身于某种标识性的空间或者想创造出我们对周围环境感受的精神性空间的时候，我们就会用墙体（或其他元素）根据特定的组合方式创造出特定的空间——建筑；像这样的一种对照关系其实已经足够了。更深入地研究这两者之间的关系并不容易，我们更希望与哲学和诗意产生关系。

上图是汉斯·夏隆（Hans Scharoun）设计的摩尔之家（the Moll House，1936—1937 年）。如何摆放沙发（用圆点标记）是整个居室设计的起点。

一个场所可以由多种元素来标识：
划定的基地、墙体、平台、柱子、
屋顶、门口、小径。

第 3 章　建筑的基本元素

“整洁的环境给人们带来一种自由与开阔的居住感受。当从其本质考虑时，整洁的环境又是一种空间的释放，它能够弥补房屋经长期使用形成的缺陷，使人们不会介意房屋的老旧和损伤……整洁的环境营造出良好的居住氛围。”

——马丁·海德格尔（Martin Heidegger），
“艺术与空间”（Art and Space），里奇（Leach）编，
《反思建筑》（Rethinking Architecture），1997 年，p122

“原始的祭拜仪式平面就是伊特鲁里亚圣地。它不过是占兆官在地上标出界限的一块神圣区域，并在东侧留出一个吉祥的入口。‘圣地’建在举行仪式的地方，或者国家政权、议会或军队所在的位置。它只存在于使用的期间，随后法力就被解除。”

——奥斯瓦尔德·斯宾格勒（Oswald Spengler）著，
阿特金森（Atkinson）译，
《西方的没落》（The Decline of the West，1918 年），1934 年，p185

第 3 章　建筑的基本元素

37 既然我们有了关于建筑的初步定义以及对它基本目标的认识——建立思维结构和标识场所——我们就可以考察建筑师在创作时能够使用的基本元素了。这就是建筑的概念元素（用于建立场所的思维结构），但不要与建筑的实体材料混淆——砖和砂浆、玻璃、木材、混凝土等——它们是用来建造房屋的（例如，墙是建筑的基本元素，但它可以用各种材料建成——土、石、砖、草包等）。建筑的基本元素不应视为单纯的物体，而要考虑它们在标识场所中的使用方式（单独或组合）；也就是应该把它们首先当成营造场所的手段，思考它们为建筑师带来的（组织空间的）能力。

建筑的首要元素是它存在的条件（即周围的世界）和代表了其所承载生活的人（图 1）。这个人也可以是一位建筑师，代表一般意义上的人和生活。

图 1　客观条件与人

所有（地上）建筑存在的不变的“先验”（a priori）条件包括：地面，大多数建筑作品参照的基本面；空间，建筑塑造场所的手段；重力，让物体下落；光，让我们看到一切；还有，时间（几乎没有任何建筑能一下全部体验到——通常需要发现、接近、走入、探索和回忆）。在这些不变的“先验”条件之外，还可以加上复杂多变的天气（气候）、社会文化（其他人，或许还有神灵）以及生长和老化（岁月的侵蚀）。

人和各种条件都会对建筑产生影响：它们共同构成了大部分建筑作品的内涵和文脉，即使不是所有的建筑。一般来说，建筑总是处在某种对立之中的：它介于内涵和文脉之间；介于人和周围世界的主导条件之间。

根据主导条件，围绕要容纳的人（生活），建筑师（即我们人类）在历史上（但主要是很久以前）建立了一套构成建筑的元素（语汇、色系……）。下面这个列表并不是完整的，但基本上这套元素包括了：

- 界定的基址（图 2）

基址的定义对标识很多甚至是所有类型的场所都是至关重要的。一切建筑都有其所在的基址，并界定出各种用途的区域（楼层、铺地、草坪……）。一块界定的区域或许不过是林中的一块空地，或者是用
38 来踢足球的一块场地；它甚至完全可以是一片水域。它也许很小，也许一直伸向天边。它的形状不必是矩形，也不必平坦。它可以有一条

图 2　界定的基址与界限

图 3　平台

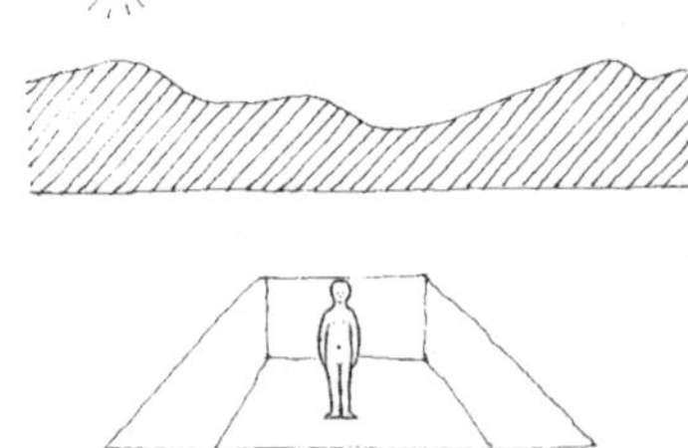

图 4　凹坑

图 5　标志物

清晰的界线或界限，但并不需要一个准确的边界；它的边缘可以自然地融入四周。

● 平台（图 3）

平台将界定的区域抬升到周围地面以上的高度。它可高可低，可以大如舞台或坡地；可以尺度适中，就如桌面或祭坛；也可以小如台阶或支架。平台还可以在起伏的地面上提供一块光滑的水平面，比如崎岖岩石上的神庙台基。

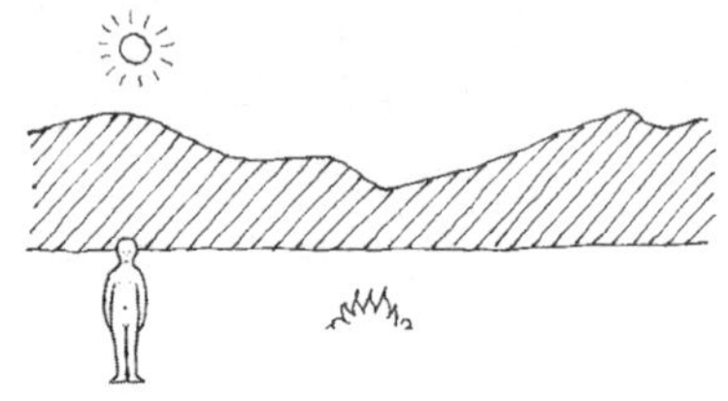

图 6　核心

● 凹坑（图 4）

一处凹坑由地面下挖而成，从而形成一块低沉的场地。它可以是墓地、陷阱或是地下室，也可以是下沉式广场或游泳池。

● 标志物（图 5）

标志是识别特定场所的一种基本手段，常常居于场地中心或是场景的前方。它可以是插在沙地中的一根杆子、一块立石或雕像，也可以是一座墓碑；可以是高尔夫球场中的指示旗，也可以是教堂高耸的尖塔或是道路上醒目的路标。

● 核心（图 6）

“focus”一词是拉丁语的“火膛”，在建筑中是指可以充当空间核心的各种元素。它可以是壁炉、祭坛或王座，也可以是一件艺术品，甚至可以是远处的山峦。

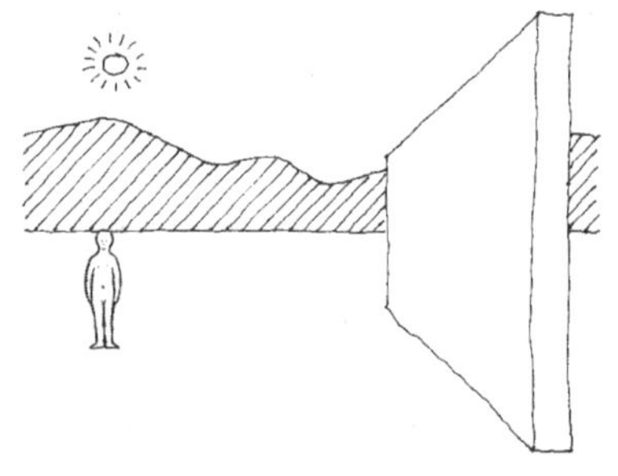

图 7　墙体

● 墙体（图 7）

墙体是划分场所的。“墙体”在这里泛指各种分隔空间的屏障：栅栏、树篱、堤坝、护城河……或只是画在地上的一条心理界线。所有的建筑元素都有各自的作用，但或许墙体的作用最大。它被用来分隔和包围空间。而往往墙体的用法是负面的：它否定（阻隔、限制……）移动的自由。

有关墙体参见：
西蒙·昂温，《建筑笔记——墙》（An Architecture Notebook：Wall），Routledge，2000 年

39 ● 屋顶（图 8）

屋顶将室内和天空分隔开来，防范风霜雨雪的侵蚀。因此，一隅屋顶自然暗示出其下的一片空间：一片阴影；一块干地；或只是屋顶正下方的一块地（不一定与其他两个完全相同）。屋顶可以小到

有关门口参见：
西蒙·昂温，《门口》（Doorway），Routledge，2007 年

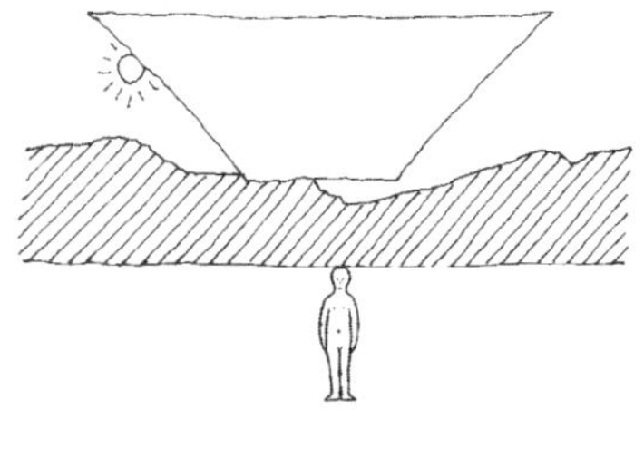

图 8　屋顶

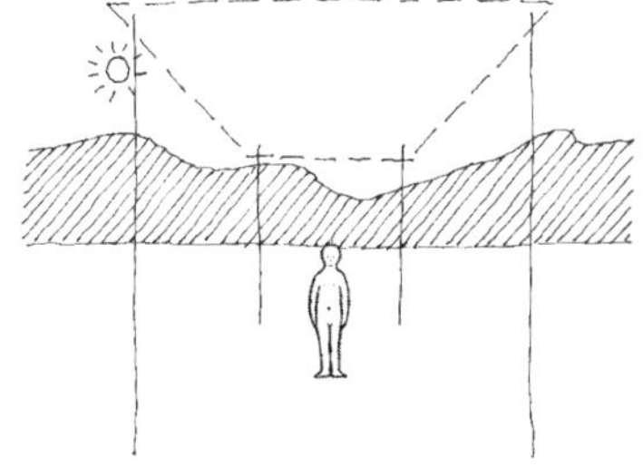

图 9　柱列

图 10　通道

门口上的一道梁（门楣或藻井），大到大教堂的拱顶和橄榄球场的悬挑看台。屋顶也可以是一种标志物（如教堂的尖塔）。由于受到重力的影响，屋顶需要结构上的支撑。承重构件可以是墙体，也可以是框架和柱列（图 9）。

用于场所标识的其他建筑基本元素有：

- 通道（图 10）

通道是用于行走的一种场所。它可以是笔直的，也可以是顺应地形而蜿蜒曲折的，它可以是暗示性的，如横跨沟渠的一座桥（图 11）、一条坡道。通道的铺设可以很规整，用特殊的表面材料使其耐磨（铺路石、沥青碎石……）或仅通过使用来界定——不过是地面上脚踏出来的一条痕迹。

图 11　桥

- 开口

门口（图 12）是从一个空间进入另一空间的过渡环节，它本身也是一种场所。（人们喜欢坐在门口，静观世间万象）。还有窗户（图 13），光线和空气由此进入，人通过它能向外赏景或向内观展。

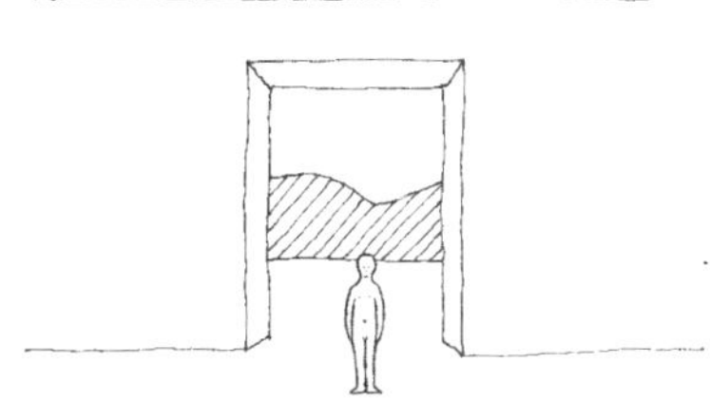

图 12　门口

还有，玻璃墙（图 14）作为一种现代建材，既可分隔空间，又不会造成视觉障碍。另外还有悬索结构中的杆件和缆索（图 15）用以支撑平台、桥梁或屋面，但要依靠其他结构来承重。

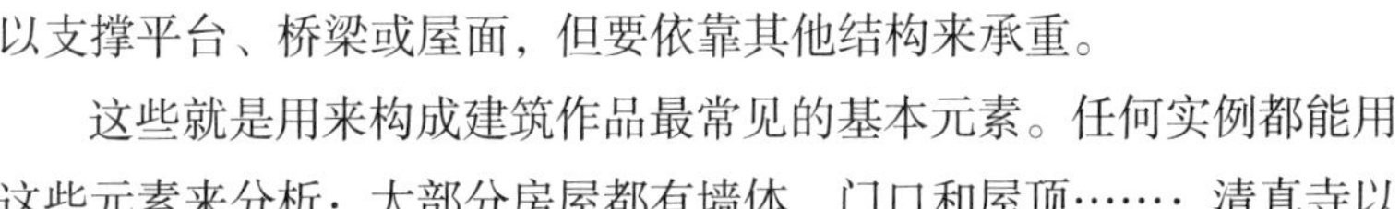

40 这些就是用来构成建筑作品最常见的基本元素。任何实例都能用这些元素来分析：大部分房屋都有墙体、门口和屋顶……；清真寺以

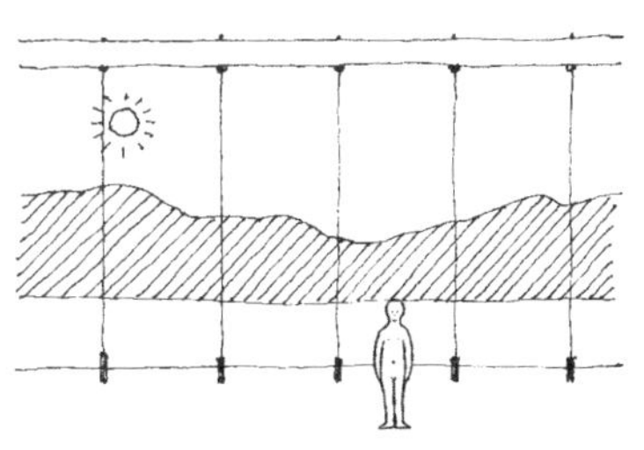

图 15　悬索

图 14　玻璃墙

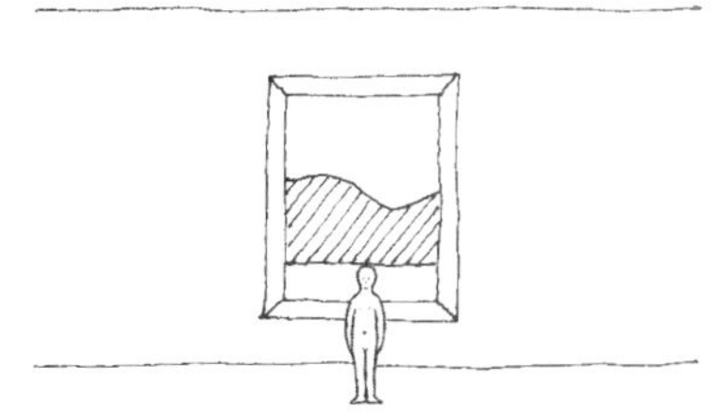

图 13　窗户

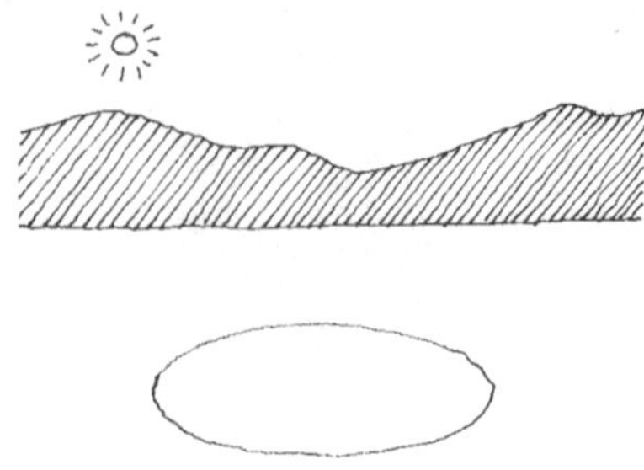

图 16　场所的识别

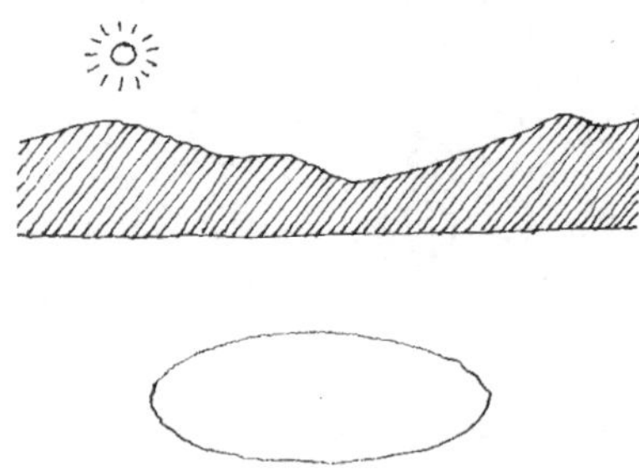

图 17　中心与界限

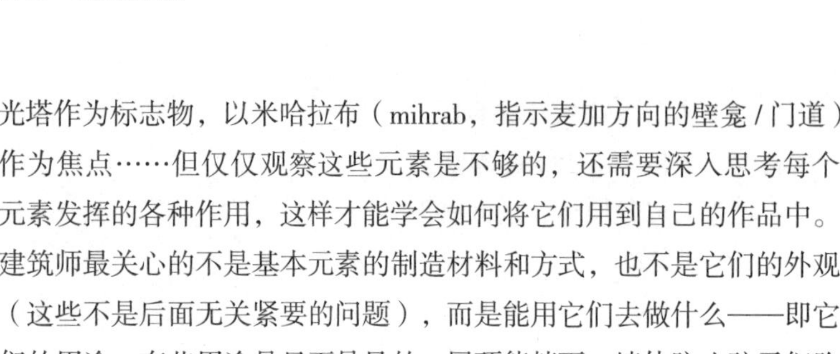

光塔作为标志物，以米哈拉布（mihrab，指示麦加方向的壁龛 / 门道）作为焦点……但仅仅观察这些元素是不够的，还需要深入思考每个元素发挥的各种作用，这样才能学会如何将它们用到自己的作品中。建筑师最关心的不是基本元素的制造材料和方式，也不是它们的外观（这些不是后面无关紧要的问题），而是能用它们去做什么——即它们的用途。有些用途是显而易见的：屋顶能挡雨；墙体防止孩子们跑到街上；门道引人入园……但有些则更为微妙；各种元素微妙的作用会让建筑独具匠心、妙趣横生。

图 18　界内

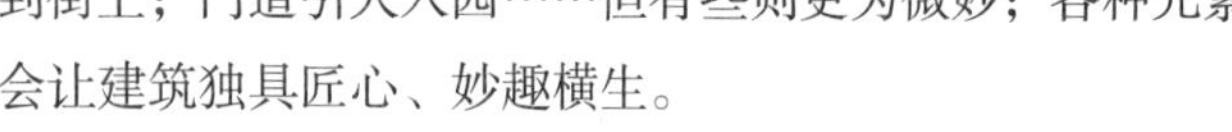

一些建筑基本元素的作用

这里有一些建筑基本元素为建筑师所用的例子。下文还有很多其他的例子。建筑的基本元素是标识场所、组织空间的手段，其主要目的是供人居住、营造感受和承载活动……作为手段，每个建筑元素都可以有不同的用途，而且通常是与其他结合在一起的。

图 19　界外

建筑的基本元素给建筑师带来的作用不胜枚举、多种多样，而且不仅可以按常规方式来运用，还有创新的天地。一本书寥寥数页，难以涵盖建筑基本元素的所有作用；读者应当开辟自学之路，在笔记中记录和描绘新的发现，并在设计作品中加以尝试。

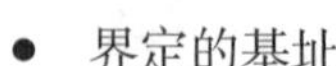

- 界定的基址

要考虑的一个重点是建筑元素的创造会对人的自由行动及其世界感受带来的效果。例如，界定基址的首要作用是标识场所（图 16）；在这个过程中，如果界定（基址的边界）清晰，还会（以这个边界）将内外明确区分开来。在这个意义上，界定的基址是地球表面上一切占有场地的建筑必备的建筑元素。

图 20　在界限上

41 与此同时，界定的基址如果具有规则的几何形式（例如长方形或圆形）就会确定一个中心（图 17），并以此突出焦点和界限。这种界限也可以成为室内外之间概念上的墙。在心理上，这种界限可以对人的自由行动及其对世界的感受带来各种效果。它会给“圈内人”（图

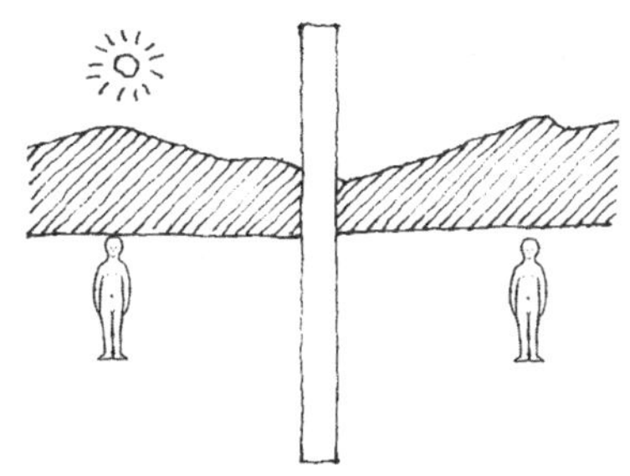

图 21　划分空间

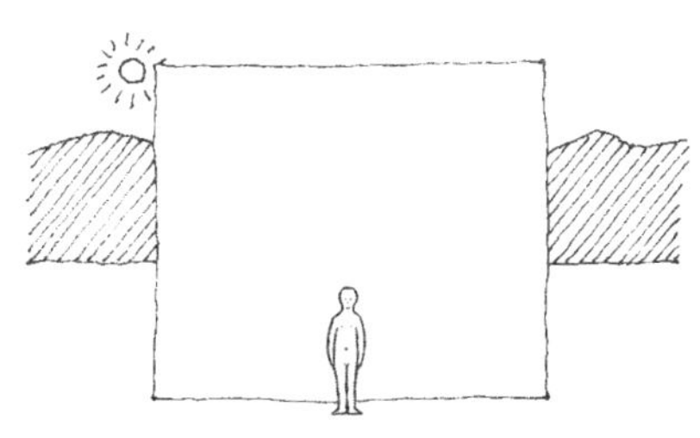

图 22　隔挡视线

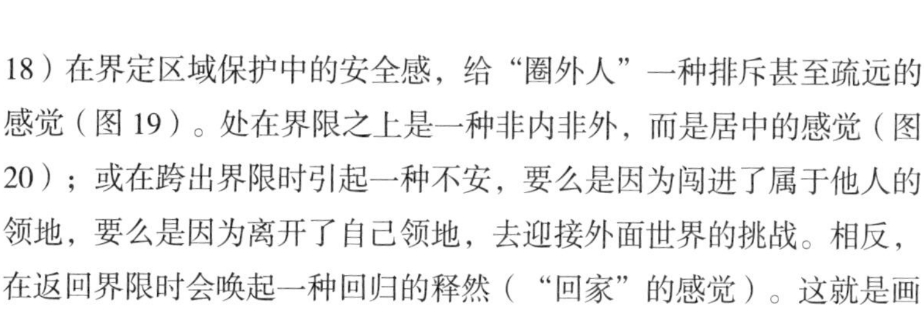

18）在界定区域保护中的安全感，给“圈外人”一种排斥甚至疏远的感觉（图 19）。处在界限之上是一种非内非外，而是居中的感觉（图 20）；或在跨出界限时引起一种不安，要么是因为闯进了属于他人的领地，要么是因为离开了自己领地，去迎接外面世界的挑战。相反，在返回界限时会唤起一种回归的释然（“回家”的感觉）。这就是画在地上的一条简单界线的一些作用。

- 墙体

地上的界线可以是心理上的屏障。当把它建成墙体时就会成为实体的屏障。

建成的墙体用实体障碍加强了心理上的阻隔效果。墙体会分隔空间（图 21）。它可以区分内外、彼此、他与我。墙体能够防止入侵：不论是人（敌人、陌生人……）和其他生物，还是天气（风、雨、雪……）。所以墙体的作用之一是保护。

墙体也可以防止逃跑、控制动物、保护孩子、监禁囚犯……所以墙体的另一个作用是包围。

墙体还可以有其他作用。无论是否区分室内外，墙体都可以用来阻挡视线（图 22）：隐藏；提供私密空间；调节视野……墙体还有一个作用是遮挡。

墙体可以用来界定通道（图 23）或与之并行，引导人们走上特定的路线。墙体有导向的作用。

墙体可以提供装饰、色彩、词语、光影、挂画和电影院那种投影（图 24）的表面。墙体可以提供映射另一个世界的表面（实际的或象征的）。

墙体具有环境属性。墙体可以用来遮阴、保温、蓄热和释热。

墙体（甚至）可以用来支撑屋顶（图 25）或走道（比如城堡的墙体）。墙体有支撑的作用。

- 门口

门口的首要作用是让人通过屏障（墙体）。这样，门口就是进出的控制点，（借助门扇）区分可否进出的东西。门口是欢迎和道别的

图 23　引导移动

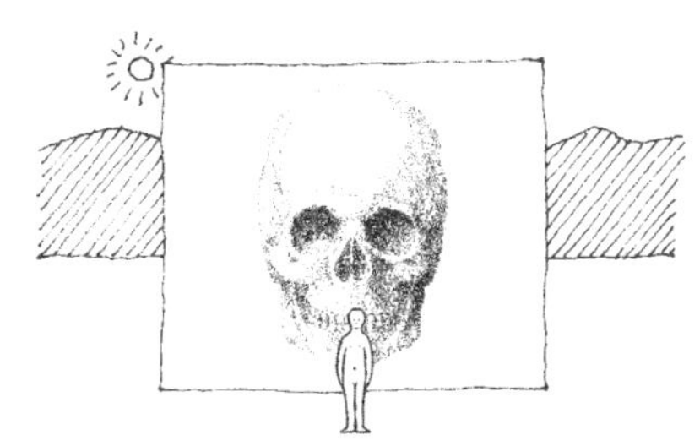

图 24　图像的表面

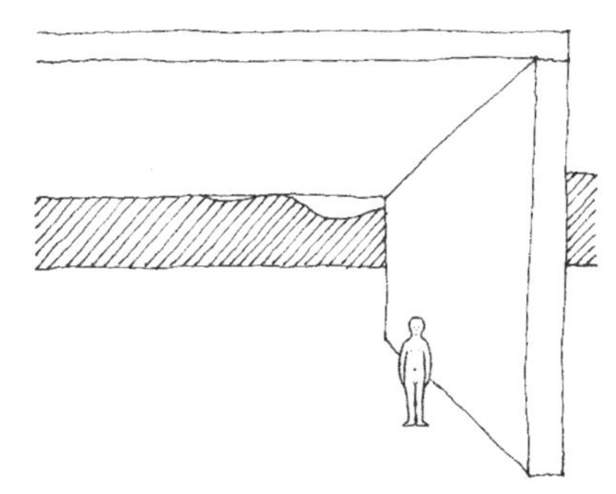

图 25　支撑屋顶

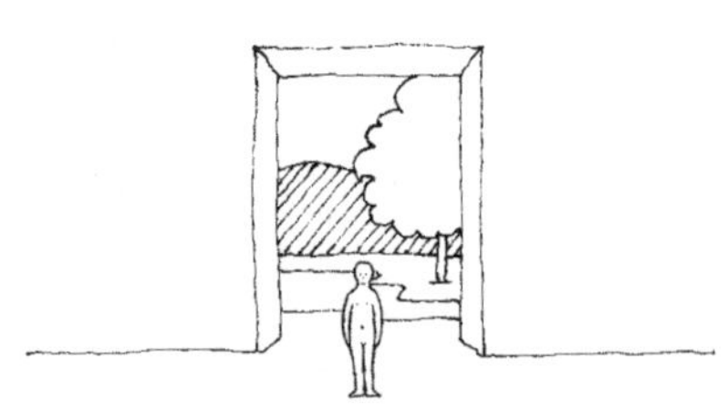

图 26　框景（就像一幅画）

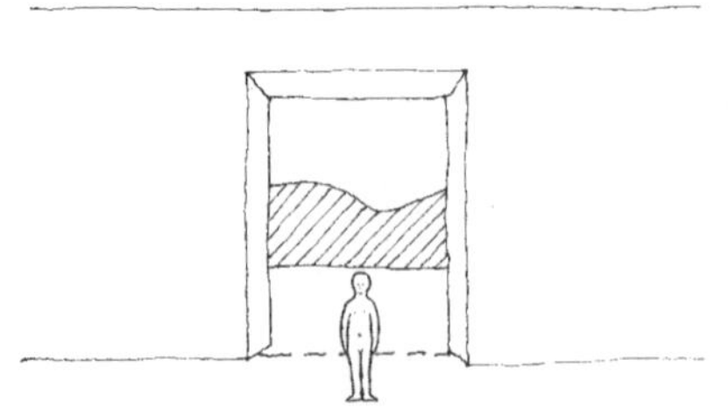

图 27　框出界限

场所；显示身份的地点（比如名牌）。

作为防御屏障的潜在弱点（易遭敌人或天气侵袭），门口需要由门锁、门廊、监控探头等进行防御。

门口还有其他作用。门口可以框景，使之成为一幅画（图 26）。门口可以框出一个界限（图 27）——由墙体分隔出来的场所之间的“断层线”。跨过界线就能唤起与各种情况相关的情感，比如不安、回归、观景、逃离、避难、隐藏、暴露……门口可以是其中任何一个的地点。

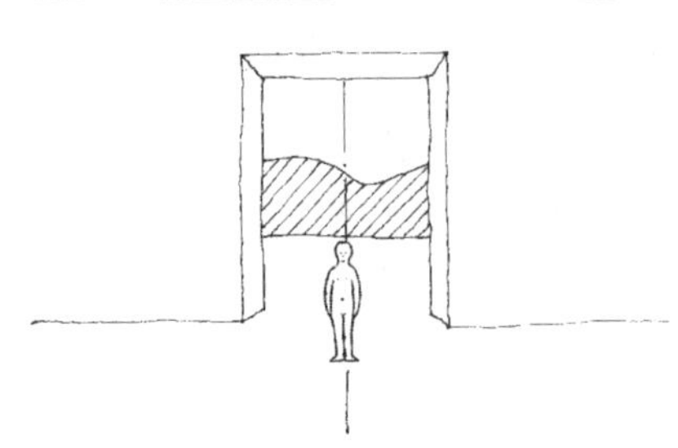

图 28　形成轴线

门口会形成轴线（图 28），并暗示构成立面中的对称，但也会在两侧或同远方（图 29）建立一种关系。门口的这种作用自古以来就体现在世界各地的宗教建筑上；门口可以指示人与远物之间的关联——远山或圣地；祭坛；偶像；甚至是一个抽象的概念（比如“善”、“无穷”、“他者”……）。

作为一个界限，门口也提供了让人坐下静观世间万象的好地方。门口本身就有标识场所的作用。

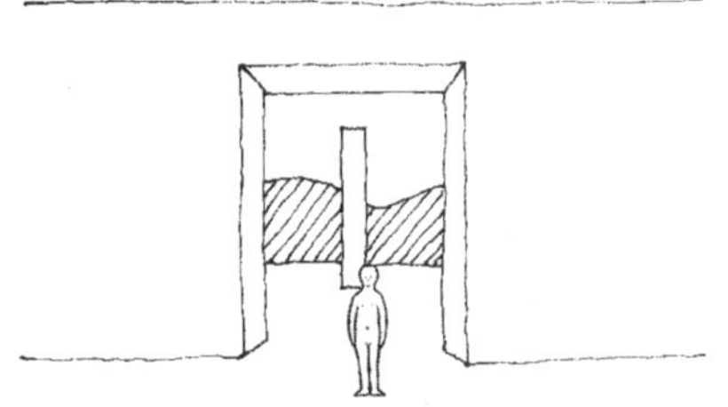

图 29　建立关联

这些只是建筑基本元素作用的几个例子。这些作用是所谓建筑“语法”中的各种要素；像墙体和门口、屋顶和标志物等元素都是建筑中的语汇（动词）；它们是标识场所和组织空间的手段，并协调着人与周围世界的关系。

在实际情况中分析建筑的基本元素时，要仔细考虑那些元素的效果，在发挥哪些作用。要透过表面看本质。往往会发现一个看似简单的元素，比如门口、墙体、屋顶、通道，同时有很多（建筑上的）效果。例如，门口可以同时让人进出、形成轴线、框景、筛进筛出……。另外，墙体可以同时分隔空间、支撑屋顶、作为投影银幕……建筑元素的多重价值将在第 5 章“元素的多元影响”中继续讨论。

墙体的作用参见：
西蒙·昂温，《建筑笔记——墙》，2000 年

门口的作用参见：
西蒙·昂温，《门口》，2007 年

43　组合元素

建筑的基本元素可以组合起来形成基本的建筑形式。有时这些组

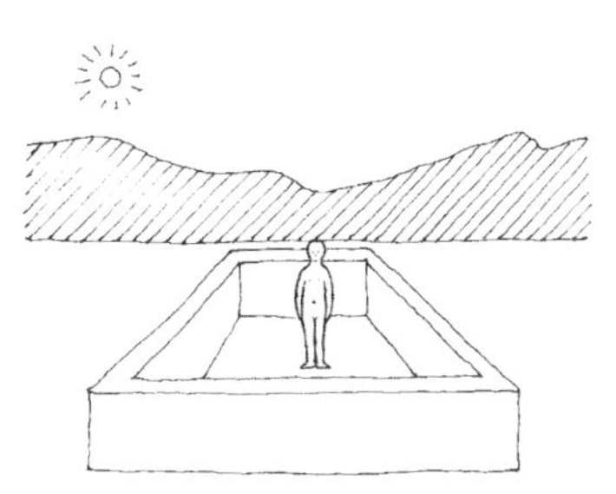

图 30　围合

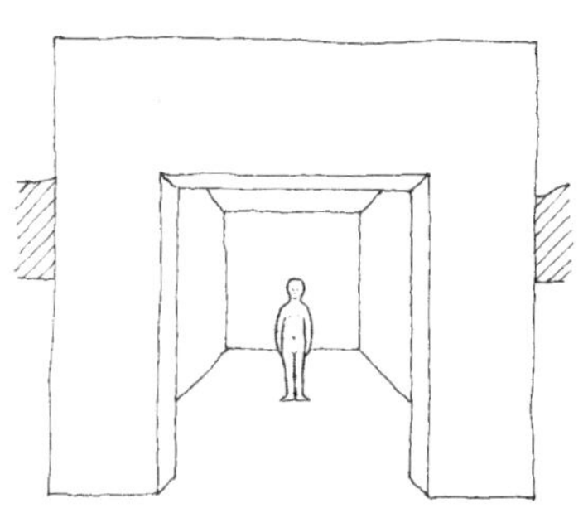

图 31　单元间

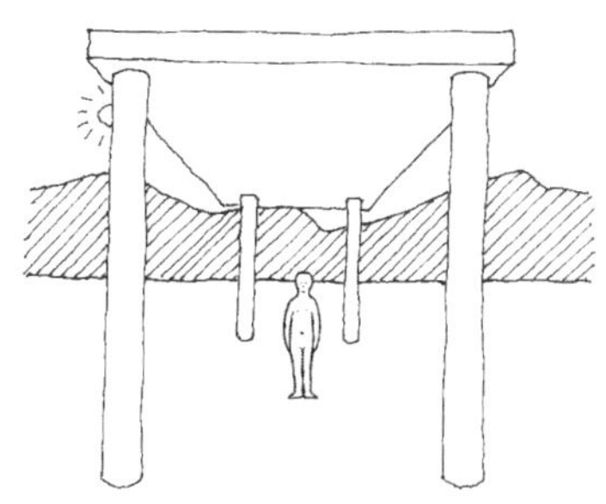

图 32　小型建筑

合元素有独立的名称。

墙体（屏障）可以组合起来形成围合空间（图 30），即通过在周围立墙来界定一块区域（这就像需要门口或门道进出）。楼板、墙体和屋顶会形成单间（图 31）或房间，将空间同其他地方隔开，使它成为（隐蔽、独处或囚禁等的）场所。给屋顶加上所需的支撑柱就形成了小房子（图 32）——最基本的建筑形式之一。它往往被用来包围特殊的焦点，这可以是一件圣物或者重要的人。垂直层叠一系列平台将形成储物或陈列的一组架子（图 33）或是多层建筑的楼面。斜向排列平台就构成了楼梯（图 34）——从一层爬到另一层的通道。墙体、窗户和平台组合在一起可以形成飘窗（图 35），坐下来享受窗外光线和美景的地方。墙体、门口、柱子和小屋顶的组合可以形成门廊（图 36），这是为来宾在门口遮风避雨，或者在进门前脱下外衣的地方。

这些基本元素及其组合成的基本形式将在本书的实例中和所有建筑上反复出现。它们被用在世界各地历朝历代的建筑上。就像在语言中，我们通常重复的常用语那样（比如“来杯茶怎么样？”），在建筑中我们也经常使用基本建筑元素的常见组合。

建筑的基本元素有一些常见的组合方式，如围墙、单元、小型、支架建筑、楼梯和飘窗、门廊，所有这些都是由基本元素——基地、墙体、门口、屋顶、柱子、平台等用不同的组合方式构成的。

图 33　支架（或楼层）

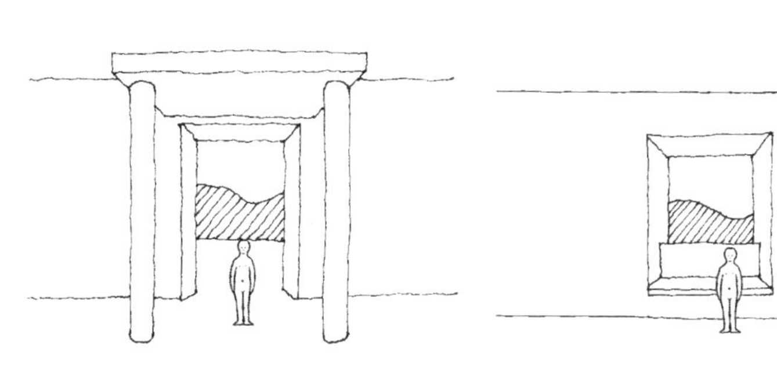

图 36　门廊

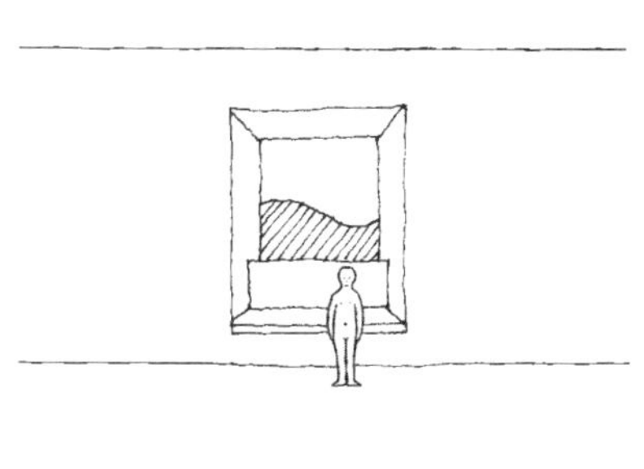

图 35　飘窗

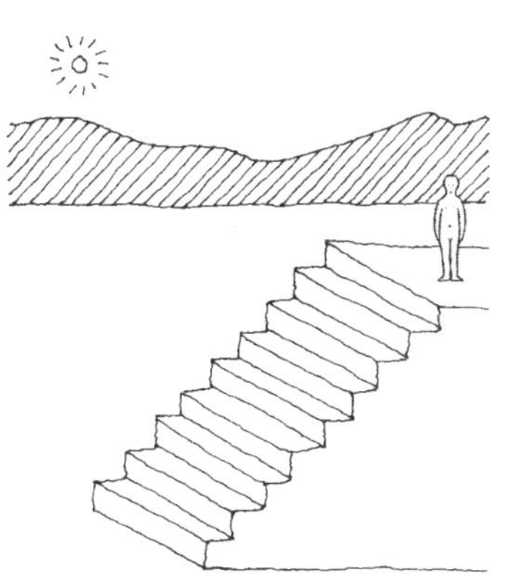

图 34　楼梯

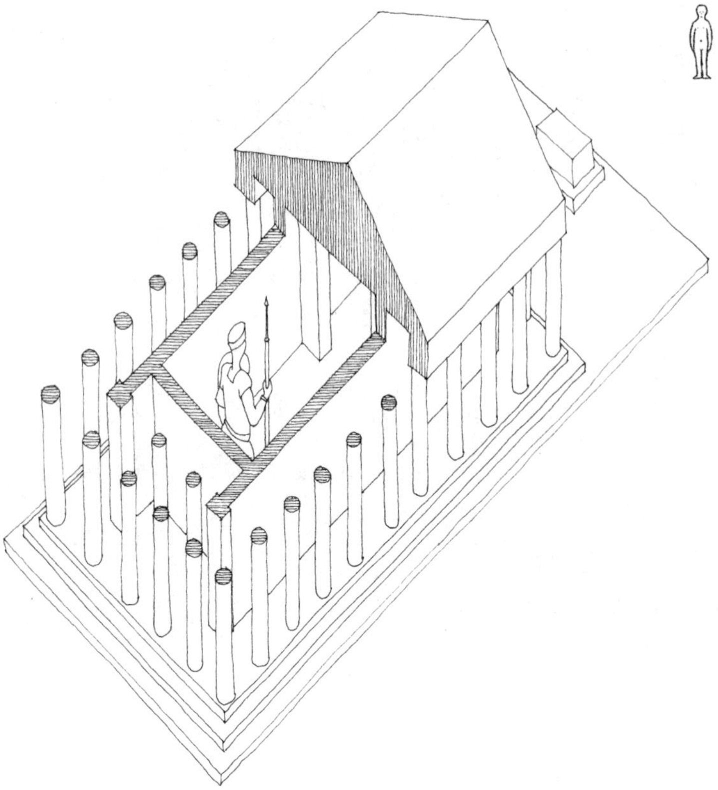

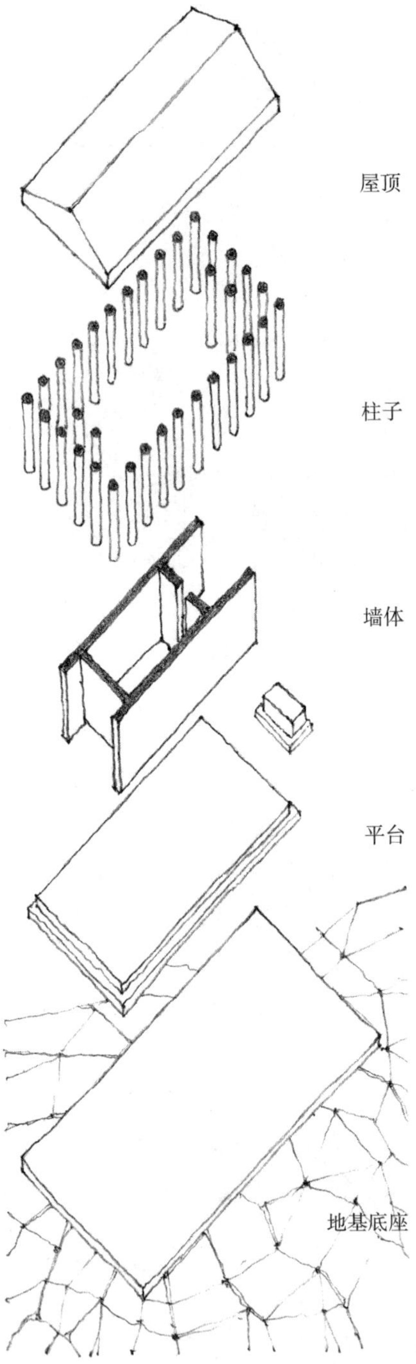

44

屋顶

柱子

墙体

平台

地基底座

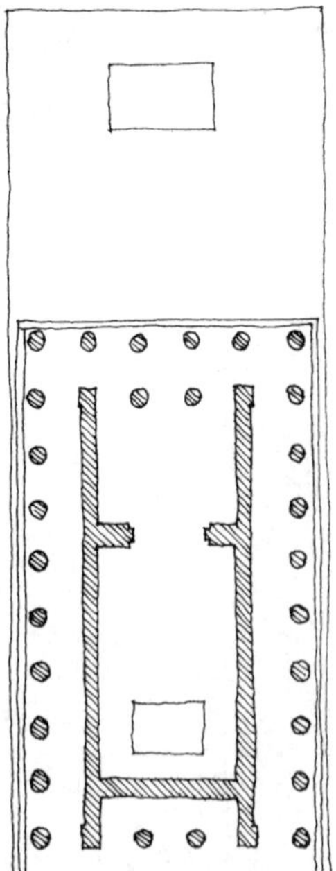

古希腊神庙（上图）运用这些元素简单直观地标识出神的场所。神庙建在平台之上，四周环列着柱廊，巨大的屋顶由柱子和墙体共同支撑。入口通向室内，其外部是一处小平台，祭坛就设在这里。完全由建筑的基本元素组合而成，创造出传统的庙宇形象，入口将神像与祭坛紧紧联系，柱列将神庙的房间隐蔽其后。可以想象跨入神庙或漫步在柱廊里会是什么感觉。古希腊神庙一般建于高耸的山坡上，选址本身就是象征和标志，神庙超然的形象使人在远方可以眺望。

平台、墙面、柱廊、屋顶和祭坛共同标识出神的场所，而庙宇中屹立着的巨大雕像就是神的化身，成为城市与建筑的核心。

有关古希腊神庙参见：

A·W·劳伦斯（A.W. Lawrence），《希腊建筑》（Greek Architecture），1957 年。

D·S·罗伯森（D.S. Robertson），《希腊与罗马建筑》（Greek and Roman Architecture），1971 年

45

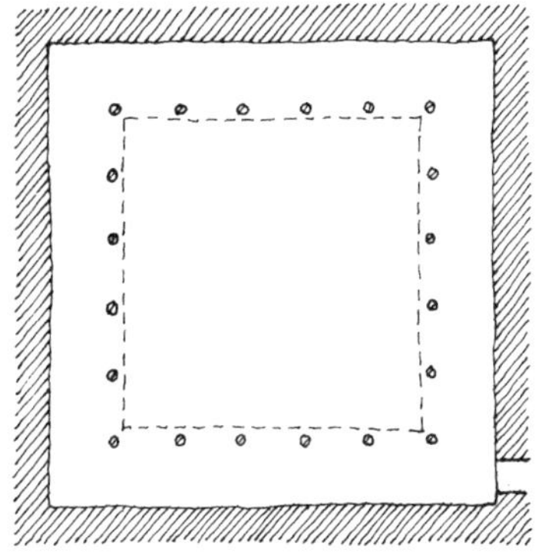

修道院建于一块场地（中央是一个露天的院子），院子四周被一排圆柱包围，圆柱以外就是围墙。墙体、柱子、屋顶形成了一个廊道空间。这是典型的古罗马院落形式，也是中世纪的修道院和文艺复兴时期的宫殿的基本构成形式。

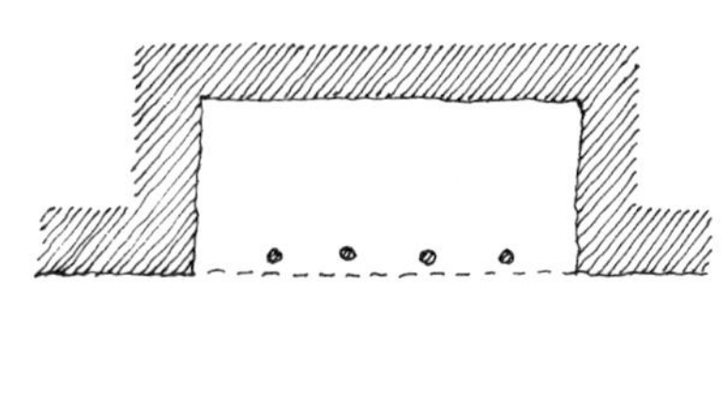

凉廊背靠一侧的墙体，但柱列可向一侧或几侧敞开。

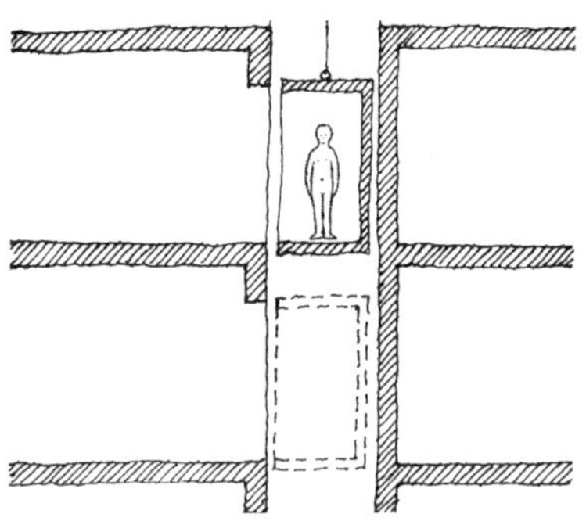

电梯是一个移动的空间，就如一个送人上下楼的移动小屋。

道路由沿街建筑的外墙界定出来。

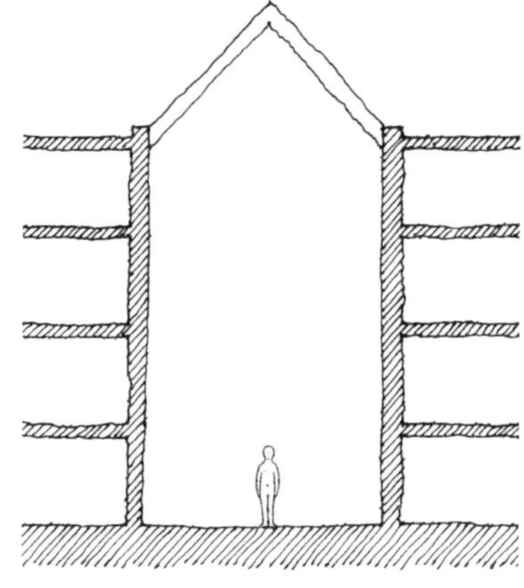

如果在上面加一个玻璃顶棚，那它就是带拱顶的商场或是室内街道。

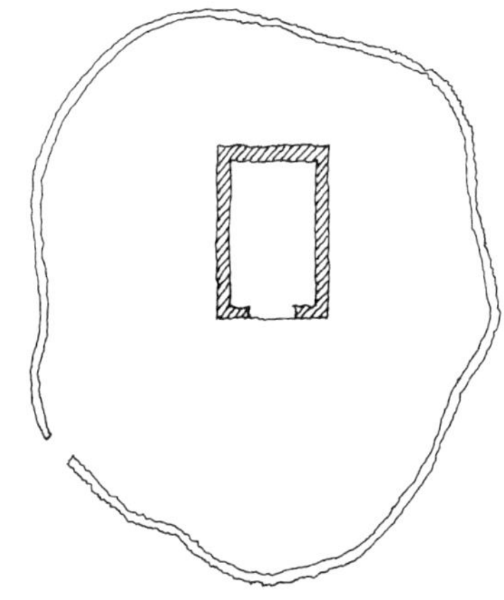

希腊的圣地高墙环绕，十分特殊，中央有一个单室建筑。不论古希腊式神庙、还是墓地中的中世纪教堂，院子的角落设置几间辅助用房，圣地大都采用这种模式。

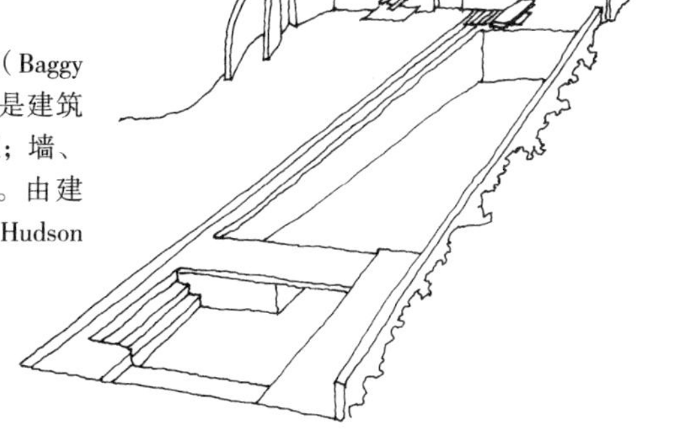

位于英国康沃尔的巴吉住宅（Baggy House）的游泳池（右图）是建筑基本元素的一种组合：池坑；墙、平台；路径、台阶、连桥。由建筑师赫德森·费瑟斯通（Hudson Featherstone）设计。

有关巴吉住宅游泳池参见：
凯斯特·兰坦伯里（Kester Rattenbury），《英国皇家建筑学会期刊》（Royal Institute of British Architects Journal），1997 年 11 月，p56—61

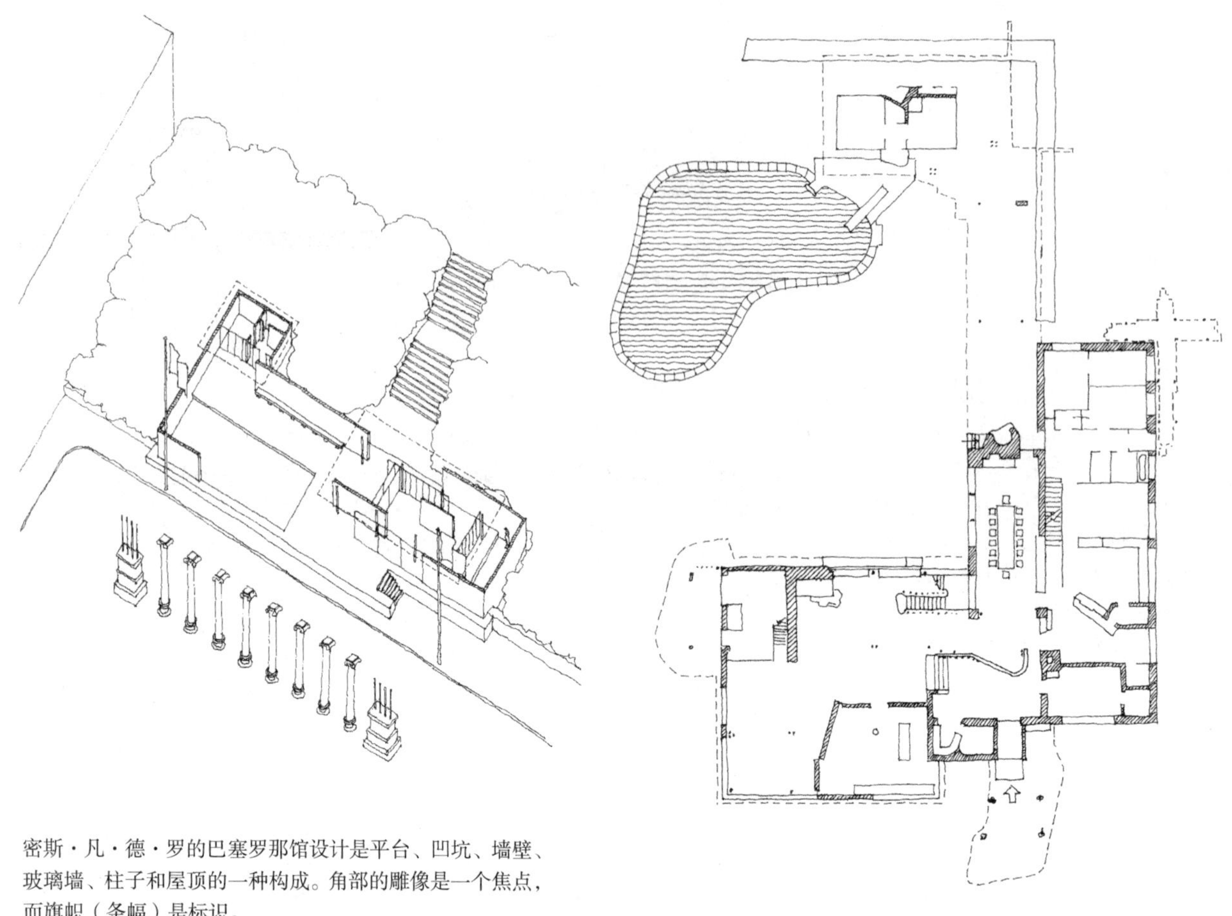

密斯·凡·德·罗的巴塞罗那馆设计是平台、凹坑、墙壁、玻璃墙、柱子和屋顶的一种构成。角部的雕像是一个焦点，而旗帜（条幅）是标识。

46 基本元素往往会相互组合加以运用。在某些情况下，比如巴吉住宅游泳池 [the Swimming pool of the Baggy House，前页，赫德森·费瑟斯通（Hudson Featherstone）于 1996 年设计] 或者著名的巴塞罗那馆（Barcelona Pavilion，左上图，密斯·凡·德·罗于 1929 年设计），一个建筑作品可以是基本建筑元素的明显组合。但更为复杂和不规则的建筑作品也是由这些基本的和组合元素构成的。右上图是玛利亚别墅（Villa Mairea）首层平面图，由芬兰著名建筑师阿尔瓦·阿尔托（Alvar Aalto）和妻子爱诺（Aino）设计，建于 1939 年。虽然没有透视图，但你可以观察到图中隐含的几何元素。虽然没有巴吉住宅的游泳池那么简单，但其构成无疑也是基本元素的组合。

建筑设计并不止于了解基本元素即可。建筑的基本元素是逻辑结构，就像精密仪器一般构建着空间世界。作为一项复杂的创造活动，空间的具体设计很大程度上取决于对这些基本元素的组合与运用能力。同学习语言一样，记住了字典里的所有词汇并不意味着必然成为文学家。当然，只有具备了足够的词汇量才能保证语言表达的多样性，也才能提高遣词用句的准确性。对于建筑也是同样的道理，了解建筑的基本元素仅仅是个开端，只是为场所的标识过程提供了最基本的语汇而已。

从平面中仍可清晰地看出，别墅是由墙面、楼板、屋顶、平台、柱子、门、窗、过道、管道井、游泳池（下沉地面）等基本元素构成的。有些空间，如主入口前的通道（图中箭头所示的部分）、别墅与院落后部的桑拿浴室之间（图中点画线所示的部分）均设有盖着顶板的柱廊。有些空间采用特殊的地面、木材、石块、玻璃等材料加以强调。还有一些空间或是由矮墙分隔（图中未填黑的墙体），或是由通高的墙面（部分涂黑的墙体）和玻璃幕墙分隔而出。

有关玛利亚别墅参见：

理查德·温斯顿（Richard Weston），《玛利亚别墅》（Villa Mairea），“建筑细部系列”（Buildings in Detail series），1992 年。

理查德·温斯顿，《阿尔瓦·阿尔托》（Alvar Aalto），1995 年

有关巴塞罗那馆参见：

西蒙·昂温，《每个建筑师应该理解的二十个建筑》，2010 年

图中建筑的台阶密密麻麻，数不胜数。建筑位于西班牙格拉纳达（Granada）的阿尔罕布拉宫（Alhambra）附近的赫内拉利费宫（Generalife）里。这处场所几乎可以激发我们所有的感官体验：深绿色的繁茂枝叶，色彩斑斓的花卉，光与影的构图吸引着视线；近旁的流泉叮咚作响，蔬菜散发出阵阵清香，橘子树散发着特有的芬芳，向阳面、背阴面温差巨大；溪水清可见底；鹅卵石小路肌理细腻，如果摘一颗橘子或葡萄品尝一番，香醇的美味会让你更喜欢这里。如果有时间，一定要爬到顶峰去眺望远方。

第 4 章　建筑的限定元素

“这栋房子隐藏在福音公园（the Park of the Evangels）的杏树丛中，就如殖民地时代的其他建筑，似乎是即将毁灭，但它的内部空间却和谐美观，光线变化令人惊异，仿佛来自另一个年代。入口正对一个方形塞维利亚（Sevillian）水井，有着白色的条纹，用来浇灌橘子树，墙和地上铺着同样的瓷砖。看不见溪流却能听见潺潺的水声。在檐口上放着几盆康乃馨，拱廊里挂着珍奇的鸟笼。三只大鸟笼里的乌鸦最为神奇，翅膀一挥动，香气就弥漫在水井周围。拴在屋里的几条狗，被陌生人惊扰，开始狂叫，女主人的呵斥使它们鸦雀无声。许多猫在水井边游走，一有声响就躲进花丛。尽管不时有叽叽喳喳的鸟叫和流水拍打卵石的叮咚声，远处传来的波涛声似乎让人们听见了大海平静的呼吸，如此多的声音更衬托出几分寂静。”

——加布里埃尔·加西亚·马尔克斯（Gabriel García Márquez）著，
格罗斯曼（Grossman）译，
《霍乱时期的爱情》（Love in the Time of Cholera），1988 年，p116

“这就是我们先祖的天才之处。通过切断这个虚空间的光线，他们赋予了在那里形成的阴影世界一种超越所有壁画或装饰的、神秘而深邃的特质……我们可以毫不费力地想象到，每个隐秘的细节都凝聚着巨大的心血——设在格架龛里的窗户、交叉梁的进深、门槛的高度。但在我眼中，最精妙的一笔是书房开间里推拉门的灰白光晕；我只需在它前面驻足片刻就会忘记时光的流逝。”

——谷崎润一郎（Junichirō Tanizaki）著，哈珀（Harper）和
赛登施蒂克（Seidensticker）译，
《阴翳礼赞》（In Praise of Shadows, 1933 年），2001 年，p33

第 4 章　建筑的限定元素

49 上一章论述的建筑基本元素是抽象的概念。在建成之后，它们就被赋予实体形式，各种额外因素就开始发挥作用。在建造它们以及我们感受它们的过程中，基本元素和它们标识的场所就被限定了：通过光线、颜色、声音、温度、气流、气味（还可能有味道）、所用材料的特性和质感、用途、尺度以及岁月的流逝和体会。

限定元素是建筑必然的外部条件，也可以在某些特殊的建筑类型中发挥特殊的作用。建筑基本元素和限定元素的相互影响是无限多样的。仅靠一盏暗淡的孤灯，或是洒入窗棂的一抹光线，此时的房间会显得昏暗。声波既能被建筑结构所阻隔，也能通过其粗糙的墙面而反射。温度会高低变化，空气会干湿不同。气味则更多样，可能是汗水味或水果腐烂味，也可以是新鲜食品和名贵香水的味道。地面的铺装可以粗糙也可以光滑。床面可以坚硬如石也可以十分柔软，就像垫着泡沫或毛绒。屋外可能有个院子，景色随着天气、时间、季节而交替变化。

一个场所可能就是一束光线或是路途中的某个瞬间。

基本元素可以完全被设计者所掌握，而限定元素比较抽象，在设计中则往往很难准确把握。我们可以确定柱子、房间或柱廊的精确尺度和比例，而音质、光线、气流及时间等限定元素则变幻无常。在设计中，对限定元素控制的程度必须用时间来考验，举例说明：在人工照明出现前，光线作为自然因素无从控制，人工照明的应用使光线可以精确控制。在远古时代，建筑材料不论石材还是木材都是砍凿出来的；如今它们的各种质感和特性都可以精细加工出来。

基本元素的应用，是使空间按一定逻辑组织后，形成特定的场所类型，而限定元素则通过不断地变化对建筑空间产生具体影响。

光线和阴影

可变元素中，先来讨论光线。光线是建筑的自然条件，又是建筑的限定性要素。自然光线是人们观察建筑的基本媒介，但不论是自然光线还是人工照明，都可以用来刻画空间赋予场所不同的特征。

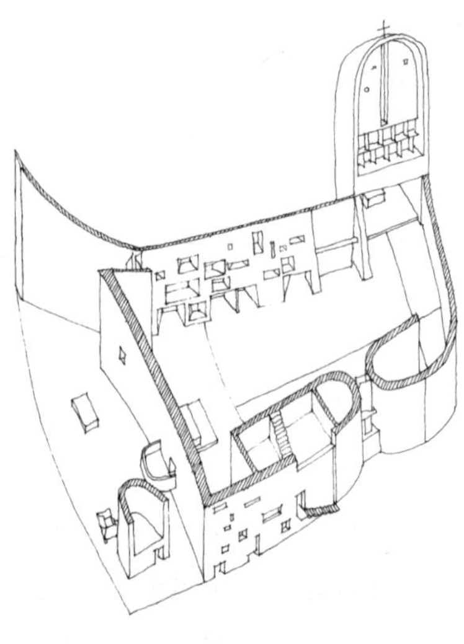

朗香教堂利用建筑侧墙的采光塔引入光线，与光线从高耸的壁炉烟道中斑斑驳驳地洒下的效果很相似。

50 建筑是光与影的雕塑，以此为思路就能恰当地进行造型。建筑又是对场所的标识，因而不同的空间就有明暗光影或强或弱的各种变化，有光线柔和均匀的地方，有阳光耀眼、阴影清晰的地方；也有光影婆娑或不断微妙变幻的地方。例如剧院的灯光对比就很强烈，舞台区灯光明亮，观众厅光线暗淡，这样才能满足观赏效果。

光线与行为密切相关（左下图）。不同的行为需要不同的光线。珠宝商的工作台运用强光来集中照明；艺术家绘画需要均匀不变的光源；学校里的学习和活动需要整体照明。

昼夜交替、四季更迭、阴晴云雨，光线是不断变化的，这些变化可以模仿。光线也可以开发利用，改善日照与光线的方法很多。老式房子常设高耸的烟囱（中下图），炉火熄灭后，阳光由烟道投射而入，使炉膛闪动光影，造就出浓郁的神秘气氛。现代主义建筑大师勒·柯布西耶设计的朗香教堂（Notre-Dame du Haut at Ronchamp，上图和右下图）就运用了这个原理，在教堂侧墙上开出许多采光井，墙体采用
51 粗糙不平的清水混凝土，光线因散射而十分柔和，烘托出倚墙而立的祭坛。建筑师 H·埃里克森（Harald Ericson）运用了同样的手法，设计了瑞典的波拉斯（Boras）火葬场（对面页右上图）（建于 1957 年），比朗香教堂晚三年，这是建筑的纵剖面，隐蔽的光源从神殿顶上引入。

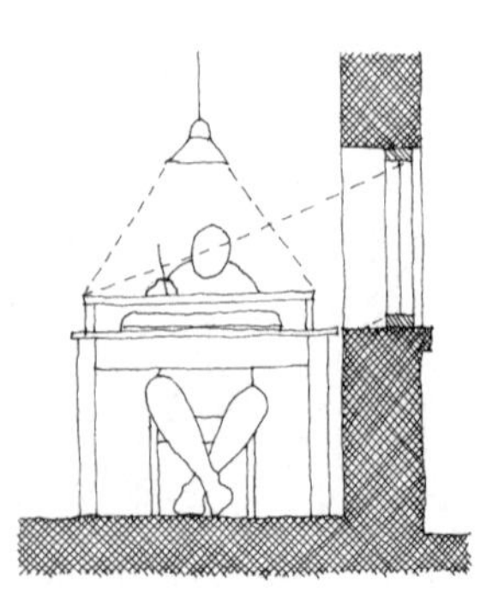

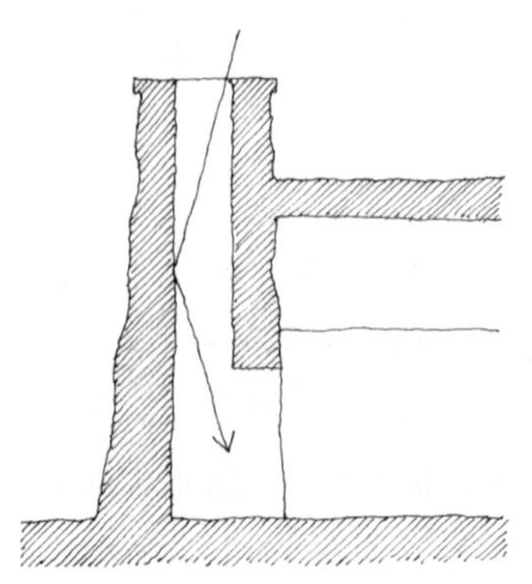

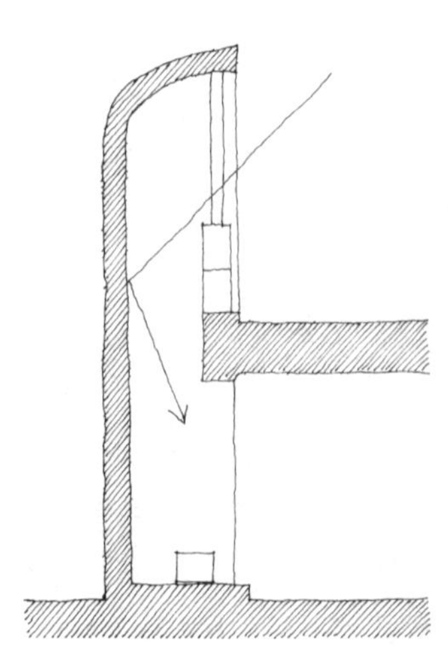

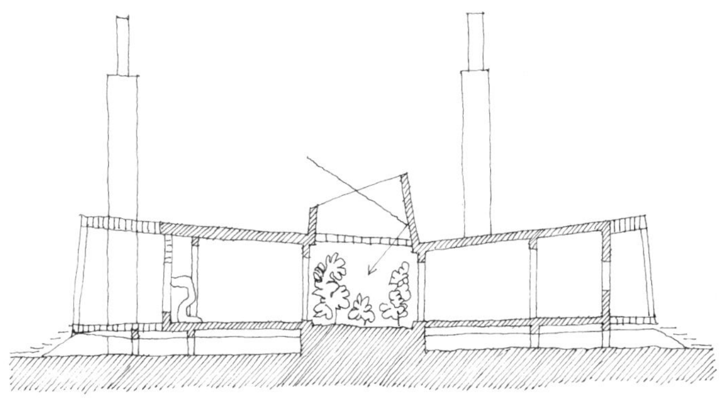

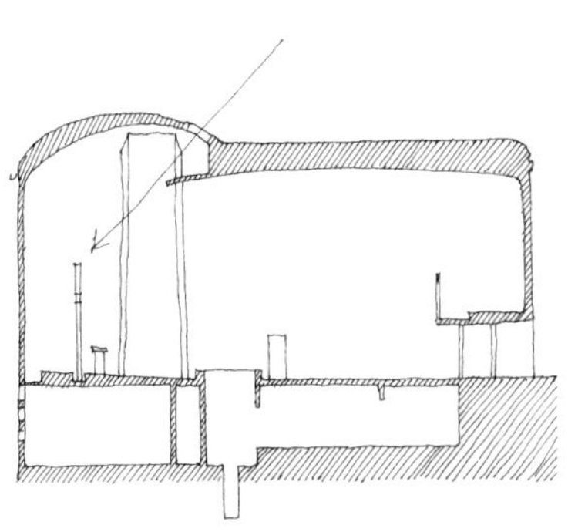

宗教建筑里的光线通常不直射而入，而是隐隐照射，这样能增加建筑的神秘感。

同年，拉尔夫・厄斯金（Ralph Erskine）在瑞典的斯托维克（Storvik）设计了一个单层别墅（左上图），他通过天井采光来强化别墅中心的小花园。大约 20 年前同样在瑞典，贡纳尔・阿斯普隆德（Gunnar Asplund）在斯德哥尔摩郊区设计了林间火葬场。其中，主要建筑礼拜堂设置在一片开阔地，周围有一圈独立的圆柱门廊。在门廊的中心有一尊巨大的神像，光线可以通过开放式的屋顶照射到神像上（下图）。

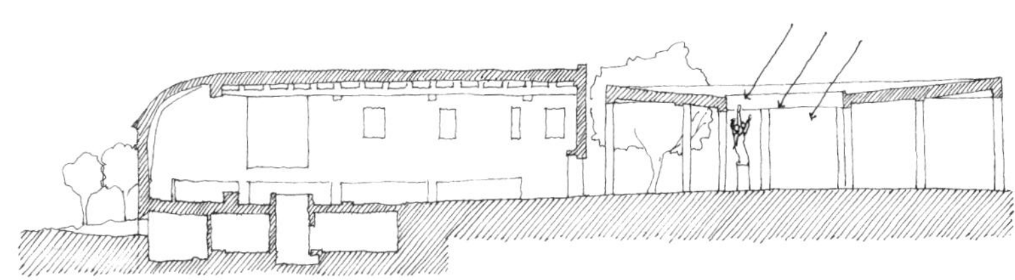

与日光相比，人造光源更易调控：可以随时开闭和精确调控光源的照度、色彩、方向。剧场采用的就是可精确调控的人工照明系统。每个建筑都有重点细节，可以运用光线像“剧场”一样来刻画。点光源可以用来烘托演员、歌手、绘画或展品的形象，任何需要强调之处均可如此处理（左下图）。光线有时也有副作用，容易将人的视线引向光源（右下图）。

自然光线和人工照明在建筑中的运用方式不胜枚举。照明设计对空间的刻画如此重要，自然会成为建筑设计的重点。光线对空间的组
52 合、基本元素的运用都影响重大，决定着场所的氛围和特征。例如教室、教堂、球场或外科手术室，就对光照的要求各不相同。

聚光灯投射出的光线可以强调形体和方位，形成令人注目的焦点。

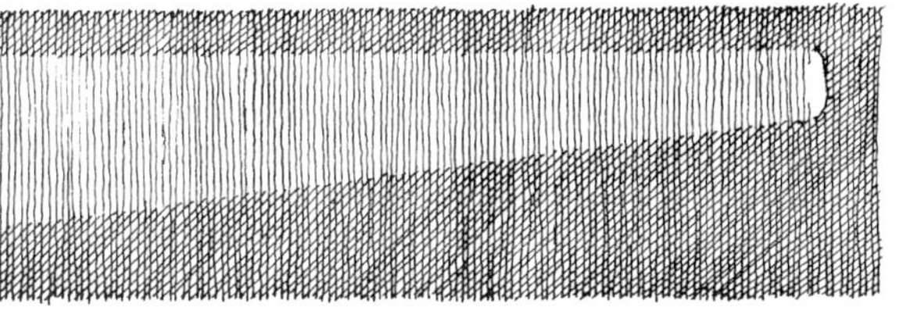

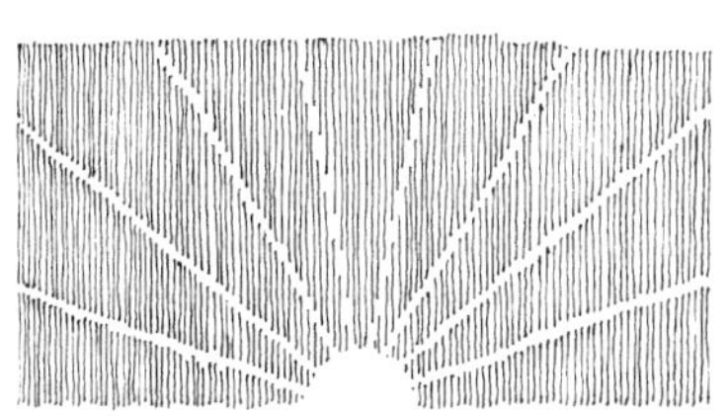

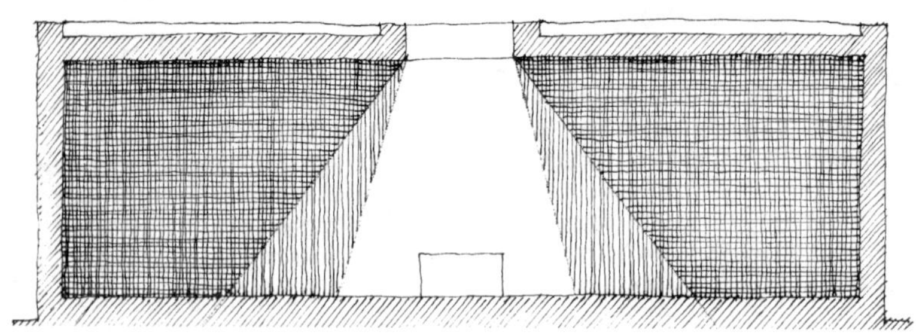

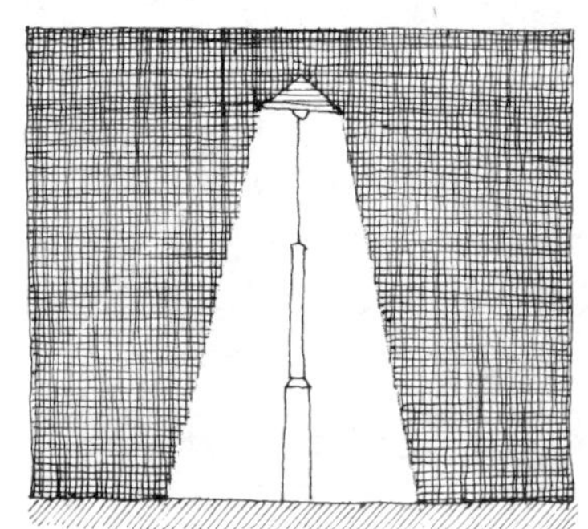

房顶开设天窗，就像是森林当头的光线，最亮的地方一般是祭坛的位置，形成让人瞩目的焦点；黑暗的街道上，路灯则会投射出锥形的光源。

形态不变而照明方式改变，场所的特征也会随之改变，照明方式主要是光线的强弱和方向变化。试想，当你用手电筒照向一位朋友的下巴时，它的面容会发生怎样戏剧性的变化呢？再以房间为例：夜幕降临，合上窗帘，打开电灯，房间顿明，夜色顿消。当然，习以为常的生活让我们会轻易忽视这种戏剧性变化带来的启发。当观众厅灯光熄灭，启动舞台照明设备，剧场的反光装置便成为产生奇幻场景的决定性因素。灯光辉映可以使建筑的轮廓消逝，柔和的照明会使墙面、穹顶等轮廓模糊而看似虚无。光线暗淡也会造成类似状况，哥特式教堂内部因幽暗而愈显深远，远端的祷告室若隐若现而顿觉神秘。还有些空间要求光照恒定，比如百货商场、大型超市或购物中心，不论冬天晚上 9:30 还是夏日中午，都需要持续的照明。

沙漠中的帐篷标识出一片遮阴的场所。

在森林里开辟空地也是在营建场所。伐林砍树，移走障碍，就创造了一处阳光地带；再将地面平整后，就可以在这里翩翩起舞了，暖暖的阳光倾泻而下（光线因素得以强化），森林中就营造出一处宜人的花园。大漠斜阳，搭一座帐篷，引入一抹阴凉。贝都因人的帐篷式住宅（Bedouin tent，右中图）就是为了创造一处遮阳的环境。多数情况下，屋顶既可防雨又能遮阳；在屋顶上开窗引入光线，就像是在森林中开辟空地一样，可以为阴暗的空间带来一抹光明（左上图）。昏暗的街头，一盏孤灯就可界定一处场所（右上图），红色闪烁，很远便知是个特别的地方。

古希腊神庙的大门面向东升的红日开启。傍晚时刻，夕阳余晖洒落进来，鲜活地勾勒出庙宇内神像高耸的轮廓。柔和的阳光洒入神庙里，每天的此时此刻神像都显得熠熠生辉。拉图雷特修道院（the Abbey of La Tourette）建于法国南部（建于 20 世纪 60 年代），勒·柯
53 布西耶在建筑的屋顶上设计了一处不大的矩形天井。在同一座教堂内，勒·柯布西耶还设计了向下深嵌的圆形采光天井。阳光的游移此时就像上帝之眼，在阳光的照射下，圆洞的内壁红彤彤的，就像发射完炮弹通红的炮管一样，暖暖的光柱暗示出祭坛的方位。由西班牙著名建筑师安东尼·高迪（Antonio Gaudi）设计的。西班牙南部的圭尔

墙壁可以投射出光影。由 W·R·莱瑟比（William Richard Lethaby）1902 年设计的伦敦布罗克汉普顿（Brockhampton）教堂，尖塔上设有窗洞，窗格子的投影被阳光鲜明地刻画在室内白色的墙面上。

在这幅图中，强烈的阳光倾泻在神像上，神像的形象更加光辉（左图）。

公园（Güell Colony）殖民地教堂，内部光线幽暗，柱子和穹顶都隐没于阴暗里，仅有的一丝光线透过锈迹斑斑的窗棂洒入。此时的石材墙体宛如森林中的大树，光线从“枝干”之间洒入。

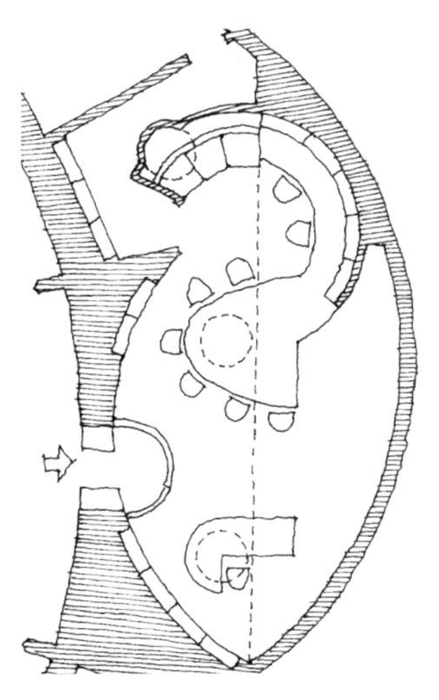

在弗兰克·劳埃德·赖特设计的纽约的古根海姆博物馆中，理查德·迈耶重新设计了艾·西蒙（Aye Simon）的专用工作室（上图），它利用三处顶光来强化从上至下三个不同的场所：布置着座椅的休息区、书桌和接待台。

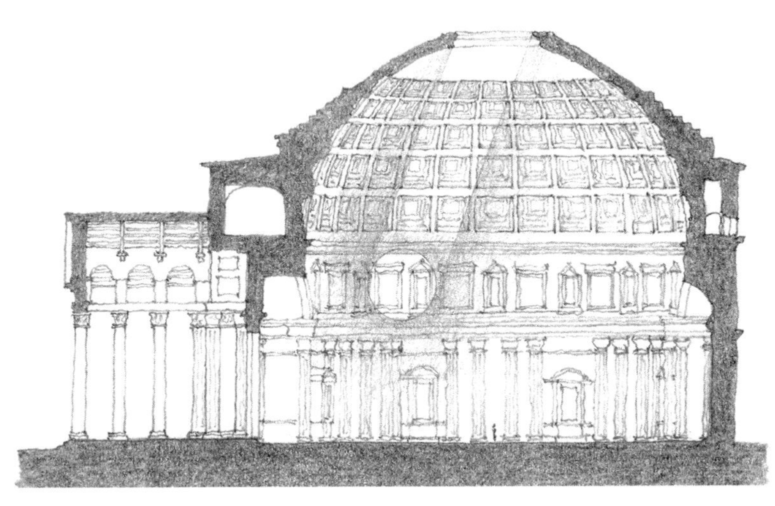

在大约 2000 年前古罗马建造的万神庙（左中图）中，穹顶上的天窗将光线引入室内照射在周围的空间中。

色彩

色彩当然与光线是不可分割的。光线本身就有色彩，而彩色玻璃则让光线五光十色。对环境光的反射决定了物体的表面色彩，色彩和光线都可以标识场所。如果室内装饰以绿色调为主，可以形象地称其为“绿屋”；房间使用绿色光源时是一番情景，自然采光时又是一番情景。不同的色彩和光源营造出不同的氛围。色彩不仅仅用来装饰或
54 营造特殊的气氛，还有助于标识场所。它主要起到润饰和强化的作用，通过削弱或模糊色彩差异达成润饰的效果。色彩也常用作暗示。为帮助他人识别你的住所，可将屋门（或墙、窗、屋顶）漆成红色（蓝色、绿色或其他色彩）。一条色带可能暗示着一处需要短暂停留和等待的场所（如检查您的护照），混凝土路面或是地毯颜色的改变可能暗示

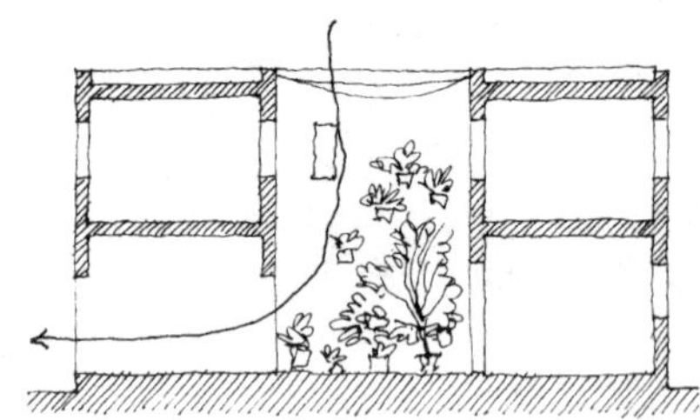

西班牙南部住宅常常设有由四壁高大的墙体围合成的小型天井内院(左图)，天井顶部常设有凉棚，正午时分，可以减缓烈日的暴晒。庭院内遍植花木，还布置有飞瀑流溪，通过植物和水体的蒸发，清爽气流循环往复，房间和巷道都浸润其中。

在严冬中，空调器的排风孔为人们带来温暖。

出前方通道的特殊性，耀眼的色彩会让人醒目（如铺红色地毯迎接到访的贵宾），或为人指明方向。

温度

温度对于场所识别也发挥着重要作用。北极这样的严寒区建造穹顶建筑，目的是最大限度的保暖。西班牙科尔多瓦地区的住宅通常都设有茂密植物的蔽阴天井（内庭院），主要原因是西班牙南部气候酷热，必须创建相对清凉的环境。温度并非总与光线相伴而生。在北温带，南墙作为向阳面可以营造明媚温暖的场所；相反，空调送风孔并不发光，却能在严冬中送出温暖。当然，明亮的房间可能会冰冷潮湿，光线暗淡的房间反而可能暖意融融。有些建筑（尤其是现代的艺术展馆）室内各区都温度恒定，因为空调系统和计算机系统在精确控制。住宅还有大部分普通建筑中，室内温差明显：带有壁炉的房间温暖，门厅相对阴冷，阁楼间暖和，屋面板冰凉，起居室温暖，阴冷的过道，暖和的庭院，阴凉的亭台，春意盎然的温室，冰冷的食物储藏间，灼热的厨房炉灶，寒冷的冷冻室……空间不同，冷暖有别，取决于使用目的及功能的差异。

通风

温度包括通风状况和湿度条件，在其共同作用下，空间感受差异有别。如：或干或湿，或暖或凉，或潮或阴，或通畅或郁闷等各
55 种不同的情况。清新的微风可使温暖潮湿的空间更加清爽宜人；而温暖安静的房间吹入阵阵凉风也会使人备感舒适。地中海的克里特岛属于干热性气候，在古代的宫殿里，王室的寝宫常常设有开敞的阳台和庇荫的小院，局部空间的通风和空气对流，可以使整个住所变得凉爽。

柏林旧博物馆（the Altes Museum in Berlin，对面页左上图和左下图）设计者是德国建筑师辛克尔（Karl Friedrich Schinkel），建于19世纪。正立面设有一处凉廊，向户外直接开敞，两部楼梯由地面直达二层，可以俯瞰博物馆前方的花园广场（the

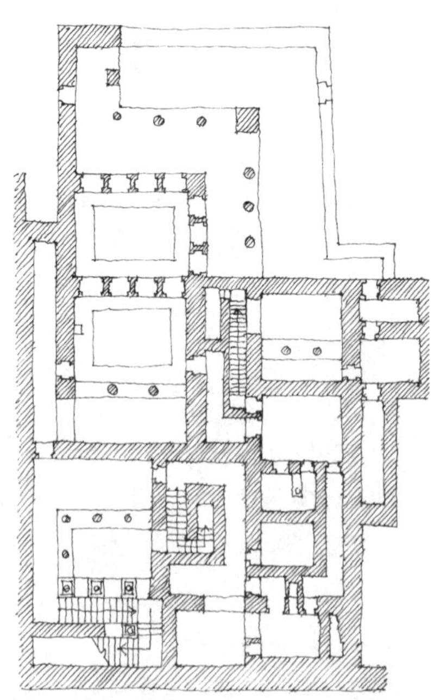

克里特王宫的寝室也有很好的遮阳效果。建筑中设置了大量洞口和采光井，促使室内空气对流，炎热气候下还可为寝室降温（图中所示是克诺索斯王宫的部分平面）。

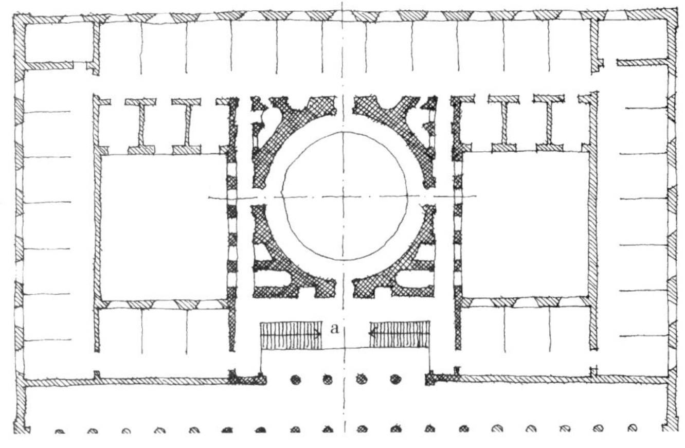

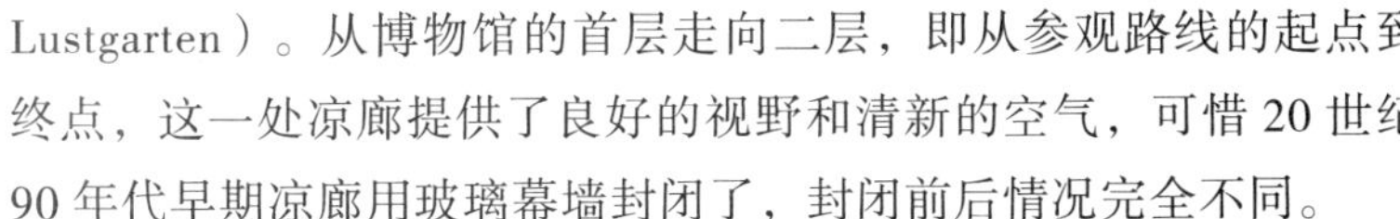

左图是柏林旧博物馆的首层平面，a 处是凉廊，左下图是凉廊剖面。凉廊可以使游客在画廊中呼吸到新鲜空气。上图是凉廊的绘画，选自辛克尔自己的《建筑设计作品集》（1866 年首版，1989 年再版）。

Lustgarten）。从博物馆的首层走向二层，即从参观路线的起点到终点，这一处凉廊提供了良好的视野和清新的空气，可惜 20 世纪 90 年代早期凉廊用玻璃幕墙封闭了，封闭前后情况完全不同。

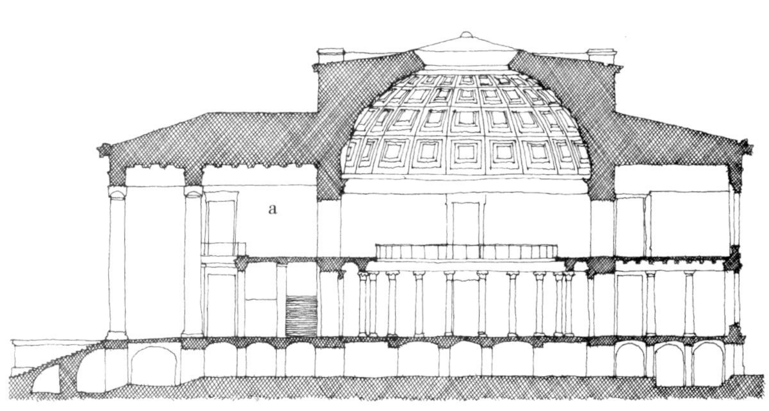

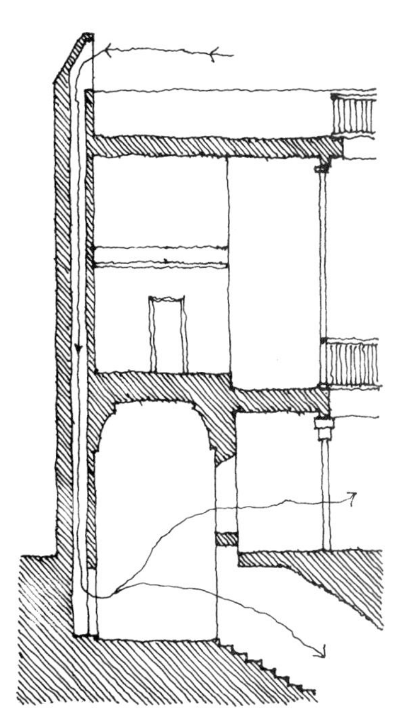

伊拉克的传统住宅都设有风洞，可将新鲜空气引入地下室或庭院。

声音

建筑设计中，声学效果与光学影响同样重要。声音对空间的影响以及空间对声音的反作用可以强化对场所的标识。特殊的声效也可以在宗教场所运用：通过钟声、锣鸣、风塔或伊斯兰寺院中的尖塔来召唤信徒们参加礼拜和仪典。希腊东正教的寺院在重要的时刻通过敲打
56 木板来宣布事务，他们也会用铃铛发出的悠长声音召集信徒。微风吹过树枝发出的声音可以用来辨别场所，流溪、飞瀑亦然。在旅店里住宿的印象会因空调的嗡嗡声而被破坏，都市里一处风景优美的环境可能因突如其来的街头艺人而大煞风景。不同的场合：如考场、图书馆或是修道院的前厅，其特征都是气氛安静；而在我们的印象中，街头的大众餐馆总是喧腾着流行音乐。

有关伊拉克传统住宅参见：约翰·华伦（John Warren）和伊赫桑·费特希（Ihsan Fethi），《巴格达传统住宅》（Traditional Houses in Baghdad），1982 年

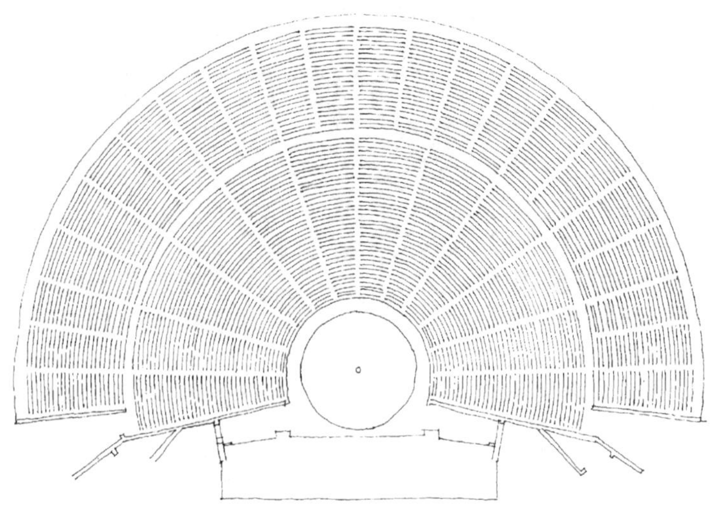

站在古希腊半圆形剧场之中，声音由每一层台阶依次传回，产生一连串如机关枪扫射般的回声。

一个场所既可由声音又可由其对声音的影响方式而得以识别。教堂内，坚硬而高大的墙面会产生回音，而铺着地毯，摆着木质家具，窗帘紧闭的小房间，声音会削弱。音乐厅、歌剧院，证人、律师、法官共同列席的大法院，都需要不同的声学设计。拉图雷特修道院（带有矩形顶灯）的一个大礼拜堂中，勒·柯布西耶设计了一处看似有违他惯用手法的空间：教堂厚实的混凝土墙体反射甚至放大着每一个微弱的声音：鞋跟蹭地的声响，清嗓子或轻声细语的声音，或是教徒们共同唱诗时都会产生强烈的共鸣……

有时奇妙的声学效果会在不经意间产生。20 世纪 60 年代早期，美国建筑师菲利普·约翰逊（Philip Johnson）设计了一个由住宅扩建而成的美术馆，平面是由九个圆环规则排列成的矩形，中心的圆环是一处开放的小庭院；其余八个圆组成展区和入口大厅。每个展厅带有一个扁圆形穹顶（右下图），有人站在展厅中央说话时，声音经过圆形墙面和穹顶的反射被放大。古希腊的剧场也会产生同样的效果。如果有人在剧场中央跺脚，声音由观众席的每一层台阶依次传回，产生一连串有如机关枪扫射般的回声。半圆形剧场（上图）具有良好的声学性能，其设计与众不同：圆形舞台设于剧场中央，座位环绕舞台层层升起，使观众可以很好地观赏管弦乐队的伴奏以及演员和合唱团的表演。

有些作曲家根据特定建筑空间的声学效果来谱曲，16 世纪作曲家安德烈·加布里埃尔（Andrea Gabrieli）专为威尼斯的圣马可教堂的演出作曲。他所作的“圣母颂”需要三个唱诗班和一个交响乐团同时在教堂的三处特定位置合作完成，以达到特定的混响效果。

有些情况下，建筑构造本身可被当作“乐器”使用。瑞典哥德堡（Gothenberg）大学艺术馆于 20 世纪 90 年代早期建成，该建筑的走廊就有此功能。建筑师的设计意图就是如此，在投入使用后，阳台的栏杆可以当作打击乐器来使用。

声音是戏剧的最有力组成元素：

“他会打开房间里的窗，这时寒冬的星星仍然还挂在天空。他高声歌唱，爱的咏叹调使内心充满温暖。每天当他高歌的时候，回应他的是隔壁博尔盖塞别墅（Villa Birghese）中的怒骂声……某一天早上，怒骂声消失了，在庭院的尽头又多了一个动听的女高音，与男高音从《奥赛罗》开始，来了个爱情二重唱……动听的歌声使周围的邻居每天都陶醉其中，他们打开紧闭的窗扉，让这不可逆转的爱的洪流充满自己的屋子。”

——加布里埃尔·加西亚·马尔克斯（Gabriel García Múrguez），“圣徒”（The Saint），《奇怪的朝圣者》（Strange Pilgrims），1994 年，p41—42

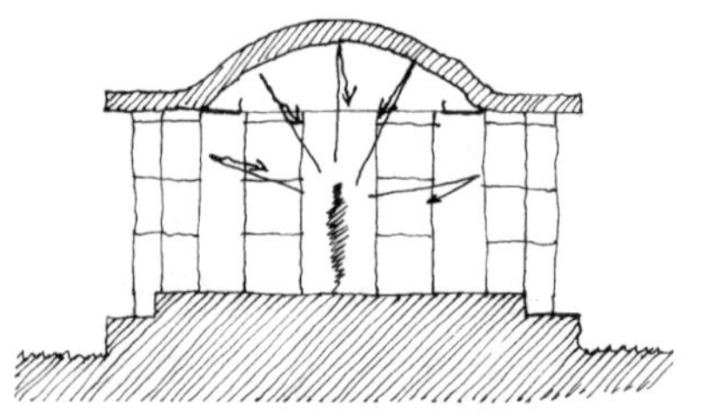

这栋建筑是由菲利普·约翰逊设计的。置身每个展厅的几何中心，发出的声音会由弧形墙面和顶棚反射回来，反射波在这一位置共鸣最强，回音最大。

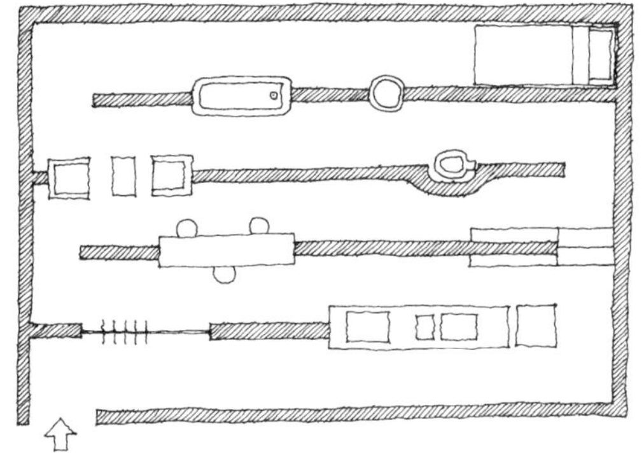

“我们辨别建筑周围的道路一般是通过视觉。这个‘墙之屋’（Wall House，左图）则是通过触觉来使用，由井上一夫专为盲人而设计。屋子的墙体被设计成平行墙体，间隔大约一手臂的宽度，所以盲人不必担心触不到墙壁。屋子里所有重要之处，包括厨房、餐桌、衣橱，都紧邻墙体或直接设在墙体中，这样，盲人能轻松地找到它们。”

——井上一夫（Akira Imafugi），《墙之屋》（Wall House），《日本新建筑》（Japan Architect），1992 年刊：p24—25

57 气味

特殊的气味可以烘托场所，甚至可以创造空间。气味可以是沁人心脾的，也可以是令人厌恶的。不讲卫生又酷爱运动的男学生常常满身臭汗味，让人闪躲不及；公共卫生间是一种气味，女士化妆间是另一种香味，而香水店和贩鱼摊点的味道也各不相同。磨得发光的老书架散发出的气味和装订书本用的皮革散发的霉气，就是老图书馆的写照。弥漫的油画布气味是艺术家工作室的典型写照。百货商场里食品专柜散发着咖啡、美味乳制品、新鲜烤面包的香味。中国古庙里焚香的气息弥漫。当伦敦沙德泰晤士地区的香料仓库运营时，人们闭着眼睛通过闻茴香、豆蔻、胡荽等气味就能说出香料仓库在什么地方……脏袜子和除臭剂的气味是青春期男孩们卧室的写照。绅士聚会的俱乐部里弥漫着皮质座椅的气味，公园里不同的角落里飘溢着各种花香：玫瑰、忍冬草、茉莉花、薰衣草。有些气味是偶然的或者长时间居住形成的，但是独特的气味也可为建筑师所运用，来构建独特的空间。

肌理和触感

材质的纹理具有可视性，这要借助光线和视觉来感受。肌理同时还具有可触摸的特征，这依赖于人的触觉体验。材质肌理的特征也有助于场所的标识。对材质进行表面加工，如油漆、打磨、雕琢等人为方式，也可以产生纹理。当然，建筑肌理主要根据材料的天然质地来运用。

通过改变建筑肌理来标识空间，有些是在不经意间完成的。如在乡间或院落中周而复始地走着同一条线路，一条平整的道路便应运而生。用砂子、鹅卵石或柏油沥青铺设路面是对其肌理的刻意改变。这种做法对视觉的影响十分显著，也适于行走，同时使路面不再裸露而更为耐久。一些道路铺有表面凹凸不平的白色边石，如果车辆偏离正

“那是段奇妙的日子。床帘是用金色丝线织成的，而床单和它神奇的花边如同浸染了恋人鲜血般鲜红……但给我印象最深的是那充斥着整个卧室的不可思议的鲜草莓香。”

——加布里埃尔·加西亚·马尔克斯（Gabriel García Márquez）著，格罗斯曼（Grossman）译，“八月的鬼怪”（The Ghosts of August，1980 年），《奇怪的朝圣者》（Strange Pilgrims），1994 年，p94

“客厅四周的房间由厚重的石质墙体围合，使得室内阴凉如秋。何基·帕拉齐奥斯（Jose Palacios）神父早已将一切布置周全：粗糙的卧室墙面粉刷了新的白色涂料，绿色的百叶窗可以俯瞰外面的果园，也为室内带来一线光明。他还将床的位置进行了调整，使床尾正对窗户，这样就可以一眼看见窗外的果园，看到枝头黄澄澄的石榴，甚至闻到石榴的花香。何基·帕拉齐奥斯是拉·康塞普西翁（La Concepcion）教堂的神父兼教区的牧师，在他的陪同下，将军来到这里。他一进门，转身将肩倚在墙上，就被眼前的风景所震撼：窗台上，一串串石榴紧挨着葫芦，浓香四溢，飘满整个卧室。他闭目而立，呼吸着无处不在的浓香，就这样日复一日，直到生命的终点。这一刻是神奇的。床边的窗帘是金线绣的，床单和上面的金银饰带仍然粘着他已逝战友的血迹。壁炉中冰冷的炉灰和最后一次烧完的干柴，精美的大橱和已经装满弹药的武器。在金色的相框内镶着一幅油画：一位沉思的骑士肖像，出自那些已故的佛罗伦萨大师之笔。房顶上挂满了新鲜草莓，那种香味难以言表，触动着我的心弦。”

——加布里埃尔·加西亚·马尔克斯著，格罗斯曼译，《迷宫中的将军》（The General in His Labyrinth），1991 年，p107

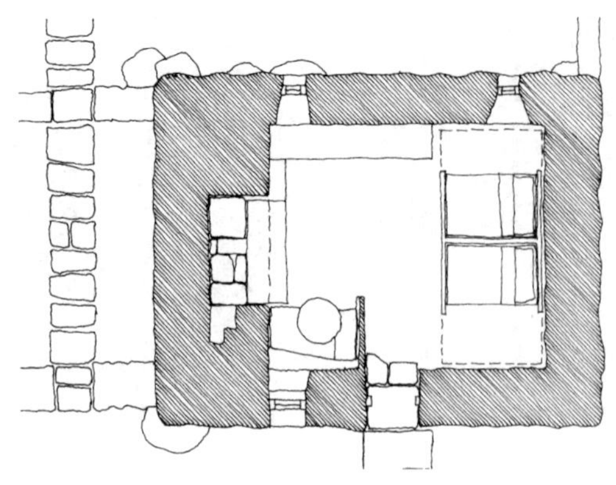

传统意义上，地板的材质需要坚固，纹理需要美观。在这个草房中，门外的石板路是花园小径。壁炉周边为了防火用石头铺地。房里有多种材质：墙体是大石块，桌椅板凳是木制品，床垫是柔软的羽绒品。

常路线，车胎与边石摩擦会产生噪声，车体也会颠簸起伏，可以及时提请司机调整方向。所以，识别车道不仅要依靠视觉观察，振动和声音同样起着重要的作用。

58 对于许多老式房子，铺装坚固的耐久材料是一项艰苦的体力活。最坚固的材料往往铺在入口附近，用常见的大块片石或鹅卵石来保护和标识。

地板和楼面图案是讨论最为广泛的问题之一，其材质的肌理对建筑空间的识别十分重要。人的双脚与之接触最为频繁，地毯不仅改变了地板的肌理，也使之更温暖舒适，使人可以在上面赤脚而行。在一些特殊的场所中，赤脚而行问题重重。游泳池四周地面的硬化就存在这种矛盾：既要使人能行走舒适，又要使用凹凸的纹理来防滑。在人体经常接触的范围内，材料的选择很重要，需要兼顾美学和实用性。如果打算利用矮墙兼作座椅，建筑师应将墙顶坚硬的石材或砖头、混凝土改为柔软的复合建材或天然木料，坐上去才能舒适。选材还应具有明显的标识性，并能满足其他身体感官要求。在伸出手臂所能接触的范围内，材质的肌理都很重要：门把手、柜台、休息厅等。床铺对材质肌理要求较高，这样才能使躺着靠着都很舒适。

尺度

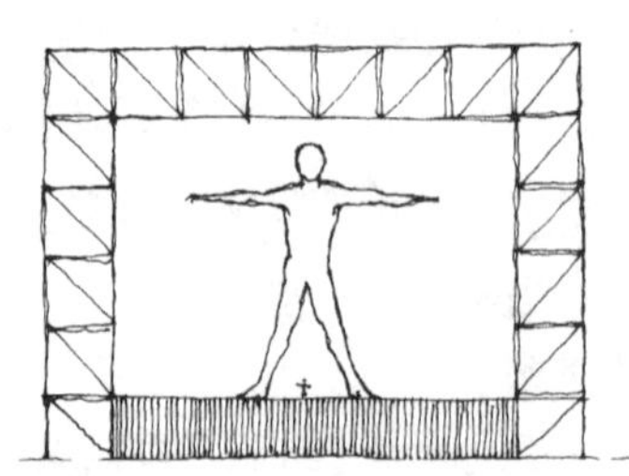

这幅画里人很大舞台很小。仔细一看，这个“人”是舞台的假布景，真正的人是布景下的那个小点，此时，我们对舞台的尺度认识会发生巨变。比例是一种相对尺寸。地图或图纸的比例表明画面尺度与真实尺度的关系，在一份 1∶100 的图中，1m 宽的入口，图上只有 1cm。

建筑比例还有其他意义，关于尺度的相对性，依据人体尺度建构空间与人的相对关系。人们对空间的感受很大程度受尺度影响。足球场的草坪，宅后花园中的草地，二者都是草地，不同的尺度，人的感受截然不同。

（尺度问题还将在第 10 章“存在的几何”的“度量”一节中详尽讨论）

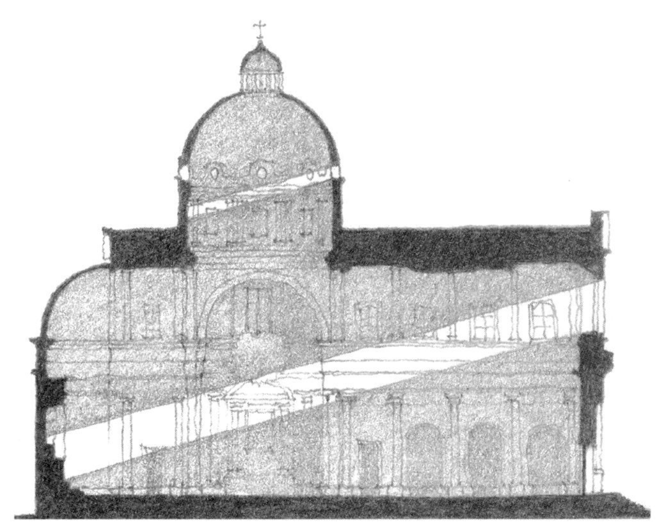

罗马的耶稣教堂（Il Gesù）（左图）由维尼奥拉（Vignola）设计于 16 世纪。在它的西立面上有一扇明亮的高窗。每当日落西山，夕阳斜射在教堂的中殿点亮了整个圣殿和祭坛。如同万神庙和勒·柯布西耶设计的拉图雷特修道院一般，整个建筑表现出了阳光的运动从而展现出对时间流动的掌控。

59 时间

我们讨论的建筑的首要限定元素是光线，现在讨论最后一个元素——时间。光线的影响瞬息万变，而时间对建筑的影响则相当持久。它对于建筑的作用是多方面的，建筑作为十分耐久的产品无一例外都要受到时间的影响：场所中的光线随太阳的移动而改变；建筑材料在长期使用中不断腐蚀和老化；建筑功能不断深化利用或是向新功能转化：人们不断完善新功能或使之转向新的用途；战争在恐怖的驱使下，人们无情地摧毁敌人的阵地。

时间影响时而积极时而消极，自然而然发生着，不为人所左右。但这并不意味着我们不能预测和利用这些影响，使材料选择和总体设计较之以前更为成熟，这一点是可以做到的。

时间作为限定元素还有另外一层意义——易于把握（虽然总的来讲不是如此）。虽然领悟一幅名画需要时日，但第一印象瞬间可察；对于歌曲来说，获得第一印象需要稍长时间，反复聆听才能耳熟能详。同样，建筑作品需要较长时间才能有印象。我们虽可翻阅报纸、杂志，通过看图片、读说明来了解建筑，但无法替代亲身感受。

建筑随时间而改变，用途改变带来了功能的变化。这个在克里特岛上干尼亚（Chania）的墙上开口，已经经历了无数次的改变。

亲历和体验建筑一般都有几个阶段：一是整体感受，二是外观认知，然后是接近、进入，最后是空间感受（此阶段耗时最多）。所有的集会建筑都凝聚着时间的因素。古希腊的市民集会队伍从市民广场（the agora）出发，登上雅典卫城（the Acropolis），最终到达帕提农神庙（the Parthenon）。走完这样的游行路线需要时间。伟大的教堂或神庙就是时间的凝聚：经过卫城的山门，沿着神庙中部到达祭坛，如同婚礼仪式一般；汽车制造厂的生产线通过流水作业传递着加工中的车辆，同样需要时间。大乡村庄园主会将通往他们房子的路造得漫长甚至曲折，这样来访者就有足够时间沿途赞赏庄园主的财富。在办公楼里，人们通常需要走很长时间才能到总经理的办公室，甚至到了门口还需要继续等待。

60 尽管建筑有时候好像仅仅被视作是一种流逝于时间之外的雕塑作品或是视觉艺术，一些建筑师还是实现了可在时间维度上进行感受的艺术创作。1929 年，当萨伏伊别墅（the Villa Savoye）在巴黎附近建成时，勒·柯布西耶巧妙地运用了时间这一限定元素。他知道人们需要时间去体验这个房子，所以精心策划了步行流线。三个楼层的平面如右图所示。从抵达到进入到最终对空间的使用，坡道创造了一条建筑上有如“闲庭信步”似的自由路线。入口道路十分宽敞，很适于步行或车行。前入口在首层平面的右侧（图 1），但人往往由后入口进出。车辆从架空层驶入，沿着入口大厅的玻璃幕墙前行。进入住宅，一条坡道缓缓升向二层，通往主要起居空间。坡道详见剖面图所示（图 4）。二层平面（图 2）中标示出了客厅、厨房、卧室、盥洗室和屋顶平台的位置，这本身就是个大房间。到达屋顶花园之后，坡道继续攀升，直至另一处更高的屋顶花园（图 3）。该处设有日光浴室，入口是一道落地玻璃门，它同时也是坡道的终点。如同一曲古典音乐（另一种时间艺术），萨伏伊别墅中这条“律动”的路线最终回归到居住空间。

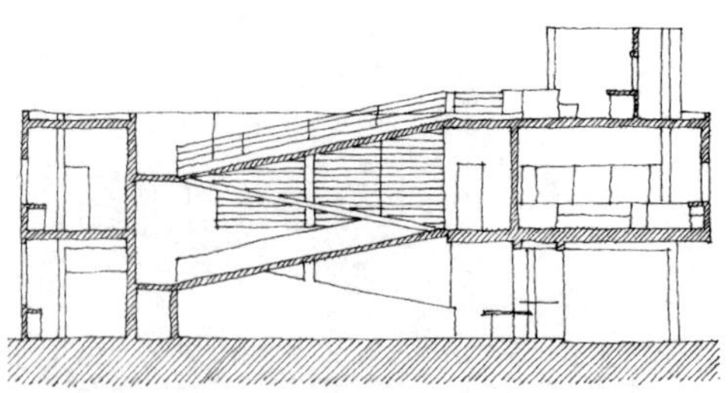

图 4　剖面

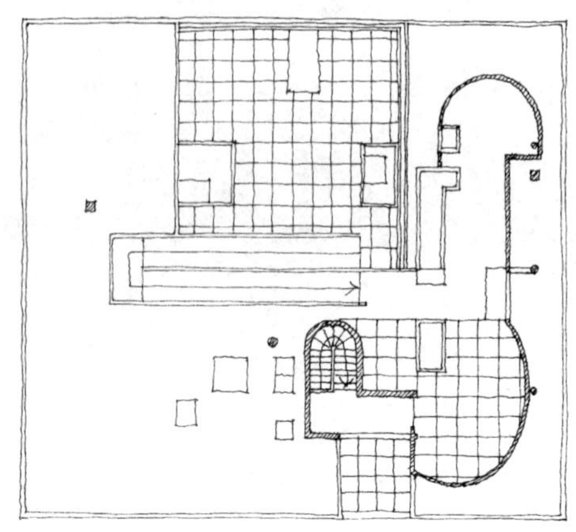

图 3　屋顶，日光浴室

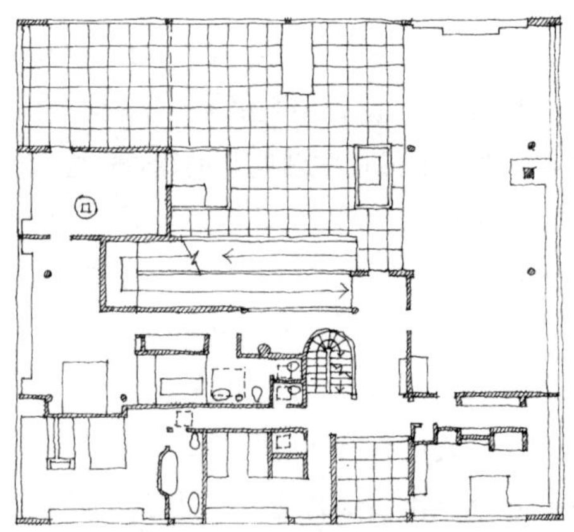

图 2　二层平面

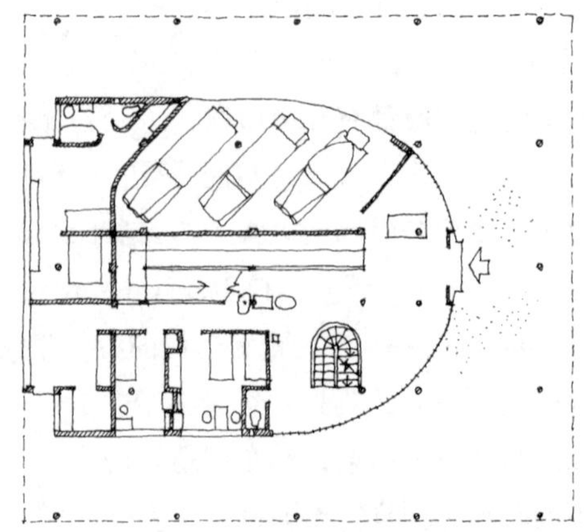

图 1　地面层平面

窗口在建筑上同时起多种作用。第一，可以使光线自由出入；第二，可使视线无障碍；第三，可以建立轴线关系。窗棂的分格形式可用来摆放书本或花卉，还可用作陈列格架。此外，还可对建筑进行竖向构图。

第 5 章　元素的多元影响

62 “探究圆柱的命运，从古埃及神庙为来访者标识道路，到与建筑一体的多立克围柱，以及早期阿拉伯王宫内部支撑的柱子，到最后为文艺复兴时期建筑的外观提供高耸挺拔的元素。”

——奥斯瓦尔德·斯宾格勒（Oswald Spengler）著，
阿特金森（Atkinson）译，
《西方的没落》（The Decline of the West，1918 年），
1934 年，p166

第 5 章　元素的多元影响

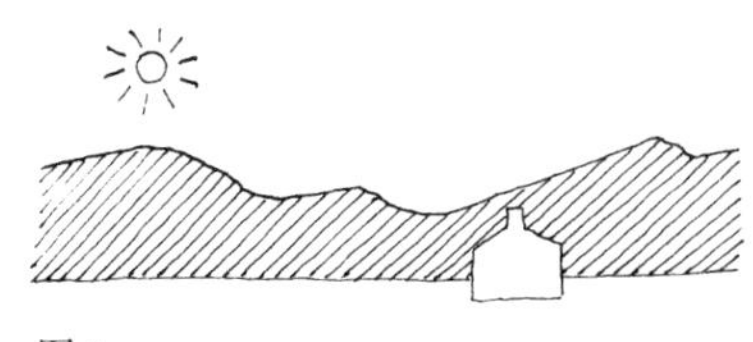

图 1

63 元素往往在建筑中发挥着多元影响。以两坡屋顶住宅的山墙为例，它既封闭了内部空间，又成为居住建筑的一种标志（图 1）。

墙顶可以成为小孩或者猫一类的小动物爬行的通道，而在码头、城墙上，宽大的墙顶用作人与车通行的道路（图 2）。

在影剧院或艺术馆里，内墙面可用作展示空间；而对于所有的建筑来说，外墙面又是其面对外部世界的“面孔”（图 3）。

元素对建筑的多元影响是它重要的功能之一。在建筑的设计阶段，包括认识和创造两个方面，体现出一种辩证的互动关系：创造此部分可认知彼部分，进而认知整体。

新的认知不断扩展，层出不穷。本书通过大量的实例解析，就是为了达到这一目的。

这个建筑设计的主题之所以重要，部分原因在于建筑不（应）存在于自我封闭的世界中。它（几乎）总是与已存在于周边条件中的其他事物相关的。

举例来说，墙面不论以何种方式建在何处，都会产生两种朝向：阴面和阳面。如果阳光明媚，背光区仍可阴凉惬意（图 4）。这就像从一个公共区分出一个私密处，或者从花园中开辟一片牧场。

图 2

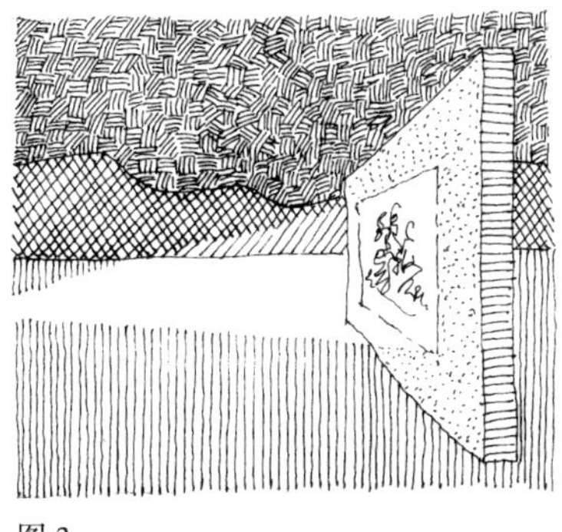

图 3

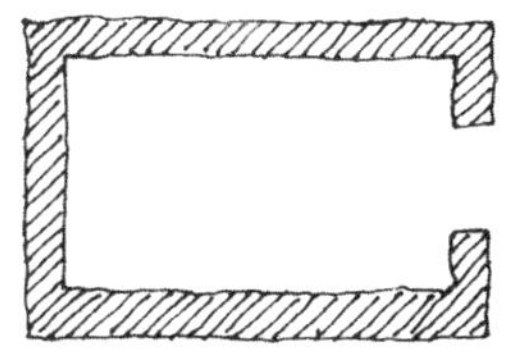

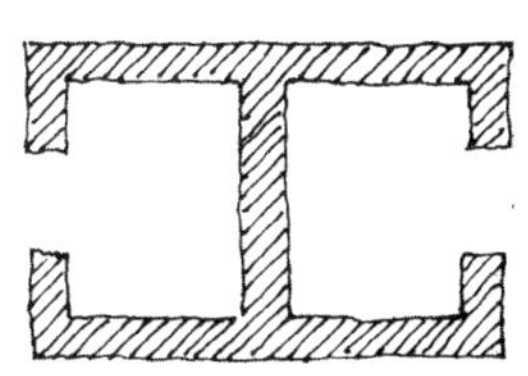

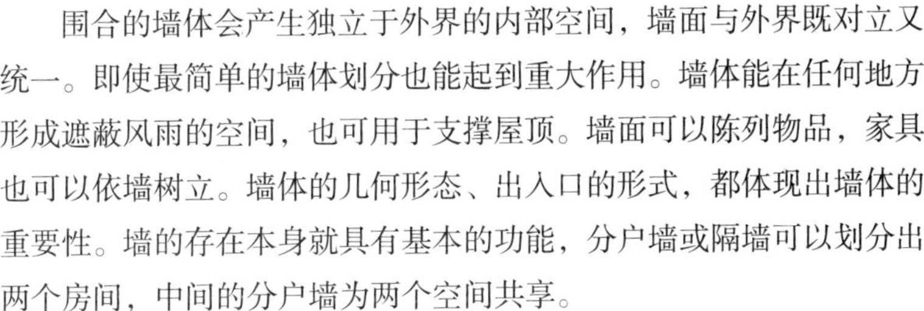

围合的墙体会产生独立于外界的内部空间，墙面与外界既对立又统一。即使最简单的墙体划分也能起到重大作用。墙体能在任何地方形成遮蔽风雨的空间，也可用于支撑屋顶。墙面可以陈列物品，家具也可以依墙树立。墙体的几何形态、出入口的形式，都体现出墙体的重要性。墙的存在本身就具有基本的功能，分户墙或隔墙可以划分出两个房间，中间的分户墙为两个空间共享。

图 4

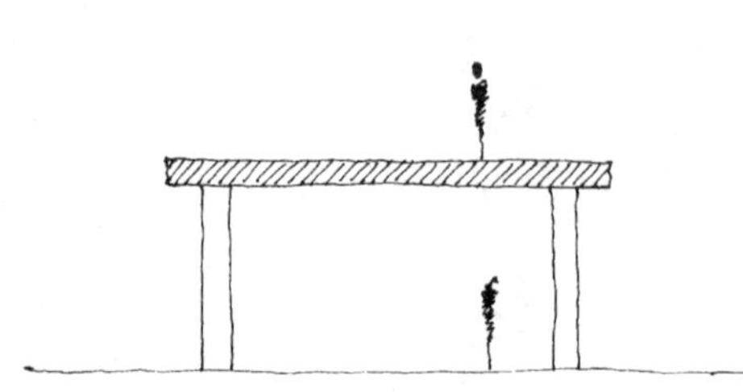

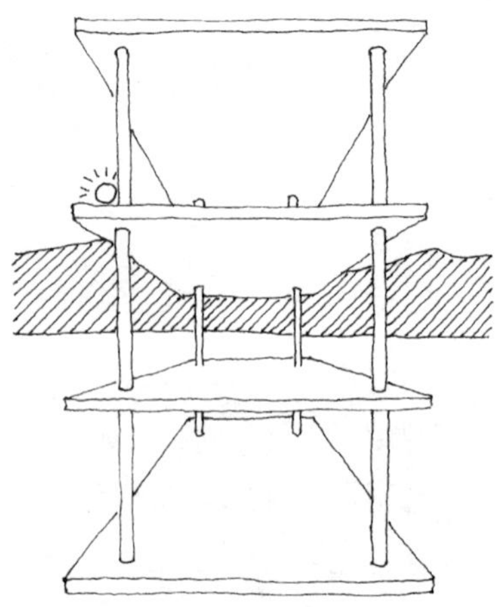

屋顶也可以是露台（左上图）。一层层楼板叠加，生成了多层建筑（上图）。

64 平坦的屋面也可用作一处露台，屋顶其实就是另一处的地面（上图）。一组竖向排列的屋面（即楼板）可形成多层建筑（右上图）。

墙体大都用作承重构件，用来支撑上部屋顶，但其最主要的功能是用来围合空间并形成边界。当然，其他构件也有围合的功能，如一排柱子也可以界定一条通道。

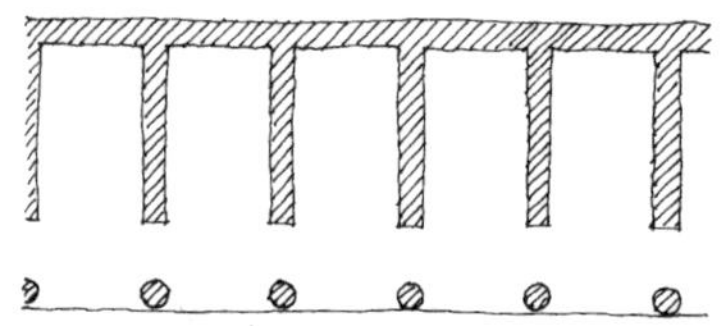

一列柱子也可以定义一条路径（左图）。

这是一种再简单不过的平面布置。在古希腊的集市广场、中世纪的修道院、马来西亚的传统商铺以及城市广场中均可见到，利用很少的几种建筑元素就能生成千变万化的空间，如封闭的小室、带顶的廊道（由柱子和房间底部的墙体来划定），同时又是室内外空间的一种过渡形式。

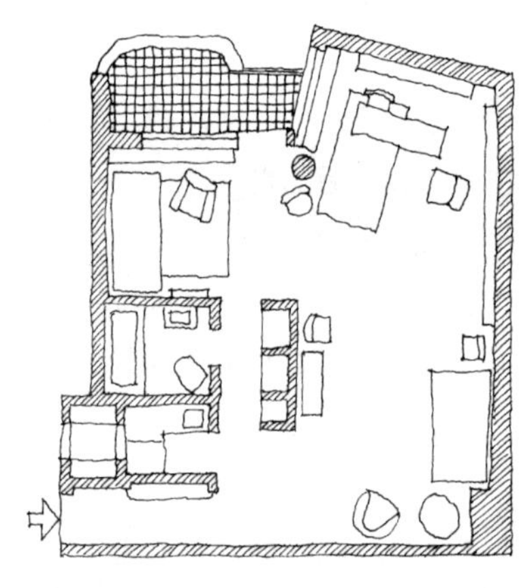

这是瑞典建筑师斯文·马克利乌斯（Sven Markelius）设计的一所小型公寓，建筑所采用的大量元素同时兼有多种功能。如：阳台边上的一个立柱，除结构作用外，又是开敞空间中的建筑细节；而浴室和厨房设计为一个组团，将入口过厅和公寓内部空间分隔开来。

建筑师的一项必修技能是掌握空间序列的元素及其构成规律，并了解它们在空间中的多元作用。有些空间是在建筑师有意识的设计下形成的：例如窗户的设计，通过对窗棂分格形式的划分处理，可以使窗洞同时兼作书架或摆放饰品的博古架。通过事先的规划，两排建成的住宅之间，同时可以产生一条宽敞的道路。有些空间则是被动形成的：两栋房子建得很近却似连非连，其角落既不美观也不能利用。一

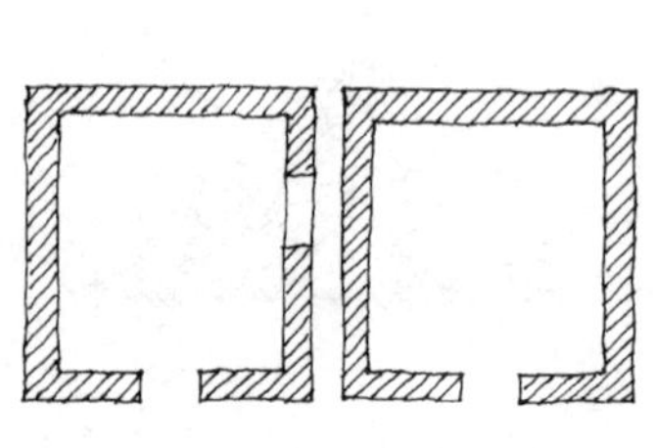

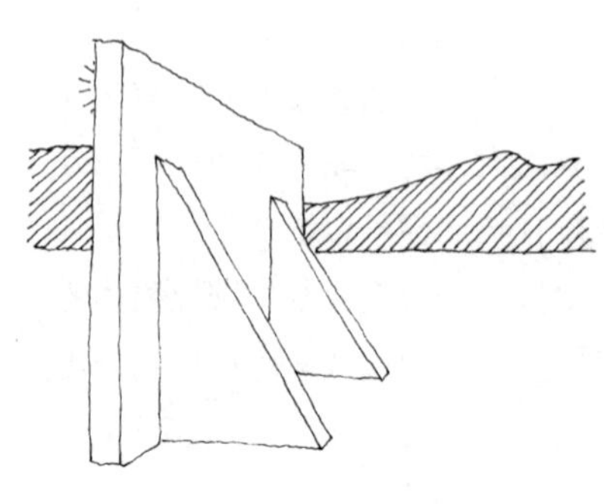

墙壁的安排如果考虑不周，会产生“无用空间”（左图）。

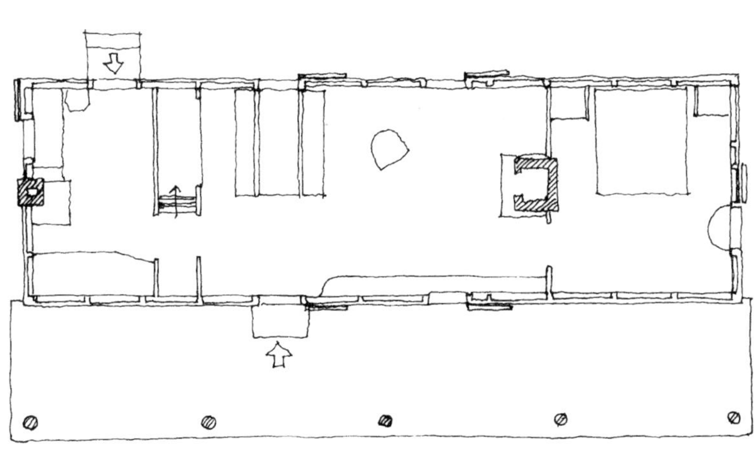

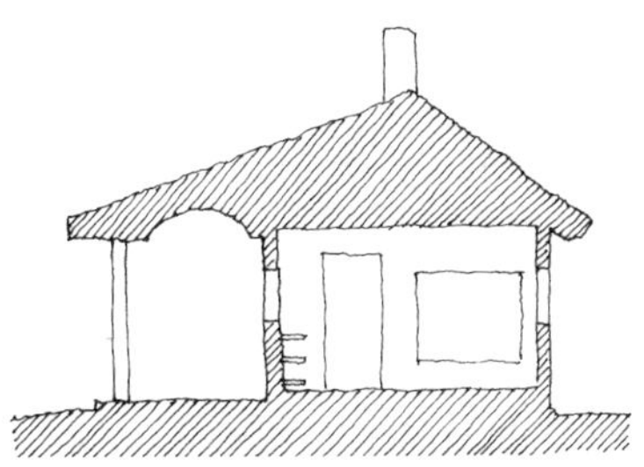

这是芬兰穆沙拉洛（Muuratsalo）岛上一个夏日小住宅的剖面和平面。平面中，五根立柱支撑起屋面，还界定出阳台的范围，人们坐在阳台之上，可以眺望远方。这个住宅叫作弗罗拉别墅（Villa Flora），建于 1926 年，由阿尔瓦·阿尔托（Alvar Aalto）和爱诺·阿尔托（Aino Aalto）设计。

道悬挂展品的墙面，背后可能形成无用空间。

65 作为设计中最重要的方面，墙体是细部推敲的重点，也要考虑潜在的安全因素。比如，滑板爱好者经常选择像步行街、人行道、坡道和栏杆扶手等地方进行滑板、轮滑活动。

元素的多元影响在建筑自身表现明显，并不需要专门解释。即便如此，在设计中却常常容易被忽视。

右图是一栋英国 20 世纪早期住宅的平面。前院是由三道树叶形的扁弧墙面围合成的，另一侧是入口通道。凹入住宅平面的弧形墙面虽然强调了主入口，但使得内部安排比较困难。门厅是不规则的空间，左侧安排了餐具间，右侧布置了衣帽间和盥洗室。为了强调客厅里的壁炉，其背后墙面也设计为弧形。住宅右下角的不规则空间安排为花房。墙体的几何形式的选用，在这个案例中其优缺点体现得都很突出。

元素可以同时发挥两种作用（事实上很难找到只有一种作用的建筑元素！），但有时元素会发挥多种作用（或许这正是建筑品质的衡量标准之一，或至少是它的复杂之处）。

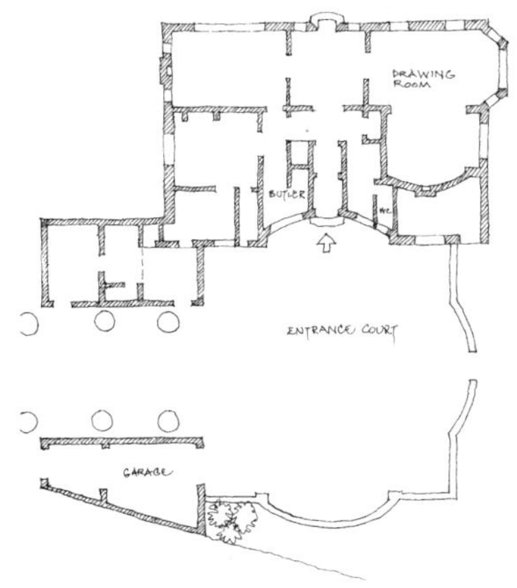

伦敦的皇家节日大厅的观众厅地面是个大斜坡，下部空间设计为休息大厅。设计者是罗伯特·马修（Robert Matthew）、莱斯利·马丁（Leslie Martin）等人，建于 1951 年。

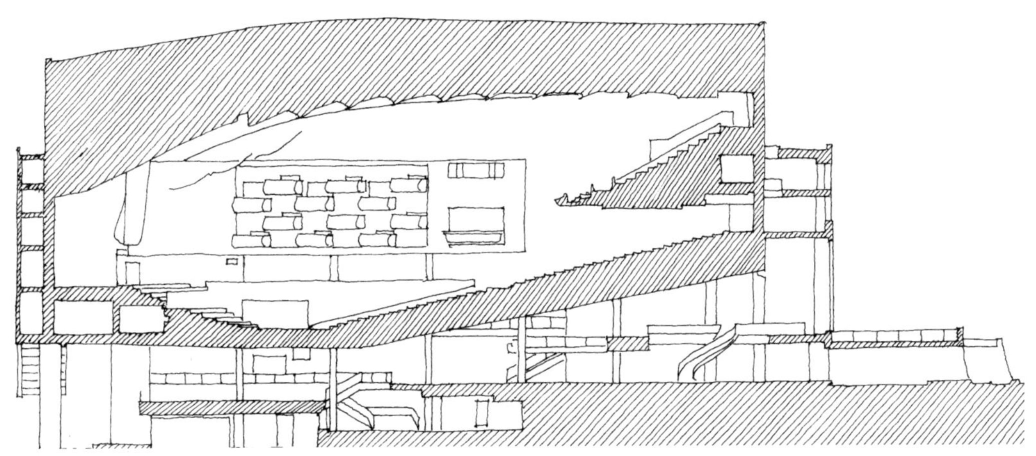

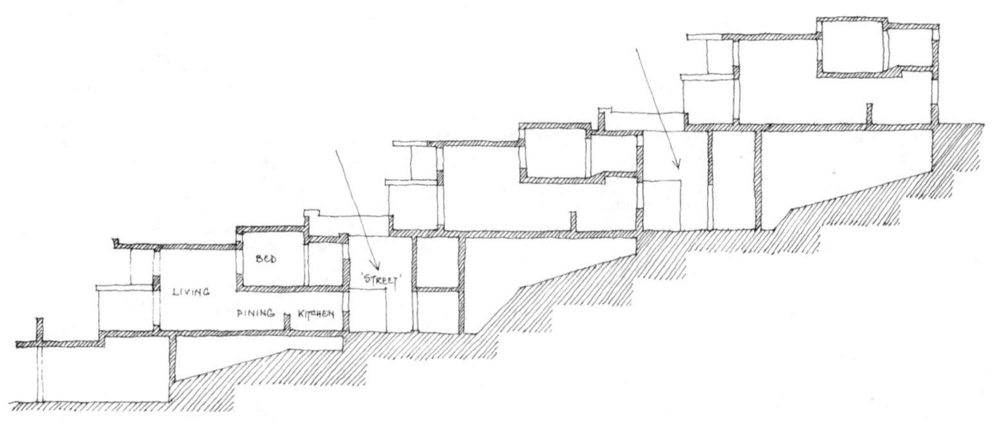

法尔克公寓剖面，鲁道夫·辛德勒(Rudolf Schindler)设计，1943年。

66 右图是沃尔夫别墅（Wolfe House）的剖面图，设计者是德国建筑师鲁道夫·辛德勒(Rudolf Schindler)，建于1928年。从图中可以看到，水平的混凝土板简洁而细薄，与山坡浇筑为一体。它既用作楼板，又当成户外平台和雨棚使用。平台外侧的栏板还兼作花池。

同为辛德勒设计的法尔克公寓（Falk Apartments）建于1943年，见顶图和下图所示。在该公寓中，墙面元素不仅用来定位，同时也起到了其他作用，其构成方式发挥着多元影响。分户墙斜置意在使起居室朝向风景秀丽的湖面，同时使室外凹阳台的面积有所增加，居室私密程度随之提高。平面中向下斜伸的墙体使楼梯间的面积有所扩大，以免过于拥堵。非直角正交的不规则几何平面使住宅边单元的面积得以增加，平面布置也与中间单元有别。辛德勒设计了合理的墙体偏斜角度，以免产生过于局促难用的不规则空间。不规则的平面所带来的一系列空间安排问题，都压缩在右手端的单元里，用一个很小的三角形壁柜的细节构造加以化解。至于沃尔夫别墅，其住宅单元是顺应较平缓的坡地而建的，建筑剖面为退台式结构(右图)。因此，通过上下层之间的相互因借，多处屋面都可用作阳台。

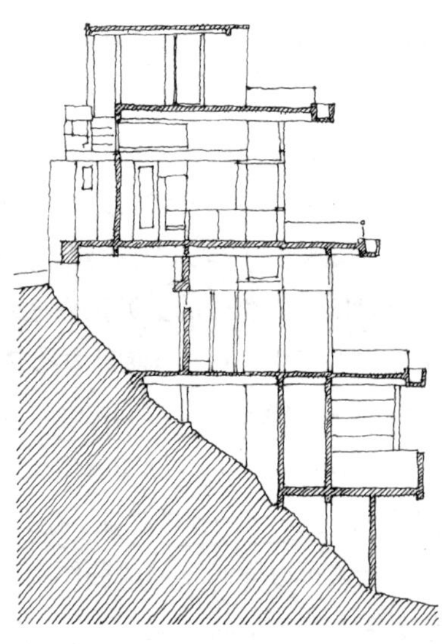

沃尔夫别墅剖面，鲁道夫·辛德勒(Rudolf Schindler)设计，1928年。

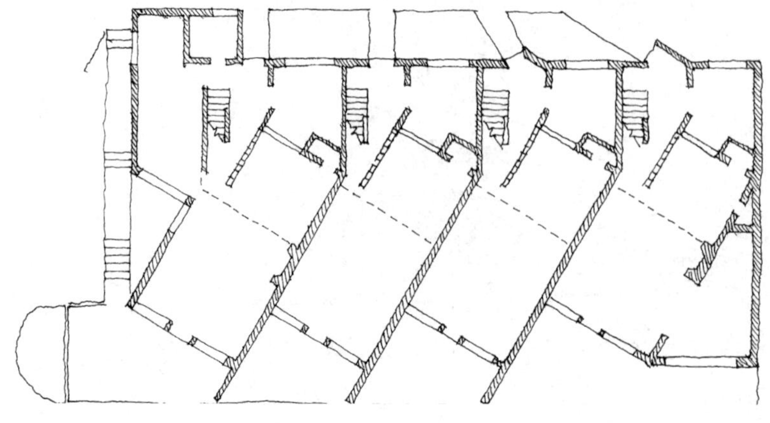

法尔克公寓(Falk Apartments)的平面(左图)中，将分户墙斜置，这一手法也发挥着多种作用。在剖面（顶图）中，内廊式通道引入了新鲜空气和光线。山坡上的地势能使让人“一览众山小”。

有关鲁道夫·辛德勒的作品参见：
莱昂内尔·马驰(Lionel March)、朱迪斯·斯琴(Judith Scheine)，《鲁道夫·迈克尔·辛德勒》（R. M. Schindler），1993年

这是瑞士提契诺（Ticino）地区的一座村落的平面图。它显示出整个村落是由一组组小型房屋（阴影线标出）以及毗邻房间的低墙和平台构成的。很难找到一处不是身兼多重功能的建筑元素，这些元素主要用来界定私密、半私密以及像便道和小广场等类的公共空间。

67 由剖面可以看到，卧室是设置在起居厅夹层内的封闭单元，这样的设计手法具有多重寓意，从卧室可以俯瞰起居厅。因此，与通常做法比照，卧室安排在夹层中并不显得封闭。而且，这样的设计创造出了竖向标高不同的两个楼板，板底则对应地划分出两个特定空间：较高的顶板之下是起居厅，其空间因而显得开阔宽敞；较低的顶板之下是门厅和厨房，连接这两处顶板的竖向断面分隔出起居厅和餐饮空间，空间较低的部分用作餐厅。

退台式做法的缺陷之一是靠近山坡一侧的室内空间比较阴暗。为解决该问题，辛德勒为法尔克公寓的每一层设计了一处“巷道”，这些“巷道”至少起到三方面的作用：为进出公寓提供便道；为后部较暗的空间（厨房、门厅、浴室）引入光线；为公寓引来穿堂风。

世界各地有很多古老的小村庄，经过几个世纪的缓慢演变，一些原本简单的元素在使用中产生了微妙的长期的多元影响。比如，房屋的墙体不仅界定了自家的院落和居室，外部还会生成小巷、街道和广场。这样，村庄就和外界形成了一种亲密的相互关系，一个编织紧密的网络，一个关系紧密的人居社区。

有关瑞士村落参见：
《岩石是我家》（The Rock is My Home），维尔纳·布雷泽（Werner Blaser），1976 年

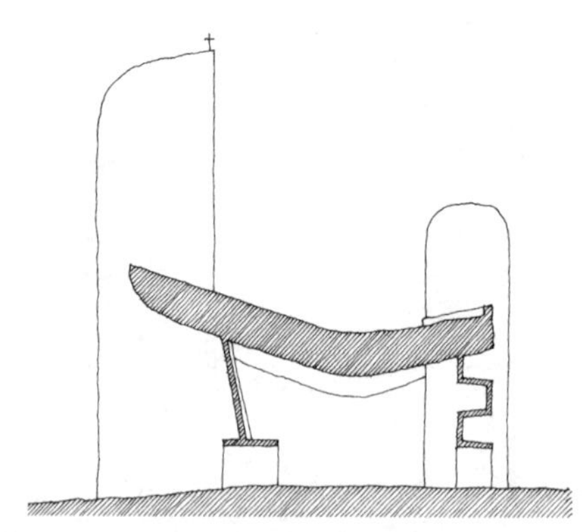

20 世纪 50 年代，勒·柯布西耶设计的朗香教堂，借鉴了矗立的石头和葬礼堂的形象，是朝圣、敬神、祭祀场所的象征。

68 寓言和暗喻

建筑的多元影响通常表现在分隔空间、形成结构、塑造环境上。同时它们也具有表现力。建筑能够表现寓意、借鉴典故、使用暗喻、诉说故事。具有象征意义的建筑作品从不同程度上都带有各自的寓意，其含义和信息要通过空间暗示和联想而获得。

一些建筑的暗喻性来自人类的心灵深处。三千年前，居住在克里特岛的米诺斯人，在石头上凿出空间（右图），用作死者的墓葬。很难解释这些古墓就是对母亲“子宫”的暗喻，希望逝者可以在此“重生”。

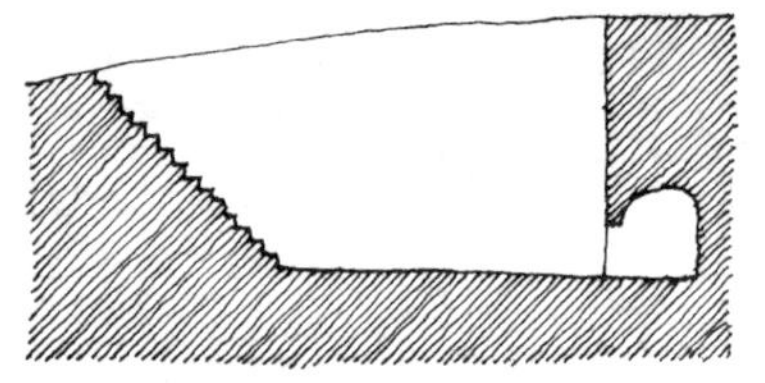

米诺斯早期墓葬就像是用坚实的岩石雕刻的子宫。

史前的酋长竖起大石头来标志他们的领地，这些石头是部族首领与整个部族强大的象征。

这种象征手法的使用可能是潜意识的象征，历史上可以看到，应业主的要求或是经过与业主沟通交流，建筑师逐渐在有意识地使用典故、寓言、联想和暗喻的建筑表现手法。

在文艺复兴最兴盛的时期，贵族府邸更愿意采用古罗马教堂那种气势恢宏的门廊，不再因为气候原因而将阳台简单封闭，此时的
69 阳台不仅开敞同时更注重形式，对空间的体验让位于形式感。在这样一个英雄主义的时代，贵族阶层试图通过府邸的风格显示自己的地位和追求。

当文艺复兴时期的建筑师们用“神庙”的外表来建造别墅时，他们不仅仅是在建造实用的房屋，更多的是要通过建筑的象征和隐喻来表达对辉煌历史的崇敬并做出更大的超越。

18 世纪建筑师建造了乡村农舍来暗示一种特别的、想象中的生活方式——浪漫的乡村田园生活。

19 世纪英国的上流社会为底层工人建造了风格质朴的平房，希望唤起他们对传统乡村生活的回忆，当然不排除一种社会意识：认为这是与社会下层相对等的建筑形式。

20 世纪上半叶，建筑师们再次热衷于“历史传统”并且在建筑的基本层面进行了探索，风格与装饰逐渐开始远离建筑，成为现代主义萌芽时期的象征。用时髦的比喻来说：如果说文艺复兴时期的别墅与府邸披上了古罗马神庙的外衣，英国大开发时期的房屋则是乡间的村舍，现代建筑的自然主义倾向或许将成为新的时尚。

当现代建筑师远离了传统形式明确的历史暗示，或许是因为不接受建筑的象征意义，但他们的作品仍然代表了他们历史批判、先锋新锐、探求本质、重新发掘建筑意义的思想。

鸭子形建筑　　装饰屋

也有人厌恶建筑的象征性，不屑于它的多变、夸张和多解。解释梦的象征性也许是件趣事，但见仁见智解读纷呈，孰是孰非无从判断。建筑的象征性一样也是模糊不定的，即使毫无象征性的建筑，其含义都可能多种多样；即使是具体的象征性，公众也有不同的理解。

在上文提到的米诺斯人的墓地和史前部族的石头这两个案例中，其解释相对确定，其象征性早已为文明所凝固。上文提出有些建筑像神庙，有些像村舍，这种解读在当代文化背景下也易为公众所接受。以语言为例：单词就好比象征性，我们对单词因熟悉而转为共识，而新增的词汇就需要时间来认同。建筑中，新奇的象征性会因缺乏共识
70 而引发质疑。非凡的建筑会运用语言般的象征性，因其不是偶发的、臆造的所以能引起强烈的社会认同。从辩证法角度看，新生的象征性在时间的检验下也许有凝固为文化的一天。

象征性对场所的标识起了一定作用。在达成共识的象征性语言中，房屋的出现能够符合人们对房屋外形的期待，教堂的样子就是人们想象中的教堂，银行就是银行的样子。每一个建筑都有自身特有的形式。

“我们需要强调形象，在过程和形式之上的形象。建筑取决于感知和创造力，两者基于历史经验和情绪上的联想。象征性手法往往与真实的结构、形式、空间矛盾重重。我们把这两个矛盾表现概括如下，第一种情况：用具有象征性的表皮整体覆盖真实空间。例如，彼得·布莱克设计的长岛废品堆积场。整个建筑采用鸭子的外形，我们称之为‘长岛鸭’。第二种情况：空间、结构系统与建筑外形表里一致，装饰物附加于空间和结构之外，我们称之为‘装饰屋’。”

——罗伯特·文丘里（Robert Venturi），丹尼斯·斯科特·布朗（Denise Scott Brown），斯蒂文·依泽诺（Steven Izenour），《向拉斯韦加斯学习》（Learning from Las Vegas），1977 年（第二版），p87

就像文丘里的鸭子形建筑，确定了该建筑的空间形式和目的。挑战建筑的固有形式无疑是一件好事，但是如果引起固有形式的混乱，通常会激起公众的抱怨。

建筑的象征性尺度是很强有力的。个人或国家、不同的地区都对各自的建筑特征有所期待，希望成为自己的文化符号和形象特点。建于 19 世纪 80 年代的埃菲尔铁塔是巴黎和法国文化的象征，就像帕提农神庙是雅典和具有 2000 年历史的古希腊文化的象征、圣彼得教堂则是罗马城和持续 5 个世纪的罗马天主教的象征。由约恩·伍重（Jørn Utzon）设计，建于 20 世纪 70 年代的悉尼歌剧院，成为澳大利亚的文化象征。在 20 世纪 80 年代，理查德·罗杰斯（Richard Rogers）以伦敦劳埃德大厦震惊了公众。20 世纪 90 年代，弗兰克·盖里（Frank Gehry）设计的古根海姆博物馆令万众瞩目，成为西班牙北部城市毕尔巴鄂的一笔财富。如果说在某些情况下，（例如帕提农神庙和圣彼得教堂），这些标志性建筑的建筑师们将建筑的共同象征语言提升到一个新的层次的话，那么在另一些情况下，象征的力量也部分来自令人震惊的新奇。

建筑元素多元化的尺度在此无法一时完全阐述清楚，其内容丰富而庞杂。这是建筑在各个历史阶段都共有的特点。当古迈锡尼国王将盾牌挂在宫殿的巨柱上时，就已昭示了这一元素的两个作用，如果柱子紧靠他的卧榻而立，则该柱子同时具有三方面的作用。不管宫殿大厅的装饰是承袭先辈，还是彻底改变，这仍然是他想呈现给后人的那座宫殿。

藏身所用的洞穴，也是一种建筑。它和一般意义的房间没有任何区别，原因很简单，洞穴本身就可作为一处安身的场所。

第 6 章　就地取材、因地制宜

72 “……庙宇和附属建筑群之间非常协调，并和地形融为一体。彼此相辅相成、互相补充，当然也不免有矛盾之处，但究其本质就是要和地形相结合。由此，神庙和其他的建筑物只是特定环境中所谓‘建筑’的一部分，神庙通过发展形成了固定的体系，这种形式最适合说明这种关系。”

——文森特·斯卡利（Vincent Scully），

《大地、神庙和神祇》（The Earth，the Temple，and the Gods），

1962年，p3

第 6 章　就地取材、因地制宜

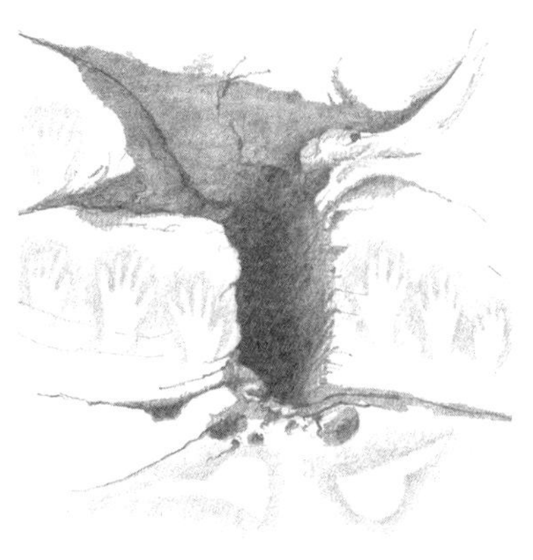

甚至岩石上的裂缝都有可能变成一种恒久的建筑。

73 很久以前，在澳大利亚昆士兰的卡那封（Carnarvon）峡谷中，巨大岩石上有一处小缝隙（右图），一个土著家庭在此安葬了一具婴幼尸体，尸体用树皮紧紧包着。土著人将涂上颜色的手印刻在岩石上当作标记。同吉萨金字塔一样，这座坟墓也是一种建筑，而且从原本意义上讲更为典型。这是被选择的一种“建筑”。建筑是一项自发的精神活动，这并不表明建筑必须经过物质化建造才能成立。作为场所的标识，建筑学无非是如何组织空间的问题，使一处独特的“场所”具有排他的标识性。如：一片树荫，一处藏身的洞穴，一道山脊，森林深处都可以如此。

日常生活中建筑无处不在，对人来讲再熟悉不过了。它使人们知道自己在哪儿，并且正在往哪里去。由于活动所限，人所不知的场所还有千千万万，它们默默存在着，在岁月里转瞬即逝而未能被发现。有些场所令人印象深刻，这些记忆无不来自它们的独特之处：景色优美，遮风避雨，阳光充溢；或是因为与特别的事件相联系：曾经在此从自行车上摔倒，与朋友并肩战斗，与恋人谈情说爱，或是见证过奇迹，或是赢得过一场恶战……

人与场所的密切关联在于“为我所用”——漫长旅途中曾经小憩的一片树荫，曾经藏身其中的一处洞穴，曾经眺望远处的那座山峦，曾经举行宗教盛典的浓荫深处……也许是在社会活动中认知了某个场所，其记忆和用途变成了一种社会性活动。场所以此方式获得了多种含义——现实的、社会的、历史的、神话的、宗教的。世界上有许多许多特定的场所：克里特岛迪克提（Dikti）山上的洞穴，据说是希腊神宙斯的诞生地；伊斯兰教徒哈吉（Hajj）的朝圣线路通往麦加古城的圣山；基督曾经在山头布道；得克萨斯州的达拉斯大街，肯尼迪总统在此遇刺；澳大利亚的内地，曾经飘满土著部落的歌声，等等。

认知、记忆、选择、参与、达意……这些情感体验和理性创造推动着建筑的发展进程。当然，这一进程包括人类改造客观世界时永无休止的建设，创造美好家园的永恒理想。认知、记忆、选择、分享是场所标识的基本手段。以此为出发点，从设计实施到具体建成，产生了千差万别的建筑形式。

74 建筑总是尽可能地因地制宜、就地取材，并不断地挖掘材料的潜力，应对所出现的问题。当然，认识与掌握新材料、基地与选址、与

历史上，城堡的建设者们往往选址于山地，不仅使这项工程事半功倍，更是便于防御。如果在其他地形上进行仿造，必然会失去城堡的本来面貌。

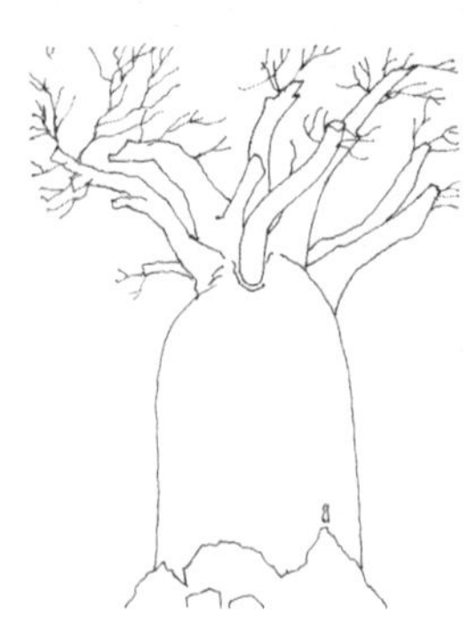

非洲的一种巨型树木，枝干坚固，木质柔软，人们在树干中开凿洞穴，用于居住。

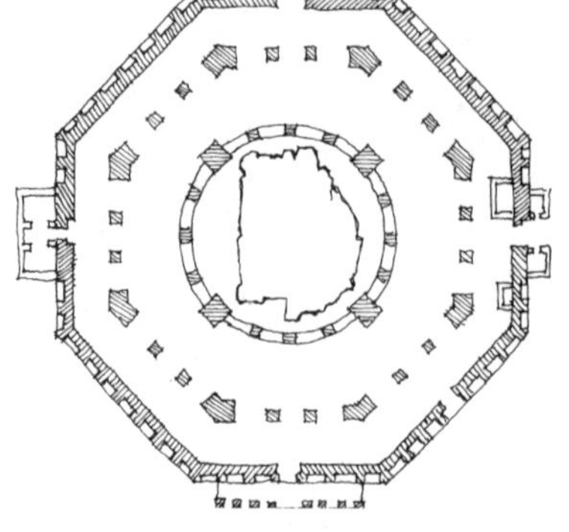

圣城耶路撒冷的穹顶建筑建在一块巨石之上，这块巨石被犹太人、基督教徒和穆斯林尊为圣迹。

环境协调等方面还将不断发展。总之，几乎所有的建筑类型都不能脱离基地和环境。因地制宜、取其所有是最合理的选择。在一个空旷无际的环境中设计，建筑因缺少依据而随意布置，然而，一旦首座建筑在艰难中起步，它将成为后续建设的坐标和依据，开辟一条平坦道路。不规则的地形、纵横的河渠、无常的风向、遍布的物种、烈日的炙烤，往往是建筑基地的典型写照。运用环境因素，趋利除弊，挖掘内涵是建筑学的重要的挑战。尚未开发的原始环境，建筑可以利用山冈、树林、河道、洞穴、峡谷、海风，一切“自然赐予”的创作素材均可为我所用。

自然特征和先天元素推动建筑发展的例子不胜枚举，这些事例间接表明：人与赖以生存的自然界之间的共生关系可以进一步用美学上的观点知性地加以运用。人类早在尚无历史记载的时代便开始了穴居生活。他们不断改善居住条件：平整地面，开挖扩大洞穴空间，设立入口，向外扩张，使居住空间一步步走向舒适。据说原始人群由丛林里的巢居生活迁移到平川，在树上建房的习惯仍然沿袭了很久。也是从远古时期，人类开始利用洞穴的四壁、岩石表面进行绘画和雕刻。通过长期的经验积累，逐渐总结出利用自然通风为住所降温、风干，利用阳光为居室取暖等经验。统治阶层和弱势群体建造城堡或农庄时，出于安全与防卫这一基本考虑，往往会选择山峦和峭壁。对饮水和食品的持久需求驱使人们毗邻江河、沃野建设家园。诸如此类的例子不胜枚举。

中世纪教堂的苦修者们将岩石凿成山洞，就在安纳托利亚的格雷梅（Göreme in Anatolia）山谷的火山口附近以洞为家，艰苦修行（下面是这种房子的平面图）。

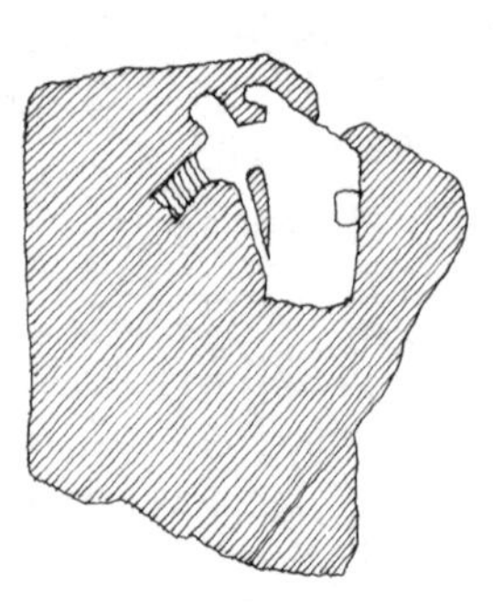

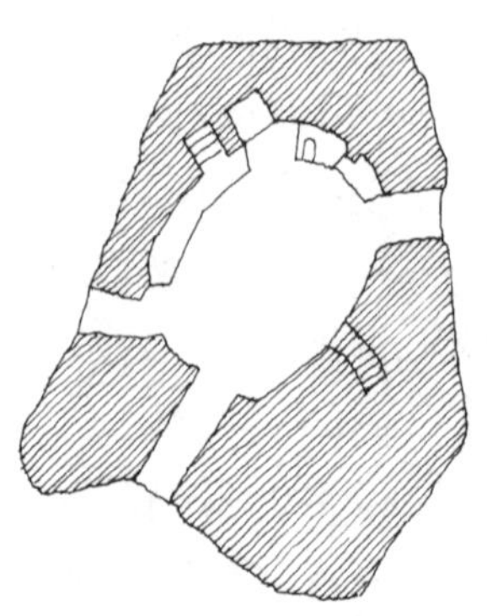

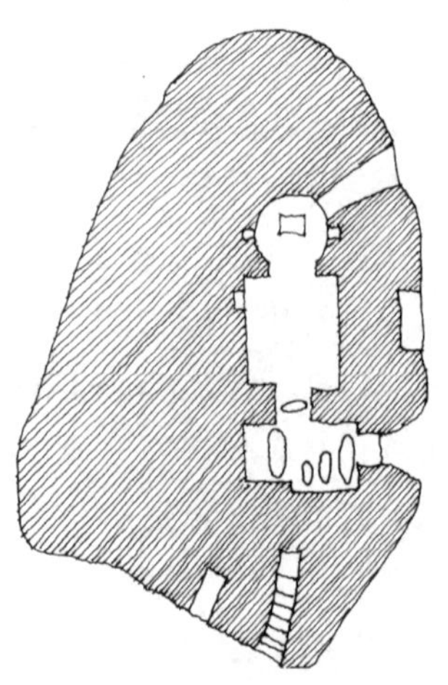

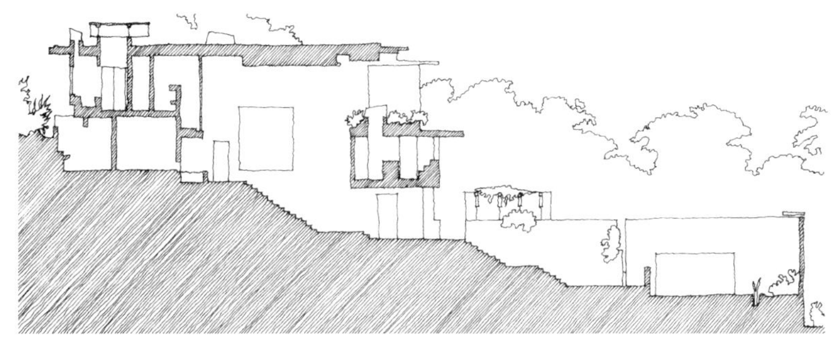

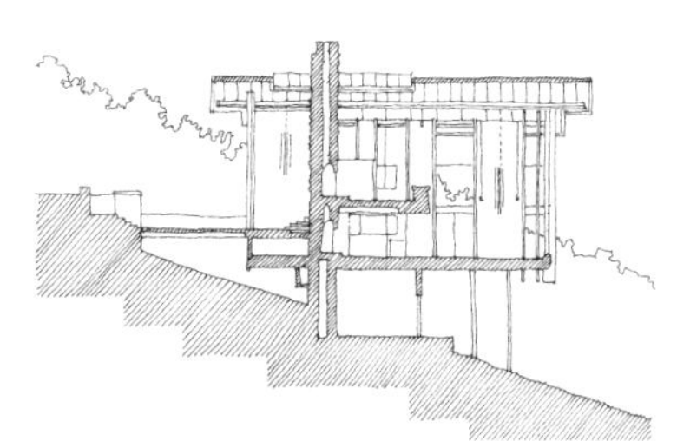

75　自古以来，建筑一直在利用地形地貌克服建造难题。上面两个剖面图是 20 世纪的建筑，它们都属于这种情况。而费伊·琼斯（Fay Jones）设计的卢茨别墅（Lutz Residence，位于密苏里州的 Shell Knob，1978 年，右上图），是在一个大平台上建造的。通过一座桥进入建筑，你会发现已经离开了地面。相反，建筑师多诺万·希尔（Donovan Hill）则利用倾斜的地势来做他的“C”式住宅（上图，布里斯班，澳大利亚，1998 年），其室内空间顺着地势起伏变化。

雅典卫城（下图）的主要建筑借用并发挥着地形地貌的特征：帕提农神庙占据着雅典城附近的最高点；伊瑞克提翁神庙（Erectheion）的基址则是长着橄榄树的圣地，卫城山门（Propylon）一直就是通达顶峰的途径，山脚下的半圆形剧场平面是阶梯状的盆形坡地，坡地自然成了阶梯式的观众区，造就出宏伟的露天剧场。考古学家在雅典卫城上发现了许多早期庙宇的残骸，说明大约在 2500 年前，雅典卫城还没出现前，这座山体就已被用作避难仓储和朝拜场所了。

在希腊迈泰奥拉（Meteora）的修道院的实例中，地点的选择是建筑中的重要组成部分。它们在平原上是不一样的。地点的选择影响了僧侣们的经历和出现戏剧性的场面——他们利用篮子和绳把自己从山脚拉到山上。

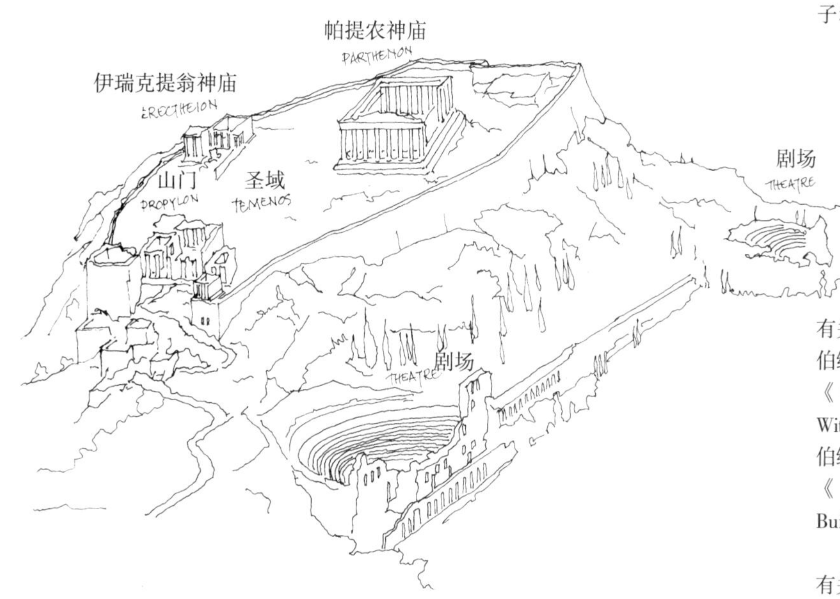

有关建筑对自然形式的利用手法参见：
伯纳德·鲁道夫斯基（Bernard Rudofsky），《没有建筑师的建筑》（Architecture Without Architects），1964 年。
伯纳德·鲁道夫斯基（Bernard Rudofsky），《伟大的建设者》（The Prodigious Builders），1977 年

有关“C”式住宅参见：
克莱尔·梅尔胡什（Clare Melhuish），《现代住宅 2》（Modern House 2），2000 年，p150

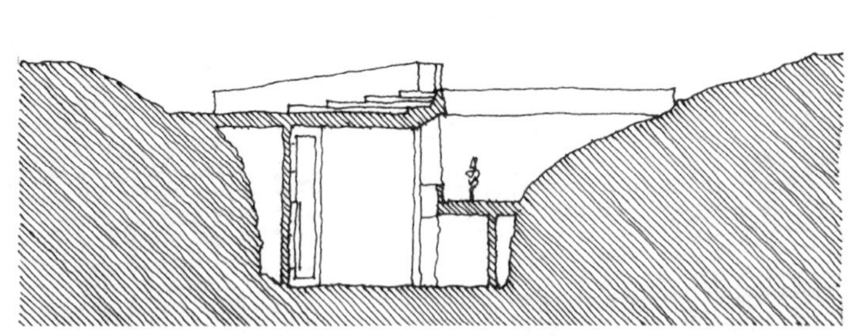

76 澳大利亚中部岩溶地貌（右上图）艾尔山谷（Ayer's Rock）的底部自然凹穴纵横密布，这显然是长期风化剥蚀形成的。这些洞穴可用以遮蔽风雨，洞中的岩石是天造地设的“座椅”，松软的岩壁可以作画。从现在发现的遗迹来看，显然其中一些洞穴曾当作古人的教室使用过。

位于英国莱斯特郡的这个小屋（下图）是欧内斯特·吉姆森（Ernest Gimson）在19世纪90年代设计的。建筑师执着地将它建在一处峭石林立的矿脉上，地形被充分利用，形成住宅的一部分围墙，楼板的标高顺应地势随形生变。地形的勘测、选址成为该设计不可或缺的重要组成部分。

1988年斯韦勒·费恩（Sverre Fehn）在岩石的大裂口中设计了一个小型艺术画廊（左上图）。

有关斯韦勒·费恩艺术画廊参见：
克里斯蒂安·诺伯格－舒尔茨（Christian Norberg-Schulz）、吉纳拉·波斯蒂廖内（Gennara Postiglione），《斯韦勒·费恩：作品、设计、论著，1949—1996年》（Sverre Fehn: Works, Projects, Writings, 1949—1996），1997年，p198—200

有关石井小屋（Stoneywell Cottage，又译斯道韦尔小屋）参见：
W·R·莱瑟比（W. R. Lethaby）等著，《欧内斯特·吉姆森的一生及作品》（Ernest Gimson, His life and Work），1924年

瑞典斯德哥尔摩大学的学生会会馆（the Students' Union building at Stockholm University，右图）建于20世纪70年代后期，设计者拉尔夫·厄斯金（Ralph Erskine）利用了场地原有的一棵美丽的树，在此处打开一个豁口，将外部景色引入。树与自然地形及人工环境相交融，在楼内也可以尽情地感受优美的景致。

对面页顶图是墨西哥一个小住宅的局部剖面，由艾达·迪尤斯（Ada Dewes）和塞尔希奥·普恩特（Sergio Puente）设计，建于20世纪80年代中期。设计者运用建筑基本元素创造了许多空间，它们与建筑的限定元素及场地现状融于一体，构成完整的建筑空间。这所房子建在山谷陡坡的树林里，其下是奔流不息的河水。房子主要建筑构件是从斜坡上水平伸挑的平台，顺坡而下的台阶与之相连；平台悬挑的一侧伸出几级台阶，沿坡而下可直至水面。在上坡一侧的平台边
77 上立着一道屏墙，屏墙中部设有入口。上部的屋顶由屏墙和两根柱子共同支撑。平台上的空间就是卧室，除屏墙之外，卧室的另三个面并

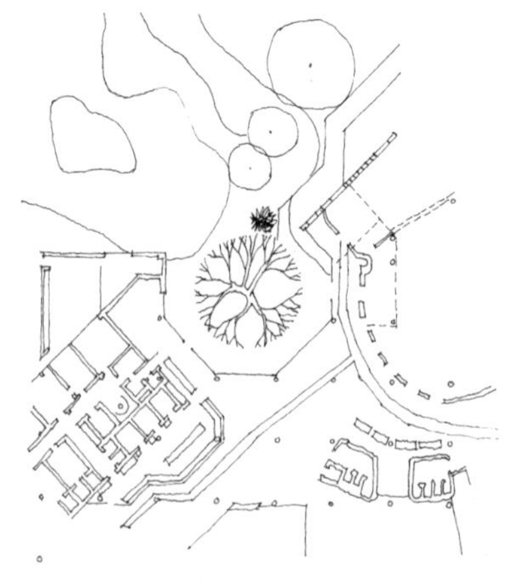

有关拉尔夫·厄斯金设计的学生中心参见：
彼得·科利莫尔（Peter Collymore），《拉尔夫·厄斯金建筑作品集》（The Architecture of Ralph Erskine），1985年

这是一座墨西哥的小住宅（La Casa del Ojo de Agua），建造形式十分精简。周边的树木环境造就了建筑体。卧室上面的起居室只有一堵墙，周边的森林则形成了它的围墙及屋顶。

无墙体，而是由悬挂的蚊帐围合而成，这种布置既可驱走蚊蝇，又没有丝毫声学障碍，能清晰地聆听到林间悦耳的鸟鸣。平台中间有一处梯段通向下面的浴室。卧室的顶板正好是楼上起居室的地面，这个“房间”只有一道墙面，是从下面的屏墙垂直延伸上来的，屏墙中部同样设有一处门洞；其余的“墙体”和“屋顶”完全由四周环抱的绿树浓荫来充当。

下图的屋子建在法国一处森林里。其主要楼层通过柱子抬起，底层架空。其设计师拉卡东·瓦萨尔（Lacaton Vassal）并没有将这里的树木砍倒，而是在树林中建造了屋子，尤其是围绕在屋子内部的六棵树，使屋内有一个特别的景观。

因地制宜、就地取材正是克里斯托弗·亚历山大（Christopher Alexander）所说的“建筑永恒之道”的精髓所在，它也是一条亘古不变的设计原则。尽管许多世纪以来世界各地的建筑师们运用自然特征及元素进行设计的机会越来越少，更多的是转而借助现成的建筑环境，但因地制宜、就地取材的原则永远不会成为苍白的说教。

有关墨西哥小住宅（La Casa del Ojo de Agua）参见：
“Maison à Santiago Tepetlapa”，《L'Architecture d'Aujourd'hui》，1991年6月，p86。
西蒙·昂温，《每个建筑师应该理解的二十个建筑》（Twenty Buildings Every Architect Should Understand），2010年，p7—14

波尔多市附近费拉角（Cap Ferret）的住宅，建筑师拉卡东·瓦萨尔（Lacaton Vassal）保留了树木，并使其融入设计中（左图）。

有关拉卡东·瓦萨尔设计的，住宅波多尔附近的费拉角的住宅参见：
克莱尔·梅尔胡什（Clare Melhuish），《现代住宅 2》（Modern House 2），2000年，p190

有关“建筑的永恒之道”参见：
克里斯托弗·亚历山大（Christopher Alexander），《建筑的永恒之道》（The Timeless Way of Building），1979年

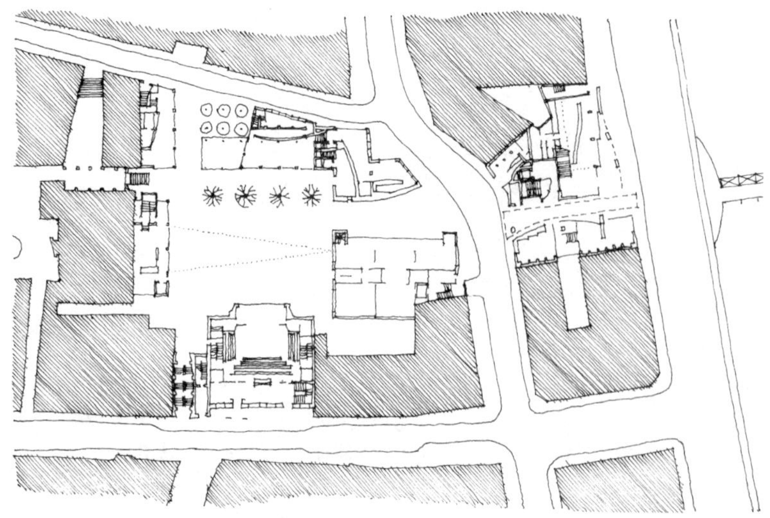

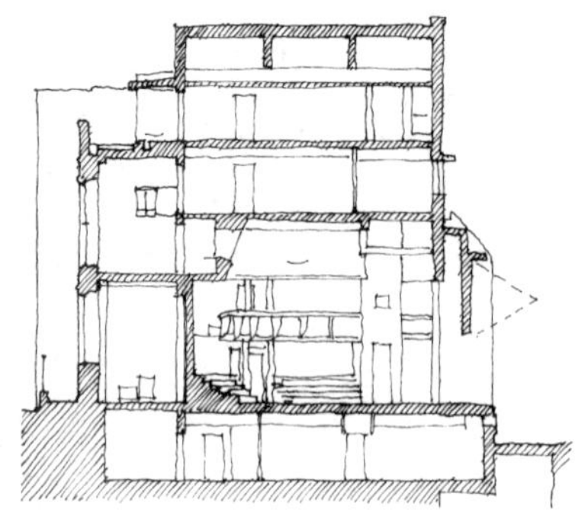

当91组建筑师在20世纪90年代赢得都柏林的坦普尔巴地区（Temple Bar）重建竞赛时，他们设计了一系列与原有建筑、街道和广场相融的新空间。结果是，把新建筑融入老建筑，在形式特征得以丰富的同时，也尊重了城市既往的历史。

左上图展示了会堂广场（Meeting House Square）被巧妙借用为户外电影院的平面布局。

由沙恩·奥图尔（Shane O'Toole）和迈克尔·凯利（Michael Kelly）（91组的两位建筑师）设计的建筑（上面的剖面图）位于平面图（左上图）底部，它有一个可以向外面的广场开放的表演场所。

有关91组在坦普尔巴地区的设计参见：帕特里夏·奎因(Patricia Quinn)编著,《坦普尔巴：灵感的力量》（Temple Bar: the Power of an Idea），1996年

78 在人群拥挤的海滩上，如果在其他人的纷繁飘舞的浴巾、挡风墙、烧烤台架、躺椅、遮阳伞等之间还留有一小块空地，你会决定留下来，尽情地享受风和日丽和海潮带来的那份惬意。与海滨浴场一样，在现有环境中从事建筑设计也是同一回事。不论是在村落中、集镇内还是在大城市里进行设计，新建筑无不受到环境现状的限制，同时也要表达出与环境应有的共鸣。新的建筑必须学会与现存环境对话、协调、相融、共生。在城市里，新的建设任务往往在密集的楼群夹缝中进行，必将与已有建筑产生各种联系。当福斯特事务所（Foster Associates）为英国广播公司（BBC）设计新的广播中心（下图，未建造）时，他们尽量使新建筑适应其在伦敦兰厄姆广场（Langham Place）的地形——那里是摄政街（Regent Street）和波特兰广场（Portland Place）之间的结合部，恰好也在摄政公园（Regent's Park）和19世纪早期由约翰·纳什（John Nash）设计的皮卡迪利马戏场（Piccadilly Circus）之间的城市干道上，他不仅将大楼设计成锯齿形平面以适应地段，并由墙体围出邻近的道路，还设计了一条贯穿建筑的通道，将卡文迪什广场（Cavendish Square）与兰厄姆广场连接起来。大楼中

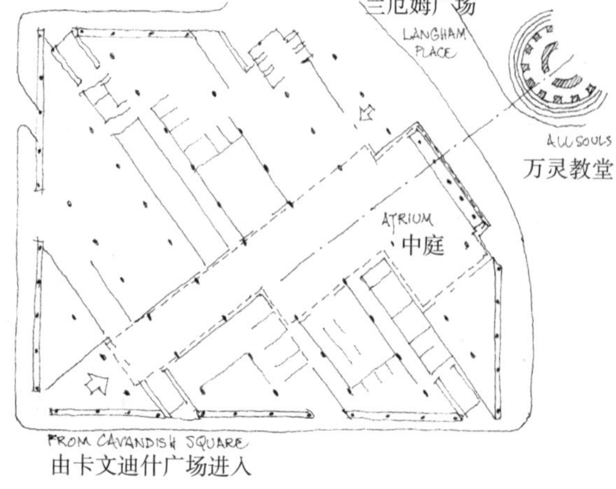

在伦敦兰厄姆广场（Langham Place）筹建的英国伦敦广播公司（BBC）新广播中心的演播大厅（左图）正对着万灵教堂（All Souls Church），该教堂成为这一特定场所的视觉中心。

有关英国伦敦广播公司（BBC）新广播中心参见：
“福斯特事务所，BBC广播中心”（Foster Associates，BBC Radio Centre），《建筑设计》（Architectural Design），1986年第8期，p20—27

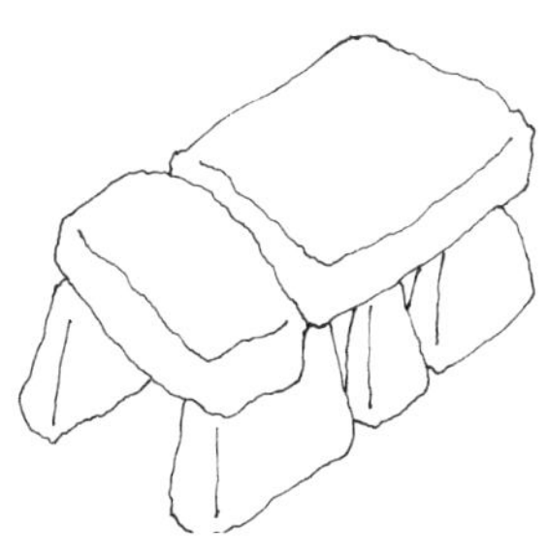

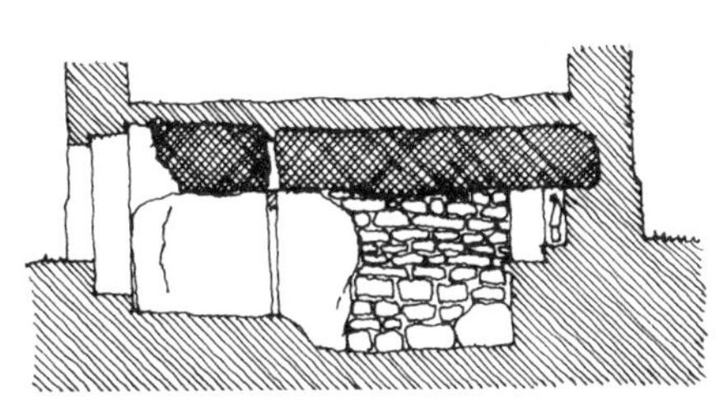

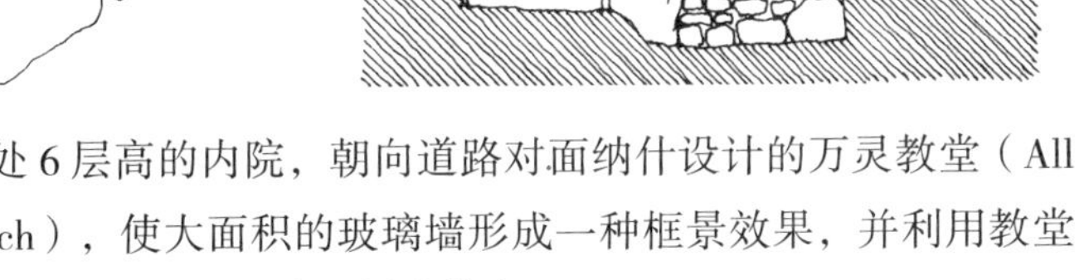

央设有一处 6 层高的内院，朝向道路对面纳什设计的万灵教堂（All Souls Church），使大面积的玻璃墙形成一种框景效果，并利用教堂为建筑内的空间增加了与众不同的特色。

79 也许建筑的存在已经被当成了自然环境的一部分，尤其是在建筑变得非常古旧的时候。在法国西北部的布列塔尼，有一个小礼拜堂依附在教堂的旁边（上中图和右上图）。建筑很古旧，已然成了自然界的一部分。它被称为七圣徒教堂（Chapelle des Sept-Saints），在普卢阿雷（Plouaret）附近。它是一座基督教堂，建在一个古老的石墓旁边，属于石器时代的墓室或用大量巨大的石头建造的庙（左上图）。教堂利用了几千年前建造者们所创造的这处空间。但是异教之间空间借用十分罕见，有待考证。也许教堂建设者认为，此地从前基督时期到基督时代都被用作朝拜，已经几个世纪，功能延续也未尝不可。

有时新建筑会利用原有建筑扩建而成，或是利用其遗址进行更新。当维多利亚女王时代的建筑师威廉·伯吉斯（William Burges）接受委托，为布特（Bute）侯爵设计一座距加的夫以北几英里的狩猎客栈时，基地中一处具有诺曼式风格的城堡遗址（左下图）成为新设计（右下图）的起点。威廉·伯吉斯的改造确切地说更接近环境整治，所用建材主要仍是石材。利用原有遗址作为基地，伯吉斯为这座中世纪城堡作出了既客观又富有创见的设计诠释。新的建筑——科奇城堡［（Castell Coch），即红色城堡（The Red Castle）］

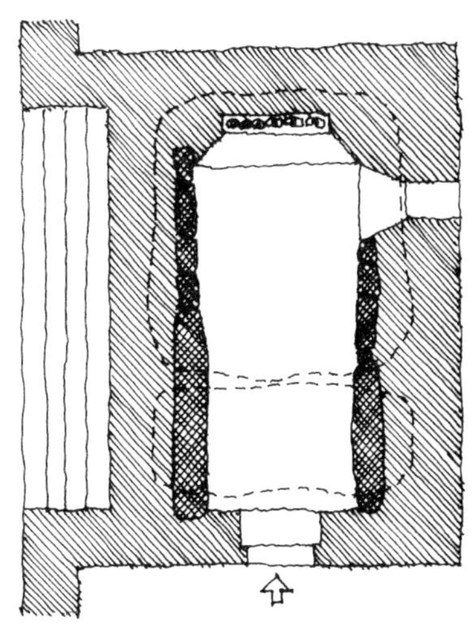

七圣徒教堂（Chapelle des Sept-Saints）（上图）围绕墓室而建。

有关七圣徒教堂参见：
格林·丹尼尔斯（Glyn Daniels），《历史上的巨石》（Megaliths in History），1972 年，p30

有关科奇城堡（Castell Coch）参见：
约翰·莫达努特·克鲁克（John Mordaunt Crook），《威廉·伯吉斯及维多利亚鼎盛时期的梦想》（William Bruges and the High Victorian Dream），1981 年。
戴维·麦克里斯（David Mclees），《科奇城堡》（Castell Coch），2001 年

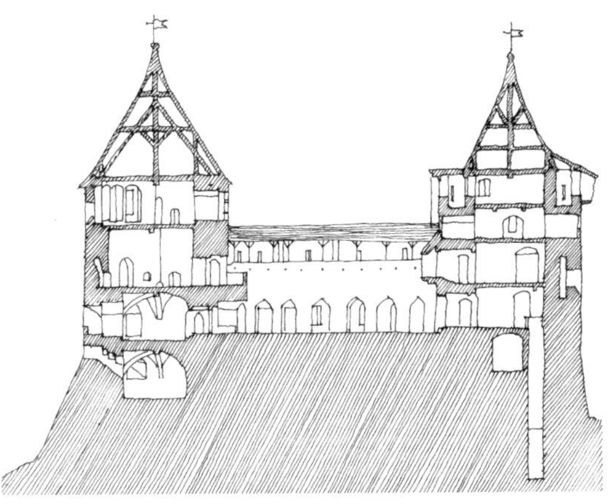

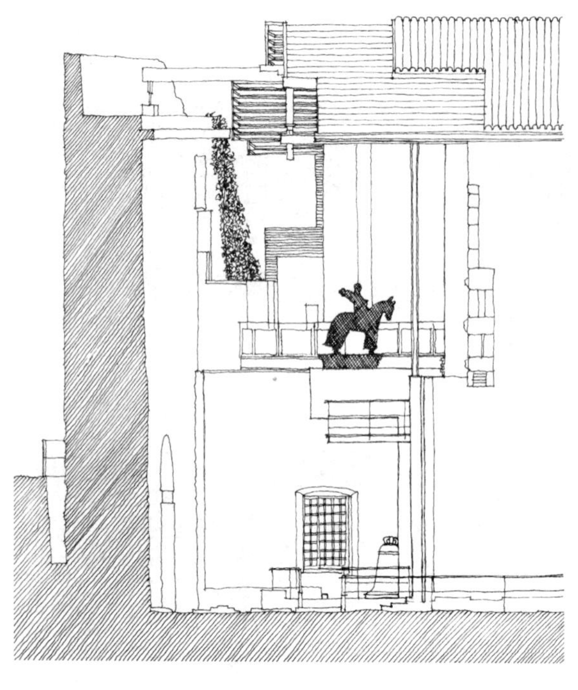

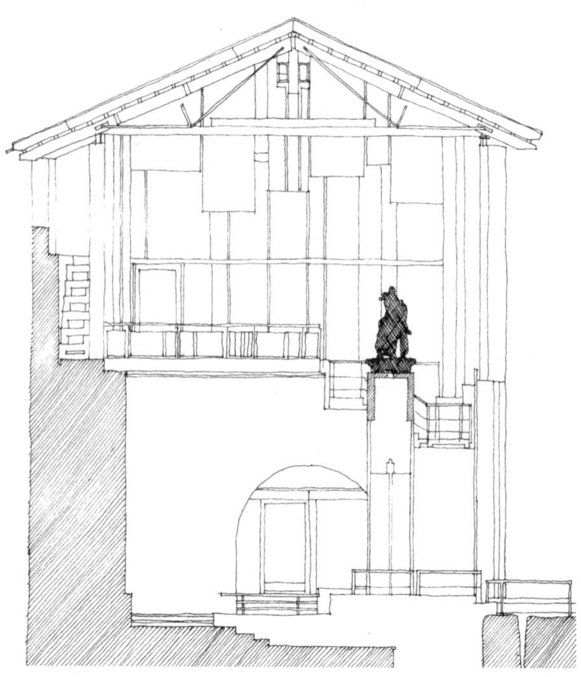

坎格兰德广场，剖面

是新与旧的融合，而不是原有城堡的简单复制。当 19 世纪 70 年代建成时，除了基础之外，它是一座全新的建筑，是对原有建筑风格的继承和发展。其设计创意得益于对基址现状及历史背景的深刻洞察，尤其是遗址内一处源自 7 世纪前的古迹触发了他的创作灵感
80 （站在此处，从加的夫向北延伸而来的整个山谷尽收眼底）。其用意在于对中世纪的场所进行浪漫的重现，作为给他客户的娱乐和风景中的点缀。

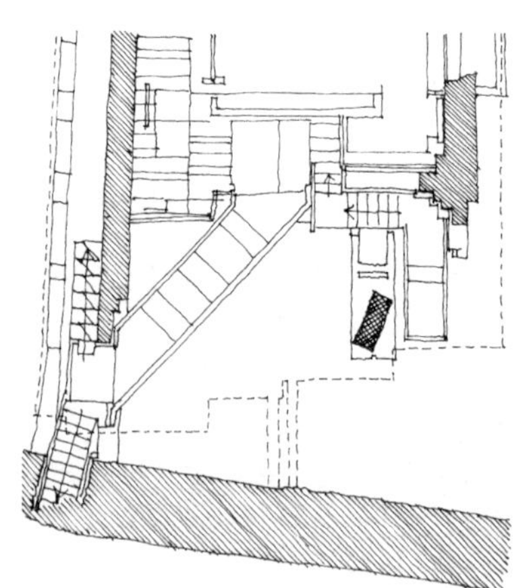

顶层平面（比例不同）

20 世纪 50 年代末至 60 年代初期，意大利建筑师卡洛·斯卡帕（Carlo Scarpa）同样接受了一项历史建筑保护与更新的设计委托。基地是意大利北部城市维罗纳的一处 14 世纪的古堡——维奇奥城堡 [the Castlevecchio，即老城堡（Old Castle）]，其古迹遗存要比伯吉斯设计的科奇城堡更为丰富。斯卡帕对待历史及如何开发建筑遗迹的态度与伯吉斯有所不同。他的创作倾向不是浪漫主义的古典回归，而是发掘历史内涵，开创新的审美情趣。斯卡帕在设计中重塑了古堡，但他既没有简单复制也没有表象化地描摹，而是创造了属于当代的全新作品，同时也充实着从历史图式中提炼出的情节与冲突、近似与关联、表征和内蕴。斯卡帕凭着自己对一栋饱含并见证了不同历史变迁的古典建筑的精辟见解，在时空的限定下进一步丰富和发展了历史空间。更为成功之处在于——它是一座真正属于 20 世纪中叶这一时代的建筑作品。相比单纯的历史恢复而言，这次改建更富有诗意。在斯卡帕所演绎的古堡更新中，点睛之笔可能要数“坎格兰德广场”（Cangrande Space）了，该广场以兀立其间的骑士像（上面两图）而得名。虽是一处新添入的广场，但它巧借原有建筑遗留的石墙围合而成，其场所精

有关维奇奥城堡参见：
理查德·墨菲（Richard Murphy），《卡洛·斯卡帕和维奇奥城堡》（Carlo Scarpa and the Castelvecchio），1990 年

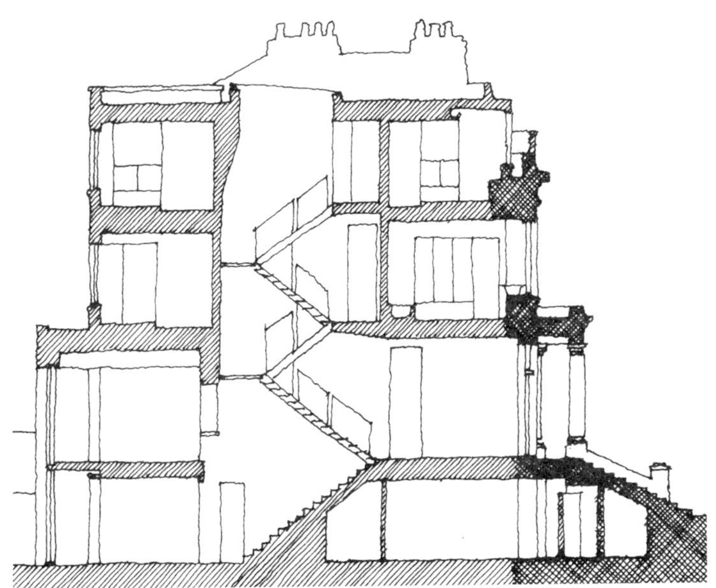

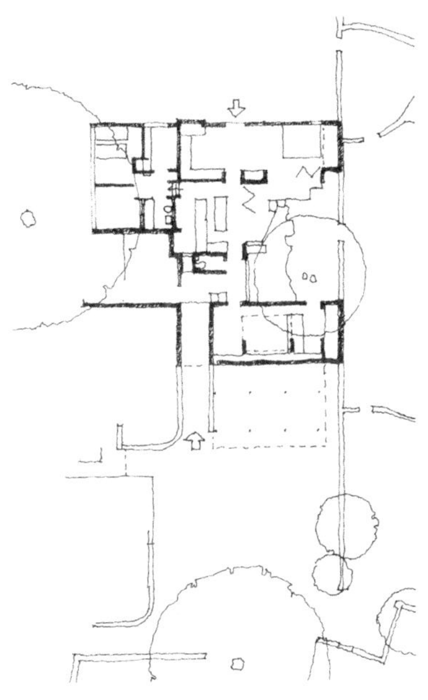

彼得·奥尔丁顿自宅（Turn End 住宅，位于英国哈德纳姆）的平面。

神也与其间曾发生过的历史典故一脉相承。

那些在建筑作品所表现出的求新求变的意识形态，往往与既定观念和思想相冲突。20 世纪 60 年代，彼得·奥尔丁顿（Peter Aldington）在英国的哈德纳姆（Haddenham）村设计的 3 栋住宅中（右
81 上图），重点探寻了石墙与树木之间的组合关系。里克·马瑟（Rick Mather）在伦敦的汉普斯特德（Hampstead）设计的现代房屋（左上图）则以中庭和玻璃楼梯为特征，而正立面则做成维多利亚风格，和周边的传统街道、建筑氛围相协调，并延续了总体规划。

20 世纪 70 年代末，弗兰克·盖里在圣莫尼卡的自宅（下图）设计中，态度与前者截然不同。他选择了一处传统的近郊房屋，将其外形加以改造。他精挑细选，在这样的环境中使用了特殊的建筑材料，用异型空间改变了房屋规整的原状，并且改变了房间的传统用途（新的厨房改到窗台外面，车道的柏油路面保持原状）。局部空间有的看上去像舞台设置，有些则像军事设施。该建筑可看作是对美国郊区文化的辩证批判。

有关 Turn End 住宅参见：
简·布朗（Jane Brown），《一个花园与三个房子》（A Garden and Three Houses），1999 年

有关里克·马瑟（Rick Mather）在汉普斯特德设计的住宅（左上图）参见：
德扬·萨迪奇（Deyan Sudjic），《家：20 世纪住宅》（Home: the Twentieth Century House），1999 年，p186

有关圣莫尼卡的盖里自宅（Gehry House，下图）参见：
同上，p88

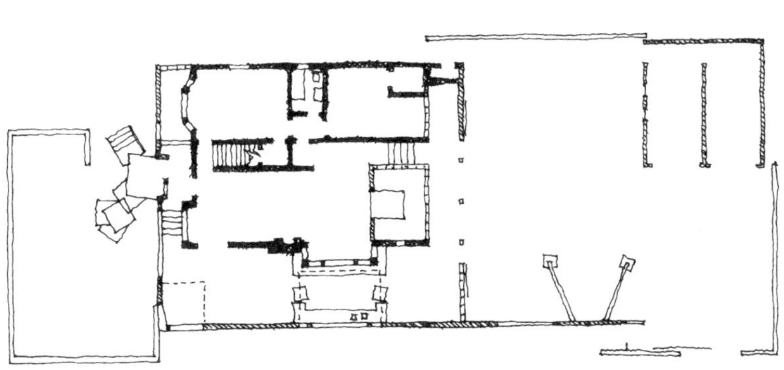

盖里自宅，一层平面

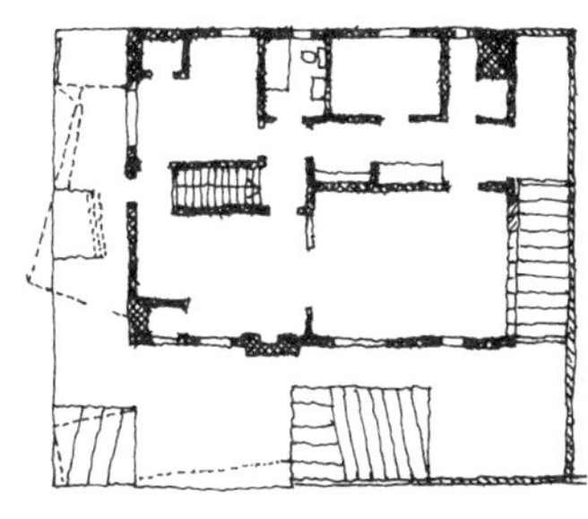

盖里自宅，上层平面

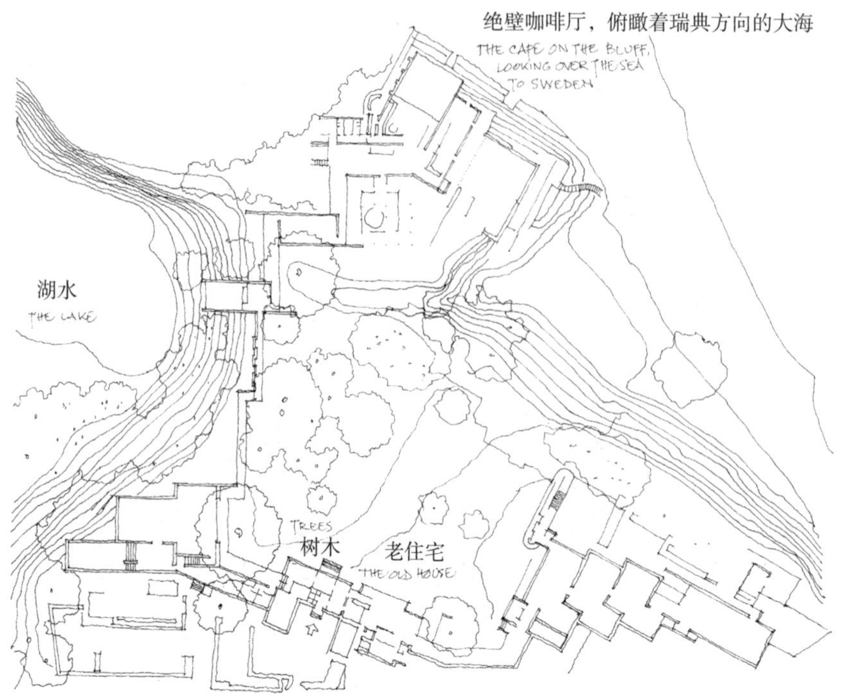

路易斯安娜艺术博物馆建于丹麦，这是其首层平面图，设计者是约恩·博（Jørgen Bo）和威廉·沃勒特（Vihelm Wohlert）。将新建筑里一处旧式住宅保留下来，并用作主入口；而展厅和餐饮空间利用地形现状，还专门设计了一处画廊，用于欣赏跨湖的美景。

不少建筑作品着眼于基地中有什么，将要加入什么，并使保留与创新达成和谐。丹麦工业家克努兹·詹森（Knud Jensen）委托约恩·博（Jørgen Bo）和威廉·沃勒特（Vilhelm Wohlert）设计位于哥本哈根以北的路易斯安娜艺术博物馆时，他要求建筑师们利用场地中的各种自然要素：

82 “第一，不论新建的博物馆今后会有何种功能变化，原有府邸必须保留并用作主入口……第二，我想要一个房间……向府邸以北约 200 米处的庄园景观开敞，可以俯看到植被繁茂的内陆湖的秀色；第三，由此向前更远的大约 100 米处的玫瑰花园里，站在峭壁上，可以与远在海峡彼岸的瑞典遥遥相望，我想在那里设计一处自助餐厅和观景平台。”

艺术博物馆一期工程占整个项目的三分之二，充分利用了场地的自然特征，完全按照詹森的要求设计而成。旧的宅邸位于平面的中下方，是新建筑主要的入口。进入博物馆，参观线路经过一些展厅之后，沿着台阶式人行步道向北通往临水而建的特殊藏品展厅，湖光水色透过展厅的大片玻璃幕墙映入眼帘。之后，参观线路又穿过更多的展厅继续蜿蜒向前，直达最后的海边岩壁，设计于此的自助餐厅可远眺烟波浩渺的大海和远方的彼岸。建筑师还运用了场地中一些其他特征，尤其是对树林的保留以及地形高差变化的利用都充分体现在空间组织中，同样也利用了湖泊及景观。这栋建筑的设计手法是顺应自然地形和特有的景点引导来宾进行参观的，空间组织自如流畅，匠心独运。设计概念是：展示出建筑的内部流线，用墙来框定视野……这是种常见的设计方式。但基地不同，建筑设计也会不同。基地中的树列、湖面、视野和地形都是具体建筑必不可少的考虑因素。

有关路易斯安娜艺术博物馆参见：迈克尔·布劳恩（Michael Brawne），《约恩·博、威廉·沃勒特，路易斯安娜艺术博物馆，丹麦胡姆勒拜克》（Jørgen Bo，Vilhelm Wohlert，Louisiana Museum，Humlebaek），1993 年

古老的石棚似乎是一个喻为洞穴的建筑，作为一个存放死者遗骸的地方。

第 7 章　原始场所类型

84

“巴勒斯坦的吉勒盖勒（Gilgal）这个地方有一个石环，人们视其为圣地，在这里，公路劫匪，年轻的以利法（Eliphaz），都不敢惊扰这片胜地。在吉勒盖勒的中央，一块奇特的石头矗立地面，它颜色乌黑，形似圆锥，显然这块石头是来自天堂，拥有无比的能量。石头形似生殖器，因此雅各布抬眼，举手虔诚地致敬，感受力量在这附近大大地加强了。”

——托马斯·曼恩（Thomas Mann）著，

洛－波特（Lowe-Porter）译，

《约瑟夫和他的兄弟》（Joseph and His Brothers，1933 年），

1999 年，p90

第 7 章　原始场所类型

85 随着历史的发展，建筑类型在人类的使用中不断发展，逐渐多样化、复杂化和深入化。这里，有一些古老的场所类型：如生火用的炉膛，摆放贡品用的祭坛，安葬死者的墓地，其他场所类型则更新一些：如航空港、高速公路服务站、自动取款机和 wi-fi 热点。

大多数的古老场所类型往往着眼于解决那些最基本的生活需要。例如，保持室内的温暖干燥，保证通行方便，获取并保存食物和饮水、燃料和财产、烹调食品、起居和餐饮、公共交往、污物排放、休养生息、外敌防御、商品交换、诵经与仪式、教育和学习、展示军事、政治和经济实力、演讲与雄辩、战斗与竞争、生儿育女、经受“洗礼”、死亡，等等。

场所的概念将建筑与生活联系起来，场所的用途与人类的生活息息相关。生活必然包含着对客观世界在物质形态与精神形态上的组织与改造，如工作与休息场所，表演与观赏场所，私有与公共场所，愉快和痛苦的场所，温暖与寒冷的场所，敬畏与厌烦的场所，保护与开放的场所等。

和语言一样，建筑从不是停滞不前的。二者都是在使用中不断发展，都是随历史变迁、文明变化而变化。社会制度的发展，对于生活的信仰不同，对于相关场所的需求也就不同。人类的需求和渴望愈加细微复杂，一些传统场所变得过时了，对新型空间的需求明显增加，建筑风格不断推陈出新，场所之间的传统联系在电子时代体现出更多的信息化特征，无疑更加复杂和多元了。语言中，一种特定的含义可以有多种表达方式，只是句式和词汇不同而已。当然，遣词用句必须与想要表达的意思一致，否则就将陷于荒谬论调或会产生出人预料的歧义。多种多样的表达方法仅仅是形式有别，但是遣词用句的变化能使语义更加细腻微妙、主次分明、措辞委婉，富于审美意趣。在建筑设计中同样如此，功能类似的建筑，其设计手法、风格形式也会各有千秋。

不同场所的标识，取决于建筑基本元素和可变元素。表演空间就可以由多种不同方法识别出来：可以是一处舞台、一盏聚光灯、一圈石头，或是众多标志旗杆围出的一片场地；监禁用地可以是一
86 间狭小的暗室，或是一座孤岛，或是一道深坑，或是教室的一个角落。场所的标识还取决于人对其固有空间特征的认同感。每个人必须具

有非此即彼（排他性的）的空间辨别能力，否则，人们就会对传统场所类型作出误判，张冠李戴，或者视而不见。一个空间可以有多种演绎方式。例如一道矮墙，有人把它看作是路障；有人把它视为座椅；有人可能把它当成通道；还有的人则可能同时看到了矮墙的这三种功能。

场所的功能也可以彼此重叠、包容、穿插和覆盖。卧室本是一个休息的场所（比如有床），但它也有别的功能。它可以是上下床的辅助空间，可以是读书空间、更衣空间、梳妆空间，也有可以扶窗远眺的站立空间，可能还含有晨练健身的空间。这些空间功能彼此并不明显，只是在同一空间内相互重叠，甚至有时在功能上还会不时转化。大空间同样如此。例如，城市广场既可以用作集贸市场，也可以当成公共停车场、演出场地、美食广场、集会场所或是聊天散步的城市公园……同时集多种功能于一身。

原始场所类型

在这些复杂的空间组合体中，很多场所类型由于频繁地使用而固定下来，并被人们赋以了专有名称：如炉膛、剧场、坟墓、祭坛、城堡、王座……这些称谓可以追溯到久远的历史。这些古老的名称无疑正说明，虽然这些场所类型是古老的并且有一个不变的主题，但是这些建筑（由于概念的组成使用了基本元素和可变元素）可以变化巨大。一个主题往往不能决定这个建筑的类型。甚至最早的时候，许多的主题都是用与众不同的方法与建筑上保持一致。简单化地理解“形式服从功能”的原则是错误的。

其实，也有许多古老的场所类型，建筑和其古时候流传而来场所类型名字之间的关系有时候会混淆。“墓地”一词可能在头脑中对应着特定的概念，但坟墓的建筑形式在历史中却变化显著。建筑上，场所类型的名称看似直观，实则含糊。如果有人形容一处场所像是“剧院”，人们所能想象出的不过是它含有两个空间：一处用来表演，一处用来观看。但是在建筑上却有很大不同：它可能是一座多功能剧场，也可能是一处室外庭院，可能是一条开阔平坦的街道，或是一个有或没有装饰性拱顶的舞台。

原始场所的类型出现在最古老的故事之一——三千年前的荷马史诗《奥德赛》，许多年来，人们就是围坐在壁炉边将其口口相传。荷马写作的原始场所，今天仍是我们常用的空间。

椅子：“他将她引向一把雕花椅子，上铺了一条小毯，让她坐下并把脚搁在小凳子上。他自己坐在了一把镶嵌简易图案的椅子上。”

“长辈为他指定了道路正如他从父亲手中接过椅子。”

墓碑：“没有坟墓会因他的遗骸而骄傲。”

烹调场所：“当火腿肉烧熟时，先品尝一下味道，然后切成薄片，用烤肉叉串在一起，然后捏住叉子的两端放到火上烤熟。”

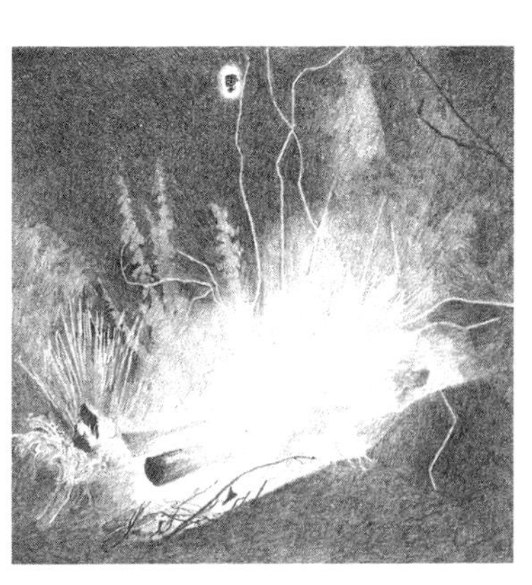

炉膛：“房间精美的石砌壁炉恰如一位丽人，心脏里迸发出炽烈的火焰，熊熊燃烧的木料飘出的香味弥漫着整个小岛。”

建筑与其相关名词的关系往往很笼统、概括。上文中的专有名词可能在另外一篇文章中并不确切，尚可继续分类。例如“炉膛”、“剧院”、“坟墓”、“祭坛”、“堡垒”、“王座”等词所指的建筑形式就并非一成不变。

戈特弗里德·森佩尔（Gottfried Semper）将炉膛归结为建筑四要素之一，其他三要素是土方工程、屋顶和隔墙。在《建筑四要素》（The Four Elements of Architecture，1851 年）中，炉膛被归类为焦点的“基本要素”和“原始场所类型”；土方工程和隔墙是“基本要素”；而屋面是屋顶的“基本要素”。

87　炉膛（壁炉）——生火空间

炉膛在不同文化体系中均是最为传统的空间，它作为居室的核心和生活的焦点——温暖的来源，烹饪为生活围绕的中心。炉膛的基本组成是火种本身，但火种在不同场所的不同用法却多种多样。即便是一个简单的室外生火处，其基本形式也不少（有一些形式在大型结构中也有发现）。有的可由一圈石头围成，有的背倚一块巨石以防止被风吹灭和贮存一些热量，也有的在两块平行的石墙之间生火，既可导流热源又能构成灶台。

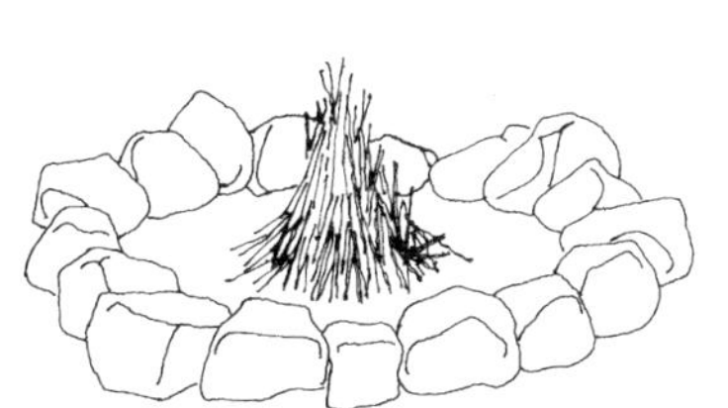

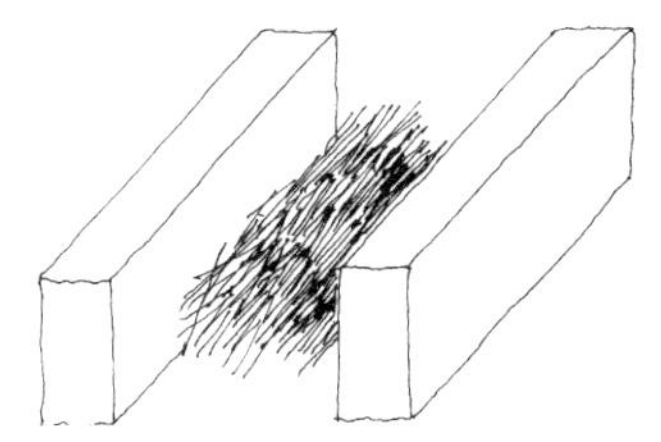

还有其他较为复杂的构筑方法：在炉膛之上架设三脚架，其下可以挂上水壶，这种简易构造突出了火源所在。有的火塘构造像椅子或桌子一样将火源抬离地面，使用上更加简便；或者干脆为其构建一处专用的小建筑。

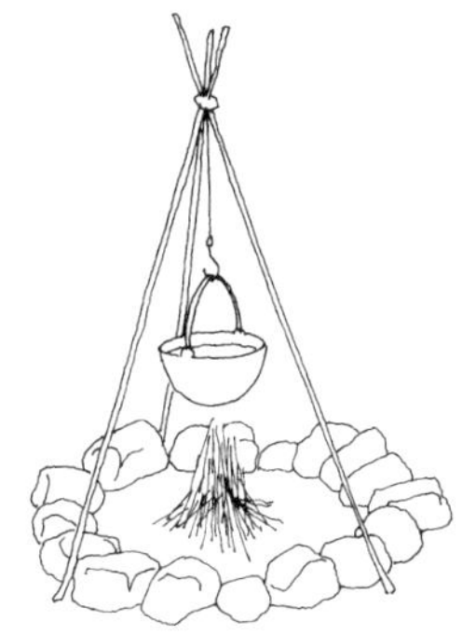

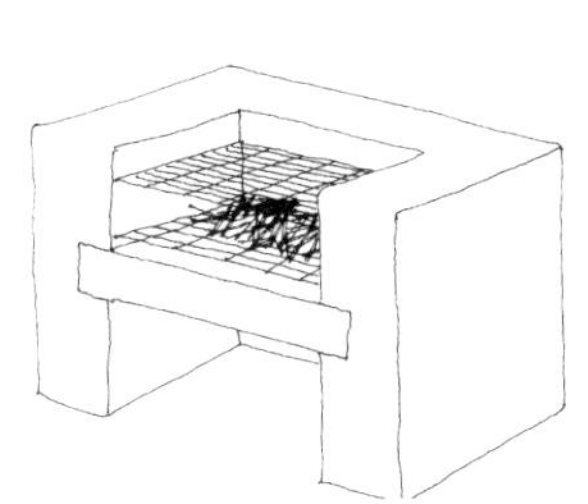

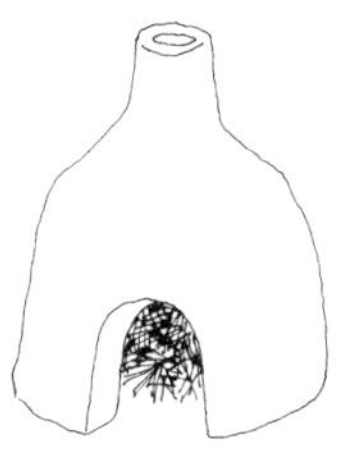

在大自然中点一处篝火，周围环境便自然而然形成一个房间。四周的岩石，头顶的树荫共同构成一处温暖明亮的场所。

88 火塘不仅有自身的燃烧区域，而且为人们创造出明亮和温暖的场所，辐射范围也可以调整。冬夜里，它可以让人们紧紧环抱在篝火四周，围聚成圆形场所；它也可以如山巅上的烽火，泛射出圆形的光华，在旷野中清晰可辨。

漫长的历史发展中，炉膛升华为人居空间的标志，它生成、界定并调控着光线和采暖半径，对建筑空间形态影响深远。在荒野中无论是原始人还是现代露营者，火塘都是一个地标般的存在，火源用光明和温暖定义了它的地盘。但是在一个人生火前，必须首先为它选择一处场所，这就需考虑到与火的特性相关的各种因素。如果是在一条小山谷，起伏的地势可以遮风，散落的岩石可以入座，而如果在夏日的黄昏搭起炉灶，点燃篝火，围坐在一起边吃边聊，一处炉膛空间便这样形成了。这样，小山谷成为一个光和热的容器，同时也成为一个朋友们可以在里面烹饪和用餐的空间，宛若为友人们聚餐专设的“厅堂”，并在此烹饪或用餐。

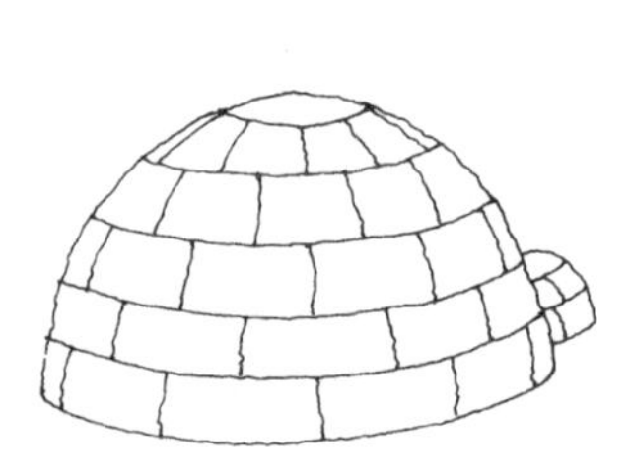

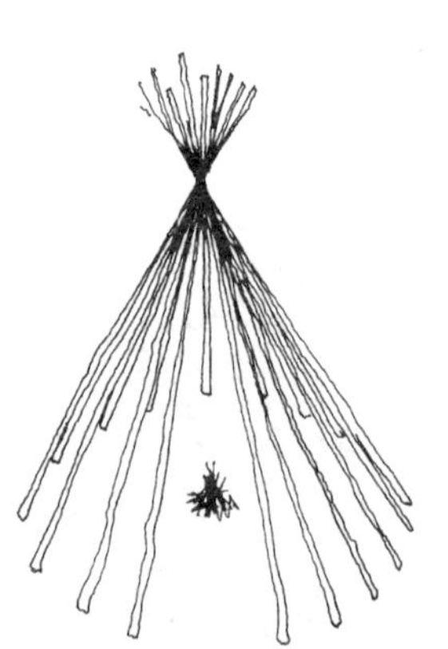

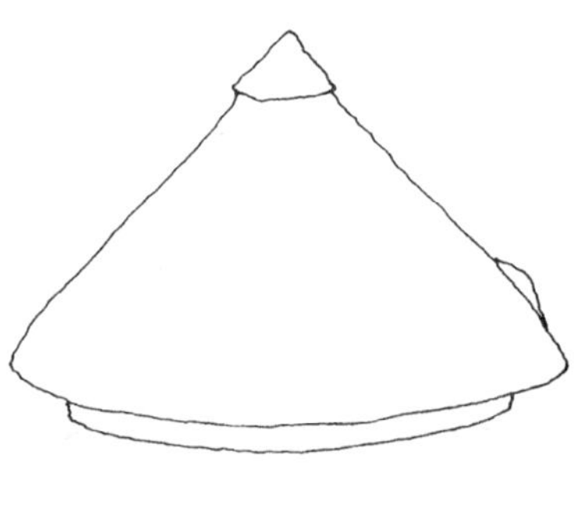

在不同的文化中，特别是在世界上的凉爽和严寒的地区，室内形态备受关注，空间一般都十分封闭，以免光线和热量流失。对此，圆顶建筑是一种合理的解答。例如一个用冰块砌成的半球形房子就几乎包含了火光的范围。但是普通材料想要和冰一样塑造成圆顶并不容易，所以就像美国印第安人的帐篷，将圆顶搭建成锥形。早期人类的圆形住宅所体现的原理都是类似的。一个直棱直角，墙面和屋顶垂直正交的房间改变了火源的半球状辐射区域，将其限定在矩形空间中（右图）。

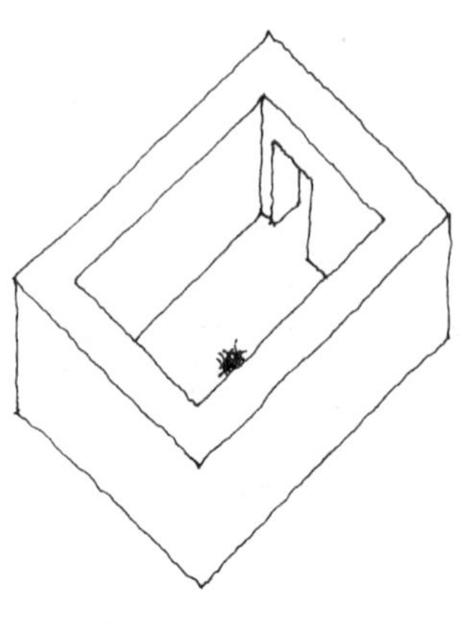

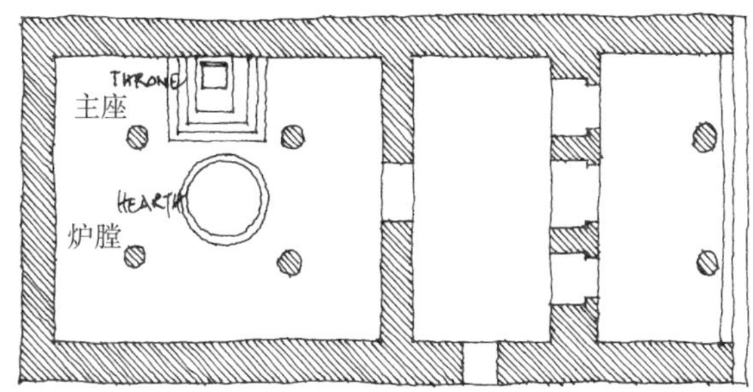

在这个古代迈锡尼宫殿的平面图（左图）中，炉膛（壁炉）被发现是呈圆形放置在地面上，周围有 4 根柱子支撑着屋顶，同时柱子之间形成的方形空间围绕着炉膛，也构成了王位的象征所在。

在房间中，服从整体环境的需要，炉膛（壁炉）被当作附属空间
89 加以安排。作为热源和光源，它是生活空间的核心，但在使用上有时也可能成为障碍。在考古发现的早期住宅遗址中，可以看到炉膛的摆放十分随意，它和周围空间的相互关系尚不明确（右图）。在其他一些古代遗址中，炉膛则有较正规、正式的位置。在希腊南部的古城迈锡尼（Mycenae）王宫的中央大殿（建于约公元前 1500 年，上图），炉膛与王位之间、入口与建筑结构之间有明确的空间关系。古迈锡尼国王阿伽门农（Agamemnon）就正襟危坐于此，和他的“炉膛”一起接受朝拜。

右边两图是两栋挪威传统木结构房屋的平面，其布局形式有所不同：一个是炉膛位于中心位置，另一个把炉膛摆到次要的位置。除炉膛位置不同外，其他平面布局基本相似。右上图平面中，设于中央的炉膛主导着整个客厅空间，就餐和储存都作为辅助空间围绕这一中心安排，所有日常生活以炉膛为“轴心”展开。右下的平面图中，炉膛（壁炉）位于房间的一角，并用石材建成专用凹室，不燃的石材可以保护木制外墙免于被烧。这样一来，炉膛不再占据富有象征性的空间中心，且减轻了室内空间迁徙的限制。对人们来说地面因而变得更加自由，开阔得像舞池一样可以“轻歌曼舞”了。

分散式壁炉也不必总是布置在房间的拐角处。在威尔士的这栋小别墅平面（左下图）中，几乎有一面墙被壁炉取代。将壁炉这样放置在一侧，包括烟囱的井道构造也可与墙体相结合，共同组成承重体系。这样，它兼有了墙体的功能。在威尔士另一处别墅的平面（右下图）里，壁炉还用作隔墙，把房间一分为二。实际上，与上例相比，本例中壁炉的烟道还有一个新功能。它的四壁分别构成“十”字展开的四个空间中的一道墙面：除已提及的两个房间外，还有门厅以及通往二层的楼梯间。壁炉的烟道同样也用作隔墙，将楼梯间一分为二。

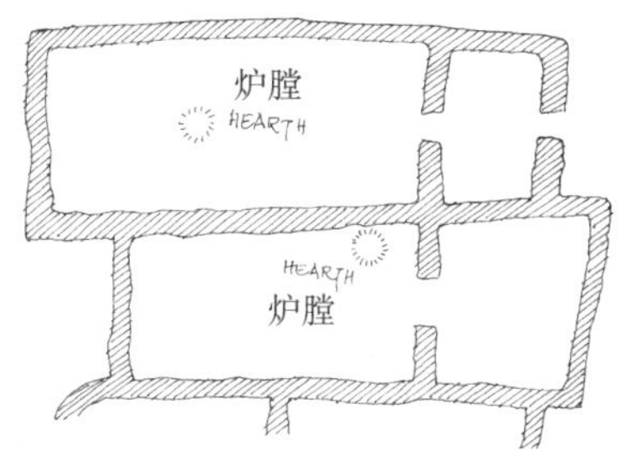

在古代的一些住宅中，我们可以发现炉膛（壁炉）的位置是很随意的（上图）。

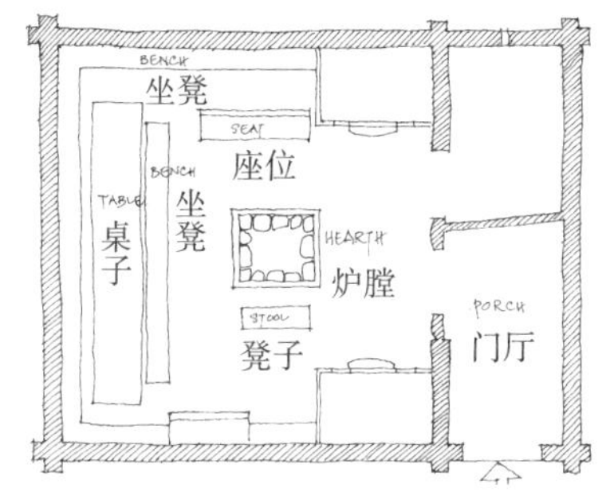

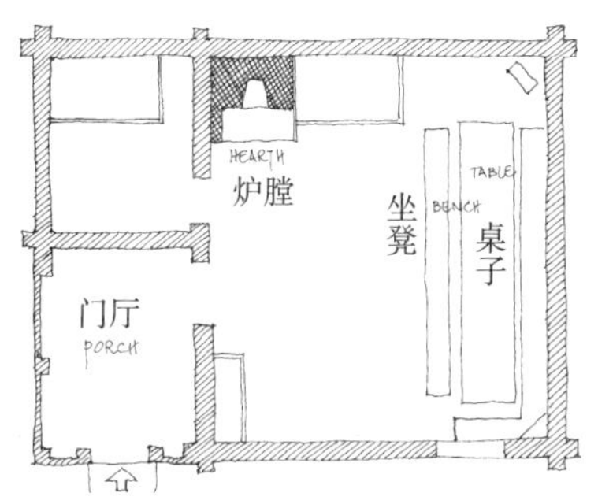

过去，要从根本上改变空间，一个主要方式就是改变壁炉的位置（上图）。

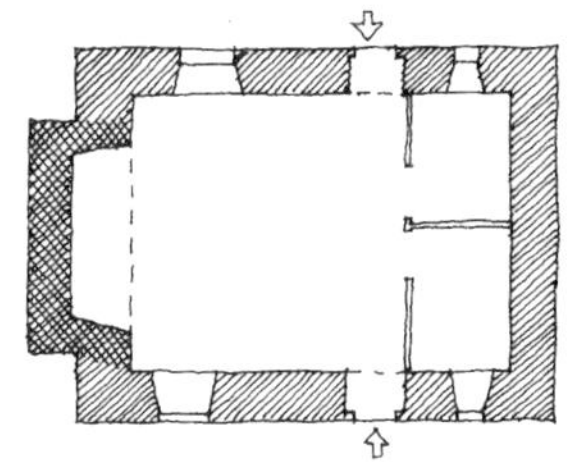

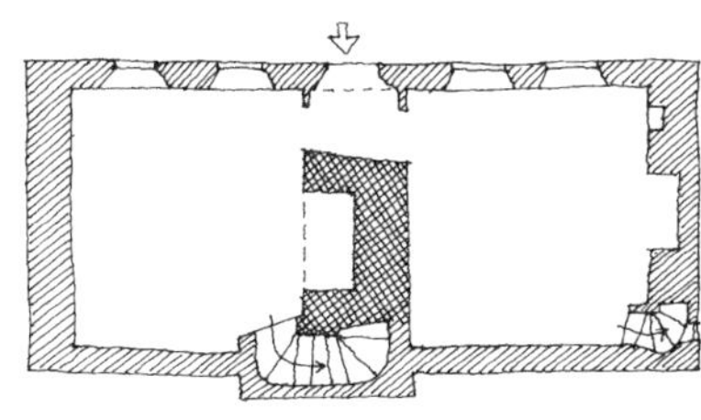

烟囱是定义空间的重要元素（左图）。

90 这是另一处威尔士别墅（左下图），建筑空间充分利用了壁炉和主烟道的构造作用。别墅由四部分构成：三个凸出的侧翼加上一个门廊，是典型的“十”字形布局。一般来讲，炉膛都摆在房间中央，不与墙体构造在一起。而这个建筑依旧以壁炉为中心，但是和以前完全敞开的炉膛不同，壁炉的四道墙面伸展出来，将空间划分成四个部分，壁炉完全是建筑的中心。其构造作用就像车轮的中心轴承，中央主烟道从结构上支撑着四向伸出的空间。将壁炉和结构相结合，下面的案例还会分析。与上例的“十”字形平面不同，该方案在平面的四角安排了房间，进而发展为方形平面。四角的房间不设壁炉，房间相互穿套，形成环形线路。新交通流线的建立，解决了壁炉设置于空间中央所带来的平面组织问题。

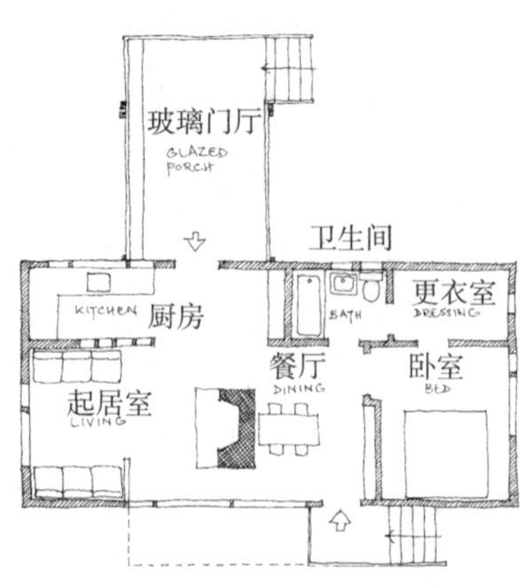

这所夏日住宅建于 1940 年，设计者是沃尔特·格罗皮乌斯（Walter Gropius）和马歇尔·布劳耶（Marcel Breuer），他们利用高大的壁炉烟道将起居厅和餐厅分隔开来。

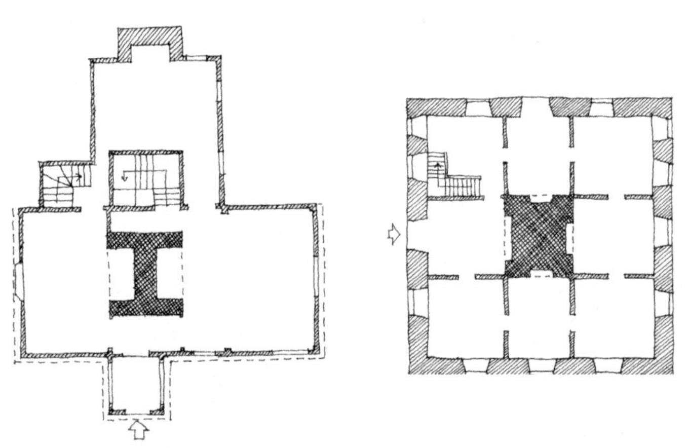

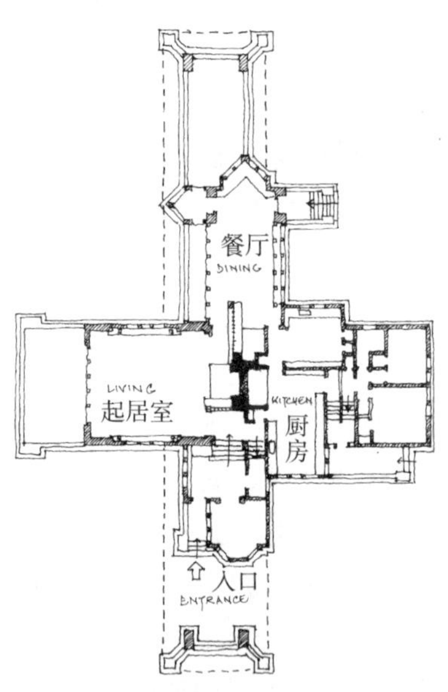

沃德·威利茨住宅（Ward Willits House，上图）由弗兰克·劳埃德·赖特设计于 1901 年。设在居室中央的大型烟道是整个空间的结构中枢，以它为核心，起居空间呈“十”字形向四周伸展（与最左边威尔士小屋的平面相比）。

对面页顶图的住宅，是鲁道夫·辛德勒（Rudolf Schindler）跟随建筑大师弗兰克·劳埃德·赖特当学徒时的另一作品（未建成），他为这所住宅设计的壁炉发挥了上文所述的许多作用。第一，它是建筑的核心，同时也是主体结构的依托；第二，壁炉将起居室与工作室分隔开；第三，它的一面墙构成了建筑的门厅；第四，它十分独特，炉火并不是生于主烟道之下，而是生在它和另一道外墙之间搭起的低矮平台上，可以同时为两个房间取暖。

有关威尔士乡村住宅参见：
彼得·史密斯（Peter Smith），《威尔士农庄》（Houses of the Welsh Countryside），1975 年

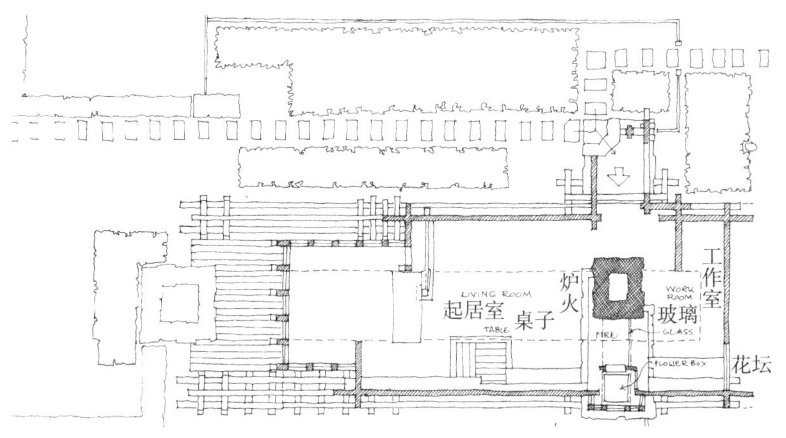

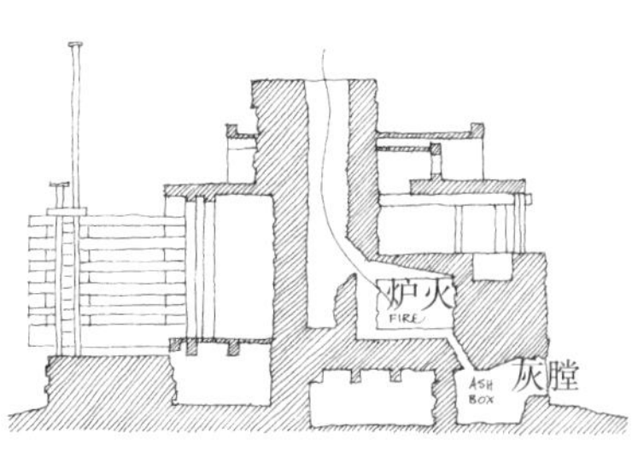

在鲁道夫·辛德勒设计的住宅中，一个壁炉可以加热两个房间，而且炉坑中的灰烬还可以很好地处理到外面。

较大的房间中，一处炉火仅仅可使部分空间采暖，热量一般达
91 不到外墙。在这种情况下，炉火就和在室外一样，只能温暖局部范围。这一点可通过建筑手段加以解决。下图是一组“联排别墅”中的两套住宅平面。该建筑是由巴里·帕克（Barry Parker）和雷蒙德·昂温（Raymond Unwin）在大约 1902 年设计的。如果能建成，它们将成为一组相似的四边形住宅的组成部分，也能为公共活动提供普通房间。右图中可以看到，壁炉附近的空间在建筑上以“壁炉凹角”的形式生成。也请注意一下起居室中其他从属空间的手法，如临窗而坐的休息空间，摆着餐桌的就餐空间，弹奏钢琴的空间，摆放着书桌的学习空间。

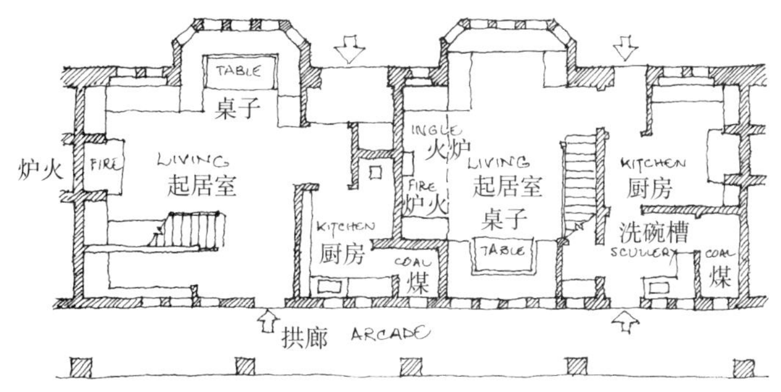

在集中供暖系统问世后，原本提供热源的壁炉不再像以往那样重要，但仍可作为核心来烘托空间：就读学习的空间，或是做针线活的空间，或是聊天的空间，或是休息空间。由于不再需要充分的散热半径来维持室内的温度，壁炉相对于提供热源，更多的是对空间的象征性核心，而整体热环境则由集中供热系统提供。勒·柯布西耶设计的雪铁龙（Citrohan）住宅建于 1920 年（右图）。壁炉是客厅里一处局部空间的核心，设在卧室的阳台之下，像是简化了的“壁炉凹角”。其余的空间都由暖气供热，锅炉安放在直通屋顶的室外楼梯下面。由于锅炉外置，因此对室内空间的有机组织没有影响。

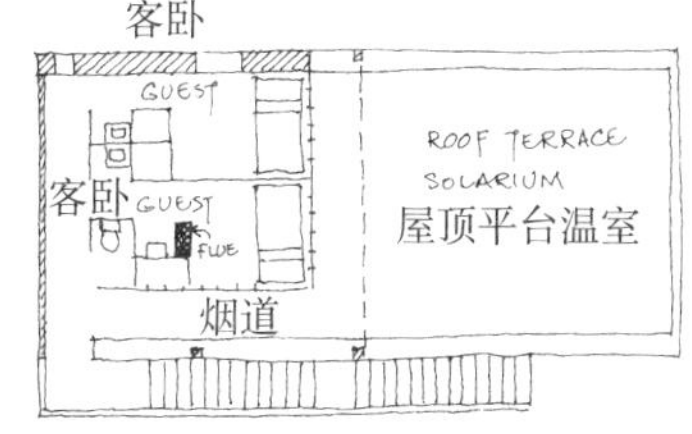

三层平面

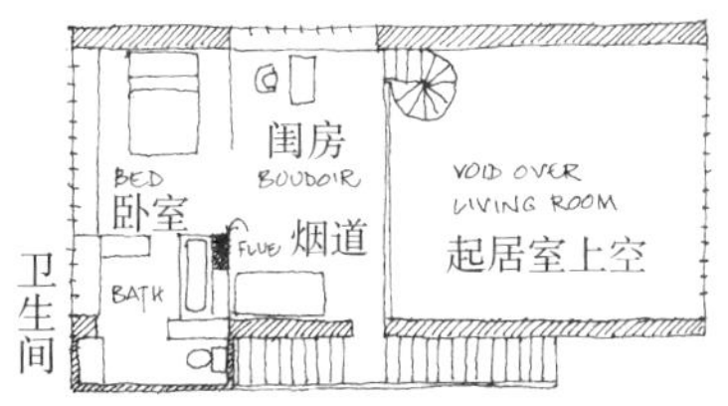

二层平面

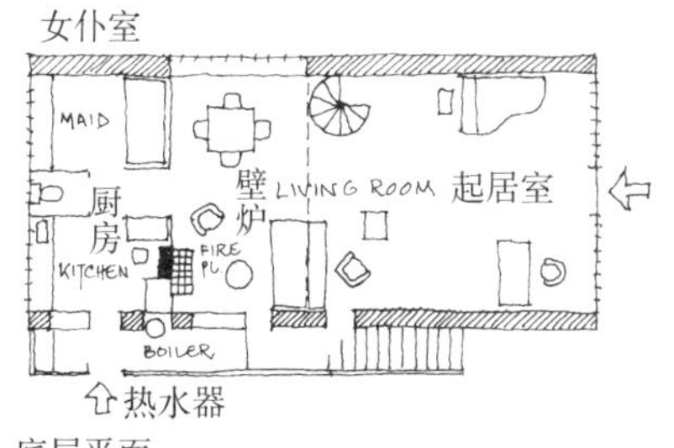

底层平面

在雨果·哈林设计的住宅中，壁炉在整个不规则几何空间中稳稳占据中心位置。

92 引入集中供热系统后，壁炉实际上已有些多余，至少是没有必要再充当整个空间的热源了。在这些情况下，壁炉在空间组织中的角色有所转变，它可以更倾向于成为内部的中心景观。

上图这所房子是德国建筑师雨果·哈林（Hugo Häring）于 1946 年设计的。壁炉几乎完全与结构体系脱开。远离中心的其他空间自由设置，并与自然环境结合，呈不规则的放射状布局。中图是一对并联住宅的平面，是鲁道夫·辛德勒于 1922 年为自己和友人设计的私人住所。它建在气候十分宜人的加利福尼亚南部，花园用树篱取代了厚重的实墙，作为房间在户外的延伸。这些室外“房间”和一些室内局部空间都带有壁炉，该住宅不只设计了一处主烟道，而是三处烟道，分立于房间内外。下图是由弗兰克·劳埃德·赖特设计于 1935 年的著名建筑——流水别墅（Fallingwater）。它建造在一条瀑布之上，地面平台、平板屋顶与水平划分的自然岩层相呼应。壁炉的象征作用在赖特的许多住宅作品里体现突出，尽管它不再提供所有的热源，却是社交的焦点和房间的核心。壁炉依托着瀑布里丛生的岩石，烟囱高高地兀立其上，它好像要挣脱房间的抑制，回归于自然风景之中。

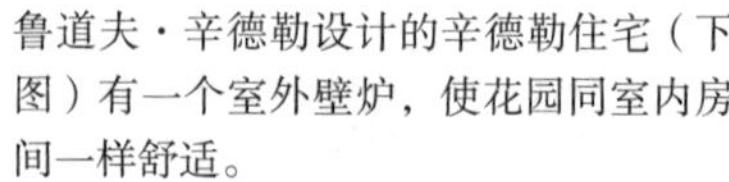

鲁道夫·辛德勒设计的辛德勒住宅（下图）有一个室外壁炉，使花园同室内房间一样舒适。

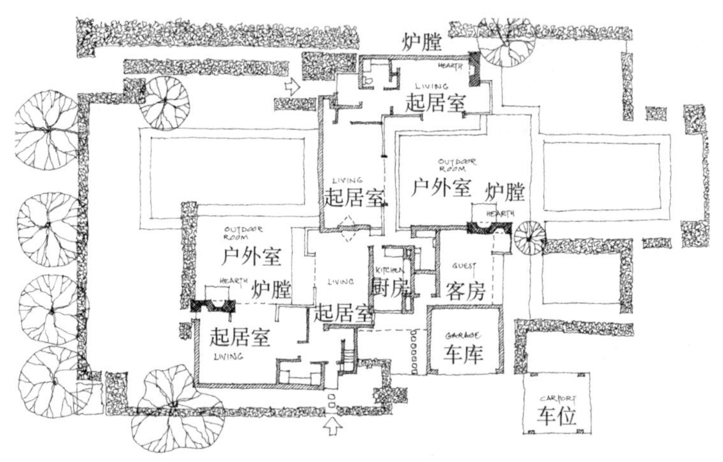

在流水别墅中，壁炉就好像回归到住宅外部的自然中。

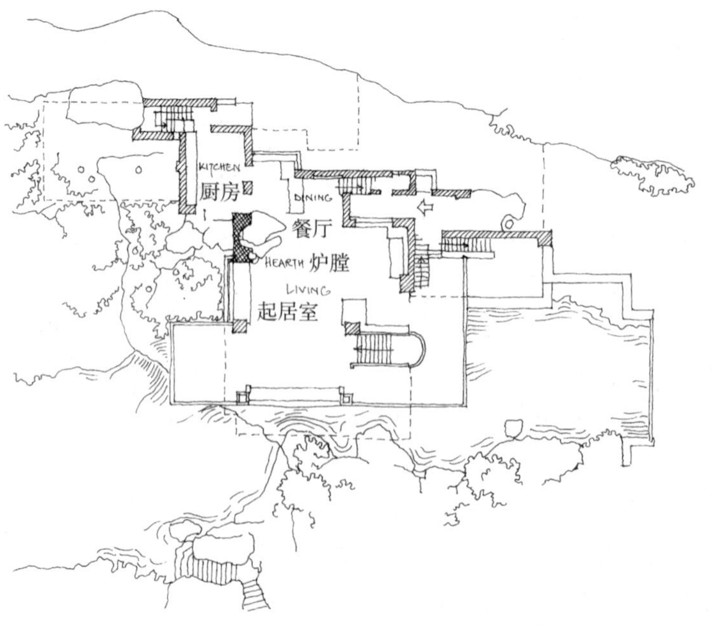

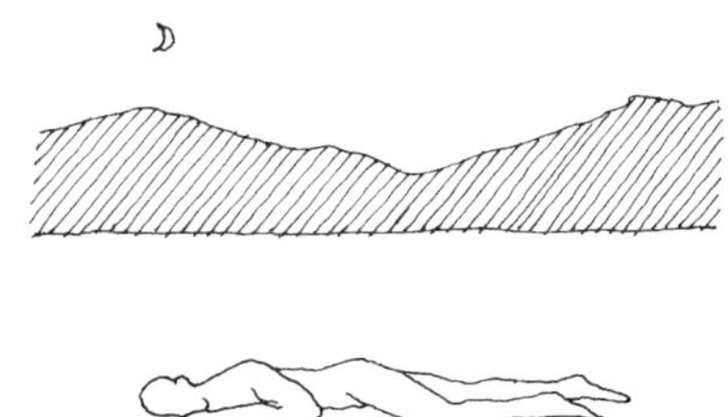

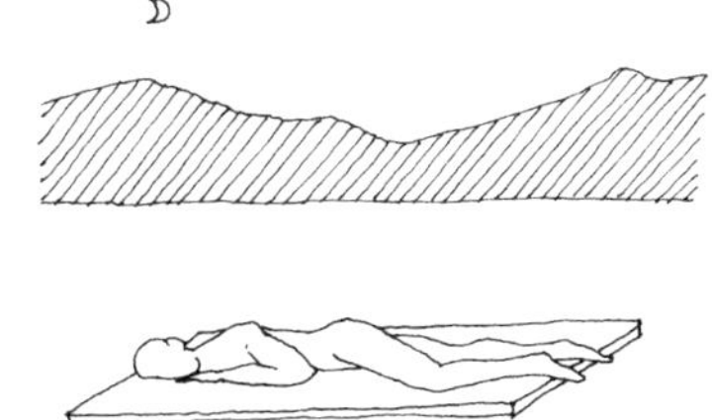

93 床——休养生息的场所

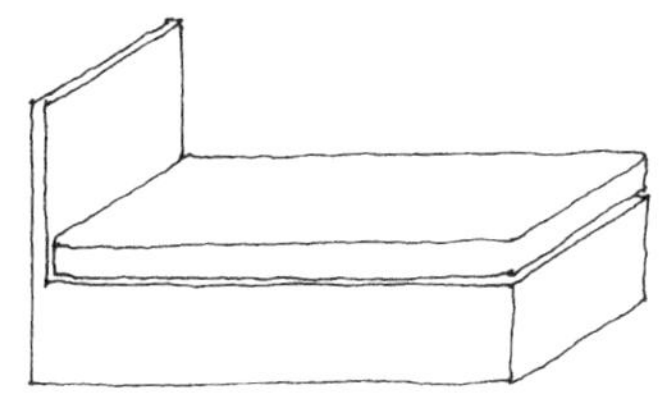

一张床不仅是一件家具，概念上它是一个场所。房子的根本目的就是为睡觉提供一处安全场所，这种观点也许有争议。卧室是房屋中最内部、最私密、最安全的部分。它必须具有充足的安全感，使人安然地休养生息。最早的房子，即住宅的原型无非是一间简陋的卧室，仅此而已，其余相关的居住活动均在户外展开。经过漫长的历史发展，先是完整意义的床发明出来，为争取更大的私密性和安全感，独立的卧室随之从其他生活空间中革命式地分离出。随着“卧室”发展为完整独立的概念，其在住宅中的空间布局也逐步成熟。考虑到接待空间更为重要，卧室作为屋主的私密空间常常设于二层之上，或紧邻起居空间。

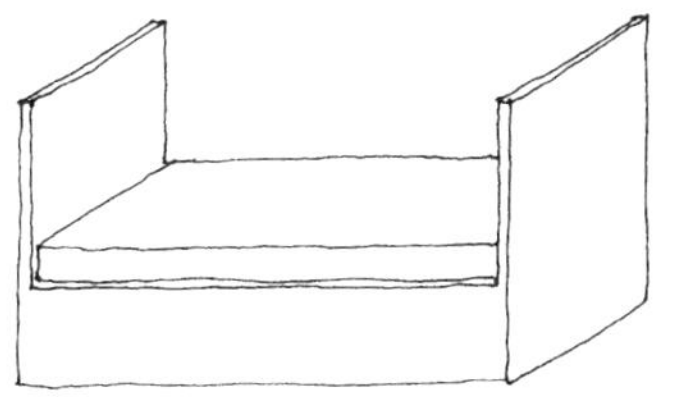

床铺可以是一件单独的家具，有自己的形式，也可以与建筑融为一体。与壁炉一样，床可以仅仅是一小块平面用来睡觉，也可以是设计出来的一处空间，它可由各种材料构成，如树叶、杂草、铺在地上的床单、泡沫床垫、一条毛巾、一块地毯，从而使之更加舒适。床可以是一个平台，将睡眠空间架离地面，由一道、两道、三道或四道尺度适宜的墙体构成。

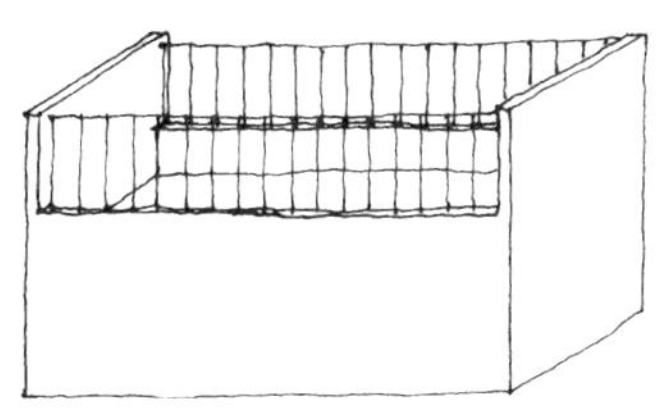

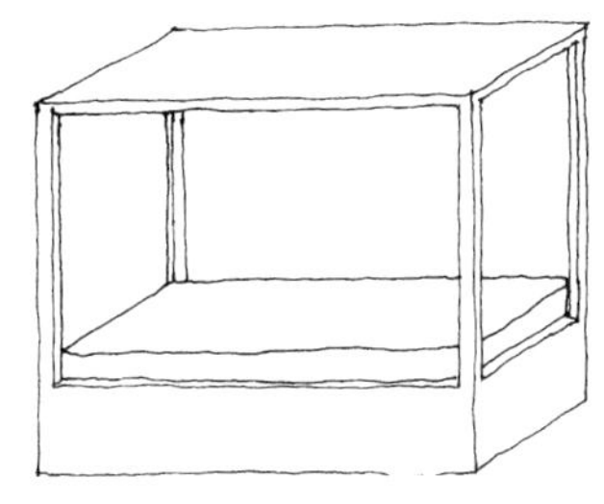

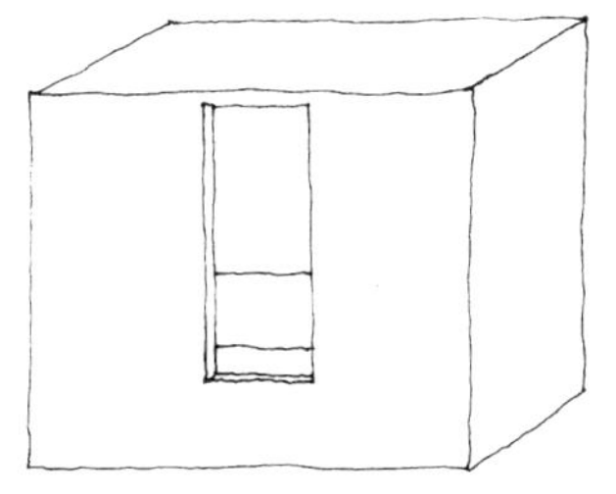

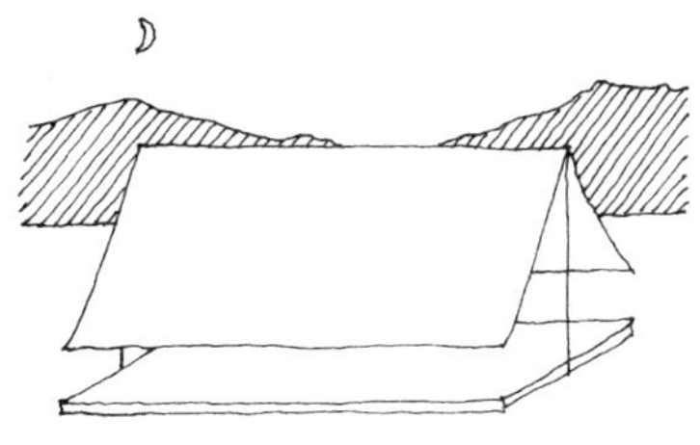

一张床也可带有由自己的柱子支撑的床顶，形成一处专用的构造，床也可以是一个完整的房间——小阁楼。

床不仅可以有自己独立的建筑式样，也可以是大型建筑空间的有机组成部分。像用枝条和树叶搭建出的原始棚屋一样，一顶旅游帐篷就是由床铺加上屋顶构成的微型建筑。

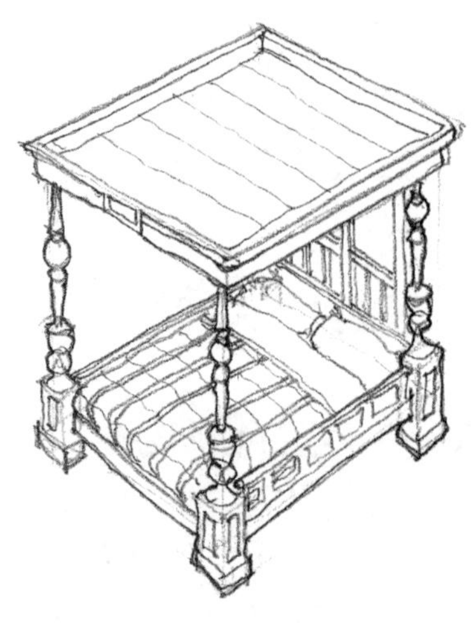

一张床本身就可以是一个小型的建筑构造，带有自己的四根立柱、顶棚和墙壁。

94 在更复杂的建筑中，床只是整体空间的一部分，但它的存在促成了散漫空间向特定居所的转化。

据荷马史诗记载：大约3000年前，古希腊国王们就住在皇宫大殿的床上（左下图）；其他宾客住在门廊中，就如现在炎热的夏夜里有人会睡在阳台上一样。

一些小型老式住宅里，在开敞大厅的侧墙上搭建床板，将床铺架在半空，可以获取上部空间中更多的温暖，同时尽量使下部空间解放出来。下中图是这所威尔士小型村舍的横剖面。

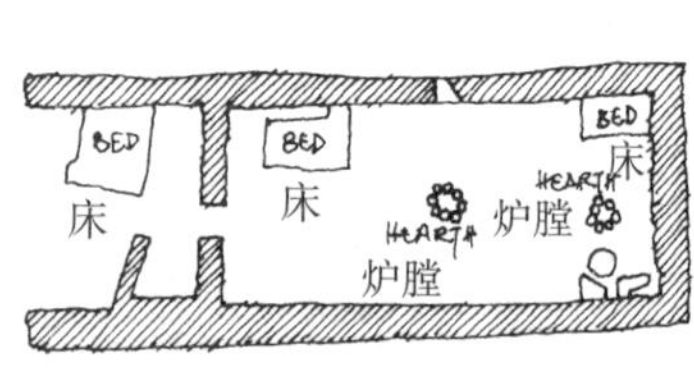

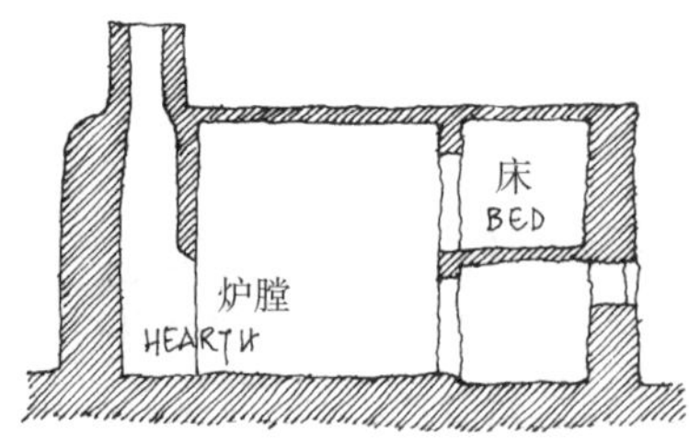

在威尔士的波伊斯城堡（Powis Castle）中，皇家卧室的空间组织就像是剧院中弓形的前舞台口：床就是舞台，放在由弓形台口形成的壁龛中，外面则是“观众”的空间。

有些住宅则设有箱式床铺，就像沿着壁炉一侧建起的壁柜一般。右下图是威尔士村舍（曾在前文中引用过，参见第2章，“建筑——场所的标识”，第29页）的平面图，将床这样放置在楼上有更多的作用：它和楼下的顶棚形成一个封闭空间，可以用来储存热量，同时也提供了储藏肉类和熏肉的空间。

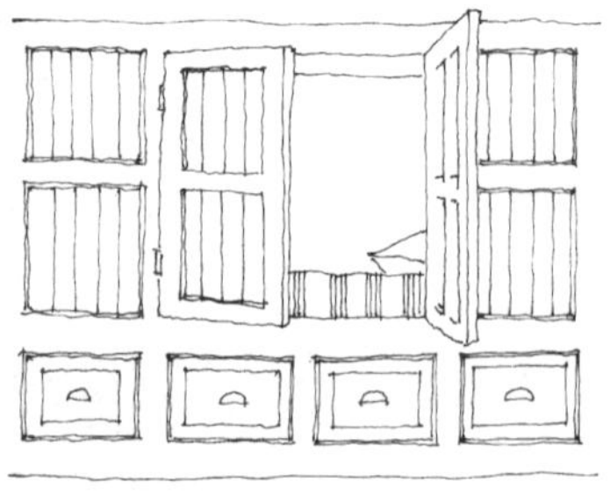

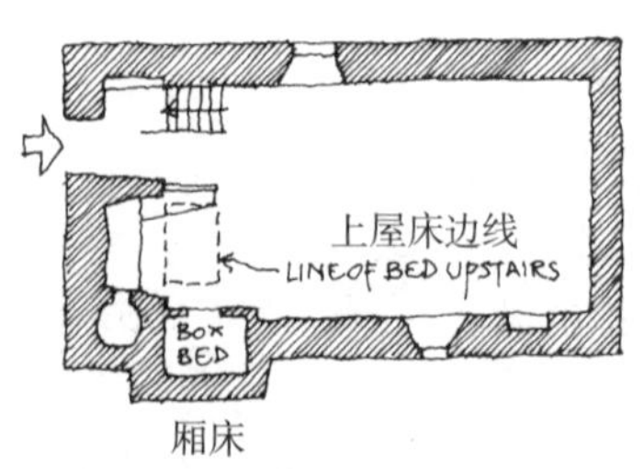

厢床

床：“内斯特国王安排忒勒马科斯（Telemachus）夜宿在宫殿的回廊里，在这里安置了木制床铺……国王自己则回到大殿后面的寝宫里休息。”

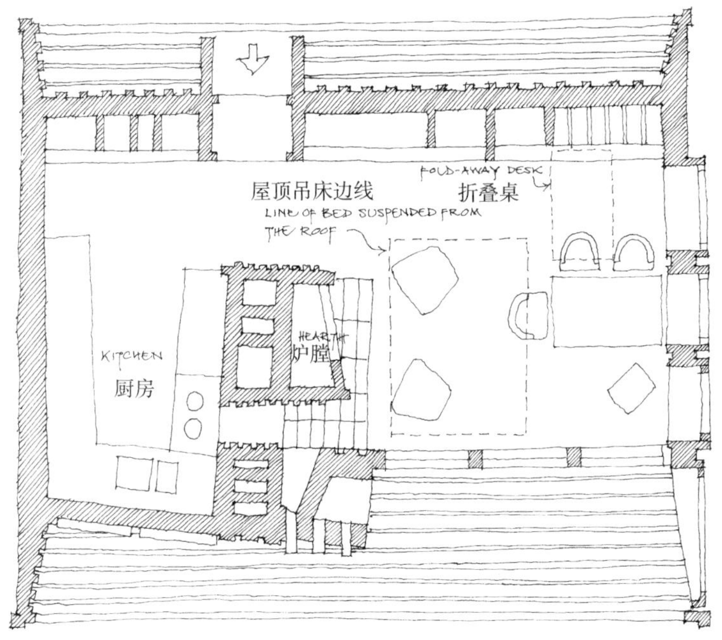

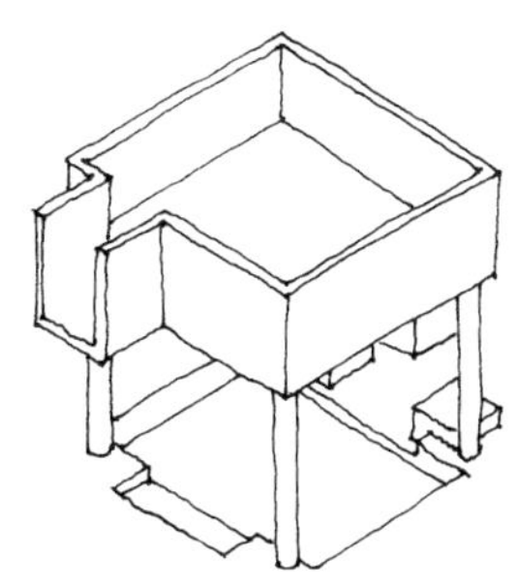

这是英国建筑师拉尔夫·厄斯金（Ralph Erskine）为自己设计的在瑞典生活的小住宅（左图）。家具是可移动式的，床可以拉伸到顶棚上，既经济实用又节省空间。

在查尔斯·摩尔的一些住宅中，床设在座席下面，变成了一个“床房”（上图）。

95 这是拉尔夫·厄斯金（Ralph Erskine）为自己建造的林间住宅（上图），是他在第二次世界大战期间迁居瑞典时建造的。白天，床可以拉向顶棚，可以节省出更多的活动空间。

查尔斯·摩尔（Charles Moore）设计的一些房子里，床常常安排在一种亭式构造的顶板上，下面可以布置座椅，床头带有专用壁炉（右上图）。

即便是最常见的床铺——一件可移动的家具，对于卧室的设计也影响深远。维多利亚时代的建筑师罗伯特·克尔（Robert Kerr）在他于 1865 年出版的著作《英国绅士住宅》（The English Gentleman's House）中，用 4 页半的篇幅探讨了卧室里窗户、门洞、壁炉和床铺的空间关系，并将英国与法国的传统布局进行了对比：英国的传统布局中，床是一件可自由移动的家具，常放在室内最避风的地方（左下图）；而法国的卧室中，床的位置是一处较为隐蔽的专用凹室（右下图）。

有关拉尔夫·厄斯金（Ralph Erskine）参见：
彼得·科利莫尔（Peter Collymore），《拉尔夫·厄斯金作品集》（The Architecture of Ralph Erskine），1985 年

有关查尔斯·摩尔参见：
查尔斯·摩尔等著，《居住空间》（The Place of Houses），1974 年

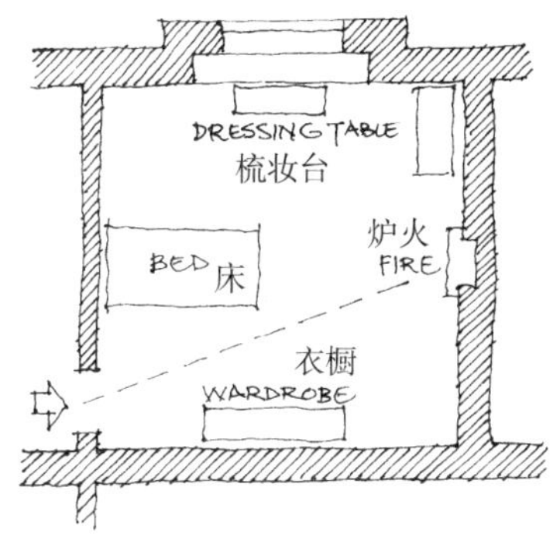

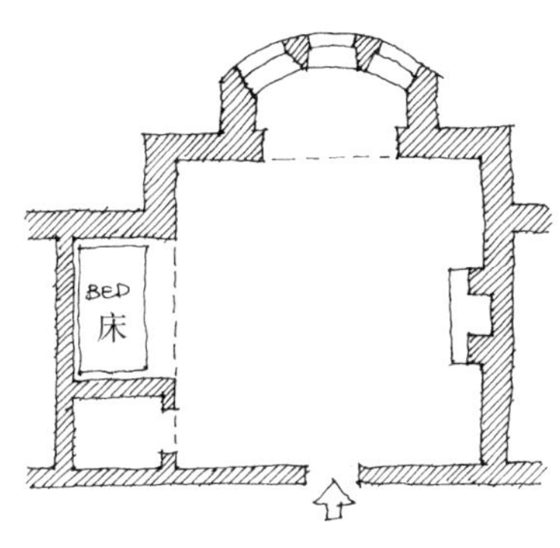

按照英国维多利亚时代建筑师罗伯特·克尔（Robert Kerr）的观点，豪华住宅中，摆放床的位置应尽量避免直接的风口；从卧室门到壁炉的视线要保持畅通，不能被床遮挡（最左图）。他还认为，法国住宅中卧室往往设计成专用凹室，也是为了避免直接的风吹（左图）。

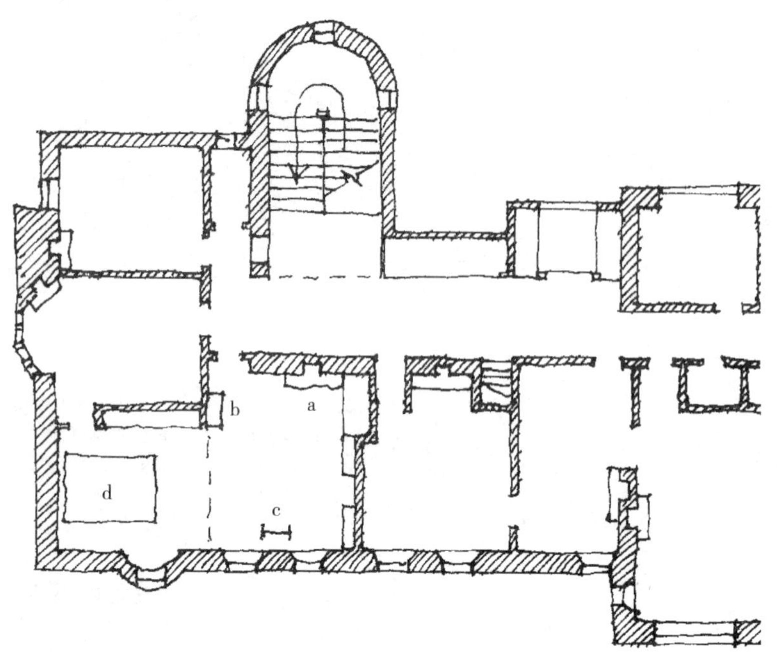

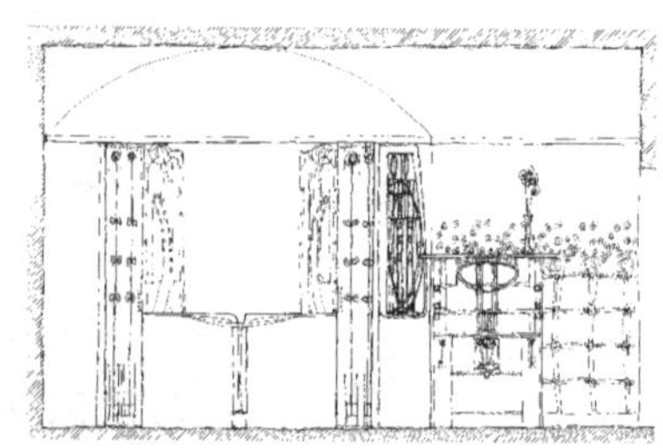

在希尔住宅（Hill House，平面和剖面见上图）中，建筑师查尔斯·伦尼·麦金托什（Charles Rennie Mackintosh）也为床铺设计了专用凹室，顶棚采用了筒拱结构的造型。

96 希尔别墅（Hill House）建于1903年，位于苏格兰海伦斯堡，由建筑师查尔斯·伦尼·麦金托什（Charles Rennie Mackintosh）设计。主卧室位于这个显示别墅二层局部的平面（左上图）左下角。虽然它看似简单，麦金托什却巧妙地将这个房间分成具有各种特定用途的不同场所。这里有一个带座椅的壁炉（a）；洗漱台就在门（b）后，光从左边来；两扇窗户旁是一个更衣处（c），中间有一面立镜。床（d）在带拱顶的宽敞凹室中。最初，马金托什打算在凹室两侧各加一扇装饰屏风，以强化凹室的入口，但没有建成。下图画有这两道屏风，以及床铺、洗漱台和墙面的装饰。

下图是现代主义建筑大师密斯·凡·德·罗（Mies van der Rohe）设计的范斯沃斯住宅（Farnsworth House）平面，两张床的摆放没有任何空间上的限制，虽然空间安排已暗示出床位的可能方位，但仍是通过床铺本身而非建筑手段界定出其准确位置的。相对于传统的住宅，在这间住宅中，仅有的被墙体所掩盖的空间只有需要私密的卫生间。

床：“这个时候幽暗大厅中突然闯入了一群追随者，一片哗然，每个人都希望能够共同分享她的床。”

在密斯·凡·德·罗的范斯沃斯住宅（左下图）中，床并非是放在房间中而是以一种非常微妙的方式存在。

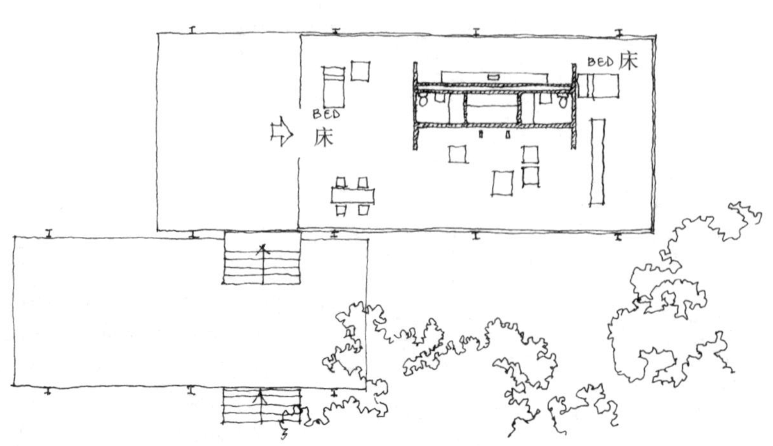

有关麦金托什参见：
罗伯特·麦克劳德（Robert Macleod），《查尔斯·伦尼·麦金托什——建筑师兼艺术家》（Charles Rennie Mackintosh，Architect and Artist），1968年

有关范斯沃斯住宅参见：
菲利浦·约翰逊（Philip Johnson），《密斯·凡·德·罗》（Mies van der Rohe），1978年。
西蒙·昂温，《每个建筑师应该理解的二十个建筑》，2010年，p61—80

在英国著名的史前巨石阵中，祭坛由环成一圈的马蹄形的垂直巨石标识出来。祭坛并不是环形巨石的几何中心，而是有所偏移，对应着环形的入口和马蹄形尾部的开口处。

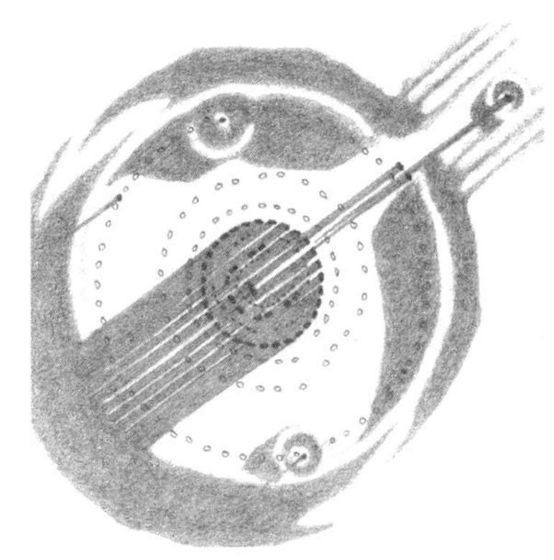

97 祭坛——供奉与崇拜的平台

祭坛的建筑形式相对壁炉和床铺而言要稳定得多，它总是有一个桌子（或平台）来象征仪式或者摆放祭品，或者来界定崇拜的中心。

古代埃及，祭坛是用来为已故的法老摆放贡品的桌子。它安排在祭庙冗长而幽深的通道隐蔽处，祭庙就设在金字塔基址的前端。虽然祭坛回避公众的视线，仅供牧师使用，却常常设于金字塔的东西轴线，也是祭庙的长轴上。中上图这个小例子引自早期的梅杜姆（Meidum）金字塔。

相同的空间组织原理也体现在形体更加庞大、空间更为复杂的哈夫拉（Chephren）金字塔[又译齐普芬金字塔，它是著名的吉萨（Giza）金字塔群中的一座，见右图]中。高大的祭庙就耸立在金字塔的脚下（最右图上部），祭坛就设在紧邻金字塔的小室中。法老的灵魂将通过门廊像来享用贡品，门廊像是金字塔内部空间在祭庙中的延伸。

古希腊时期，祭坛安放在神庙外部，神像耸立于建筑内部。祭坛和神庙中的神像通过共同的中轴线相连，而在古埃及金字塔中这种布局往往安排在东西轴线上。

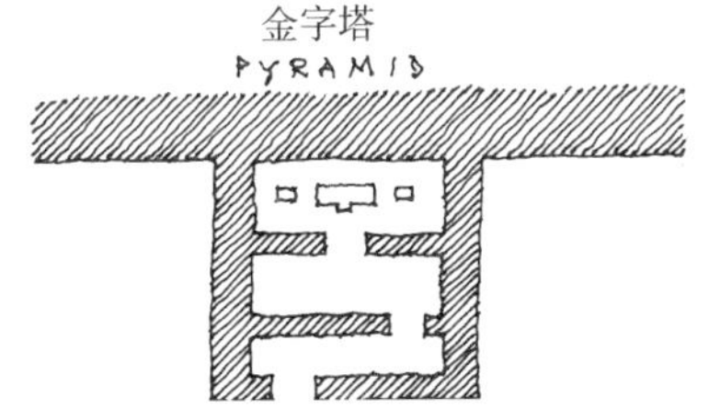

在哈夫拉金字塔的祭庙（左下图）中，祭坛隐匿在幽深的通道里。死去的法老据说可通过一处门廊般的伪饰前来享用贡品，这处“门廊”成为祭庙和金字塔的连接点（左图）。

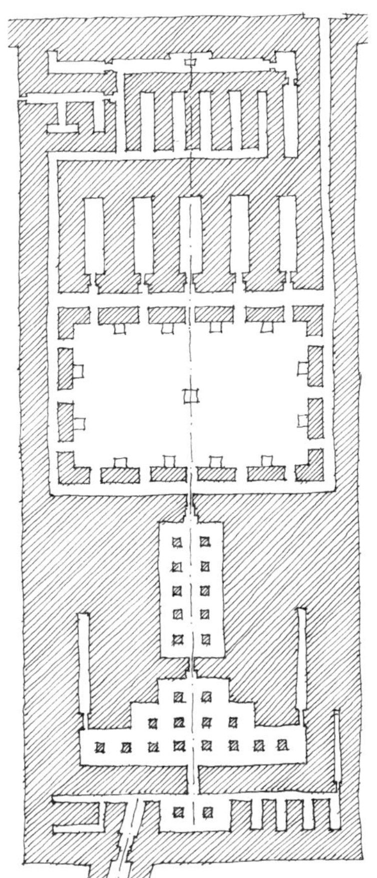

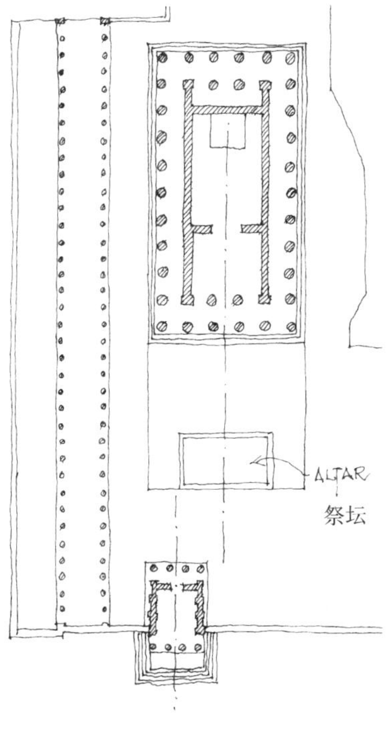

这个在古希腊圣地中的祭坛（上图）坐落在神庙的外边。这是位于普里埃内城（Priene）的雅典娜·波利斯神庙（The Temple of Athena Polias）。

传统教堂里，高耸的尖塔是祭坛位置的标志，它可使远在数里之外的人们看到。

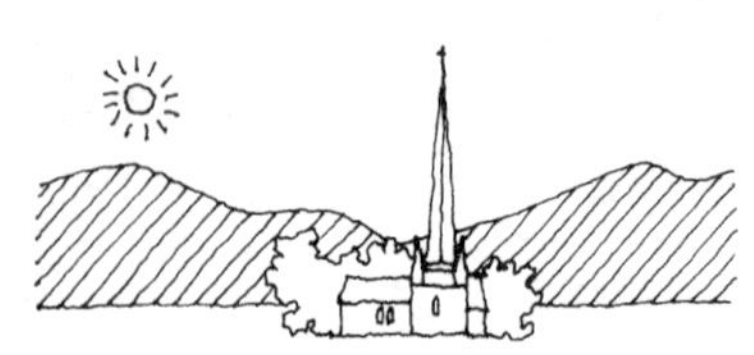

98 中世纪，主教堂的祭坛都设在内部。这是巴塞罗那的圣玛利亚大教堂（the altar of S. Maria del Mar）的平面图（左下图）。祭坛设计在东西轴线上，该轴线是教堂的中枢，几乎所有基督教堂的布局准则都是围绕强调祭坛而展开的。这个例子里，用以标识祭坛的建筑手法十分清楚。

文艺复兴时期，一些建筑师和神学家开始考虑改变传统的尽端式祭坛布置手法而改在中心的可能性。罗马的圣彼得教堂（the church of St Peter）中（右下图），高大的祭坛布置在建筑主体结构的中心位置，教堂中殿上加建了一段延伸空间，使完全的集中式风格“统中有变”。一些 20 世纪的教堂仍旧沿用了集中式构图。右图是位于法国勒阿弗尔（Le Havre）的一座教堂剖面图和平面图，由建筑师奥古斯特·佩雷（Auguste Perret）设计，建于 1959 年。教堂是一座巨大的塔式建筑，酷似中世纪传统教堂的尖塔，这种建筑构图对于祭坛的方位也有强烈的指示作用。该教堂的祭坛位于三条轴线的交点上：两条水平轴线，一条垂直轴线。

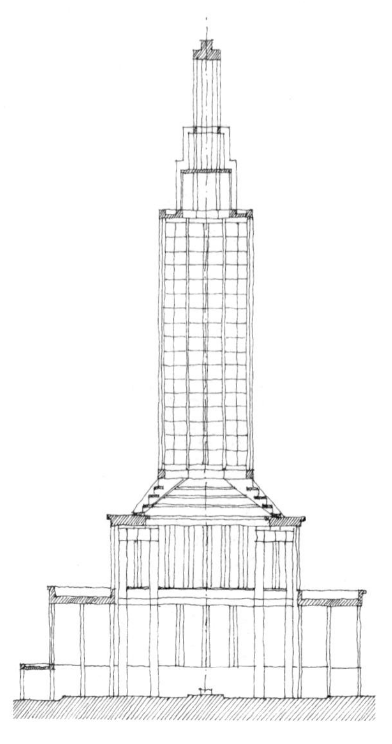

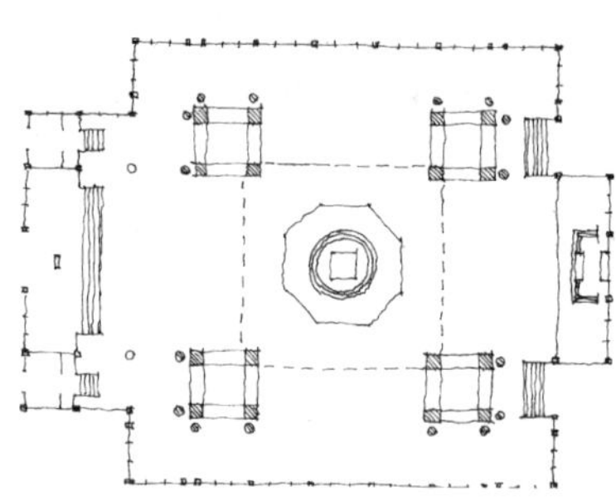

这座由奥古斯特·佩雷设计的教堂（上图为平面和剖面），本身就是一座高耸的巨塔。祭坛位于中心，在尖塔正下方。

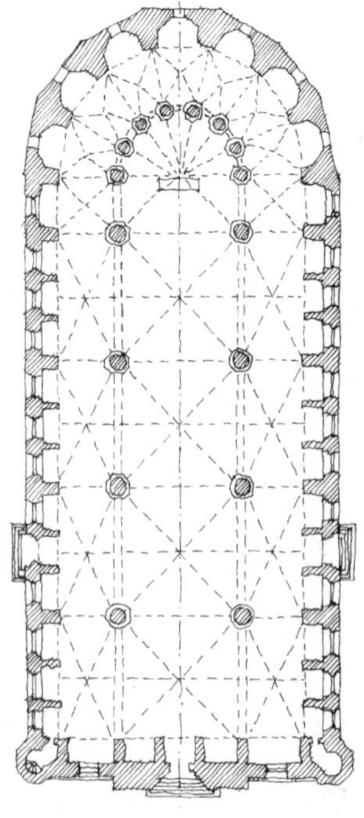

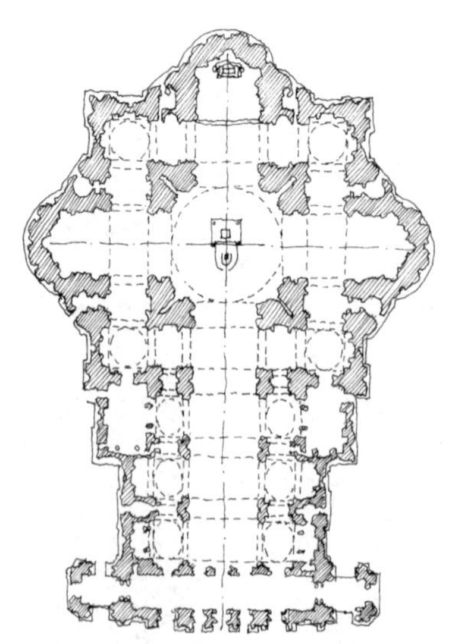

巴塞罗那圣玛利亚大教堂（左图），结构的几何重点表现在教堂中央的祭坛上。在罗马的圣彼得教堂（上图）中，祭坛靠近两条轴线的交接处。

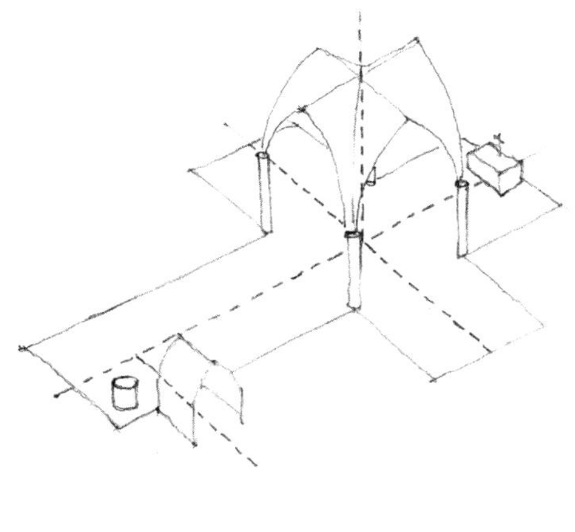

传统教堂中，祭坛的方位是由建筑的轴线确立的。通常，这样设置入口使来访者进入教堂时不会直接面对教堂的中轴线。

教堂的轴线强调出祭坛的透视关系。

99　对于设在教堂内部的祭坛，还有一种强调方式：利用空间的深远感产生强烈的透视效果。因为祭坛常常位于长轴的尽端，所以这种视觉效果可以自然而然地产生。这样的轴线具有十分强烈的象征性和建筑性，因此，教堂入口常常避免与轴线对齐，以免过于直白。这种安排，是要将基督教堂与大教堂联系在一起，似乎可以一直延伸到历史上的埃及金字塔底部的祭祀庙宇，这种正统的对称布局一直延续到 20 世纪。此后，建筑师们逐渐开始探索祭坛的其他布置方式（参见后页）。

祭坛："阵阵微风吹过，我们的船和大量的鱼群相伴，顺风而下，在夜晚到达了吉拉斯都（Geraestus）。架桥离开令人厌倦的水面后，我们赶往波塞东神庙，为祭坛摆放上许多牛腿。"

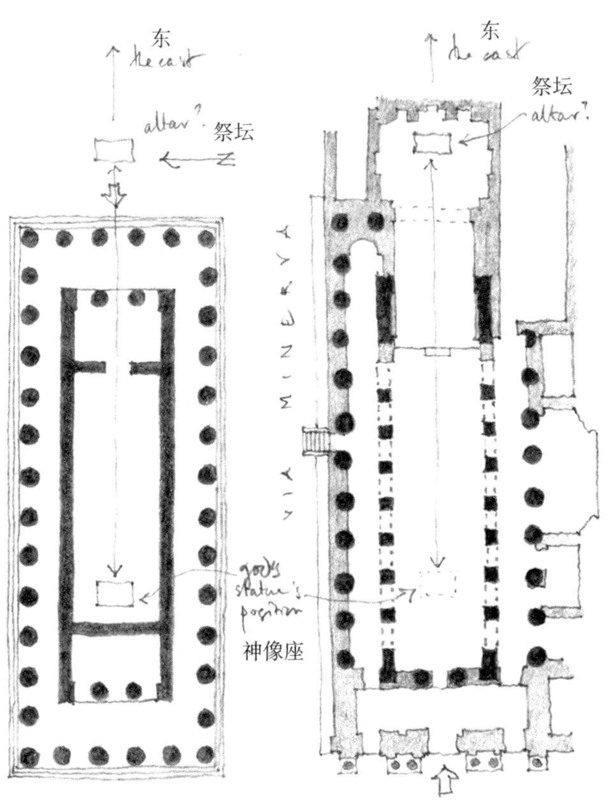

西西里的锡拉库萨的基督教大教堂（左图）原来是女神雅典娜的希腊神庙（最左图）。在对它的改造中（参见第 6 章"就地取材、因地制宜"的例子），这座建筑被翻得底朝天。女神像被搬走。祭坛本来可以放在相似的位置，却被四周建起的墙"围到"里面。建筑面东的朝向得以保留，尽管入口的方向被颠倒过来；神庙原来是从东侧进入的，而大教堂现在从西侧进来。

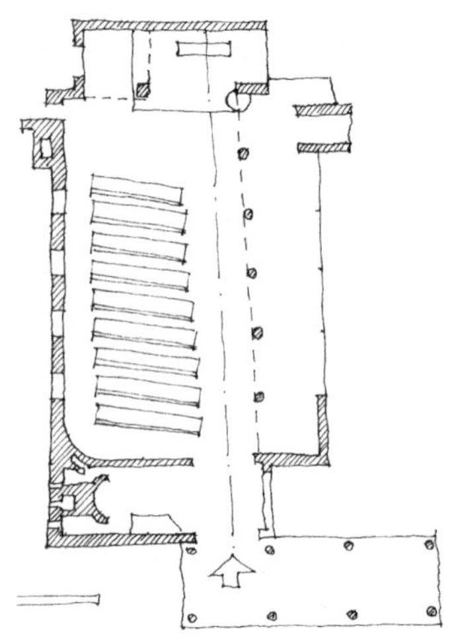

在芬兰图尔库的墓地教堂，建筑师埃里克·布吕格曼（Erik Bryggman）尝试将祭坛的中轴线设计成不对称的格局。

祭坛：“她拿来一个抛光的桌子，管家带来了面包和美味精巧的食品，慷慨地为他们提供一切帮助。厨师为他们准备了各种肉食，并准备了金色酒杯。服务员不断为他们斟满酒。”

100 上图是位于芬兰西南部港口城市图尔库（Turku）的墓地教堂（Cemetery Chapel），由埃里克·布吕格曼（Erik Bryggman）设计，建于 1941 年。平面采用非对称布局，但祭坛仍居于核心位置，入口轴线和一条便道在此相交，使之成为视觉焦点（这一手法与先前传统的教堂布置是一样的）。在设计非对称布局的同时，建筑师也注意到内外环境的相互关系。教堂的活动安排有所侧重，尽量利用自然光线来照射凹室内的祭坛，南墙设计为大片玻璃通窗，使集会的教民有开阔的对外视线。

建筑中，一些其他空间虽不用作祭奠，但也可模仿祭坛来设计。右图是瑞士的圣加尔修道院（the Abbey of St Gall）旧平面图的一部分。该图作于公元 9 世纪，当时打算实现医疗功能，后来改掉了。它的手术台与房间的建筑关系同礼拜堂的祭坛一样。

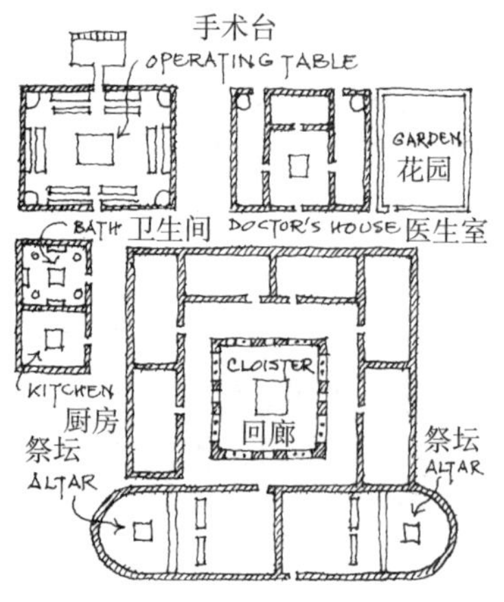

上图是圣加尔修道院的部分平面，建于瑞士圣加仑州。手术室的布局和礼拜堂相似，手术台被做成了祭坛的样子。旧平面图就陈列在瑞士圣加仑修道院图书馆“祭坛”上。

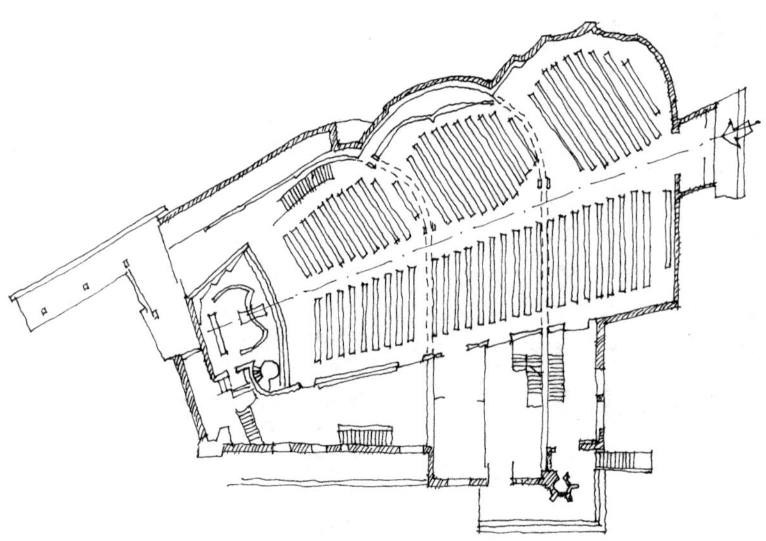

建于芬兰伊马特拉（Imatra）的伏克塞涅斯卡教堂（Vuoksenniska Church），由阿尔瓦·阿尔托设计，采用了非对称的平面布局。但建筑师还是运用了其他一些手法，使祭坛这一空间核心得到了应有的强化。

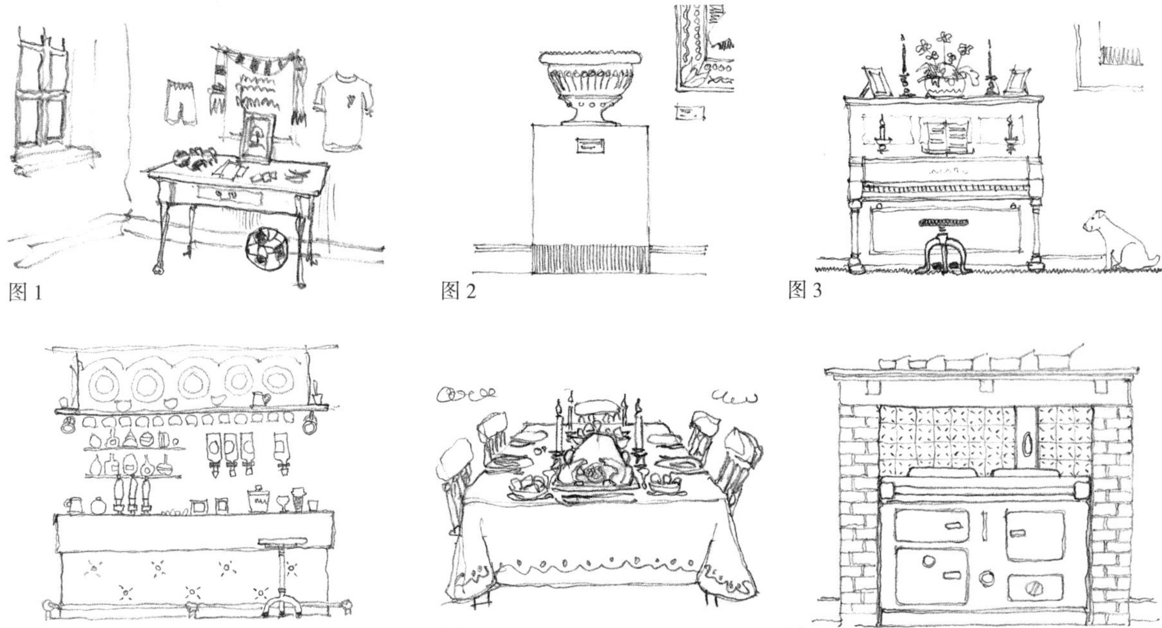

图 1　图 2　图 3

图 4　图 5　图 6

许多日常用品可以像祭坛一样使用。在房中摆上一张桌子，将自
101 己喜爱的足球俱乐部纪念品放在其上，桌子便具有了与祭坛相似的作用（图 1）。博物馆策展人可将展品布置于自身的“祭坛”上（图 2）；老奶奶在钢琴上摆放相片，此时，钢琴当作了新的“祭坛”（图 3）；吧台可视作摆放酒水饮料的“祭坛”（图 4）；桌子是用来吃饭的“祭坛”（图 5）；厨房的灶台是用来做饭的“祭坛”（图 6）；壁炉架可以看成是炉火的“祭坛”，也可以是装饰品的支架（图 7）；梳妆台是个人使用的“祭坛”（图 8）；许多游戏是在“祭坛”上进行的：游戏机是靠手气赢钱的祭坛，花式撞球或者斯诺克台球是一种技巧与机会并存的神秘游戏，球桌就是这种游戏的“祭坛”（图 9）；手术台可以看成“大祭司”外科医生治疗病人的祭坛（图 10）；而停尸台则是医治无效的祭坛（图 11）。

“祭坛”就像一个平台，将任何东西从一般化提升到更高的层面，这种作用使其更为特殊并且值得注意。对于建筑设计来说，工作台或电脑屏幕就是用来做出神秘设计的“祭坛”。

图 9

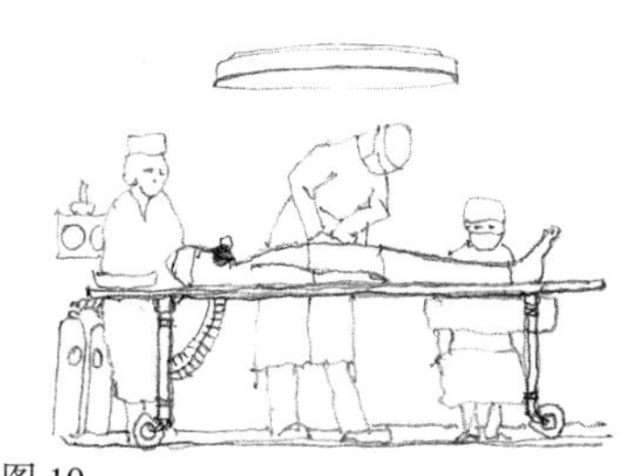

图 10

图 7

图 8

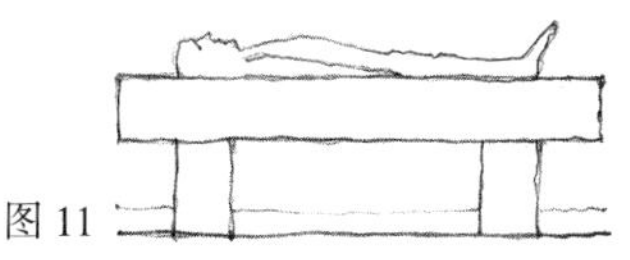

图 11

对街头卖艺的杂技演员来说，大地就是其临时舞台。

表演场所：“他们清理了舞台，打扫出宽敞的环形表演区……歌唱家走入舞台中央，一班年轻而杰出的舞蹈演员，伴随在歌唱家周围，他们用娴熟的舞步表演着古希腊史诗《奥德赛》，使观众对剧中的英雄人物奥德修斯肃然起敬。”

102 剧场——表演场所

表演需要空间，不论是宗教仪典还是舞蹈、音乐会、歌剧、球赛，但不像壁炉和祭坛一样，充当场所的核心。表演区需要安全保障，以免不相关人员打扰或侵犯，而他们有时可能就是观众。

一个小丑在街头卖艺，地面便是舞台，他的动作空间和摆放的道具共同确定了舞台的范围，他的出场和表演赢得了一块不受干扰和侵犯的区域，被吸引而围观的群众是这一场所的共同构筑者，用建筑的语汇可称之为“临时剧场”。

原始时期，礼仪场所无非是一片林间的开阔地，或是经过反复踩踏形成的一块草坪。但只有借助建筑形式加以物化的表达，这一场所才能更为正式和永恒。

在米诺斯文明和迈锡尼文明时期（约3500年前的古希腊文明），舞池（orkestra）是一个特定的场所。右图取自地中海克里特岛的克诺索斯王宫，据说是由米诺斯国王的御用建筑师戴达洛斯（Daedalos）设计建造，专供公主跳舞所用；有时也用作展示公牛的场地，展示完毕后，将公牛引入王宫内的一处庭院，供年轻的米诺斯斗牛士们竞技与表演。这块小型的舞场很平坦，接近规整的长方形，地面经过硬化处理，两侧是低矮的台阶式座席，由天然坡地改造而成。

经过1000年左右，建筑师们将露天剧场发展为古希腊式的剧场。这种剧场宏伟壮观，几何布局更为规制，同样源于对自然地形的利用和开发。

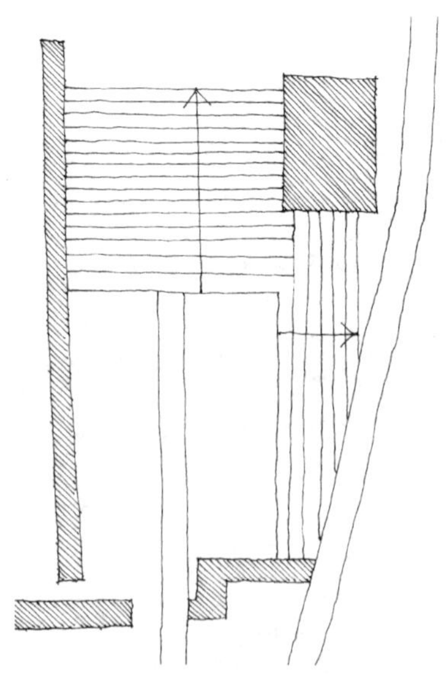

就在克诺索斯宫殿的外部有一个小型的表演场地，其空间是被平坦的人行道和周围的层层水平坐台限定出来的（上图）。

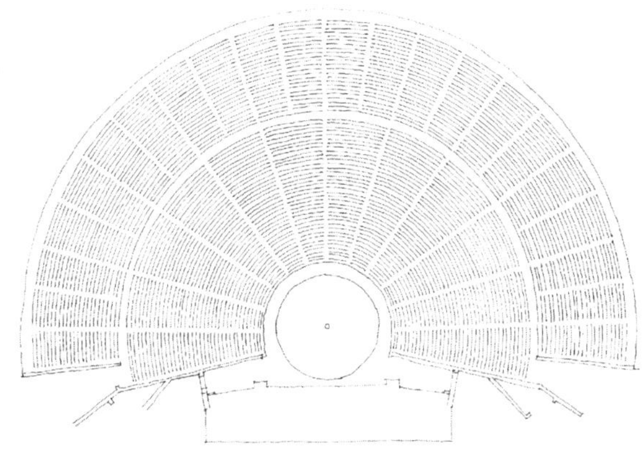

古希腊的圆形剧场是露天表演场所的一种形式化。

剧院前台的拱状台唇是真实世界和虚拟世界的一扇窗。观众区和舞台区的分隔因为光线对比不同而显得更为明显。相似的效果在许多生活场景中也能看到：一扇窗能看见外面的街道，树荫下的公园座椅能看见人流穿梭的小径，一个阳台能俯瞰远处变幻的大海。

103 古希腊剧场的舞池（orkestra）后部是一处化妆室（the skene），其外墙面兼作舞台背景。从古罗马时期直至现在，化妆室的屋面逐步演化为剧场里真正的舞台。同时，与祭坛一样，舞台也由室外逐步转入室内。舞台最终变成了由前台巨型拱状台唇所限定的空间。古希腊圆形剧场中，表演场所奇幻般地设计为圆形舞台；而新发展成的剧场，舞台是虚拟世界与真实世界的分界线，各种演出只有通过矩形台口这扇视窗，才能进入虚拟的世界。随着现代影视业的发展，进入虚拟世界的这扇窗口已变得遥不可及，哪里来的干扰与侵犯呢？

一些建筑师已在尝试设计崭新的表演场所，意在努力消除演员和观众之间的距离感。右下图是柏林爱乐乐团音乐厅（the Philharmonie in Berlin）的平面图，1956 年由德国建筑师汉斯·夏隆（Hans Scharoun）设计。夏隆采用了不规则平面。该平面中，舞台没有与观众面对面设计，而是由观众席层层环抱而出。观众席布局得体，坡度适宜，仿佛置身小山谷的自然坡地上，使听众备感亲切自然。专门的舞台设计，即使演奏空间不失其庄严，同时消除了观众和演员的距离感。

有许多地方可以作为表演场所。街头剧场，就像一个小丑，在城市的公共场所设立自己的舞台。宗教仪式在教堂、清真寺和神庙中进行。体育球场、斗牛场和拳击场是竞争性对抗项目的舞台。坐在咖啡馆的窗边，窗外来来往往的人群就像许多不知情的演员在排练一出没有脚本的戏剧。屋子里的房间每天都在上演日常礼仪和家庭生活的肥皂剧。

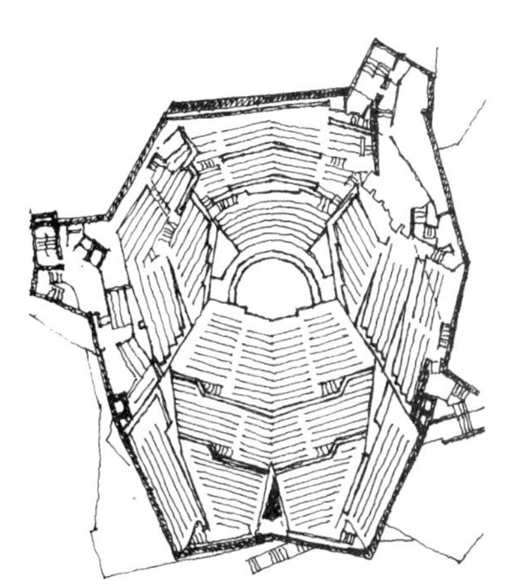

在汉斯·夏隆设计的柏林爱乐乐团音乐厅里，交响乐团的表演是被观众环绕着的，这种效果就像台地斜坡中环绕着一块演出的空地一样。

* * *

也有许许多多其他的原始场所的类型，这里无法一一列举，比如：储物场所（车库、船棚、储存煤炭和木材的小屋、图书馆、食品间、碗柜、衣橱、博物馆、档案室）；议事场所（议事厅、国会、会议室、

圣堂参事会）；圣坛、王座；购物场所（商店、银行）；工作场所（书房、作坊、办公室）；演讲辩论的场所；洗浴的场所。演讲场所不过类似一
104 块地上突出的石头，使低处的观众能看清表演；又或者像女祭司西比尔（sybil）站在德尔斐（Delphi）的圣殿上的那块石头（上图）。它可能就是商务会议上的讲台，或者教室、报告厅里的一张桌子；教堂的讲坛或者一个清真寺的塔尖。

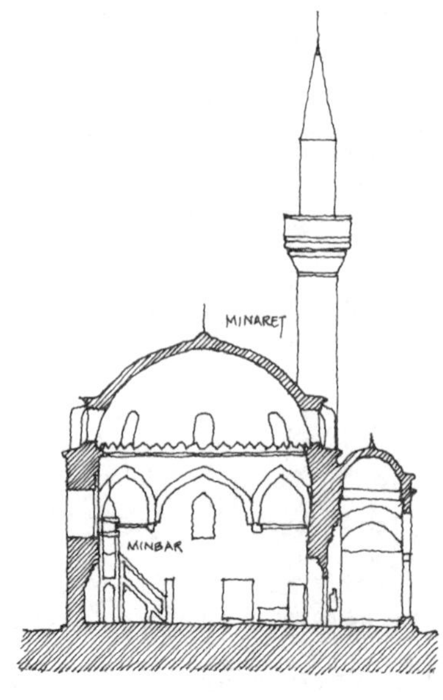

洗澡："在此期间，内斯特国王与他的小女儿一起沐浴。美丽的女儿为他抹上橄榄油，并给他穿戴外衣并披上斗篷。当内斯特走出浴室时，他看上去就像永生的神。"

在瑞士瓦尔斯（Vals），由卒姆托设计的传统浴室（最下图）是由多个空间组合而成，你可以在其中得到各种感官的享受。

洗澡的场所可能就是大海、河流或者瀑布下的一池碧波，可能是家中浴室里的一个浴缸，也可能是罗马浴场或者土耳其浴场（右图）中的房间群，你可以在里面蒸桑拿和按摩以清洁身体。彼得·卒姆托（Peter Zumthor）在瑞士瓦尔斯（Vals）设计了一所浴室（右下图），建成于1996年。该浴室能给人带来全面享受，其中专用浴池多处：一个贯通室内外的大型浴池；也有许多隐藏在整个结构柱子后的小池子：冷水池、温水池。花浴池里漂满芳香花瓣，冲浪池里回荡着潺潺的水流。从一处精巧的隧洞游进去还有桑拿室、淋浴房、按摩室。"圣室"里能喝到天然矿泉水，在山坡上远眺，满眼青山翠谷。该浴室围绕人类最原始的感官享受展开设计，手法纯熟。

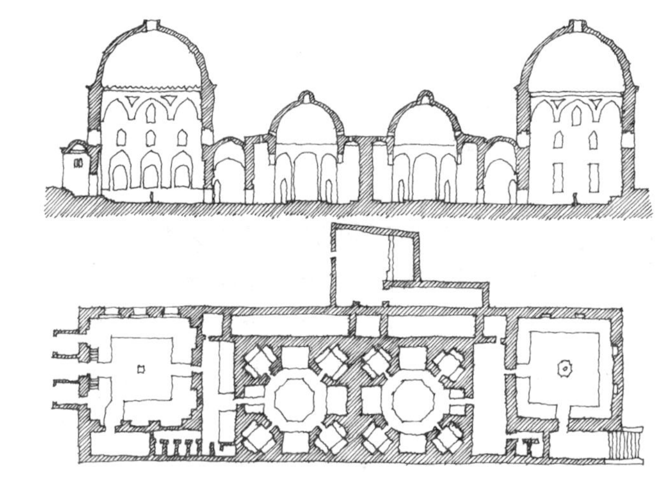

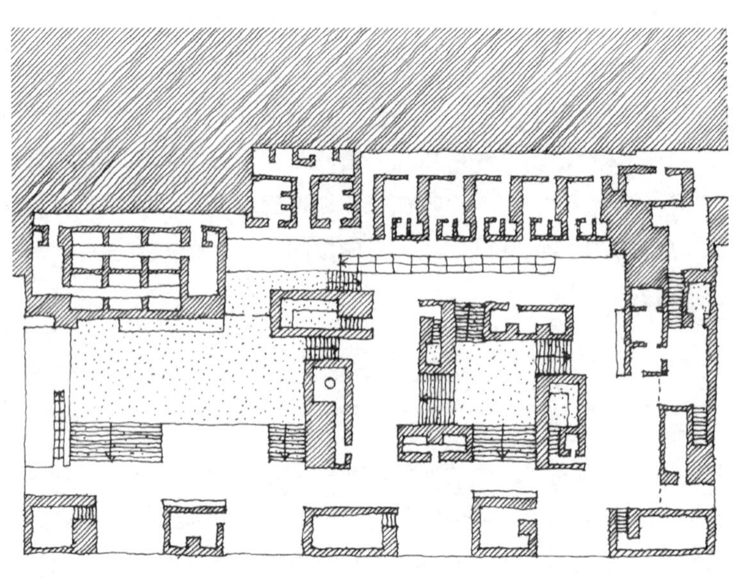

雕塑中的人像称作罗迪亚（Rhodia），其周围是一个以建筑为题材的边框。建筑的形象既是整个雕塑的构图要素，又表达了纪念和象征性的意义，同时也说明，建筑是服务于生活的人居空间，通过人的居住和使用，建筑的作用才得以体现（这块石雕是古埃及的一处墓碑，出自大约 1200 年前的古人之手）。

第 8 章　建筑——形成框架

"每当孩子在珊瑚屋出生时，家庭中的女性成员会进行一种仪式来确定孩子的社会地位。孩子被大人抱着绕屋子一周，大人会告诉他那些睡着或工作的人是谁，那些人拥有什么，他们和孩子的关系是什么。小孩当然对此一无所知，但那些妇女则对自己和其他人的地位有更明确的认知。屋子中个人所拥有的面积和相关的物品显示了占据空间的人的习惯。这种仪式使屋子中的人对他们之间的关系有更明确的了解……当孩子长大的时候，他或她就能明白他们在这个社会和家庭中的地位。"

——琳达·W·唐蕾－雷德（Linda W. Donley-Reid）著，
"一个结构性的构筑物：斯瓦希里住宅"（A structuring
structure： the Swahili house），摘自苏珊·肯特（Susan
Kent）编，《家居建筑和空间用法》（Domestic Architecture
and the Use of Space），1990 年，p120—121

第 8 章　建筑——形成框架

107 建筑不仅仅是图纸上的设计，最终将形成框架。它是为生活伴奏的旋律，而不是孤独的舞步。

当然，建筑具有界定一幅“画面”的能力，如一扇窗棂可以打开一道远山的风景，一座门廊可以框出一个人的身影，一道拱门圈出一个教堂的圣坛。

以特殊的眼光来看，我们也可以将城市、原野视作“图纸”，在其中将建筑群落组织成秩序空间，仿佛画家进行的创作。

但是，建筑的本质目的并非要构成“如画的”风景（尽管有时是这样表现的），其框景的作用也不限于远处的山峦或是站立于门廊内的人。与二维的绘画不同，建筑空间是多维体系。显然，它首先是三维的立体空间。此外，还有时间维度——用以描述运动和变化；还有更抽象细微的维度——生活和工作方式，礼仪习俗。建筑可以容纳神的雕像，安置死者的遗骸，甚至可以限定家养宠物，但建筑最崇高的目标是构筑人的生活。

一扇窗框出了房间的一景，一个房间框出了其中的生活。人们进进出出的门是一个框，椅子是个框，储物柜是个框，餐桌是个框，就连花瓶也是一个框，还有给我们呈现遥远世界的电视机也是个框。

我们习惯于通过某些既定的图框来观察这个世界：窗外的景色，画框中的图面，电视的屏幕，计算机的显示器，甚至是电脑菜单中更小的窗口。从这些二维框中所看到的遥远的建筑在我们面前变得越来越抽象，越来越超乎现实。这一现象引起了新的争论，以覆盖着全球的互联网为例，人们不禁怀疑：一种新的建筑形式——虚拟建筑是否会重新演绎或至少会与现实世界并存。

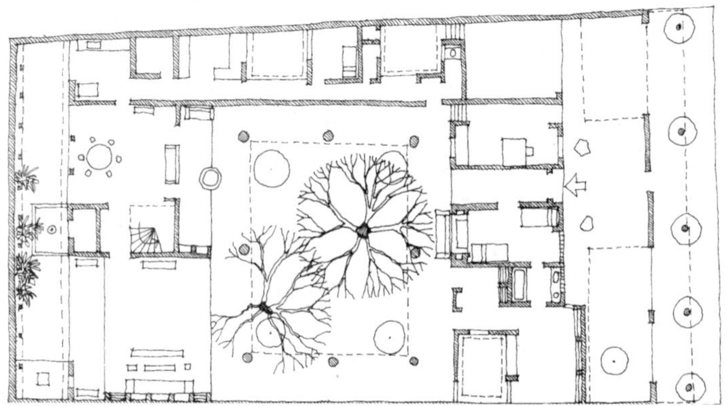

108 建筑作为一种框架的创造，是场所标识的组成部分。建筑框架限定了明确的场所边界，框架介于内容与外界之间，建筑作品是多维、多层的框架。工作用的房间，比赛用的球场，出行用的街道，吃饭用的餐桌，用来休憩的花园，放松身心的舞池，都是一种“框”；它们共同构成弹性而复杂的生活空间，它们虽然尺度巨大，但仍似伴奏音乐一样，为生活这首歌曲谱写着韵律和节拍，既是一种支撑，也是一种学科。

通过上面这张平面图，可以看到建筑是如何定义生活的。这是斯里兰卡首都科伦坡的一栋房子，由建筑师杰弗里·巴瓦（Geoffrey Bawa）设计，建于 1962 年。整栋房子由一道外墙围成，院内同时还包含了许多框架形式：起居室和卧室分别界定出公共活动和休息空间；餐桌定义出宴会空间；院落里生长着花草树木，还引入一处泉水，水面点缀着几块巨石；即使是浴室，也自成一体；宅前的车库，限定出停车空间。

显然，“framian”（框架）一词来自古英语，意为“有用的”。一种框架之所以有用，在于它的支撑作用。有些物体的物质框架就是其结构本身，如织布机、人体、建筑。框架的有用性还在于它对空间的限定：创造出边界，以形成“内”、“外”空间的有序联系。框架是空间组织的载体。不论是一幅画框、一座羊圈，还是一个房间，如果缺少真实的生活主题，它们很少能变得充实（除了诗歌或许能产生“意境”之外）；框架与其内部空间（具体的或抽象的）及外部空间关系紧密，为场所注入实际意义，使之与客观世界融为一体。这种对象可以是一幅画、一件物品，也可以是一个人[洞穴里的隐士，或是房间中的“克拉克夫人”，或是苦心研读中的圣杰罗姆（St Jerome），或是正在房间中小憩的主人]，也可以是各种行为（打网球、生产汽车），还可以是各类动物（如圈栏里的猪、笼中之鸟），或是物化的神灵（帕提农神庙中的雅典娜、端坐在神庙内的印度教守护神毗湿奴）。

右图是意大利 15 世纪著名画家安托内洛·德·梅西纳（Antonello da Messina）的作品，画的是圣杰罗姆在他书房里的场面。作品本身

照片中的建筑就像一件物品，使我们无法体验其作为框架的空间。我们对建筑真正的体验能从身临其境的感受来获得，而不是照片中获得，这与我们从照片中看到的有很大的不同。

照片往往会把建筑作为景物而不是景框。这是摄影过程的结果，它需要在景物周围设置二维的边框。这种过程让我们无法体会到作为景框的建筑，而是让它们成为自框的景物。同样的问题也影响着计算机对建筑的表现。

照片很可能欺骗人们的眼睛。照片中的建筑通常经过拼凑或裁剪来表现其最完美的一面，可能去除环境中不尽如人意的地方。

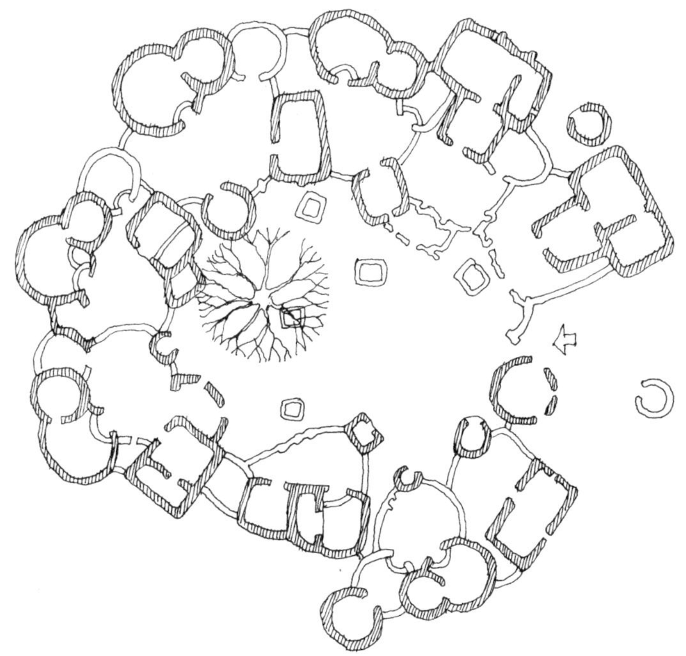

这张非洲农庄的平面（左图）不仅是对其公共生活的一种图解，而且村落本身在概念上就是一种架构，反映出当地居民特有的社会秩序。

带有画框，而画面中的圣杰罗姆同样限定在既是物质的又具有象征意义的框架之中，这一框架就是它所置身的房间。

框架可以是一种结构，也可以是一条边界；有用之处还在于它所形成的参照体系，借助它，人们可以判明方位。棋盘上的方格网，寓所里的地板，城市中的街道分别是棋子、行人、车辆的运动平台。通过参照，可以描述它们的方位。

109 抽象地讲，框架也可以是理论体系（例如，本书提供了用以理解建筑的概念框架，目的无外乎为了对读者“能有所用”）。建筑的一项内容就是思考如何系统地、物质地将它加以实现。如，博物馆设计要考虑展台的布置、参观线路的安排，还要进行理论探索和文化定位；歌剧院设计更需要系统的理论研究和文化修养，要通晓舞台及观众厅的布局方式和技术要求；即使是设计一处驯狗场，也要熟悉圈养常识。

更为复杂的实例有：居住建筑设计，需要考虑人居方式及相关的空间形式并提供合适的框架；教堂设计则要考虑崇拜及礼仪的特有理论。建筑师在以上所有方面都需要有强烈的责任心，才能建构出千姿百态、科学合理的物质空间，用以进行欣赏艺术、观摩歌剧、歌舞、祭神、餐饮、销售产品等一切活动。

不论一帧画框、一件展品，还是一栋古希腊神庙，都包含着静止的内容，它们是时间的凝聚。所不同的是，建筑可以承载运动和变化：足球场用来竞技；街道用来通行；露天市场里，车辙定义出运货通道；教堂定义出由墓地大门到祭坛的线路。框架既有物质上的，也有精神上的，它能使客观世界或局部更加有序。本书的每一张页面就是一种二维平面的图框，是页面的图像构成；电脑程序任务不同，表现出的图框形式也就各不相同。建筑的框架形式众多，并不总是矩形或简单的。

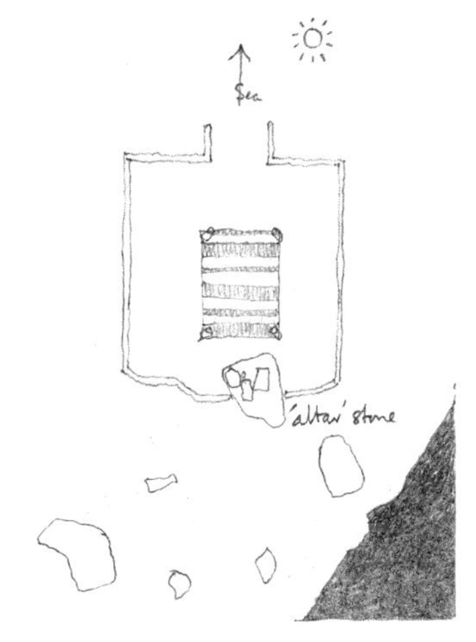

当我们在海边的时候，我们通常给自己做了个框，或许我们只用一条毛巾，也或许只是在身边画一条线。

64 格的棋盘是国际象棋的框架。棋盘简单而固定，如同象棋规则的框架，但是下棋过程中却有无限多的变化。

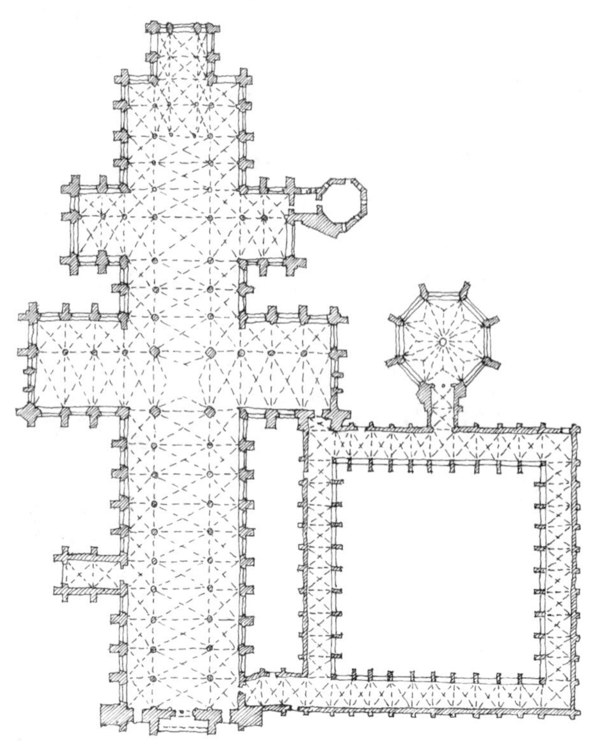

索尔兹伯里（Salisbury）大教堂是由许多细部框架结构组成的。这些细节各具不同的功能：门廊定义出建筑的入口；教堂大厅定义出祭坛所在（它本应在这张图中！）；祭坛定义出宗教仪式的进行；方形回廊是寄托哀思之处；八边形小教堂是公共议事厅。

110 框架作为一个概念，必然有其限定的内容，不论内容是瞬间即逝，还是永远不存在。比如，椅子并非总要被人占据；衣冠冢，几乎可以说是一个空墓，即使是空无一物，它仍旧是为纪念死者而建的。框架中不必总要有存在物，但它与特定及外来的内容不可分割。

有人认为，画框的重要性次于绘画作品本身，比如柏林的埃及艺术馆（Egyptian Museum in Berlin）里陈列着埃及法老王后纳芙蒂蒂（Nefertiti）的半身像的玻璃展台，其重要性次于展品本身。但是，就建筑的产品形式——框架而言，与其所包含的内容相比谁更重要，却很难一概而论。合理的答案是：二者处于一种和谐的共生关系。对内容而言，框架可能处于次要地位，但内容同样得益于框架的容纳和保护，并为其提供扩充、延展的空间。房间可以理解为一种框架，椅子、书架、讲坛、飞机库、停车场、自行车棚都可以这样来理解，它们保护、容纳、强化着主体及其使用者。总之，把握好内容和框架之间的辩证关系至关重要。

建筑常常是一个限定日常生活事物的问题。成功的例子往往在这一方面做得恰到好处，并因此令人铭记：位于威尔士南海岸拉恩（Laugharne）的蓝色简易车库曾是伟大诗人狄兰·托马斯（Dylan Thomas）写诗的场所；罗马尼亚布加勒斯特王宫，曾显示过独裁者
111 尼古拉·齐奥塞斯库（Nicolae Ceausescu）显赫的政治地位；耶路撒冷的岩石之顶（Dome of the Rock）是万众瞩目的伊斯兰圣地；在波兰的奥斯维辛（Auschwitz）集中营里安葬着100多万无辜的尸骨。

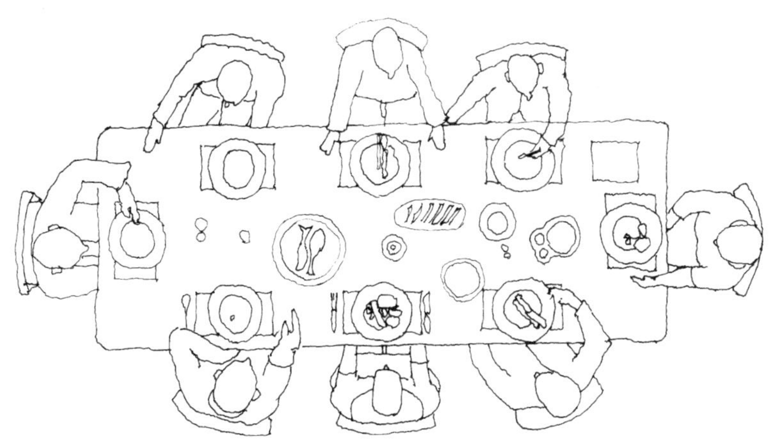

餐桌界定出一种特定的生活空间，也界定出了桌上的食物，甚至也框出了坐在桌边的人，虽然他们并不在餐桌的矩形中。

这种思考方式，使人们认识到整个人类就分布在其左右的建筑中，建筑体系使客观世界变得更加有序。比如，坐在这里写书，我同时也被许多框架所限定：住所位于一座精心设计而成的村庄里，紧邻着一条大街；宅院是一块单独的基址；住所本身，以及我所置身其中的研修空间。书房中有书架（书籍里蕴藏着丰富的思想和典例）及写作用的书桌、图纸柜、窗户、房门、壁炉、台灯、绘画、壁柜以及电脑（它可以接收来自世界各地的信息）。

建筑的框架及其使用方式是无穷无尽的，既有简单的框架形式（尺度亲切的拱廊），也有较为复杂的形态（现代化航空港密如织网的道路）；既有微小的构造（门上的钥匙孔），也有巨大的空间（城市广场）；既有二维平面构成（台球桌或撞球桌），也有三维空间组合（多层楼宇），还有四维空间（迷宫，还包括时间的维度），以至多维空间（因特网，尽管它总是限定在某个界面的另一端）。

框架形式不一定非由有形材料建成。它可以是舞台上强调演员位置的一束光源，也可以具有非视觉的意义。如，浓郁的香水味可以展现女人的妩媚；寒冷的冬夜，空调排风孔的热浪可以让路人暂借取暖；从阿訇召唤信徒做弥撒的呼喊声里，我们聆听出了清真寺甚至穆斯林宗教整体之所在。

俄罗斯套娃

建筑中，框架体系可以重叠、包容和相互适应。据此，框架体系立足有限空间开发无限，就像俄罗斯套娃一样，尺寸逐一减小，并可从小

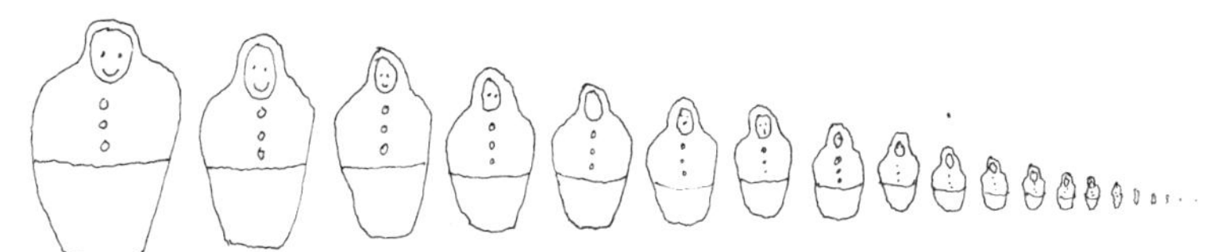

位于伦敦的阿尔伯特纪念亭（Albert Memorial）中安置着阿尔伯特王子的雕像，也安置了对他的怀念和哀思。

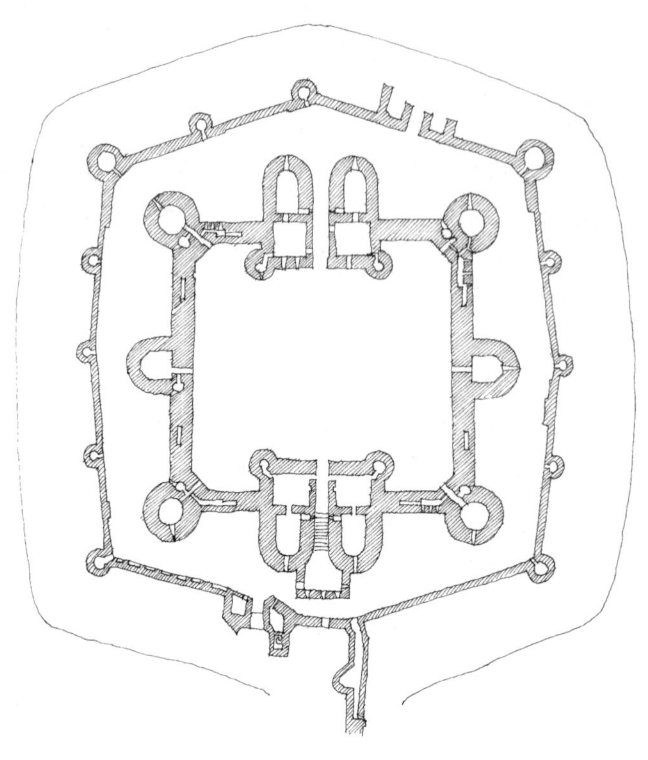

位于威尔士北部海滨的安格尔西岛（Island of Anglesey）的博马里斯城堡（Beaumaris Castle），其空间布局按照防卫要求呈现出一层层的同心圆布置方式。

112 到大依次套入较大的一个中，既节省，又实用。有些建筑作品就体现了这样的设计思想。威尔士北部海滨的安格尔西岛上有一座博马里斯古堡，就由五部分同心圆组成：壕沟、外城墙、外城、内城墙、内城。

当然，建筑的框架体系远不会像俄罗斯套娃这样简单；其相互重叠、组合、穿插的方式较为复杂，从钥匙孔到城市，空间尺度也大小各异。

想象一下城墙内城市的模样。“首要”框架就是城墙本身；然后是设在城墙中部的城门；城内网格状的街道构图几何规整、布局有机；城内遍布的住宅、教堂、办公楼各成体系，建筑群落的聚合又形成商业街区和城市广场，广场中还设有以水为框的喷泉。每栋建筑内又拥有自己的房间，各自具有不同的框架形式——桌子、椅子、壁炉、壁柜、立柜、床位、浴室、下水管道，甚至地毯也可生成特定场所；全家聚餐的桌子，每人都有各自的座位和餐具；有专用光源的桌子；用于学习的书桌；还有电视——通向外部世界的窗口，如此等等。

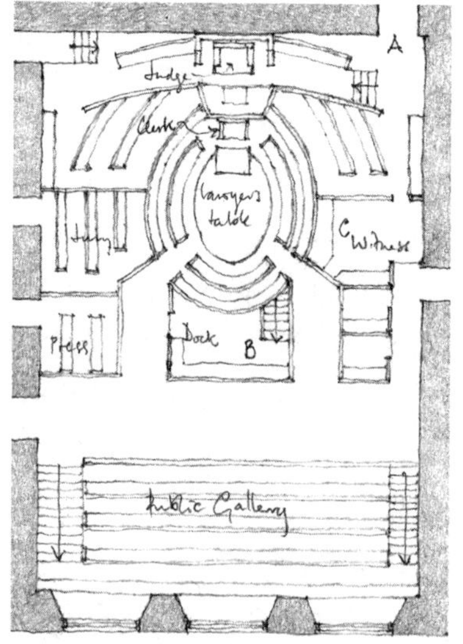

传统法院的包厢、桌子和座椅都是精心安排组成的。法官被框定在法官席上，下面是法庭书记员；律师被框定在他们的桌子前，证人被框定在证人席作证，记者被框定在记者席，陪审团被框定在陪审席，被告被框定在被告席上，而公众则通过旁听席来观看。这是建筑为有组织的活动——法庭审判——创造空间意义的明确例子。

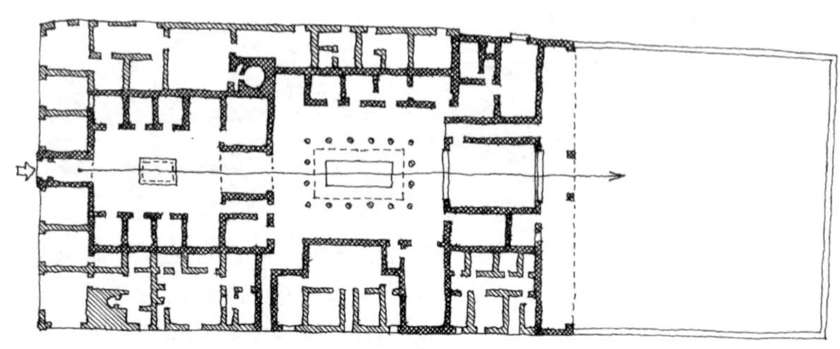

罗马人的文化特质是他们的城市和房屋对于不同的作用都有非常清晰的结构框架。左图是庞贝古城的潘萨住宅（House of Pansa）。它几乎没有沿街立面，它的房间和中庭都嵌入在被商店和其他住宅包围的地块之中。

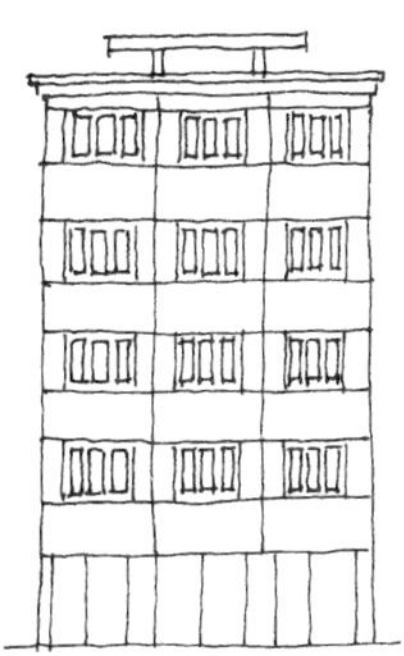

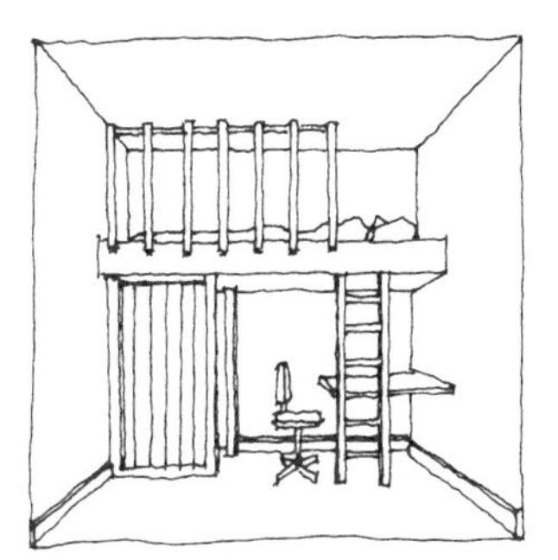

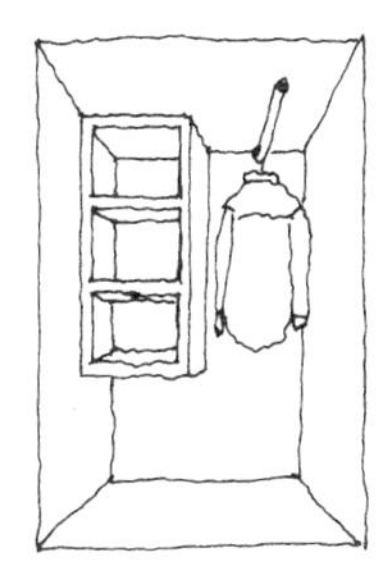

公寓楼框定了许多房间，每个房间又包含一些较小的框架。

113　框架以结构的方式限定了建筑，建筑又因其逻辑而产生了框架。这是一栋小住宅的图解，它是美国建筑师查尔斯·摩尔为自己设计的专用住宅，1961 年建于加利福尼亚州。房子并不大，但包含了两个形似神庙的小亭式构造，它们用处不同：大一点的是起居厅，小的是淋浴房，两者都由屋顶灯照明，光线对空间形成另一种意义上的限定。整座院落由外墙围合而成（见右图中点画线所示）。宅院里，其他空间均是这两个亭式构造与外墙之间相互组合的派生品，同时也由家具陈设所界定。众多相互重叠的空间共同构成了复杂的建筑母体——住宅。

庭院咖啡厅（下图）也是由多重框架组成的复杂结构。庭院本身是主要的框架，但其周围的房间也是框架。遮阳伞罩住（框定）了桌子，而桌子本身则由坐在桌子周边的人们及人们坐的椅子所环绕（框定）。甚至人们在树荫下吃的冰淇淋也是装（被框定）在碗里或蛋筒里。厨房框定了厨师和洗衣工。水池框定了喷泉（马耳他的这家咖啡厅就是以此喷泉命名的）。侍者们则好像跳舞一样，穿梭在这些复杂的框架中。

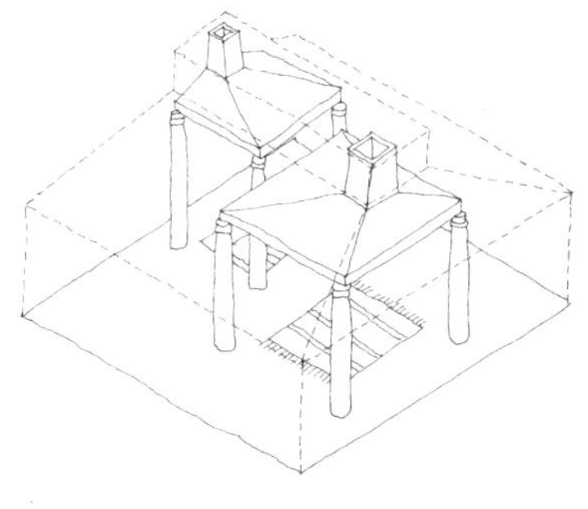

美国建筑师查尔斯·摩尔为自己设计的一所房子（上图）包括了两个小体量，一个确定了起居空间，另一个作为卫生间，两者都由它们顶部的小灯照亮。

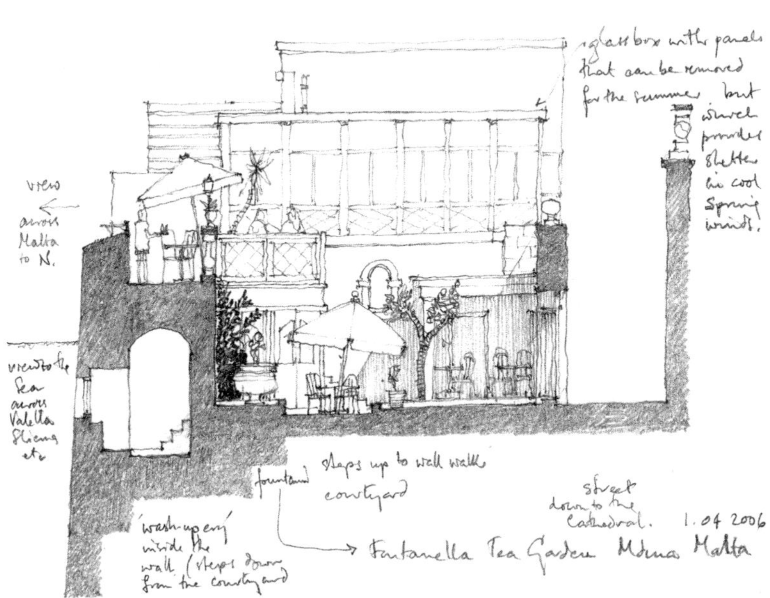

这座建在马耳他（Malta）的庭院咖啡厅（左图）是由许多复杂的建筑框定结构组成的。

有关摩尔住宅（Moore House）参见：查尔斯·摩尔（Charles Moore）等，《居室空间》（The Place of Houses），1974 年

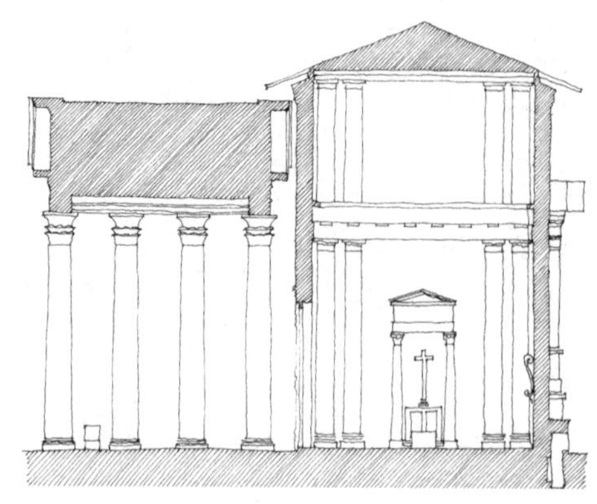

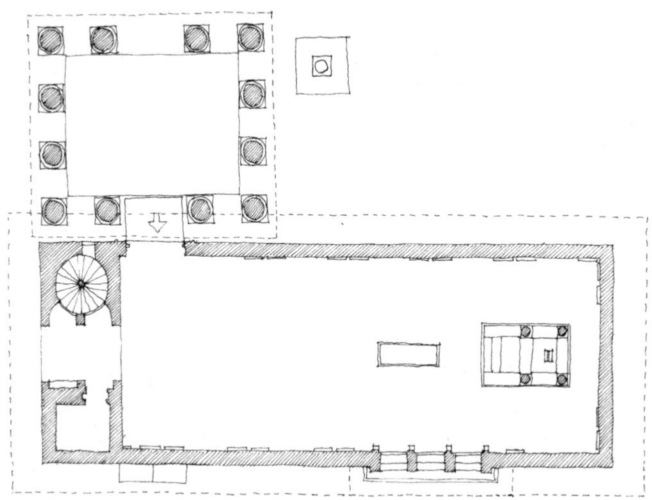

复活礼拜堂里包含着许多建筑框定结构，设计者是西格德·劳伦兹（Sigurd Lewerentz）。略微歪斜的门廊筑成了入口，建筑界定出了圣坛，棺木界定了逝者的同时也被灵柩台框定，而灵柩台则被射入南向窗口的光线框定。大片空荡的教堂似乎界定了死亡本身。

114 这是另外一栋建筑——复活礼拜堂（the Chapel of the Resurrection，上图），内部空间由不同尺度的龛式构造组成。建筑是由西格德·劳伦兹（Sigurd Lewerentz）于 1925 年设计，坐落在斯德哥尔摩附近的林地火葬场。与上例不同之处是，它并非用来居住，而是安葬死者的场所。建筑大门位于礼拜堂北侧，是一个高耸的拱廊，12 根柱子顶着巨大的山花屋面，它实际上与神庙主体是相互独立的两个部分。外观看上去十分平淡，建筑本身就像是一座坟冢。紧贴着内墙面立着壁柱，微微突出墙面少许，每组壁柱围合出浅浅的壁龛，其构图式样也是酷似庙宇的一种龛式构造。礼拜堂中，精心挑选出一处地点，搭建起精致的祈祷亭，祭坛和十字架就安放其下。祈祷亭前摆放着灵台，是葬礼期间停放棺椁的地方。棺椁，毫无疑问，是安放死者的地方。空间中的所有元素——棺椁、吊唁者、祭坛和十字架，都处于教堂的限定之中。复活礼拜堂中包含着许多建筑上的框定形式。南墙上的窗户（上图）也采用龛式构造的式样。其基本功能并非在刻意强调外景，而是为教堂引入唯一的可见光源，让阳光挥洒到室内，从而达到强化祭坛及灵台上停放的棺椁的效果。

有关复活礼拜堂参见：
珍妮·安琳（Janne Ahlin），《建筑师西格德·劳伦兹 1885—1975 年》（Sigurd Lewerentz，Architect 1885—1975），1987 年

由帕拉第奥设计，建在威尼斯的圣乔治马焦雷教堂（Palladio's S. Giorgio Maggiore，上图），它的正立面有两级层叠的外形。

115 层叠

有时框架互相叠加在上方，形成了更为复杂的层叠。这可以发生在建筑形成的二维框架中，但也同样能发生在三维或四维中。安德烈·帕拉第奥（Andrea Palladio）在 16 世纪中叶设计的圣乔治马焦雷教堂（S. Giorgio Maggiore）的正立面，框出了教堂的入口（右图），其设计是从罗马神庙衍生出来，但是帕拉第奥为教堂内部的空间形态设计了匹配的外立面，内部空间包括一个中殿和两侧有低矮屋顶的侧殿。一个简单的神庙形式无法做到具有吸引力，所以帕拉第奥将两种神庙的形态叠起形成了现在的立面形式。

层叠式也适用于空间框架。克里特岛上克诺索斯的米诺斯王宫建于3500年前，但是其设计师对空间的设计复杂且微妙。在王宫别墅（左下图）中，他们设计了空间的层叠，使用开放式柱廊来改善在炎热天气条件下的通风问题。其中一些层叠是有屋顶的，一些是露天的，使光线能射入建筑的中心。经过了这些空间，一个人能意识到各处不同的私密程度以及光线和阴影的微妙的层叠方式。

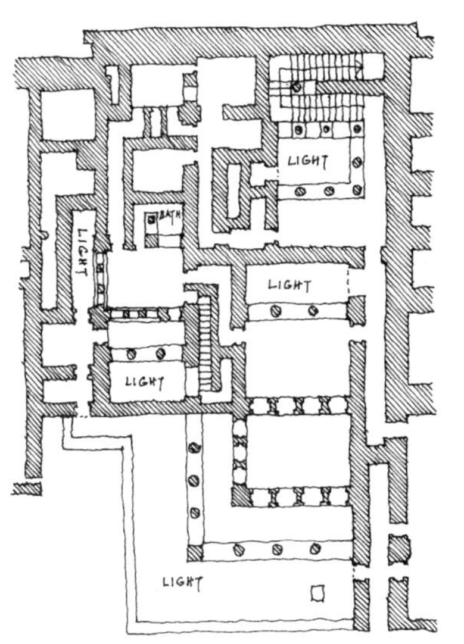

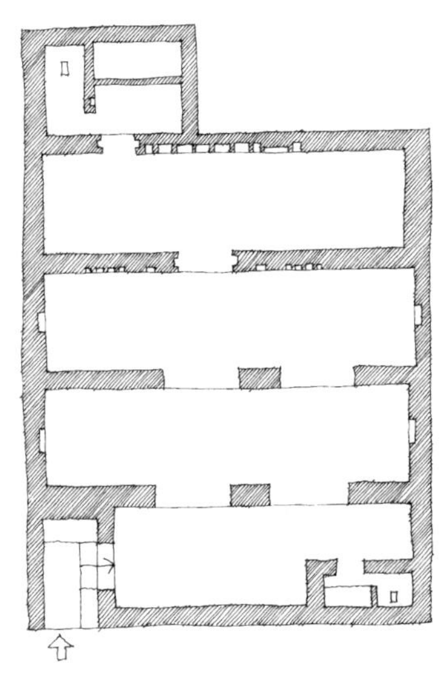

斯瓦希里住宅（Swahili house，左图）中运用了空间的“层叠”，通过步行路线从最公共的地方向最私密的地方延伸。家庭中不同的成员享有不同的层次。

有关斯瓦希里住宅参见：
苏珊·肯特（Susan Kent）编，《家居建筑和空间使用》（Domestic Architecture and the Use of Space），1990 年，p121

位于加利福尼亚州伯克利的基督教科学派第一教堂，是一处众多小型建筑构造的组合体。由伯纳德·梅贝克（Bernard Maybeck）设计，建于1910年。

有关基督教科学派第一教堂参见：
爱德华·博斯利（Edward Bosley），《伯克利，第一基督教堂》（First Church of Chrise，Scientist，Berkeley）1994年

116 之前章节中的罗马人的住宅也使用了与空间的层叠类似的设计手法（参见第112页）。一些地方明亮，一些地方昏暗，入口到花园的中轴线十分明显，在住宅最重要的接待室产生了循序渐进的层次。

“层叠”在20世纪已经成为建筑师的一种创作手法。层叠的相互作用产生了复杂性和美学上的复杂性。

1910年建于加利福尼亚州伯克利的基督教科学派第一教堂，其设计者伯纳德·梅贝克（Bernard Maybeck）通过不同的方式在这个建筑中使用了“层叠”的手法。其立面（上图）与圣乔治马焦雷教堂的正立面使用了相似的层叠手法，不同之处是，这个作品的层叠方式是三维的，由多层次的层叠组成。梅贝克的教堂重点不是立面设计，而是小空间（壁龛）的三维交织柱框壁龛。这种交织始于入口檐篷，在大会堂中跨越人群的大型十字形构架处达到高潮。而且，外墙的“层叠”由爬满植物的藤架补充。这样墙体就失去了其实体性，使整个教堂不像建筑物，而更像一个森林。

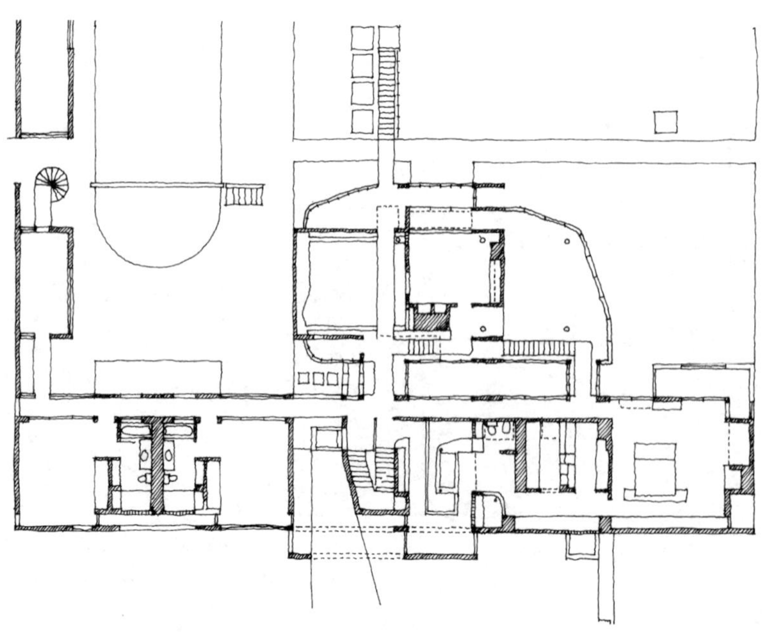

理查德·迈耶的作品有其鲜明的设计概念。他的建筑是白色的，并且有复杂的几何形式。他也尝试“层叠”其建筑中的墙体，使它们成为三维而不是二维的。有时，他使用具有特殊目的的层叠空间，但更多情况下，层叠被用来提高其建筑外观的美学复杂性。左图是建造于20世纪70年代中叶的棕榈滩住宅（Palm Beach House）二层平面图，没有一堵墙不是层叠的。

有关棕榈滩住宅（Palm Beach House）参见：
保罗·戈德伯格等（Paul Goldberger and others），《理查德·迈耶的住宅》，1996年，p110

建筑风格是由我们对身边的世界以及其组成部分的态度决定的。

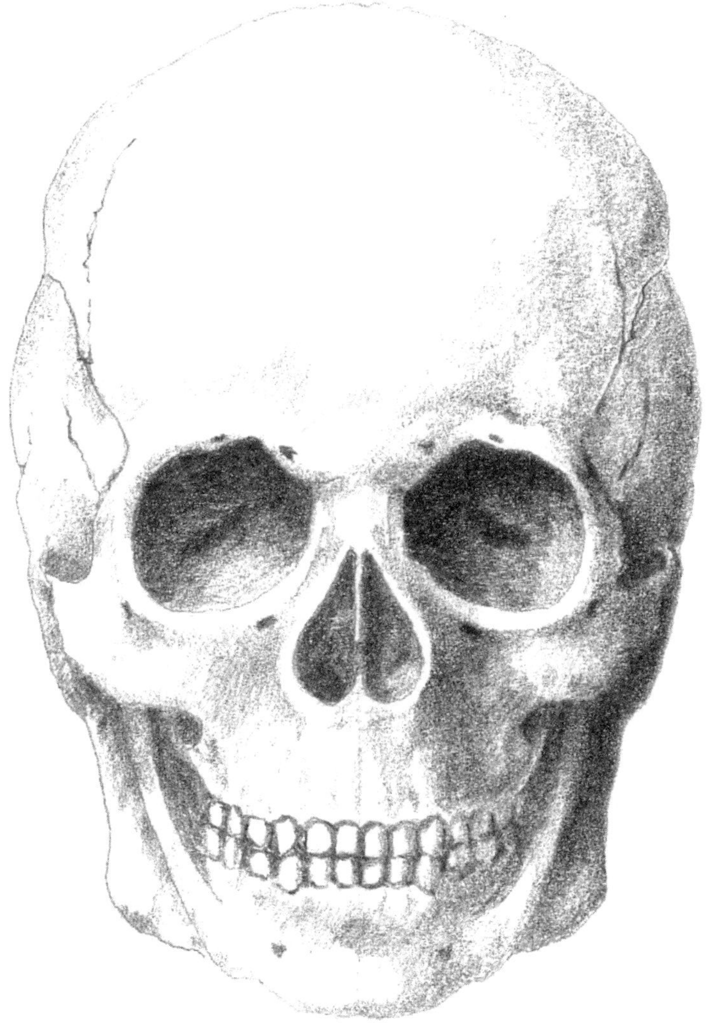

第 9 章　神庙与村舍

“生存还是毁灭：一个必须面对的问题：
是默然承受命运暴虐的毒箭，
还是挺身反击无涯的苦难，
通过斗争而将其清除。
这两种行为，哪一种更高贵？”

——威廉·莎士比亚（William Shakespeare），
《哈姆雷特》（Hamlet，Act Ⅲ.i）

“建筑艺术是人与环境的空间对话，它证明了人在其中的存在，以及主宰它的方式……建筑艺术事实上总是精神决定的空间表达。”

——密斯·凡·德·罗，“建筑作品的先决条件”
（The Preconditions of Architectural Work）
［讲座，1928 年 2 月，柏林国家美术馆
（Staatliche Kunstbibliotek Berlin）］，重印于
弗里茨·诺伊迈尔（Fritz Neumeyer）著，
亚佐姆贝克（Jarzombek）译，
《无艺术的语言》（The Artless Word，1986），1991 年，p57

第 9 章　神庙与村舍

119 在征服和改造客观世界的漫长历程中，人类时而接受世界的一切现状；时而奋起抗争，努力地按自己的生活需要去改造它，使之更加舒适、美好、和谐。

人类和客观世界的辩证关系就是上述两方面的对立统一。有接受，有改变，既对立，又统一。面对无法回避的矛盾，需要作出抉择的决不仅仅是哈姆雷特一人，这就是建筑的生命力之所在：直面客观世界，思考科学的改造方式。

试图通过建设的单一力量来完全改造客观世界是不可能的，而一味妥协也并不现实。我们的祖先露宿于荒野中，但在点燃营火的一刹那，他们便吹响了改造世界的号角。因此，建筑包括接受与改造两个方面。建筑设计要直面这两个问题："我们应征服和改造什么？我们又将接受并利用什么？"

将建筑学上升到一般的哲学层面，才能正确回答这一问题。一要弄清客观世界的本来面目，二是我们应采取什么样的态度对待它。关于到底哪些因素会产生真正的影响，以及我们到底应该怎么解决它，这不是一个确定的答案可以说明的，它是不断地探索和不同的主张混合的产物。

下面所引的两段文字，反映了两位作者对这一问题的不同态度，他们分别从不同的哲学角度看待设计思想是如何与这个世界相互关联的。第一段引自《建筑十书》（The Ten Books on Architecture），此书写于公元前 1 世纪，作者是著名的古罗马建筑师和理论家维特鲁威（Vitruvius），它是献给奥古斯都皇帝的。他转述早先古希腊作家泰奥弗拉斯托斯（Theophrastas）的文字如下：

> "有识之士……会毅然面对坎坷多灾的命运。幻想依赖运气而不是学识来保佑平安的人，在充满艰险的生活旅程中，反而是跌跌撞撞，步履蹒跚。"

第二段文字引自 19 世纪英国艺术评论家约翰·拉斯金（John Ruskin）出版的第一本书籍《建筑的诗意》（The Poetry of Architecture），书中对完美的山庄是这样描绘的：

> "村庄的一切都出自大自然的鬼斧神工，其力量之大和影响之广让人无法抗拒。不论是用尽一切努力去仿效自然力的这种强大，还是想完全抹杀它的所有影响，都是徒劳之

> 举……村庄不能一味地顺从于山谷坡地或是天然洞穴，而是应该向风暴祈求宽容，向山脉寻找保护，应该感激自然的温和而不是它的强悍，因为这种温和和强悍从不是彼此压制和冲击的，而是永恒的和谐。”

120 两位作者表达了完全对立的两种观点，维特鲁威提出了改造世界造福人类的建筑理念，坚信人类可以依靠自己的智慧和意志来改造世界。拉斯金则认为人类不应为了自我利益与自然对抗，应把自己看作是自然的一部分，而不是把自己与自然分离开来。要正视自然的绝对权威，相信自然会通晓一切并将赋予人类所需的一切（拉斯金第一次发表以上文章是在 1837 年出版的“nom de plume ‘KATA PHUSIN’”，其希腊语意思是“依附自然”）。

认为这两段文字就完全代表了维特鲁威和拉斯金的思想是不恰当的。这样的思想并非他俩独有，历史上，还有众多的学者也持有相似的观点，但这两段文字清晰地反映了建筑所面临的矛盾。

本书前些章节曾讲到，要想理解建筑的精髓，必须先弄清影响设计的客观条件。各种条件可以用不同的方式归类，下面将讨论对建筑较为切实可行的一种归类方式。总之，从事建筑设计，必然会涉及以下全部或部分概念，因为它们是（建筑师）建筑设计思想所需要考虑的外在因素。

- 场地：由地面、岩石、树木组成；既可以很稳定，也可以不稳定；有高差变化；可以很潮湿；既可以是平坦的，也可起伏不平；
- 重力：是一种持久稳定的竖向引力；
- 气候：日照、风向、雨雪、光线；
- 适用建材：砖石、泥土、木材、钢铁、玻璃、塑料、水泥、铝材等以及它们的特质；
- 人或其他生物的尺度：活动范围、观察方式、起居特点；
- 人类或其他生物对温度、安全、空气、食物、垃圾处理的切身需要及机能；
- 人类个体及群体行为活动：社会组织方式、宗教信仰、政治阶层和仪式；
- 现存的其他建筑形式（其他建筑物、场所……），或方案；
- 实际的空间需要：用于满足各种形式的活动；

- 理解过去：历史、传统、回忆、故事；
- 思考未来："乌托邦"和"天启"的幻想；
- 时间的流逝：变化、耐久、生锈、腐坏、侵蚀、废墟。

121 对于以上类别，在不同条件下，我们可能（自觉或不自觉）采用的设计态度也不尽相同。例如，外墙既可用来御寒，也可用来通风；人的行为既可以受到约束，以适应场所要求，也可以（接受或认可）通过行为来塑造场所；建材可以雕琢、打磨，进行深加工，也可以直接利用天然材质的特质或肌理，或是利用开采过程的中间产品（例如采石过程中破碎的石材）；设计建筑可以尽量减少或者干脆不考虑时间的影响，也可事先考虑或直接利用由于日晒、风吹而形成的自然特性；可以以我们的生活所需作为基础进行设计，也可以把它作为次要的因素来考虑；既可依据人体尺度和实际需求进行设计，也可采用与外界无关的独立尺度建构场所；可以沿袭前人的思想方法，甚至遵从历史的"权威性"进行设计，也可以打破陈规，创造全新的建筑。

任何建筑（如一栋大楼、一座花园、一个城市、一处墓地……）都是基于这种态度的一种表达。例如，如果建筑师想要改变建筑的承重体系，从建筑的形式上就会自然地表现出来（例如，哥特式教堂的拱顶，赖特流水别墅中水平出挑的悬臂梁都是如此）。如果是想通过设计来规范人的行为，也会在空间形式上有所体现（如在维多利亚时期的圆形监狱里，设在圆心处的观察窗可以监控所有囚室的情况）。如果是想利用自然通风或阳光，同样会在形式上有所反映。

建筑往往是有取有舍，将二者有机地结合起来。但是，哪些需要保留、利用，哪些需要修改、舍弃，并没有定式可循。这种不确定性是众多建筑设计关注的焦点。纵观古今，建筑师是应该承袭传统，还是该努力探索和创新；是应尽量地利用建筑材料的天然质地，还是更多地运用加工后的成品；是应更多致力于居住环境的设计，还是不需进行整体规划，任凭城市有机生长？对于以上及其他的类似问题，人们的回答总是千差万别的。

设计思想总是"取"与"舍"不同程度相结合的产物。一些设计以"舍"为主导思想，崇尚改变和创新；另一些设计侧重于保留、利用，以"取"为主导。"神庙"和"村舍"的原型就是对这一矛盾的两个对立概念的一种阐述。

122 “神庙”的原型

庙宇置身度外的世界，是一种控制、特权，也或许是自大的表现。

“神庙”的原型不是真实存在的神庙，而是一个抽象概念。本页图中将要分析的一栋建筑很像古希腊神庙，但是在接下来的阐述中，大家也会发现很多别的建筑可以在哲学意义上被视为神庙。

建筑师通过世界上各种因素塑造“神庙”特征的方法多种多样。关于神庙不需要列举前文方方面面的例子，只需对其中一部分内容加以解析，就足以说明问题了。

图中的这个神庙建于一个平台上，这个平台取代了那种不平坦的地面作为整个建筑的基础。这个平台（或者像是历史上那些被微微弯曲的平台，就像雅典卫城的帕提农神庙那样）是神庙几何序列的起点，也是它与现实世界的分界线。即使平台之上没有“神庙”，它本身就已形成一个独特的场所——兀立于基址之上，高出地面，表面平坦，并由边缘与自然分离，这就是其特征所在。

它既能遮蔽风雨，又保护着庙中的神像，它的形式，象征对自然力不屈，高高屹立在旷野之上。

材料上雕刻着抽象的几何纹样，经过打磨、上色，精工细作而成。石材都是从远方运送来的，而不是就地取材。为了保证质量，不惜耗费巨大的财力和物力。

“神庙”尺度非凡，并不沿用通常的人体尺度，而是参照神像的巨大尺度来设计。仅根据神庙的体量来确定基本尺寸单位，结构本身也有自己的比例关系，这一手法促成了神庙独立于客观世界之外的特征的形成。

作为“神”住的房子，神庙不是服务于芸芸众生的物质需求的。

“神庙”傲然孤立，自成一体，并不与周围建筑群体相存相依。可以说它是作为一个重要的参考物和视觉的中心而存在的，周围建筑更多是向它看齐，进而产生千丝万缕的联系。“神庙”代表了永恒的中心，虽与周围环境没有紧密的联系，但可以通过轴线与远方超凡的事物相呼应：远山峰顶上的一处圣地，闪耀的星辰，初升的红日，如此等等。

123 作为神的殿堂，神庙并非服务于纷繁复杂的世俗世界，所以其功能十分单纯。其超凡脱俗的外观源自规整的几何形体及轴线对称的布

一个村舍建在世界上，是一种顺从、谦虚的表现，也许也是一种被剥夺的状态。

局，摆脱了各种世俗活动对空间不同要求所带来的羁绊。

古希腊神庙是历经了许多世纪的提纯的产物，但作为一种带有理想色彩的“神庙”，它却是静止不变的——永恒地固化在时光中，不论过去或未来。

昨日辉煌的神庙，今天却变成沉寂的废墟，如此这般结局并非建造者的初衷。在他们虔诚的心中，这些圣地将在遥遥时空中永生，而绝不是屈服（对后来的浪漫主义者而言，这些废墟中充满了人类的自信，或者说是自傲。对其考证与复原的过程也充满着诗意和浪漫的情怀）。

“村舍”的原型

与“神庙”一样，“村舍”的原型同样不是真实的建筑，而是一个概念。虽然“神庙”体现了人文主义与现实世界的超然，但“村舍”以多种方式与周围环境相适应。上图画的是一个英国农庄（年代不详），但近旁还存在着一些其他建筑和花园，这些都能表达“村舍”的概念。

不同于古希腊那孤立的“神庙”，“村舍”的原型是建在地面上的。凹凸不平的大地是它形成的基点。它低矮的院墙延伸向远方，从不将宅舍隔离于环境之外。

“村舍”是人和动物用来取暖御寒，遮蔽风雪的场所，其建筑设计一定是反映了气候因素的。考虑到防寒保暖，会设有很大的火煻；而为了防水，会采用坡屋顶的设计。其所选的地形四周都有树林，起到了防护的作用。它与太阳的关系不是为了建立一条重要的轴线，而是着眼于利用它的能量。

村舍大都是就地取材，因地而建的。虽然造型和装饰在建筑中也必不可少，但一般都简单粗糙，直接从采石场中获取。

村舍的尺度直接按照人体的尺度来建造，当然也包括牲畜的尺度。这在入口部分显得尤为突出，门洞的高宽都是根据人的高度而定的。

“村舍”内外空间的设计可以满足许多不同的实际需要。其核心目的就是为生活在其中的人服务。室内会设置生火处用以取暖，而周边则设有座位，又能做菜，还有吃饭、睡觉的地方。

“作为一种住宅单体，巴顿村舍（Barton Cottage）小而舒适，紧凑而简洁，但是作为村舍，它是有缺陷的，因为房子太寻常，屋顶是瓦屋顶，百叶窗上没有绿色植被，也没有爬满金银花。”
——简·奥斯丁（Jane Austen），《理智与情感》（Sense and Sensibility，1811 年），1995 年，p24—25

当建筑物建在崎岖的地表上时，去建一个平台来创造一个水平面是必要的。

124 村舍以及其周围的环境是适应了很多实际的需要的。为了满足这些需要，不可能是中规中矩的布局，而是复杂和不规则的形态。

村舍易于变化，这种变化是随时间的流转而不断增加的，因而可能永不完善。根据实际需要，空间可以不断扩大，也可以迁居重建。年长日久，墙面会发霉，石块上会长出青苔，墙缝中也会自然长出杂草。

如果说“神庙”是一种出世而存的姿态，那么“村舍”则是以一种入世的状态而浮现的。

创作态度

上文对形象直观的“神庙”和“村舍”原型进行了论述和分析，但设计思想才是创作态度的来源。建筑师都有各自不同的创作倾向，或是具体问题具体分析的实事求是的设计态度。创作态度的形成既可以是自发的，也可以是无意识的，并且终将在作品中体现出来。没有任何一种既定的创作倾向可以包罗万象，放之四海而皆准。创作成果的多样化正是建筑师多层面、全方位哲理思考的必然体现。

广义地讲，对于建筑与环境相互关系的理解有三种不同的认识：建筑要适应环境的态度；主张二者协调共生的态度；强调建筑的自我完善。在以上三者构成的范畴中，具体的创作态度又是千差万别的。如：对于环境的态度可以表现为无知、忽视、接受、放弃、反映、改造、缓和、改变、夸张、开发、竞争、征服、控制……在具体的实践中，上述因素往往相互结合、变通，构成了建筑创作态度的基本出发点。

以气象条件对建筑的影响为例：假设有一块特定的场地，在每年的固定月份都要刮风，风暴有时还具有潜在的破坏力。如果你是建筑师的话，可以作出以下选择：对气象条件有所估计，但设计中忽略了这一因素；合理开发这一因素，取得理想生态效果（或许用风力发电机）；设计隔离带，减轻风沙的破坏。这些措施，有的可能是草率甚至是明显错误的；有的则是经过精心设计和明智的抉择；还有的设计则是二者的折中。其实，可选择的态度都是客观存在的，关键是要通过自己的判断，具体问题具体分析，作出相应的选择。

“汉密尔顿住宅（Hamilton house）是和家庭共同成长的，其设计是一个未完成的状态，因此，小小斜屋在需要之时就可以向屋外延伸。在空间扩展中，原来的房间和厨房将消失在其中。”
——约翰·斯坦贝克（John Steinbeck），《东伊甸园》（East of Eden，1952 年），2000 年，p43

125 建筑的态度，不论有意的还是无意的，都会体现在所创作的建筑的性格上。假如采取了支配性的态度，它就会体现在作品上；若是谦逊的态度，也会一目了然。设计的态度可能是建筑师的个人主张，也可能是从文化中熏陶而来的；在这种情况下，建筑师的作品不仅会反映出他们的个人态度，还有文化或亚文化的态度。

建筑作品对态度的表现也会被人操控：有些人希望用建筑作为一种诗意表达的手段；有些人希望用它作为宣传的媒介，或是民族、个人或商业地位的象征。当希特勒第三帝国的建筑师在 20 世纪 30 年代的德国想用建筑象征帝国拥有的力量时，他们使用了一种（以古典主义建筑及其“神庙”为基础的）唤起控制性态度的建筑风格。当纳粹妄图粉饰他们的政治是“人民的”政治时，他们采用了一种（以“村舍”为基础的）民间风格，它看上去表现的是对深深植根于历史的民族传统的接受与弘扬。在这些例子中，古典主义风格和传统风格都不是出自接受的态度的；二者都是为了操控人们的感受和追求政治目的而采用的。

为了表明建筑出自特定的态度而对建筑作品的形象进行的操控，并非总是与阴暗或轻蔑的政治宣传挂钩的。它也是建筑诗意潜力的一个方面。在这方面，宣传的另一面是浪漫；无论它是古罗马英雄主义、田园乡村生活、高技术的浪漫，还是生态和谐的浪漫，建筑作品都可以做得看似出自适宜的态度。

这样说或许有点轻蔑，但有时建筑作品的形象从表面上体现出来的态度，可能与实际中的概念和建造背后的态度有所出入。

一种与建筑师身份不相符的态度是退却。作为一名建筑师，可以接受、应对或改变（例如形势的变化），但若是在决策前退却，或试图表示驱动力在其他方面（自然、民族、历史、气候、功能……就像许多建筑辩论家的所作所为），那么在严格意义上，这就不能算作建筑师了。自然、社会、历史、气候、重力、目的、人的尺度……不（能）决定建筑作品形成的方式。这取决于建筑师对它们的态度和所作的决定。即使在建筑师的态度和决定本身可能有局限性，并会受到创作文化的影响时，也是如此。

126 概念形态的“村舍”与“神庙”

“村舍”与“神庙”作为建筑概念并不仅指现实中的村舍和神庙

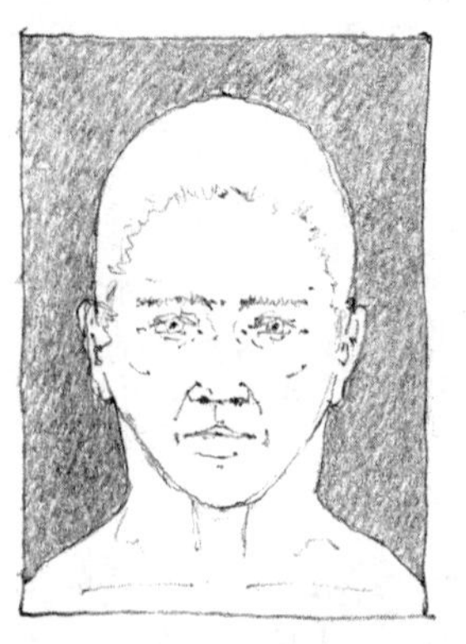
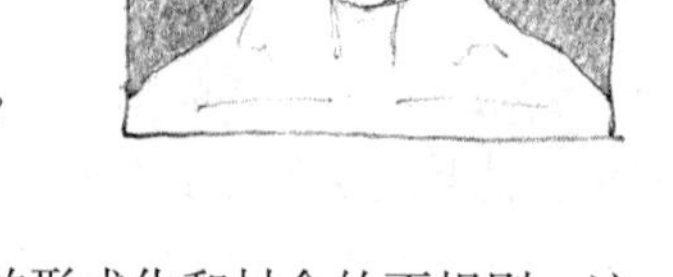

一个人的头是一种“神庙”还是“村舍”？

这两类建筑。建筑的不同之处在于神庙的形式化和村舍的不规则，这从视觉上就能清晰辨出。

令人感到疑惑的一点是，我们不难发现有些村舍（例如小居所）的建筑形式在某种程度上可归结为“神庙”，而有的神庙（简言之，即宗教建筑，例如神龛和教堂）在形式上则体现出“村舍”的特征。顾名思义，神庙是“神住的雄伟殿堂”；村舍是“人居的矮小住所”。而概念上的“神庙”和“村舍”却不仅限于此。作为抽象的定义，它们是泛指而非特指。

科孚岛（Corfu）大教堂（下图）的建筑形式很不规则，它建在一个小岛上。就功能而言它是一座神庙，但在建筑形式上却表现出“村舍”的特征。

即使这是一座房子，但它也极有可能被当作“神庙”。

而右图这栋村舍带有小型基座，轴线对称，呈几何布局，建筑形式上完全表现为一座“神庙”。

“村舍”与“神庙”的概念完全适用于园林设计中。英国传统的住宅形式就与概念上的“村舍”相一致。其园林中的各种植物都是自然生长的，没有固定的组织方式……而装饰性强的法国庄园，强调绿化的几何布局，植物的造型都由人工裁剪而成。你可以视其

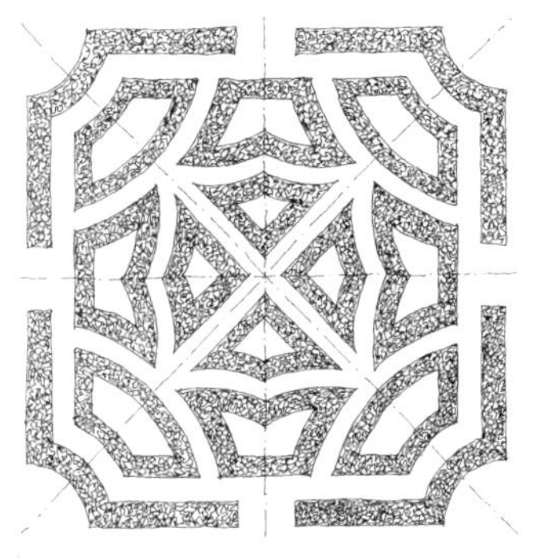

在一个“英国式”园林（左上图）中，植物自然生长形成自由的形态。在一个“法国式”园林（中上图）中，植物被修建成几何形态并且形成对称的植栽。在一个“日式”园林（右上图）中，人与自然有一个恰到好处的平衡。

为不同的态度造就了不同的结果。英国农庄倾向完全自然化的布局
方式，保留各类植物的天然质地，欣赏未经人工雕琢的自然美。相
127 比之下，法国庄园则体现着改造自然的人工化理念，绿化植被经过
精心的修剪，而呈现出一种规则的形式。

很多建筑既非单纯的“村舍”，也非简单的“神庙”，而是二者的混合。自由布置的村舍里，不少细部设计既对称，几何性又强，形成村舍中的处处“神庙”。如这个剖透视图中的门廊、壁炉、四柱式床铺、门框、凸窗、坡屋顶上的老虎窗（下图）。

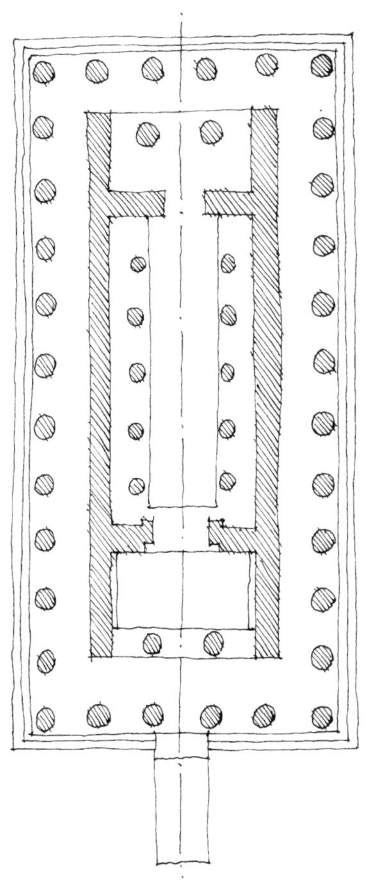

建筑概念的神庙在本方案中反映得很清楚，它是基于秩序、几何和轴线的（上图）。

“神庙”和“村舍”的设计理念在建筑作品的平面中随处可见，
在立面处理中也不乏其例。右图是位于希腊的埃伊纳岛（Aegina）的
128 阿法亚（Aphaia）古希腊神庙的平面。它严格遵循几何构图、轴线对
称的设计手法，显示出“神庙”抽象的概念特征。格拉摩根郡兰德威
城堡农场威尔士农舍的平面图（后页左上图）就体现了一个典型的村

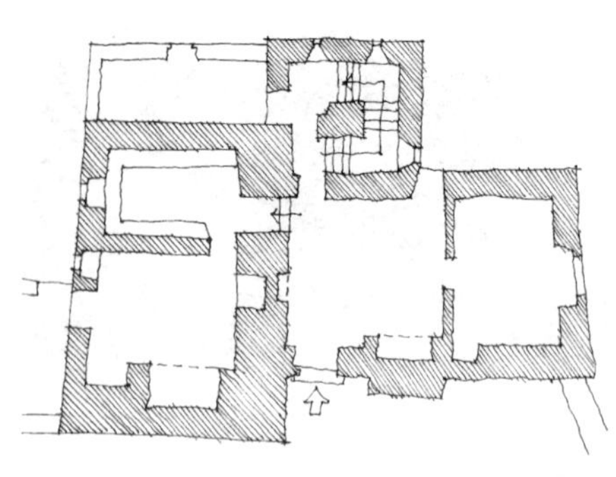

舍的设计理念，平面没有完整的几何构图，外伸的墙体参差无序，或围成小院，或融入自然环境；房间布置无定式可言，完全根据实际需要自然生成。

雅典卫城中的伊瑞克提翁神庙（Erectheion，下图）采用了不规则、非对称的布局形式。为适应起伏不平的地形，室内各部分也高差各异。它可以看作是三部分“神庙”的组合体，但其因地制宜的设计手法体现出“村舍”的某些特征。

相比之下，右上图所示的这个威尔士农庄却体现着不少“神庙”的设计思想，平面十分规则，布局对称有序，建在平台之上，不受起伏多变的地形的影响。而且它使用了粗糙的木材作为建筑材料，尤其是其主要结构构件的曲线形（由自然弯曲的树干一分为二制成）和它平面不精确的几何形式依然显示出了其具有“村舍”的设计特征。

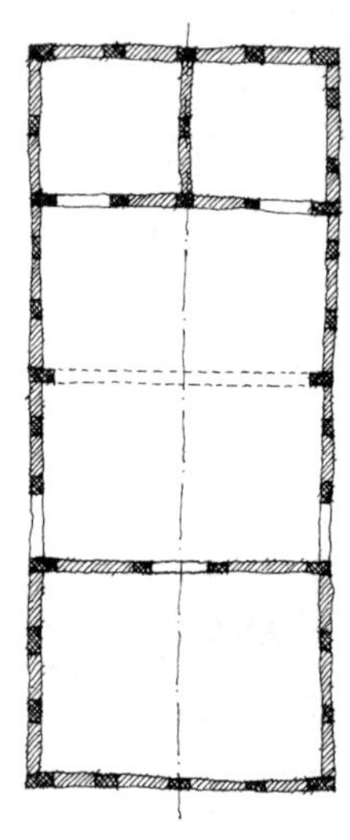

这座威尔士村舍（上图）在建筑形式上体现出众多“神庙”的特征。其平面和剖面都是对称式的，并建在一处平台之上，从而与自然地形分离开来。而左图的这座神庙从建筑性而言，却有一些“村舍”的特征。

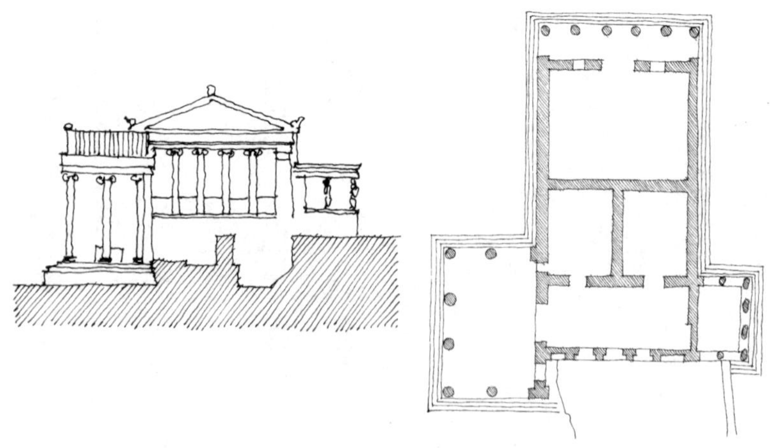

直到现在，文中所提及的都是源自早期历史的建筑实例。“神庙”、“村舍”这两个概念都是远古时期建筑学的产物，但在20世纪的建筑创作中也曾不断涉及。

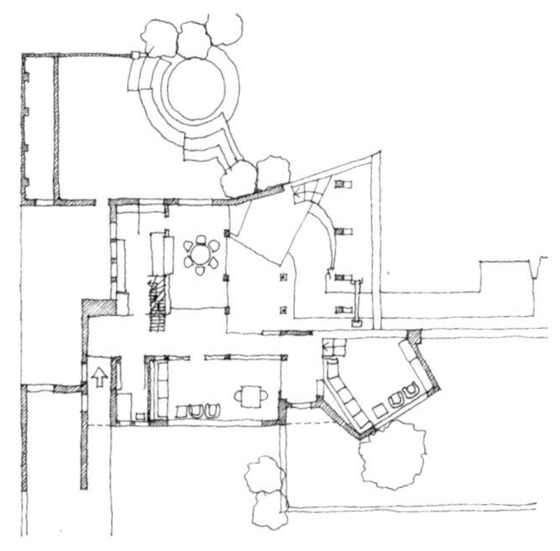

这所由汉斯·夏隆（Hans Scharoun）设计的住宅（左图），在建筑学意义上是一种“村舍”。

关于国家美术馆参见：弗里茨·纽迈耶（Fritz Neumeyer），“反思空间：街区和展馆的对比”（Space for Reflection：Block Versus Pavilion），摘自弗兰兹·舒尔茨（Franz Schulze），《密斯·凡·德·罗：批判散文》（Mies van der Rohe：Critical Essays），1989 年，p148—171

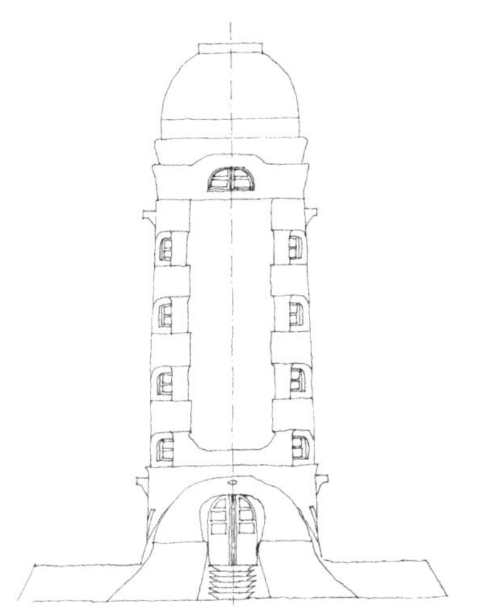

129 20 世纪 60 年代，密斯·凡·德·罗设计了位于柏林的德国国家美术馆（the Nationalgalerie in Berlin），下图所示是其首层平面。建筑的主体建在一个低平的基座上（图中看不到），采用钢结构形式，建筑四个立面是完整的清一色玻璃幕墙。就平面设计和总体造型而言，俨然是座浑然一体的“神庙”（在艺术层面上来说）：平台将建筑与地形相隔离，规整的正方形平面，严格的轴线对称布局。与以往建筑不同的是，它用现代新型建材——钢铁和玻璃对古希腊石质神庙进行了重新演绎。

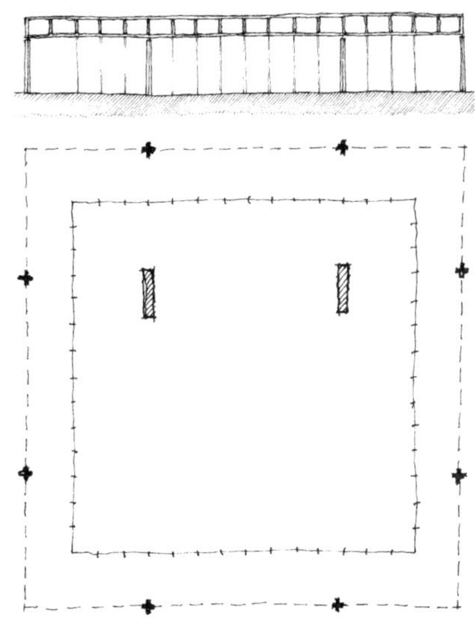

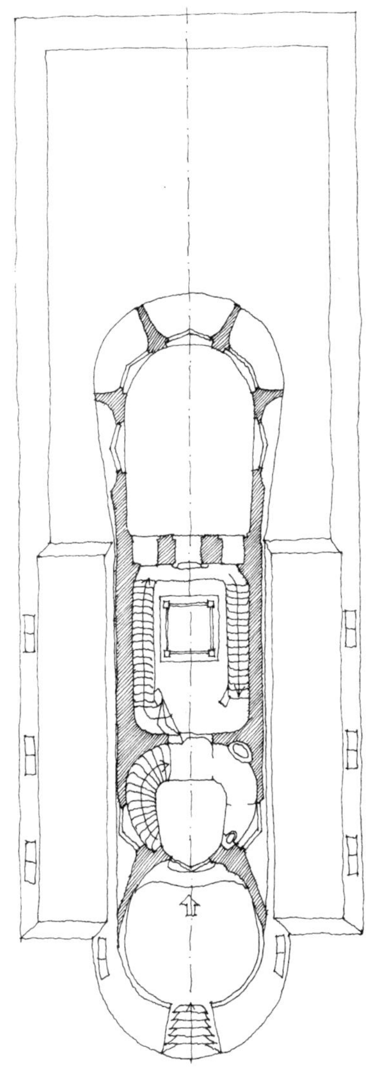

相比之下，顶图这座由汉斯·夏隆设计，1939 年在德国建造的住宅，其平面呈不规则布局，直接反映着不同的功能要求和具体安排。建筑吻合于“村舍”的概念。

爱因斯坦天文台（the Einstein Tower，右上图和右下图）建于 1919 年，设计者是埃里克·门德尔松（Erich Mendelsohn）。尽管建筑纯粹是流线形体，但其手法体现出的却是完全的“神庙”特征。（就科学层面而言）它所处的平台和它光滑的表面，还有它的颜色，都使它脱离了周围的风景（然而如果不反复清洗、维修、重修，也无法抵御天气造成的外观破坏影响）。

国家美术馆（左中图）和爱因斯坦天文台（上图）都是“神庙”。

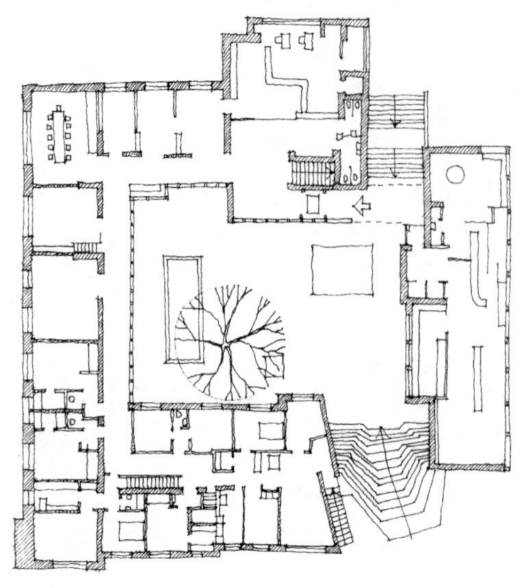

左图中，阿尔托设计的赛于奈蔡洛镇中心主楼是建筑学意义上的“村舍”。

130 上图是建筑师阿尔瓦·阿尔托于 1952 年设计的芬兰赛于奈蔡洛镇市民中心主楼（the civic center at Säynätsalo，Finland）。其平面设计巧妙且不规整，与建筑外部环境密切协调，在对比中求统一，在对话中求融合，质朴亲切，富于人情味，切近了“村舍”的本质特征（具有相应的政治内涵）。

菲利浦·约翰逊（Philip Johnson）和约翰·伯奇（John Burgee）共同设计，1982 年建于纽约的电话电报公司大厦（AT&T Building，右图），是一座高耸的“神庙”（就经济来说）。

而差不多同一年建成的，由理查德·罗杰斯（Richard Rogers）设计，位于格温特郡（Gwent）新港附近的因摩斯（Inmos）研究中心（下图），是一座宽阔的“神庙”（就计算机技术领域来说）。

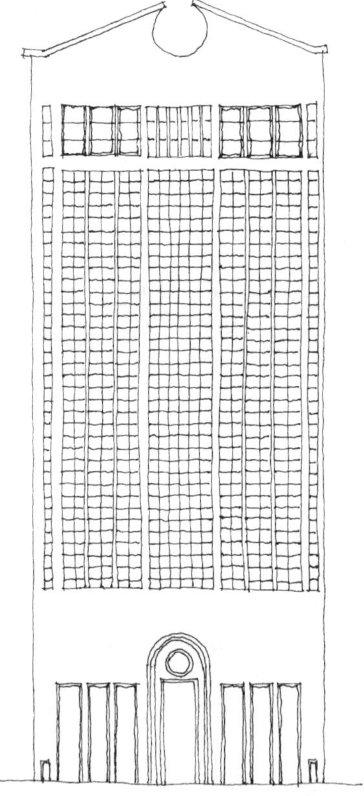

创作难度

有一种倾向，把“神庙”与“村舍”的不同尺度诠释为人类意志与自然意志的对立。在本章一开始，拉斯金所描述的山中村舍就暗示了村舍是一个自然的创造，是自然条件的产物，而不是人类意识的产
131 物。言外之意是人们就像堕落前的亚当和夏娃，与大自然是一体的，而不是脱离自然存在的。

约翰逊的电话电报公司大厦（上图）和罗杰斯的因摩斯（Inmos）研究中心（下图），都是建筑学意义上的“神庙”。

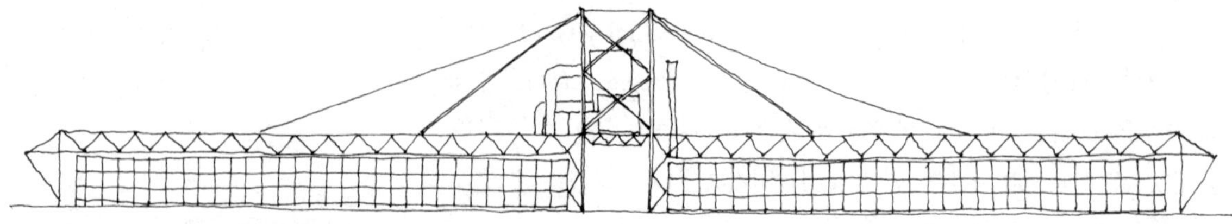

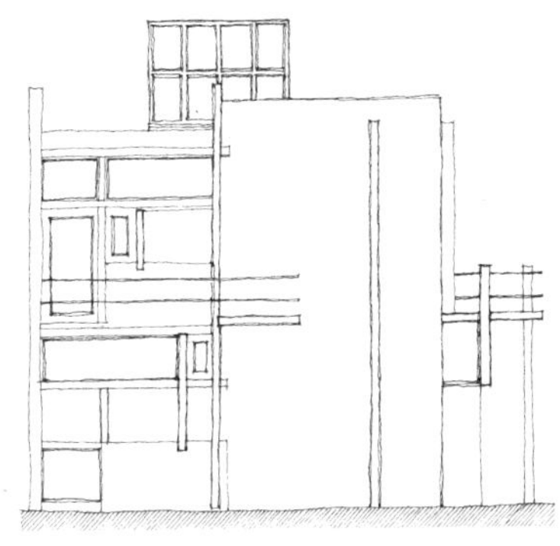

1923 年建于荷兰乌得勒支（Utrecht），由格里特·里特维尔德（Gerrit Rietveld）设计的施罗德住宅（Schroeder House）并不十分规则，但它可以视为“神庙”的一个范例。它具有抽象的内涵，就像蒙德里安画作凝固成的雕塑，营造出一种独立于环境之外的态势。

关于尺度，如果要举一个极端的案例，有人可能会将登月舱比作是极端的“神庙”，极端的“村舍”则会是山洞。登月舱完全是人类意识的产物。这是一个自给自足的小世界，自身能提供氧气控制环境，完全独立于所有客观环境，也不受重力限制。它不仅安置在一个平台上，而且它可以以一种戏剧性的方式使地面上的人们摆脱空闲。另一方面，山洞完全是自然界创造的，不受人类意识的影响。它的形成源于自然侵蚀、风、流水这些要素对山石的冲刷……而不是人类的成就。它不是直接处于地面，而是埋在地下，就像母亲体内的子宫。

在这个尺度上，人自我定位时往往会占据所在环境的中心位置。当他倾向低调（或者受到媒体和生活方式大师的影响），则会选择“后退”，直到选择与山洞相对应的更“自然”的生活：比如在威尔士乡村的篷屋中生活，或者在遥远的弗吉尼亚小农庄里隐居；也可以选择“上升”，选择高科技、更尖端的生活方式：比如，在城市高楼中营造一处高科技的“生态栖所”，或者是去阿科桑蒂（Arcosanti）的自给型（未来）城市，就如 20 世纪 70 年代保罗·索莱里（Paolo Soleri）所想象的（电脑游戏“虚拟城市”中的“生态建筑”）那样。当然还可选择去 20 世纪 60 年代建筑电讯事务所所描绘的未来空间中生活。

面对这些所谓的尽端情况，媒体评论要么叫“好”，要么骂“坏”，变化无常。正是这样一个维度涵盖了文化的许多方面，从转基因食品到克隆胚胎、安乐死、反恐战争或反专制战争，以及更世俗的政治问题如新道路的需求和学校的课程安排。“神庙”的尽头（人类学家、科学家、固执、控制）被描绘成英勇的（好）和傲慢的（坏）；“村舍”的尽头（感动的、接受的、信仰主导的）被描绘成持久的（好）和天然的（坏）。在大众文化中，可以看见从《五月的花朵》到《银翼杀手》的“空想主义”和“非理想主义”的代表。广告把我们不断推向两个方向，取决于出售面包还是出售跑车。“这两个方向应何去何从”这样的问题总是困扰着我们，当冥冥中我们感到不应该做时，就意味着回溯到伊甸园的时代了。

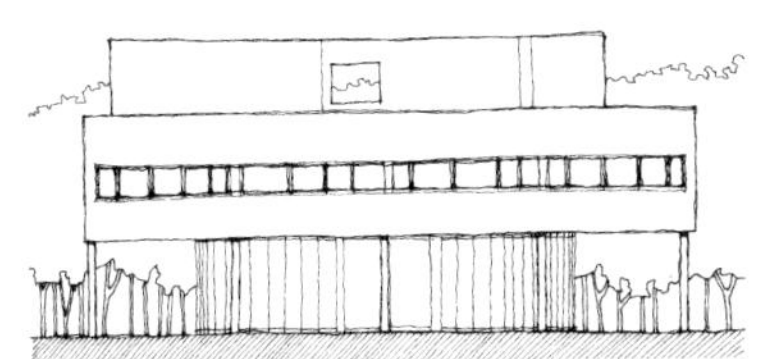

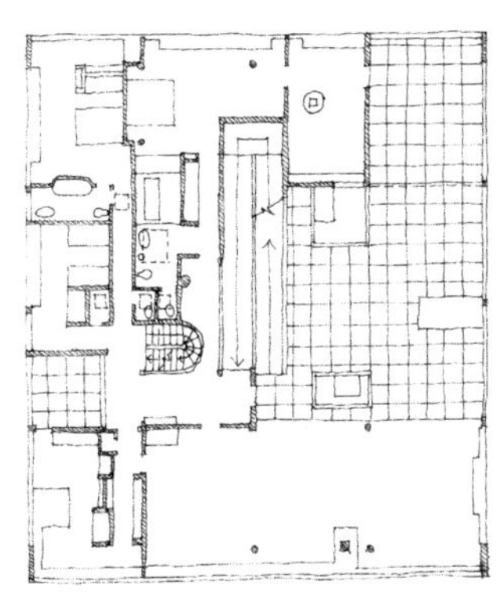

20 世纪，还有许许多多建筑体现出“神庙”与“村舍”相结合的双重特征：从外观上看，勒·柯布西耶设计的萨伏伊别墅（1929 年）是一座“神庙”（尽管从内容上看它是一栋住宅）。主体架空与地面之上，不是承托在一道平台上，而是由一系列柱子支撑，外立面总体对称，局部有所变化，几何性强，富于韵律感，平面由规则的框架柱网构成，但内部空间组织没有明显的对称关系，但与实用性有明确的关系。

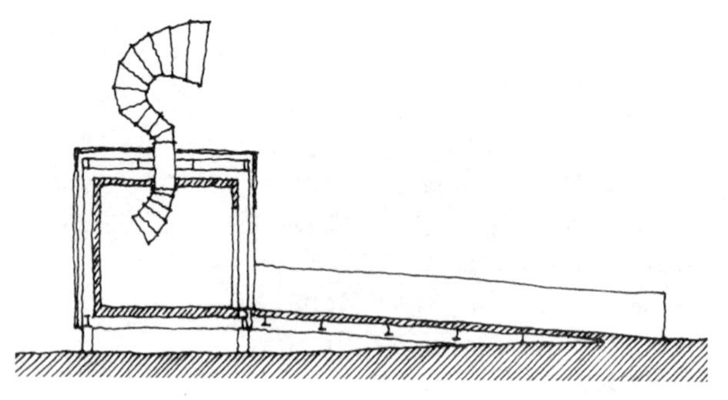

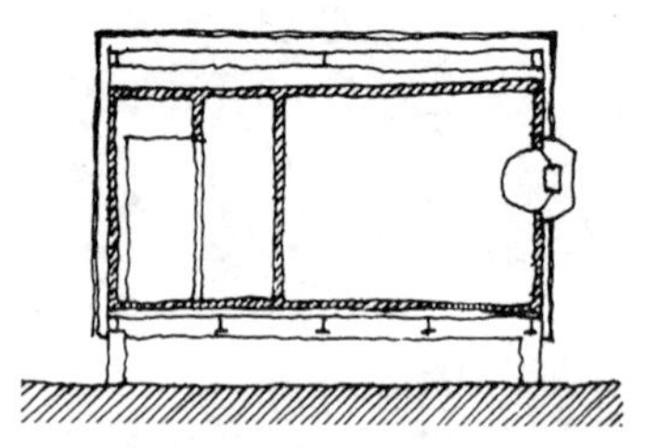

由瑞士建筑师吉贡（Gigon）和古耶尔（Guyer）设计，建于德国卡尔克里泽（Kalkriese）的历史公园，其中的一些景点设计形似小型“神庙”，游客可以在此驻足观赏或聆听。

关于卡尔克里泽的历史公园参见：吉贡和古耶尔（Gigon and Guyer），《建筑评论》（Architectural Review），2002年7月，p34—41

在建筑外观上，相比规则对称形式或不规则形式而言，人们更关
132 注“神庙”和“村舍”这一概念所表达出的维度。尽管人们往往会将它降低到这个层次上。许多不规则的建筑实质上与古希腊神庙讲求对称形式一样，都是人为设计的结果，是一种从精神层面引发其他联想的修饰主义手法。

建筑师的专业角色是多方面的，很多因素都会困扰他们采用“村舍”型的创作取向。业主对设计服务最关注的就是其成果的控制性和可预测性。从古埃及以来，建筑就是政治、个人、财富或贵族等权势的附带品。

读者可以从上文描述的“村舍”概念中得出一个明确的结论：“村舍”是虚构的。人类梦想着在彻底背叛自然环境、自我毁灭之前能回到伊甸园，“村舍”就是这美好梦想的一部分。从史前人类在野外点起篝火、找到安身之所那一刻，人类就有了自我意识，开始运用智慧来建造房屋，在自我渴望的驱使下改变世界，这第一把篝火就是“神庙”自身。

但是我们仍然还有很多东西需要思考。当然，建筑学的傲慢与自大并非不可挽回。我们可以合情合理地认为，建筑通过对场所的标识和确立使世界变得更合理、更舒适、更美丽、更有序……对人们追逐自己的渴望、活动、保护个人财产、对上帝信仰和膜拜等，是有益的。实现这些目的并不仅仅取决于建筑的外观。而是认真地思考自然世界可被开发、利用的方面，使其更好地服务于人类的需要。

建筑并非哈姆雷特（莎士比亚作品中的角色）所说的“挺身反抗人世无涯的苦难，通过斗争把它们清除”，也不仅仅是《圣经》中表明的“在沙漠中建一条大道”，建筑同样需要尊重自然：去赞美那饱经风霜却生机勃勃的森林，去享受暖阳和清风，去欣赏石头和树木四时变幻的天然的肌理与芳香。这样，人类既不会屈服于暴风雪的力量，也不会傲慢于自己的成就。而会真正寻求一种更为和谐的生活。围绕“神庙”和“村舍”两个概念演化出两种相应的设计态度：适应或控制，它们在各类建筑中会不同程度的有所体现。建筑师既可回避环境因素，使建筑空间自成一体，又可适应环境协调安排。在通常的创作中，两种设计思想同时并存。

几何是建筑中基本的固有元素。它告诉我们如何创造空间及使用空间。

第 10 章　存在的几何

134

“人对所拥有的尺寸进行测量，这就形成了居所的平面。测量尺寸是保障人类居所安全长久的因素。测量是居所诗意的部分。诗就是测量。但测量的是什么呢？”

——马丁·海德格尔（Martin Heidegger）著，
“……诗意的人类住宅……”（...poetically man dwells...）（1951），霍夫斯塔特（Hofstadter）译，
摘自《诗，语言，思想》（Poetry，Language，Thought）（1971），1975 年，p221

第 10 章　存在的几何

135 几何在建筑中有着多种多样的作用。第 9 章“神庙与村舍”中讲到，场地具体条件不同，创作思想也就千差万别。它明确了我们对于事物固有的物理特质和其臆想的状态，以及这两者之间的差异和关系。几何的应用也可通过上述这两方面加以对比与探讨。我们既可以根据环境现状，选择相似的几何形式与之协调，也可选用其他一些十分规则的几何形式，（通过思维）强加或是覆盖于现有环境之上。我们将这些人为强加于环境的几何元素称为“理想几何”，本章将讨论“存在的几何”。

几何，正如我们在学校所学的，无非是圆、方、三角、方锥、圆锥、球体、直径、半径等形体。它们在建筑中的作用十分重要。而环境中的几何——理想几何隐含在客观世界之中，相对较为抽象。可以说，任何物质形态无不由几何组成，因而面对丰富多彩的大千世界，没有不可被人认知的事物（参见下一章）。除此之外，在人类征服和改造自然的进程中也创生着新的几何形式。不论是消极的适应或是积极的改造，从与自然对立到融合的艰苦求存中，人类逐渐了解了几何。几何手段在建筑——标识场所的过程中不可或缺。

场的存在

人与其他一切物质本身就是以一定的几何形式存在的。人体周围存在着所谓的“场”，它是对人的存在的客观标识。当人与其他事物发生某种关系时，彼此之间的“场”也产生着相互影响。进入一个封闭空间后，人的“场”便包容其中或是接受重塑。

空旷的环境中，任何存在物都占据着一定的空间，人们可以感受到它们的“场”的范围。如果忽略电场和辐射场，那么最广大的“场”就是视觉的场了。它由事物的远近所决定。“场”可以大得看不到边
136 际，也可以很小。如，被一片树林或是一道矮墙所限定。以声音为例，人们所能听清楚的与声源之间的最大距离就是声场。它定义出某一声

埃菲尔铁塔制造的“场”蔓延着整个巴黎市。

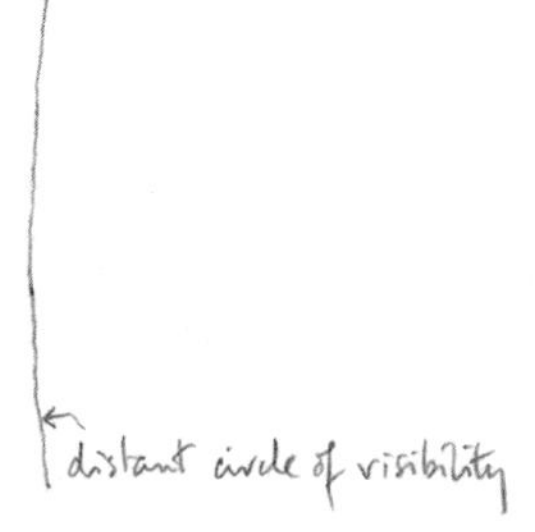

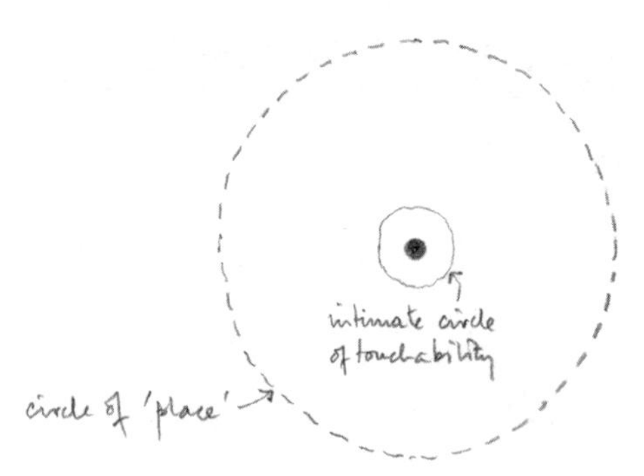

音的具体散播范围。同理，对于气味，能够闻得见的范围就是气场；对于电磁波，可接收的区域就是电磁场；对于无线网（wi-fi），就是可连接的范围。

相比之下，从物理学的角度看，最小的"场"是人体可触及的范围，甚至可以小到拥抱的范围。

"场"在极限之内的变化形式无穷而微妙，很难确定具体的尺度。只有将人这一活动标尺引入并加以参照，才有讨论的意义。在此条件下，人才能判明自己的具体方位。可以这么说，事物的场定义并限定了事物的位置。

枝干定义出一棵树的"场"；一根蜡烛、一座灯塔，射出的光芒形成了它们的"场"。第7章"原始场所类型"中讲到的篝火，是通过它的光和热的范围来确定一个场所的。兀立的巨石，就像一座雕像，在景观中发挥着作用，物化着劳动者在此挥洒汗水、艰苦工作的场景。

一个物体（例如一棵树、一块立石、一座神像）有三种场的存在状态可能会出现在建筑中：一个是可触可抱的亲密状态；一个是被看到的有一定距离的状态，可以一直延伸到地平线；另一个是不太容易确定但又是最重要的状态——"场所"。

建筑使用了全部三种范畴——可见的大"场"、可触的小"场"与场所的中"场"。从史前到现代的大部分建筑都关注"场"的划定、界定、放大、塑造或控制。或许正是在对"场"的处理上，建筑能够达到它最丰富、最微妙的境界。"场"很少能达到完美，它们几乎总会受到当地的条件或地形的影响。世界中通常会充满物体，它们许许多多的"场"会相互重叠、干扰或是相得益彰，其复杂的方式有时难以分析。"场"自古以来就被建筑师操控，而目的多种多样。

枝干定义出一棵树的"场"（左图）。

一块立石在景观中划定了自己的"场"，并确定了立石人的场所（中图）。

一根蜡烛、一座灯塔，射出的光芒形成它们的"场"（右图）。

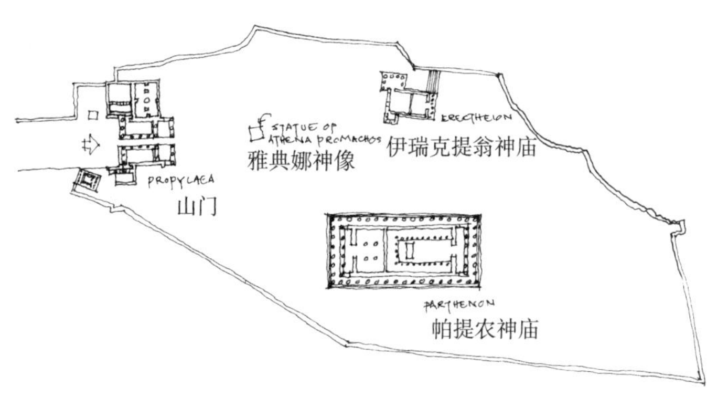

雅典娜立像所产生女神的“场”笼罩着整个雅典古城。

137　雅典卫城的古建筑群，基本上都建于大约公元前 5 世纪左右的古希腊鼎盛期。卫城所处的山冈陡峭险峻，傲立于阿提卡平原之上，从尚无历史记载的年代便被雅典人尊为圣地，卫城高地之所以被神圣化主要是由于它明确的特性。在那多灾多难的岁月里，一座座圣殿经过劳动人民的双手拔地而起，人们企图通过圣殿的庇护，祈求和平与幸福。卫城高地也拥有广大的场。不论是从远方眺望卫城，还是站在卫城所盘踞的山冈翘首远方，在现代雅典的卫城高地，仍然保留着这个“场”。

圣地居高临下，一览无余的显著地理优势强化着圣殿建筑群的空间氛围。由于地形高度十分显著，使建筑的“场”完全展现出来。神圣的存在，伟大的场所，直至今天仍清晰可辨。高地顶部相对平坦的区域限定了场的范围。而且，卫城所留存下来的高大的城墙依然十分强烈地暗示着圣迹的范围，它们就遍布于神庙四周。虽然这些围墙的平面形状并不是圆形的，却体现了圣迹的圆形“场”和卫城地形在实际建设中相互结合的内在关系。

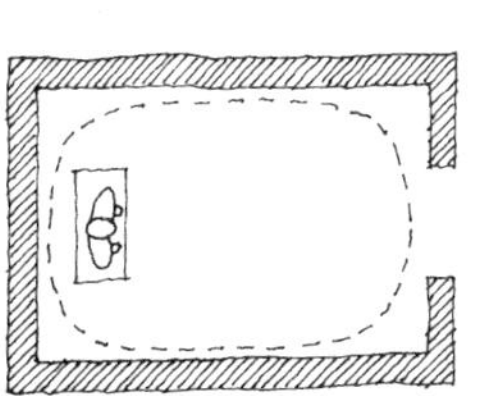

一个有重要意义的物体的场的存在既可为一处围合的空间所包容，又可为之所扭曲。

雅典卫城有两座重要的雅典娜雕像。雅典娜身披戎装、手持长矛的立像耸立在山门入口附近的开阔地上，她的巨大形象投射到整个城市，即使是海面几公里以外的船只都能看到。另一座神像安置在卫城的主殿——帕提农神庙中，神庙伟岸的形象在城市的任何角落（至今）都能看到。神庙本身就是对神像的强化，但同时借助高大的立面将雕像遮挡住，营造出神像庄严神秘、不可侵犯的氛围。不论是帕提农神庙本身还是庙中的雕像，只有牧师才可以进入和接近（上图）。

卫城就是通过这些方式表现出“场”在建筑中发挥作用的方式。

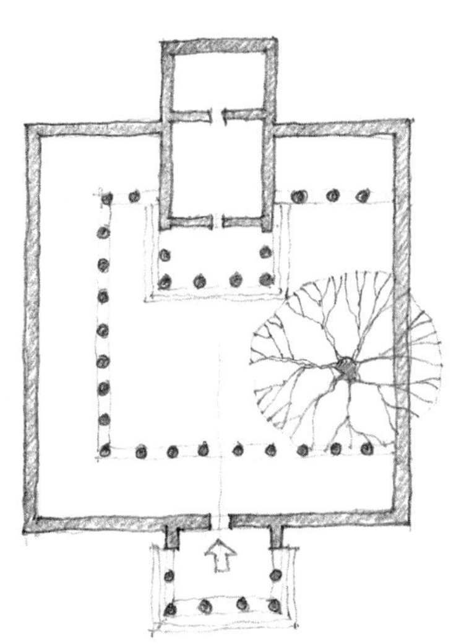

在希腊的多多纳（Dodona），有一棵古老的橡树。据说可以从它瑟瑟发响的树叶中获得神的旨意。这棵树保存在一个宙斯的小神庙（上图）的残垣断壁中。从踏入神庙门槛的那一刻，就进入了和神树亲密接触的状态，同时也在和神庙里的上帝亲密接触。

当景观之间相互对齐时，人会感受到心灵的震撼。

卫城的围墙定义出圣迹的所在，帕提农神庙又是神像的空间标识，内殿里的神像受到严密的限定和保护，凸现出神所在的“场”的神圣不可侵犯。

138 视线

人的视线是笔直向前，从不拐弯的，这正是视觉的魅力所在。当我们用脚趾踩向地毯上任何一处我们想要踩到的小点，或用手指尖精确地指向一处想看的远景，直视的魅力就尤为显著。视线的这一基本特点在建筑中得以应用。

在视觉中，三个或以上事物的排列，包括人眼的观察位置的排列，有着特殊的意义。当太阳、月亮、地球对齐为一条直线时，日食或月食便会发生，这一天文现象极具启发性。巨石阵的创造者们无疑是利用了三点一线的原理，每年夏至，赫拉石阵（Hele Stone）都会通过石阵的圆心与东方初升的红日形成一条笔直的视线（下图）。

站在港口，眺望伸向海中的码头尽端，当海面上有船只驶过时，我们就会注意到。在乡间道路上驾车行驶时，当远方的自然景观笔直地跃入眼帘时，会引发大家的注意和兴奋。三点一线，视线与远景对齐时，对于人和景物都传达出某种意义。“视线”中——不论是手指尖还是巨石阵的中心石，它们作为中间点都是一种媒介，就像机械工

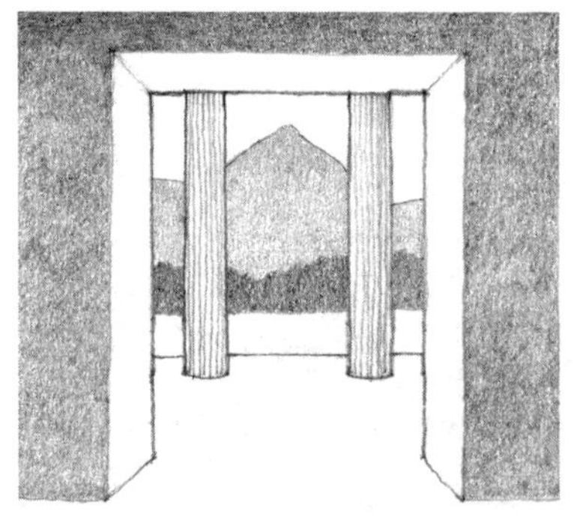

在古时候，庄重的建筑有时会与壮阔的山景对齐。

有关古希腊圣山中神庙和宫殿的排列参见：
文森特·斯卡利（Vincent Scully），《大地、神庙和神祇》（The Earth, the Temple, and the Gods），1962 年

夏至清晨升起的红日与赫拉石阵（Hele Stone）及巨石阵的圆心对齐，形成一条直线（左图）。

建筑师克拉夫·威廉姆斯－埃利斯（Clough Williams-Ellis）遵循古老的先例，创造了一条景观轴线，将自己位于北威尔士的布朗丹府邸（Plas Brondanw）花园与远处一座名为科尼奇（Cnicht）的圆锥形山连接了起来（左图）。这条轴线的力量是如此强大：当你第一次漫步于这个园林之中，你会觉得有必要坐下来。威廉姆斯－埃利斯很有绅士风度地提供了座椅。

139 程中的支点，或是化学中的催化剂。但它们可以帮助形成三点对齐的笔直视线，可以在视点与景点间建立起某种联系。对齐暗示出一条沟通彼此的轴线，使人产生视觉兴奋，加深对事物的认知和印象（例如，站在人声鼎沸的大厅里，当两个人的目光对视时，彼此间的认知和记忆将更为强烈）。

建筑作为对场所的标识，其实就是在不同的场所间建立起各种视觉联系。古人正是通过这一原理，将建筑紧密地融合在环境之中。例如在独特的地点建房，本身就是对神圣环境的强化，建筑与建筑之间，建筑与环境之间因此建立了密切的联系。视觉原理在宗教及表演场所的设计中尤为重要，视线沟通着观众与演员的相互交流，直接传递着信息。在艺术博物馆设计中，这一点也十分重要，视觉效果直接决定着展品的布置形式及观展者的路线。

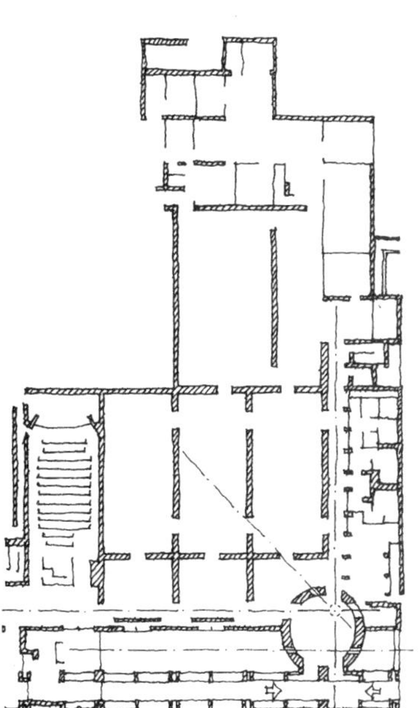

在西雅图的“革新”博物馆（1997 年，上图），建筑师奥尔森·桑德伯格（Olson Sundberg）创造的景观轴线连接了圆形门厅、展厅和走道。

有关“革新”博物馆参见：
《建筑评论》，1998 年 8 月，p82

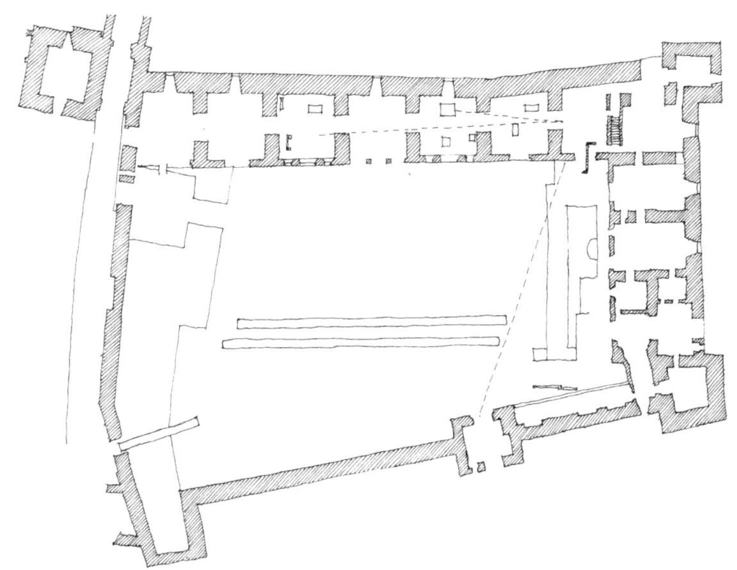

在维罗纳的老城堡（Castelvecchio）进行改建时，卡洛·斯卡帕（Carlo Scarpa）在平面图中标注出了视线关系。视线由建筑中的重要节点发射出来，如：从入口或门廊画起，帮助它确定展品及要引入的景观片段的确切位置。

有关卡洛·斯卡帕在老城堡的改建参见：
理查德·墨菲（Richard Murphy），《卡洛·斯卡帕与老城堡》（Carlo Scarpa and the Cstelvecchio），1990 年

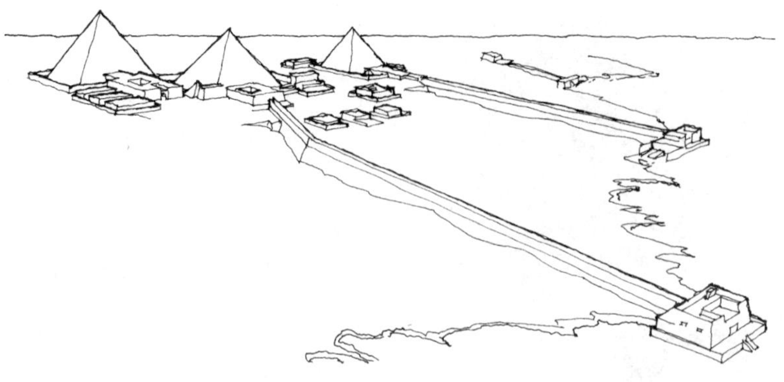

有关古埃及金字塔参见：
I·E·S·爱德华兹（I. E. S. Edwards），《埃及金字塔》（The Pyramids of Egypt），1971 年

140 路线

物理学中，物质运动的基本原理是：物体有两种存在形式，要么保持静止，要么处于匀速直线运动状态，除非受外力作用才会改变这一状态。这一原理在建筑设计中也常常被运用。理想的路线应该是笔直的，除非受某些“外力”影响而改变方向。聪明人不走弯路，在起点与终点间会寻找最便捷的直线，除非遇到不可逾越的障碍才不得不作出调整。建筑也是依从这一原理通过路线在客观世界有序地建构着空间序列，将它们作为一系列体验的要素。

古埃及金字塔沿着尼罗河的河岸与山谷里的建筑相联系（上图）。这种联系有时是笔直的，有时根据实际情况随形生变，或是建设过程
141 中人为地变更，致使建筑偏离原定线路。

景观中的直线道路是由于人和动物倾向于直线移动，而变化来自地表的变化。

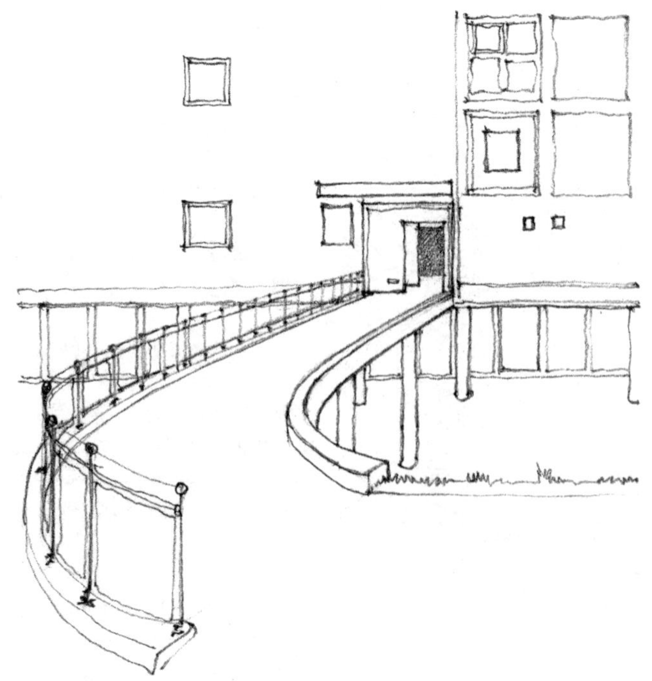

左边这幅图中，目标点（建筑入口）十分清晰，但通道却偏离视线。

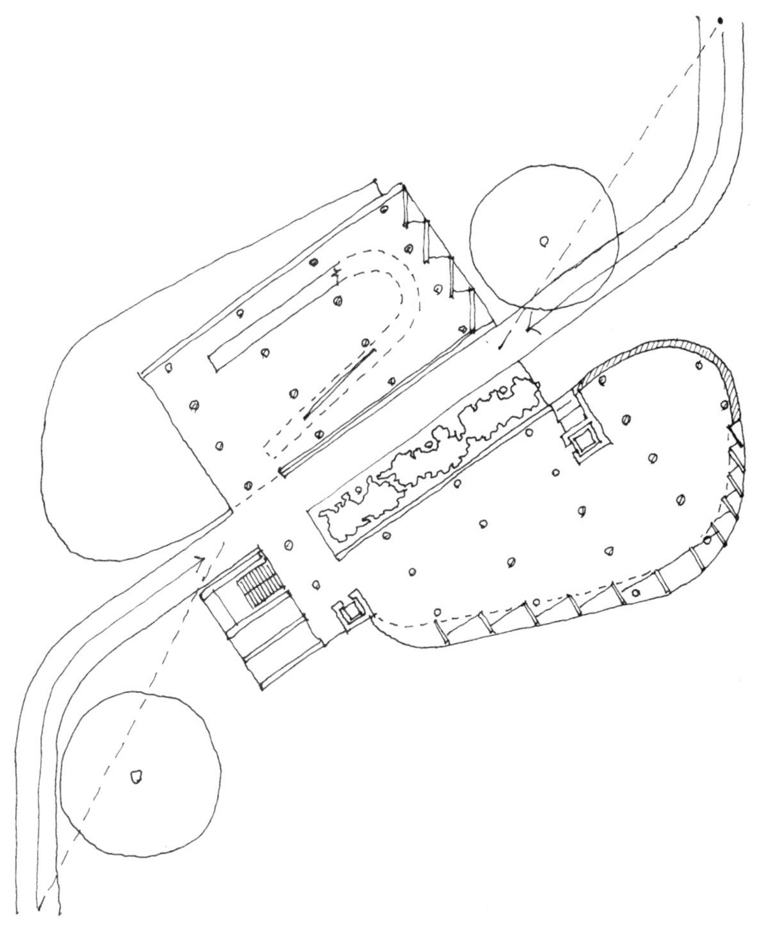

哈佛大学卡彭特视觉艺术中心（the Carpenter Center for the Visual Arts in Harvard University）是勒·柯布西耶在 1964 年设计的，入口通道设置在基地的对角线位置。在分别到达两个入口前，两段道路既有一定坡度，又呈一定的角度，所以从道路起点看，路线并不与视线相一致。

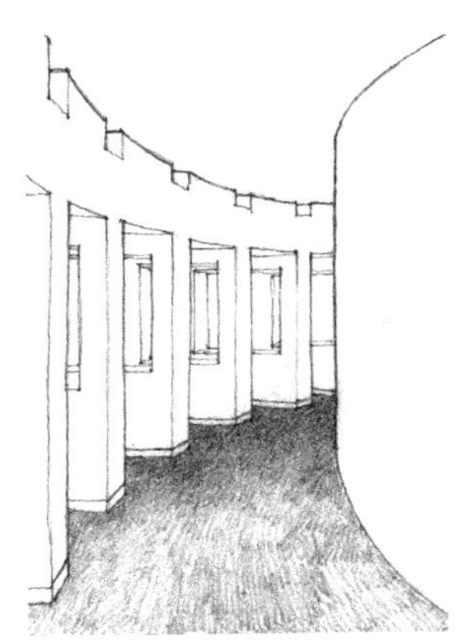

弯曲的小道能激发人的好奇心（上图）。

有时候，我们对于下一步的去向有着很多选择（下图）。

路线和视线常常相互影响。日常生活中，经常可以看到行人在大街四周的绿地里踩出的便道，这是人及其他动物都倾向于直线行走的天性的自发表露。路线的形成往往和视觉要求有关，但二者并非必须时刻保持一致。当道路与远方突出的景物对齐时，就会形成一条路线或强化某一视线。但路线并非总与视线保持一致，可能随时会改变方向。建筑中有时则强调路线和视觉的一致性效果，如教堂的室内布局（第 7 章“原始场所类型”中的“祭坛”节）；有时二者可以相互偏离，以避免从起点到终点的线路过于直白。如哈佛大学卡彭特视觉艺术中心所展示的（上图）。

有时，路线由于十分曲折而看不到明确的终点。视线与路线的这种异化关系在建筑中的运用可以产生神秘感（右上图）。

有时，一栋建筑里可有多条线路以供选择，使用者需要通过视觉判断作出自己相应的选择（右下图）。

路线和视线之间的相互作用，会增强建筑场所的识别性，并将神秘感和悬疑感串联起来，引导人们通过一个迷宫般的空间。

“她思索着能有多少存在的空间可以永恒，又能有多少幻想灵动于手势、动作和呼吸间。”
——迈克尔·康宁汉（Michael Cunningham），《时时刻刻》（The Hours），1999年，p165

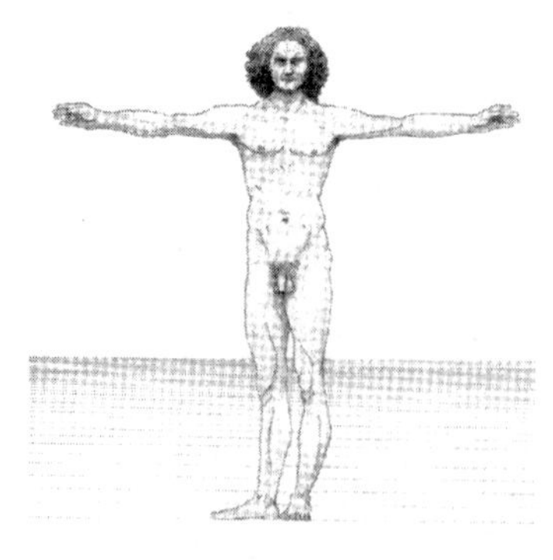

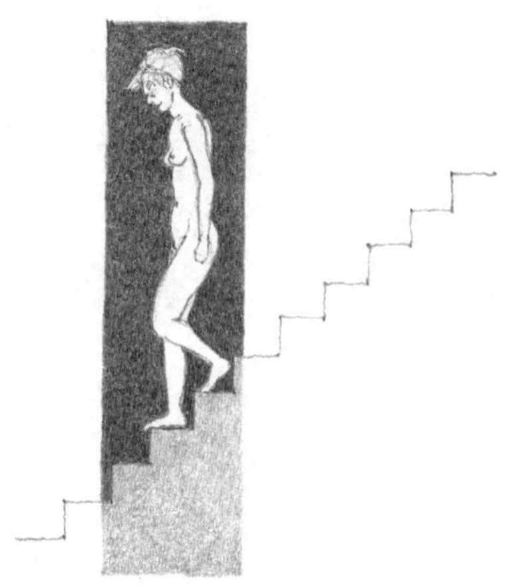

一部楼梯则通过均匀的踏步来等分一段高度。

142 ## 度量

“几何”（geometry）一词是由两个希腊词汇融合而来，“ge”是“大地”的意思，“metron”表示“量度”。对客观世界尺度的把握和判断在生活中必不可少；人们无时无刻不在度量着周围的环境，而且方式多种多样，使用直尺或卷尺就是其中的一种人工化方式。我们度量这个世界更为直接的方式就是用自己的身体。

通过行走，可以估计出距离的远近。有意识的做法是计算出行走的步数，当然也可以由潜意识来完成。在行走中，人们往往先通过视觉估计路线的长度或台阶的高度，从而对走完全程所需的时间和精力作出事先的估计。穿越门洞或通道前，人们会对它的宽度加以判断，看看是否有足够的空间为身旁来往不息的人流让路。进入门洞前，人们会估计洞口的高度，看看是否要弓着身子才能通过。

一间房屋，人们会先估计它的尺度，再决定摆放什么样的家具，怎样布置更为合理。尺度的评估基本要靠视觉来完成，但有时空间的声学特征也能暗示出尺度的大小。人们在潜意识里也会评估怎样的室内尺度及家具距离会影响到公共活动时彼此之间的相互关系。人们会判断一道矮墙的高低是否适宜就座；一张桌子是否适用于工作台；通过睡眠用的床铺，人们可以准确判断出自己的尺度。

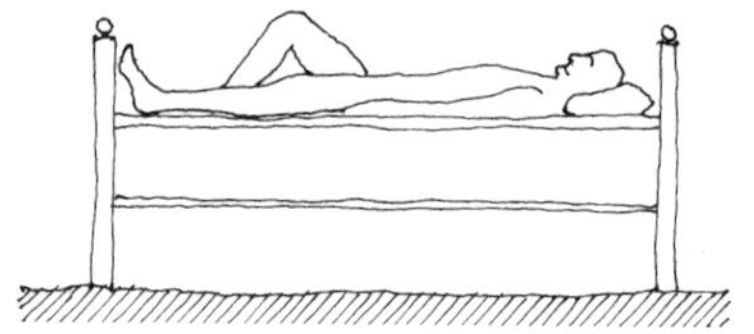

人们通过运动、人体尺度和感官来度量客观世界。

一个人站在窗边，就会察觉窗台和头的高度，以及能否望见地平
143 线。参照人体自身的尺度和行为方式，建筑师可以为建筑建立出一整套比例关系。以上讲解的是关于人与空间尺度关系方面的几个问题。

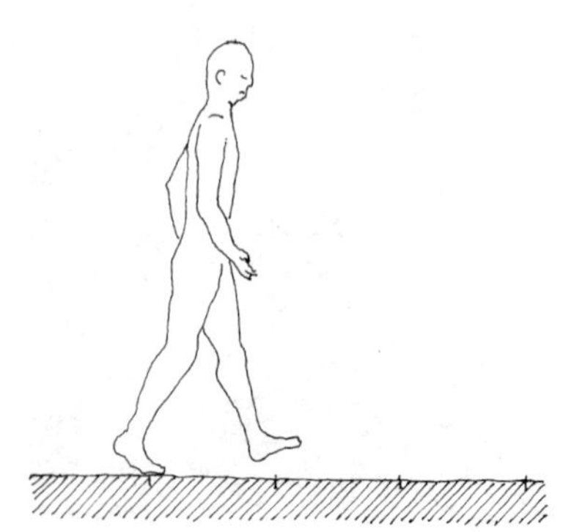

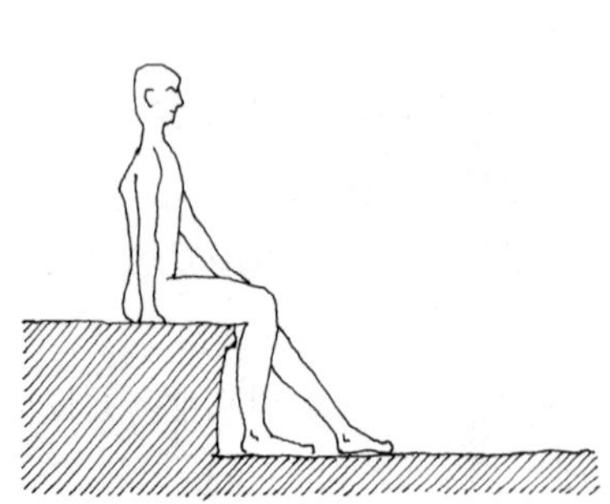

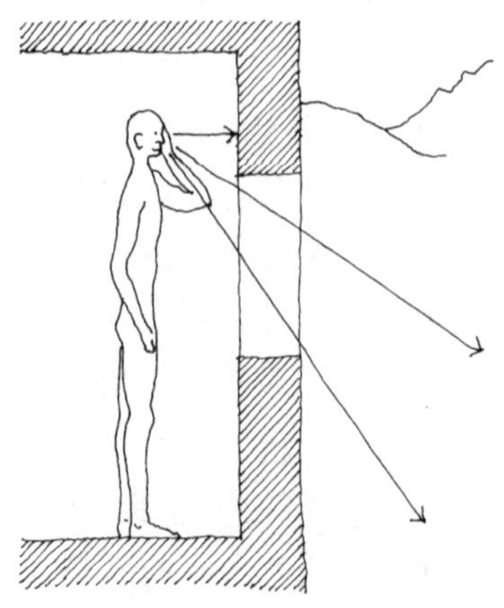

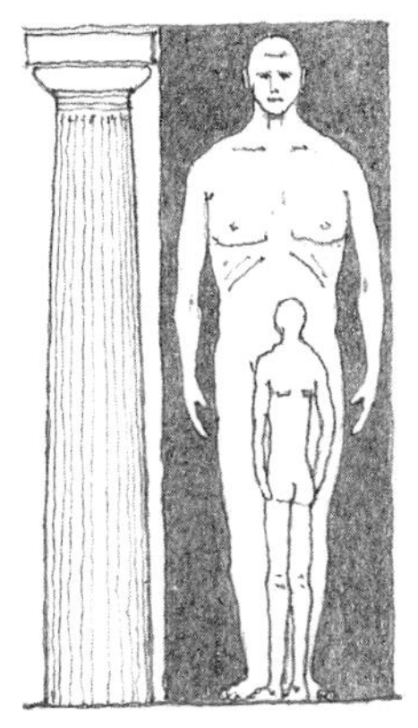

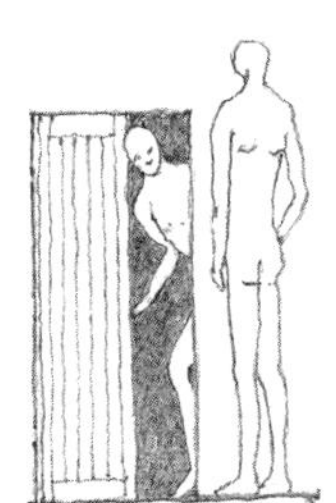

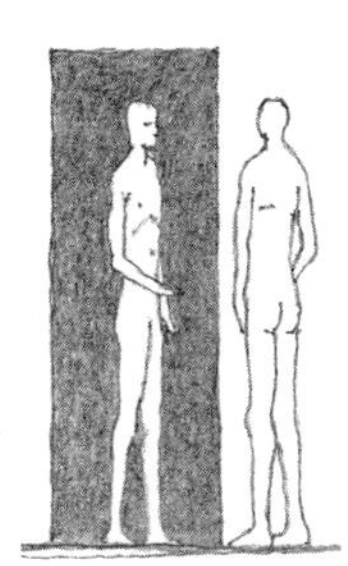

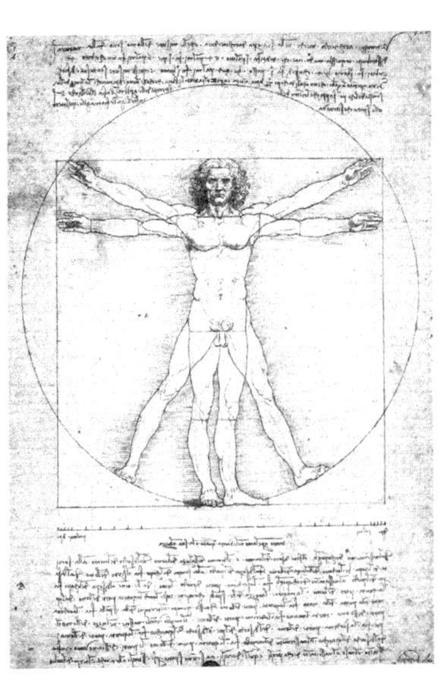

我们为建筑建立了一整套尺度标准的同时，作为同一问题的两个方面，建筑也为人的生活建立着尺度标准。人们在场所的使用中，有意无意地度量着建筑的尺度，并以此为参照来展开其他方面尺度的评估。例如，一个大的入口可以夸大主人的地位并且弱化来客的地位（上图）；反之，一个小的入口可以弱化主人的地位并且强化来客的地位；一个适合人尺度的入口可以把主客放在同等的地位上。

15 世纪末，莱昂纳多・达・芬奇（Leonardo da Vinci）根据古罗马建筑师维特鲁威在书中的记述，对人体黄金比作了进一步图解（右上图）。他发现，理想的人体尺度遵循着一定的几何关系；同时说明，人体各部分的尺度与自然界乃至整个宇宙的尺度间有着内在联系。这暗示着建筑设计的内容也需要涉及同样的几何组合。20 世纪中叶，勒・柯布西耶进一步将人与其他自然创造联系起来，构想出一个更为复杂的比例体系。和达・芬奇一样，他也使用一个固定而特殊的比例——黄金分割（Golden Section），所建立的体系称为“模度”（The Modulor，1961 年），适用于人的各种行为姿态：坐着、斜靠着、伏案工作（下图）。早在20世纪初期，德国建筑艺术家兼歌剧家奥斯卡・施莱默（Oskar Schlemmer）就已认识到人的运动不仅可以度量客观环境，也可以影响环境的生成（右图）。达・芬奇、勒・柯布西耶和奥斯卡・施莱默等人都意识到了在建筑和人体尺度之间潜在的几何关系。

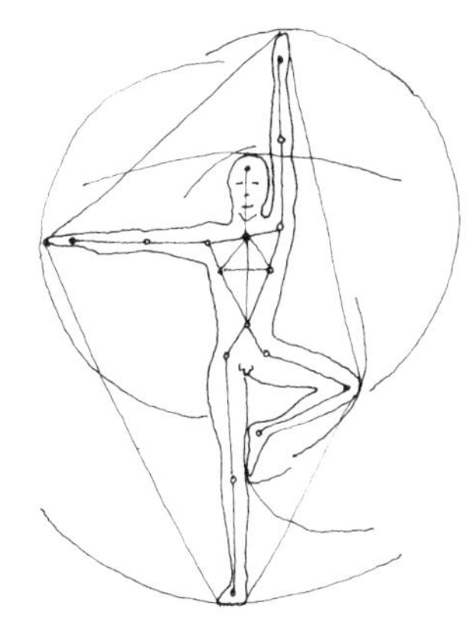

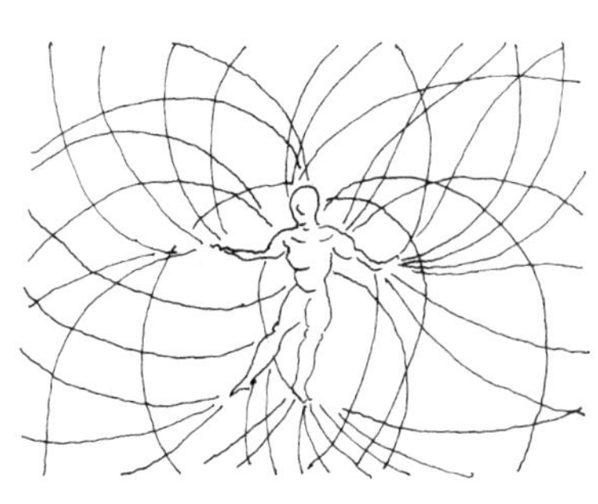

奥斯卡・施莱默对人类在运动和跳舞时所占据的空间表现出的几何感兴趣（上图）。

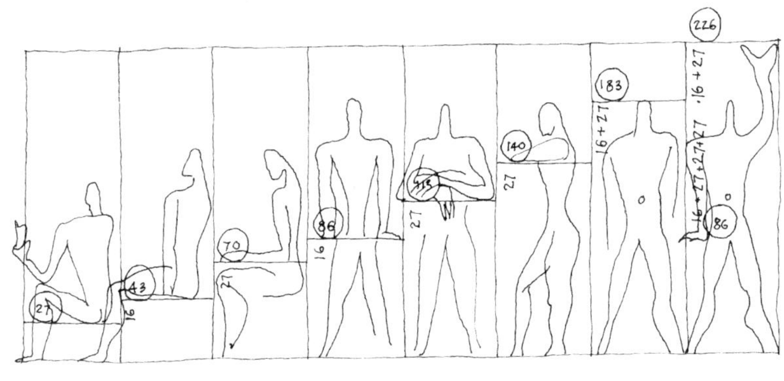

勒・柯布西耶发现了建筑中的各部分和人体模度的关系（左图）。

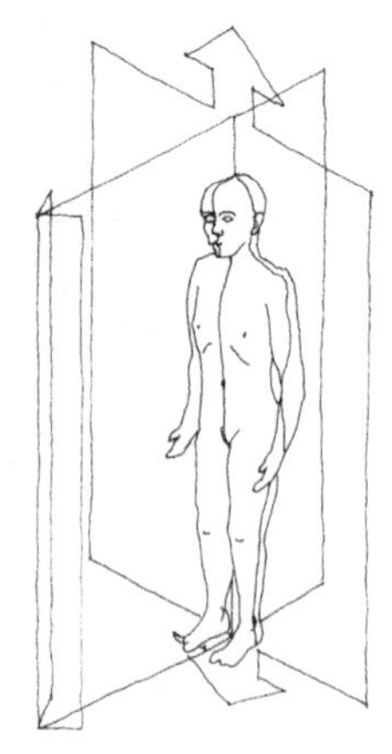

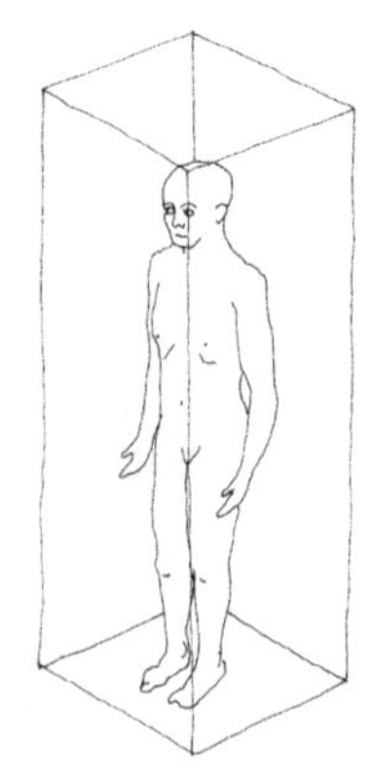

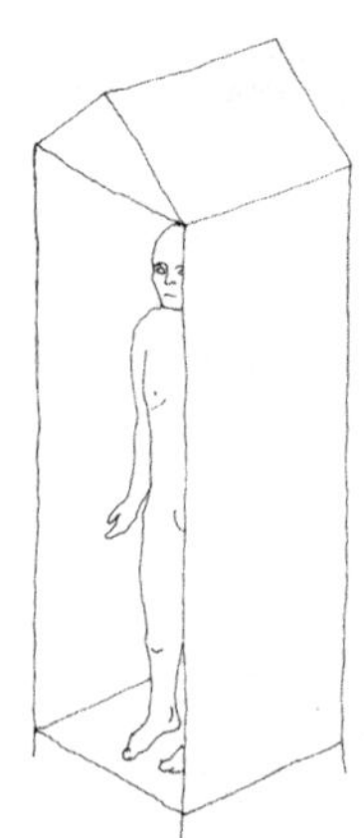

144 ## 六向加中心原理

人体包括前、后与两侧，加上脚下的地面和头顶的蓝天，一共是六个面。所有人或立或坐或躺在自己的六个面的中心。这是众所周知的常识，本不应多讲。虽简单明了，它却是对建筑有着根本的影响。这六个方向构筑着我们和自然界的基本联系，并时刻以人为移动的中心。六向加中心是我们理解建筑设计的基础。这种方向性可使人辨认和通达任何建筑，使人与场所进一步相互适应，进而可以深化对建筑空间的理解，并将其应用于设计之中。

六向加中心与单向建筑的作用方式十分简单：当人（主体）的六个方向与建筑（客体）的六个方向一一对应时，人与建筑之间便会产生强烈的共鸣，场所感受应运而生。任何普通的房间，只要具备四道墙面、顶棚和地板，就都适用于这一规律。进入房间内，任何人都会本能地参照自身的六个方向和中心来调整和适应新的环境，并能自然地找到中心方位。通过二者（主体与客体）方位的进一步对比，可以选择出既与人体尺度适宜又让人感到宽松舒适的场所。通过六个方向，一处场所（如房间、建筑、花园），可以形成规则的二维或三维正交框架，并具有唤起人们共鸣或关联的感受。

在与有正背面（前后）、两侧（左右）和顶部且立于地上（上下）的场所建立关系的过程中，我们会感到是在以某种方式与自身相似的东西建立关系。而在这个意义上，它是以我们自身的形象建立起来的。我们能够以自身的六向加中进行呼应。

六向加中心理论的建立对于场所的标识和认知意义重大。尤其当一个人或一尊塑像立于空间的几何中心时，建筑的几何性和方向感会更加强烈地表现出来。在这种情况下，往往只有一个方向是主导朝向，而且一般都是从几何中心指向建筑正前方的开敞部分。例如，站在哨卡里的士兵，他的目光直视着前方，而背面和两侧都有防护墙紧紧保
145 护，以防攻击，头顶与脚下也都有掩体防晒御寒；又如，皇宫的大殿内，

"我们用眼睛看，我们的视阈展示了局限的空间，呈现出模糊的圆形，在左右两边结束的非常快，不会延伸到上下很远的地方。如果我们斜视，我们可以成功看到我们的鼻尖；如果我们眼睛向上转，我们可以看到上面；如果我们眼睛向下转，我们可以看到下面；如果我们向一个方向扭过头，那么另一方向我们将什么都看不到；我们只有转过身体才能够清楚地看到我们身后的东西。我们的视野通过空间给我们传达信任和距离的想象。这就是我们怎么建构空间，通过上下左右前后远近的观察。"

——乔治·佩雷克（Georges Perec）著，斯特罗克（Sturrock）译，"空间的种类"（Species of Spaces，1974 年），《空间的类型和其他部分》（Species of Spaces and Other Pieces），1997 年，p80—81

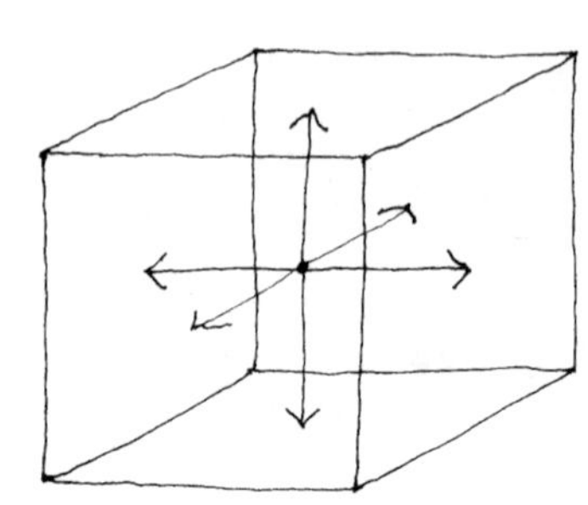

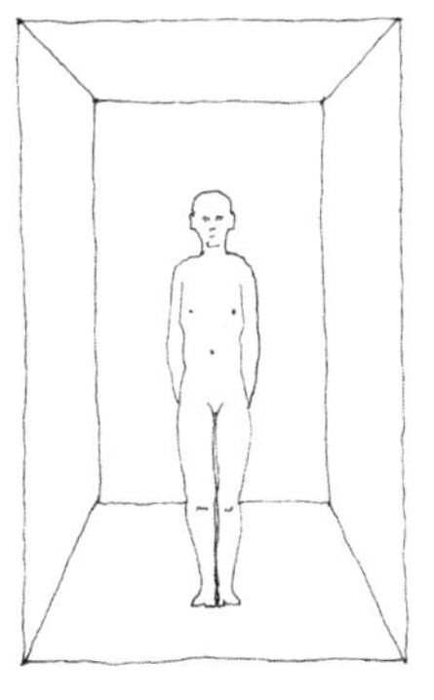

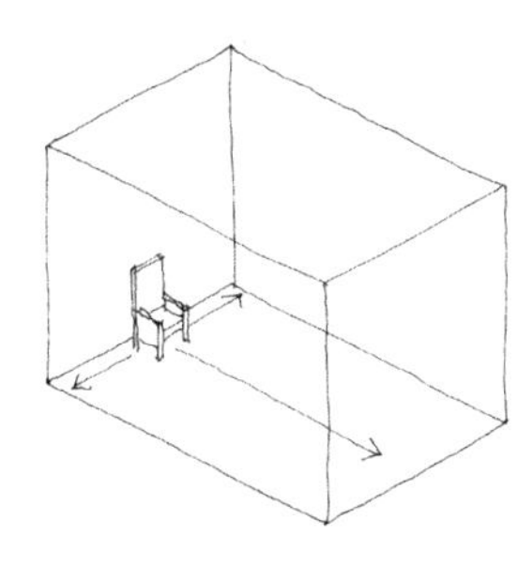

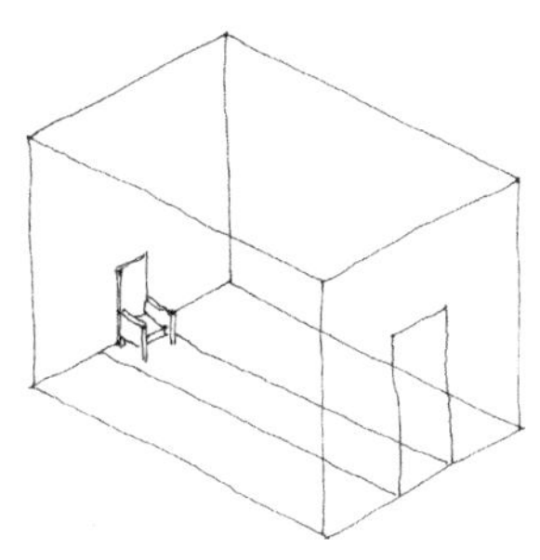

王座一般都紧贴着一面墙摆设，位置并不设在大厅的几何中心上，从而使统治者正襟而坐的方向主导着整个空间（中上图）。当然，明确的方向感还来自其他的设计手段，如将王座设在宫殿入口的正对面，或在二者间建成一条御道，其上也可再铺上一条红地毯。这样，既强调了御道所在，又突出了王座正前方的主导方向（右上图）。

人体的六向性与建筑空间对应。不仅如此，这种六向性在万事万物赖以生存的地球表面也突出地体现着。上为天，下为地，东西南北各具自然特征，它们不仅与太阳的运动息息相关，并能由指南针准确指示出来。在北（南）半球，太阳自东而升，从西而落，位于最高点时指向正南（北），从不进入赤道以北（南）。

146 建筑的设计可以指向地理方向也可以是人类学方向。因此，介于人与自然之间，建筑成为协调二者几何关系的中间产物。任何具有四个朝向的建筑物都可以或精确或粗略地与自然朝向相适：一侧迎接朝阳，一侧送走落日，一侧会面对正午的烈日，而另一侧或许很少或终日见不到阳光。由此，不难看出这四个自然朝向对于建筑及环境设计是何等的重要。不仅如此，自然朝向还可为建筑精确定位，借助人为

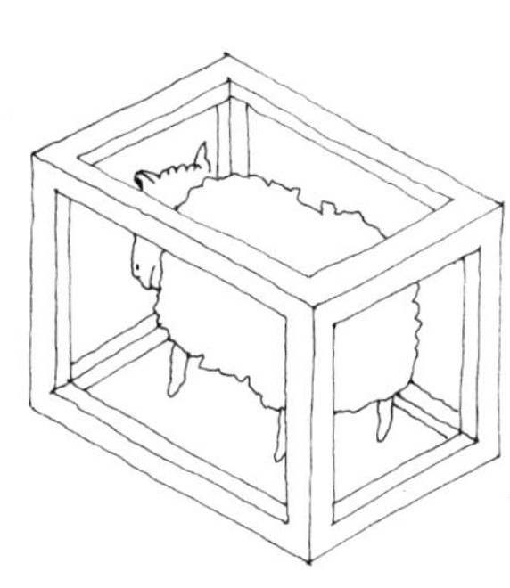

在达明安·赫斯特（Damien Hirst）的《离群》（Auay from the Flock）中，与群体相隔离的一只羊，圈在一个正交垂直的三维框架结构中，框架的每一个面都对应这头羊相应的立面图。

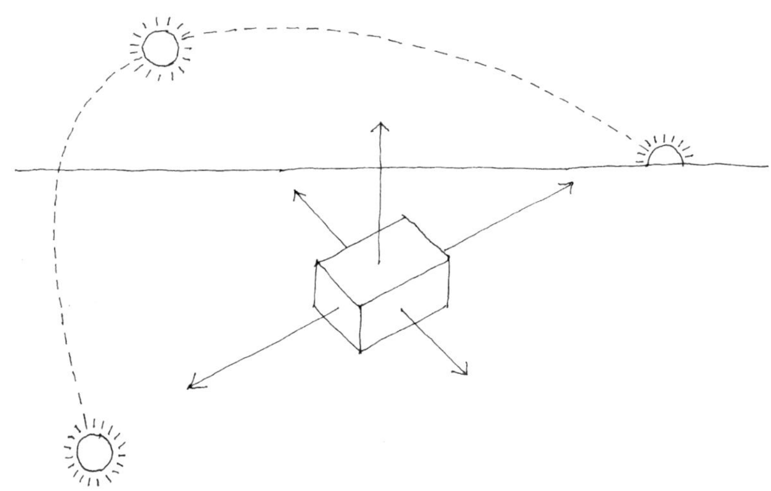

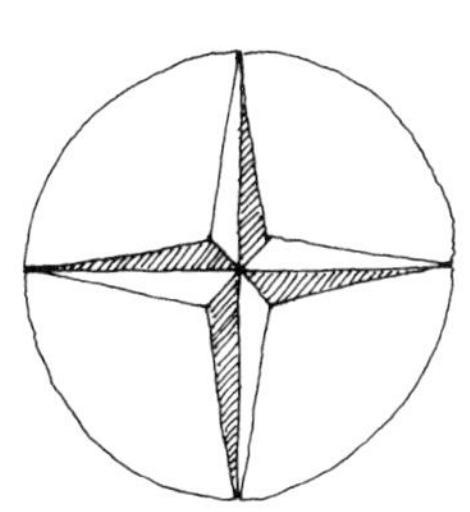

指南针的每一个主要方向所指向的地界点，都有它的特质。

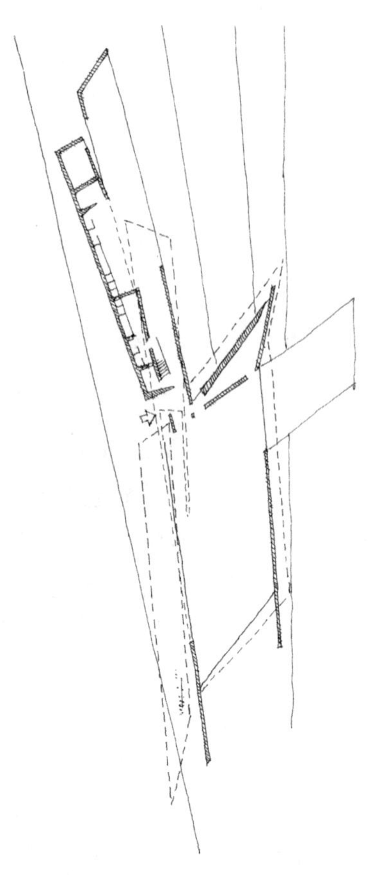

这是扎哈·哈迪德设计的在瑞士的维特拉消防站（Vitra Fire Station）的平面。它通过扭曲拆解挑战水平方向四四方方的空间，同样的手法也运用在垂直空间。

有关维特拉消防站参见：
“维特拉消防站”（Vitra Fire Station），《世界装饰》（Lotus），第 85 期，1995 年，p94

划分的地球经纬线可确定任何一座建筑特别的具体方位（参见本书第 159 页）。

由于建筑的四立面与自然四朝向密切相关，立面特征在每天的不同时段都会有所变化。同时，建筑本身也有助于方位的识别和确立。建筑同自然朝向的一致性表现在：四道立面分别对应东西南北，竖向上与重力作用吻合，延伸线通过地心。因而，任何建筑本身可被视为一个特定的中心——集自然六个方向于一身，并可确立出地球表面所不具有的中心点。

综上所述，六向加中心原理的几何体系同时存在着三个不同的层面：人体的几何体系；自然界的几何体系；作为前两者参照物的建筑几何体系。

六向加中心构成了建筑的一个基本前提。对于第 9 章“神庙与村舍”所讨论的建筑控制观和适应观也十分适用。具体设计中，从这一原理的简单应用，到由此引申、演化出的更为复杂的几何形式；从运用深奥而抽象的非欧几里得定理，到超三维的空间形态的建构，可以满足纷繁的实际要求。有一种相反的观点认为，让建筑立面臣服于四个方位乃至三维空间的定律，是过分简单化的理论。太阳的实际运动规律远比这四个自然朝向所反映的内容复杂得多，所以，要么根本不必依据自然朝向来进行设计，要么就应该作出更细致深入的研究，从而使建筑更加适应环境。还有一些人觉得规整的形式是一种乏味的设计。尽管如此，六向加中心理论对于解析各种
147 各样的建筑及其特征也十分有用。建筑的方向、轴线、结构体系可以运用以上理论加以组织，既可与环境合理协调又易于建筑的定位和标识。即使是一块十分粗糙的石头，也和人一样，可以在旷野中建立起一处具有六向加中心的场所（第 147 页右上图）。从大量规整的建筑作品到非规则的作品，六向加中心原理都有所体现。如汉斯·夏隆和扎哈·哈迪德的作品就是很有说服力的例子。哈迪德的作品维特拉消防站（本页图）即使平面是扭曲的，好像重力受到其他因素的干扰，但内部空间的感受仍旧体现着四个水平方向的突出特征。

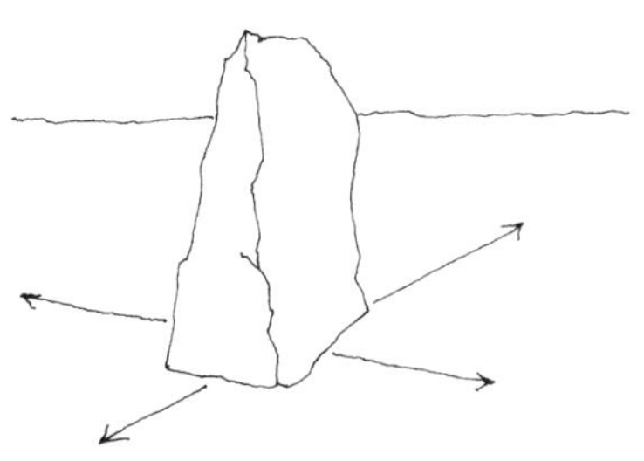

即使是一块十分粗糙的石头，在旷野中可以指示出四个水平方向，这样就能为世界添加一种秩序性（意义）。

古希腊神庙和六向加中心原理

六向加中心原理也就是与建筑的四个水平方位以及上方和下方相关联。在许多建筑作品中的应用都是简易而直观的。古希腊神庙就是突出的典型（上图）。在前文所归纳的三个不同层次上，这一几何原理都体现得淋漓尽致，即便是神庙本身，也简洁有力地体现了这一点。

第一，作为环境中的物体，建筑的六个面：地面、屋顶以及与自然朝向相对应的建筑四立面全都展露无遗。因此，神庙是以自身为中心的。

第二，作为内部场所，神庙的内殿同样具有六个面：地面、顶棚和四面墙，也与各个方向一一对应，通过神像的方位将四个水平方向明确地标识出来。

第三，在内外部空间的关系上也有明确的反应。门廊是内外部空间的基本联系：该方向正对着神像，同时也是神庙的纵向中轴线；通道向室外延伸与外部变化相关联，在神坛的位置结束，它和视线相一致，可以直视东方升起的红日，或是远方屹立的山峰。

神庙所运用的六向加中心原理的这三种不同方法，相辅相成，共同强化神殿标识性的作用。神庙本身浑然一体，同时以自我为标志，它严整的几何形态强化着神像的方位，并向外发射存在场。

除此之外，第四个方面是，这种十分简洁的建筑形态本身就是六向加中心的物化表达。建筑作为场所标识的手段在此体现得再突
148 出不过了，因为建筑的方向性与参观者或祭拜者的路线方向完全吻合如一。认识到空间形式与人体的这种同一性，假如我们了解这座神庙，而此时就站在它的面前，不论是在建筑背后还是前面或是其两侧，都不会影响我们对建筑的认识。通过对建筑的参照，我们感知着自己此时此刻所处的方位而不会迷失。更深层的意义是：正是由于建筑规整的几何形态，以及主客体之间的内在联系，才使我们获得了准确的方位感。这种严整的序列：神像 – 入口 – 祭坛到周围环境的轴向布局使方向感清晰无误，使空间秩序主次分明，规整划一。站在这条轴线上，一种强烈的共鸣油然而生：我们与神指向同

"直觉所产生的空间包围着我们，我们可能会自己建立一个始终围绕着我们的空间，并考虑我们自己的身体所需要的方面，包括感官体验，肌肉感觉，皮肤敏感性和我们的身体结构，只要我们意识到我们是这个空间的中心。也可以这么说，它就类似于我们投入设计工作的初期，建筑方案的创作是基于我们对它产生兴趣的那一刻，一旦有了持续活跃的想象，我们需要抓住这种萌发的灵感，并沿着这个方向发展，既是对每个空间最基础的想法，也能像芥菜籽长成大树那样，由小变大，步步深入，并最终呈现在这个世界上。"

——奥古斯特·施马索夫（August Schmarsow）著，"建筑创作的本源"（The Essence of Architectural Creation，1893 年），毛格里夫和艾克那摩（Mallgrave and Ikonomou）译，《感知，形式，空间》（Empathy，Form and Space），1994 年，p286—287

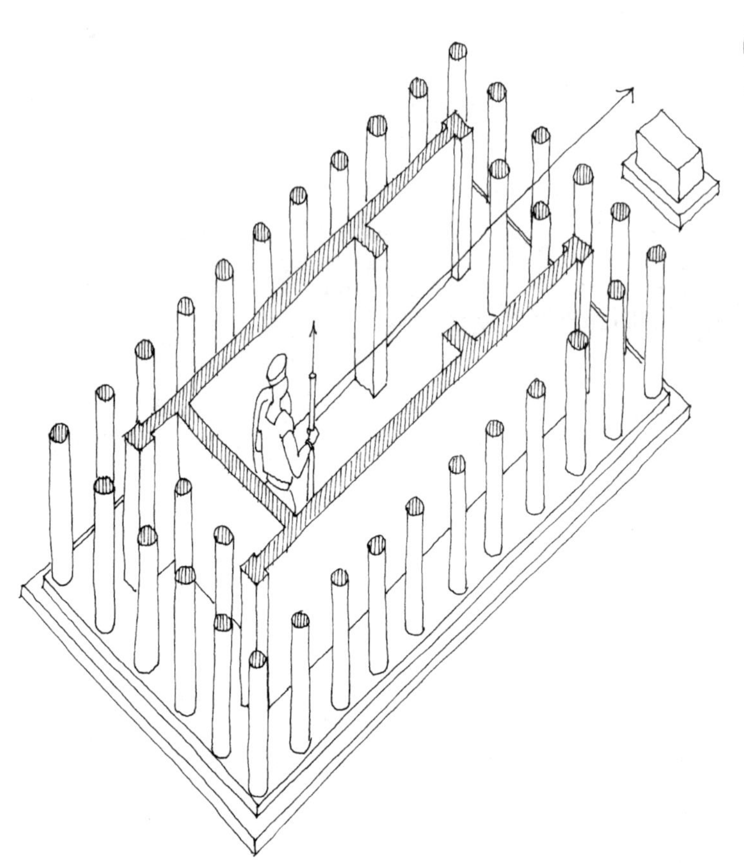

古希腊神庙的几何性符合六向加中心原理，传统教堂中的几何性也一样，都让礼拜者置于与祭坛相应的关系中，更进一步地感受到神灵的伟大。

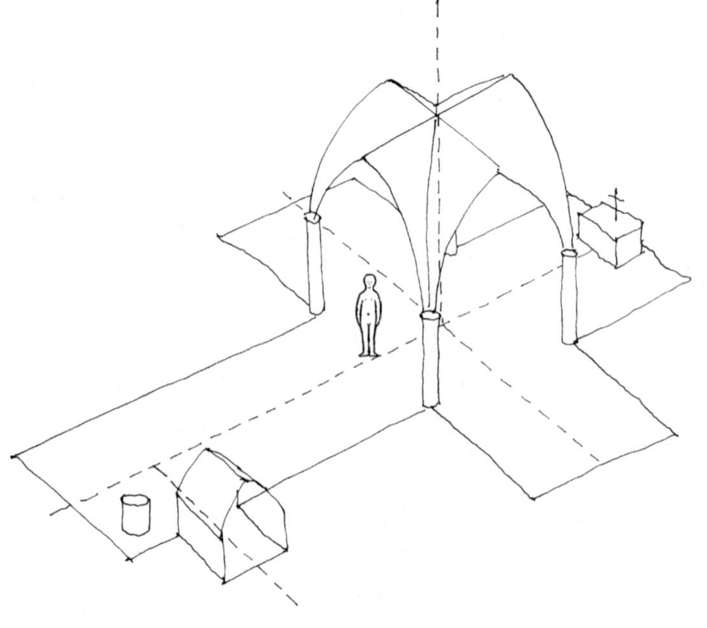

一方向，彼此间神秘的距离感已然超越，神庙的崇高和庄严引发了内心强烈的震撼。

是建筑布局使神庙产生了这一有震撼力的轴线。作为参观者，我们因此而不会迷失。此时，我们不仅融入了空间之中，而且成为它的组成部分。源于同样的震撼力，这种控制性主轴也延伸在基督教堂和佛寺之中。同样，轴线的力量也驱使我们来到并融入建筑当中去占据圆形空间的几何中心。在罗马万神庙（the Pantheon）中，在伦敦圣保罗大教堂（St Paul’s Cathedral）的穹顶下，在希腊埃皮扎夫罗斯（Epidavros）的圆形大剧场中都强烈地体现出来。这些都是有关六向加中心原理最基础、最直观的例证，作为建筑创作最有力的手法之一，其作用得到公认。

149 社会几何

公共活动中，人与人之间构成的几何关系是个体六向加中心相互作用的必然结果。通常我们与朋友齐坐，面对面进行交谈。这些类似的行为都构成了“建筑式”的社会联系。

在人类群体活动中，个体几何的表现形式因人而异。与此同时，彼此间相互影响，就形成了社会几何。建筑过程就是标识场所的过程，本身就是一种建筑形式。建筑可能仅由人构成，而后形成房屋。但当它仅由人物构成时，这种建筑形式的存在是转瞬即逝的。

社会几何系统在建筑空间上也有所反映，建筑空间可以规范社会几何的秩序，使其物质表现形态更为持久。旷野中燃起篝火，人们围坐在火源四周，环绕成近似圆形的场所。在手工艺作坊（如工艺美术运动建筑）里，壁炉所形成的社会几何形式近似矩形，这与房屋结构有关系。

球场上，当两队的队员进行较量时，围观的学生会面对面围成一圈。当两位拳击手较量时，场地四周用粗大的绳索围拢着，虽然
150 场地是方形的，但对峙的双方还是会各自占有对角方向的一块区域。

人们围坐在篝火四周，环绕成一个社交圈。在手工艺作坊里，壁炉将人团聚起来。下图由巴里·帕克（Barry Parker）所绘，作为插图，放在他与雷蒙德·昂温（Raymond Unwin）合作的《建造的艺术》（The Art of Building a Home，1901 年）中。

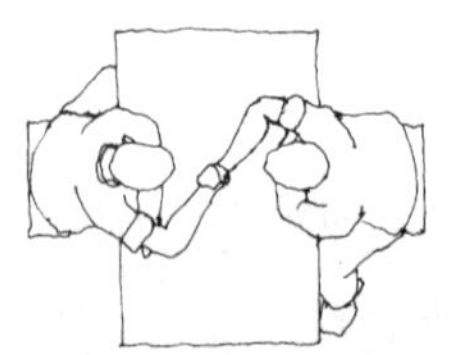

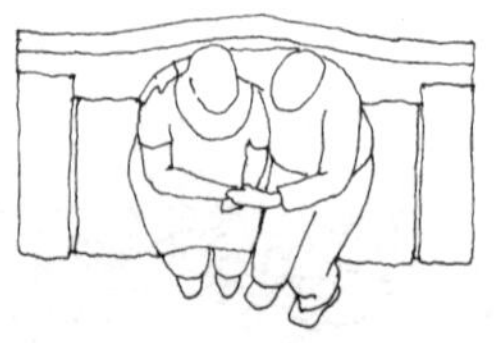

这是共享空间的社交几何形式的一种，对于对抗性空间形式而言，也是一样。

坐在山谷坡地上观看比赛或演出的传统活动为古希腊人所进一步发展，创造出半圆形大剧场这一建筑形式。它的实际平面布局略大于半圆形，一排排座位呈同心圆排布，产生了放射状的观众席。

下面的例子不一定适合解析“社会”几何系统，但也许能说明某些问题。墓地里的坟冢以方格网的形式排列着，因为墓穴往往依照人体的尺度要求设计成矩形，而其所需的空间能以方格网的形式排列。

发生争执的两个人，如果是要好的朋友，他们会站得很近，共同处在建筑中适宜的角落里。在英国政界，执政党与忠诚反对派的对立分化从众议院的座位布置可一目了然：讲坛设在大厅中央，两派的议席分列两厢，演说者（或会议主席）位于两厢中间的轴线上（下图）。

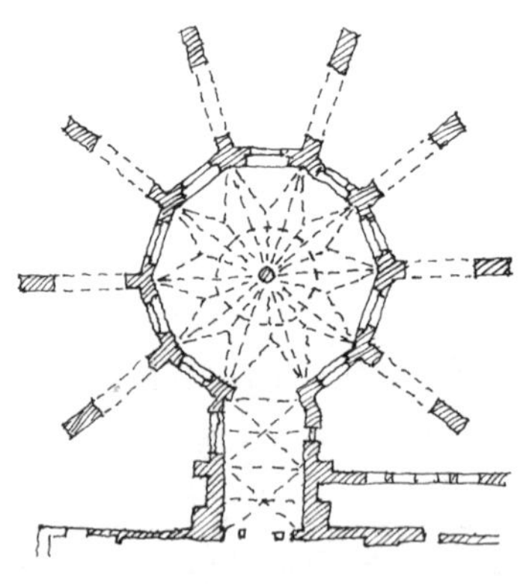

英国众议院（左图）的社会几何形式表现了执政党和忠诚反对派的政治关系。这个中世纪的修道院的社交几何形式（上图），暗示了一种能够达成共识的空间，建立在公共平等的准则之上。

一些会议室的布局则有所不同，因为其用途不是为了喋喋不休的争辩或对峙，而是用作集体讨论，这在建筑形式上得到明显体现。这些分会场（右图）往往是附设在教堂或修道院的会议厅，平面通常呈圆形布局，偶尔也有多边形等其他形式，至少在建筑布局上不会表现出政治对立和等级划分。即使是立在大厅中央的承重柱，似乎也是为

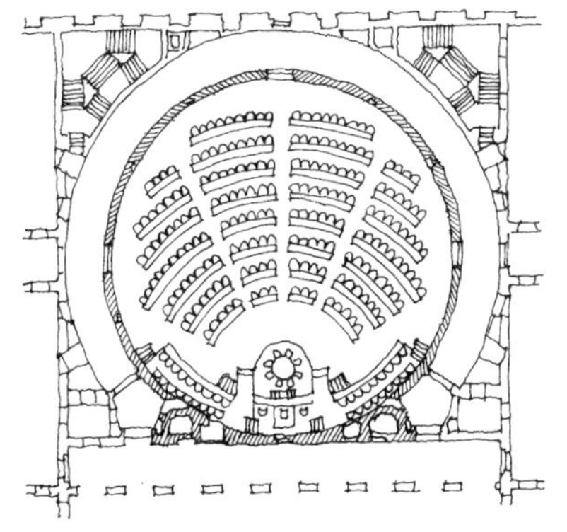

芬兰议会大厦的演讲大厅以象征性的特质被设计出来。作为一个圆形空间，它的平面和座椅的几何形态并不能很好地结合。两种几何图形之间的矛盾非常明显，在这个空间的边缘出现了不规则的通道。

151 了打破圆形大厅的直径，缓和因空间过于直白而带来的对立和不安氛围。这种布局是否真能调和议员们的言行还不得而知。尽管如此，这种圆形布局还是在许多国家的议会建筑中广为流行着。不管是否能缓和对立分化的尴尬局面，采用这种布局的方式最起码是出于一种象征性的考虑。如建于 1931 年，由 J・S・西伦（J. S. Siren）设计的芬兰赫尔辛基国家议会大厦的演讲大厅（上图）。

圆形布局是最能体现公众精神的一种平面形式，其本身表达了一种平等、公正、参与、共享的理念。其中它隐含着一个“六向”原理：出自看到其他人的欲望。它是人们围坐在篝火旁取暖、聊天的模式；是亲朋一道野营、聚餐的模式；是与对话交流、情感沟通相关的模式。当发生了一些与众不同的事情时，更是与观看戏剧、演出密切相关的一种模式。在第 12 章“空间与结构”一节中，我们将会看到在机会几何以及其他存在几何中，所呈现出的争议之处，尤其在本章接下来的主题“制造几何”中尤为明显。

许多具有“六向加中心原理”理解的建筑师，已经开始接受公共聚落的简单几何理念，并且尝试着将它们运用到住宅的空间框架中，另一些建筑师则是用一些微妙的形式去回应。德国建筑师夏隆在其设计中一般避免滥用理想几何形式，即便如此，他也认同圆形是餐饮场所的适用形式。他所设计的位于柏林的摩尔曼住宅（Mohrmann House）建于 1939 年（右图），平面中只有餐厅是一个规则的半圆形，圆形餐桌位于半圆形外凸窗围合的中心，布置在餐厅的圆心处，而餐厅正好介于厨房和客厅之间，贴切自然，恰到好处。但是在平面的其他方面，他还有更多精心的处理：例如，能够坐在壁炉前看风景的几何结构，或演奏钢琴的同时也能够保证看见客人的几何结构，甚至能够坐着打电话的几何结构。

处理建筑与社会空间的细部的图解手法开始发挥作用的案例很多，在任何架构下，为了满足人们的需求，设计意味着要覆盖几乎所有的建筑、园林、城市……

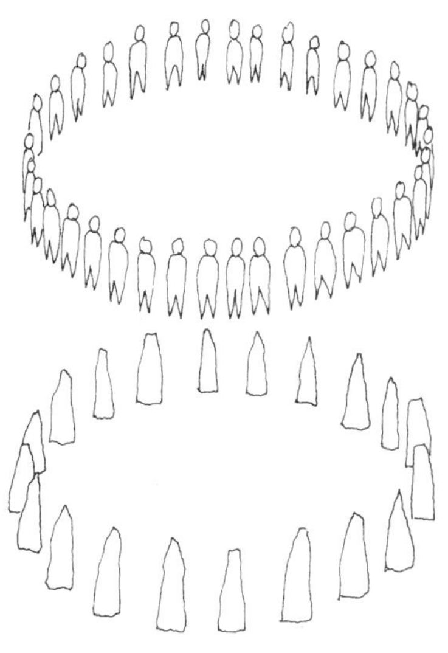

一圈环列的石头就像人围坐成一圈一样，只是更为长久。

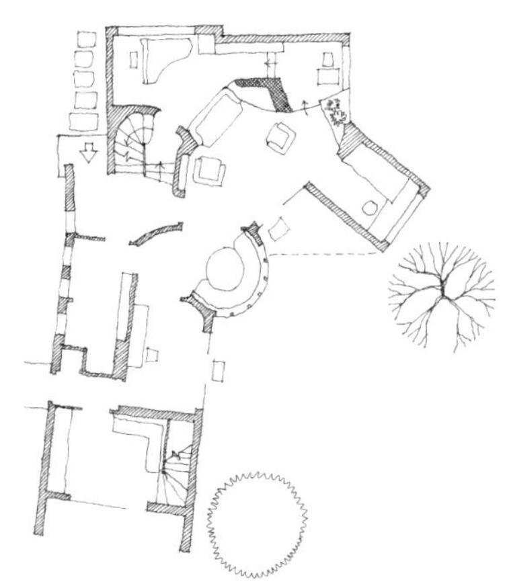

在夏隆设计的摩尔曼住宅（上图）中，他将餐饮空间设计成半圆形，来暗示“社会几何”的关系。

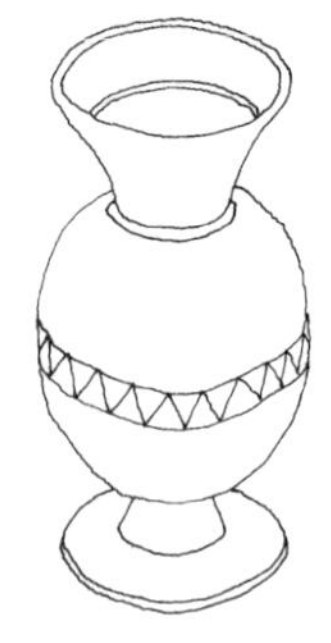

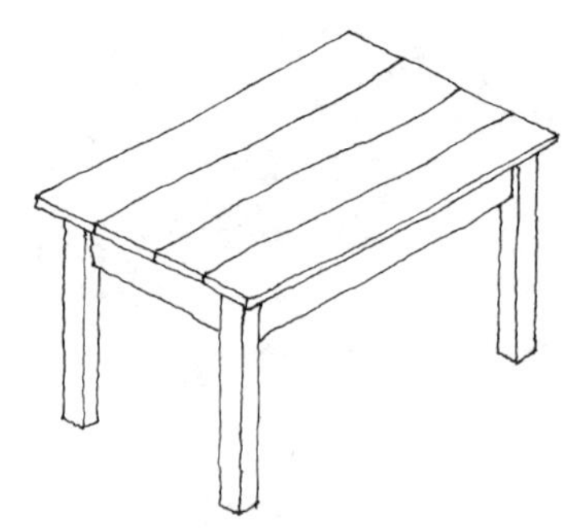

152 制造几何

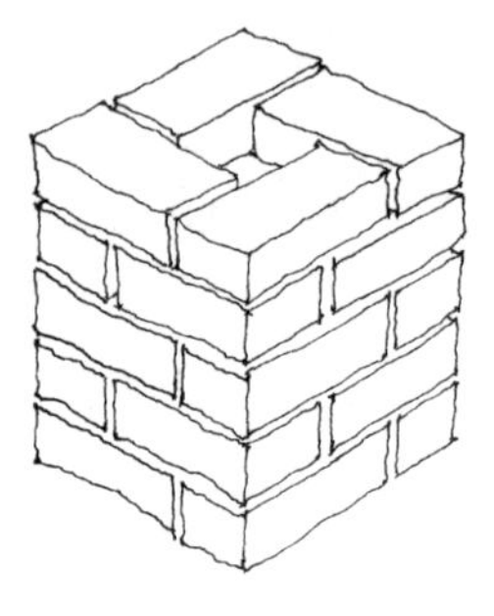

许多日用品的几何造型决定于其生产工艺。陶瓷花瓶之所以是圆的，因为是从模具上转塑而成；木碗是从车床中旋削而出，因而也是圆的；桌子是方形的，因为其每一个构件本身都是方形木料。建筑也一样，具体的材料及材料之间的组合方式往往决定了建筑可能的几何造型，而建造的几何形态能决定我们的空间定义形式。用方砖砌墙，自然会形成方形的墙体，墙上开洞，洞口大都也会是方的，墙与墙相互围合，所构成的房间也多为方形。在使用这种材料时，若是抛弃长方形就需要下定决心。

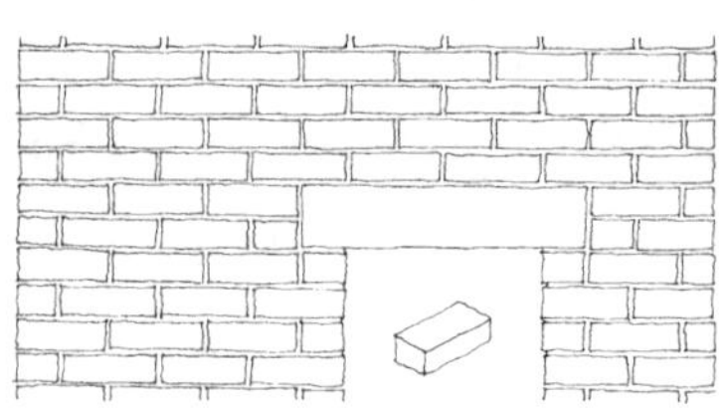

砖的几何形式决定了由其构成的结构的几何形式。

制造几何对于房屋的建造至关重要。如下图所示，这是一所挪威传统的木结构住宅，与其他地区的传统建筑一样，它是人与人之间构成的社会几何与材料的制造几何有机结合的产物。社会几何决定了空间的尺度和布局方式，同时也受到木料的规格和品质方面的限制，还受到当时建筑工艺水平的制约。房间里充满了各种制造几何，包括那些不太精致和完美的形式。墙体及屋顶结构会受到木料规格、

传统建筑易于顺应人的尺度（度量）、社会的几何和制作的几何。建筑师们努力去平衡几个方面造成的迥异的影响。这幅图的出处：托雷·德兰格（Tore Drange）、汉斯·奥拉夫·安纳森（Hans Olaf Aanensen）、乔恩·布兰恩（Jon Brænne）著，《老木屋》（Gamle Trehus，奥斯陆），1980年。

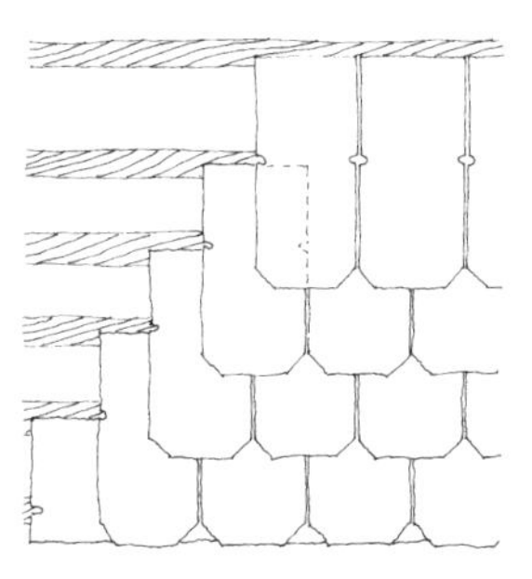

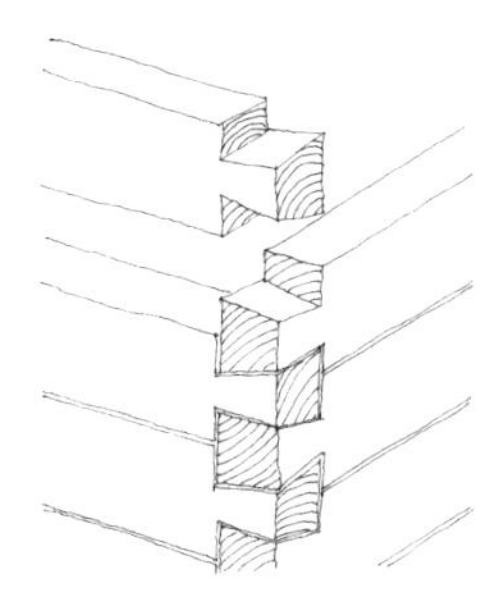

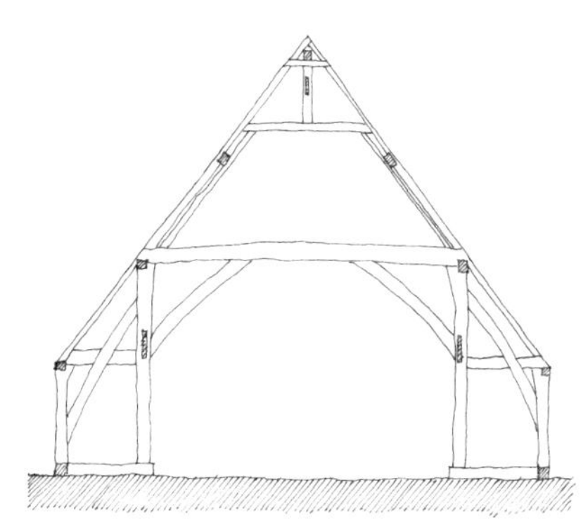

这是在屋顶上搭设石板所形成的几何形式，木料的装配方式也起到这样的作用。不同的材料构件能通过几何的拼接形式，成为一种结构。

153 强度的影响；瓦片的尺寸决定了屋顶的设计；窗棂的分格尺寸会受到玻璃大小的限制；砖的形状，石材的细微纹理，制造几何甚至也会影响到建筑石工细节。承托饭锅的木支架有其独特的结构形式，支架可在灶台上来回摆动，滑出的轨迹也富于几何韵律，是一道优美的圆弧。

制造几何并非建筑的一项决定性因素，其作用是间接的，取决于所选建材以及受力合理的构造方式。因此，它会对建筑发挥怎样的影响完全取决于设计者两种不同的创作思想：即在第 9 章“神庙与村舍”中所提及的控制观和适应观。可以这样理解：在“村舍”原型中，几何形式（以及相关的人体尺度、行为和社交）主要是自发形成的；而“神庙”原型中，更多的是人工化的演绎。由此可见，建筑师们运用制造几何的手法是多种多样的：提炼制作的几何，变成完美的方形、圆柱等的手法；发扬材质本源的肌理和不规则形状，就像大自然中的一样，或是只对物件做最初级的处理的手法。苏格兰建筑师查尔斯·伦尼·麦金托什（Charles Rennie Mackintosh）设计过大量的家具，不少作品体现出他对制造几何的开发见解，同时根据自己的审美追求进行的精炼和提纯。例如，右图是他 1911 年设计的一把女仆座椅。它虽与制作的几何是相符的，却被提炼成一个由完美立方体构成的三维体系。在美国建筑师赫布·格林（Herb Greene，右下图）设计的木瓦顶木屋中也有一种建造的几何，但它几乎被拉伸到了极限，并扭曲成动物般的造型。这幅图显示了他 1962 年建成的草原住宅（Prairie House）局部，其中的木瓦就像鸡毛一样附着在下层结构上。

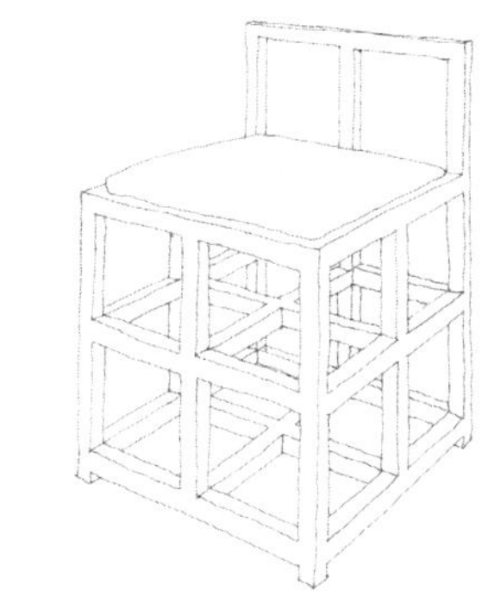

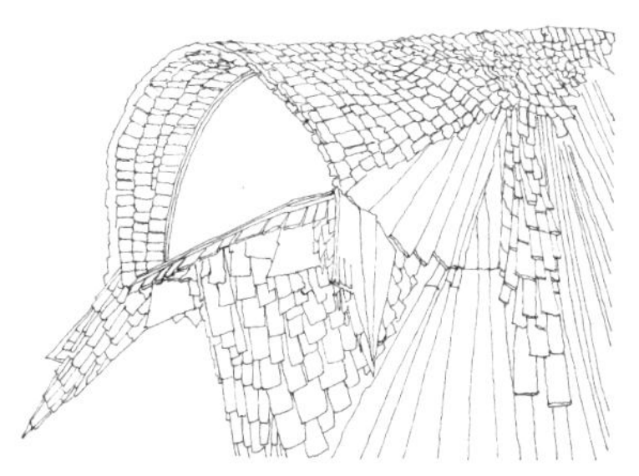

制造几何中包含着结构几何（geometry of structure）。不论是木构住宅还是中世纪的石制谷仓，或是现代微电子工厂的钢铁结构都概莫能外。特定的空间，其结构几何的方案却是多选和不定的，但都应具有严格的尺寸关系，易于计算和施工。有些通过采用廉价材料、除去不必要的组件来达到经济的目的。有些拥有优雅的附加价值。不论是经济高效和优雅是否有直接的联系，都需要考虑预算的问题。制造几
154 何并非仅仅存在于砖、石、木材等传统建材之中，它同样存在于钢、铁、混凝土以及大面积的玻璃幕墙之中。

有关麦金托什的家具参见：
《查尔斯·伦尼·麦金托什与格拉斯哥艺术学院：第 2 卷，学院的家具藏品》（Charles Rennie Mackintosh and Glasgow School of Art：2，Furniture in the School Collection），1978 年

有关赫布·格林的建筑作品参见：
赫布·格林（Herb Greene），《意境和表象》（Mind and Image），1976 年

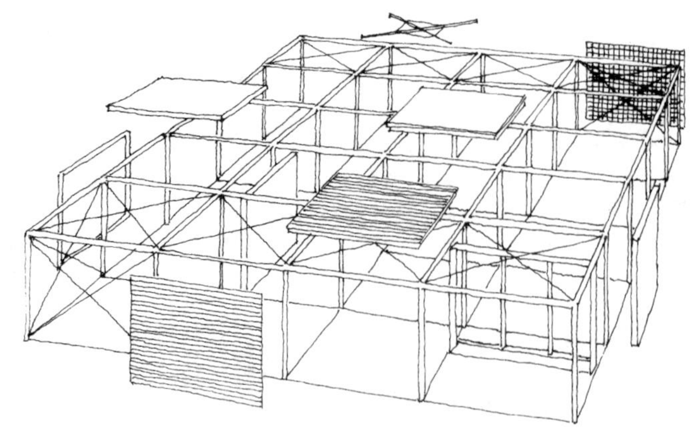

几何构造使工业建构系统中组成元素在空间的协作上富有秩序。

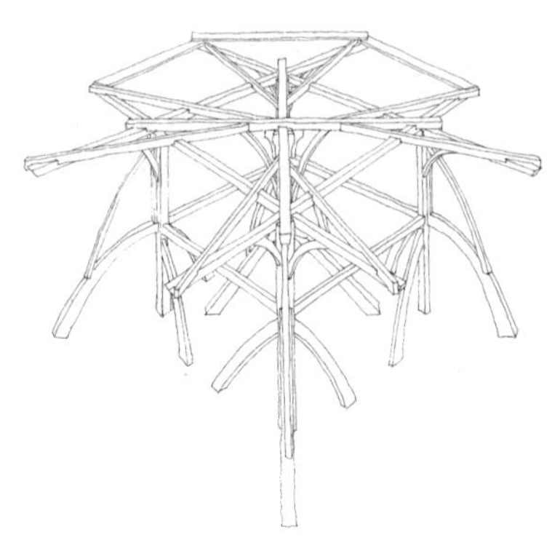

有些中世纪木结构的三维几何形式相当复杂。上图是设在索尔斯伯里教堂尖顶上的绞刑台的局部构造。图例出自塞西尔·休伊特（Cecil Hewett）的《英国教堂及修道院的木结构艺术》（English Cathedral and Monastic Carpentry，1985 年）一书。

对于工业化建筑的构造形式，制造几何同样是一种限定因素。工业化装配建筑中，标准构件如同机器零件一样精密地组装而成，标准构件既包括承重构件，也包括围护构件。建筑作为多维立体的空间结构，可以事先在工厂里进行局部装配，再将半成品运抵施工现场进行最后组装。可以说，建筑的整个装配过程就是各种形式的制造几何完美结合的过程。

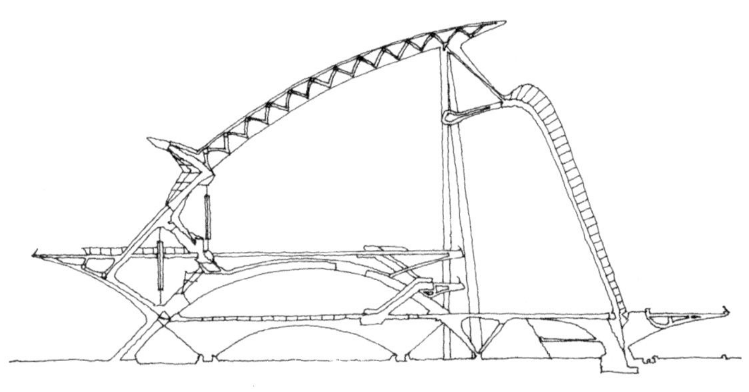

工程师圣地亚哥·卡拉特拉瓦（Santiago Calatrava）在他的作品中发展并提炼了结构几何。这是他在西班牙巴伦西亚艺术科学城的设计中的一个剖面，建于 20 世纪 90 年代。

总结一下本章：存在的几何是烙印在我们的生活中的。就在我们度量物体，或是排列组合之中；就在旅行或是做游戏、欣赏音乐之中；就在摆放餐桌之中；在创作诗歌、制造机器、修建房屋之中；就在我们组织各类场所之中。原生的几何对我们处理世界产生了巨大的影响力。我们可以忽视并反驳它，或是努力改变它。但是通常它会服从于它自身“重力”的吸引。存在的几何是建筑学的基准，我们除了刻意为之是无法脱离它们的。和谐地处理、顺应它们，使得场所相对容易建造和使用。反对它们会使得生活很艰难，但可能会产生很值得的转变。

理想几何几乎不存在于现实世界中，
它的完美是人们欲求却难以获得的。

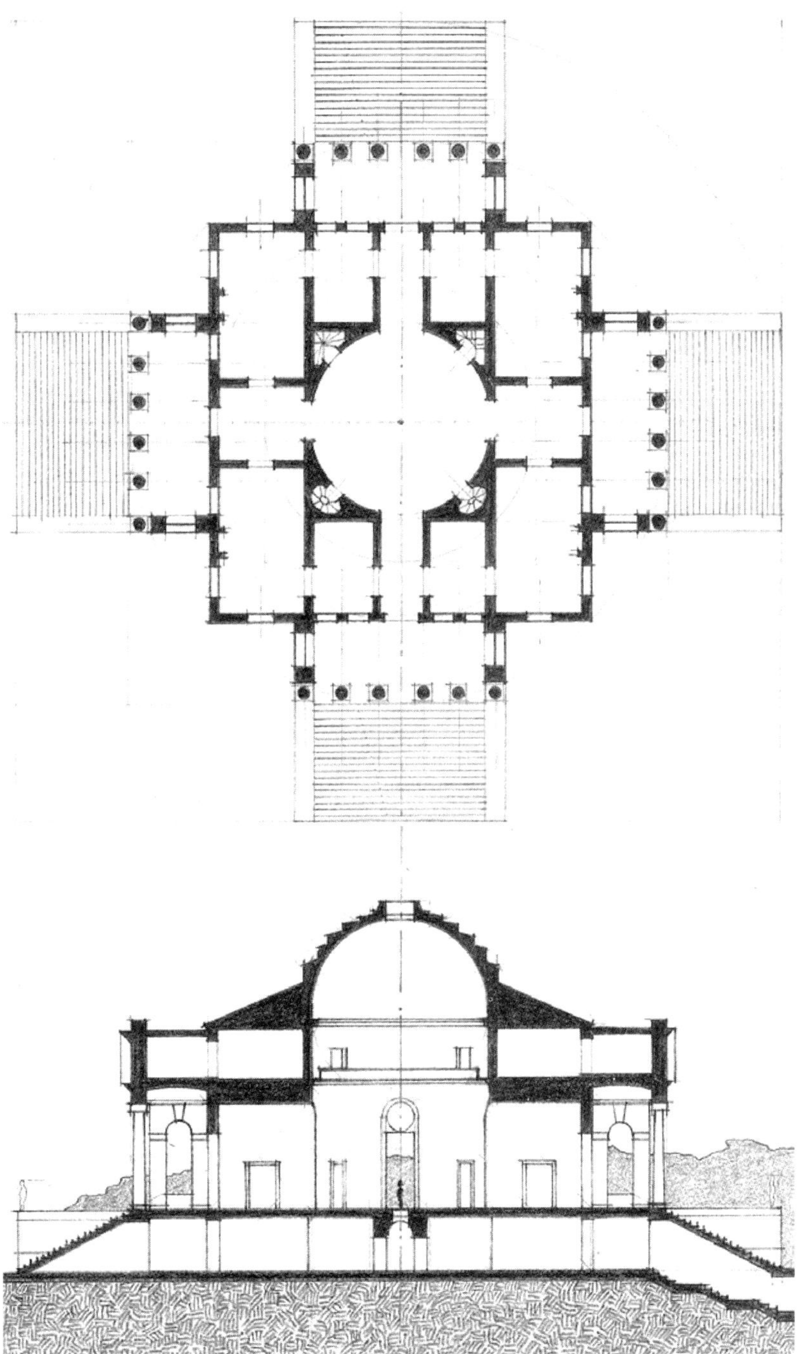

第 11 章　理想几何

156 “但是当他在考虑祭坛与其附属建筑的围墙形式和小草屋形式时，他本能地利用了直角－轴线、方形、圆形。因为他无须去创造那些本来就存在的东西。轴线、圆形、直角都是基本几何形式，其形体可以度量和识别，否则就只有偶然、不规则和善变。所以几何学是人类的一种语言。”

——勒·柯布西耶，

《走向新建筑》（Towards a New Architecture，1923 年），

埃切尔斯（Etchells）译英文，1927 年，p72

第 11 章　理想几何

157 莱昂·巴蒂斯塔·阿尔伯蒂（Leon Battista Alberti），15 世纪意大利著名建筑师和建筑理论家之一。他的《建筑十书》的第一部《建筑论》，就阐述了这样的观点：建筑形象设计对几何的运用与建筑材料并没有关系。与此同时，他又提出了另外一种在建筑中会运用到的几何形式，有别于第 10 章"存在的几何"中所提到的。原文如下：

> "因此，让我们从这里开始说起：建筑物是由外部轮廓和内部结构组成。外部轮廓设计的所有意图和目的就是找到正确无误的方式，把限定建筑表面形式的直线和角度连接组合在一起。建筑轮廓的作用如下：限定和营造空间，提供精确的数据和合适的尺度，整个建筑以及各个组成部分要保持良好秩序。所以建筑物的轮廓决定其体量和造型。材料和建筑轮廓是互不相干的，但轮廓却有这样的性质：我们可以看到几个不同的建筑物中拥有相同的轮廓形式，轮廓的某个部分，和它的位置与秩序一样，每根线、每个角度都是互相保持一致的。我们可以不依靠建筑材料，通过选出并指定一个固定的方向或者连接不同的线和角，就在脑中勾画出建筑的体形。这样，我们能在脑中构想出由线和角组成的轮廓，并在进一步思考中让其达到完美，成为一个精准的构思草图。"*

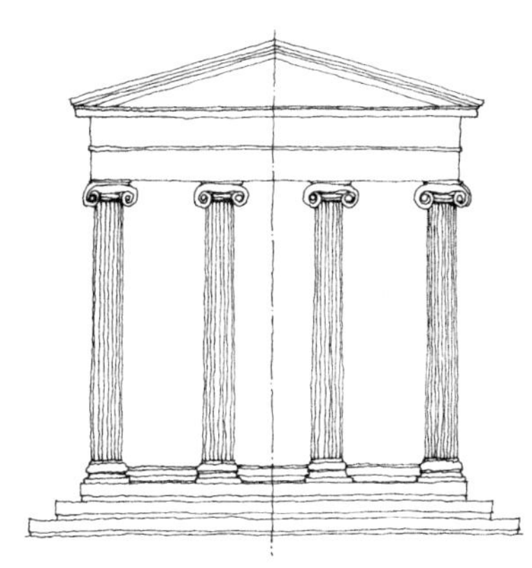

建筑中的轴向对称指建筑或其设计沿着中轴有对称立面，而这样的安排能否满足实用需要则另当别论。理想几何的应用在于设计中规整有序的外观和条理。这些严谨的条理比经验性的建筑组织或聚集性的建筑组织要重要得多，因为前者会导致对于几何应用的漠视，后者则会导致因追求统一完美而产生的过分严谨。

阿尔伯蒂转而相信只有通过学习（扎实的知识体系和想象力）才能造就"完美"的灵感。同时，他认为完美就其字面意义来说，有别于普通意义上的几何美，超越于此成为一种意向上而非具象的美，亦可称作"理想几何"。理想几何是一种抽象的、有别于自然形成的几何学，就像学校数学课上学的几何。它的基本元素是直线、圆形、方形、三角形等，以及它们的三维形式——平面、球体、立方体、圆锥体、四面体和棱锥体……理想几何包括直角、对称轴线和一些特定比例。一些较为简单的比例有 1 ∶ 2、1 ∶ 3、2 ∶ 3……复杂一些的比例是 1 ∶ $\sqrt{2}$ 或者大家都知道的黄金分割比 1 ∶ 1.618。理想几何更复杂的形式包括曲线和用数学公式推导（或借助计算机推导）出的图形。所有的理想几何元素都在建筑中发挥着作用。

理想几何是人们从深奥的数学领域中总结出的一种特别的几何

---

* 莱昂·巴蒂斯塔·阿尔伯蒂（Leon Battista Alberti），《建筑论——阿尔伯蒂建筑十书》（On the Art of Building in Ten Books，约 1450 年），里克沃特（Rykwert）等人译英文，1988 年，p7。中文版已由中国建筑工业出版社于 2016 年 5 月出版。

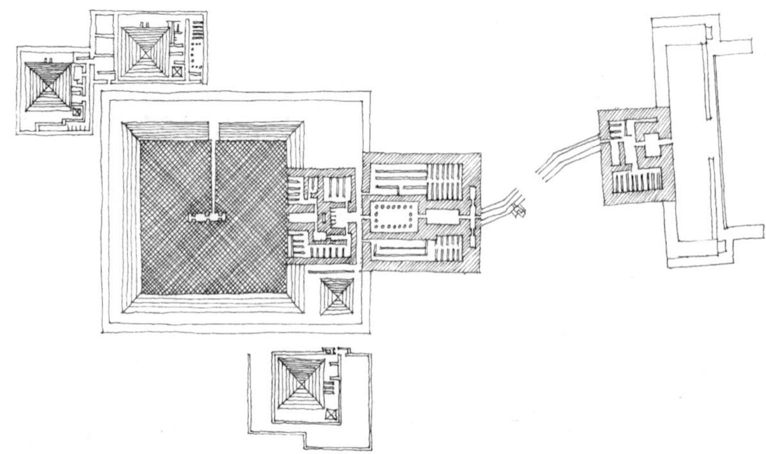

通过金字塔所蕴含的理想几何形式，古埃及人将对死者的祭拜带入变化无常的沙漠中。不管这些金字塔在其建造者的心目中具有怎样的象征意义，它们都象征着人类物质与智慧的成就。

158 学。很难准确地说出理想几何属于哪种范畴，因为它不能归于自然世界，仅仅是人为的图形。16世纪，数学家约翰·迪伊（John Dee）把建筑作为数学（几何）的一种媒介，并且发现数学在某种意义上联系着现实和神圣的世界。

> “一切存在的东西都归于三种类别之一。它们不是超自然的、自然的，就是第三种……数学对象介于超自然物和自然物之间，既不像超自然物那样绝对和超凡，也不像自然物那样卑微和粗陋，而是无形的。尽管如此，它们可以由有形的东西来代表。”*

至迟从埃及金字塔开始，建筑在整个历史上都属于一种“有形的东西”，通过它可以“代表”“数学对象”。理想几何是超验的，看上去是有魔力而神奇的。它往往是在纸或其他独立存在的图面（沃尔特·格罗皮乌斯称之为“柏拉图式的绘图板”**）——沙滩、石板、计算机屏幕上表现出来的。在这一点上，它好比是由图纸设计出来的建筑的对立面。在通过建造实现之前，它也存在于一种抽象的、独立的中间领域里。理想几何看上去可以同在纸上用直尺、角尺、三角板等工具，或带有数学公式的计算机软件设计出来的建筑共存。

“柏拉图式的”一词指的是古希腊哲学家柏拉图关于世界只不过是完美或理想要素的不完美呈现的思想（打个比方来说，没有什么词可以概括所有种类的狗，但在哲学上，指的就是狗这一概念）。在建筑学上，格罗皮乌斯指出，制图板或是现在的电脑屏幕正是建筑作品实现完美的“柏拉图式的”形式的平台。这种完美的“柏拉图式的”形式不受不完美的实现形式（那些排列不齐的砖块和灰浆里的粒子）和现实情况（天气、磨损等）的玷污。在“柏拉图式的绘图板”上，所有的一切都是理想的。

理想几何的运用

人们似乎很喜欢理想的几何形状并且喜欢将它应用到现实生活中。从古埃及时代理想的几何就被测量师应用于测绘土地和布局建筑。17世纪，通过笛卡儿（Descartes）的努力，笛卡儿网格（Cartesian Grid）成了在空间中确定点的位置的主要方法。通过东西南北的坐标网格以及确定的地点，许多地图都会有一个抽象的空间网格覆盖着并以此来对世界（或建筑）进行认知，比较通过抽象的数字来确定方位
159 （大多数人使用的方法）和通过我们自身来辨别方位这两种方法，就

---

* 约翰·迪伊（John Dee），《迈加拉欧几里得几何要素的教学序言》（Mathematicall Praeface to the Elements of Geometrie of Euclid of Megara，1570年。无页码）（作者对引文的拼写和标点作了现代处理）。

** 沃尔特·格罗皮乌斯（Walter Gropius），《全面建筑观》（Scope of Total Architecture），1956年，p274。

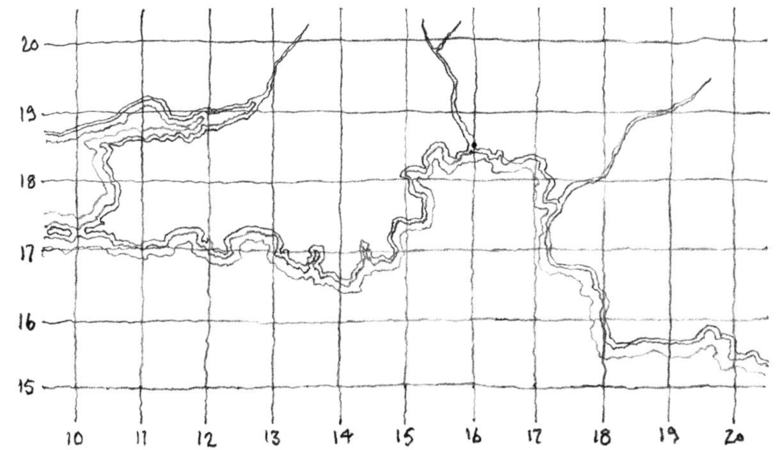

地图都被网格覆盖着，以此来通过坐标确定具体的位置。不是用“流入大海湾的河水出口”来描述一个地点，我只需要说 16、18.5，没有人不懂。工程建筑通常要用到类似的网格，而电脑制图软件中更拥有一种非常精细的网格，你的设计可以通过网格精确一致地表达出来。

能说明理想的几何和存在几何的区别。世界的本身并没有网格，只是被强加了而已。也或者我们可以将笛卡儿网格识别方位的方法与澳大利亚原住民以歌曲方式口口相传来记录事件的方式进行比较：当时的人们以开天辟地（dreamtime）时期中的虚构故事来识别地方，而非抽象的坐标。

理想几何已被用于科学的真理和宇宙的物理研究与积累，同时也暗示着自然界本身有几何的原理。有人说，几何是种语言，因此也是“创始者”存在的一个证据。也有人争论，如果说几何是上帝用来设计宇宙的语言，那么它应该同时也是建筑师设计建筑、布局城市的语言。但是总有一些事情是确定的，不可改变的，比如方圆是非常可靠的。建筑设计用理想的几何看似拥有了满足和谐和感觉的正确性，或者至少它们打开了“不正当性”，也就是不符合几何实施规律性的那部分的可能性。

人们将理想几何强加到日常生活中，作为现有环境的“覆盖物”、过滤器和参考框架。从世界的本体论中我们已经得出这样的结论：理想几何不同于存在几何（前一章描述过）。直线、圆形和方形等几何形式出自我们与世界关联的方式，是纯粹的数学图形，有其自身的规则和特点。

在变幻莫测的世界里，这些数学图形永恒的确定性引起了人类的兴趣。源自它们本身美学或象征的明显特征，它们为人们提供了触手可得的“完美”——完美的圆形，完美的方形，完美的对称。建筑师们开始脱离对存在几何的依靠，转而在他们的设计中逐渐开始运用理想几何来创造严谨与和谐。理想几何凌驾于物质因素之上的卓越性被认为是其“高贵”的一块试金石。人们把它称为“制高点”，并且认为正是通过理想几何的运用，人类的意识才战胜了现实世界原本的无序和痛苦，在更完美的（阿尔伯蒂所谓的更“博学”的）层次上达到了与世界的交流。

美国建筑师路易斯·康（Louis Kahn）说过：“一块砖知道它自己想变成什么样。”罗伯特·文丘里（Robert Venturi）对此这样评价：“路易斯·康其实是想说‘一个物体想成为什么样’，这句话隐含着相反的意思，就是：建筑师想要把事物变成什么样。这两者间的冲突与平衡在很大程度上是由建筑师决定的。”建筑师推翻“一个物体想成为什么样”的方法之一，就是用理想几何去控制它们。

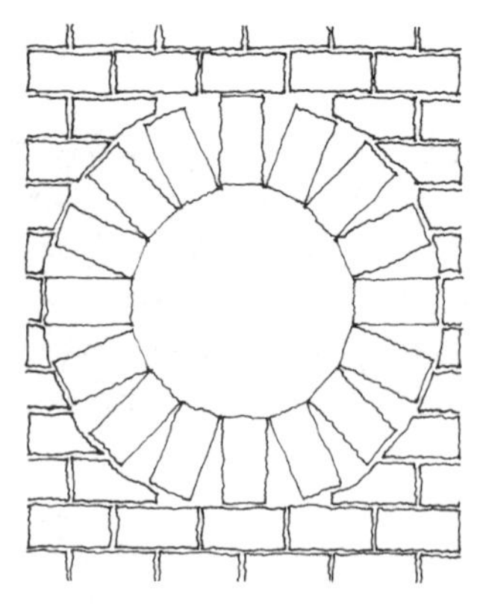

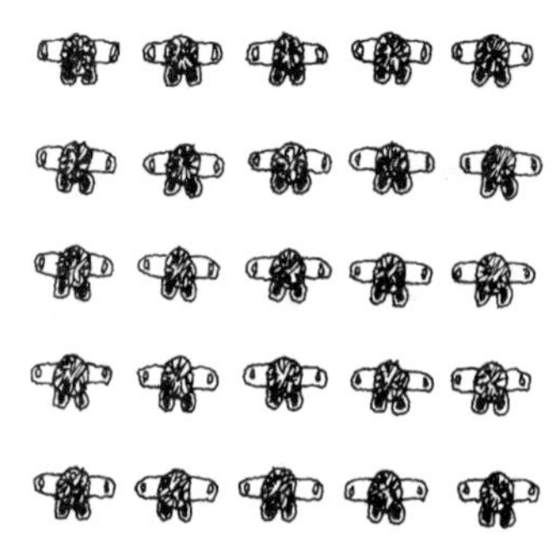

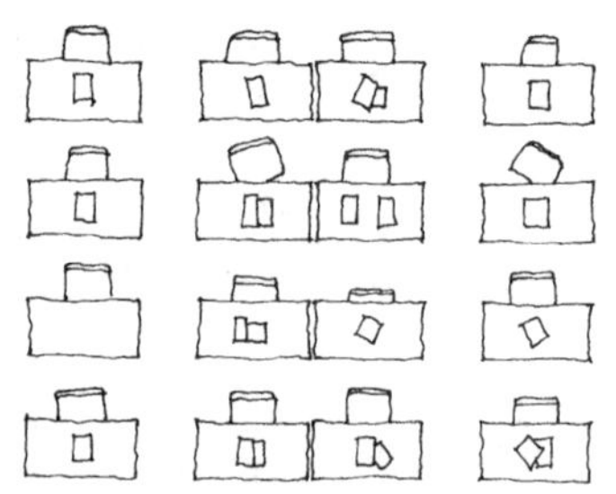

160 对理想几何的态度

对理想几何在建筑中所起的作用有许多不同的态度，比如：

- 理想几何在建筑中的应用增加了建筑的美观与和谐；
- 理想几何的应用在感官上给人美感，是完美建筑形式的保证；
- 设计得出的结果有时也会妥协于对理想几何的依赖；
- 把理想几何的使用作为一种设计控制力的体现，同时也体现了使材料（人）符合设计的秩序原则，而不受其（它们）自身特点（行为方式）的限制；
- 对理想几何的规律、可识别性、可预测性和一致性有所依赖；
- 感谢理想几何提供了现成的完善体系；
- 理想几何的使用能消除建筑的不规则性，不管在建筑作品中还是在建筑与文脉之间；
- 理想几何的应用能体现建筑的象征性或神秘性；
- 品味建筑造型中理想几何运用的难度和成本，以及对建筑中力量、祭祀和地位的表达；
- 将理想几何元素有意无意地组合就像一个游戏。

这些理想几何与世界的现象学体验是区分开的。我们能体验到走过笔直的走廊，体验到成为社交圈的一员，我们能感觉到我们处在自身六个方向的中央，以及砌成正交墙体的几何中央。但我们却无法体验到一个完美的圆形或方形。我们可以想象、看见并度量它们，但无法在其超然领域中切身感受到它们。

在一堵砖墙上开一个完整的圆形洞口并不十分容易（会感到洞口的形状不自然）：因为我们需要把砖块加工成奇怪的形状，如果没有很好的技术，那么砖块的接合处就会很不规则。在一个由矩形木条制作的窗框上安置一个圆形开口也不简单（会感到洞口的形状不自然），笔直的木条需要被切割成曲线形，同时材料还有很大的浪费。把玻璃加工成圆形同样也需要较好的技术。但是仅仅因为这些困难我们就不进行加工了吗？我们能否超越砖块、木条和玻璃的性质，制作出完美的成品以展现我们的意志和技术？

当士兵以几何队形立正或行军时，他们表现出了良好的纪律性。不同的士兵个体统一于一个整体几何形式，展现了他们强有力的战斗力，并且他们服从于权威。

一些人在争论将教室中的课桌按几何秩序摆放是否合理。答案可能很实际：孩子这样坐个性会被统一，这会更引起关注。

巴黎公园的园丁有着军人般精确性的技术，他们将园中的树木修剪成完美的几何形状，表现出法国人对生活的态度和渴望控制自然的人文精神。它们的造型与自由生长的树木（对面页图）形成了对比。

161 纯粹人类的贡献

几何的特殊性让人称奇，好像仅有人类会懂得欣赏几何这一上帝赐物。蜘蛛会织出几何形状的网，蜜蜂能建造六边形的蜂窝，而这些几何形式都因几何的特殊功能而产生。只有人类发现了在生产中应用完美几何的好处，并突破困难使完美几何得以实现。一条划在墙上或沙中不规则的线是无限可能中的一条，而非一条死板的直线，不过无论它有多长、多宽，它都可以是条直线。随手画的环是不规则的，一个不规则的圆也是一样，它也是无限种可能圆中的一种，却并不是一个标准完美的圆，然而不管这个圆的形状如何，它依旧是个圆。它是特别的，独一无二的。一个正方形是如此，一个黄金比例的矩形亦然。

理想几何在建筑设计中最初的运用可以追溯到古代。其无可争辩的优越性长期吸引着人们，同样，它在建造形式上的成就也来自人们长期的技术研究。古埃及金字塔的魅力源自流动沙漠中屹立着的完美几何形状，它象征着万变世界中的永恒——永生以及死后的来世。不管怎样，金字塔的形式对其建造者具有怎样特殊的意义，它们都是人类杰作的丰碑，展现出几何的力量。

理想几何与存在几何

理想几何与存在几何的差别是微小却深奥的，有时甚至会让你混淆彼此。比如，我建造了一个砖砌的矩形小屋，每一面墙上的砖都又宽又高，我已经在前一章阐述了什么是“制造几何”——矩形的组件（砖石）被我砌成了矩形的墙体。但是如果我决定把小屋建成一个完整的立方体，每一个面都是完整的方形，那么我仍然要按照“制造几何”进行施工，这里我还要提出另一个因素，那就是对理想几何形式——立方体的潜在渴望。或者，如果我决定把我的砖房建成圆柱形，同时盖一个圆形平顶，我就要它能使人们围坐成一圈，这就是一种社会（存在）几何——当我们破坏“制造几何”的时候，用矩形砖石来建造曲线墙其实也并不容易，但我还是会因为对实现理想几何的渴望而继续建造。在这样的决定下，理想几何和

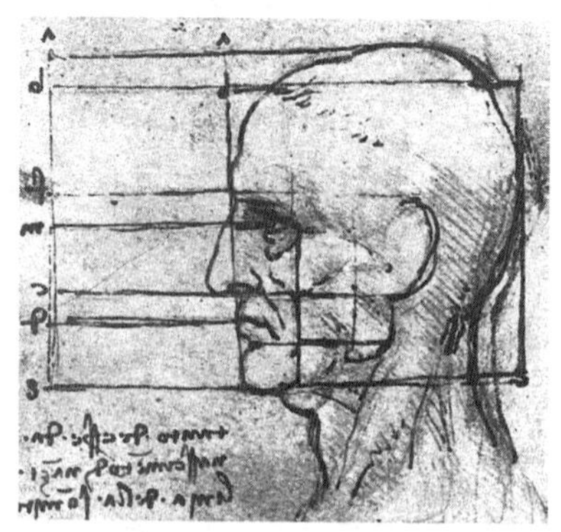

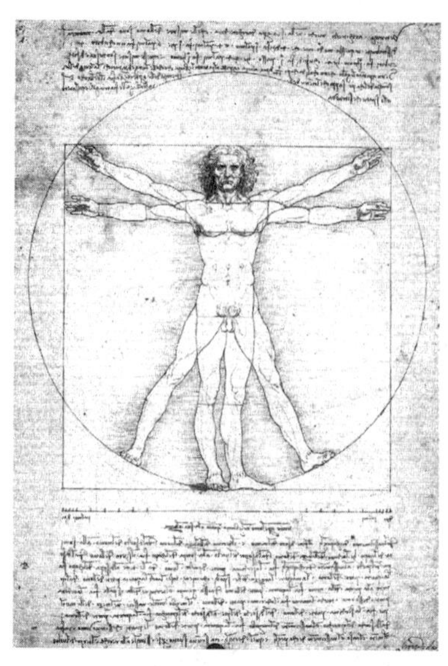

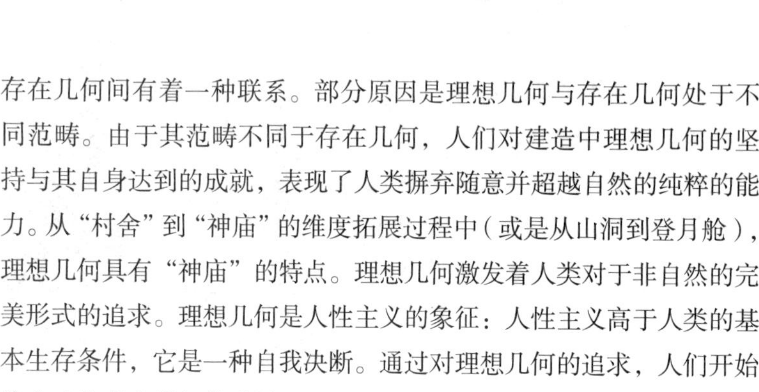

存在几何间有着一种联系。部分原因是理想几何与存在几何处于不
162 同范畴。由于其范畴不同于存在几何，人们对建造中理想几何的坚
持与其自身达到的成就，表现了人类摒弃随意并超越自然的纯粹的能
力。从“村舍”到“神庙”的维度拓展过程中（或是从山洞到登月舱），
理想几何具有“神庙”的特点。理想几何激发着人类对于非自然的完
美形式的追求。理想几何是人性主义的象征：人性主义高于人类的基
本生存条件，它是一种自我决断。通过对理想几何的追求，人们开始
将自己的意志强加给世界。

文艺复兴时期，意大利艺术家和建筑师们尝试着从自然中提取固有的理想几何形，尤其是在人的头和身体中。同时，他们也尝试着为建筑找出完美几何元素。在此之中，他们受到了公元前1世纪罗马建筑师维特鲁威（Vitruvius）的启发。达·芬奇绘制了许多草图来分析和确定人的形体（上图）和头部（左上图）的理想几何。

世界潜在构架

理想几何与存在结合的关系之所以容易混淆是因为理想几何存在于自然过程和其产物中，比如行星绕太阳的椭圆轨道，树枝交错所产生的负空间，或者人脸五官布局。在15世纪的意大利，莱昂纳多·达·芬奇追随维特鲁威，对自然形式的几何结构做了很多研究（上图）。这样的研究显示，理想的数学几何体现了宇宙的运动和形式，也能从某种程度上为人类的创造性活动所用。鲁道夫·维特科尔（Rudolf Wittkower）在1952年出版的《人文主义时代的建筑原理》（Architectural Principles in the Age of Humanism）* 一书中，将文艺复兴时期建筑师们惯用的理想几何尺度、对称和比例大大向前发展了一步。还深入研究了建筑师们之所以喜欢运用这些尺度和比例的内在原因。一个观点是，自然界的一切生物都有一定的内在比例，诸如人体结构的比例和对称性，行星间的关系，甚至是音乐的间隔，都遵循几何关系。所以，如果建筑物也经过同样的概念完整地展现，那必须包括其完美的图形，对称型以及和谐的数字比例。另一个观点是，通过建筑，仅由自然物暗示出来的完美几何可以在思维的创造物上实现完美。运用几何形式是改善不完美的客观世界的手段之一。对几何形式的提炼是人类生存能力的一块试金石，也是人类必须完成的基本任务，否则就无法塑造美好的生活。从这层意义出发，理想几何作为人类能力的表现，或者说是一种能力，用

“……在人体中，中心点就是肚脐。因为如果将一个人安放在他背后的平面上，舒展四肢，以他的肚脐为圆心画圆，手指和脚趾就会触到这个圆的圆周……就像人体置身其中的圆，我们还可以找到一个方形。因为如果我们测量一下脚底到头顶的距离（高度），再测量一下张开手臂之间的距离（宽度），我们会发现宽度和高度是一样的，就像平面完美的方形。”
——维特鲁威，《建筑十书》（公元前1世纪），希基－摩根（Hickey-Morgan）译英文，1960年

* 此书中文版已由中国建筑工业出版社于2016年1月出版。——编者注

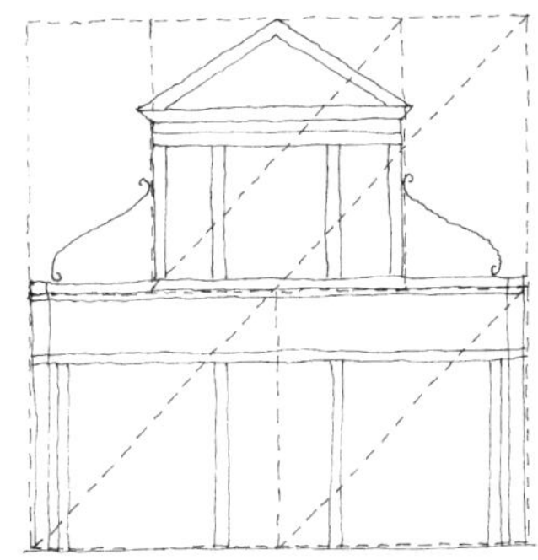

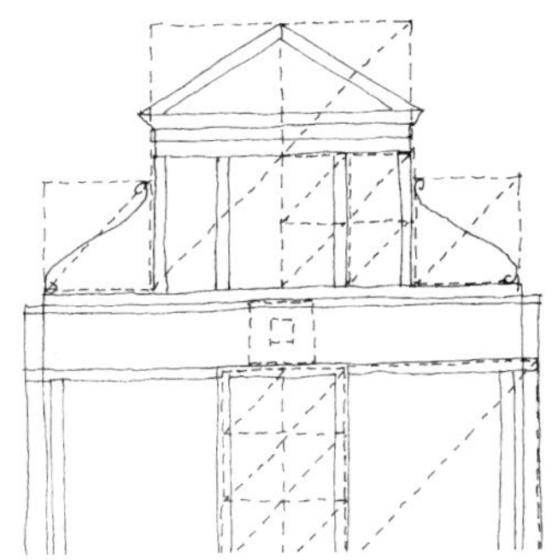

以创造更好的生活。而具体表现在建筑设计中所运用的各种完美形象、轴线系统以及几何比例中。

163 下面的例子（上图）是维特科尔对佛罗伦萨圣玛丽亚·诺韦拉（S. Maria Novella）教堂立面几何构成的图解分析。该教堂由莱昂·巴蒂斯塔·阿尔伯蒂（Leon Battista Alberti）设计，建于 15 世纪。图示表明，可以将建筑的立面解析为二维的轴对称方形构图。它们在设计中的地位是独立于建筑的制作几何的。教堂的正立面仿佛是一面镜子，将这些几何形式清晰地反映出来。从这座建筑可以画一条向下的直线，可以得出这样的建设与实施的超越（非功能，非构造）几何，直到 20 世纪晚期诸如彼得·埃森曼（Peter Eisenman）（住宅一至六号）等建筑师们与他们的三维几何构架（右图），同样不以施工和功能的考虑优先（在本书后面的案例研究中，埃森曼的“住宅六号”被作为一个代表进行分析，见本书第 294 页）。

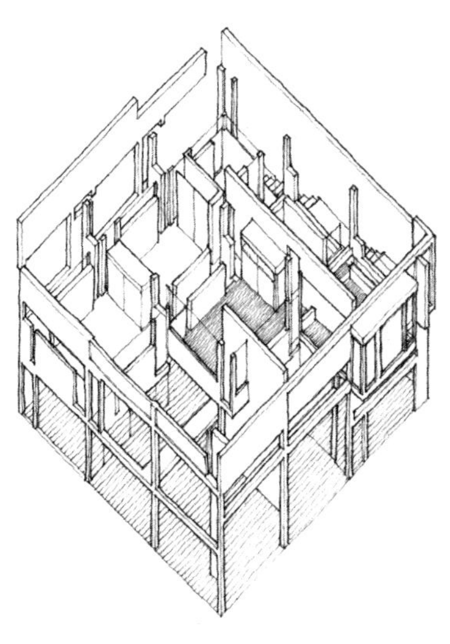

彼得·埃森曼的“住宅二号”（20 世纪 60 年代晚期和 70 年代早期设计的六个住宅之一），延续了圣玛丽亚·诺韦拉（S.Maria Novella）教堂的手法，在一个抽象的框架空间中将复杂的元素揉捏而成，参见本书“案例研究”（案例 10）的“住宅六号”。

几何平面

许多建筑师往往在平面设计中会运用正方形，这与该教堂在立面这一竖向二维空间中运用正方形构图的手法不同。因为平面本身潜含着竖向的第三个维度，如果将时间因素考虑进来，甚至可以生成四维空间。正方形平面构图，一般不是从制造几何中提炼出的方法，因为正方形空间在传统构造方法中并不容易实现；设计正方形平面一般都有打破实用做法的特殊用意。

采用正方形平面的出发点有很多：有的是出于上述的哲学考虑；有的是因为正方形相比其他几何形式中心最稳定，因而最能体现六向性原则（参见第 10 章“存在的几何”）；有的则出于一种挑战心理，试图在方形平面的严格限定中，探索出一条组织合理化空间的可行思路。

建筑师们一直在努力探索完美的建筑形式和有效的构思方法，理想几何是最诱人的手段之一。它们当然不是最容易实现的。正方形也是最容易把握的一种几何语言，并破解难以下手的问题。尽管它看上去有许多局限性，但却蕴含着无穷无尽的变化空间。

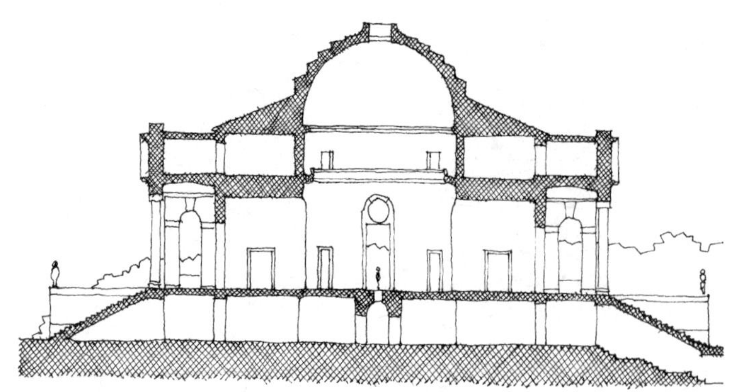

有关方形平面的例子不胜枚举，虽然中世纪之前的实例不多[最古老的例子就是埃及金字塔，以及古希腊西部的亡灵庇护所（Necromanteion），参见本书第218页]。但自文艺复兴以来，以方形平面为基础的建筑设计越来越多。

164 本页右图以及下页右图是两个均为正方形的，建于18世纪20年代的英国住宅的首层平面。下页的图是肯特郡的梅雷沃斯城堡（Mereworth Castle），由科伦·坎贝尔（Colen Campbell）设计；本页的图为伦敦奇斯威克（Chiswick）别墅，设计者是坎贝尔的资助人伯灵顿勋爵（Lord Burlington）。两位建筑师之所以选择正方形平面，均受到圆厅别墅（Villa Rotonda）的影响。圆厅别墅（本页的和下页的大图）是意大利建筑师安德烈·帕拉第奥（Andrea Palladio）的杰出作品，建造年代比这两栋英国住宅早约150年。

圆厅别墅的原平面（下图）是三者中最为稳定均衡的一个。它将四个水平方向汇聚到一个中心上（两条主轴相互垂直）——圆形大厅的焦点在平面的中心上，这座别墅便由此得名（顺便要说的是，圆厅

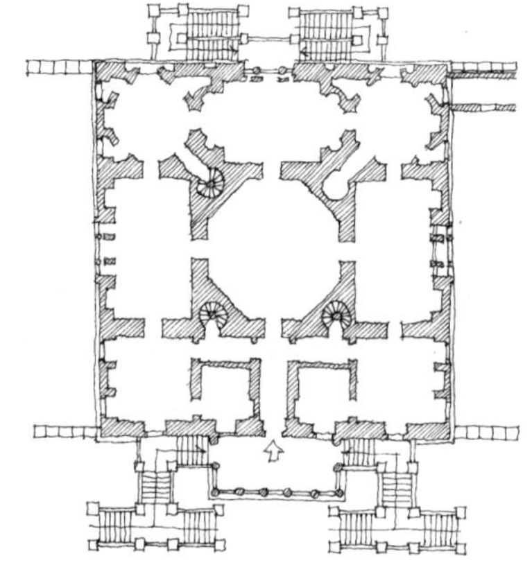

奇斯威克别墅（Chiswick Villa）

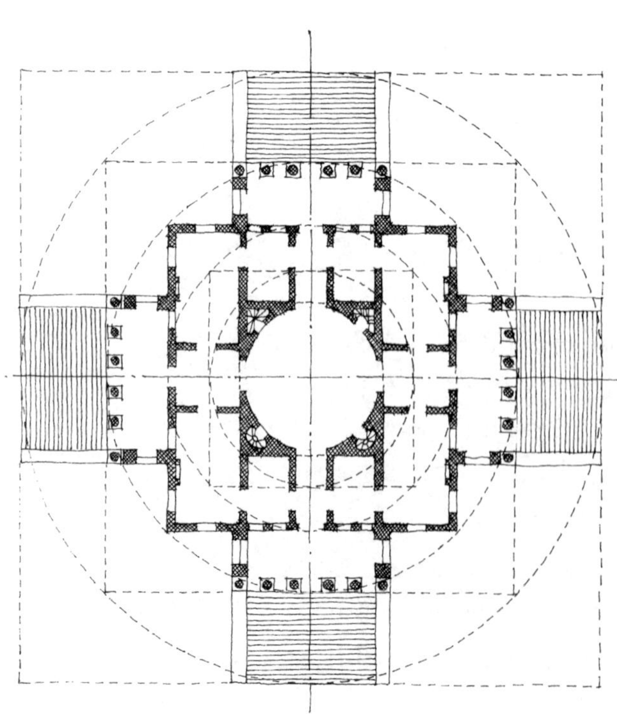

18世纪的奇斯威克别墅和梅雷沃斯城堡都是受帕拉第奥的圆厅别墅的直接影响被设计成了方形。

圆厅别墅的平面和剖面都是根据理想几何原理制定的。

有关圆厅别墅参见：
卡米洛·塞门扎托（Camillo Semenzato），《帕拉第奥的圆厅别墅》（The Rotonda of Andrea Palladio），1968年

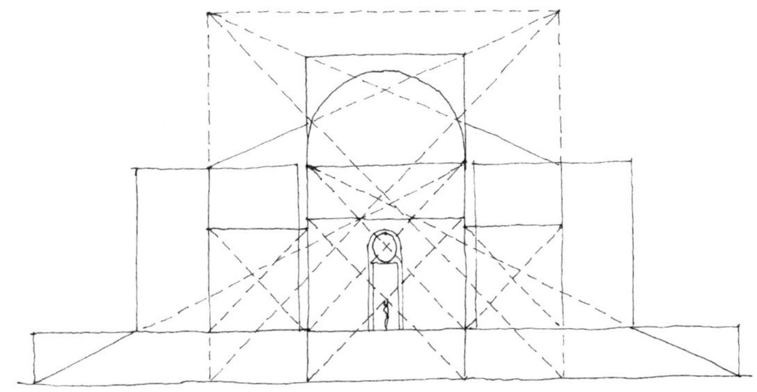

圆厅别墅的圆形比例似乎是以人为中心而产生，这更加证实了它是敬人的神庙。

别墅四面不是正对着北、南、东、西，而是东北、东南……）。平面也不单是一个正方形，而是由同一中心放射出的五个方形序列组成
165 的；每个外圈方形的边长恰好等于下一个内圈方形之中外切圆的直径（下图）。最小的圆就是圆厅本身。每个方形（除了倒数第二小的以外）都决定了建筑某些关键部分的位置。居中的方形限定出建筑主体部分的大小；第二大的方形限定出每一侧门廊的范围；最大的方形限定出通向这些门廊的台阶的长度。圆厅别墅（对面页上图，及本页上图）的纵剖面同样也是由圆和方构成的，只是相比平面构图略为复杂一些。有人认为，整个别墅的几何形式始于站在它几何中心的人体大小。结果是在这个设计中，几何不仅决定了建筑的形式，而且象征着人类在使世界比在自然状态下更好、更美、更有秩序上的独特贡献。这个别墅成了处于世界中心的人类的神庙，在那里可以统揽四方。别墅上部是高于人类的世界（由穹顶象征），下部是低于人类的世界（由地下室的服务用房象征）。

166 在 20 世纪，正方形平面的设计也一直被建筑师运用着。查尔斯·摩尔（Charles Moore）在他设计的鲁道夫二号住宅（the Rudolf House Ⅱ，右图）

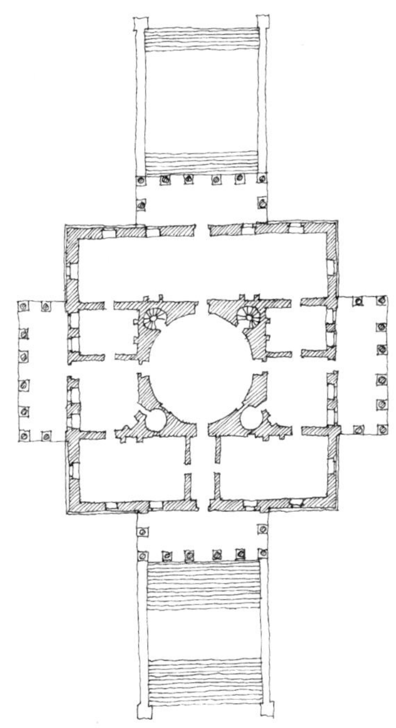

梅雷沃斯城堡（Mereworth Castle）

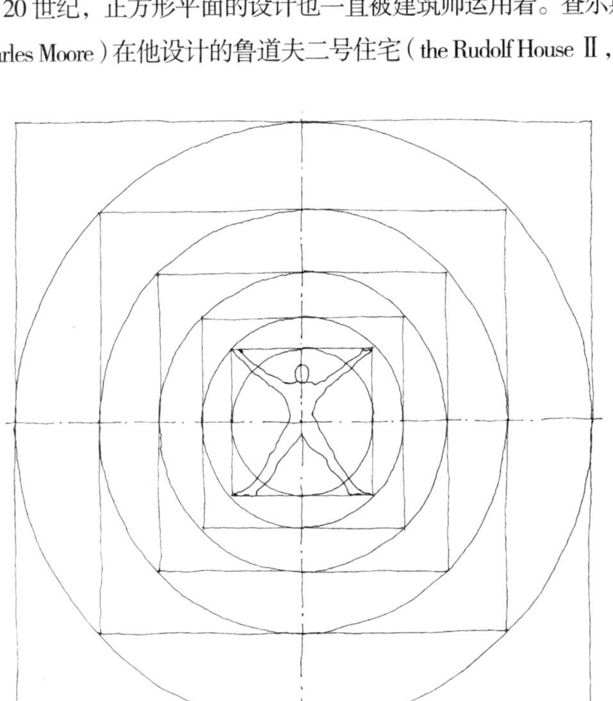

以方形和圆形作为基本框架的做法源于维特鲁威的观点：人体可与二者完美结合。

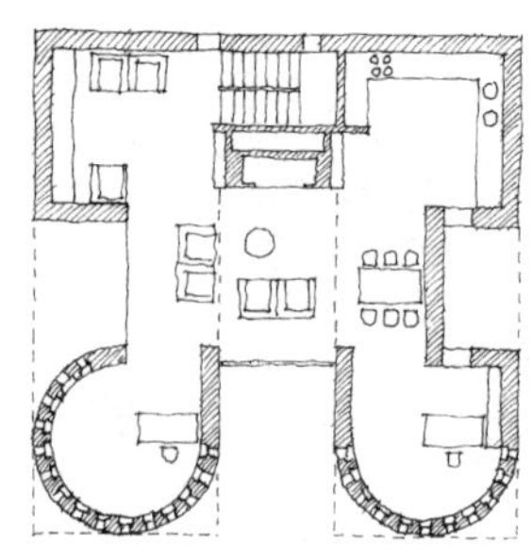

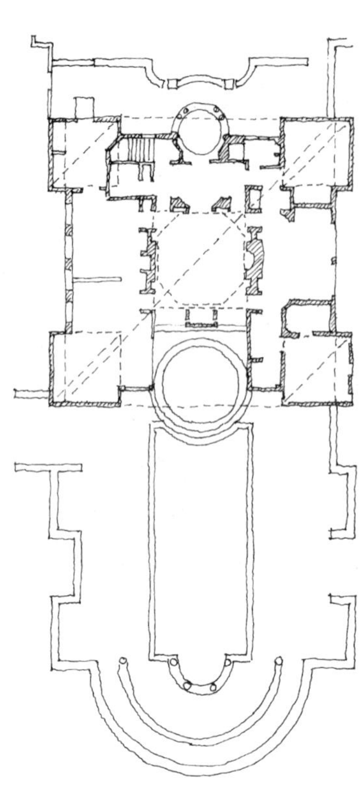

许多建筑师尝试着用正方形对平面进行布局。

中同样运用了正方形平面。相似于文艺复兴时期的设计手法，摩尔也创造了中心空间。在这里，它被用作起居厅，其他附属空间在起居厅四周布置，如厨房、餐厅、卧室等。由于实际条件所限，整个平面布局并不像帕拉第奥的圆厅别墅那样规整。

瑞士建筑师马里奥·博塔（Mario Botta）的许多作品也是以几何尺度的精细推敲为基础的。他在瑞士设计了多处私人住宅，通常都由方形、圆形、正立方体和圆柱体等简洁的几何主体构成。这是博塔在奥里利奥（Origlio）设计的家庭住宅（上图），建于 1981 年。平面组合在一个完整的虚拟正方形中，由矩形和圆形构成。每一层都在虚拟方形的布置上又各有区别。这是三层住宅的中间一层，平面近似于对称布局，起居厅和壁炉位于中央位置。

这是位于圣维塔莱河村的一所湖滨住宅（同为博塔所作，下图），同样也是基于一个正方形平面。它是一座五层高的独立式住宅，建在卢加诺（Lugano）湖滨的坡地上。一座小桥通向建筑的顶层（如图所示）。

通过上面的两所房子可以看出，博塔还倾向于运用另一种几何尺度——矩形的黄金比来组织平面布局。黄金矩形的长与宽具有固定的比例关系：短边同长边的比值等于长边与长短边之和的比值（下图和右图）。也就是说，在黄金矩形中以短边作为边长画一个正方形，余下的稍小一些的矩形仍然是黄金矩形。这一比例就是黄金分割比，比值不是一个整数，其近似值是 1.618 ∶ 1。奥里利奥住宅中，博塔运用黄金比来确定平面中心部分与两侧空间的比例。在圣维塔

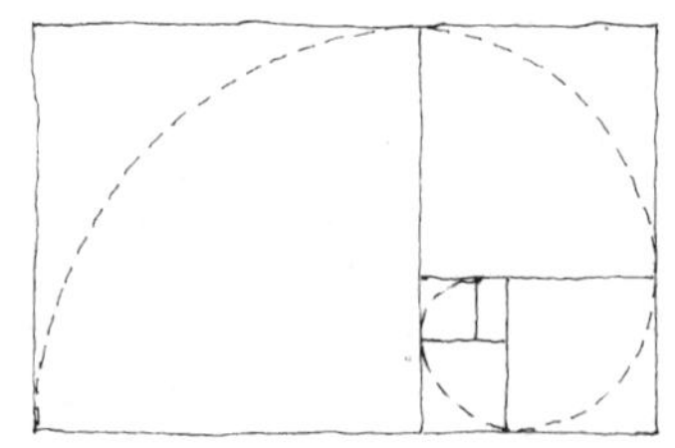

黄金分割是一个特殊的比例，它创造了一个矩形。如果这个正方形被撤去，又会出现另一个黄金矩形，由此往复循环，永无止境。

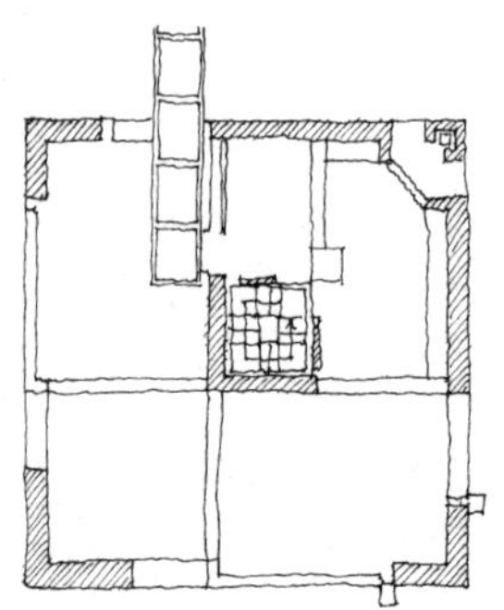

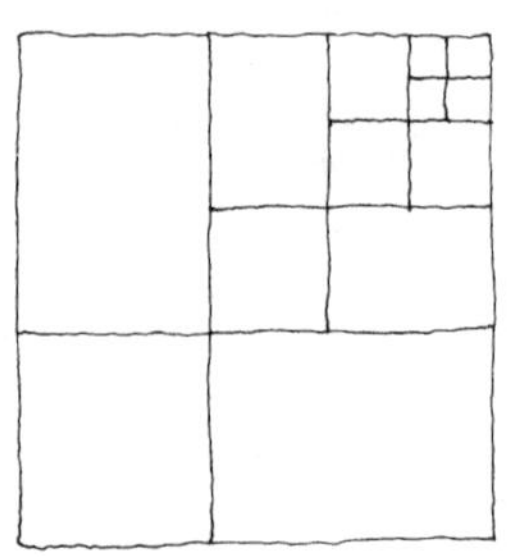

有关博塔设计的住宅参见：
皮埃尔路易吉·尼可林（Pierluigi Nicolin），《马里奥·博塔：1961—1982 年建筑设计选》（Mario Botta：Buildings and Projects 1961-1982），1984 年

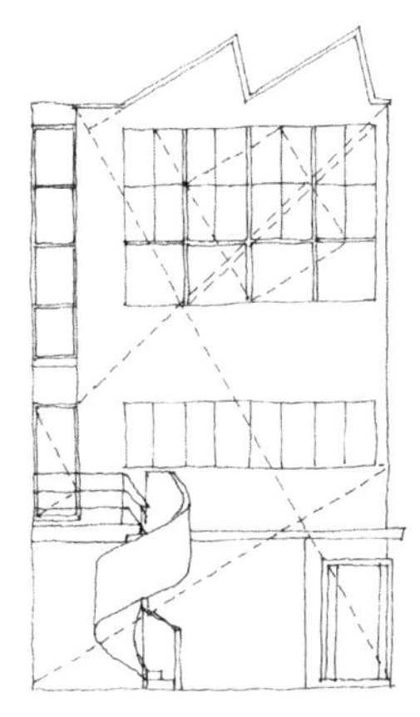

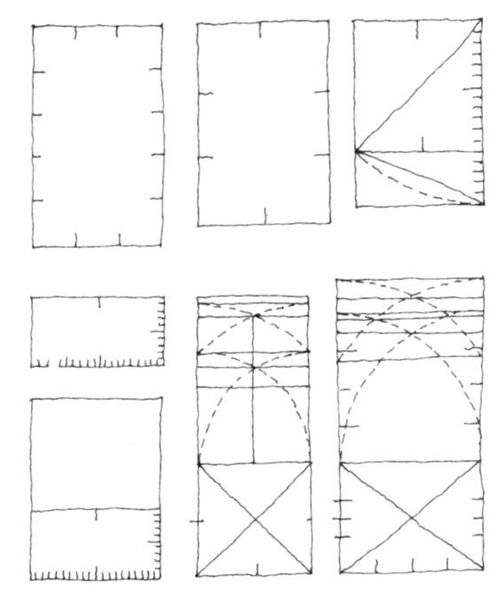

许多建筑师通过更寻常的方式利用理想几何使他们的设计更为有序。理想几何常常用来加强平面和剖面的秩序性，尽管它们可能与使用无关。比如，窗和门通常被赋予简单的几何比例，用来使立面更加美观、和谐。切萨里亚诺（Cesariano）在 1521 年创造的范例展现了门窗的完美比例（左图）。

历史上有许多建筑师在设计窗户时都运用了几何比例。这扇窗（下图）的比例是基于“黄金矩形”来确定的，取自实验性建筑“田园村庄”住宅，由巴里·帕克（Barry Parker）和雷蒙德·昂温（Raymond Unwin）于 1912 年设计。

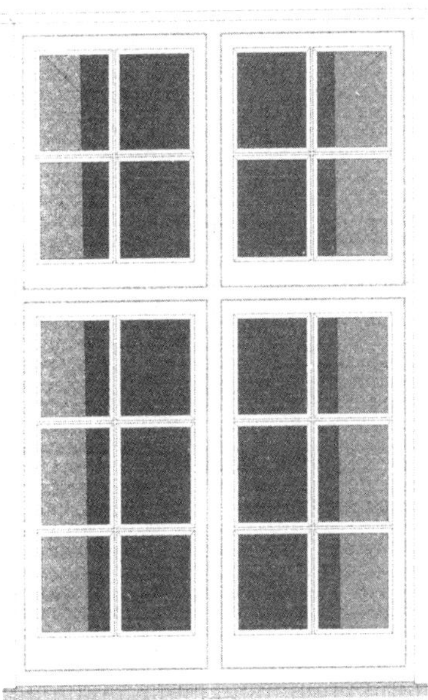

莱河村住宅中似乎也运用了黄金矩形，手法与帕拉第奥在圆厅别墅
167 中对圆与方的运用相类似，就如前文所述的俄罗斯套娃一样。在这里是从平面一角出发的，而不是它的中心。靠近平面中间的方形里是连接各层的楼梯。

勒·柯布西耶同样也通过运用黄金分割来实现几何造型的整体性。他在 1923 年出版的《走向新建筑》（原著名 Vers Une Architecture，1923 年；英译名 Towards a New Architecture，1927 年）一书中，对一些著名建筑实例的结构形式进行了分析，并在此基础上进行了自己的设计探索。他不仅运用了黄金比，而且还独创了“控制线”设计法（他自称为“traces regulateurs”），构建出复杂的网格线，用以辅助设计，这背后的基本原理难以被理解。1923 年，他曾为好友，纯粹主义画家阿梅德·奥占芳（Amédée Ozenfant）在巴黎南郊设计了一座工作室，上图是他对该建筑立面几何形式的解析。图解方法很像是帕拉第奥在圣玛丽亚·诺韦拉大教堂设计中曾使用过的方法，几何体以虚线形式在立面中标出，就如从镜面中映衬出的一样清晰可见。可以看出，立面上的几何排布就如同基因一般，赋予了这个建筑独一无二的视觉感受。

这些例子说明了理想几何在建筑中的应用一般都是需要推敲的。那些有助于标识场所的基本的建筑元素（用来限定空间的地面、墙、窗、门、柱子、单元等），都可以通过理想几何，在美学、智慧，或象征性的意义上进行修饰。理想几何一般都与建筑外立面有装饰性上的联系。当一个设计开始依附于对理想几何的运用时（就像古埃及金字塔或圆厅别墅），从概念上来说，实际上这种几何是依附于基本的建筑元素。倘若没有这些元素，那么几何也就不复存在。在建筑文献中常常争论这么一个话题：理想几何的运用是一种试金石，来探究建筑到底是高贵的还是虚伪的。

168 在历史上，建筑师很容易使用圆和方作为几何架构来设计。例如上图中（众多例子中的三个），希腊埃皮扎夫罗斯（Epidavros）的圆

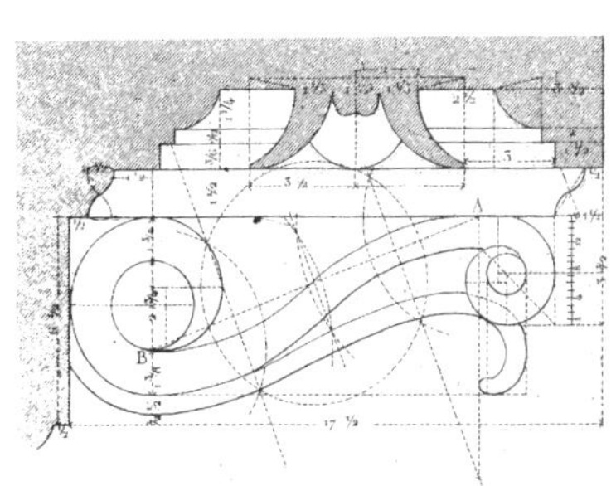

到 19 世纪，设计方案中建筑元素的几何结构已经越来越复杂和细致了。

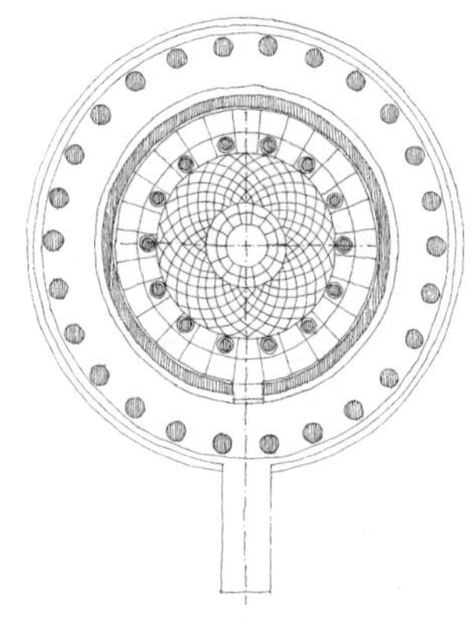

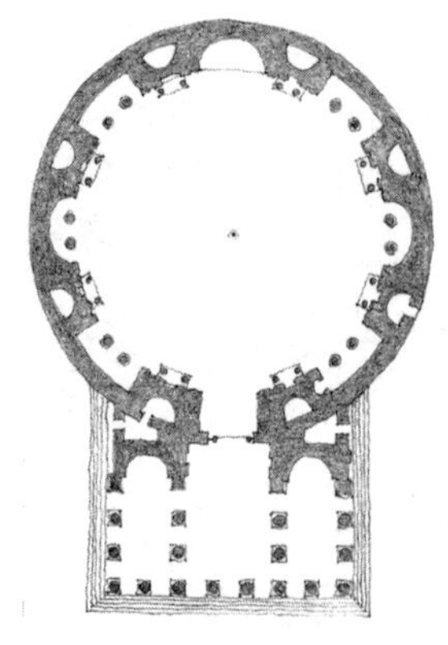

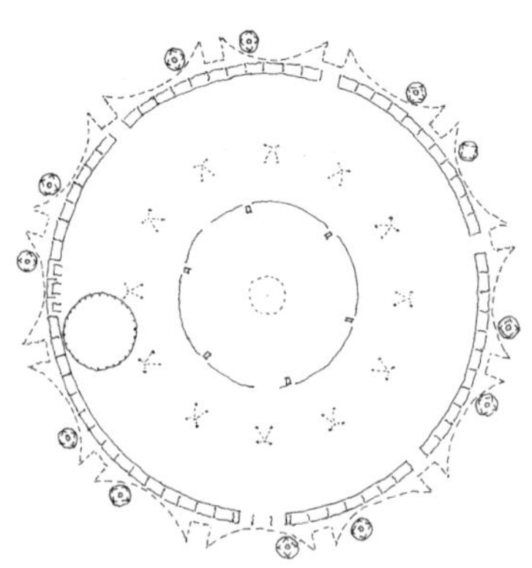

形环柱式神庙(Tholos，公元前3世纪)、意大利罗马的万神庙(Pantheon，公元2世纪) 以及在伦敦由理查德・罗杰斯（Richard Rogers）设计的千禧穹顶（Millennium Dome）（是不一样的比例尺）。

理想的几何确实使建筑设计更加简单了，或者可以说它在构成上给予了建筑师很好的支持，更确切地说，是由平面和剖面构成。例如，左下图是（笔者）完全按照达・芬奇（约 1488 年）在他的笔记中构想“神庙”时的设计复原的一个几何游戏。旁边（右下图）是弗兰克・劳埃德・赖特设计的一个住宅平面 [马丁住宅（the Martin Residence），1904 年]，这明显是在绘图纸下铺了坐标纸绘成的。理想几何的运用使平面绘制变得井然有序，一张城市网格的肌理将建筑和花园都整合在一个框架中，完美地表述了整个设计。理想几何提供了一种完美的几何形状，使设计的平面显得更富有“说服力”。

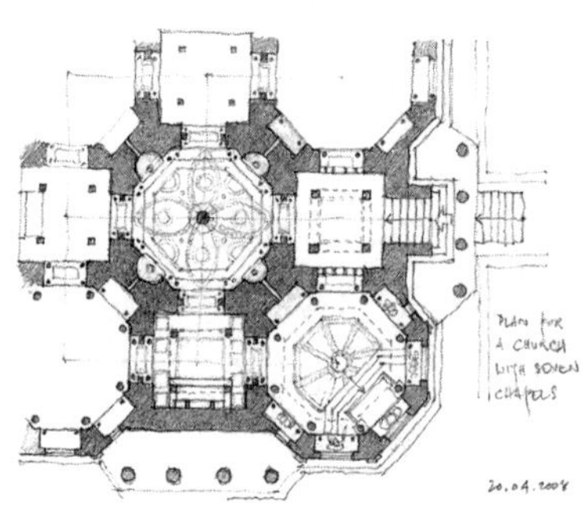

这是我在一个无聊的会议上绘制的一张图。这是一个平面，展示了在一个几何网格上进行设计是多么简单。

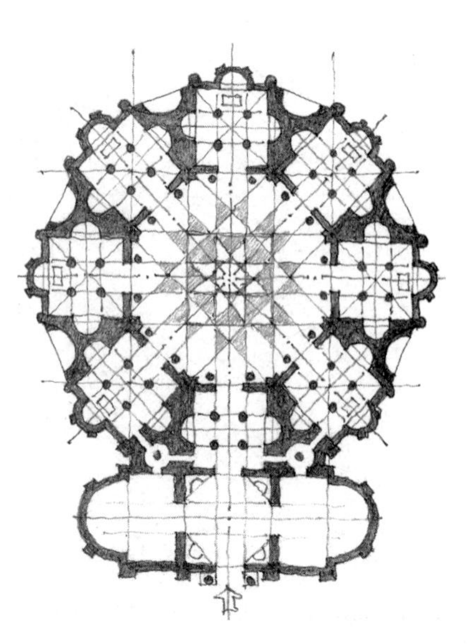

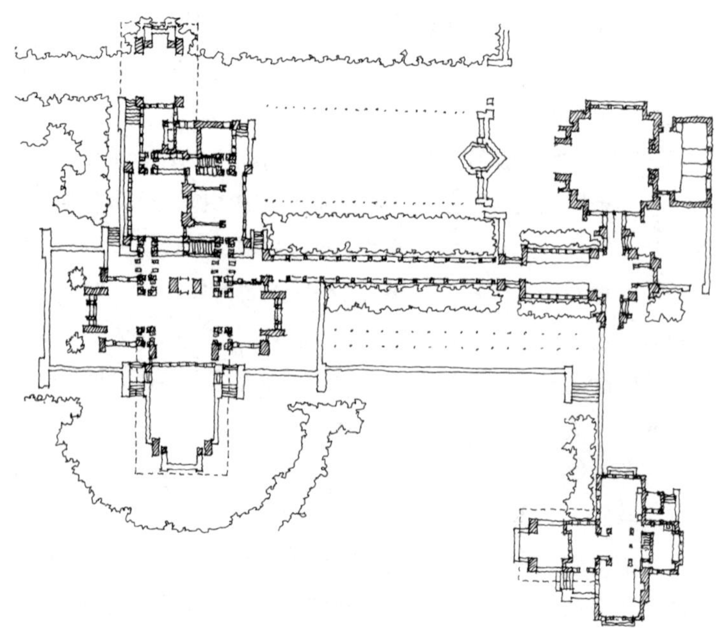

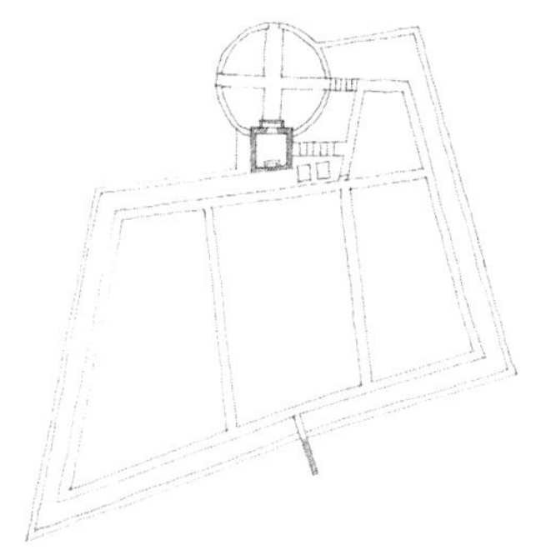

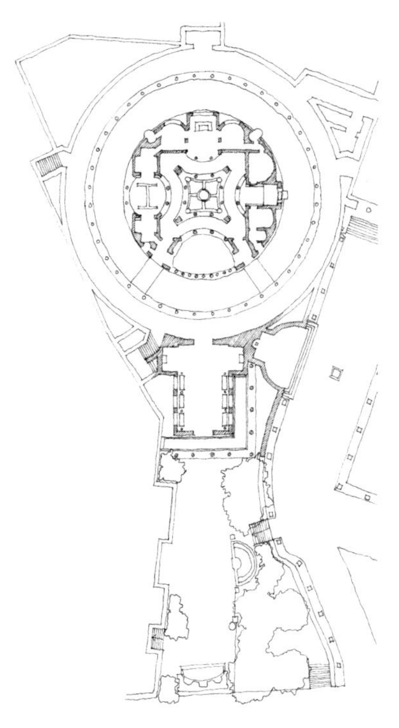

这是圆亭（Circular Pavilion）的平面，是 20 世纪早期，由 P·T·舒尔策（P. T. Schutze）在哈德良别墅（Hadrian's Villa）进行的一项重建工程。参见：约翰·F·哈贝森（John F. Harbeson），《建筑设计研究》（The Study of Architectural Design），1927 年，p216

169 ## 复杂、扭曲、重叠的几何

人们或许会发现，理想几何以及不可达到的（神圣）完美，是由它可预见的法则确定的（因此会被认为枯燥）。在音乐中，我们可以通过规律击打的组合演奏出异样的美妙旋律，同样在建筑中，我们可以用理想几何来进行不规则的表现。运用理想几何可以打破规整的建筑模式，从而与人们一直在变化的生活规律相互影响。例如在赖特的马丁住宅平面中，居住者单调的生活模式与树木便产生了关系。还有其他一些人从其他方式着手，来寻找与环境或者工程项目之间的相互联系。

有时候一些被限定的建设基地本身就会作用于建筑设计，建筑师不得不扭曲造型从而改变建筑的理想几何。上图是莱韦伦茨（Lewerentz）设计的福什巴卡墓地（Forsbacka Cemetery），在通往教堂的基地建设布局上，他为了顺应基地的造型，对自己的建筑几何布置进行了变异扭转（有人质疑它本应是个正方形平面）。右图，一个不规则的场地设计丰富了整个平面。这个圆亭（Circular Pavilion）坐落于罗马城外蒂沃利的哈德良别墅（Hadrian's Villa）里。

20 世纪的许多建筑师都习惯于运用理想几何，赋予其设计一种理性、抽条、形式化的完整性。有些建筑师则厌倦了简单平淡的构图模式，转而尝试将不同几何体穿插、组合成更为复杂、多变的空间形式。

美国建筑师理查德·迈耶（Richard Meier）的住宅设计中，起居空间往往是由几种规则的几何形体相互穿插组合而成的复杂形式。这是迈耶设计的霍夫曼住宅（the Hoffman House）（右图），1967 年建于纽约州的东汉普顿市。基地是一处比较完整的正方形场地（参见后页图），设计构思与基地形状有着必然的联系。方形的对角线限定了两个主要矩形之一中的一个立面的角度，而这些矩形正是住宅平面的基础。这两个矩形都是双方形。一个矩形在场地的对角线上，另一个与场地的侧边平行。它们有一个共同的转角。它们的相互几何关系决定了几乎平面中所有东西的位置。重叠几何形的穿插限定了住宅房间的位置——起居室、厨房、用餐区等等。这些矩形的几何形成了线条

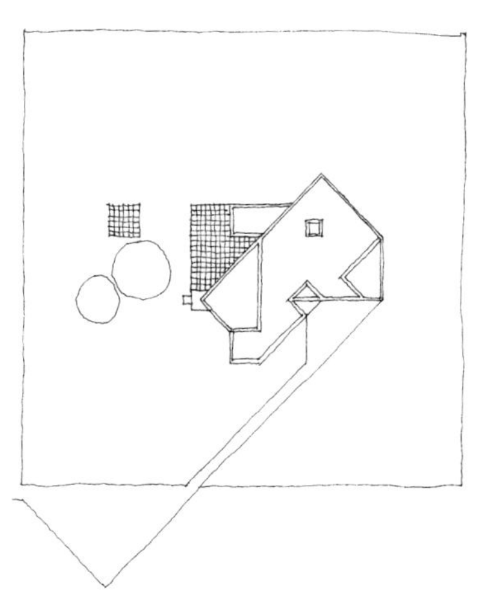

的复杂架构，它限定了基本要素的位置——墙体、玻璃墙、限定区域、柱子。为了突出这种趣味，这些方形有时被再次分割，让几何更加复
170 杂，形成更多的交会点，以定义出更多丰富细微的建筑空间来。左下图是这座建筑首层平面的几何划分和结点示意图，实际平面见右下图所示。示意图中可以看到，两个矩形又各自等分为两个正方形，正方形又沿两条边各三等分，这样共形成九个小方格。如图所示，两条点画线与斜置的矩形长边分别形成两处节点，在这里设置了两根立柱，支撑起大片玻璃幕墙，使光线可以直射起居室和餐厅，矩形两角的交会点设计为壁炉。建筑的主入口是一个独立的内凹正方形，它水平方向的两个对角点分别是两个矩形中线的一个端点，同时与壁炉以及客厅中摆放的沙发构成客厅的中轴线。客厅凹角是方格网中左数第二条轴线的延长线与斜置矩形的右下角的水平延长线相交形成的，如此等等。

平面布局有些复杂，想通过文字表达清楚实非易事。认为迈耶利用这种手法是为了提升设计品质，也许有一定的道理，但迈耶真正的意图是用几何来辅助设计，并将阿尔伯蒂和帕拉第奥的手法合二为一。这种造型手法是形式和理念的完美结合。在几何构成的同时，迈耶创造了新的空间维度——高品质空间所应具有的一种复杂性。

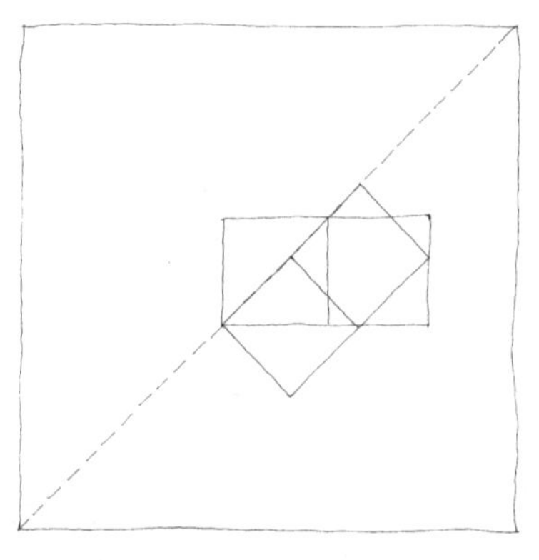

理查德·迈耶的霍夫曼住宅平面图是由两个共享顶角的方形重叠而成。其中涉及的问题有许多是关于怎样通过几何原理来组织平面。与简单的几何布局比较，叠加的几何运用使设计更为复杂，而这种复杂正是来自两个格网的相互穿插。

理查德·迈耶设计的霍夫曼住宅参见：约瑟夫·里克沃特（Joseph Rykwert）作序，《理查德·迈耶 1964—1984 年建筑作品选》（Richard Meier Architect 1964/1984），1984 年，p34—37

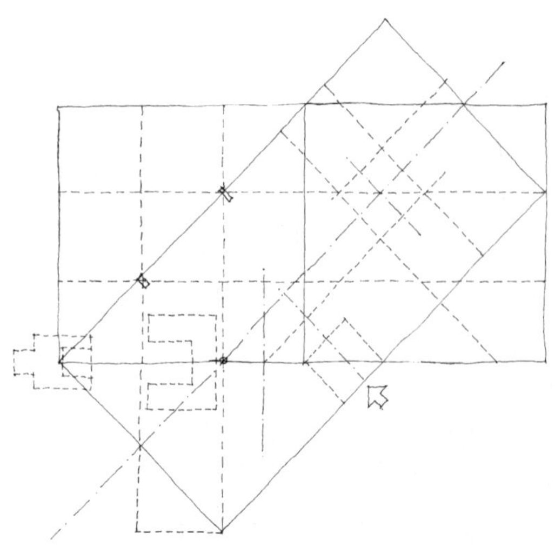

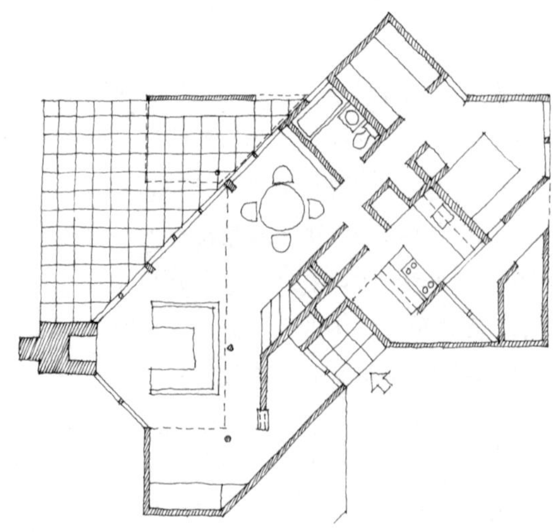

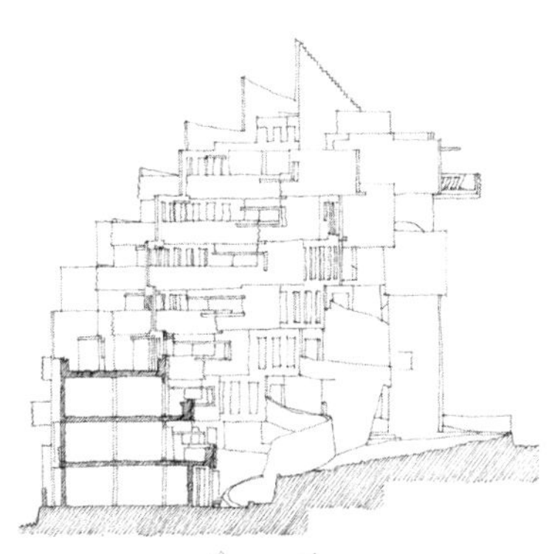

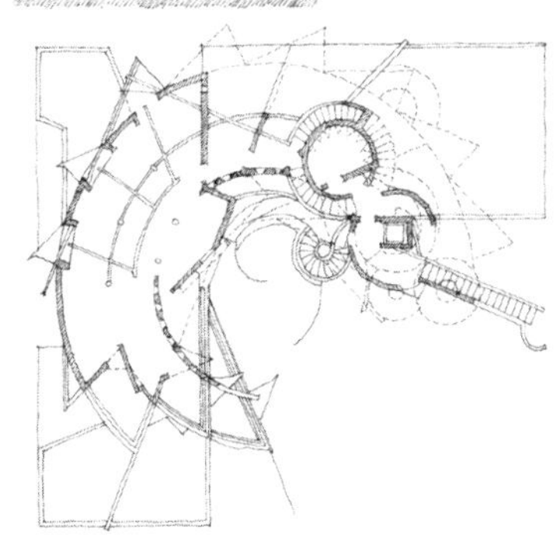

迈耶的几何构图可能看似复杂，但还有其他一些建筑师运用的几
何形式要比霍夫曼住宅更为复杂。右图是以色列特拉维夫（Tel Aviv）
171 郊区拉马特甘（Ramat Gan）的一座公寓的剖面图和平面图。这座建筑
造型十分复杂，设计者是泽维·黑科尔（Zvi Hecker），建于 1991 年。
众多圆与方的片段经过螺旋形排列，形成了复杂的几何重叠，所产生
的重合空间即为居住单元。

建筑师有很多方法来通过规律与不规律的相互作用来达到复杂的效果。左下图是 1956 年建在意大利苏特里奥（Sutrio）的吉诺山谷之家（Gino Valle's Case Quaglia）的设计图。这里通过减法，我们可以将一个复杂的墙体组成变成一个有规则的空间框架结构。右下图是 1976 年阿尔瓦罗·西扎（Alvaro Siza）在葡萄牙波瓦·迪瓦尔津（Povoa de Varzim）所设计的比尔斯住宅（Bires House）。有别于其他部位的正交布置，平面中有一个角落被设计成了不规则状。

泽维·黑科尔设计的建在特拉维夫市的公寓楼（Zvi Hecker's apartment building）是一个由圆形、矩形和半径叠加而成的螺旋形。

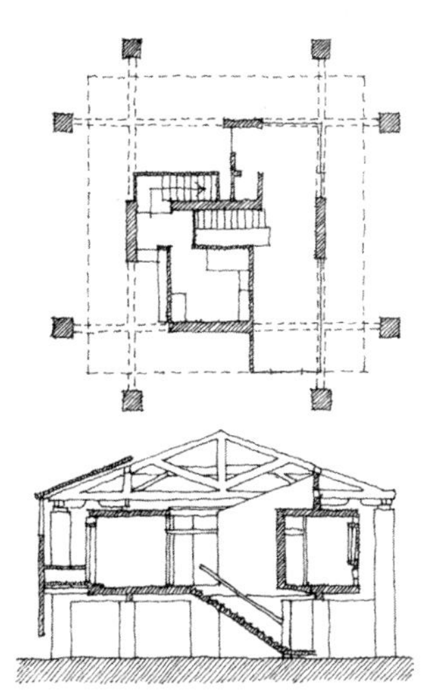

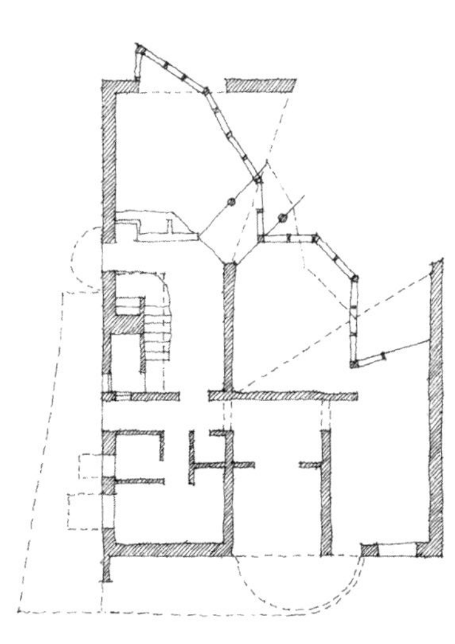

吉诺山谷之家（Gino Valle's Case Quaglia）是由零碎安排的墙体和地板形成一个有规则的框架结构（最左边图）。

阿尔瓦罗·西扎（Alvaro Siza）设计的比尔斯住宅（Bires House）就有一点小角被“咬掉”。

扎哈·哈迪德是善于扭曲建筑造型的众多建筑师之一。在 20 世纪八九十年代，她创作了一系列建筑，它们看起来似乎是被一些未知力量所压裂、歪曲了的普通建筑，而这些本是规整的正文形建筑。这其中最突出的一个建筑设计，也就是她的第一个建成作品——维特拉消防站。该建筑坐落于德国和瑞士交界处（这是一个成功的设计，又因为它作为一个消防中心无法使用，而骂名远扬）。其平面为后页顶

有关泽维·黑科尔设计的螺旋公寓楼参见：
《今日建筑》（L'Architecture d'Aujourd'hui），1991 年 6 月，p12

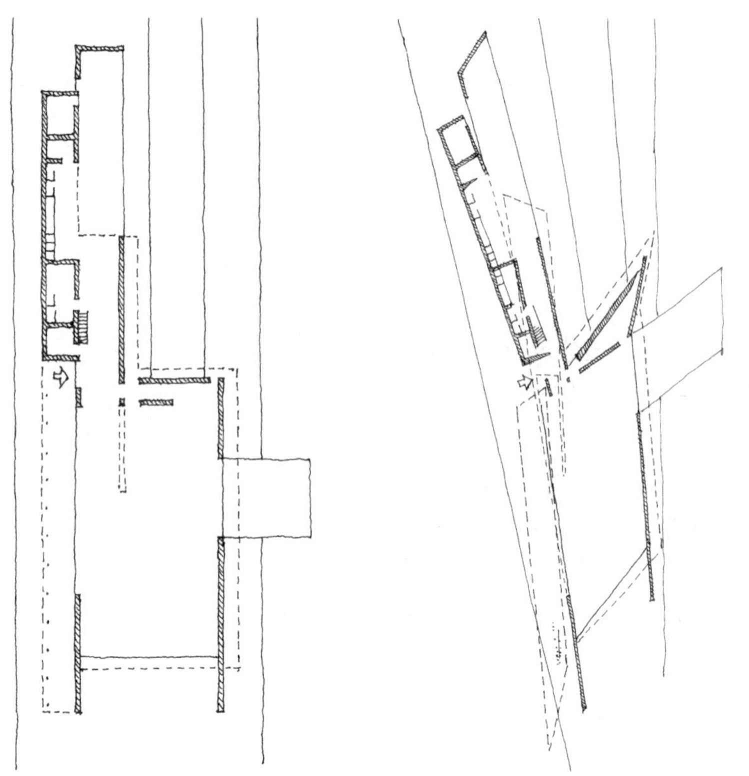

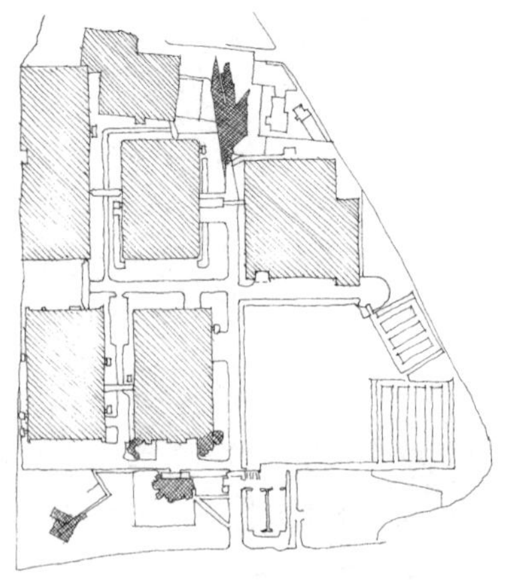

维特拉工厂的消防站建于 1994 年，在其建设基地上还有一系列的新建筑。其中包括弗兰克·盖里在 1989 年设计的博物馆、安藤忠雄 1993 年设计的会议中心。这些都在场地平面的底部。

部中图，右上图是它处在维特拉工厂环境中的总平面。从设计图中可
172 以看出，哈迪德的建筑颠覆了工厂的正交网格布局。建筑的构成也同时挑战了它本身，就像被不可见和不可知的力量所作用（或许是个黑洞），打破了它原有的正交布局。左上图是我画的，意在展示撤销这种“扭曲力量”以后的平面。

20 世纪 70 年代，意大利建筑理论师布鲁诺·赛维（Bruno Zevi）画了 3 个图来说明 20 世纪的建筑师是如何打破传统建筑的禁锢的（下图）。他提到了 20 世纪早期的弗兰克·劳埃德·赖特、风格派建筑师以及欧洲的设计师，以及密斯·凡·德·罗（如巴塞罗那馆）。而像哈迪德的维特拉消防站，则已经迈出了历史性的一步。我“纠正”过的设计图看起来和赛维的第三个图示很相像——开放的空间组成和转向的方案。但是赛维的方案依旧遵循着笛卡儿坐标意义上的三个相
173 互垂直维度。哈迪德的建筑的空间图示（下页上图）也有分割的部分，其结果是与人类自身的六向性形成刻意的冲突，而不是和谐。

有关哈迪德的维特拉消防站参见：
亚伦·贝特思齐（Aaron Betsky），《扎哈·哈迪德：建筑与项目全集》（Zaha Hadid: Complete Buildings and Projects），1998 年

有关赛维的图示参见：
布鲁诺·赛维（Bruno Zevi），《现代建筑语言》（The Modern Language of Architecture），1978 年

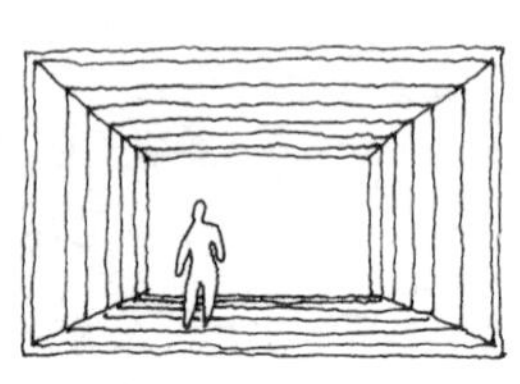

封闭盒子

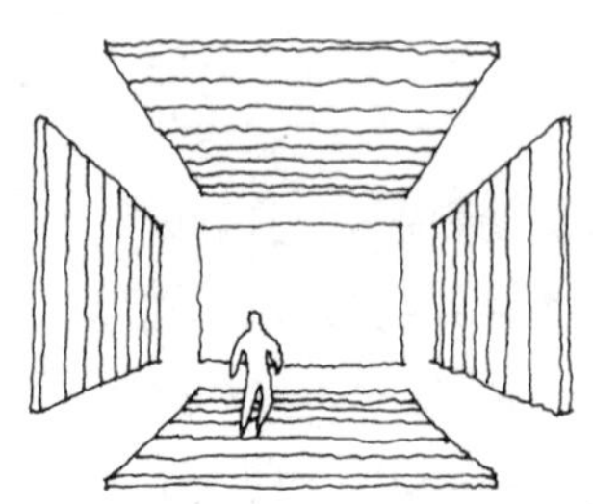

开放的平面

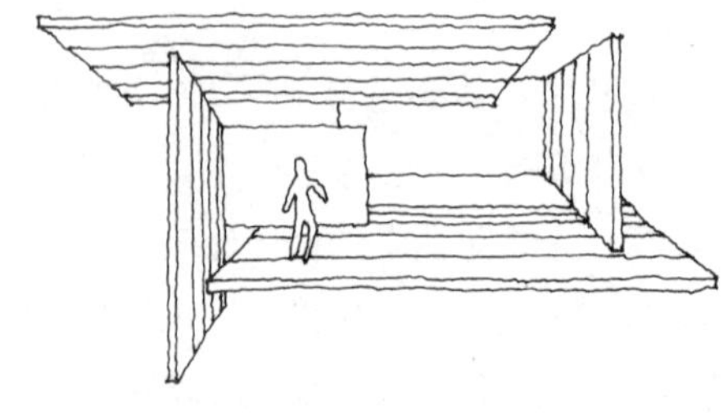

开放及变换的平面

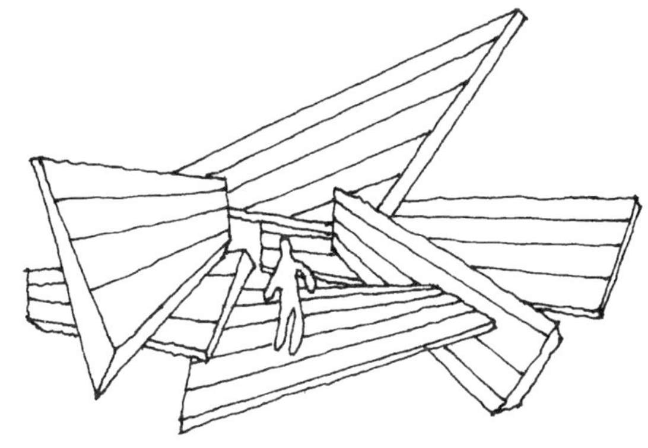

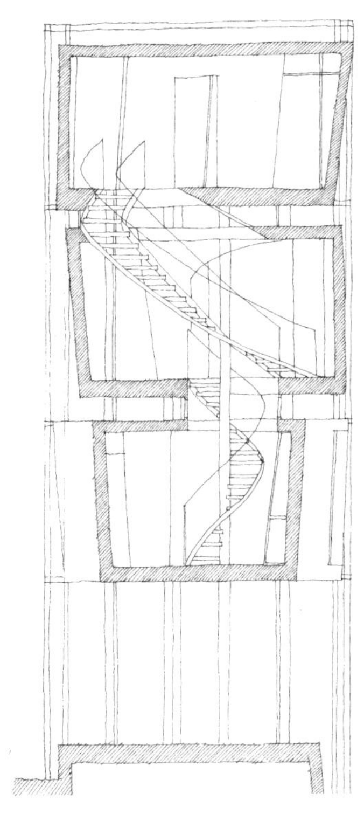

哈迪德的很多设计都颠覆了笛卡儿所创造的世界秩序（和意义）。下图是她在 1995 年为德国基希海姆－纳本（Kirchheim–Nabern）的比例·施特劳斯酒店（the Arhotel Billie Strauss）扩建所做的设计，右图为剖面。按照勒·柯布西耶的多米诺体系（Dom–Ino idea），它架空于地面之上（参见第 12.1 节“空间与结构”），但除此之外它也没有遵守正交原则，甚至是从一个楼层到另一个楼层的连贯性。

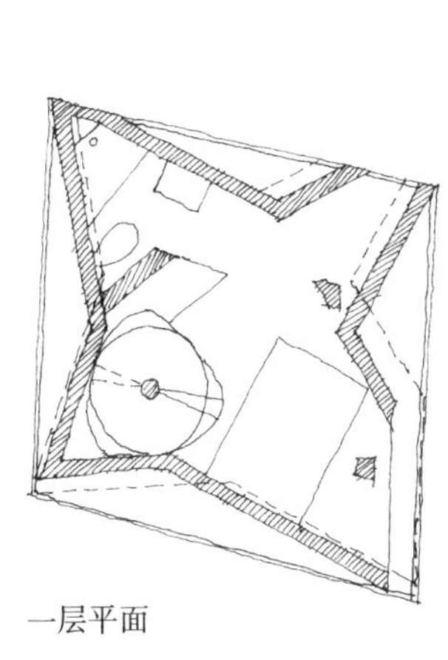

一层平面

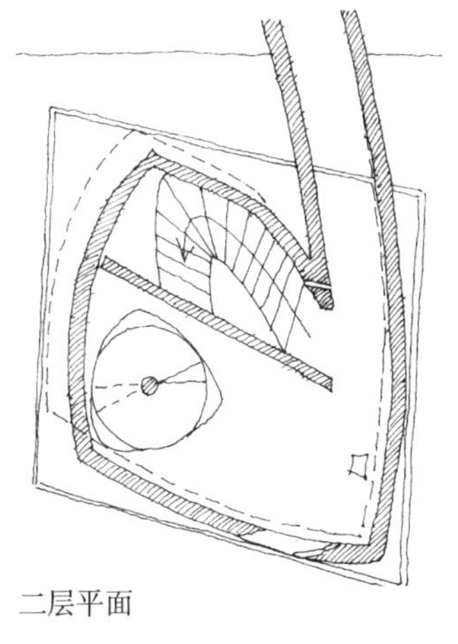

二层平面

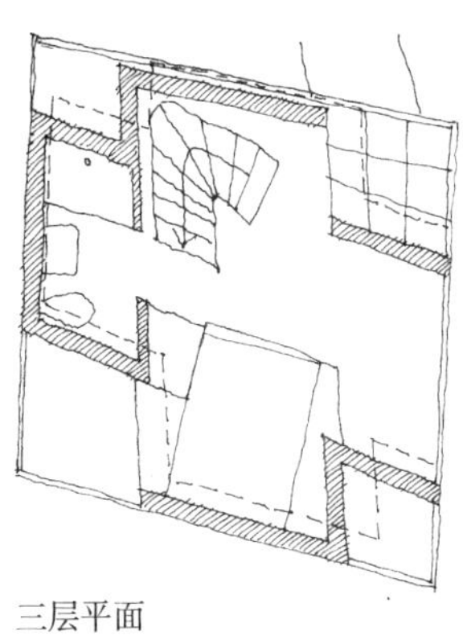

三层平面

参数化

有许多关于建筑师用简单或者复杂的方法使用理想几何的例子。它已经成为建筑设计史上最为持久的主题之一。随着 21 世纪电脑软件在建筑行业的使用，越来越多的错综复杂的几何造型探索相继呈现。尽管造型表现得越为微妙和复杂，甚至有时候还会包括一种对自然的完整呈现，然而对我们来说，对建筑的鉴赏还是独立且保持不变的。

复杂的几何图形也可能使用计算机技术来完成，如参数化（Parametrics）成了目前最先进的建筑冒险探索抽象数学几何图形的

有关比利·施特劳斯酒店（Arhotel Billie Strauss）参见：
保罗·西格尔（Paul Sigel），《扎哈·哈迪德：纳本》（Zaha Hadid：Nabern），1995 年

事物，先于大约 5000 年前的金字塔。在参数化的设计运作模式中，通常是当其中一个因素变量产生变化时，其他的量也会随之改变（这些异形体都在电脑运行的三维笛卡儿坐标系中组合在一起），它所设计的形态可以自由地弯曲和变换，不仅通过重力，还有其他造型因素。它可以创造出仿生形式，例如贝壳和树木的自然增长。这种技术所生产出来的设计形态，我在这里无法用铅笔画出来。

"'参数化'是一种连接几何中展现的尺寸和变量的工具，当变量数值发生变化时，所表现的部分也产生变化。每一个参数之间都互相链接，并可以通过计算方程式而互相得到。比起传统的 CAD 绘制修改，这样的方式能极大地提高了所有设计修改和创建构件族的速率。"
——designcommunity.com/discussion/25136.html

* * *

从实据中看到，理想几何及其变体与吸引建筑师探索的领域。建筑师们对于理想几何运用的探索是无穷的，就如同一个智力游戏一般。理想几何所创造的模式让你感觉到很亲切却又遥不可及。早在 400 年前，约翰·迪伊（John Dee）就表示过，即使再理想的形态也只能将你悬空在现实以上而已，因为我们还是生活在现实生活中。当今的计算机技术让我们更多地关注如何表现更精彩的形式构造，而逐渐模糊了建筑的真正根源：场所的定义，人与环境之间的重大意义。尽管如此，几何中的方、圆、黄金矩形和更复杂的模式等，还永远是建筑中人本主义的一颗试金石。

在这所拉兰法蒂住宅（Llainfadyn）里，建筑结构的目的是分隔形成空间，并且作为住宅。空间和结构是“共生”的关系——相互依存、相互作用（这个小别墅，北威尔士工人的草屋，成为本书案例研究的对象之一）。

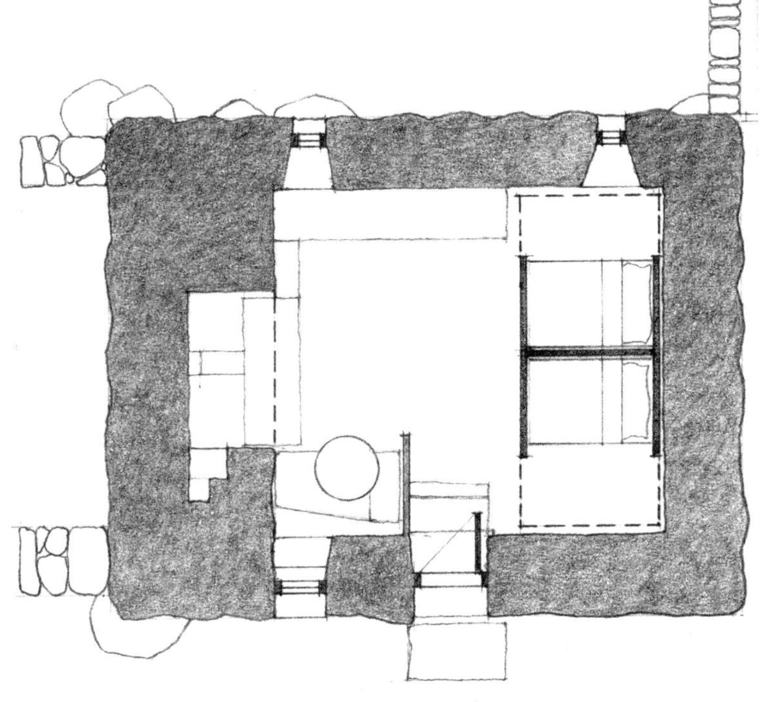

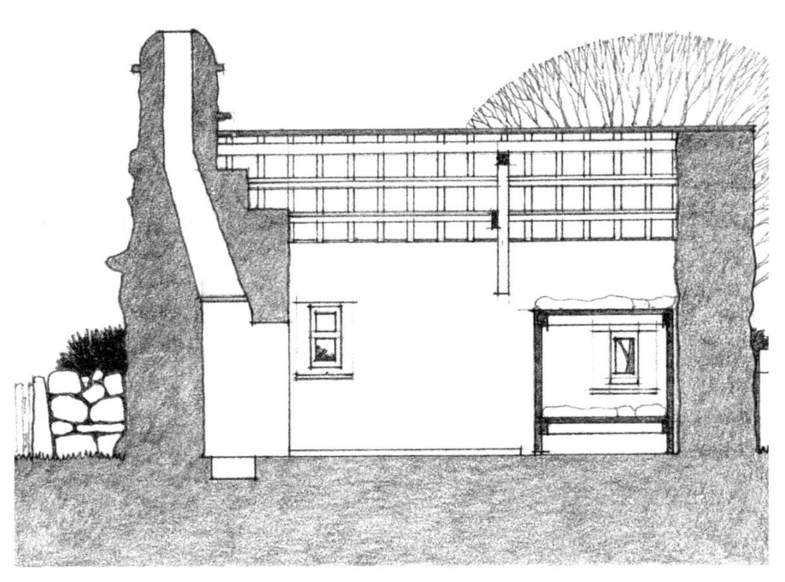

第 12 章　空间组织主题

12.1　空间与结构

“想到建筑时，人们通常是指建筑元素、立面、柱子、装饰，但这一切都只是次要的。重要的不是形式，而是它的对立面——空间和在界定它的墙体之间有节奏地展开的虚空，以及比墙体更重要的活力。如果人能感受到空间和它的方向、手法，那么虚空的流动就等同于音乐，而人可以进入一个几乎未知的领域，建筑师的领域……”

——奥古斯特·恩德尔（August Endell），
“大都市之美”（Der Schönheit der grossen Stadt，斯图加特，1908 年），
载于弗里茨·诺伊迈尔（Fritz Neumeyer）著，
亚佐姆贝克（Jarzombek）译，《无艺术的语言》
（1986 年），1991 年，p182

“过了一会儿，他推着小车走到了一个尚未完工的村舍。奥林匹亚（Olympia）发现这里有令人震惊的广阔视野，大西洋就像自家门前的院子……大多数的村舍就像一个画框，通过这些画框人们可以看见太平洋。奥林匹亚想象着，如果这些村舍四周的围墙上都开窗，那会是一幅怎样的情景——除了采光，还能享受周围的沙滩和大海……他们一起走进了村舍，走过那些只在幻想中出现的房间。矩形和椭圆形会所，由松树和橡树作为框架结构的材料，总有一天，这里会有人安居乐业。她想知道这样的结构是如何建造的，当时的人们是怎样如此精准地确定柱子和横梁的位置，而他们又是如何精确安置窗户的。哈斯克尔（Haskell）在她身后不远处一遍又一遍地自言自语，‘这里应该是厨房’，‘这里会是一个充满阳光的客厅’。但此时，她并没有听他讲。此时此刻她更愿意沉浸在这座虚幻住宅的想象之中。”

——安妮塔·施里夫（Anita Shreve），
《幸运之石》（Fortune’s Rocks），1999 年，p166

12.1 空间与结构

177 空间和结构都是建筑的基本组成部分。结构是建筑的基础，也是空间组织的手段之一。空间与结构的关系并非总是十分简单和直观的，它是建筑设计需要研究的一项重要课题。对待二者的关系有两种不同的态度：一种是采用一定的结构去创造所需的各类空间；另一种则是以既定空间为基础，去选择适宜的结构形式。

因此，二者的关系可以宏观地归纳为以下三个种类：结构秩序主导型；空间秩序主导型；二者协调融合型。建筑历史中，以上三种关系在各类建筑中都有所体现，可通过以下例证加以说明。

有人还提出第四种分类，认为结构和空间的秩序可以互不干涉、相对独立、共同存在，各自遵从一定的逻辑，互不限定。

正如第 10 章“存在的几何”所述，按照“制造几何”的产生规律，结构趋向于按自我内在的几何形式生长；而关于“自然几何”与“社会几何”的论述，认为不论人或其他物体，不论是个体还是群体，都有自身特定的几何形式。明确这些几何概念的相互关系对于建筑设计（不考虑外加的“理想几何”）至关重要：它们之间既具有概念上的相对独立性，又相生相融，协调共生，是一种辩证的对立统一关系。

一个关键之处是，一旦结构体系建成后，它不仅仅是适应于空间形式，还要对空间的生成发挥影响。一个建筑物的结构秩序同样也会影响人们的生活方式。

建筑艺术其中一个重要的方面，就是为预设的空间构成制订一个合适的结构策略。

古希腊的剧场空间

古希腊半圆形剧场向室内的演化过程就是一个很好的说明。从这一演进过程中可以看到：空间的需求与结构的创新从产生矛盾，到寻求相互调和的各种可能方式，直到最终矛盾解决的过程。古希腊半圆形剧场，受到人们坐在山坡上可以很好地观看表演这一经验的启发，进一步演化出这样的布局方式。其三维空间形式是将社会几何、理想几何和自然地形融于一体的建筑成就。由于它还处于露天建筑这一阶
178 段，因而没有受到巨大屋面所必须的结构几何的严格限制。随着发

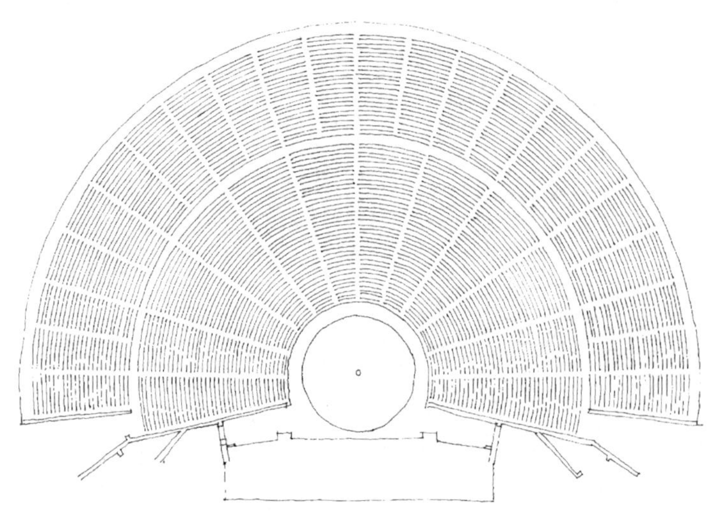

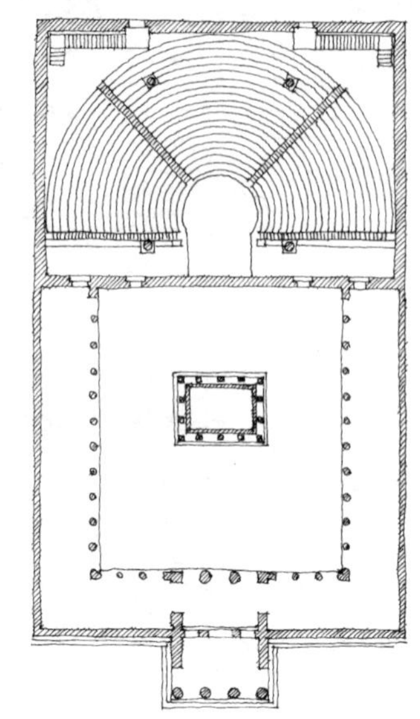

展需要，古希腊剧场开始由室外向室内演化。这意味着新的剧场必须开始考虑相适应的新型结构形式了。为适应室内剧场的需要，新的结构体系采用了规整的矩形平面。但相对于大型剧场空间对大跨度的需要，这种平面的局限性仍然很大。这两个特征都与景观之中剧场的形状有冲突，因为它是圆形的，并且需要一个连续的大空间。

形象地讲，古代希腊人的做法仅仅像是将一枚“圆钉子”楔进“方形孔洞”的做法这样简单。可参见建于米利都城（Miletus）的这座议会大厅的平面（右上图）。半圆形剧场平面严格限定在矩形之中，四角多余的部分除安置楼梯间外别无他用。剧场大厅中支撑屋面的柱子已经尽可能地减到最少，共为四根；前排两根柱子似乎界定着剧场的中心，而后排两根柱子对视线的干扰较大，柱子的位置并未严格依照结构需要排定，而是参考座位布局稍加调整。公元前 5 世纪末建于雅典的“新”议会大厅（中右图）也是采用与以前几乎一样的结构手法，只是规模略微减小了。据推断，四根柱子两两一组，在纵向上与外墙共同支撑着两道结构主梁，从而将大型屋面分成较为适宜的三部分。

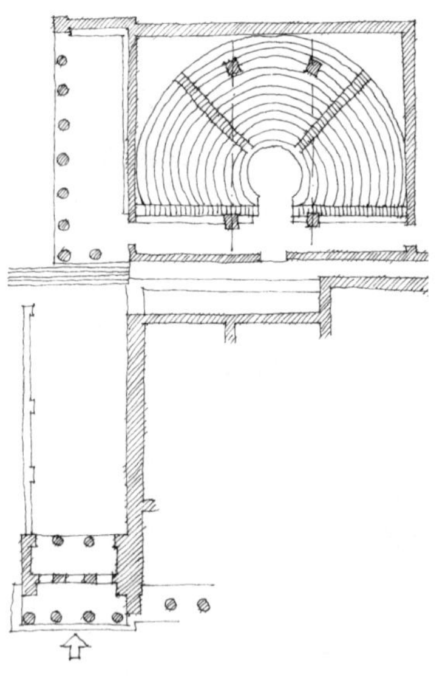

其他一些实例中，观众席往往参照矩形的空间结构直接加以排列，如右下图中建于普里埃内城（Priene）的会场（Ecclesiasterion）平面所示。座席紧密排布在矩形平面里，就像是半圆形剧场的局部片段一样，在结构形式上也作了相应调整。原来的剧场往往以柱列三等分屋面，以便选择最经济的跨度搭设木梁（将大厅跨度三等分）。但该建筑中，柱子是贴近外墙排列的，使中间跨尽可能加大，将观众席的视觉干扰减至最小。它们整齐地标识出有踏步的侧廊，观众就从这里到达座位。

早先的大屋顶建筑中，柱子在结构中不可或缺。这是古埃及凯尔奈克（Karnak）阿蒙（Ammon）神庙中的巨厅平面，建于公元前 14 世纪晚期。由于结构所限，不论空间的用途如何，都不得不排列着密如森林的巨大石柱，最小的柱径也有 3 米之多。石柱密布是古埃及神庙的一个显著特征，这种结构用在表演建筑中将是棘手的问题。

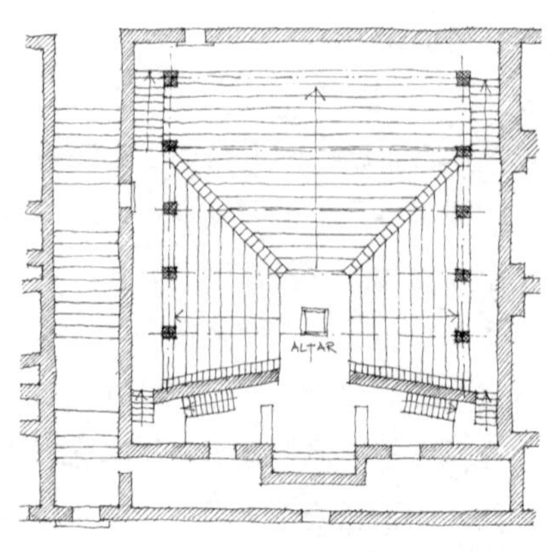

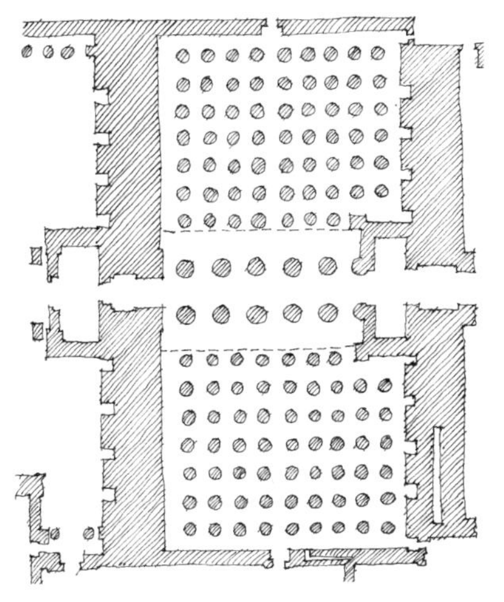

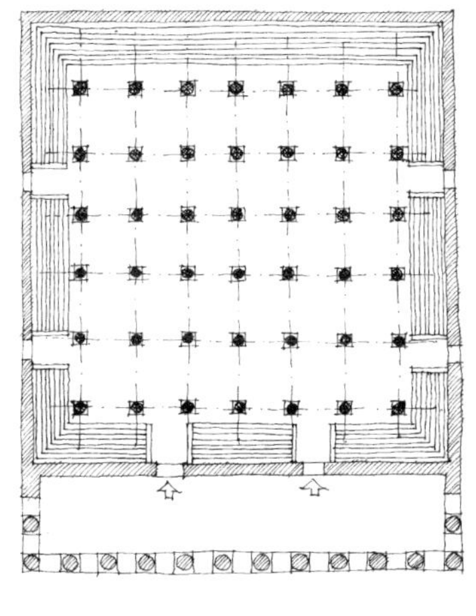

希腊的埃莱夫西斯的泰勒斯台里昂神庙是举行神圣宗教仪式的大厅。神圣宗教仪式的一部分可供围墙而坐的观众观看，而大部分视线则被成群的圆柱所遮盖。

右上图是位于希腊的埃莱夫西斯城（Eleusis）的泰勒斯台里昂神庙（Telesterion），建于公元前 6 世纪，是用来举行神秘的传统宗教仪式（Mysteries）的场所。平面的中部是支撑着屋面的规则方格状柱网，四周布置着观众席，而密集的柱网严重地遮挡了观众的视线（可能增加了神秘感）。

另一张平面是位于希腊迈加洛波利斯（Megalopolis）的瑟塞斯林（Thersilion）神庙，建于公元前 4 世纪（左下图）。与前者相似，柱网仍对视线造成了干扰，多少显得有些散乱无章。如果给屋面加上参考轴线（右下图），就可以看出柱子的定位有明确的用意：大厅中央的四根柱子构成一处平台，是为讲演者设计的（讲坛可能是露天的）。为使空间有更好的视线和音质效果，柱子没有按正规的方格网设计，而是根据讲台对视线的要求有所偏移。

文艺复兴时期的建筑师安德烈亚·帕拉第奥，在意大利维琴察的奥林匹克剧院（Teatro Olimpico，1584 年）里构思了一个椭圆形的剧场，意在弘扬古代剧场的精神。为缓和观众厅里弧形排列的座椅和矩形外墙间的不协调感，帕拉第奥紧挨着后排座椅设计了一排拱廊。立柱并不承重，舞台的背景处理要更复杂一些，精心雕饰的屏墙产生出虚幻的透视景观。

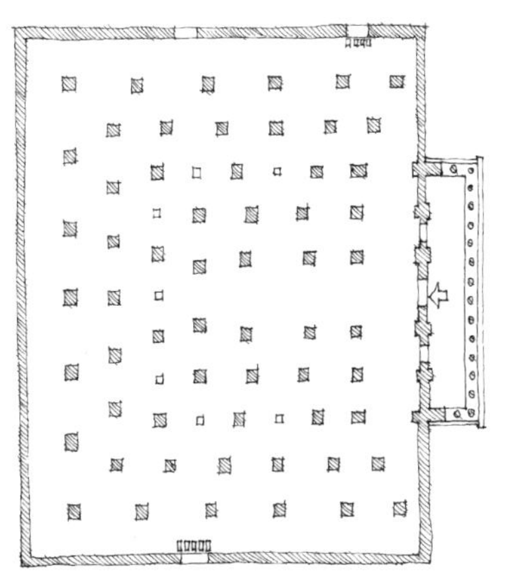

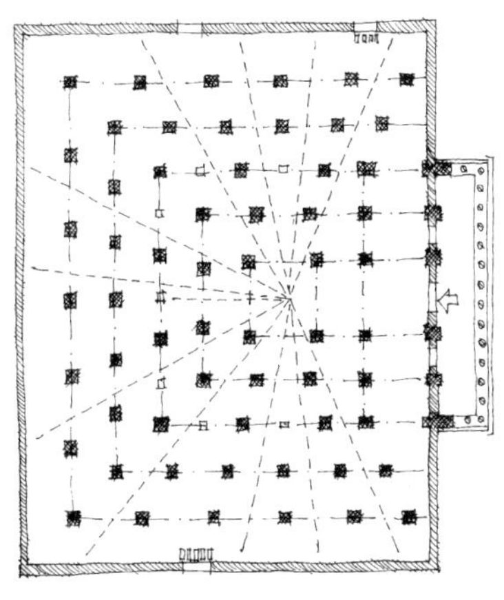

在古瑟塞斯林神庙，结构柱因为特殊的实际原因而安排成一种很复杂的形式。

180　结构的主导作用

纵观历史上的许多伟大建筑作品，结构都是其空间形式的决定性因素，适用结构所蕴含的几何秩序也就是最适宜的空间秩序。这种观点既有象征性，又有实用性，尤其在罗马风和哥特时期，这种

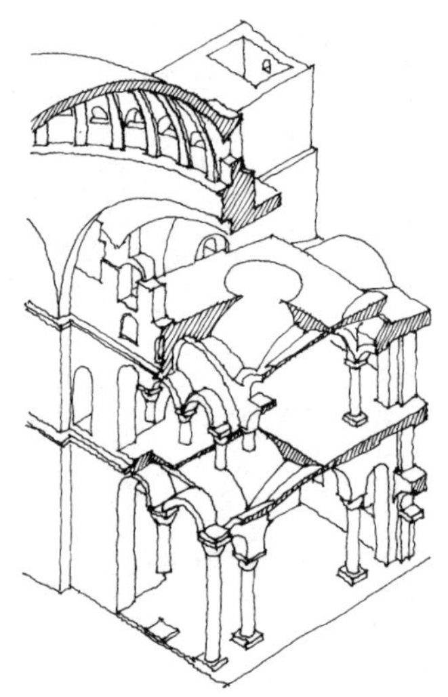

在过去的宗教建筑中，结构与它的复杂性和大胆构成了建筑。结构构筑了建筑的空间，就好似宗教和信仰支撑着信徒们的生命。

设计思想在宗教建筑中体现得淋漓尽致。而进入19、20世纪后，不论是对宗教建筑还是世俗建筑的发展，这一思想仍然是内在的推动力。

建于伊斯坦布尔的索菲亚大教堂（Hagia Sophia）（右图，剖面、平面和剖面的轴测图），是参照公元6世纪的教堂设计的。与后者一样，结构就是建筑的全部。空间秩序体现在结构形态中，每一处空间细节都对应着特定的构造形式，教堂中央的圣坛通过外观上巨大的穹隆顶标识而出。这一切都为祭拜提供了适宜的场所（耐人寻味的是，当教堂重建的时候，发现该建筑和麦加的方向也不一致，所以祈祷的时候不得不进行转换一个几何结构上的小角度，如平面所示）。

剖面

平面

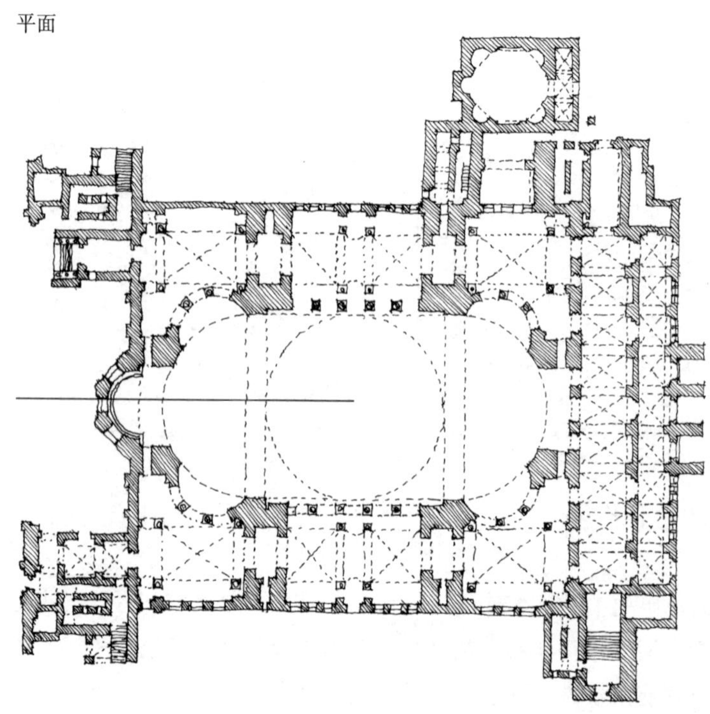

空间与结构的这种密切关系在中世纪的教堂和主教堂中也有着充分体现：神堂、礼拜堂、教
181 堂大厅等，都是由既定的石砌拱券结构建成的。索菲亚大教堂和其他一些中世纪教堂都是用石材建成的。结构秩序与空间秩序的这种一致性，通过其他建筑材料同样也能体现出来。混凝土技术的先驱者，法国建筑师奥古斯特·佩雷（Auguste Perret）运用混凝土代替石材，对中世纪

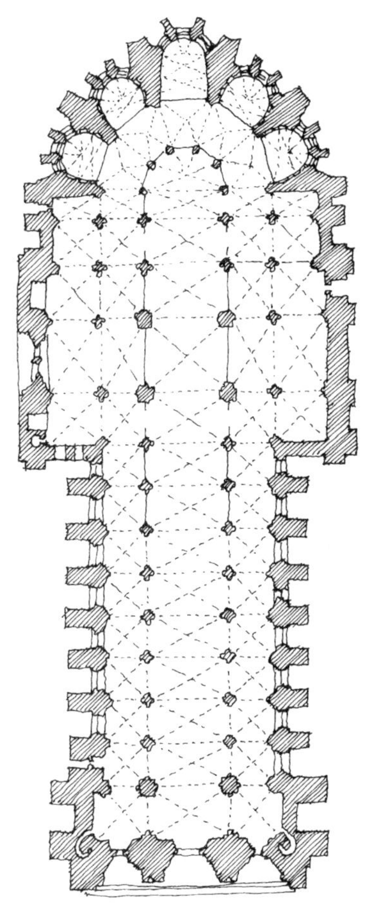

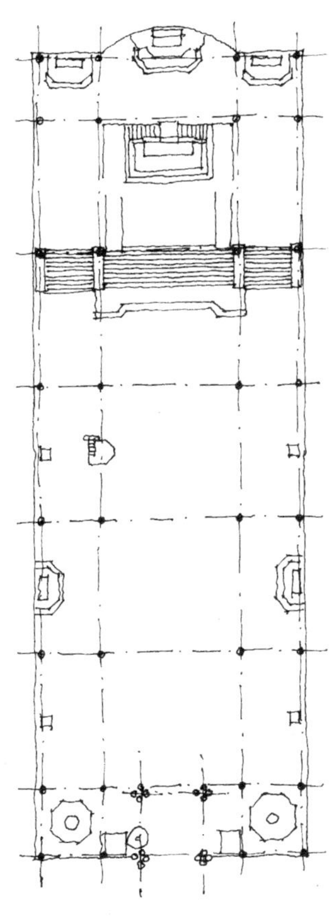

在兰斯主教堂（左图）中，空间秩序由建筑结构的形式所规范。建筑上方穹隆的“制造几何”决定了一层平面的形式。在勒兰西圣母教堂（右图）中，空间秩序由建筑的钢筋混凝土结构所决定（两图比例不同）。

有关奥古斯特·佩雷作品参见：彼得·柯林斯（Peter Collins），《混凝土》（Concrete），1959 年

教堂的结构与空间关系进行了重新演绎。右上图是圣母教堂（Notre Dame），位于巴黎的勒兰西（Le Raincy）郊区，建于 1922 年。它的体量要比兰斯主教堂（Rheims Cathedral）（建于 13 世纪，左上图）小一些，但由于钢筋混凝土远比石材强度大，所以，需要柱子来支撑的楼板面积比例大为减少，同时使柱间跨度显著增大。由于相同原因，勒兰西的圣母教堂的柱子之间的相对距离比兰斯主教堂的要大得多，但两座教堂中结构与空间形式的清晰性却是相同的。佩雷设计的教堂中，所有的场所同样也都由结构标识而出：主祭坛、次祭坛、讲坛、洗礼池等都由结构确定的空间界定。

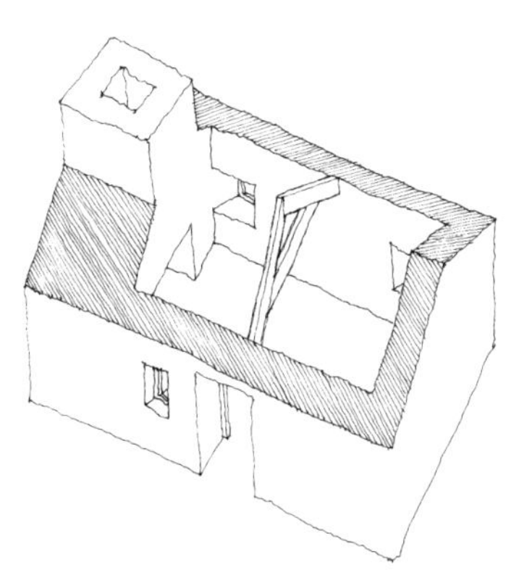

这座小屋有一个简单的结构秩序。

宗教建筑的空间设计实际上很简单，空间秩序与结构秩序也易于结合。在世俗建筑中，结构秩序与空间秩序可以呈现出更强的一致性。简单的单室房屋中，结构与空间的这种同一性是显而易见的：整体空
182 间由屋顶和墙面组成，屋面有时用木屋架支撑，如右图中的简单桁架，但这些不太可能影响下图房屋的空间组织。这个房屋是由墙所界定的，而墙同时起围合和结构支撑作用。

在更为复杂的承重墙结构建造的大型建筑中，往往以小型房间的相互组合来形成较大的空间。这一类型的房屋在经济强盛的维多利亚时代曾建造过很多。在所示的平面（右图）中，结构的统一性被房间不同大小的需求打破（读者也要注意，主要立面的中轴线是如何从中线发散出去的）。

将承重与围护分开设计的建筑也不乏其例。一般情况下，大多采用木构架承托屋面，而围护结构由非承重墙来充当。这种建筑既可以是一个简单的单室房屋，也可以是多个房间的组合体，而根据结构几何来组织和划分房间仍是传统的设计手法（下图）。这所房子，两端的结构单元分为上下两层小居室，中间两个结构单元形成中央大厅。外墙由轻质抹灰篱笆墙板填充。木结构房屋的平面多为矩形，但也能设计出复杂的空间划分来。

183 马来人的传统民居采用一种简易的干阑式木结构体系（上图和右上图）。它可以不断扩建，体量越变越庞大，空间也可进一步丰富起来。结构性开间是他们的生活空间，地板的标高可根据使用来灵活变化，创造平台。

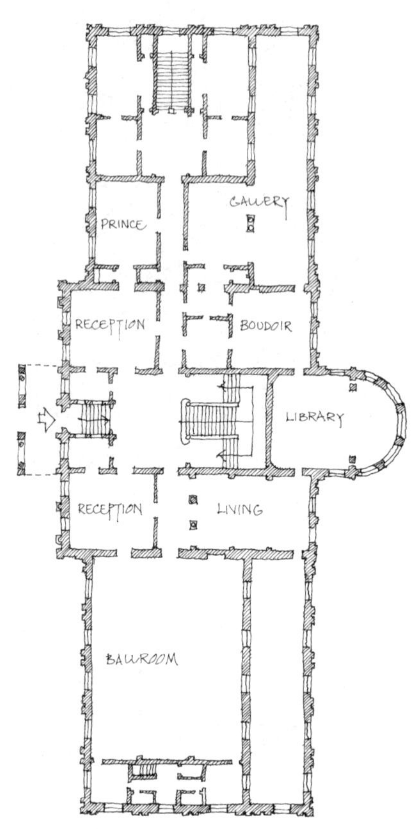

在承重方面，像这样的维多利亚房屋（上图），房间的大小和形状都取决于它的屋顶和地板的构造方法。

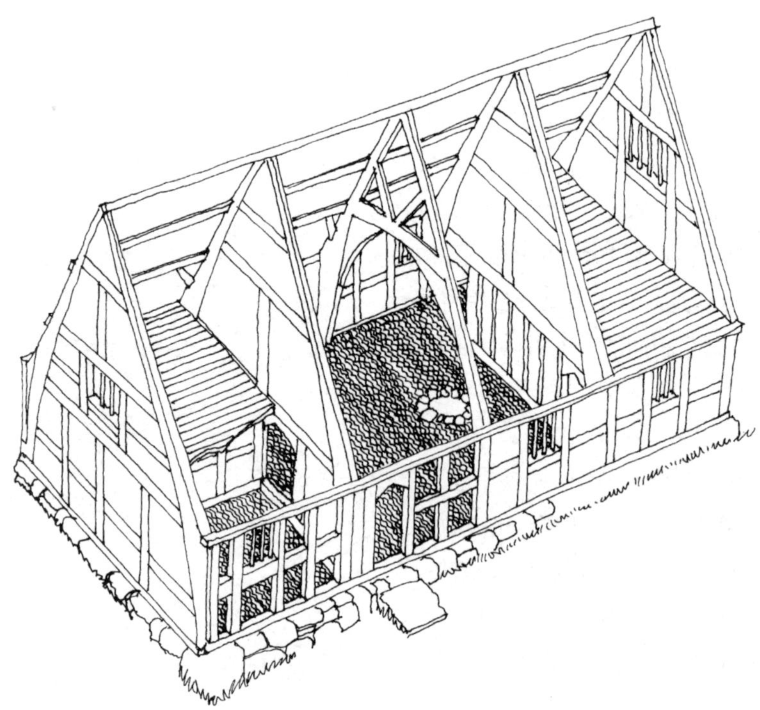

在这所木结构的房屋中（左图），结构决定了空间的生成。

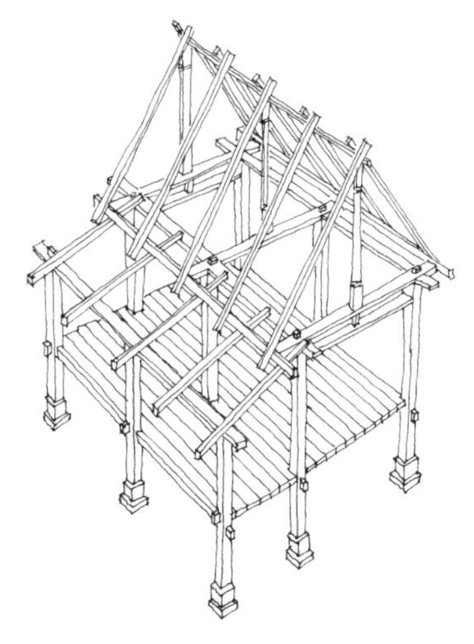

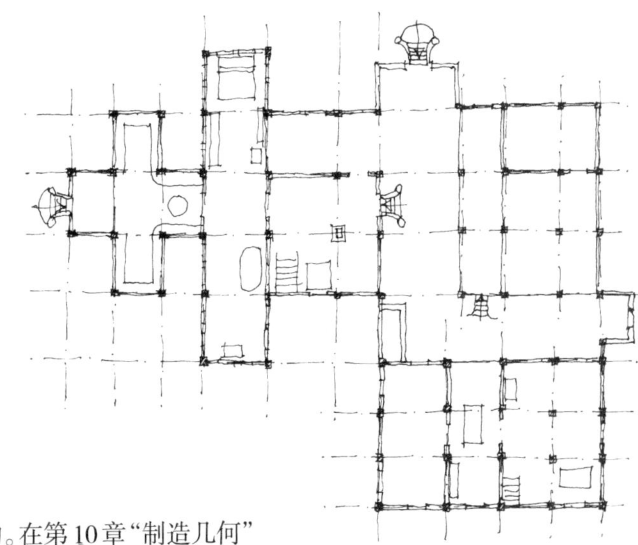

在这座马来西亚传统住宅中，方形的木框架体系始终主导着空间的形成。

这些例子完全是以矩形平面来组织空间的。在第 10 章“制造几何”一节中曾讲到，圆形与矩形是结构常用的几何形式。历史上，许多房子都采用了圆形平面和锥形屋顶（右图）。

有些建筑师，尤其是 20 世纪的建筑师们，在设计中常常有一种争议：适用于居住的空间形式不一定必然是圆形或方形，决不应该将生活和居住仅仅限定在既定的结构形式中。20 世纪 30 年代的德国，汉斯・夏隆（Han Scharoun）在其许多住宅设计中，将空间的构成放
184 在首位，而不是更多地考虑结构的几何秩序。这里再举一下摩尔曼住宅（Mohrmann House）的例子（下图），居住空间冲破墙体的严格限制伸向花园之内，可以在此坐在壁炉旁，透过玻璃窗欣赏花园、弹琴、就餐或栽植花卉，对实用功能的考虑超过了对结构秩序的重视。与此同时，希特勒的第三帝国正在以雄伟的新古典主义风格兴建仪式性建筑。夏隆之所以这样设计它的建筑，在一定程度上是因为厌恶法西斯主义严苛的纪律和意志必胜的执念。

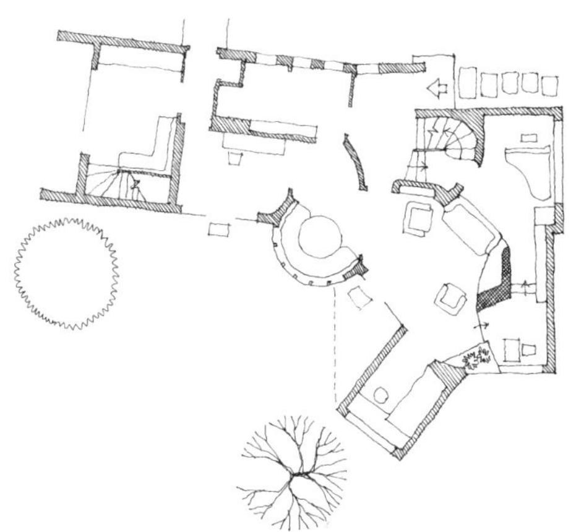

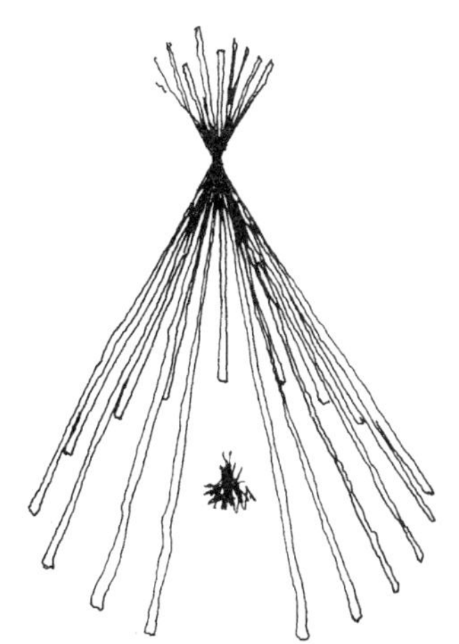

美国土著的圆锥形帐篷中，它的结构本身固有的几何造型演变出了一个圆形平面。这种制造几何是由人们围坐在篝火边的社会几何决定的。

有关马来西亚住宅参见：
Lim Jee Yuan，《马来西亚住宅》（The Malay House），1987 年

有关罗马内利住宅[马西里（Masieri）设计]参见：
《建筑评论》，1983年8月，p64

有关长岛上的住宅参见：
F·R·S·约克（F. R. S. Yorke），《现代住宅》（The Modern House），第6版，1948年，p218

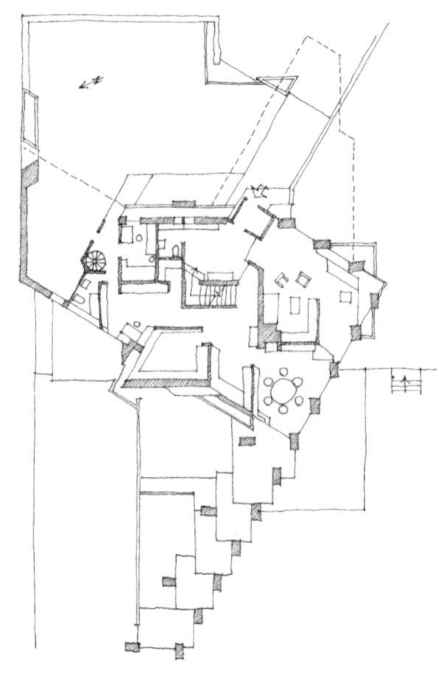

马西里在罗马内利住宅的设计中，在空间上加上了复杂的几何形体（上图）。

右图中，罗马内利住宅（Casa Romanelli）同样也具有复杂的平面，由意大利建筑师马西里（Angelo Masieri）和卡洛·斯卡帕设计而成，1955年建于意大利北部城市乌迪内。和夏隆平面一样，不仅平面是由许多复杂的几何形式组合成的，其空间构成也是由更为复杂的几何形式重叠而出的。空间并非由平面直接生成，而是在墙体和柱子的立体构成中产生出来的。该住宅的结构形式较为复杂，丰富的空间细节由此塑造而出。

有些建筑师倾向于将结构形式、空间组织、场所塑造三者分离开来进行设计。下图是1935年建于纽约长岛的一座小住宅，由考切尔（Kocher）和弗瑞（Frey）设计。建筑中所有房间都布置于二层，楼板架离地面约2.5米，由6根柱子支撑。楼板的一端以一部旋转楼梯与地面相连，屋顶是露天花园。左下图是主要生活层的结构布置图，居住空间的范围已由平台的面积所限定，6根柱子在平面中排布规整，但并未进一步制定具体的空间划分。旁边的图纸显示出空间的具体布局：墙体是非承重结构，卧室是由可移式隔墙围成的私密空间，隔墙包围的不是另一根角柱，而是一根下水管道。

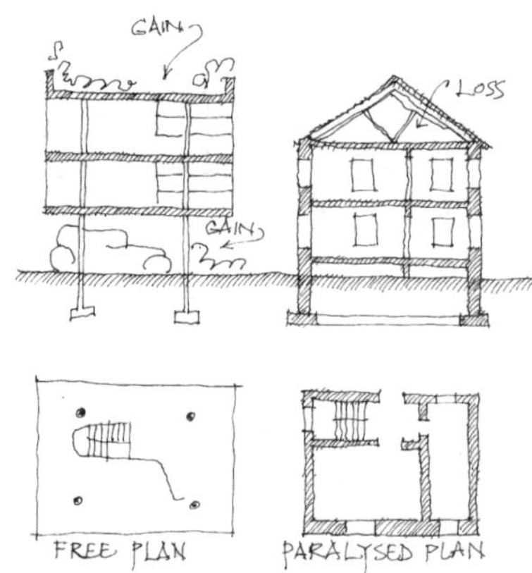

上图是勒·柯布西耶所作的一张建筑分析图，用以解释将建筑首层架空所能带来的好处（下图）。

考切尔和弗瑞设计的这所房子遵循了20年前勒·柯布西耶提出的“多米诺体系”（右图）理念设计。勒·柯布西耶认为，将底层架空、通过柱墩来支撑上部平台的结构形式可以为设计带来一系列的好处，
185 可将上部空间从结构的限制中解放出来。勒·柯布西耶应用“底层架空”的思想设计了大量的建筑。密斯·凡·德·罗也尝试了许多这方面的设计实践，试图打破结构对空间的局限。两人的设计有一些共同

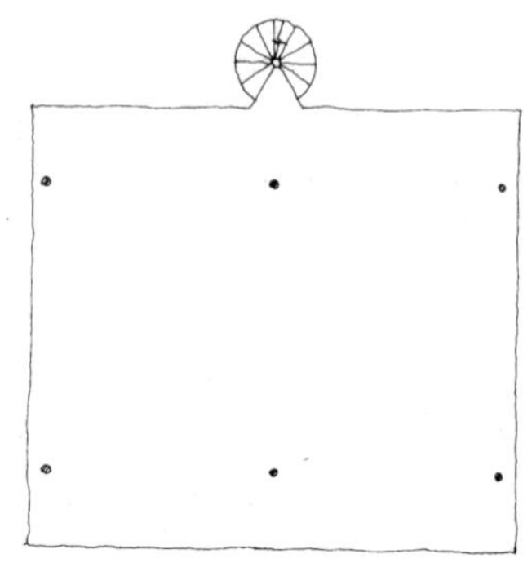

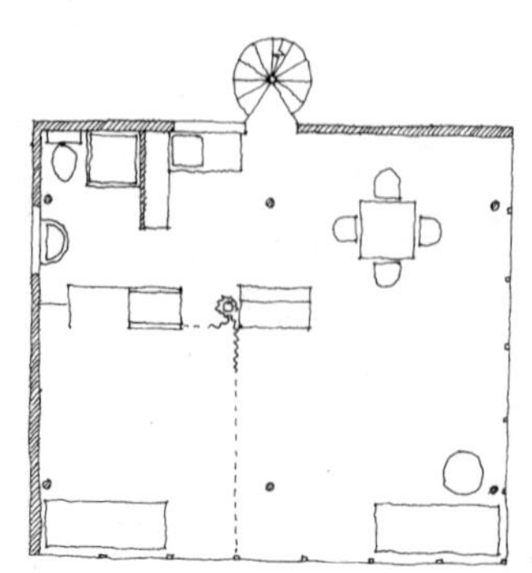

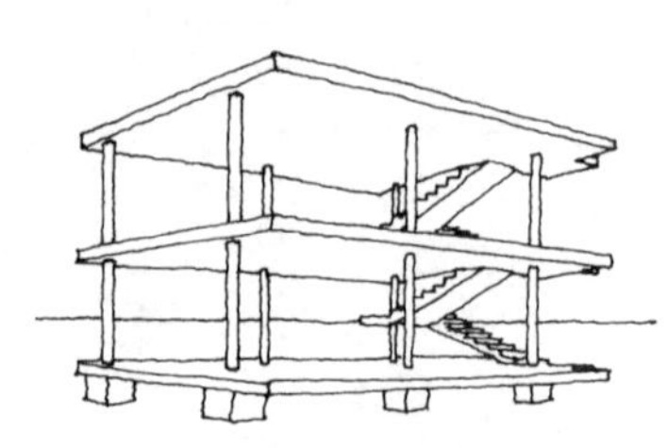

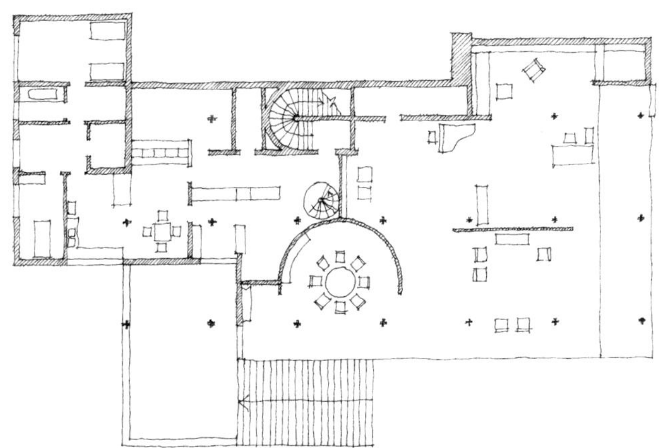

在密斯为土根哈特住宅设计的平面（左图）中，结构柱跟平面布置分区并无关系，但却对人吃喝住行的场所进行了定义。

之处：都不排斥结构对空间形成所起的积极作用；都在探索如何在水平楼层内组织和进一步塑造空间的方法。萨伏伊别墅（右图）1929年建于巴黎近郊的普瓦西（Poissy）的一个社区中。很明显，就像在一座特大型都市的聚居区内一样，受环境现状所限，建筑采用了不规则柱网。虽然建筑结构在平面中并未明确地限定出空间的具体用途，勒·柯布西耶在柱网布置上显然有引导具体功能的用意，从旁边的图例中可以看到这一点。平面的中央，柱网之间形成一条长长的坡道，另外一道楼梯也紧依一根柱子设计，主入口由另外两根柱子明确界定出来。在坡道下的柱子边有一个小桌子，另外布置了一个洗脸盆。

密斯设计的土根哈特住宅（the Tugendhat House）（上图）位于捷克城市布尔诺，1931 年建成。该建筑的柱网十分规则，柱子的截面都是一样的“十”字形，柱网的设置同样对空间布局发挥着引导作用：两根柱子与一道半圆形隔墙划分出餐饮空间；另外两根柱子辅助形成起居室；在平面的右上角还利用一根柱子标明书房。

在 1929 年设计巴塞罗那博览会德国馆（the Barcelona Pavilion）（下图）时，密斯·凡·德·罗几乎已摆脱了结构和功能的束缚，将空间完全从结构中解放出来，仅通过一些固定的透明或半透明玻璃幕墙加以简单引导而成。

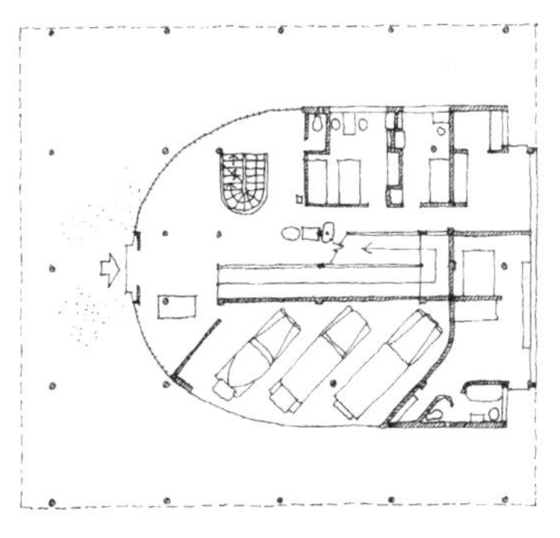

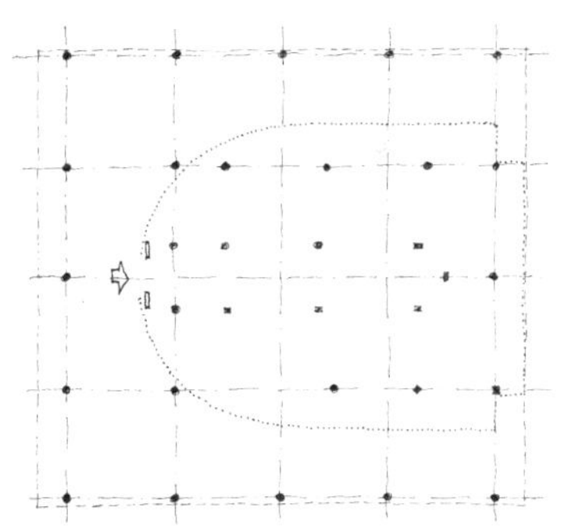

在萨伏伊别墅（上图）中，勒·柯布西耶为了适应这种空间布局而添加了结构网格。

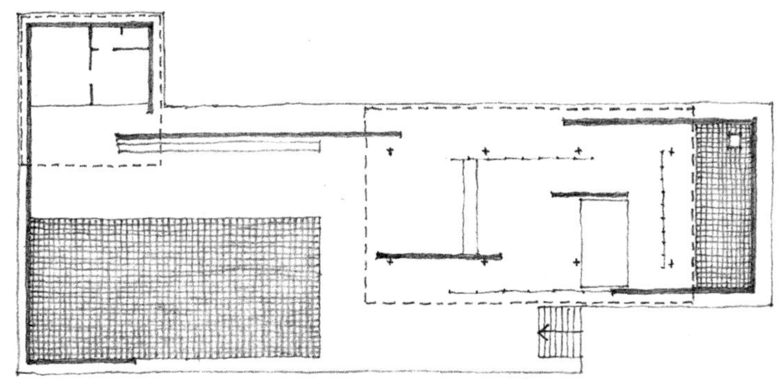

巴塞罗那博览会德国馆（左图）作为一个典型的代表，将结构秩序从空间组织中分离了出来。

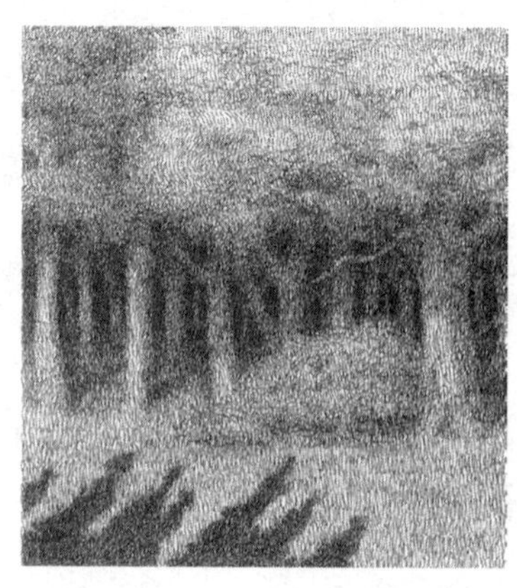

一片树林，同山洞一样是没有结构秩序的。

186 挖掘空间、折叠空间、弯曲空间、“变形虫”空间

山洞空间也没有结构概念可言。它是土中挖掘而生，通过其完整性保证其稳定性，是没有固定形式的，它既没有顺从也没有忽略建造结构的秩序。那些居住在土质松软的山洞中的穴居人把石头挖走以此增大使用空间。他们“赢得”的空间并不需要遵循制造几何的规则，而是自然几何使然。只要他们有一个地方站立，有足够的高度能走动，什么形状并不重要。

空间是可以不断挖掘的。这个非洲小村庄（下图）由几十间房屋组成，每间房屋都有独立的庭院。这个村庄是用泥墙建造的，房间不断汇集，形成了现在的村落。这些墙体这样安排，部分原因是它们的材料不够结实无法支撑屋顶，也没有遵循结构秩序，所以房间的形状是不规则的、“自由”的。屋顶结构由柱子来支撑。这些支撑柱在平面图中用点来表示。

20 世纪的一些建筑师在他们的设计中运用了空间的概念。其中最著名的例子就是 20 世纪 50 年代，勒·柯布西耶在法国的作品——
187 朗香教堂（对面页上图）。勒·柯布西耶希望通过教堂内部类似山洞

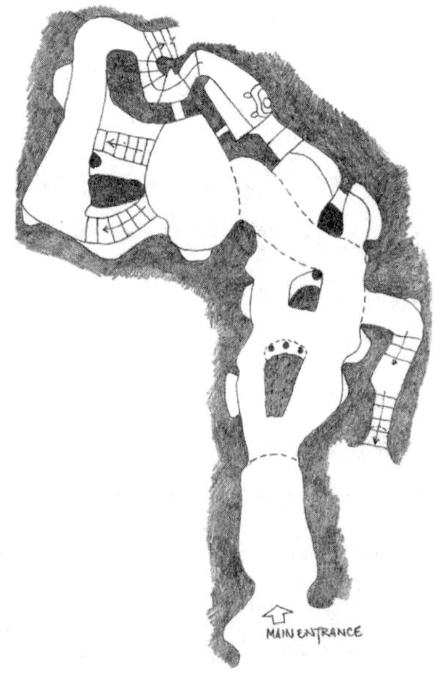

地下的建筑不必服从制造几何的规则，只要屋顶不垮，任何方向上的空间都可以被岩石分隔。上图是北威尔士的塔拉克雷修道院（Talacre Abbey）的石窟平面图（由 William Twigg 测绘）。

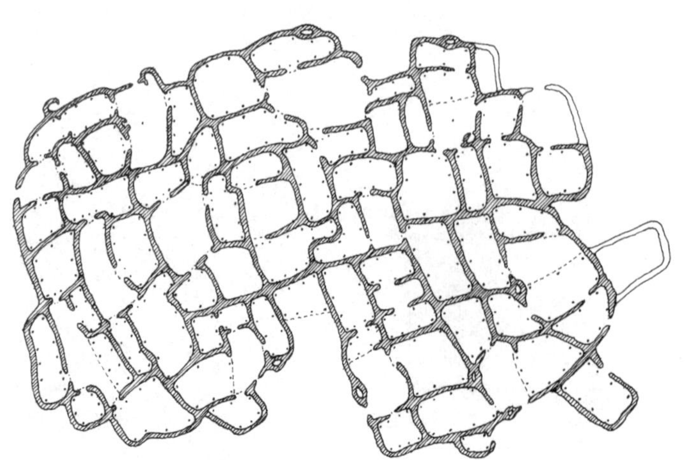

这个非洲小村庄的平面图（左图）体现了墙和结构的分隔。土墙定义了空间，而成列的木柱则支撑着屋顶。

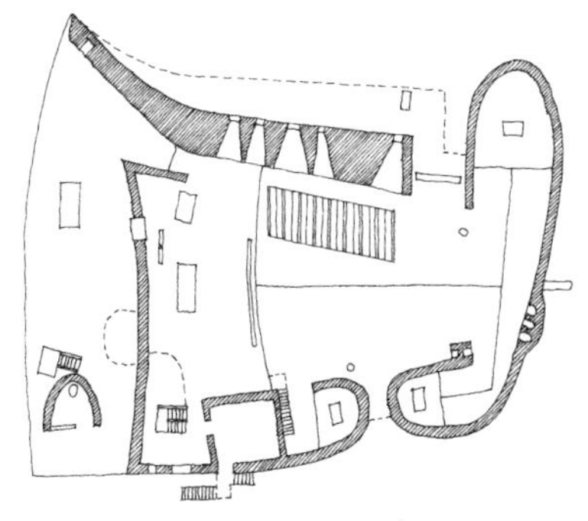

美学和诗歌在修改结构与空间的关系上有悠久的历史和卓越成就。在伦敦的圣保罗教堂就是著名的案例（下图）。本节增加了单影线部分以突出建筑物的外部结构。维多利亚时代追求建筑“真理”的人诋毁建筑师克里斯托弗·雷恩这种“欺骗”手法。

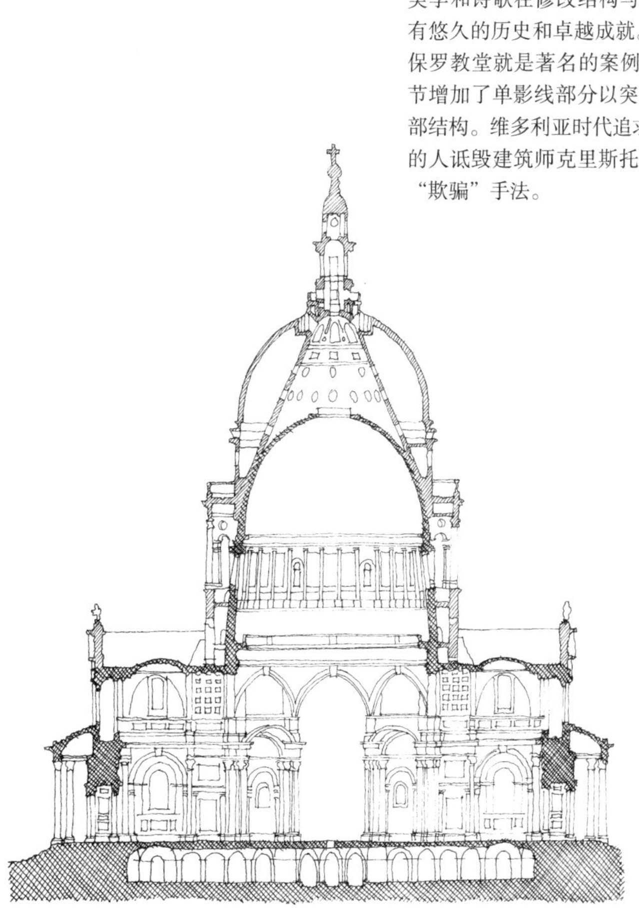

的设计（或者至少像一个人造山洞——埋在地下的都尔门墓室），暗示史前宗教的起源。为此他设计了一个不规则的平面，一个厚重的屋顶（类似都尔门扁平的大岩石）（注：都尔门——在几个直立的自然石头上摆着扁平的大岩石，被视为史前时代的墓碑），他将建筑所有的开口（门和窗）设计成类似裂口的样子，或者说是厚墙上的穿孔。而且他没有拘泥于结构严谨的空间秩序，就像一个山洞的结构完整性，在其外形或空间形状上反而表现并不明显，所以朗香教堂的平面图无法表现屋顶的支撑方式，而它真正的支撑结构隐藏在墙体里。这种设计概念并非“村舍”概念，而是表现了设计者对独特造型的兴趣，对建筑超越重力、材料和结构的约束的兴趣。它产生于建筑师富有才华的设计意图而不是仅仅作为一种对环境的顺从。

这种凌驾于结构几何之上的设计手法造就了弗兰克·盖里在西班牙毕尔巴鄂的古根海姆博物馆（Guggenheim Museum）（右下图）。此建筑的内部空间大部分是非直角的（无结构），与不规则充满雕塑感的造型相对应。

毕尔巴鄂古根海姆博物馆（左图）的外形为了追求唯美的雕塑感，突破了常用造型几何的结构秩序。

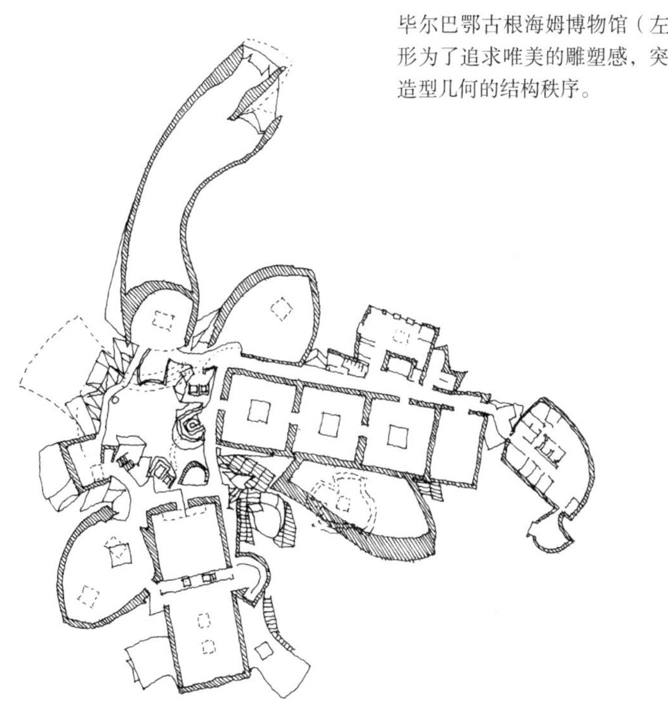

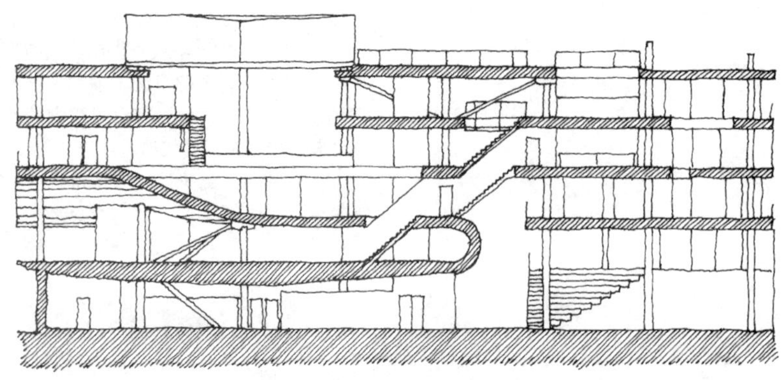

在 VPRO 的工作楼设计中，MVRDV 设计团队试图用弯曲的楼板来“扭曲”空间（左图）。

188 如果我们能放宽对那些源于结构和制造几何的建筑形式和秩序的苛求，就能更好地探索戏剧化的美学效果。不管是在建筑的雕塑感的形体上还是复杂的空间体验方面，或是在挑战正统的空间与结构概念方面。

在荷兰 VPRO 办公楼（1999 年，上图），MVRDV 建筑设计事务所的设计概念是将下一层顶棚的“扭转”或“折叠”映射到上一层的地面，这种不同于传统的形式颠覆了楼面应是水平的常规。

在德累斯顿（Dresden）的一个电影院（下图）设计中，蓝天组（Coop Himmelblau）建筑事务所有意夸张了建筑的正交和结构的几何变形，改变了人们对“六向加中心”空间形式的依赖。

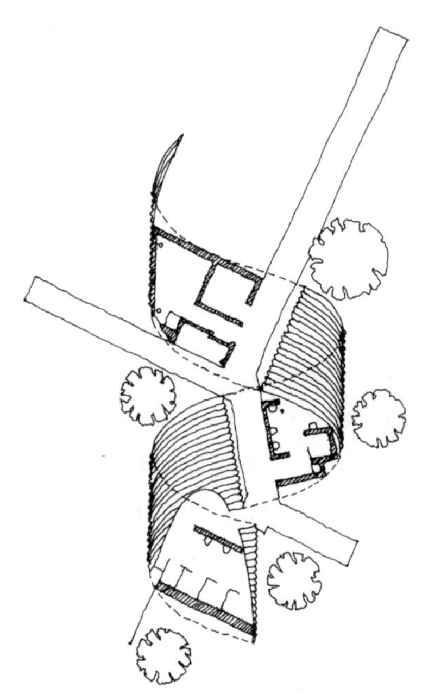

在日本，远藤秀平（Shuhei Endo）所设计的厕所（上图），其立面为波纹状的金属薄片。

有关日本厕所参见：
（远藤），《建筑评论》，2000 年 12 月，p44

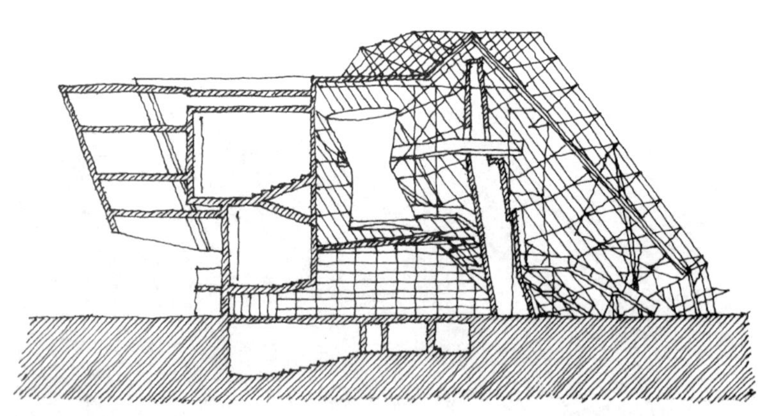

计算机超强的运算能力能很好地处理复杂的数据。建筑复杂的、不规则的三维形式，以及其结构的各项数据，都能通过计算机运算出来。计算机也能为复杂的建筑形式设计程序。建筑师格雷格·林恩（Greg Lynn）创造了一个虚拟的建筑，它仅在电脑空间中存在，不用考虑重力因素或使用什么材料建造。1999 年到 2000 年期间，建筑师阿什托特（Asymtote）制作了一个虚拟的古根海姆博物馆（只存在于计算机中），它不会受到客观条件的影响或限制。其空间造型能任意变化，就如同变形虫一般。

有关位于荷兰希尔弗瑟姆（Hilversum）的 MVRDV 大楼参见：
《建筑评论》，1999 年 3 月，p38—44

有关蓝天组设计的位于德累斯顿的电影院参见：
《建筑评论》，1998 年 7 月，p54—58

在大量的建筑中，空间组织都是通过平行墙的运用形成的。在平行墙上加个屋顶是很容易的。这也和我们在四个水平方向上采取的组织方式相像。

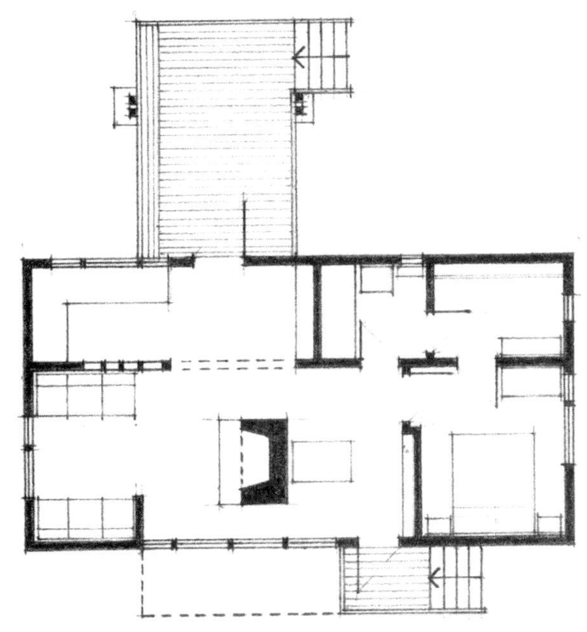

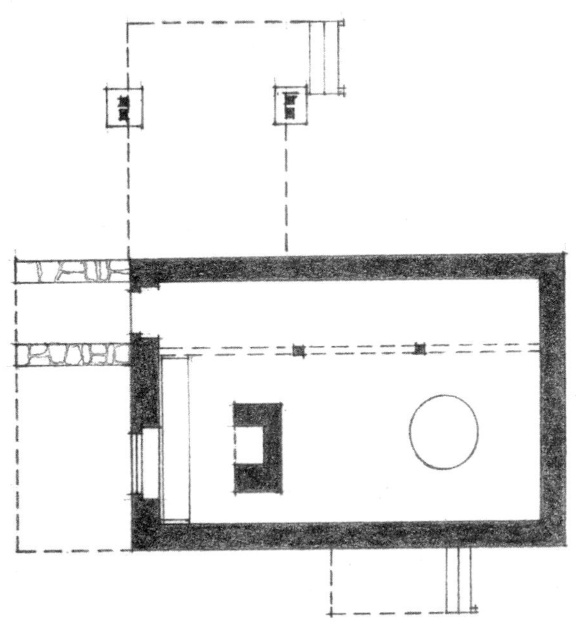

12.2　平行墙体

“两排平行的建筑物能限定出一条所谓的街道。街道与两边的房屋拥有共同的边界，并且把两侧房屋分隔开。我们能顺着街道从一栋房屋走到另一栋，无论是顺着街道走，还是横穿街道。”

——乔治·佩雷克（Georges Perec）著，
斯特罗克（Sturrock）译，
“空间的种类”（Species of Spaces，1974 年），
《空间的类型和其他部分》（Species of Spaces and Other Pieces），1997 年，p46

12.2　平行墙体

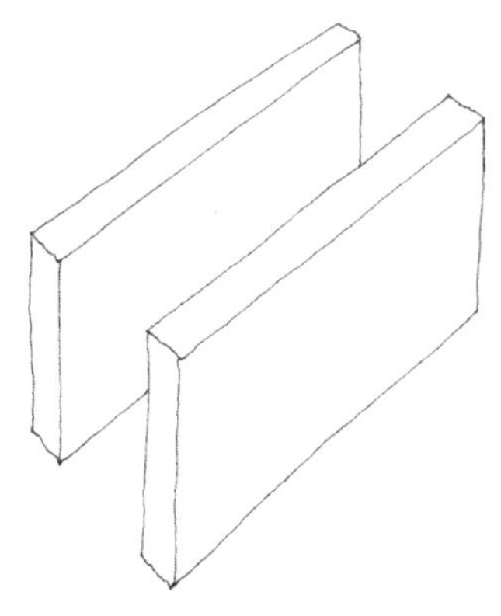

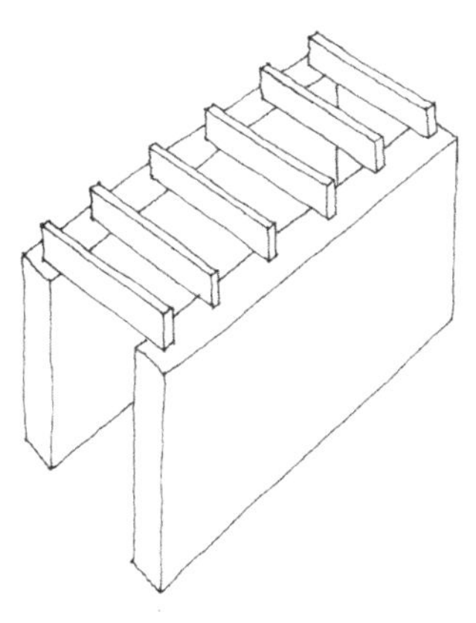

架设屋顶，用平行墙体来创造的空间更简单（上图）。

191　平行墙体是一项最古老、最简单，同时也最实用的建筑技法，早在史前建筑中就已有应用，并一直都在应用着。进入21世纪后，建筑师们一直在探索继续应用的可能性，创造出了大量新的手法。虽已取得巨大发展，平行墙体还会有更为广泛的开发前景。易于实施是其显著特点，在两道平行墙体之上架设屋顶与其他方法相比再简单不过了。做法虽然简单，但平行墙体并非不能创造建筑细节。这方面的例子在古代各类建筑中已屡见不鲜，它所带来的新奇与振奋因我们的熟视无睹显得“平淡无奇”。相信这些精湛的技术细节还会被我们不断地应用和发挥。

在第10章“存在的几何”中，尤其是“六向加中心原理”一节中讨论到，地球上的各类建筑都以各种方式与大地、天空、四个自然朝向、几何中心有着千丝万缕的联系，平行墙体尤其与四个水平朝向休戚相关。平行墙体对方向具有良好的控制力，合理的运用将使场所变得更为安全，并具有良好的方向感和内聚力。屋盖可以用来遮风避雨，墙面则可通过对两侧的控制，形成前后贯穿的笔直通路，也可以增加一道非承重的后墙，使房间三面封闭，进而形成单一的前入口，就像自然界的洞穴一般。这种方向感可以通过两道平行墙体所界定的狭长空间创造出来（右上图）。所形成的笔直的交

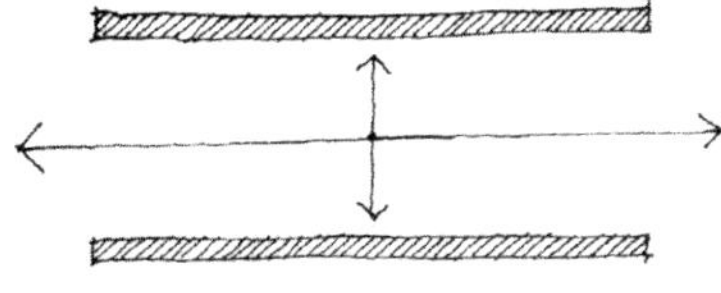

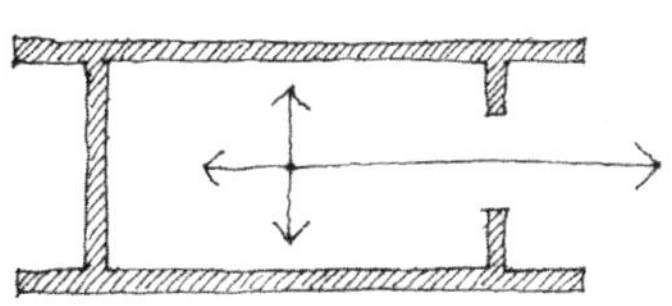

通流线可纵贯空间，从两端均可出入；或是在通道的一侧加墙，使路线在建筑内结束（右下图）。这些特征在远古的建筑中随处可见。19世纪考古学家海因里希·施里曼（Heinrich Schliemann）发现了
192　一座古城遗址，据考证，可能是古代的特洛伊城（Troy），著名的荷马史诗曾对该城有过描述。城中的一些住宅遗址大都以平行墙体的形式构成（下页右上图）。城门也是由平行墙体构成的，加深了

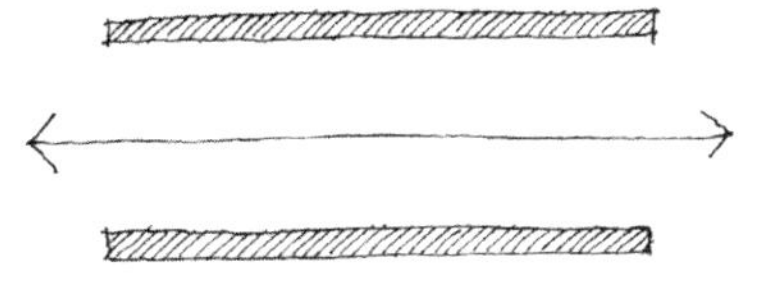

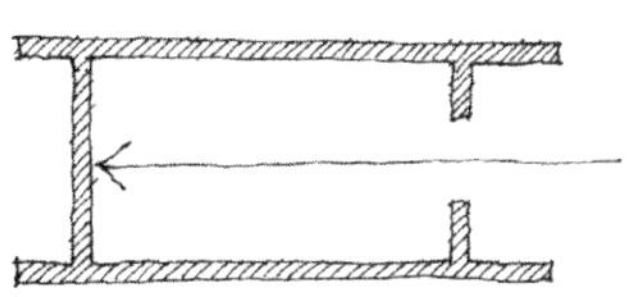

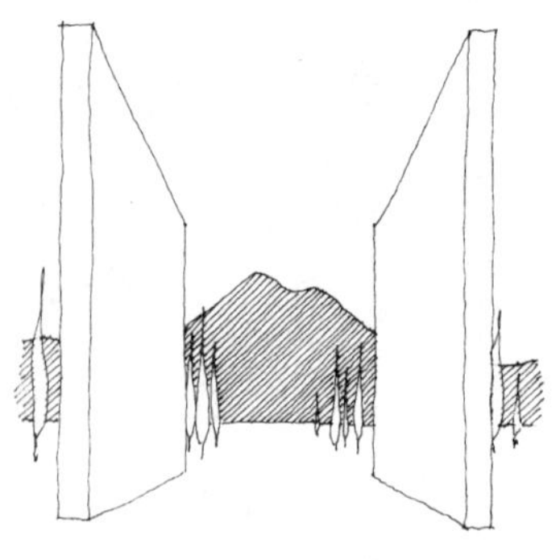

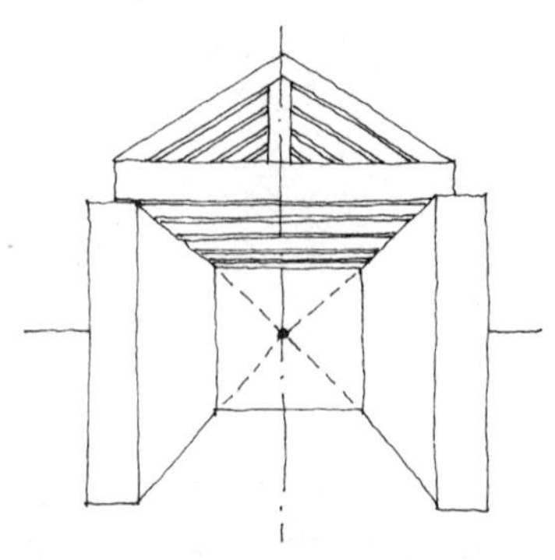

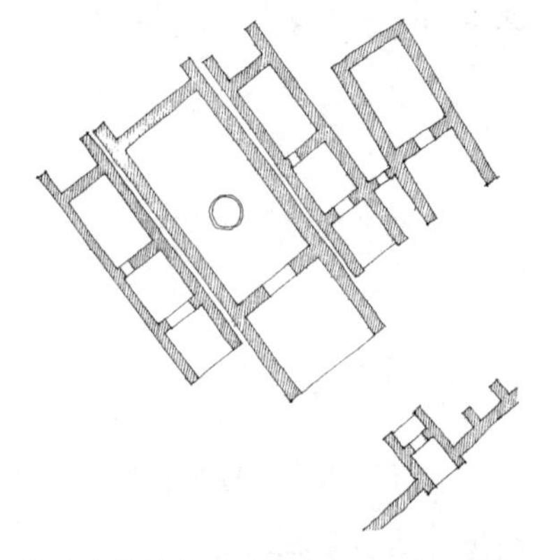

从这些特洛伊住宅的平面图中可以看出，建筑师在最初就希望用一对平行墙体进行空间设计；住宅背面和入口处的墙壁从两侧的墙体向外延伸。其中最大的那个住宅也是最正式的，在它的中心有一个壁炉。另一些稍小的住宅由墙体隔断，各有两个房间。在每个住宅中，从门口到“内屋”的轴线并非住宅的中轴线，这提高了住宅内部的私密性。这些“内屋”很可能是卧室。我们还要注意，建筑师并没有发现两所住宅共用同一面墙的可能性，而是将住宅之间间隔较大的空间作为小路（作为住宅各自的入口），而其余间隔较小的地方就成了不能使用的“死角”。

城堡的入口感受。经考证，特洛伊住宅应该已开始使用炉膛这一构造形式，但从所发掘的墙体遗址中没有利用平行墙体的优势，即由墙体、屋顶和地面组成的从室内朝向和轴线为出发点并结合整个空间形式。文森特·斯卡利（Vincent Scully）在《大地、神庙和神祇》（The Earth，the Temple，and the Gods）一书中讲到，古代希腊人往往运用平行墙体形成的方向和核心将住宅与远山圣地联系起来，进而形成轴线对应关系。

古代石基室的演化（下图）表明了平行墙作为结构和空间手法的方式。一些早期的梁板结构并没有固定形式（左下图）；在一些矗立的石头顶部平稳地盖上“顶石”，已经是一个很大的飞跃。尔后有实例显示，人们开始使用平行墙体（中下图）来进行一般的正交布局。古代石制梁板结构有所发展后，尤其是当人类走出了原始洞穴，平行墙体便成为了结构和空间创造的基本手段；平行墙体自然而然的结构秩序加之出色的建造效果，很快成为人类征服自然的新手段。这一技术在住宅以外的其他建筑类型中也应用广泛。古代的希腊神庙（右下图）通过平行墙体建立起与环境紧密相连的轴线关系；罗马式的巴西利卡（Romanesque basilica）建筑（下页上图）则通过大进深的墙面产生强烈的透视效果，进而强化出祭坛的核心方位；哥特式教堂（下页左下图）通过同样的方法标识出祭坛。不同之处是，在祭坛正上方高高隆起的穹隆顶成为更强烈的标识手段。随着平行墙体设计手法的日趋

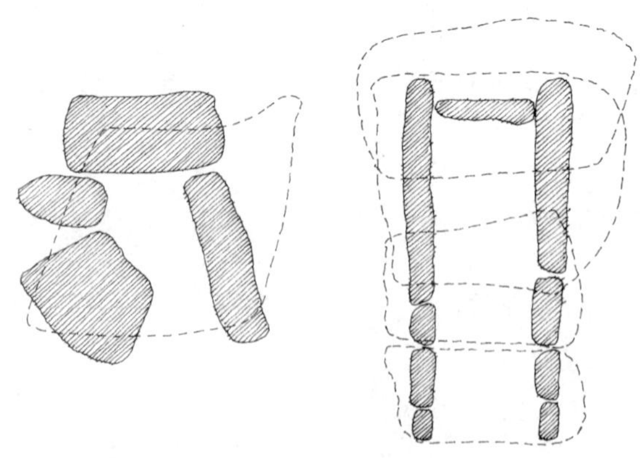

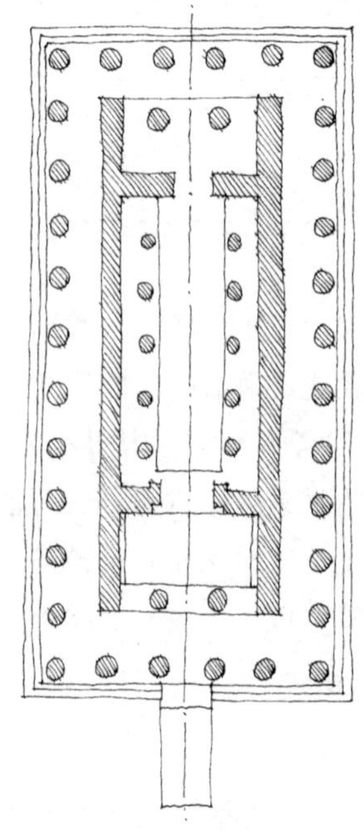

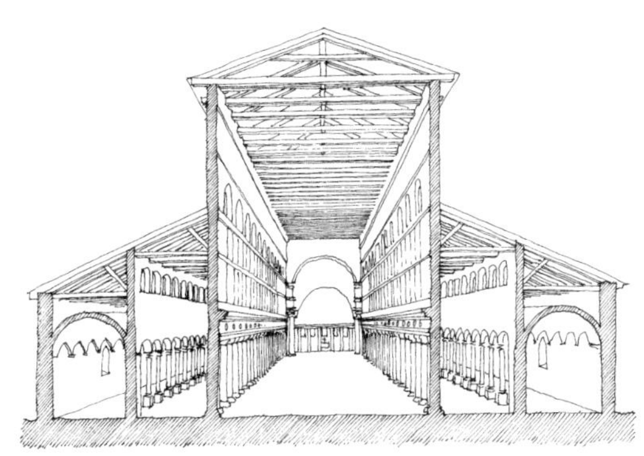

古希腊神庙、早期的基督教教堂（上图）和哥特式教堂（左下图），都采用了平行墙体作为基本布局。

完善，人们又在墙体的内侧和外侧加建圆柱（形成列柱围廊、中庭和侧廊），又建造了拱形窗，一方面满足了采光需求，另一方面起到支撑作用。大家可以看到，宏伟的哥特式基督教教堂是异教的派生物，也是史前建筑及古希腊和古罗马时期的住宅和神庙。

进入 20 世纪，建筑师们赋予平行墙技术更加丰富的手段，当然，其着眼点是为了创造更为丰富的高品质空间。建筑师并非完全以实用为目的。他们感兴趣的地方还在于平行墙体是建筑的基本元素。一些人已经不满足于平行墙体传统的使用方法，他们开始了新的探索。下面是三个教堂的案例。在第一个例子中，建筑师将平行的墙体作为设计元素，但也使用了传统手法。另两个例子中，建筑师为了创造具有诗意的空间，对平行墙体的使用进行了大胆的改变。迈克尔·斯科特（Michael Scott）在 20 世纪 60 年代设计了一所教堂（右下图），位于爱尔兰的诺卡纳尔（Knockanure）。该教堂溯本逐源，回归于极为简洁的平行墙设计手法：由横梁支撑的屋顶横跨在两面墙体上方，祭坛和十字架成了一个隐含的视觉焦点，入口内的墙体则挡住了教堂的中轴线。

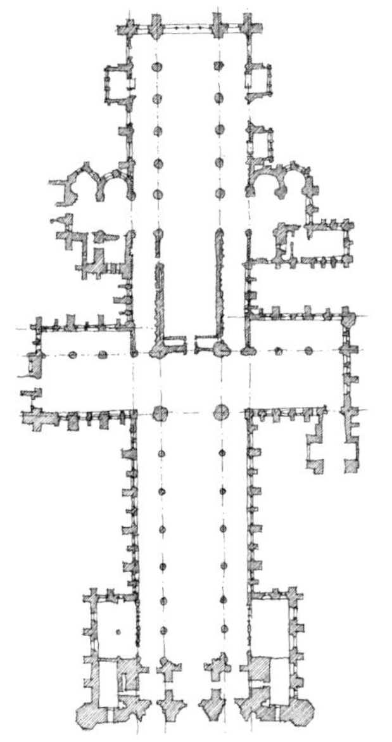

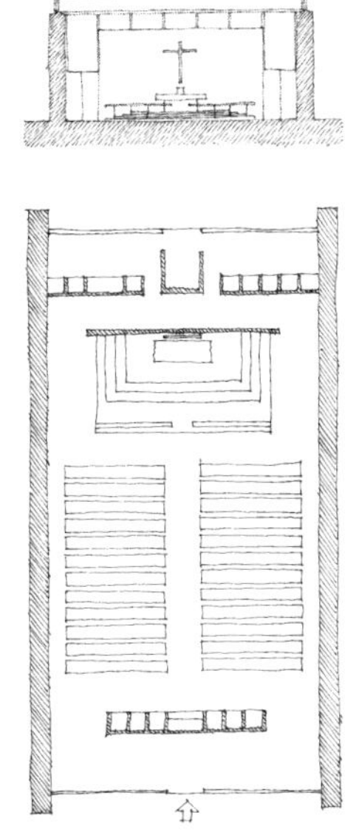

平行墙体这种手法的创造和使用可以追溯到几千年前的古老墓室或者石墓建筑上，并贯穿到古希腊神庙、哥特式大教堂（最左图），还有现代的教堂（左图）。

有关诺卡纳尔（Knockanure）教堂参见：（斯科特），《世界建筑》（World Architecture），第 2 期，1965 年，p74

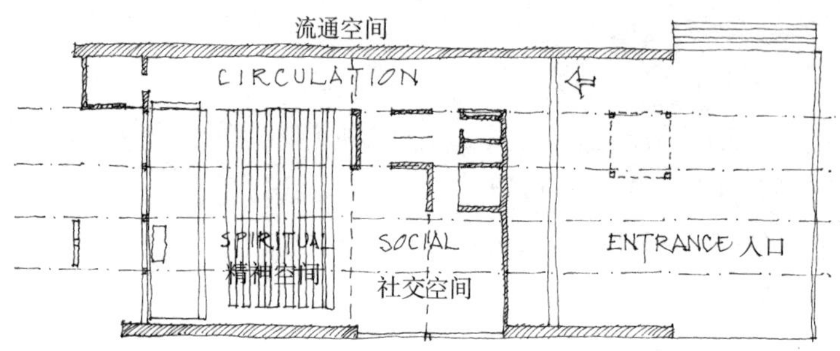

奥塔涅米大学礼拜堂内部的平行墙体限定了自然景观视野的变换，使来访者的心情由世间转化为神圣。

有关芬兰教堂参见：
艾根·坦普尔（Egon Tempel）著，《今日芬兰建筑》（Finnish Architecture Today），1968 年

194

奥塔涅米（Otaniemi）大学礼拜堂位于芬兰首都赫尔辛基，这座教堂由凯亚·西伦（Kaija Siren）和希耶基·西伦（Hiekki Siren）设计，建于 1956—1957 年。基地是一处很小的山坡，四周松树、桦树环抱，浓荫密布。教堂由两道平行墙体构成，引导出一条起伏有致，从世间到净化心灵的道路。两道平行墙体将教堂从树林中鲜明地标识出来。从平面和剖面中可以明显看出，教堂内部的交通流线自右向左。这两道纵向墙体控制着室内交通流线的方向。贯穿教堂内外的交通组织，可以将建筑划分成五个部分。第一部分是毗邻教堂主入口的外部环境。第二部分是教堂的庭院，从建筑的侧向进入，院落围墙由石墙面和枝藤编出的篱笆构成。院内有一座钟塔，形成了该场所的标志物。第三部分是进入教堂首先要经过的附属空间：集会用房。教堂的中心区是第四部分。教堂尽端的墙壁是最后的第五部分。从墙面的洞口可以看到神秘的外部世界：十字架正位于前方的树林之中。它是教堂内外环境的过渡空间。即便信徒们坐在教堂大厅的座位上，也都能看到室外那一方竖立着十字架的自然环境。

20 世纪 50 年代晚期，斯堪的纳维亚的许多建筑师都热衷于实践中对平行墙体手法的运用与创新。下面的例子是 1960 年建于芬兰的科米（Kemi）的墓地教堂，由奥斯莫·斯帕里（Osmo Sipari）设计。它的两道平行墙体的断面形式均为三角形，十字架与灵台的轴线并不是平行于这两道墙体组织的，而是作了 90° 的垂直转换。因此，为了使入口同十字架保持一致的方向，将它开在一侧的墙面上，而不是直接设于平面的后部。平面中还有两道重要的墙体：一道从教堂内部延伸而出，与环境相融合；另一道与平行墙体垂直，形成墓地入口和教堂主入口的连接点。

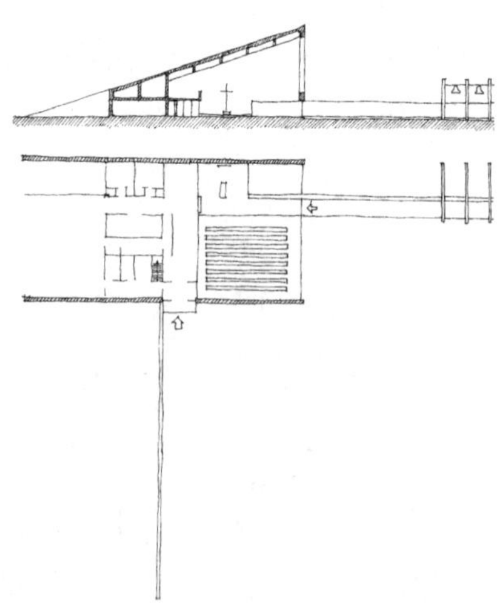

这个墓地教堂（上图）由斯帕里设计。其内部空间由两面平行墙体限定在这里，与主轴垂直。此外还有一道长墙延伸至室外，强调了教堂入口到礼拜堂的轴线。另一道平行于主要墙体的长墙从教堂内部延伸而出，将来送葬的人们引导入花园。

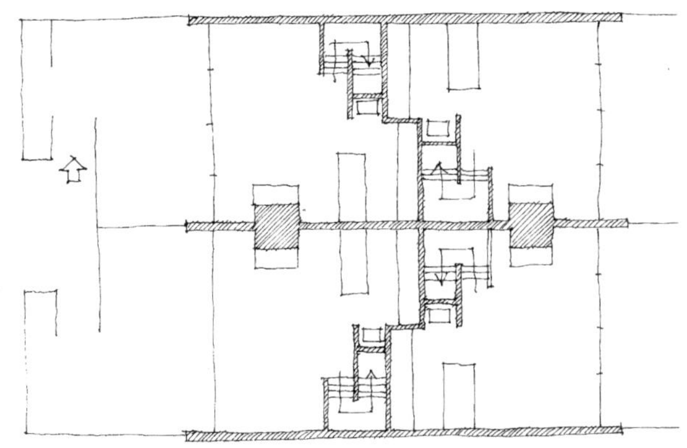

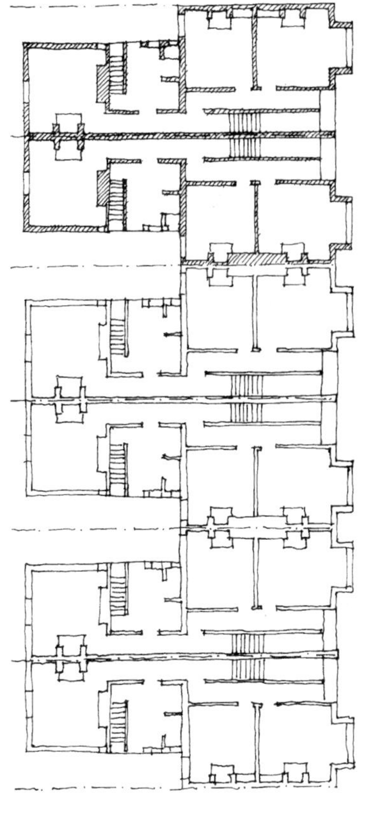

195 在住宅设计中，平行墙体思想也应用广泛。平行墙的一个突出特点是易于不断重复、延伸和扩建，并能用作联排房的基础，更重要的是，在两道平行墙体间可以安排完整的居住单元。这些排列的居住单元之间的墙体尽管会被我们忽略，却是空间构成的基本元素。

美国建筑师克雷格·埃尔沃德 （Craig Ellwood）设计的好莱坞某公寓（1952 年，上图），在每一组平行墙体之间安排两套居室，构成了四户四院落的组团建筑。中间的墙体容纳了两个壁炉。与其垂直的墙体显得更为复杂，主要限定了厨房 / 餐厅空间以及楼梯的位置。

下图是查尔斯·柯里亚（Charles Correa）为炎热地区设计的一种廉价适用房。也是通过平行墙体来组织平面，房间能不断地组合与扩建。同时将活动空间进行整合，此外，这种适用房还拥有一个露天的院子。不规则的剖面设计是为了在厨房和餐厅区域之上创造出私密的卧室。在坡屋顶上还开设有通风孔，以促进室内空气的流通。

以上所介绍的方案中，每一组平行墙体间都能形成一个独立完整的居住单元。下面两个例子则有所不同，整栋住宅是由几组相互贯通的平行墙体共同组成的。

平行墙体最适于布置联排住宅。

有关联排住宅参见：
斯特凡·穆特修斯（Stefan Muthesius）著，《英国联排住宅》（The English Terraced House），1982 年

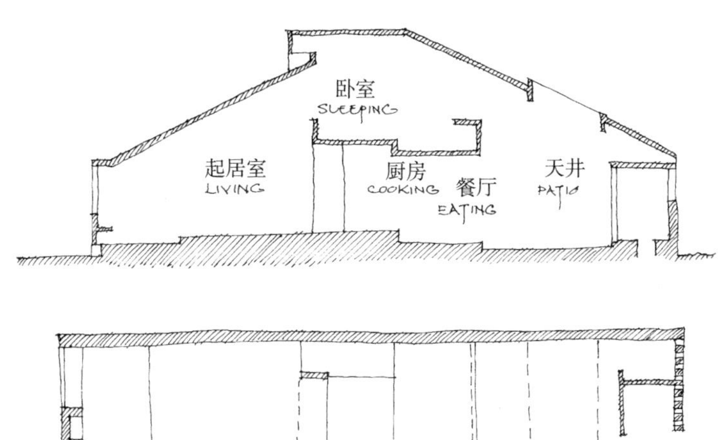

左图这栋廉价住宅利用了平行墙体排列方式。

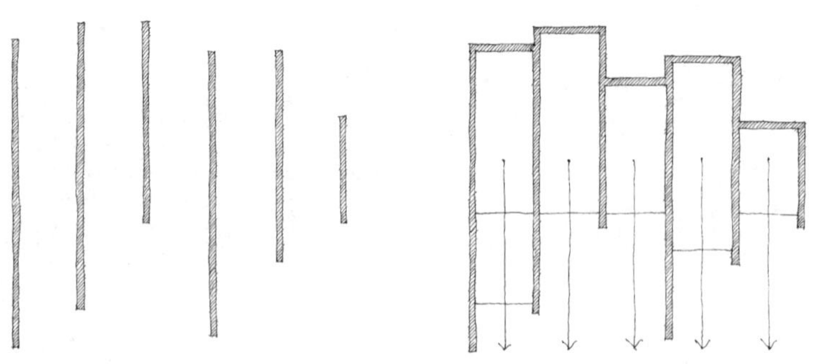

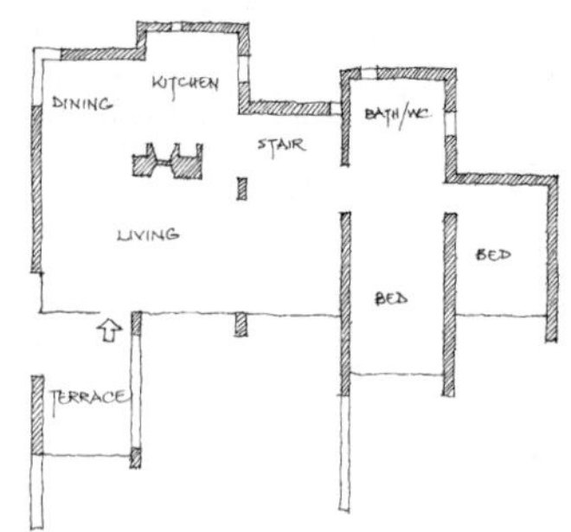

196 本页的和下页的顶图是建筑师多尔夫·施奈伯利（Dolf Schnebli）在瑞士设计的一所住宅，建于20世纪60年代早期。从剖面图可以看出，建筑的承重结构是六道一字排开的纵墙，屋顶则形成五个连续的筒形拱。显而易见，墙体既是承重结构，又是空间布局的基本元素。在传统做法中，平行墙体还产生出另外两个朝向，建筑师往往将其中的一面封闭、另一面敞开，这样便形成了空间的主朝向。入口常常设计成大片玻璃通窗形式，既能遮蔽风雨又不失良好的视野和采光。施奈伯利设计的这所住宅就由一系列的平行墙体构成，有的平行墙体之间是完整独立的空间单元卧室；有的则是几组平行墙相互贯穿，共同构成一个空间。当然，墙体上开口的大小必然受到结构的限制。壁炉的结构相对独立，往往与墙体垂直。该住宅里还设有一处阳台，同样由一组平行墙体构成。

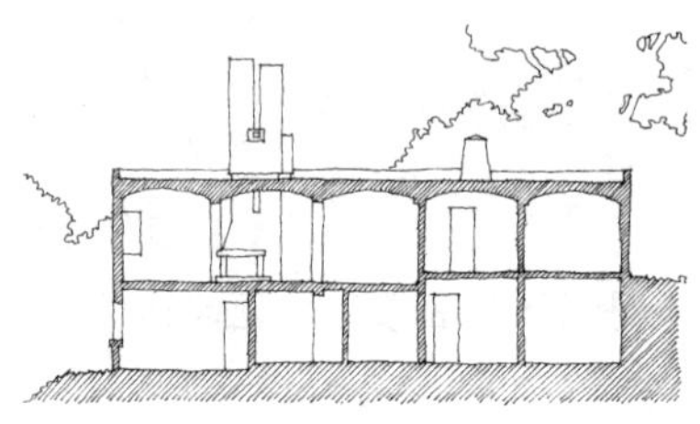

下一个住宅也使用了平行墙平面中的多个开间。这是建于希腊阿提卡（Attica）海岸的一所夏日住宅，设计者是艾利斯·康斯坦丁迪斯（Aris Konstantindis），他的手法是在一组平行墙之间创造出多种空间。从平面可以看出（右图），房间的主朝向与平行墙体相互垂直，在图中是由上至下的这一朝向。通过三道平行墙面将平面划分为四个空间。房屋建于海滨，第一部分是平面上侧的入口前院；第二部分是在前两道平行墙之间生成的居住空间，包括起居室、餐厅、厨房、卧室和一间车库；第三部分是有遮阳的平台；第四部分是面向大海开敞的露台。建筑的主体结构是石柱子加钢筋混凝土屋盖。房间中，壁炉自然而然分隔出起居室与餐厅。住宅门厅的石柱方向扭转了90°，以便于车辆停放。

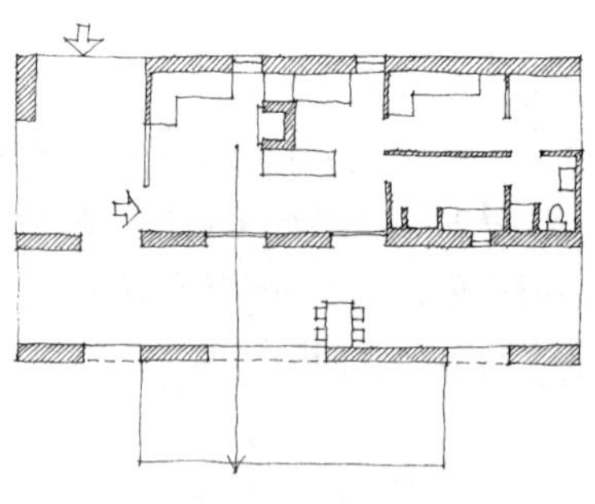

康斯坦丁迪斯设计的夏日住宅（上图）就是由平行墙组成的，墙壁顺着海岸线纵深的纹理而排布。

这栋建筑平行墙特征显著，由诺曼·福斯特和温蒂·福斯特夫妇（Norman and Wendy Foster）与理查德·罗杰斯（Richard Rogers）合

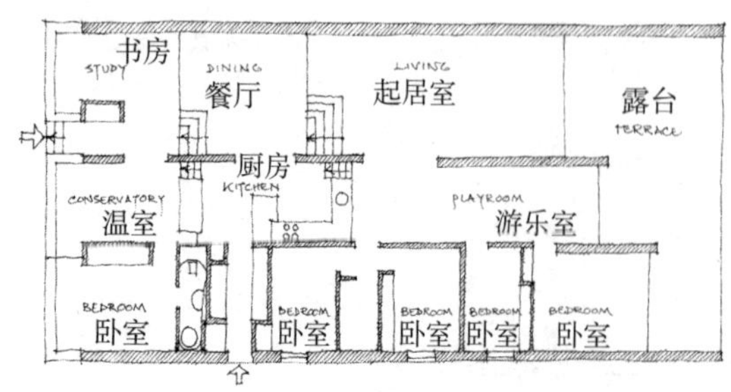

有关多尔夫·施奈伯利设计的利希滕汉（Lichtenhan）住宅参见：
《世界建筑》，第3期，1966年，p112

有关艾利斯的希腊夏日住宅参见：
《世界建筑》，第2期，1965年，p128

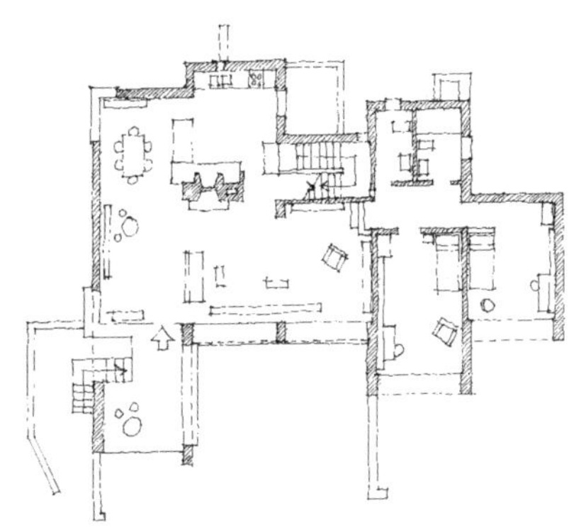

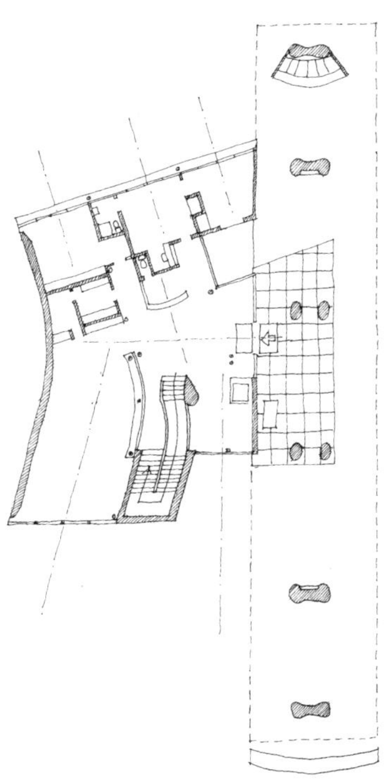

作设计。使用者从入口到阳台的活动线路与墙体的机理相一致，随着地势顺坡而下。四道墙体创生了三个不同的功能分区。

197 有些建筑师打破传统，采用非正交平直的墙体来构筑平面，或是将个别墙体扭曲一定的角度，从而使空间产生一些新变化。勒·柯布西耶于 1931 年设计了巴黎南郊大学城中的瑞士学生公寓（the Pavillon Suisse），右图是其首层平面。点画线所示的区域是一处很大的长方形平台，由粗大的石墩支撑。平台下是宽敞的廊道，公寓的主入口隐匿在后面。进入主入口，右前方正对的就是迎宾台。迎宾台之后是经理休息室和一间办公室，门厅左侧是一部楼梯，直通楼上的学生公寓。学生区没有设计为规则的矩形平面，而是将一道外墙设计为弧线，楼梯间也不笔直，紧贴弧形墙面升向二层。很显然，整个平面并没有遵循传统的平行墙体的布局方式。在此，我们不妨将其改回到方正平直的平行墙体布局，再与真实平面比较一下（右下图）。修改后，学生区活动平台一侧的墙面是一道平行墙体，平面右侧是另一道平行墙体，这两面主墙与其他隔墙划分主入口、经理休息室和办公室等空间。两者对比后，不难发现原方案把墙面偏转后所产生的效果。勒·柯布西耶的布局产生了更多空间细节，这种处理有多方面的用意：使私密空间相对扩大；墙面弯曲，路线和视线不相一致，使私密空间、公共空间、学生公寓在视觉上有所分散，减少了干扰；除了迎宾台与入口直接对应外，楼梯间贴着弧形墙面采用相应的曲线形式，避免了因视线和路线重叠而产生的单调感，同时也增强了空间的私密性。最后，勒·柯布西耶又利用弧墙所产生的空间，沿大堂入口处的玻璃幕墙摆放座椅，使大堂显得更为可共享和通畅。

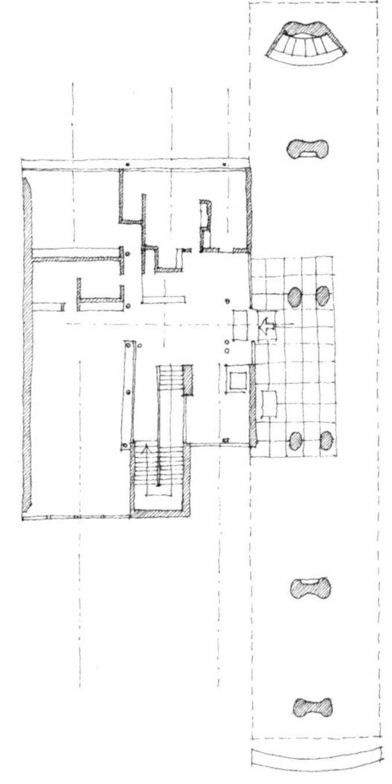

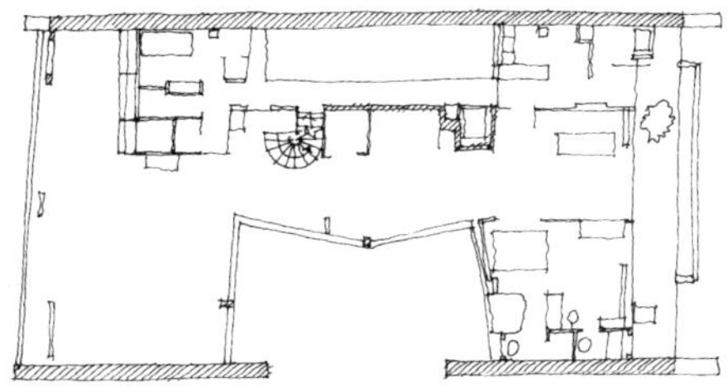

勒·柯布西耶在巴黎南热塞与科利（Nungesser-et-Coli）街 24 号设计的住宅中，对平行墙体手法的利用恰到好处（1933 年，左图）。

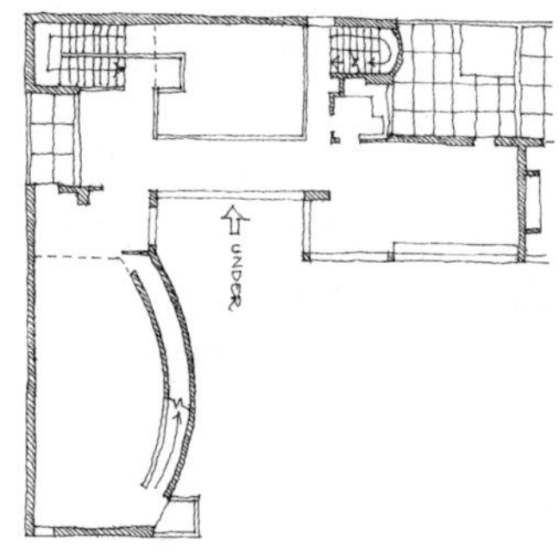

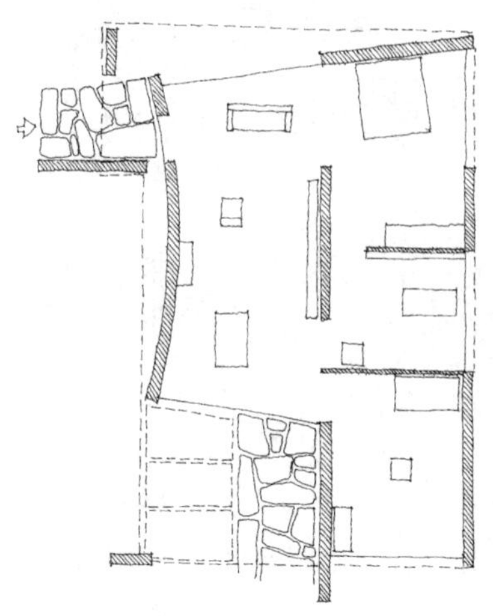

这是 1936 年在布里斯托尔（Bristol）举办的建筑展览会中一个小型住宅的平面图。建筑师马歇尔·布劳耶（Marcel Breuer）和约克（F. R. S. Yorke）在设计中将其中一道墙体变弯。手法与勒·柯布西耶的瑞士公寓很相似，当然细节上各具自己的特征。

198 勒·柯布西耶在设计中经常采用一种或是内凹或是外凸的弧墙面设计手法，使平直的墙面增加细节变化。早在设计瑞士学生公寓之前，大约是 20 世纪 20 年代早期，他为拉罗歇（La Roche）设计的一所住宅也很有特点，该住宅坐落于巴黎的西北城区。住宅的二层是一个私人展厅（左上图），从地面升起的一道短墙和三根柱墩支撑着这一空间，用来陈列拉罗歇的个人藏画。展厅的平面由一道直墙和另一道外凸的弧墙共同构成，紧贴着弧墙是一段弧形坡道，可直抵二层。弧墙和坡道的引入，使房间有了更多的可以驻足停留的空间。这条坡道在建筑上表现为一种步移景换式的自由“散步漫道”，它从室外地坪开始，直到屋顶花园结束。经过安排在三层通高的大厅中的一部楼梯，可以进入展室，紧接着登上坡道，可以到达二层的书房里，走出书房的门口，便是屋顶花园。弧墙的立面构图中也很重要，能使建筑体更富有雕塑感并向来访者暗示出住宅前门的位置所在。

在荷兰阿纳姆（Arnhem）附近的桑斯比克（Sonsbeek）公园中，有一处极富雕塑感的亭子，设计师是阿尔多·凡·艾克（Aldo van Eyck），建成于 1966 年。该建筑探索了平行墙设计中的一些新手法。从概念上讲，建筑师首先为建筑基址安排出 6 道简单而一致的平行墙体（左下图），墙体高 3.5 米，墙间距均为 2 米宽。墙顶上支撑着半透明的玻璃顶棚，墙与墙之间形成这座亭子的几何通道。他将平面中的墙体频繁地打开一些洞口（右下图），局部墙面还增加了几处半圆形转角，从而造就出展览空间所适用的平面形式。通过上述处理，平面在横向上产生出更多的相互联系，洞口使新的交通流线和视线可以在墙体间自如地游移和转换，最终塑造出富于雕塑感的展览空间。

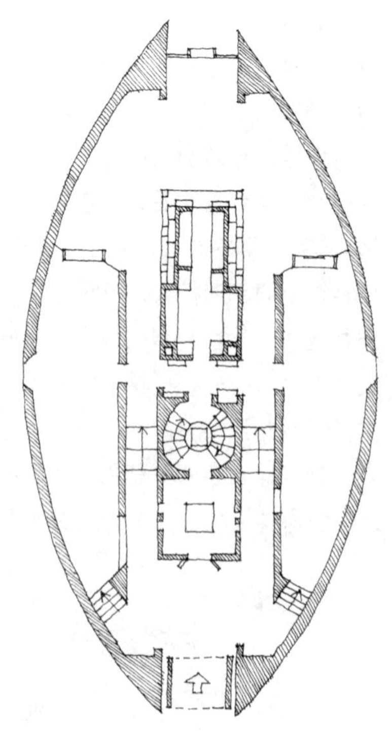

由理查德·麦克科麦克设计的拉斯金图书馆（上图），其曲线形式的“平行”墙，就像一双手，环绕着图书馆的内部空间。

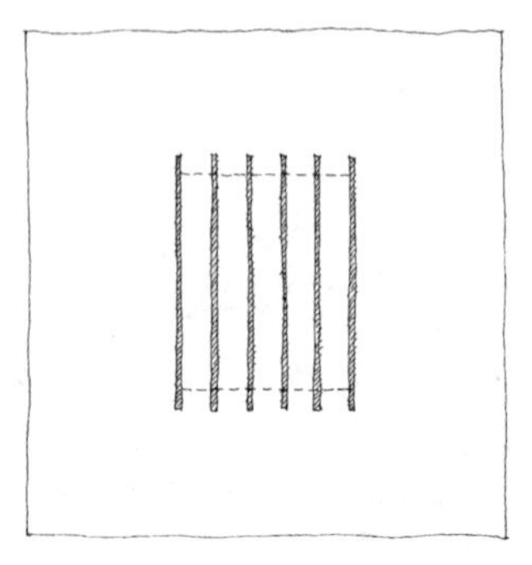

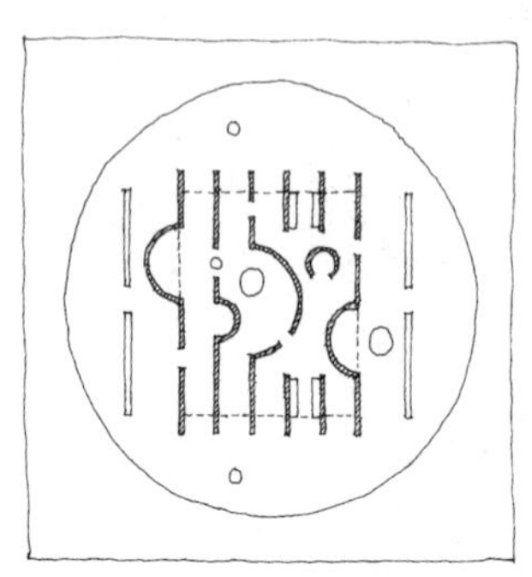

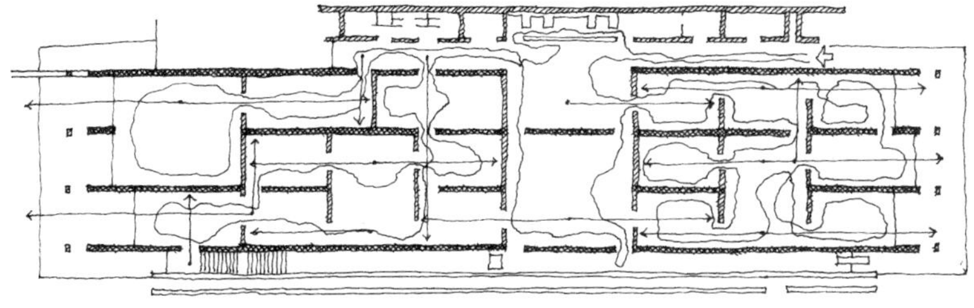

有关洛桑－德里格尼图书馆参见：《关于艺术》（Matiere d'Art），建筑理论与历史研究所（Institut de Theorie et d'Histoire de L'Architecture），2001 年，p78—81

有关贝耶勒美术馆参见：皮亚诺（Piano），《建筑评论》，1997 年 12 月，p59—63

理查德·麦克科麦克（Richard MacCormac）设计的英国兰开斯特大学（Lancaster University）新图书馆，是为纪念英国艺术评论家约翰·拉斯金而建的。该设计运用平行墙的手法比较特殊：两段弧形外墙对称布置（前页右下图），分别在建筑纵轴上的两个端点交汇，形
199 成封闭的梭形“神庙”平面。平面封闭感较强，突出了对内部空间的保护意识，构图形式也十分夸张，形似“双手”。

有两种类型的建筑特别依赖墙体的布置：一种是图书馆，还有一种是美术馆。这个小图书馆（右图）建于 2000 年，由帕特里克·德万斯里（Patrick Devanthéry）和伊内斯·拉穆尼尔（Inès Lamunière）设计，位于瑞士洛桑的德里格尼（Lausanne-Dorigny）。图书馆的室内结构与空间依托两片平行墙体展开。地面和屋顶也通过它们向外悬挑，内部空间也是由这两道兼作书架的墙体组成。

位于瑞士巴塞尔的贝耶勒（Beyeler）美术馆，由伦佐·皮亚诺（Renzo Piano）设计（1997 年，上图）。这个美术馆的空间组织也是通过平行墙体展开的。由四面墙体支撑着一个半透明的屋顶，形成了美术馆的核心部分，另一些辅助墙体则构成了一些次要的空间。这四面墙体之间的空间又由几组横墙穿插分隔。墙体上的开口并非随意布置，而是为来访者创造了一个迷宫似的、充满趣味的游览路线，使他们能够兴致勃勃地完成参观（人们选择的游览路线就如音乐的旋律一般富有节奏感。这个例子表明第 11 章“理想几何”中规则几何的变幻是可以由人而非作品本身实现的）。人们同样可以通过墙上的开口看到另一个空间，或者看到馆外的美丽风景。这种形式让人不禁想起古希腊的神庙。皮亚诺在主要墙体的两端还增加了独立的柱子。

平行墙体的建筑可能性还远未完全显现。建筑师们还在不断探索这个简单而又基本的话题。位于芬兰的米拉梅基（Myyrmäki）教堂（下图），由朱哈·利维斯卡（Juha Leiviska）于 1984 年设计。

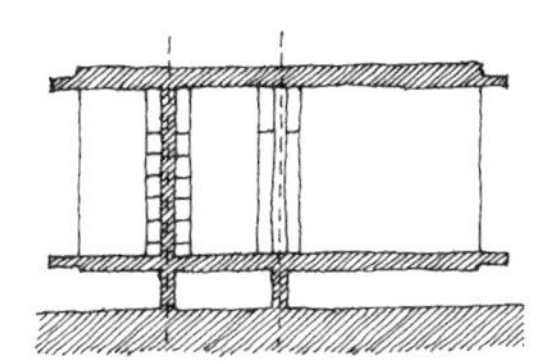

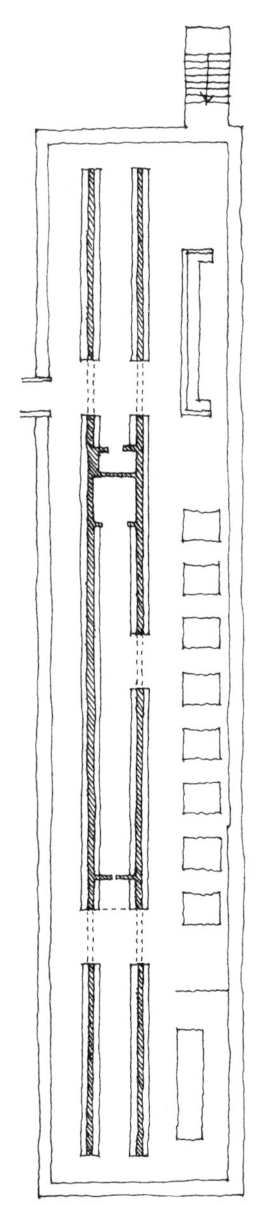

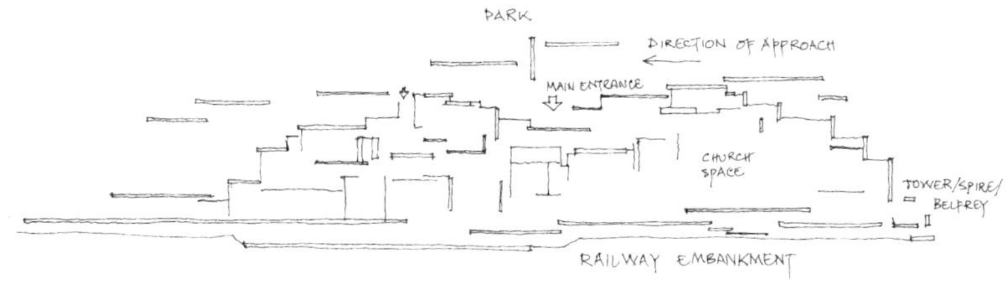

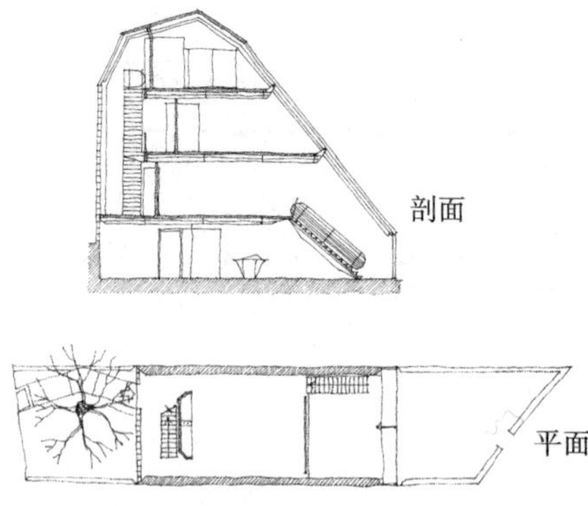

简・卡普里斯基在伊斯林顿的住宅利用平行墙体的手法来组织平面。不同之处反映在剖面。从剖面图中我们可以看到有一扇倾斜的、朝南的大窗，为室内提供温暖的阳光。

教堂内部的空间是沿着万塔（Vantaa）小镇火车路堤建造的许多平行墙体“森林”。

200 未来系统公司（Future System）建筑师简・卡普里斯基（Jan Kaplicky）在伦敦伊斯林顿（Islington）设计了一个小型住宅（1994年，右上图）。这个住宅是基于两面平行墙体建造的。从它梯形状的剖面图中可以看出，阳光通过朝南的倾斜窗射入室内，为住宅提供了部分热量。

瑞士建筑师彼得・卒姆托（Peter Zumthor）对材料的使用很感兴趣，能够用新颖的方式对材料进行组合。卒姆托为2000年举行的德国汉诺威世博会设计了瑞士馆（下图）。其内部是由错综复杂的平行墙体组成，这些墙体都是由木材堆叠而成（在世博会后可被再利用）。建筑师希望通过这些木材的使用，以及从木堆的细小空隙中传出的悠扬音乐，创造一个芳香气味和美妙音符互相交融的奇幻空间。

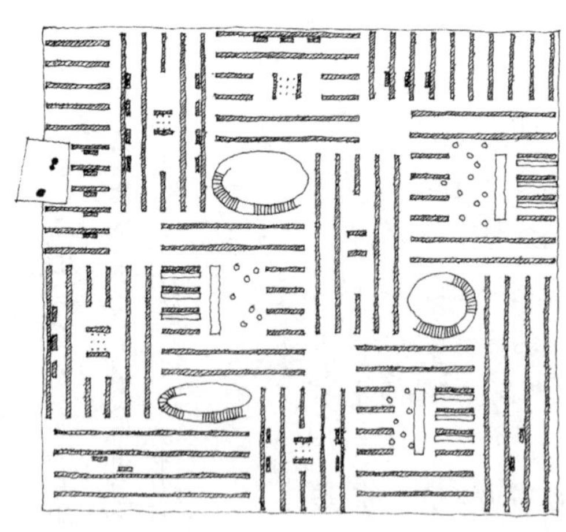

彼得・卒姆托设计的，建在汉诺威世博会的瑞士展馆（左图），是由两种平行方向排列的木材堆叠组成的迷宫。建筑中的布局，犹如在布上针织一般，每一个“结头”便会出现一个交会空间。

平行墙的方法是用明智和经济的方式来组织空间，有时建筑师偏离了平行墙不是因为其他更好的理由而是它的与众不同，然而，它往往提供了微妙的变化的基础。建在阿姆斯特丹的由阿尔多・凡・艾克设计的母亲之家（1980年）就是个好例子，在第1章“如何解析建筑”（参见第18页）已经详细分析了此案例，你可以从图中看到大厦后的住宿区被划分为五个小型的单位。这些平行的墙壁，通过凡・艾克微妙地变化，这部分墙给每个平台都提供了自己的特殊空间。

有关卒姆托设计的世博会瑞士馆参见：建筑理论与历史研究所，《关于艺术》，2001年，p120

有关卡普里斯基的伊斯林顿住宅参见：《建筑革新》（Progressive Architecture），1995年7月，p31

建筑是天空和地面的水平联系，向上或向下都是富有诗意和情感的象征，高部、顶部不同于底部和地下室，也都和地面不同。

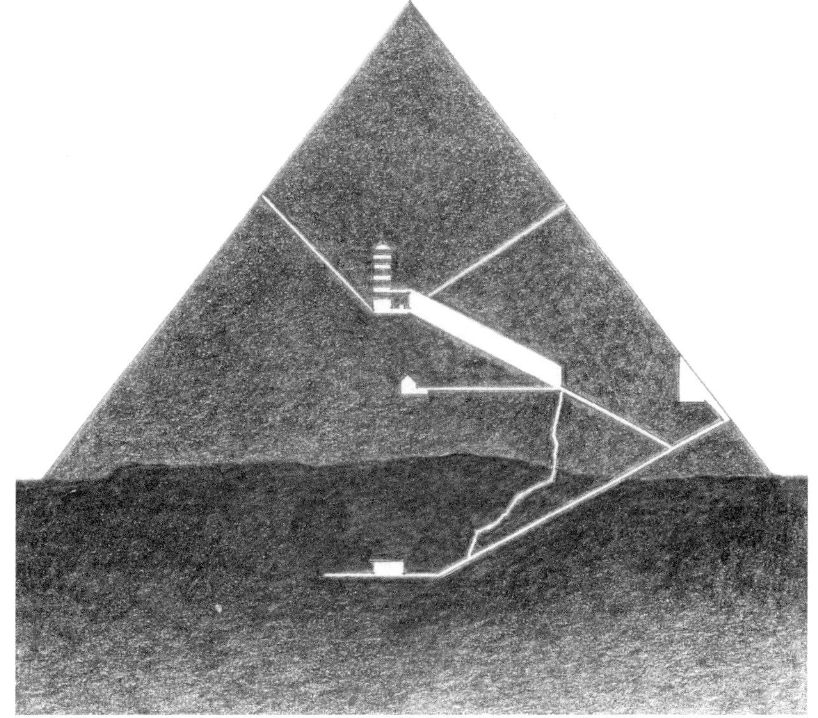

12.3 竖向分层

“建筑的地窖和顶层就好比磁石的两极，它们相互间的‘磁性引力’确保了建筑的垂直性……有些人会将屋顶存在视为合理，并与地窖存在的不合理性相对。有人马上会说，屋顶的存在理由是，它能够为人们遮蔽烈日风雨……我们完全可以‘明白’人们对屋顶的垂青……在屋顶上，我们能忘记所有的烦恼。在地窖，我们能欣喜地看见坚固框架结构裸露在外。在这里我们仿佛走进了木匠创造的立体几何空间中。毫无疑问，我们可以找出地窖的种种用途……但是它却是房屋深处必不可少的空间，带有某种隐含的力量。当我们梦到那里时，就会感觉到建筑下部存在的不合理性，还是会给人和谐的感觉。”

——加斯东·巴舍拉（Gaston Bachelard）著，
玛丽亚·朱拉斯（Maria Jolas）译，
选自《诗意空间》（The Poetics of Space，1958 年）的“房屋，
从地窖到阁楼”（The House. From Cellar to Garret），
1964 年，p17—18

12.3 竖向分层

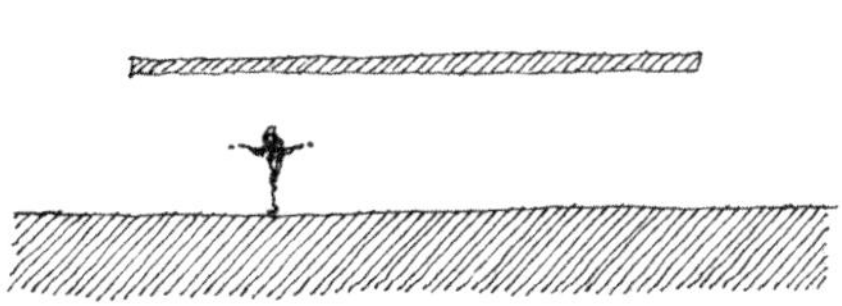

203 如果人类能在三维空间中自由活动，人居建筑会产生巨大的变化。由于受重力制约，人的活动往往在水平范围内进行，建筑的重点因此更多地着眼于平面的设计。人类活动的这种特点决定了二维平面的重要性。有些建筑师遵从甚至追求这种设计思想，热衷于在二维平面中对人居行为进行严格的限定，并将空间严格规范在屋顶和地板限定的水平维度中。

德国建筑师密斯·凡·德·罗就致力于对二维平面中人居空间的刻画。这在其众多的作品中都有体现。下图是五十乘五十住宅 [50 × 50（英尺）（Fifty–by–fifty House）] 的平面，设计于 1951 年，但是方案一直没有实现。住宅空间由一块方形硬化地面和上部的屋面共同构成。它的结构方式十分简单。屋顶由四根柱子支撑，每根柱子均位于方形屋盖各条边的中点上，住宅的外墙完全采用玻璃幕墙。所有室内空间完全在屋面和底板之间的水平维度中进行组织，畅通的玻璃幕墙不会对视觉造成任何遮挡。五十乘五十住宅就是这样一座单层建筑。设计直接从地面标高开始，对场地进行了深入的规划。室内地坪无任何标高变化，既没有下沉的地面，也没有升起的平台，更没有其他竖向布置的层面，整个建筑简洁明快，没有任何超出正方形平面范围的凹凸部分。

在下页的顶部（左图）是意大利建筑师马尔科·扎努索（Marco Zanuso）设计的一栋小住宅的局部剖面，1981 年建于科莫（Como）湖畔。
204 建筑共分三层，每层都各有特点。首层与户外环境融合易达。地下室是开挖土方而成的一个不大的房间，室内昏暗阴冷。二层主要用作卧

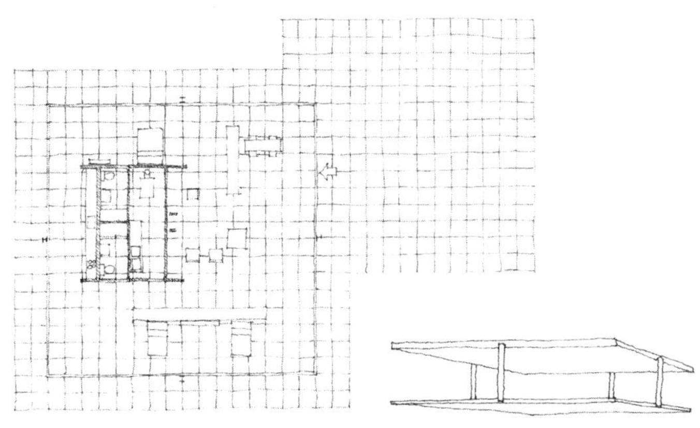

与密斯的五十乘五十住宅相比，当时最富有的人，布特侯爵（Marquis of Bute）则把他的“夏日烟室”（Summer Smoking Room）建在了加的夫城堡的钟塔顶部。在这里他像在世俗世界之上（更可通过他抽的烟来体现他的更“高层次”），可以看到几英里之外的码头——这也是他财富的主要来源。这些城堡都是由威廉·布尔戈斯（William Burges）在 19 世纪中期设计改造的。布尔戈斯在五个塔的每个顶部都创建了“特殊的世界”，而在地下室则是一个拱形的地窖。塔的阶梯从“底层”通向“高层”。其中一个最高的“高层”，是一个向天空开放的花园。

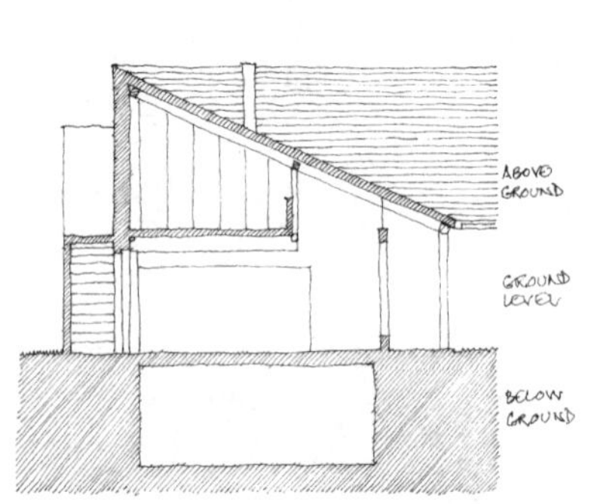

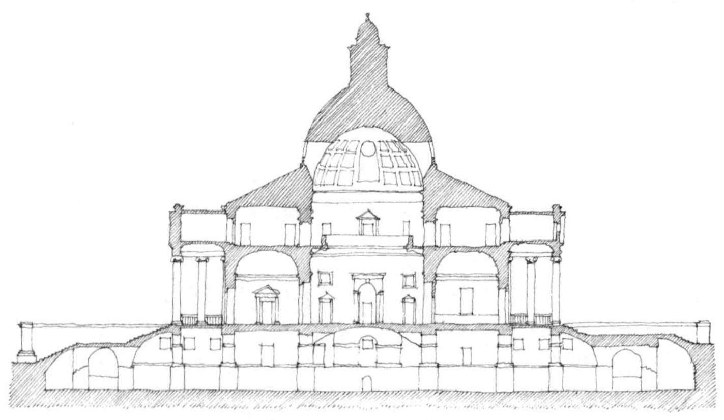

室，那里更加私密，与底层隔绝开，并有坡屋顶，因为它在坡屋顶正下方。分层使建筑物在不同层次上，都具备了与它外观看起来有所不同的感受。

右上图是城堡的剖面图，是建于肯特（Kent）的梅雷沃斯城堡（Mereworth Castle）（比例不同），房屋体量相对较大，同样包括三层，设计者是科伦·坎贝尔（Colen Campbell），建于 1725 年。首层空间是一处半地下层，从功能上讲，其实相当于地下室。其顶板设计成筒拱形，用以承托上部各层的重量。由于是半地下室，室内显得较为清凉，但采光相对不足。最主要的功能集中于半地下室之上的第二层内，由于建于地面之上，空间显得开敞而舒适，是一处表明高于底层的具有某种尊贵感的“主楼层”（Piano Nobile）。第三层安排了一些其他房间，住宅中部是一座贯穿上下的中庭，中庭的正上方是高大的穹顶结构。可以想象在“主楼层”上度过自己的大部分时间和在底层世界做一个仆人的不同。

建筑物竖向分层的手法大致都很相似。左下图是瑞典建筑师弗雷德里克·布洛姆（Fredrik Blom）在 1837 年设计的一栋农业试验楼。首层是大楼的入口（而在远端成为二层，因为地面标高发生了变化）。首层之下设有地下室，它是结合建筑基础的土方开挖设计而成的。既开发了地下空间，同时也是上部结构的基础。二层的设计十分特别，
205 通过楼板与首层明显隔开，而与阁楼相通，这样在屋顶的走廊处形成了一个阳台。屋顶剖面的外轮廓为三角形，为适于阁楼的使用，内截

建于肯特的梅雷沃斯城堡（上图）的竖向分层与帕拉第奥在维琴察（Vicenza）城外建造的圆厅别墅十分相似。两座建筑及另一座带有“主楼层”的建筑（奇斯威克别墅）的平面参见第 164—165 页。

中下图：建筑的层数一般从立面可以清楚地反映出来，但各层不同的空间特征需要从内部加以感受。首层是组织内部交通的空间，上部楼层与地面相分开，有的相距可以更远；顶层空间的特征明显受到屋顶形式的影响，另外对于自然光的利用也是一项主要影响元素。

右下图：这是瑞典东部乌普萨拉大学（Uppsala University）图书馆的一个片断，建筑顶层是一个大报告厅。作为石砌结构，以下部的小空间来承托上部的大空间是比较容易实现的，反之则往往行不通。小空间里的墙体和柱子可以用来支撑大型空间的地板。

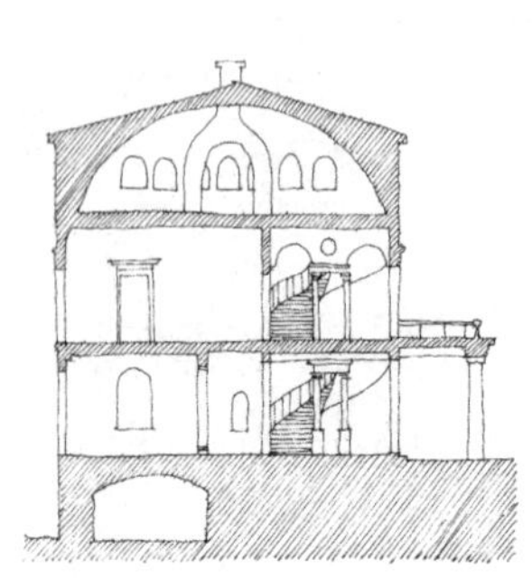

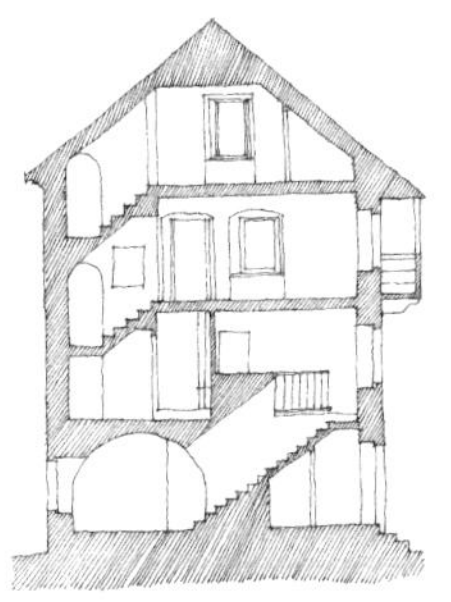

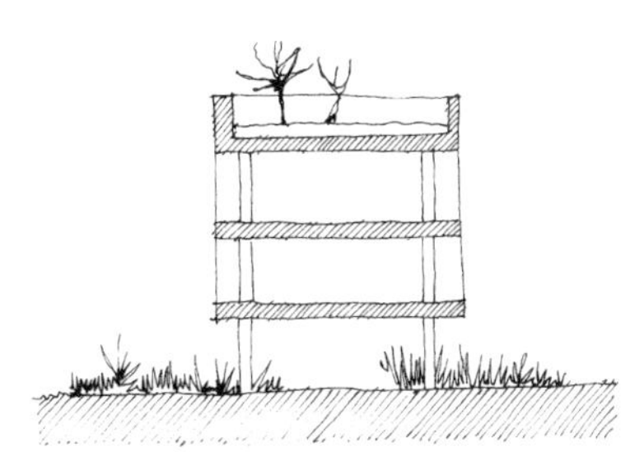

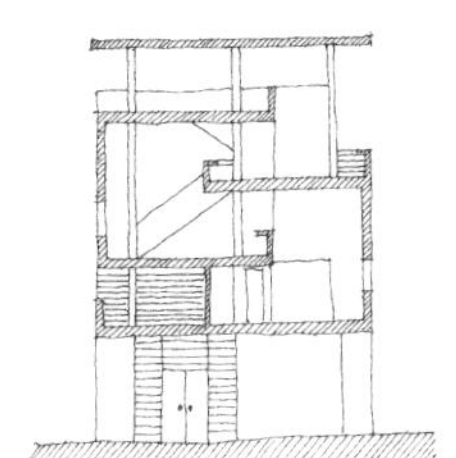

面通过结构变化设计为拱形。相似的竖向设计也体现在意大利的这栋农村住宅中（左上图），是由乔瓦尼·西蒙尼（Giovanni Simonis）设计的。各层均以楼梯相连，梯段的倾角与屋面坡度一致，使屋顶与通往阁楼的楼梯形成密切联系。还要注意，每个楼层与外界都有不同的关系。例如中等偏上的楼层带有一个凸出的阳台，给人一个在高处俯瞰美景的机会。而阁楼和地下室多像是与世隔绝的，被建筑的结构所包围了。

这种变化可以用来提高建筑物的诗意美，正如本页底部的印度住宅所示。当你进入中间一层时往下看，便看到一个小庭院，随之鱼塘和芒果树映入眼底。来到屋顶，你可以感受到自己置身于高高的椰子树的树叶之中。

20 世纪 20 年代，勒·柯布西耶激进地倡导多层建筑的设计思想，在他提出的“新建筑五要素”（1926 年）中，提出建筑应底层架空，并带有屋顶花园。这样，地面的景观也会被引入室内，人们就可以享受双倍的自然美景（中上图）。设置屋顶花园，可以使人沐浴阳光；首层架空，使空间更畅通无阻，便于人们行走和活动。勒·柯布西耶设计的住宅中，通常都带有他的此类思想，虽然没有说明，但人们还是能感觉到，就像 300 年前帕拉第奥所谓的“主楼层”（参见第 207 页的萨伏伊别墅）。勒·柯布西耶在室内空间的标高变化上，也做了不少创作尝试。他 20 世纪 30 年代在希腊迦太基设计的这所小住宅（右上图）中，建筑的各层贯通，屋顶花园带有顶篷，在希腊炎热的烈日下可以遮阴。

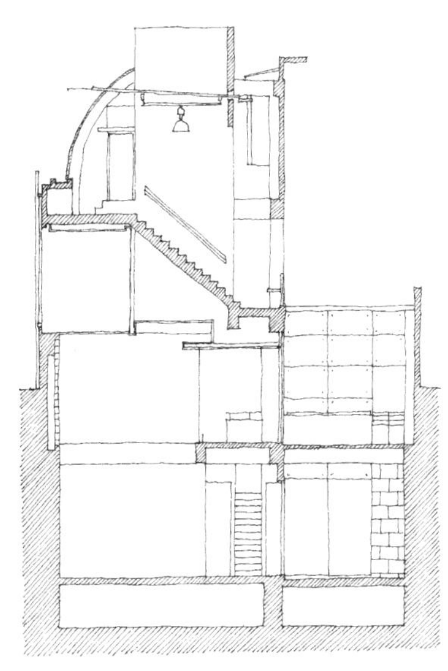

戴维·奇普菲尔德（David Chipperfield）设计的日本五岛美术馆（Gotoh Museum，上图，1990 年），从其深埋在地下的底层到轻质屋顶，形成了一个复杂的剖面。

在由丽莎·拉朱·苏哈达（Liza Raju Subhadra）在印度特里凡得琅（Thiruvananthapuram）设计的拉梅什住宅（the Ramesh House，下图，2003 年）中分层占据着重要位置。人们可以从中层下到被芒果树遮蔽的院子里，或登上屋顶，站在棕榈树叶之间。

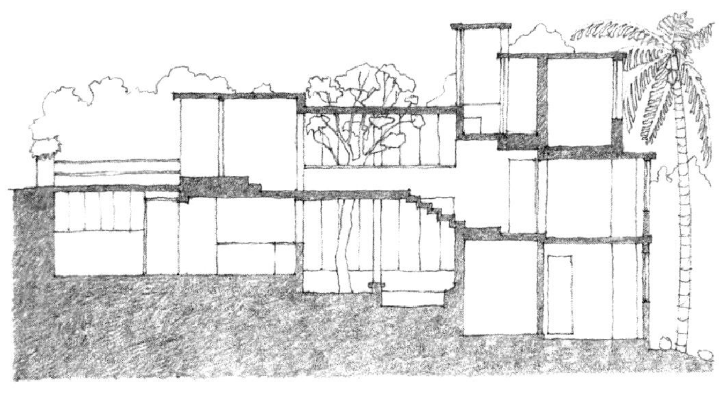

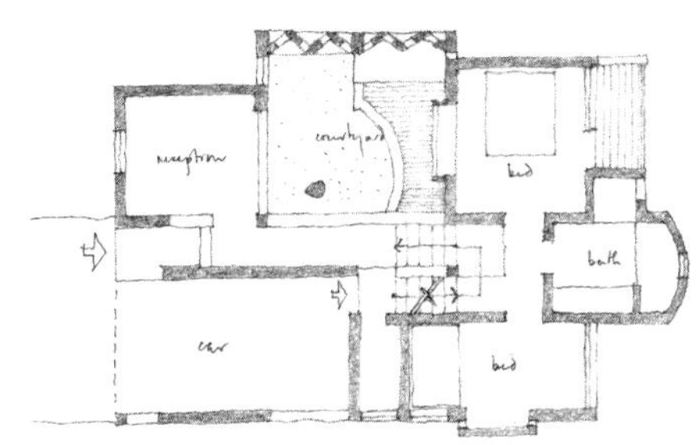

勒·柯布西耶设计的艾哈迈达巴德纺织协会总部大楼（右图）利用了最上层自由平面的优势。

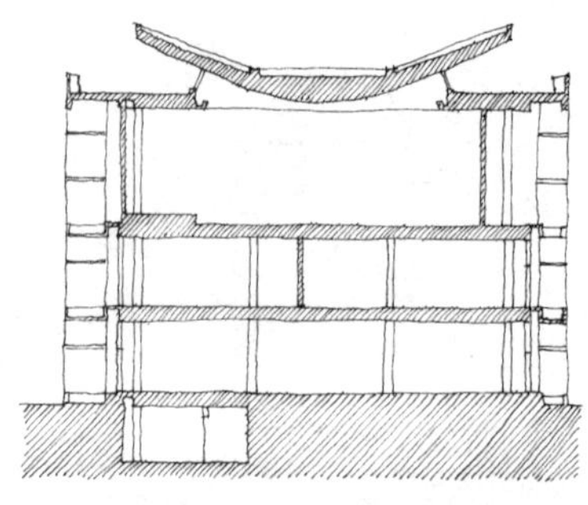

在屋顶设置采光天井，将下部楼板打断，约翰·索恩设计的空间可以是阳光畅通的倾泻而下，直到建筑的底层。在建筑的特定部分安装坚固的玻璃顶，也可使阳光充分照射进室内。这是他的私人寓所的局部剖面图；该处是陈列其个人收藏的雕塑品及精美建筑细部的空间。

有关约翰·索恩参见：
约翰·夏默生（John Summerson）等人著，《约翰·索恩建筑文集》（John Soane，Architectural Monographs），1983 年

206 马赛公寓（Unité's d'Habitation）是勒·柯布西耶在第二次世界大战后设计的一座大型住宅。从纵剖面上看，居住单元交错组合，走廊围合在中间。剖面所示仅为建筑的很小一部分单元片段（这座公寓共能容纳约 1600 人，大厦的公共服务设施可以为居民们共同享用）。从图中可以看到，每一间套房延伸至大楼两侧尽端，在两层通高的空间中，住户可以从阳台眺望周围的风景。但是因为穿插的剖面，每个部分都不同，一部分在楼上的小房间，而另一部分则在楼下。

勒·柯布西耶在设计中也十分注重顶层空间的自由度。下层空间常常受到顶板和上部空间的严格限制，因而接受从顶部洒下的阳光的可能性很小。顶层屋面因其不再充当任何空间的楼板，从而为运用天井采光创造了条件。由于没有层高上的使用限制，同时也可以充分利用竖向尺度。在 1954 年设计而成的艾哈迈达巴德纺织协会总部大楼（Millowners' Association Building，Ahmedabad，上图）中，勒·柯布西耶充分利用了建筑的结构特点，将小型空间设置在下部楼层，而将大尺度空间安排在顶层。这样一来，使大跨度空间——报告大厅的屋顶向外凸出，赢得了充足的采光。这与梅雷沃斯城堡（参见第 204 页）中，将建筑的中央大厅设计为通高的穹顶来突破结构限制的手法如出一辙。

根据前文所述，在第 9 章“神庙与村舍”中讨论过，神庙原型的设计思想意在通过高出地面的平台，创造出超凡脱俗的建筑意境。表演用的舞台让演员在虚构的戏剧中扮演想象中的角色，住宅中的“主楼层”让士绅自认为凌驾于百姓之上，都是这方面的例子。在夏洛藤
207 霍夫城堡（Schloss Charlottenhof），有一所 1827 年建成的别墅，位于

在柯布西耶马赛公寓的局部剖面图里（下图），两个住宅组合在一起。它们既有半层高和双层高的空间，并同时享受从两侧进入大厦的光线。

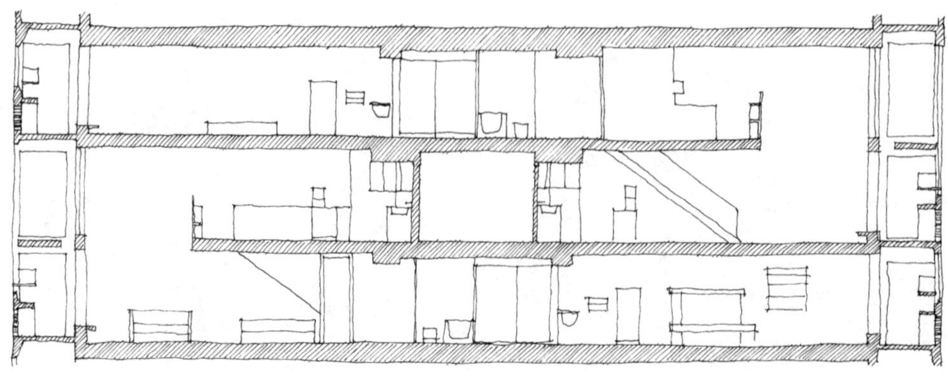

夏洛藤霍夫宫（上图）在比水平公园高的地方设置了一个花园，房子本身提供这项更高层次的转化。

波茨坦的无忧宫（Sanssouci Palace at Potsdam）外伸的基址中（在今天的柏林附近，上图），设计者是德国建筑师卡尔·F·辛克尔（Karl Friedrich Schinkel），他在该建筑中设计了一处高出地面约 3 米的退台式花园。花园与建筑位于同一标高上，下层空间是佣人的住所。入口大厅前的一段室外楼梯成为外部环境与“主楼层”相连接的纽带。在通过这种方式，房子成了把居民和访客从普通地面往高层次传送的工具。

勒·柯布西耶设计的萨伏伊别墅（下图）也共分上下三层：一层设有入口大厅、佣人房和车库；二层是起居厅和卧室，外墙上还附设着一处开敞式阳台，有近乎方形的围墙；屋顶上设计了一处日光浴室。设于住宅中央的一条坡道将三个楼层贯穿于一体。人们可以从一层一直走到屋顶。这里的房子也可以被当作一种传送的工具，将人们从地面带到高层的生活空间和阳台上。但是柯布西耶比辛克尔做的更进一步，他把人们带到了一个比一切水平都高的开放天空。

有时，通用的竖向分层手法也可以有所变通。在罗伯特·文丘里设计的这所房子里，顶层是拱形结构，仿佛上面还有重量需要承托。首层则顺应不规则的场地随形生变。住宅的主入口设在中间层，通过一座小桥来连接室内外空间。

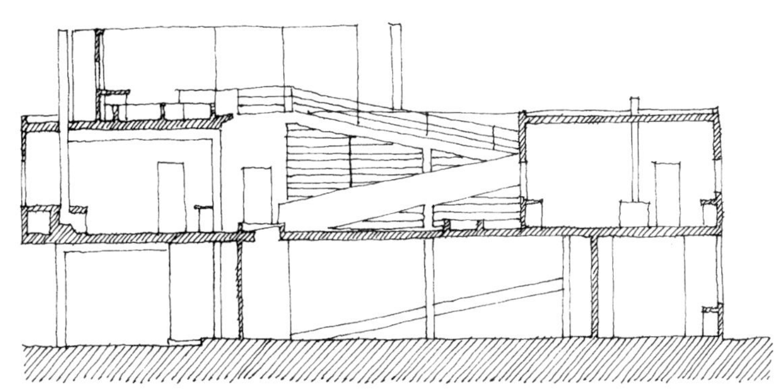

罗伯特·文丘里（Robert Venturi）在一座房子的设计中（右图），打破了这种看似寻常的分层方式，对柯布西耶对剖面构成的设计理念进行了反击。在柯布西耶的萨伏伊别墅中，顶层花园对外开放，而文丘里的设计则反其道而行，将屋顶做得如同一个地窖配以一个深深凹进拱形的窗户和顶棚。对于萨伏伊别墅水平平面不屑一顾的文丘里采用了另一种方式，他顺应地势将建筑嵌在陡峭的斜坡上而构成了建筑的外形，人们可以拾级而上进入树林。房子的入口在中间层，人们可以上到顶部的“地窖”或是下楼到地面去。

有关文丘里作品参见：
安德烈·帕帕达基斯（Andreas Papadakis）等著，《文丘里，斯科特·布朗建筑事务所：关于住宅和居住》（Venturi，Scott Brown and Associates，*on Houses and Housing*），1992 年

有关辛克尔作品参见：
卡尔·弗里德里希·申克尔著，《建筑设计作品集》（Collection of Architectural Designs，1866 年），1989 年（复本）

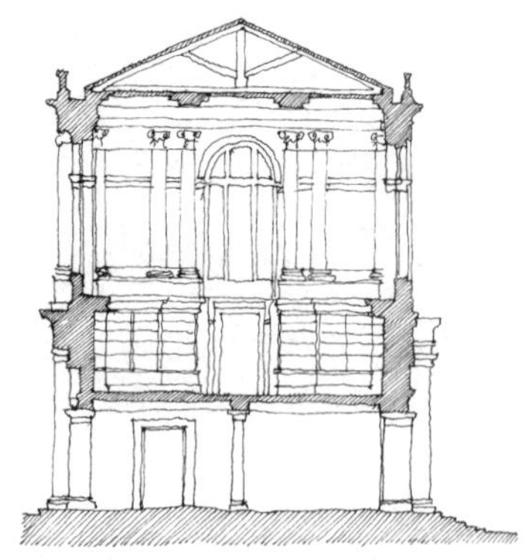

剑桥大学三一学院图书馆（the Library of Trinity College in Cambridge，左图）由克里斯托弗·雷恩（Christopher Wren）设计，建于1684年。雷恩遵循了学院旧图书馆的模式，将新馆建于二层之上，下部是十分开敞的凉廊。

208 图书馆

图书馆是一类竖向设计较为特殊的建筑类型。

传统上，图书馆大都建在架空的楼层之上。大致有以下几种原因：（在有效的墙体防水材料产生之前）避免潮湿；提高贵重藏书的安全度；将大型空间建于小型空间上方，符合结构的使用要求。巴黎圣日内维夫图书馆（the Bibliothèque Ste Genevieve in Paris，右图）由建筑师拉布鲁斯特（Henri Labrouste）设计，建于1850年。同样，建筑也是在二层以上才用作图书馆，屋顶为钢拱结构，由下部的小型空间的墙体和柱子支撑。径直地穿过首层的柱厅，从建筑边角的两部楼梯朝上走几级踏步，然后再反向折回，便到达了二层的图书大厅。

这座图书馆另有一层用意，即由一层到达二层的藏书空间寓意着读者向更高知识境界攀登的过程。该用意为瑞典建筑师贡纳尔·阿斯普隆德（Gunnar Asplund）所借鉴和发挥，设计出了斯德哥尔摩市立图书馆（the Stockholm City Library，右下图），建于1927年。楼梯设在圆形大厅的中央，图书大厅十分的高大。一圈矩形高窗增强了采光效果，光线随着时间的推移，在墙面上投射出的光影随之缓缓变化。围绕圆周设计出三层台阶，书架就布置其上。

要进入圣日内维夫图书馆（下图），必须先穿过图书馆底下，然后登上在图书馆大楼后面的楼梯。

由台阶进入阿斯普隆德设计的斯德哥尔摩市立图书馆后，呈现在眼前的是图书馆中央，顶棚非常高的圆形大厅（下图）。

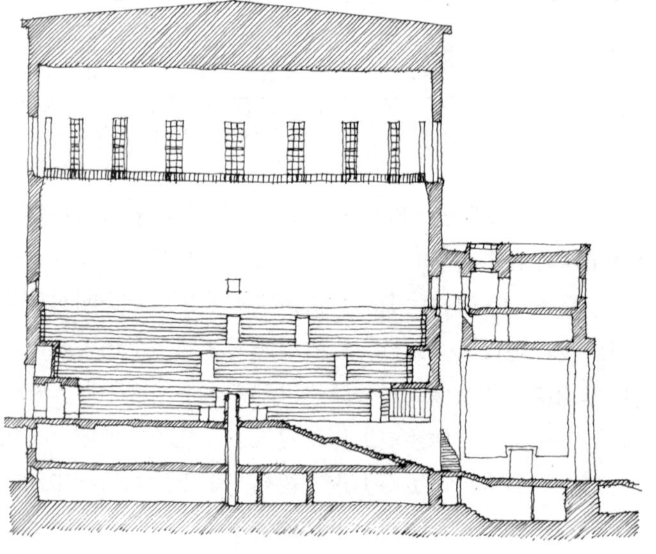

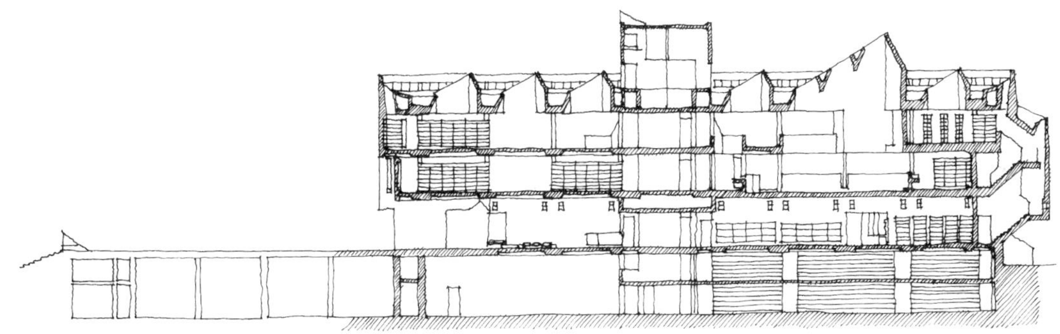

坐落在都柏林的三一学院的伯克利图书馆由阿伦兹（Ahrends）、伯顿（Burton）和柯拉里克（Koralek）事务所设计（1967年，上图），其较高层上排布着主要书库。在上层学习空间里，通透的屋顶天窗令人印象尤为深刻。

209　克兰菲尔德大学（The Cranfield Institute）图书馆由诺曼·福斯特（Norman Foster）设计，建于 1992 年（右图）。书库同样设于二层以上，首层包括一个报告厅和一些研究室。就像拉布鲁斯特设计的图书馆一样，该建筑也采用钢结构，屋顶为拱形。建筑中，一部单跑楼梯将各个楼层贯穿于一体，手法与阿斯普隆德十分相似。建筑的下部空间，柱子密度增加了一倍，以保证结构要求，承托书库的荷载。另一种情况是都柏林（Dublin）三一学院（Trinity College）的伯克利图书馆（Berkeley Library，上图），它由现浇钢筋混凝土构成的洞穴状空间入口，大屋顶窗的光线照亮了整个建筑内部。

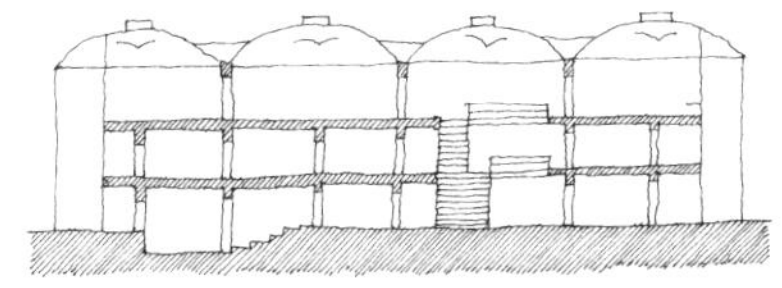

克兰菲尔德大学下部空间的柱子比上层增加了一倍，以承托书库的荷载。和巴黎圣日内维夫图书馆一样，该建筑通过桶状的拱形采光天井将光线引入建筑各个部分。首层的报告厅利用挖开的地面布置了座椅台阶。

巴黎的国家档案馆（The Natonal Archive，下图）建于 20 世纪 90 年代早期，由斯坦尼斯洛斯·菲舍尔（Stanislaus Fiszer）设计。剖面图显示出许多不同的竖向层面。主要分为三层，每层又各分出两个夹层空间。首层设计了一处中庭，中庭里布置了一条通往以上各层的坡道，还安排了办公与管理用房。底层建于地面之下，主要用作库房。建筑的顶层十分开阔，且充分运用了自然采光。不同的楼层，菲舍尔设计的层高各异，这与空间的具体功能有关。尤其是，这一手法既能突出周围空间的水平划分，又因为斜开的天井洞口，使阳光能够从中部洒入，从而显著地烘托出中央大厅的主导地位（通过遮挡服务设施的吊顶实现）。但是，由于结构限制，只有在顶层才能自由地进行空间变化。中央的借阅大厅可通过斜屋面的天井采光，两侧的夹层空间安排书架、电脑等设施。

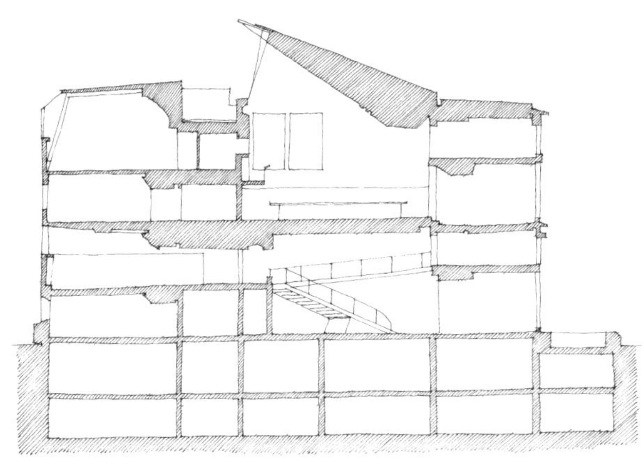

巴黎国家档案馆共分三层，地面两层，地下一层，每层又各带一个夹层。地下层用作商铺，第二层包括入口大厅和办公用房。查阅室、书库、计算机房设在顶层。屋面不受上一层的限制，敞开的一侧可以充分接纳阳光。

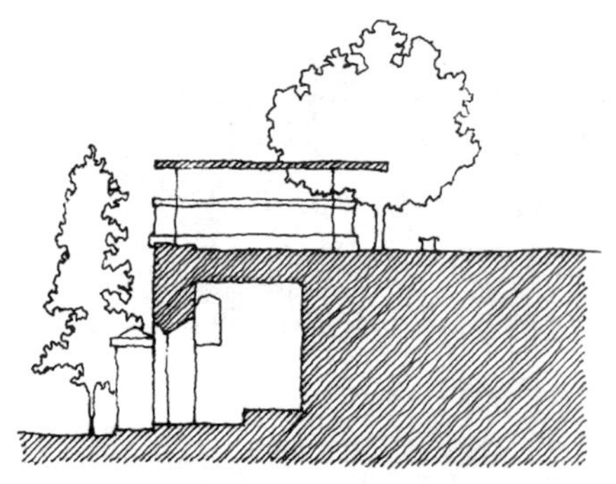

我们可以通过对不同的意境的区分，比如轻与重、光明和黑暗、模糊与清晰、迷信与开明等，将分层的效果具有诗意地表现出来，这也是最有效的方式之一。左图是2002年，德克·凡·波斯特尔（Dirk van Postel）在法国一个农村设计的小型玻璃展馆，它的建造地址曾经是一座桥的石基。

竖向分层的维度是实际的，也具有诗意和美学意义。同时也可能
210 是戏剧性的、荒唐的或者难以捉摸的。任何简单的建筑物都可以通过不同方式进行空间的表达，比如有的空间是埋在地下的，有的则是厚重的墙体。有些处于地上的空间，表达出其具有诗意的设计概念，不管这些概念是无知的还是智慧的，迷信的还是具有启示意义的，质朴的还是高贵的。

在MVRDV建筑事务所的一些设计中，他们使用了建筑物竖向分层这个概念，打破了传统的设计思维。MVRDV在2000年举办的德国汉诺威世博会上设计了荷兰馆（右图），他们创造了一个“景观三明治”，使建筑物的每一层都引入了不同的景观。其中有“山洞”层、鲜花层、树林层，在房顶还有一个特别的“风层”。

竖向分层也可以是温和、微妙的。彼得·卒姆托在瑞士库尔（Chur）地区为一些罗马考古遗迹建造了博物馆（直接建在遗迹上方）。他设计了一个很有特点的入口（下图），就像一个钢制的方盒子，入口台阶离地而建。当你踏上之时，钢盒子就像一个气闸室轻轻地扣住你，并将你运输到另一个略高于以前遗迹的平台。建筑分层不仅仅是空间构成，它也关系到人与地面、地下世界和天空之间那种微妙而戏剧性的感受。

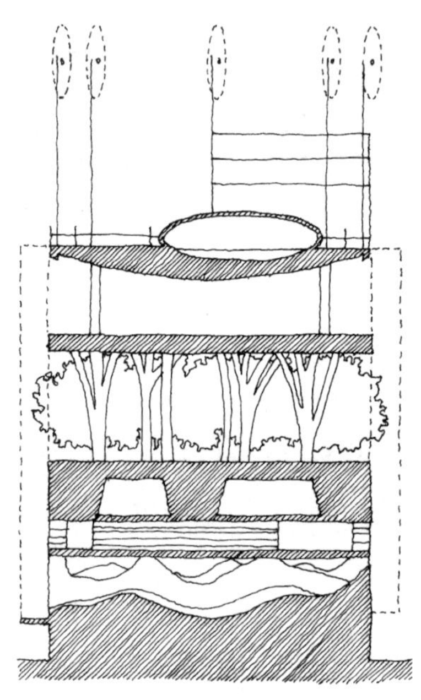

2000年汉诺威世博会荷兰馆的每一层平面都拥有不同的空间性格（上图）。MVRDV在一层创造了犹如山洞的不定型空间，在三层设计了树林空间。建筑的屋顶上设置了一些提供电能的现代风车，作为这一系列景观的高潮部分。

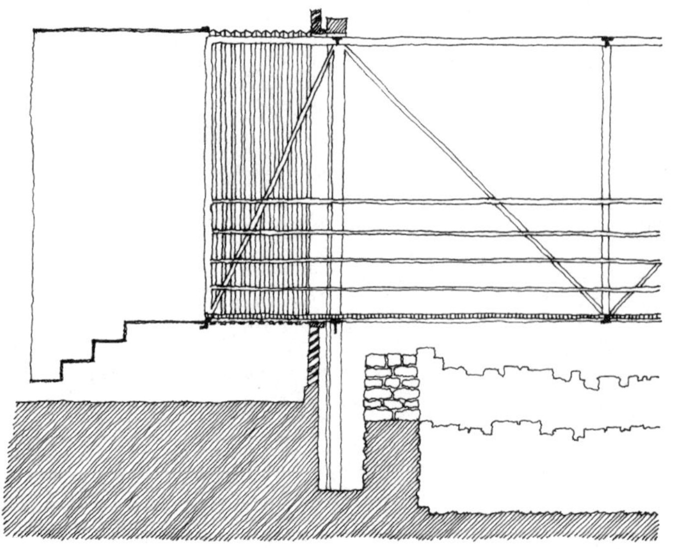

卒姆托为瑞士库尔地区罗马遗迹建造的博物馆（左图）使用了竖向分层，以此使现在浮于历史之上。

有关玻璃展馆参见：
（凡·斯特尔），《建筑评论》，2002年9月，p58

有关荷兰馆参见：
（MVRDV），《建筑评论》，2000年9月，p64

有关罗马历史遗迹博物馆参见：
（卒姆托），《建筑与城市主义》（Architecture and Urbanism），1998年2月

古埃及金字塔群也可被视作由生至死的一种过渡空间。从尼罗河谷地直至屹立着金字塔的沙漠之间形成一系列的空间层次和过渡。金字塔的塔心处是法老的墓室。祭庙和金字塔的塔基紧紧相连，其连接点是这一系列空间象征性的转折。

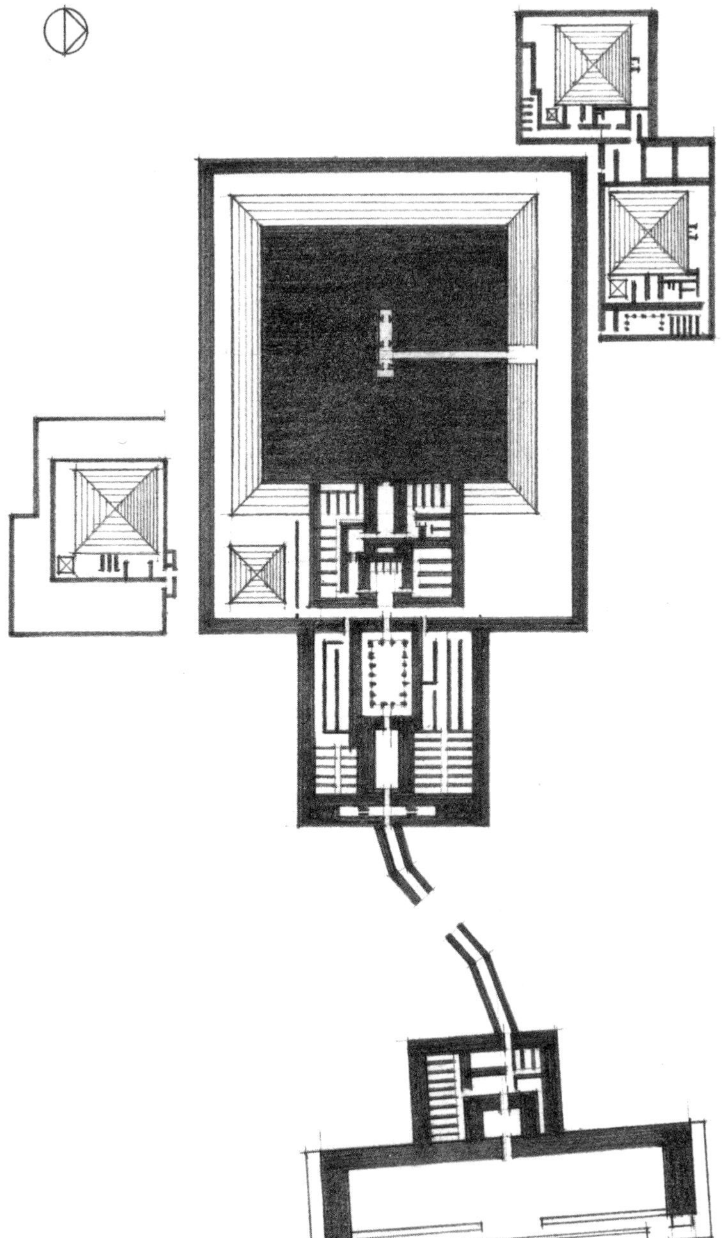

12.4　过渡、层次、核心

“你顺着蜿蜒小路往左前行，地势逐渐增高，你若无其事地继续前进，渐渐的，出现了一个向下的缓坡，但是缓缓地走了一会儿就到了陡直的峭壁。微妙的变化，好像只是偶然遇见，一切都发生在不经意间，行走过程的任何一刻，你都不必去考虑这个过程存在着一种过渡的概念，途中遇到了哪些阻碍，或者路线的连续性遭到了破坏，又或者小路只是平静地向前延伸。也就是说，起初只有一片草地，接着草地中渐渐出现了石子，然后石子越来越多，在草地上铺成了小路。在你的左边，倾斜的地面开始像一段模糊的矮墙，然后又出现了铺砌复杂的墙体。尔后，一栋拥有类似开放式屋顶的房屋进入眼帘，房屋上爬满了植被。事实上，你已经分不清到底身处室内还是室外。小径的尽头，铺路的石子停止了延伸，此时你发现自己正站在所谓的入口大厅中。大厅直接通向一个巨大的房间，止于在大型泳池映衬下的露台。”

——乔治·佩雷克（Georges Perec）著，
斯特罗克（Sturrock）译，
“空间的种类”（Species of Spaces，1974 年），
《空间的类型和其他部分》（Spaces and Other Pieces），
1997 年，p37—38

12.4 过渡、层次、核心

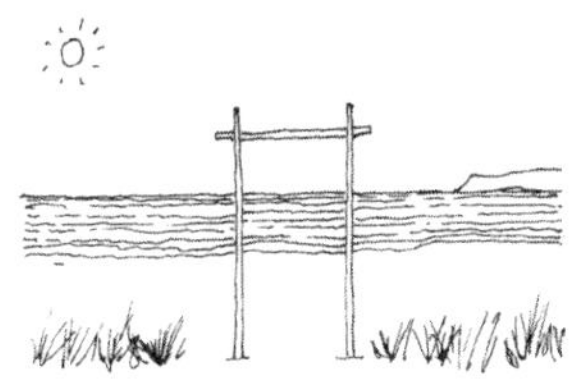

从前有一群学生想用三根木条在沙滩上建造一个门，他们惊讶木条的力量：把它们从另一个地方划分开，框出远景，并使那些通过它的人感到战栗［关于门口的更深层次的讨论参见昂温著《门口》（Doorway），2007 年］。

213 步移景换，建筑的体验包含在运动之中。不论是从外部环境进入室内，还是行走在线路的不同进程中，即使是很小的空间，也不可能在瞬间一览无余。因此，体验建筑离不开运动。

人们往往认为场所是一处可以驻足停留的地方，如一处露天市场、一间客厅、一张工作台。其实，这是一种静止型空间，或称为节点。而将这些静止型空间彼此相连的建筑路线也是一种场所，我们可以称之为动态场所。它在空间的逻辑构成中至关重要。

"动"、"静"两种不同场所类型的特征由其所构成的基本及限定元素所决定。静止型场所的特征可能受到与之相通的动态路线特征所影响，而动态场所的特征反过来也可能为它所通往的静止空间的特征所影响。走在通往行刑室的廊道中，行刑室内设置着执行死刑用的电椅，阴森恐怖，对特定空间的心理感受同时也左右着走在这条廊道之中的精神体验。在到达金字塔中心法老的墓室之前，人们要在冗长的通道内躬行，通道本身为墓室营造出不可或缺的神秘氛围。

门廊不仅是建筑入口的标志，同时也是内外部空间的过渡场所。

即使是在大众化的世俗建筑中，过渡空间也是建筑体验的重要组成。如一所住宅的户门是公共空间和私有空间的明显分界线。许多宗教建筑运用的形式多样的入口通道同时也是入口的标志。如英国教堂墓地的停柩门（lychgate）；进入古希腊神庙圣域必经的山门（propylon，下图）；中国寺庙的山门和前院。这些建筑手法都是

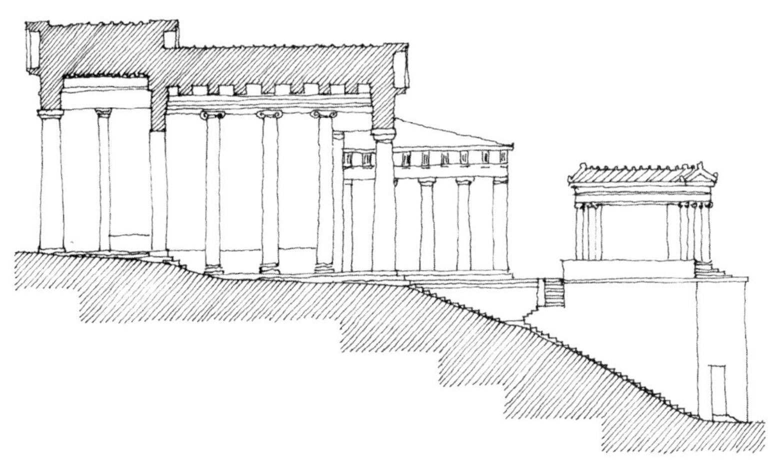

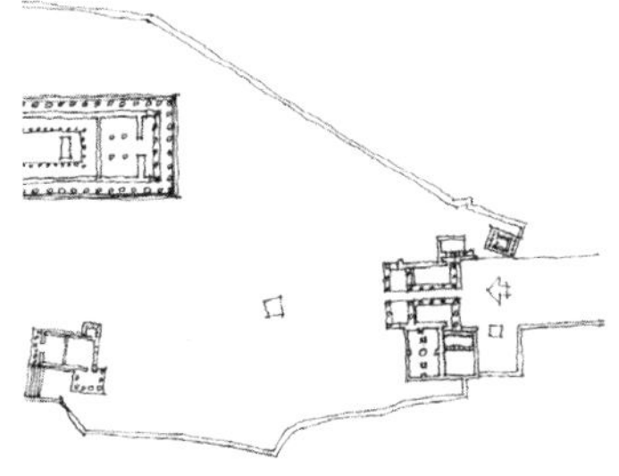

进入古希腊神庙圣域前要经过山门，而山门本身也是一栋独立的建筑。左图中所示是雅典卫城的山门，它位于圣域西端，标示出其入口（上图）。它是由俗世较低处通达圣地（较高处）的过渡和转折。

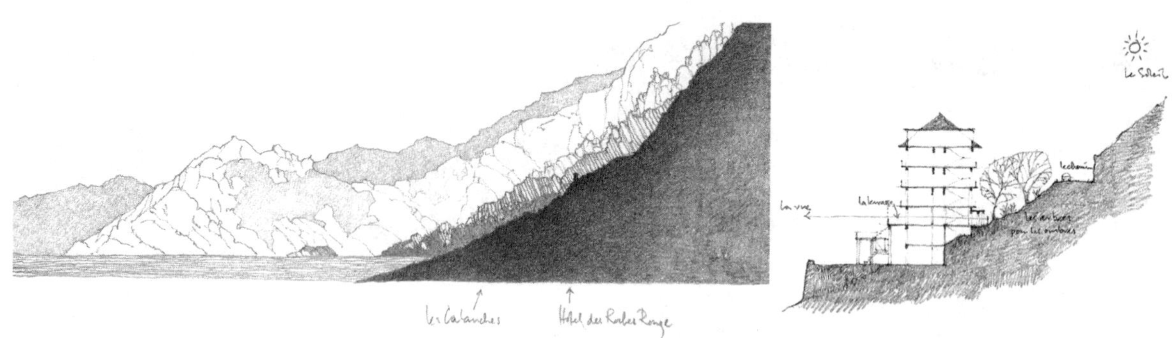

过渡是建筑体验的重要组成部分，这是位于科西嘉岛（Corsica）西岸的宾馆（上图）。你可以从背阴面进入，当穿过宾馆以后便到达了一个全景露台，宏伟的海洋、崎岖的海岸和夕阳将依次呈现在你眼前。

214 在为一些静止的场所——如主殿和祭坛烘托氛围，使它们看似远离喧嚣，与世隔绝。

过渡空间是我们对世界对剧情体验的关键因素。其重要之处在于它可以使静止空间彼此相连。

静止空间彼此间往往具有一定的序列和层次关系。

它们在场所与环境关系上发挥着作用。当进入一所住宅时，往往要经过一系列过渡空间，由开放空间逐渐走向私密空间。由此，这种层次和过渡在建筑的逻辑中心——建筑的空间核心达到高潮。这是古希腊梯林斯卫城（Palace of Tiryns）的平面图（右图）。它建于3000年前，是一座建于山冈上的城堡。从图上部的城堡入口到最后的王座所在——中央大厅，需要历经一系列层次有致的场所。入口广场由厚重的墙体建成，紧接着进入一条狭长的通道，其间经过两重城门，到达一处小型的内院广场，它是两重正式入口的第一个。经过这个小广场，右转，可进入另一个内院广场；然后经过另一个入口，才能进入城堡最里边的庭院。此时，建筑空间已
215 远离尘世，由内院可直抵中央大厅；但要到达王座所在——权力的大厅，还需经过一道柱廊和接待厅，至此才真正到达宫城的核心。这条线路让人在途中不得已两次改换方向，

在古老的希腊梯林斯宫殿中（下图），你要穿过一系列的过渡空间才能到达正厅的中心。

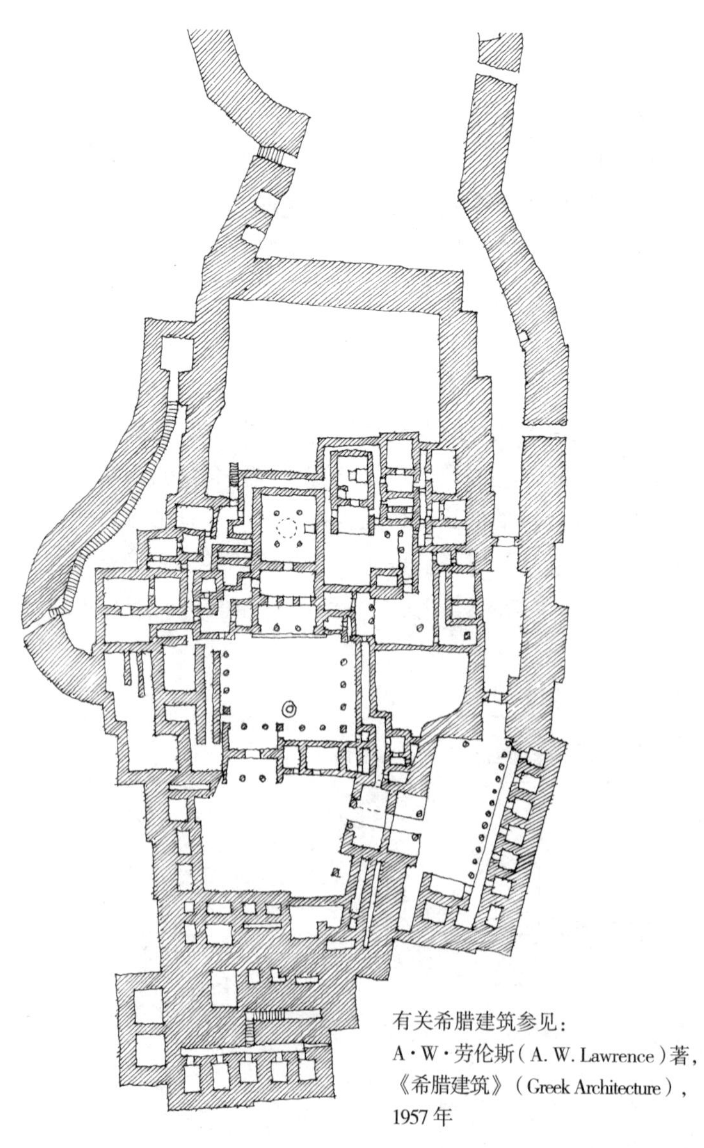

有关希腊建筑参见：
A·W·劳伦斯（A. W. Lawrence）著，《希腊建筑》（Greek Architecture），1957年

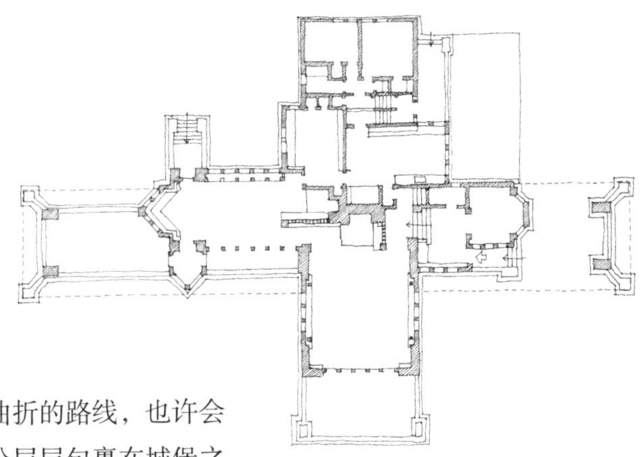

赖特设计的沃德·威利茨住宅（Ward Willits House，上图）中，公共空间到私密空间的过渡从车道开始。沿着车道一直走到玻璃门（平面图右边），踏上几步台阶，就到了住宅的前入口。斜穿过门厅，再登上几步台阶，绕过屏墙，就是住宅的核心——壁炉。

肯定不是从城门到大殿的最短路径。设计成如此曲折的路线，也许会使山路的坡度有所减缓，但也使得宫城的核心部分层层包裹在城堡之中，并由此产生一系列的过渡空间，便于在外敌入侵时层层设防，防御性质很突出。

过渡、层次、核心在平淡的建筑中也会有所运用。右下图所示是欧内斯特·吉姆森（Ernest Gimson）为自己设计的住宅的首层平面，建于 19 世纪末，位于萨珀顿（Sapperton）的科茨沃尔德（Cotswold）村。住宅的主入口位于图的右侧，由一条乡间小路引入。整座住宅的核心就是位于起居室里的壁炉，起居室是全宅中最大的房间。从入口小路到达建筑核心首先要经过两簇灌木丛（它们宛若站在宅前的卫兵）。通过由齐腰高的矮墙构筑的门道，可进入一个窄小的入口前院，沿着石板路两侧围起两道花池，通过拱门可进入一个石砌的门廊（两侧有几步台阶可下至花园里），住宅的前厅就嵌在厚厚的墙体中（因为在二层的这个位置设有壁炉，因而需要较厚的墙体构造），进入宅门，眼前就是起居厅。如果说乡间小路是“公共空间”，那么，入口小院就是“半公共空间”，入口门廊可视作“半私密空间”，而最后的起居厅就应是“私密空间”。空间序列和自然的过渡安排，造就出从公共空间向内部空间转化的层次关系。这正是吉姆森想要达成的匠意所在（从后门进入建筑也要经历类似的空间序列。进入院门就是后院，棚屋面向院内一侧的墙面开敞，两根大柱子支撑着屋面；住宅的后门就设在屋檐下的拐角处）。

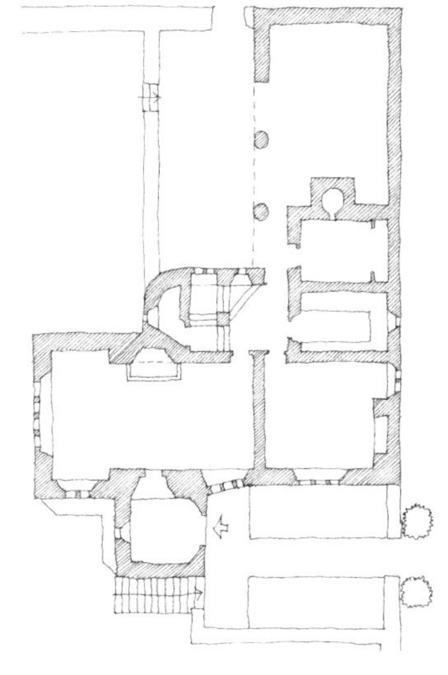

你必须穿过公共的门廊然后经过一个小的半公共花园，再经过一个半私密门廊，才能够到达欧内斯特·吉姆森房子（上图）中心的私密客厅。

与此同时，弗兰克·劳埃德·赖特正在设计沃德·威利茨住宅（The Ward Willits House），建于伊利诺伊州的丘陵公园，建于 1902 年（上图）。而在吉姆森设计的住宅中，炉膛作为建筑的核心，安置在平面中心偏右的位置。这个方案中，停车场是建筑内部和外部、公共与私密空间的过渡场所。进入住宅大门的线路由平面右下角开始，停车库是由建筑出挑的过街楼空间形成的。当车辆驶入停车库，走出车门，头顶上是可以遮阴的顶棚，循着三步台阶登上小平台，便直抵住宅的前入口。由对角线方向走过不大的门厅，就会再登上几级踏步，然后会突然向左拐，这样就进入了主要的起居厅。起居厅里，炉堂设计在拐角处，布置在一道屏墙之后，以避免和入口直接对视。

有关吉姆森住宅参见：
劳伦斯·韦弗（Lawrence Weaver）著，《当代小型农村住宅》（Small Country Houses of To-day），1912 年，p54

有关阿尔托的夏季住宅参见：理查德·维斯顿（Richard Weston）著，《阿尔瓦·阿尔托》，1995 年

有关巴西利亚总统府里的礼拜堂参见：阿尔伯特·克里斯特－詹纳（Albert Christ-Janer）与玛丽·米克斯·福利（Mary Mix Foley）著，《现代教堂建筑》（Modern Church Architecture），1962 年，p77

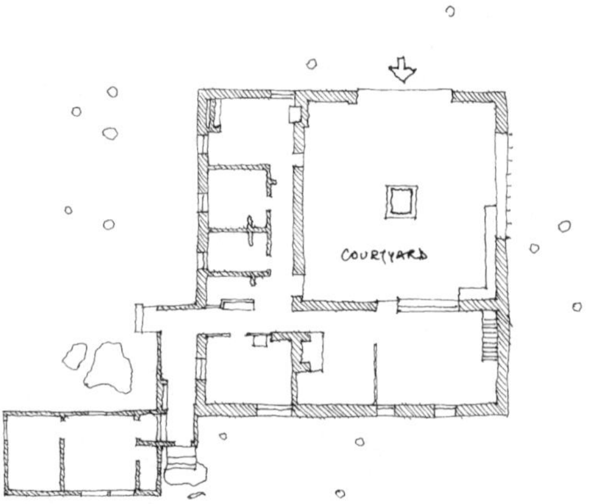

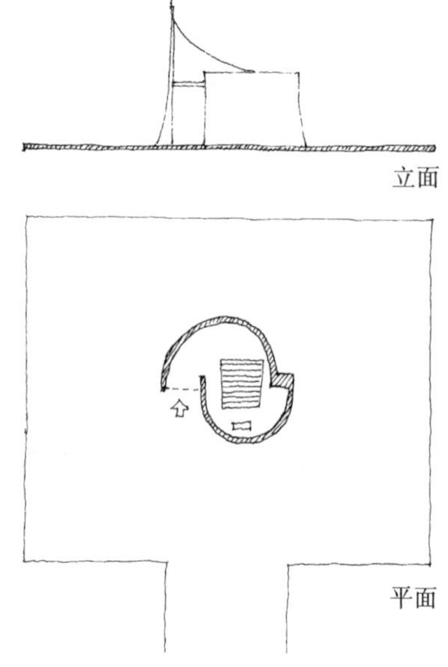

坐落于巴西利亚的总统府里的礼拜堂（The President's Chapel）只有一个简单但是却很精妙的门作为过渡空间(上图)。

216 过渡和层次往往是连接公共空间和私密空间的通道等场所。正如在沃德·威利茨住宅中所采用的手法一样，建筑师们常常避免使用通直的路线，因此，当行人接近或走入一所建筑或其他隐秘的场所时，会被引导入一系列逐次递进的空间体验之中。

过渡还可为不同的空间提供缓冲区域，对于“内”、“外”部空间尤其如此。这种作用有其实际效果，如通风状况良好的大厅有助于保暖，同时也产生一定的心理影响，如人声嘈杂的街道和寂静的教堂所形成的鲜明的感官对比。

1953 年，阿尔瓦·阿尔托在穆拉特塞罗岛上设计了一所夏日别墅（the Summer House on the island of Muuratsalo，左上图），平面是由四周高大的墙体围合出的方形空间。生活区沿方形平面的两条边展开，在一侧留出了另一处方形的院落空间。该庭院成为人居空间与外部自然环境之间的过渡。院墙之上打开通畅的洞口，人们可以沿湖滨堤岸，尽情地欣赏优美的景色。

过渡、层次、核心的设计理念并非仅为居住建筑所有，而在不同类型的建筑创作中都能加以运用。其运用方式既可是直观而简单的，也可是规模宏大的，还可以是复杂多变的。

右上两图是巴西首都巴西利亚总统府里的礼拜堂，由奥斯卡·尼迈耶（Oscar Niemeyer）设计，建于 1958 年。它的平面（右上图）简单而细致，礼拜堂的首要建筑基本元素是支撑在石墩上的平台，平台的大小决定了礼拜堂的“场”。有一座平坦的大桥连通着这处平台，祭坛就布置在平台之上。一道简洁的白色墙面将祭坛遮掩其后，墙面为两道半弧形墙体，向上显著地生起，墙端的尖顶上架设起一道十字架，这种设计方式使祭坛显得神秘庄严。教堂由外而内的空间虽很简单，又可分为很多的阶段：通过桥面走向平台；接近教堂；继续前行，进入壳体一样的入口。这种过渡是渐进式的，绝不是一蹴而就形成的。而作为限定元素的光线，也从教堂的入口洒入，在弯曲的墙面上昏暗地递变着、涤荡着。

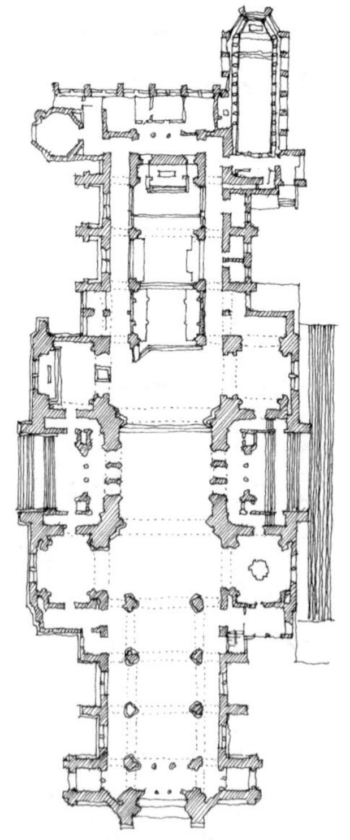

在利物浦大教堂的平面（上图）中，斯科特爵士（Sir Giles Gilbert Scott）在外部环境和神堂之间创造了一种等级秩序，在神坛和外界之间十分巧妙地架设了一段隔墙。和所有中世纪教堂一样，这座建筑明确界定了俗世和圣迹之间的层次和过渡。

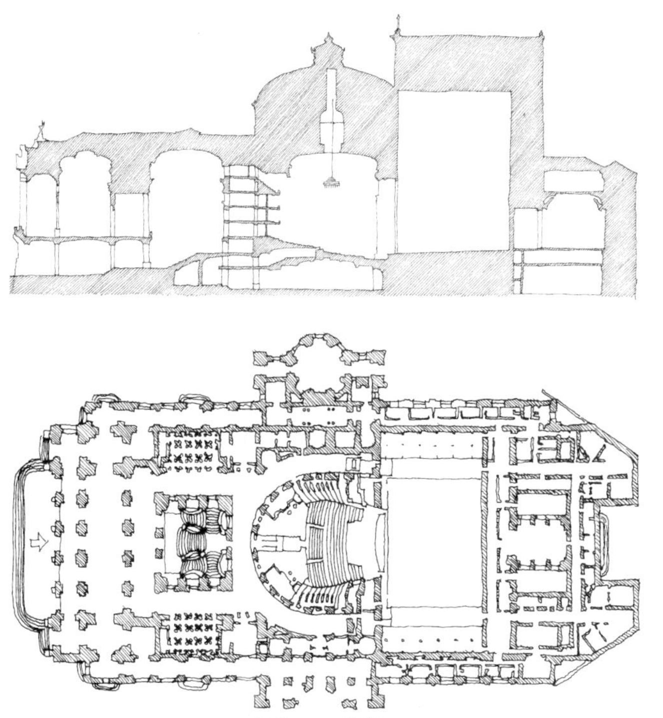

在巴黎歌剧院中，从大街到舞台有两个虚幻的过渡空间。一个是为观众设置的，他们有机会在演出前和幕间休息时，在大门厅里炫耀其昂贵的衣服。另一个是演员和歌手进入舞台的过渡门，在更衣室中化妆，然后以不同的角色出现在舞台上。这两个过渡空间。在观众席和舞台之间的神奇界面－舞台台唇上会聚，但又相互独立。

巴黎歌剧院是一个更宏大的例子，它体现出从日常生活到（本例中）歌剧虚构世界的过渡。它由夏尔·加尼耶（Charles Garnier）设计，建于 1875 年。剖面形式有所简化，能说明内部主要空间关系即可。歌剧院的核心空间是音乐厅阶梯状观众席和舞台，从外部城市的世俗
217 世界到达充满神奇色彩的剧院内部经过多层的空间过渡，在这里可以演出歌剧或芭蕾舞。过渡空间分为几个阶段。第一阶段是剧院高大陡急的入口台阶，使人可跨越俗世进入虚幻世界。第二阶段是建筑的主入口，通过厚重的剧院外墙可进入第一座大厅。第三个层次，站在大厅内向里望去，可以看到第二道大厅中巨大的楼梯间，楼梯间内雕梁画栋，在强烈的灯光映衬下，显得流光溢彩，雍容华贵。整个大厅本身就像是一座辉煌的大舞台，观看演出前，熙来攘往、衣着入时的观众们便成为这一舞台的演员。最后的过渡空间，就是舞台台唇上巨大的拱形装饰结构。

建筑的过渡就像两个不同世界隐含的分界面，比如私密与公共、神圣与世俗、真实与虚幻，或者生与死。过渡和层次与某些庆祝仪式也有一定关联。开业仪式和送行仪式通常在沿途有标志性建筑的地方举行。本节的节名页（第 211 页）上的金字塔平面图，恰好向我们展示了法老的尸体在葬入金字塔前举行仪式的图示。装着尸体的驳船会停靠在一个山谷的神庙（平面图的底部）边，在那里尸体要进行防腐处理，为入葬做好一切准备。然后（可能几周后），尸体沿着石子路被运到金字塔底部专门用来停尸的神庙，在那里还会举行一系列仪式。接着，尸体就会被运到北边的入口，然后沿着一条小道最终运入金字塔的核心部位。

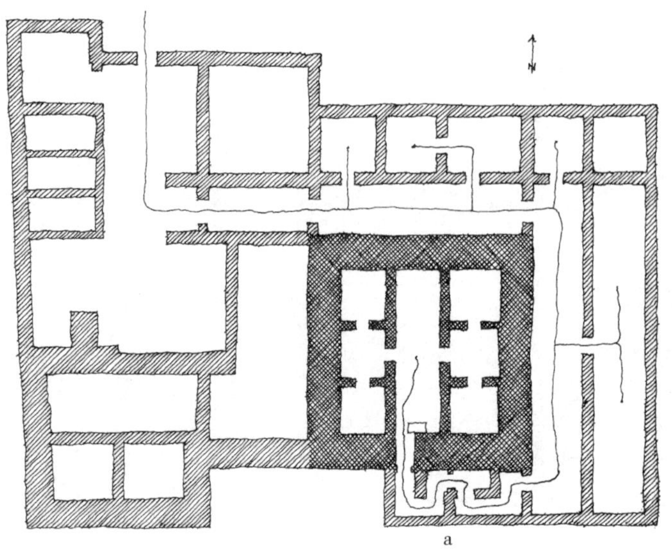

在古亡灵庇护所（左图）的外围也有一个过渡路线。在刚进入到大楼入口，像是迷宫广场一样，据说这里能见到冥界的人。

“在我送你回家之前，请体验这特殊的旅途，去寻找哈迪斯（Hades）与珀尔塞福涅（Persephone）的大殿。泰瑞西斯（Tiresias）这位拥有不朽智慧的底比斯盲人先知会解答你们所有的疑惑。”
——荷马（Homer）著，里乌（E. V. Rieu）译，《奥德赛》（Odyssey，约公元前700年），1946年，p168

218 古希腊西部的亡灵庇护所（Necromanteion，上图）据说要追溯到荷马时代参见右上的图注。当时的人们为了与死者交谈来到此处。但是在祭师同意他们与死者“见面”前，他们必须进行几天的准备仪式（使逝者变得更易接受信息）。首先，他们被带入几间房间，在那里他们需要吃一些致幻的食物。然后要沐浴洁身。最后，他们要走过一个小而复杂的迷宫（见平面图 a 点——意在防止魂灵逸出），才被允许进入真正的圣殿。这个拥有厚实墙体的方形建筑（排成一排，就像古埃及的金字塔群指向四方）建在一个大型的墓穴上方，据说那里是冥王哈迪斯（Hades）和其后代珀尔塞福涅（Persephone）冥界的家。在圣殿的遗址里，人们还发现了机械装置的残骸，这说明了这里曾经有许多机器，为了迷惑来访者而“造”出了许多“鬼魂”（当他们到圣殿时）。或许，祭师为了人们能与死者见面还花了许多钱来制造这些机器。在这个建筑中，方形的圣殿是核心区域，但是为核心作铺垫的是之前一系列的过渡以及神秘的宗教仪式。

“在我们的人生旅途中，我发现置身于一处黑暗的森林中，直行的路已然消失”
——但丁著，《神曲》（Commedia），1300年，1—3行

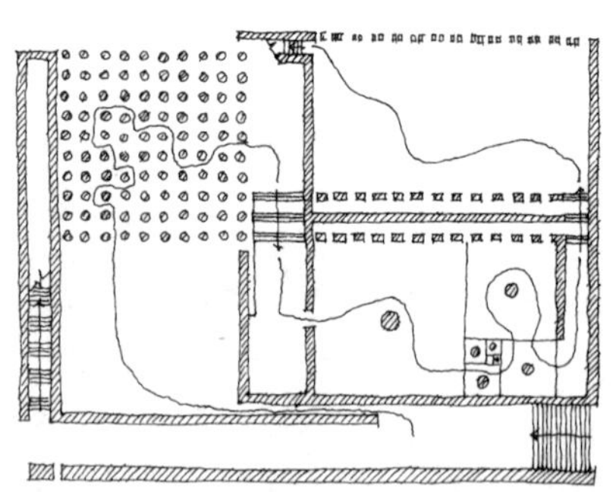

但丁纪念堂（上图）的建造，歌颂了但丁《神曲》的伟大篇章。

在这个相关的主题上，是20世纪30年代由建筑师朱塞佩·特拉尼（Giuseppe Terragni）为墨索里尼（Mussolini）设计的但丁纪念堂（Danteum，右图）。它最终未能建成，其目的是赞颂但丁的《神曲》。它的空间序列组成：诗人来到森林中开始了自己的诗篇——“地狱、炼狱与帝国”（Infero，Purgatory and the Imperium）；来访客行走于这些空间中，登上楼梯，并最终到达顶部的“天堂”（注意，特拉尼使用了黄金矩形）。

建筑师用以建筑的最有力的一种方式之一，就是使人们能体验到空间过渡和层次结构的，以及建筑物核心部分（或花园或城市中心）时的愉悦感。其中，时间、记忆甚至情绪感知都成了有力的启发因素。过渡空间在建筑中的作用，就如同音乐一般，能很大程度地影响我们的心情，引导我们的行为。我们能感觉到自己暴露在其中，渴求保护使自己安定。并在这过程中进行探索和发现，或让我们走进死胡同。

有关但丁纪念堂参见：
托马斯·舒马赫（Thomas L. Schumacher）著，《但丁纪念堂》，1993年。
西蒙·昂温，《每个建筑师应理解的二十座建筑》，2010年，p119—126

与关于运动和到达的主题“过渡、层次、核心”截然不同，却又密切相关的是“灰空间”。它所涉及的是处在、占据、居于非此非彼、非内非外、非古非今的区域。

12.5 利用灰空间

220　“比例优美的凉廊会令我们着迷，尤其是它建得高敞时，光线经过地面反射照亮了天花藻井或拱顶的每一寸凹处。密室和私密的特性与雷鸣之日同在。凉廊会缓解分娩的苦痛：它将室内室外连为一体：肯定了在接纳更大的存在时，我们触发了无上的平和……”

——阿德里安·斯托克斯（Adrian Stokes），

《光滑与粗糙》（Smooth and Rough），

1951 年，p55

12.5 利用灰空间

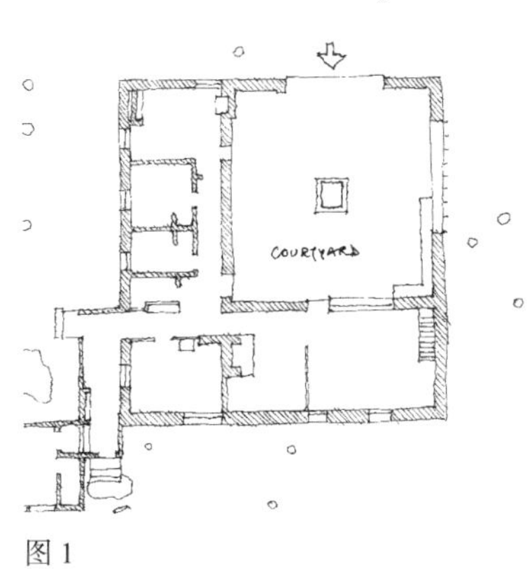

图 1

221 前一章阐明了建筑如何通过创造从一处到另一处的转变协调人的体验——从室外到室内，从公共到私密，从世俗到神圣……，并以此建立（或许会）导向一个目标，即建筑核心的空间层级。这些是动态的“灰空间”，人们在前往建筑作品的重心途中经历一系列体验所遵循的路线——传统住宅的火塘、大教堂的祭坛、宫殿核心的宝座厅……但是一种“灰空间”可以是自成一体的场所，一个不只是为了穿过而是要驻足的区域。“灰空间”可以是我们认为静态的地方，即便它（姑且说是）悬于其他场所之间。“迷失域”（limbo）一词暗示着一种未能找到自我并因此让人不适的场所；但对于建筑，这种“灰空间”可以是放松的地方，让我们感到身心舒适。

从第 12.4 节的三个例子来看：阿尔瓦·阿尔托的穆拉特塞罗岛（Muuratsalo）夏日别墅（图 1）、贾尔斯·吉尔伯特·斯科特（Giles Gilbert Scott）设计的利物浦大教堂（图 2）和夏尔·加尼耶的巴黎歌剧院（图 3），每一个都被用来印证“过渡、层次、核心”的主题，但在每一个例子中“灰空间”也都是居住的场所，不只是穿过的场所而是**存在**的场所。在阿尔托的夏日别墅中，庭院虽然没有顶，但却是住宅的一间房。它既不是全在室外，也不是全在室内，而是居于其间。因此，它是夏季篝火和露天晚宴的场所。在斯科特的大教堂中（与任何大教堂一样），祭坛–核心–是普通人遥不可及的；教众占据着中殿，这是处于世俗的外界与教堂神圣核心之间的场所；乐池占据着教众与祭坛之间的场所。在巴黎歌剧院，虽有很多“灰空间”，舞台却是其中最具诗意的。正如维克多·特纳（Victor Turner）所写：

> “‘招待’源于古法语‘entretenir’，分开，即创造一个进行表演的有限空间。”*

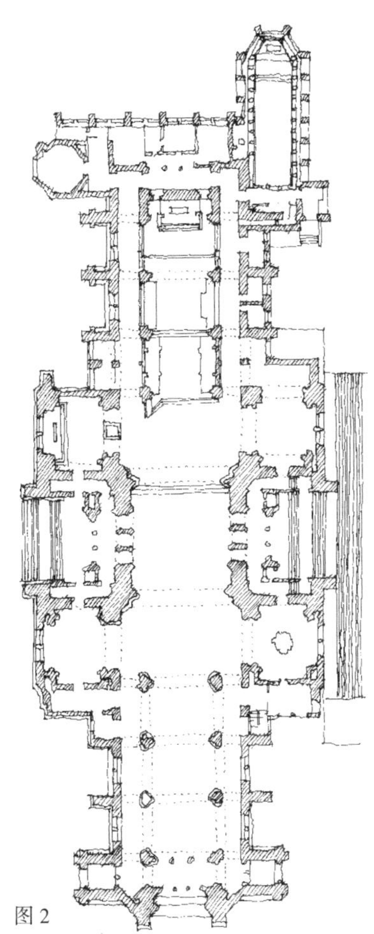
图 2

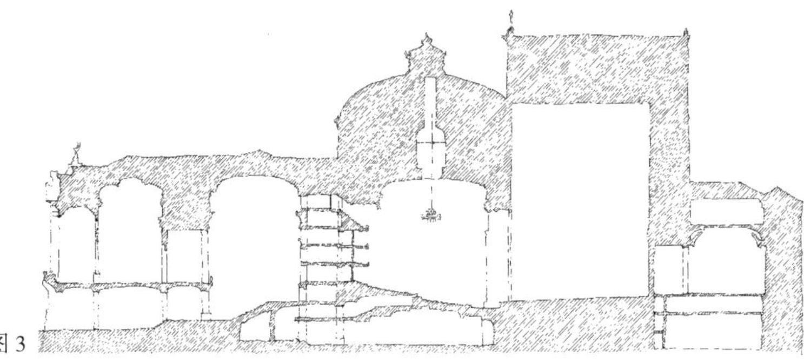
图 3

如果想讨论“建筑的灰空间”可以加入脸书群：
facebook.com/groups/TheArchitecturalInBetween/

* 维克多·特纳（Victor Turner）《从仪式到剧院》（From Ritual to Theatre），1982 年，p41。

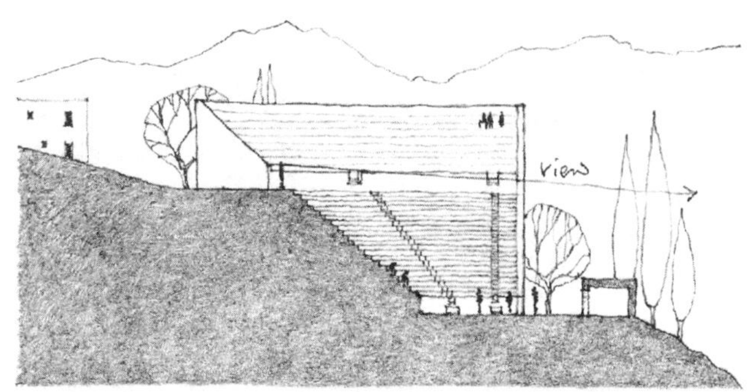

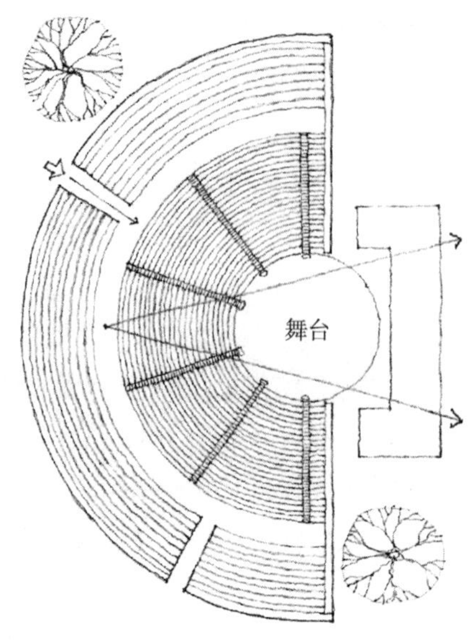

古代希腊剧场的舞台（本例在西西里岛上）处在人类听众和住在风景中的神灵之间。

222 特纳关于表演场地是一个“分开”的场所的观点在景观之中的希腊古典剧场上看得更清楚。上图是西西里岛上塞杰斯塔城（Segesta）相对较小的古代剧场的剖面。舞台（orkestra）——圆形表演区（右图）——处在人类听众和住在周围景观中的神祇听众之间。表演区是一个特殊的场所，在那里现实被超越，演出的装扮或叙事成为主导；演员化为新的角色，时空被扭曲来配合戏剧演出。

在古代，表演场所有时位于神庙或墓室的入口。在马耳他岛（右下图）六千年之久的姆那拉（Mnajdra）神庙里，在最大的神庙的入口处有一座舞台；它是面向大海的更大的弧形表演区的焦点。仪式就在这座神庙的入口举行，它处在神灵与更大的风景之间。门槛在神庙的连续区域之间，也在室内外之间。通过增加竖直石板对它进行的细化与延伸，体现出向马耳他神庙建造者“过渡”的意义，并表明神庙是成人仪式的框架，就像教堂一样。

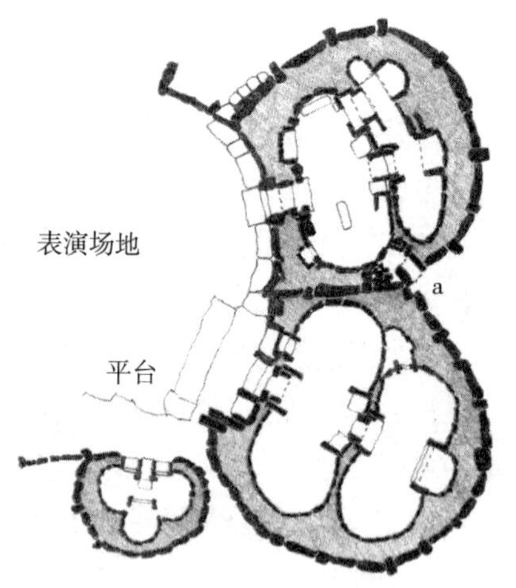

有六千年之久的马耳他神庙入口向看似表演区的地方弯曲。那里的仪式将会在神庙中的一切神灵和人的面前举行。

坐于门槛上

在 19 世纪 30 年代，美国哲学家亨利·戴维·梭罗（Henry David Thoreau）选择独居在马萨诸塞州康科德（Concord）附近瓦尔登湖畔的小屋中。有时他会静静地坐在门口，沉思人生。他在记述人生经历的书中描述了每个人都喜欢的一种消磨时光的方式：

> “有些时候我无法牺牲当下的美好去工作，无论是用脑还是用手。我喜欢悠闲的生活。有时，在夏日的清晨，像往常一样沐浴之后，我会坐在洒满阳光的门口，从日出一直到晌午，沉醉在白日梦中。四周是青松、山胡桃、漆树。在清静的自在与宁和中，鸟儿或是鸣叫，或是悄然掠过屋子。直到日头沉下西窗，或是旅人的车从遥远的马路上传来阵阵噪声，我才意识到时光的流逝。我就是在那样的岁月里长大的，仿佛夜晚的玉米，它远胜任何体力劳作。那不是我生命中流失的时间，而是远超我寻常的期望。”*

在他的门槛上，梭罗坐在室内外之间，思考世界，沉思人生。在世界上，将许许多多种门作为框景，是一种超越时间的活动。

* 亨利·戴维·梭罗（Henry David Thoreau），《瓦尔登湖》（Walden，1854 年），1981 年，p188。

223 无疑史前穴居人会燃起篝火围坐在洞穴的入口处（上图）。这个“灰空间”当是他们迈向世界去狩猎，或是回到洞中安睡、遮蔽风雨的场所。在一年中的某些时间，这个“灰空间”应是主要的栖居场所——他们“家”的“起居室”。

在住宅的演变过程中，尤其是气候寒冷的地区，这种起居室以及它的火塘移到了内部。即便如此，位于室内外之间的场所的吸引力是不变的。它是我们能够从世界中发现机会和威胁的场所，并且便于退回内部来掩护——就像蜗牛缩进壳里。门槛是我们可以同家人一起坐下、与路人闲聊（或是看着他们要干什么）或者就像梭罗一样，在沉思中任凭时光流逝的场所。

平台、露台、凉廊、门廊、阳台……

一个独立的门道可以激发人将其视为一种随意的灰空间。建筑也可以让这种场所更为精巧，常见的手段包括平台、柱子和屋顶等基本元素。这就是平台、露台、凉廊、门廊、阳台等传统形式的要素。“凉廊”最常出现在气候温暖或炎热国家的传统住宅的起居空间上。在日本，这种空间叫“缘侧”。西原清之（Kiyoyuki Nishihara）道出了它的重要性：

> “将花园与房屋室内连接在一起的空间叫‘缘侧’，或者用一个更好的词：凉廊，尽管它在很多方面都不同于西方流行的凉廊。我把‘缘侧’这样将室内外联系起来的空间称作‘连接空间’（joint space）。凉廊是一种功能极为多样的空间，因为它向花园敞开，是一种狭长的、铺设木板的空间。它可作为走道，虽然这不是它最初的功能。作为室内外的连接，它既不是室外空间，也不是独立的房间。它是房间的一部分，还是一种截然不同的空间，这一点仍无定论。由于地板为木质，所以暴雨时被淋湿并无大碍。阳光明媚的日子里，在凉廊上会见挚友是毫不失礼的。在温暖的冬日，它又成了明亮暖和的阳光房。孩子们在这里玩耍，主妇在这里整理洗好的衣物或是缝缝补补。在暴雨来袭的时候，凉廊又

剖面

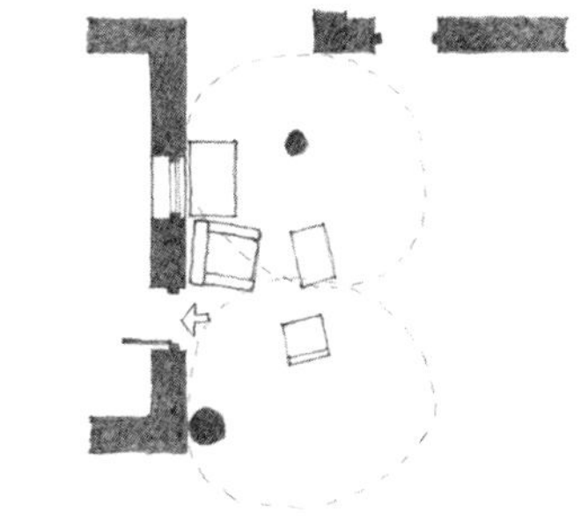

平面

在天气暖和时，住宅门口的空间是坐下来看报纸、喝咖啡、同邻居聊天……或只是沉思的场所。

剖面

建筑可以将“灰空间”形式化，成为一个既非全室内又非全室外的房间。在讲英语的国家里，它被称作“凉廊”（veranda）；在夏威夷叫“外廊”（lanai）；在日本叫“缘侧”（engawa）；在苏格兰，人们会称它为“露台”（sitooterie）。

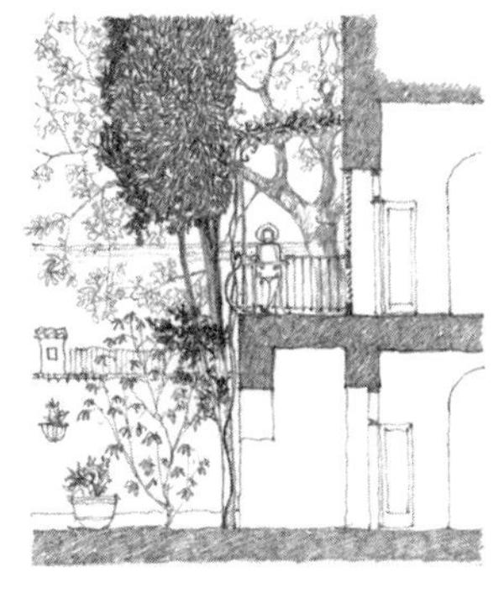

在传统的地中海酒店，早餐会送到俯瞰大海的游廊或阳台上。

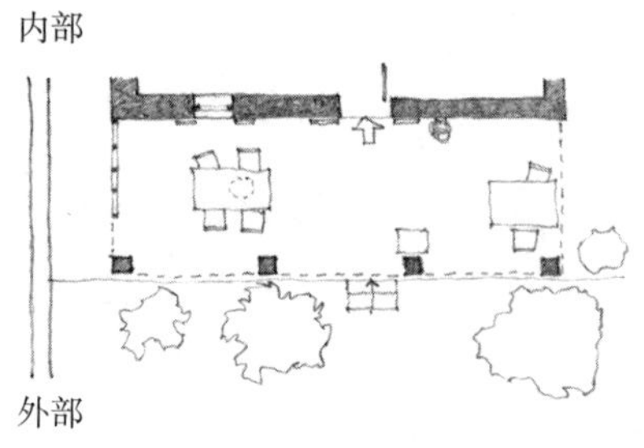

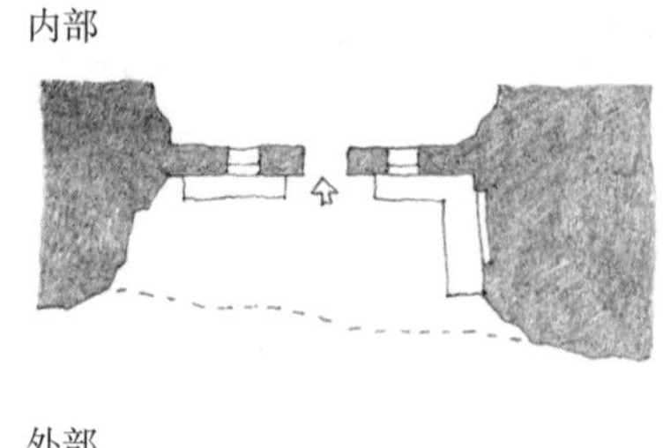

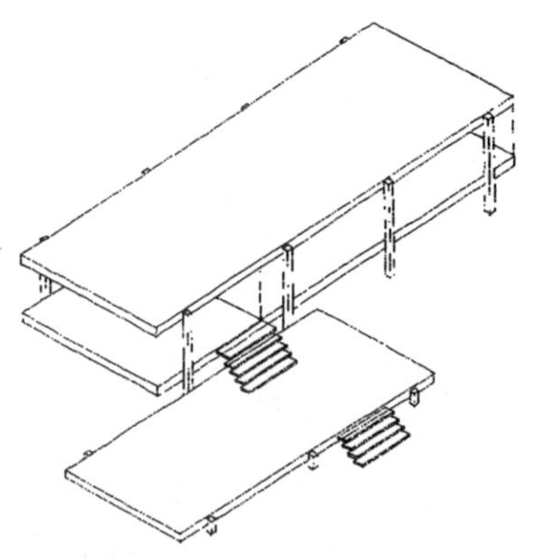

密斯·凡·德·罗的范斯沃斯住宅有两个灰空间（上为室内，下为室外）。

是收起衣物的好地方，待到风雨过后再把它们晾出来。由于这个房间的性质介于室内外之间，所以建造它的材料就要比其他房间的略微粗糙。”*

224

无论是有通透的木藤架（pergola）遮蔽（如左上图的希腊度假棚屋），还是从原生岩石中雕琢而成［如中上图的卡帕多恰（Cappadocia）住宅］，住宅的“灰空间”都可以成为有家具的起居空间。密斯·凡·德·罗的范斯沃斯住宅（右上图，平面图见第 96 页）有两个灰空间——一个是带屋顶的平台，另一个是露天平台。

这三个例子可以认为更多地属于室外而不是室内，因为它们都在门道的外侧。灰空间也可以在内侧。凸窗（bay window）是一个常见的例子。小威廉·特恩布尔（William Turnbull Jr）1973 年设计的约翰逊住宅的扩建部分［右图，北加州澄碧邨（Sea Ranch）］有很多位于八边形结构核（限定了火塘周围的起居空间）与建筑外围护结构之间的附属空间；而屋顶天窗更突出了它们的灰空间特征。

灰空间也可以更为精巧。卡尔·弗里德里希·辛克尔（Karl Friedrich Schinkel）在柏林旧博物馆（Altes Museum，19 世纪 20 年代建成，右下图）中创造了建筑史上最著名的灰空间之一。它由一对楼梯组成，在梯段的平台上可以透过两道柱廊望见外面的娱乐花园（Lustgarten）（旧博物馆的平面和剖面见第 55 页，另有辛克尔这一灰空间图纸的摹本）。

赫尔曼·赫兹贝格尔（Herman Hertzberger）在他阿姆斯特丹的阿波罗学校设计（20 世纪 80 年代初，左下图和中下图）中别具匠心地为大门做了平台、座椅、可坐人的台阶、挡棚……从而创造出一组灰

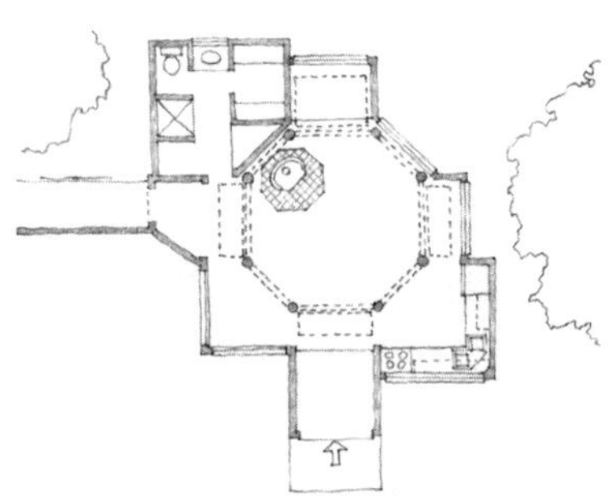

在小威廉·特恩布尔的约翰逊住宅扩建部分中，附属空间位于中心的八边形核心与外墙之间。

有关约翰逊住宅扩建部分参见：斯托特、努、普查尔（Stout，Ngo and Puchall）编，《小威廉·特恩布尔：景观中的建筑》（William Turnbull Jr.: Buildings in the Landscape），2000 年

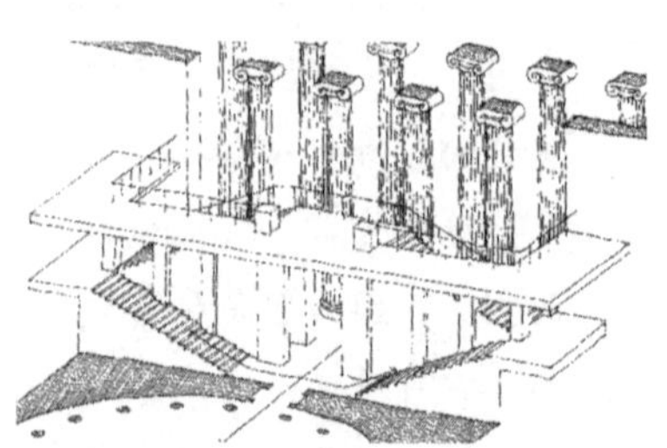

辛克尔的柏林旧博物馆柱廊后面的楼梯平台是建筑史上最著名的灰空间。

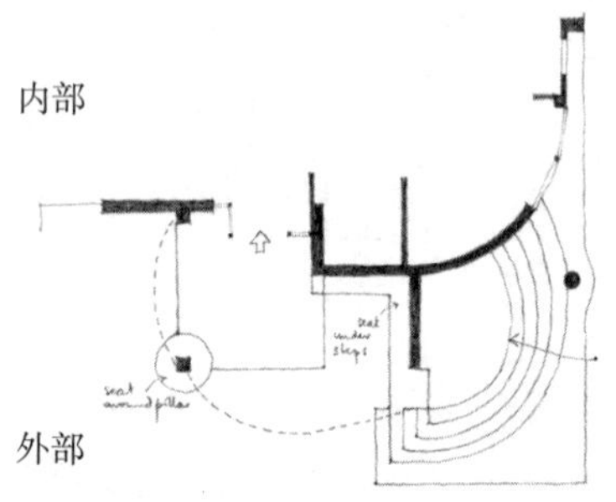

首层平面（上为室内，下为室外）

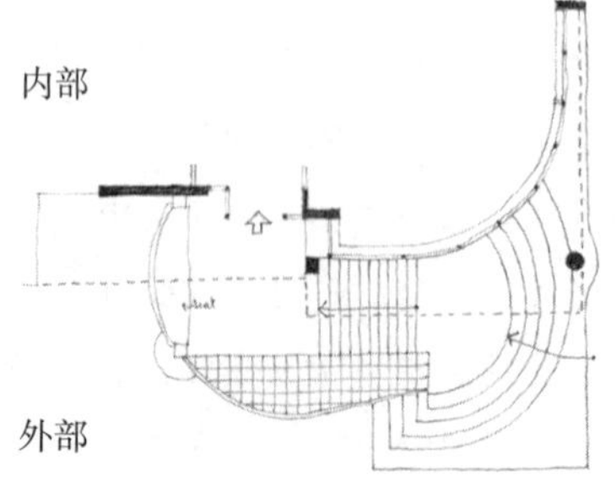

二层平面（上为室内，下为室外）

*Kiyoyuki Nishihara，《日本住宅——生活模式》（Japanese Houses，Patterns for Living），1967 年，p221。

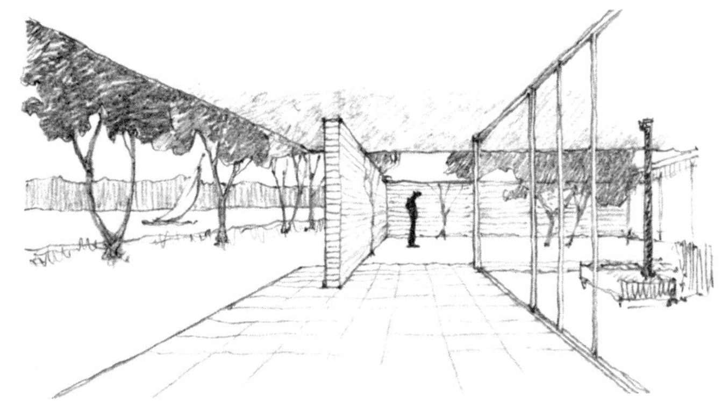

密斯·凡·德·罗的许贝住宅（Hubbe House，1935 年）有一个由悬挑屋顶和铺地平台限定的空间，它既不在住宅室内也不在室外。

225 空间，让儿童和照看他们的成年人随意使用。这种灰空间具有多种效果：柔化、人性化、区分建筑与环境，以及划分内外。想象一下，假如这所学校区分内外的手段只是一道大门，那孩子们的感受会有多么枯燥。阿尔多·凡·艾克（Aldo van Eyck）在他的演讲中阐释了这个思想：

> “举例来说：住宅的世界是我在内、你在外，或者反之。此外还有街道的世界——城市——你在内、我在外，或者反之。懂我的意思了吗？两个世界在碰撞，而没有过渡。个体在一侧，而群体在另一侧。这多么可怕。在这两者之间，整个社会竖起了许多障碍，而建筑师的精神尤为孱弱，他们竖起了 2 英寸厚、6 英尺高的门；平面上的平面——多半还是玻璃的。想想吧：在这种奇妙的现象之间有 2 英寸——如果用玻璃就是 1/4 英寸——令人不寒而栗，仿佛一座断头台。每当穿过这样的门，我们就像被劈成两半——而我们却毫不在意，径直走下去，一分为二。这是门的现实吗？那么我要问，更大的现实是什么？好，或许门更大的现实是人的奇妙举止的环境：有意识的进出。这就是门，你出入的边框，因为它不仅对于进出的人是一种至关重要的体验，对于邂逅者或后面的人也是。门是为场合而创造的地方。门是为行为而创造的地方，从第一次进来到最后一次出去会重复数百万次，直至废弃。” *

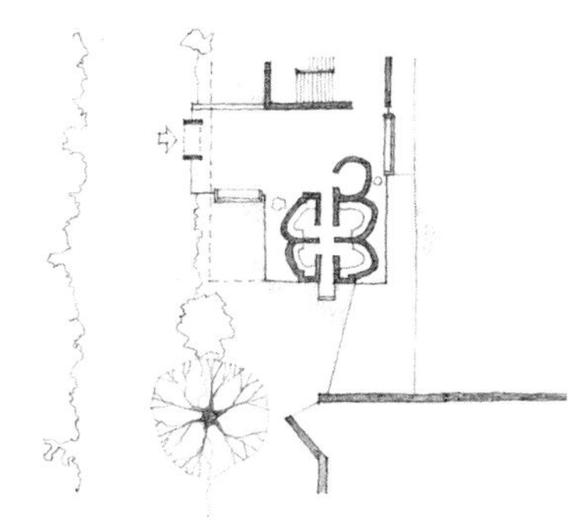

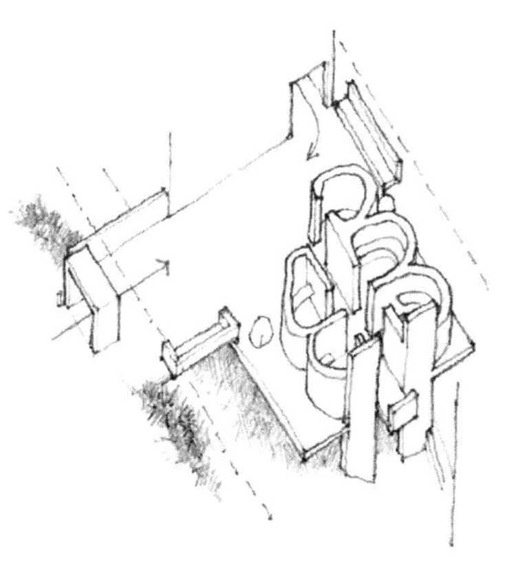

勒·柯布西耶的拉图雷特（La Tourette）修道院是建筑史上最著名的灰空间之一。

勒·柯布西耶设计的法国南部的拉图雷特修道院（1956—1960 年，平面见第 231 页），它的入口（平面图和轴测图见右图）是建筑史上另一个最著名的灰空间。勒·柯布西耶并没有只做一个门道或门廊，而是创造了一种特殊的入口，让住在修道院里的僧侣（内人）与深居周围乡间村民（外人）的两个世界相互重叠。他创造了一个明确的界限，以访客必经的混凝土拱门 [或山门（propylon）] 为象征。僧侣从环绕修道院内部的走廊一角出来。两个世界以及人们重叠的地方有座椅，还有几个让访客向僧侣求教的私密隔间。这种特殊的空间不仅在水平方向上是一个“灰空间”——位于外部世界与修道院回廊院之间——而且在垂直方向上也是“灰空间”。由于修道院建在山坡上，它所在的平台在地面之上，进出要经过一座桥，就像停泊在港湾的船只甲板。

* 阿尔多·凡·艾克（Aldo van Eyck），见史密森编著（Smithson，editor），《十人组入门书》（Team 10 Primer），1968 年，p96。

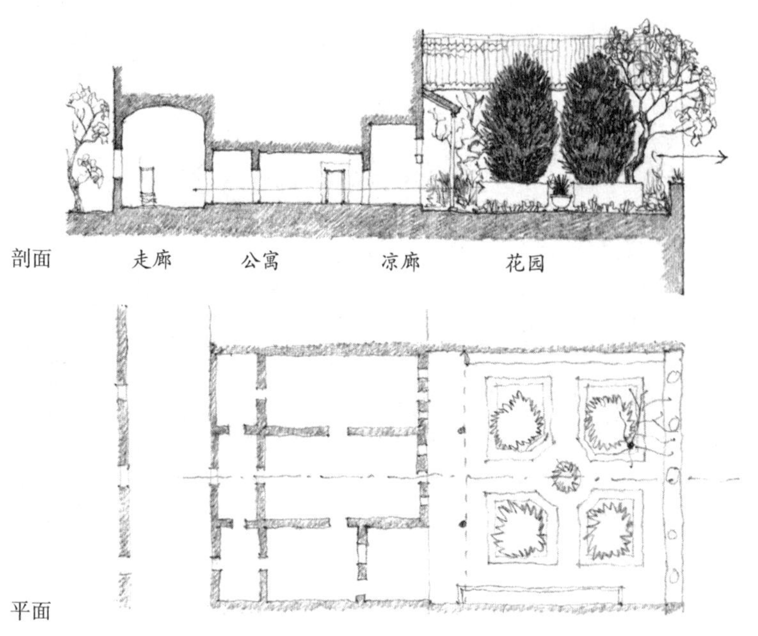

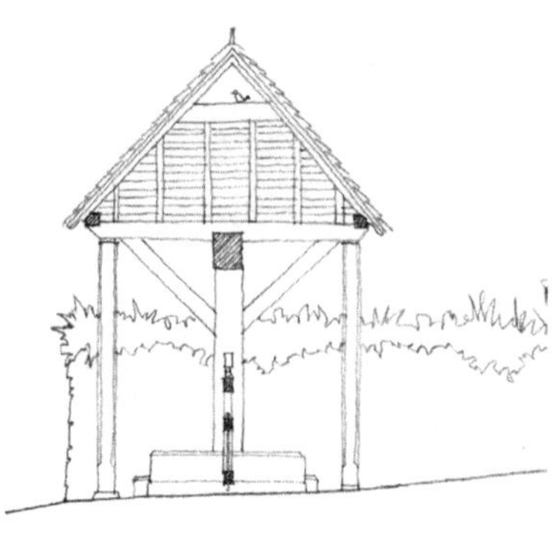

整座建筑也可以成为“灰空间”。常见的例子是门房，尽管通常是为了穿行而不是停留。但位于康沃尔（Cornwall）的雷姆教堂（Rame Church）的这个灵门（lychgate）有一个平台，上面是为了在葬礼中暂时停放棺椁的——介于生死之间、有限的时间与永恒之间。

草图来源：安东尼·奥尔德里奇（Anthony Aldrich）

226 整座建筑的“灰空间”

1838—1839 年冬天，弗雷德里克·肖邦（Frédéric Chopin）和乔治·桑德（George Sand）住在地中海马略卡岛（Mallorca）上巴尔德莫萨（Valldemossa）的一家修道院公寓里。这家公寓（上图）是一连串“灰空间”。它们从肃穆的修道院走廊通向小而精的几何形阳光花园，在那里马略卡起伏的乡村风光一览无余。如同乐曲一般，公寓的空间让人从入口穿过小门厅来到公寓的起居室，然后经过遮阳凉廊进入花园。那里绿叶婆娑、光影斑驳、百花鲜艳。

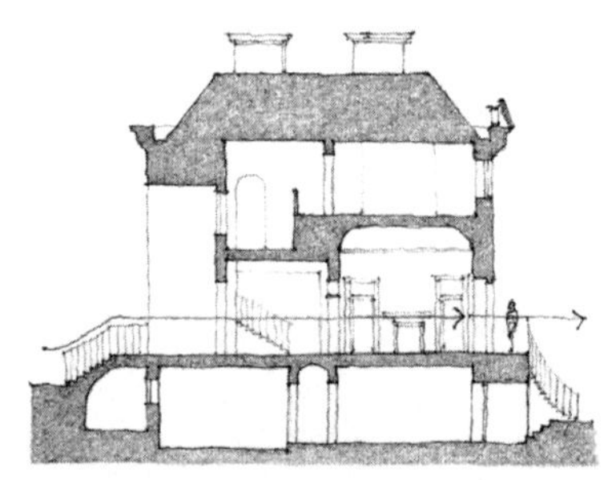

在 18 世纪的英国，像威廉·亚当（William Adam）这样为富人服务的建筑师设计了大型住宅，作为引导来宾登堂入室的“灰空间”。亚当将苏格兰顿村庄园（House of Dun，1830 年，右图）的入口朝北，这样来宾走近时就不会被晒到。在准许进入又高又深的门廊时，他们就会穿过这栋房子来到对面的主厅——沙龙。那里洒满阳光，将主人的大庄园尽收眼底。作为“灰空间”，这栋房子（至今仍）是一个改变人对世界认知的手段。这正是建筑的一大作用。

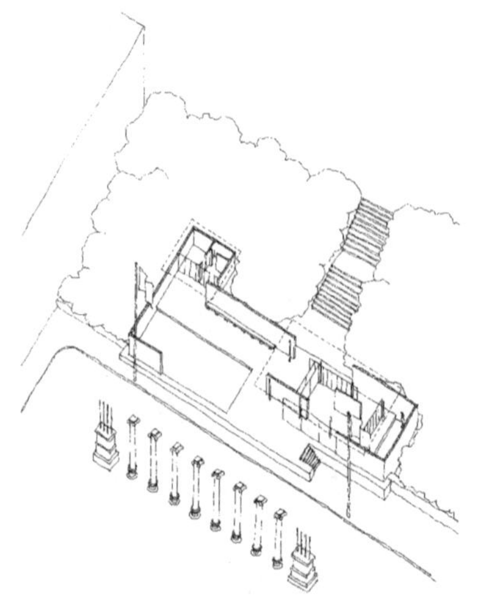

从“灰空间”的角度思考房屋会拓宽对建筑作用的认识。这个“灰空间”无法在照片中直接体现，在平面和剖面中非常明显，但最好是通过亲身感受来体会。巴塞罗那馆（1929 年，右图）或许是拍照最多的建筑作品之一。凭借精心推敲的水平形体和有光洁、有纹理的表面，它成为一件令人印象深刻的作品（而且在照片中也很美）——坐落在平台上的非对称神庙。但是当看到密斯·凡·德·罗有意让这座建筑跨在原有道路上（一跑台阶）的时候，人们就会明白他的设计其实是一个“灰空间”。

有关巴塞罗那馆参见：
西蒙·昂温，《每个建筑师应该理解的二十个建筑》，2010 年，p23—42

建筑可以称为“灰空间的艺术”。前两章考察了我们穿行的“灰空间”和停留的“灰空间”。本节将考察墙体构造内的灰空间。

12.6 墙中室

228 “我想象着一座巴黎公寓楼，它的立面被剥去……这样从首层到阁楼所有正面的房间都一目了然。”

——乔治·佩雷克（Georges Perec）著，斯特罗克（Sturrock）译，“空间的种类”（Species of Spaces，1974 年），《空间的类型和其他部分》（Species of Spaces and Other Pieces），1997 年，p40

12.6 墙中室

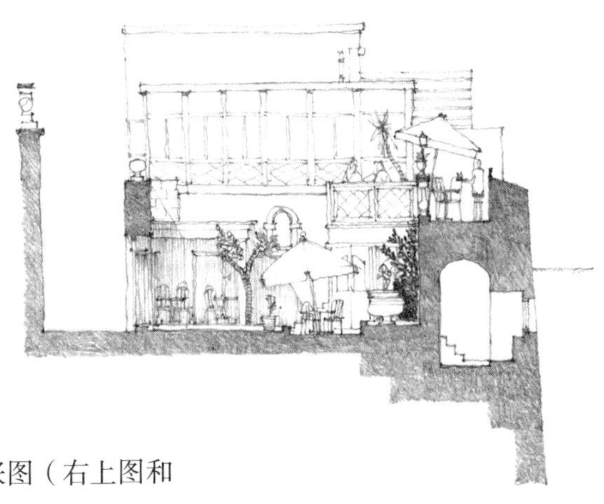

这家咖啡厅最有趣的地方是城墙上面，那里可以环顾四周的风景，还能看到下面庭院里的一切。

229 处于内外之间还有一种方式：在墙里或墙上。这张图（右上图和第 113 页）是横贯马耳他古都城姆迪纳（Mdina）庭院咖啡厅的剖面。这个庭院处在防御性城墙与林荫道之间；但小坐的最佳之地是城墙上面，在那里可以俯瞰庭院，或者环顾岛屿北部，一直望见现代的首都瓦莱塔（Valletta）和远方的大海。城墙里的空间与内院和室外景观的关系则非常有限：那是咖啡厅的厨房。

自古以来，建筑师就知道在墙中创造空间是可能的。在姆纳德拉（Mnajdra）的马耳他神庙（见第 222 页右下的平面图中的 a）里有一个小密室，它被认为是仪式中祭司传达无形的“上帝之言”所在的地方，而这就使仪式更为神秘、令人着迷。这位隐蔽的祭司所在的地方既不是室内也不是室外世界，而是在它们之间。这个区域对于那些只能从内外来理解世界的人是不存在的。在埃德加·爱伦·坡（Edgar Allan Poe）的超自然故事《黑猫》（The Black Cat，1843 年）中，一个谋杀犯将妻子的尸体埋在地窖的墙里——希望以此让她从世界上消失——结果因为他不小心随尸体藏进去的猫而暴露了。在中世纪，女巫就是埋在墙里的，这样就能将她们从人间和天国中驱逐出去。

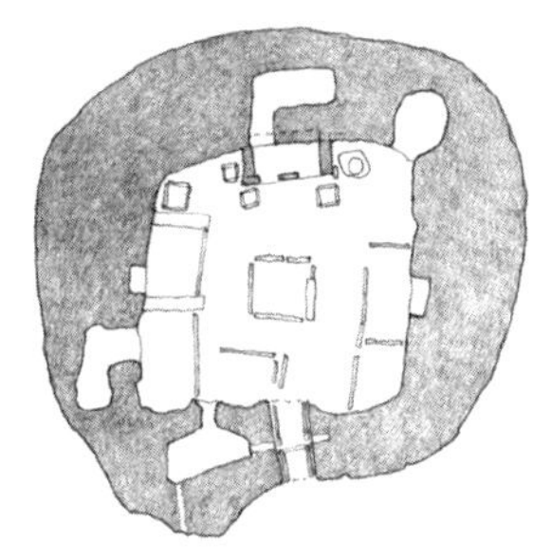

新石器时代的村庄斯卡拉布雷（Skara Brae）房子在厚石墙里有壁内空间。这将用于需要与主起居空间分开的功能。

墙里的空间绝不“属于”室内或室外。有五千年历史的斯卡拉布雷古屋［在苏格兰北岸的奥克尼岛（Orkney）上，右图］有壁内空腔。这是供不属于主起居空间的功能使用的；20 世纪美国建筑师路易斯·康会把它们称为与“被服务空间”互补的“服务空间”（见本章下文）。在斯卡拉布雷，它们被用于仓储、隐藏宝物、在受攻击时藏身、操作门闩，或许还是寒冷冬夜的厕所（有下水道）。这些就是我们所谓的“舍弃”（abject）空间——抛在主起居空间之外、不值得纳入的空间。

“舍弃”一直都是建筑创作的重要因素之一。在澳大利亚内陆举行仪式的地方要去除灌木和石头，为举行仪式做好准备。建筑场地必须为新建筑的施工清空。建筑作品的秩序和感觉会贱弃世界的混乱和不确定。“去除”或“清除”总是形成场所的一部分，它位于建筑的概念核心。这种原则不仅适用于要丢弃的垃圾和被认为是主

有关斯卡拉布雷参见：
西蒙·昂温，《斯卡拉布雷》，2012 年（可通过苹果的 iBookstore 在 iPad 上阅读）

在典型的要塞中（左图），墙中室是与社群的内部世界和危机四伏的外部世界都有关的空间。

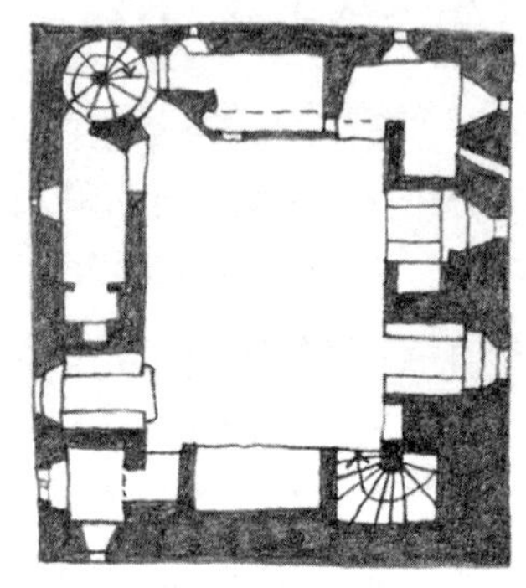

墙中室和壁龛（上图）能给厅堂带来丰富的特色；没有这些厚墙和小窗，它就会十分阴暗，令人恐惧。

230 要活动的附属（次要）或不可接受的功能，而且也适用于空间的模糊与威胁。

人们不会感到斯卡拉布雷的壁内空间是灰空间。因为它们被包围在墙体之中，所以会感到比主起居空间更像室内。要感受到灰空间，人们需要能看到室外的窗户以及能看到室内的门道。这对于城堡和其他需要守卫料敌（贱弃威胁）的工事是很常见的。城堡的墙中室[上图是英国南威尔士的科奇城堡（Castell Coch）]里面有一个地方既能监视外面的世界，又不脱离要塞内部的社群生活。

要塞需要厚墙来进行防御和加固。这种墙很厚，足以在其中设置房间。苏格兰的科姆隆贡城堡（Comlongon Castle，15 世纪，右上图）在围绕一座大厅的城墙里有各种类型的空间。其中一个墙中室是大壁炉；其他的是楼梯；还有的是给佣人的。那里还有带坐凳和窗户（为阴暗的大厅带来些许阳光）的壁龛。这些壁龛以尺度更人性的地方与大空间形成互补，或许可以在喧闹的宴会之间躲进这里说悄悄话。大厅很暗，墙很厚，具有明显的室内特征；与之相对，这些有窗的壁龛又提醒着人们外面还有一个明亮的世界。墙内空间给人的不同感受让整体空间的特色更加丰富。

所有的墙都是既保护又围合的：它们保护着室内空间，防止它流到室外。土耳其东部 13 世纪的苏美拉修道院（Sümela Monastery）在陡峭的半山腰上的一个圣窟四周，用外墙保护着一个紧凑的建筑群，里面是一群修士。它是维系修道院生命的墙。这面墙里是僧房，与僧团和峭壁构成了一种特殊的关系。一边是戒律分明的修行生活，另一边不仅风光无限，而且与死亡永远只有一步之遥。

要塞和修道院建造的目的就是在特征不明显的环境中区分、维持和保护特定的生活方式和思想。它们与外部世界的关系或许是不同的：要塞是为了军事控制，而修道院是宗教隔绝。但二者的关系都

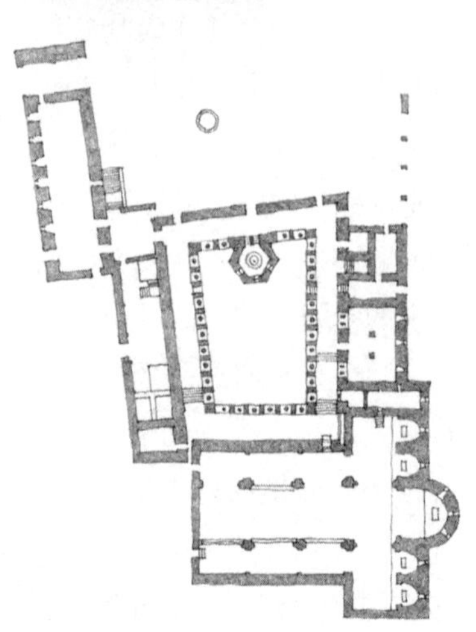

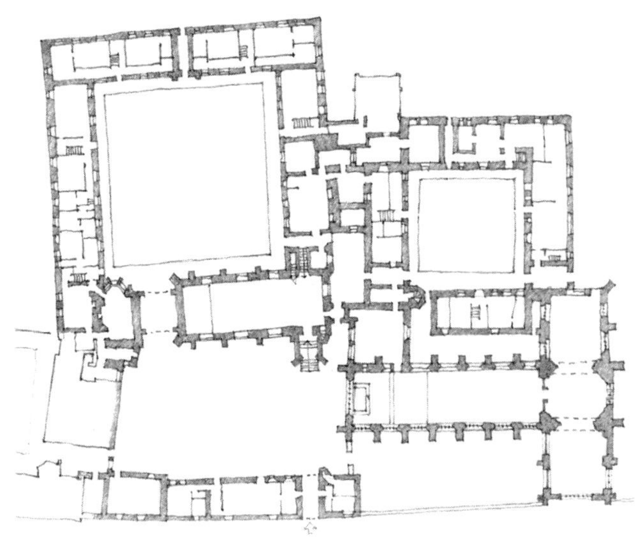

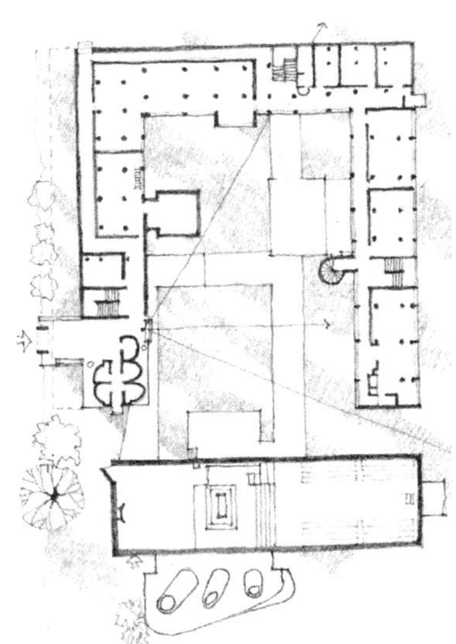

231 是受墙中室影响的。要塞的城垛和箭孔能进行瞭望和防御。修道院[比如法国南部的多宏内（Le Thoronet）修道院，对面页右下图]的教堂、回廊院和僧房保护着并隔出了一座封闭的花园——象征人间天堂——而朝外的视野极小。在这两个例子中，墙中室通过建筑构成了一种外壳，介于不确定的“他处”与所保护的稳固中心之间。

墙中室包围并保护着一个稳固的中心这个原则同样适用于牛津大学和剑桥大学（Oxbridge college）类似修道院的设置[上图为牛津的默顿学院（Merton College），13 世纪创立]以及更晚近的教堂，比如勒·柯布西耶的拉图雷特修道院（1956—1960 年，右上图）。这在西古德·莱韦伦茨（Sigurd Lewerentz）为瑞典克利潘市（Klippan）设计的圣彼得教堂（20 世纪 60 年代，右中图）上也很明显。牧师的 L 形墙中室宿舍和社区设施包围并保护着教堂本体的正方形体块。阿尔瓦·阿尔托的赛于奈察洛（Säynätsalo）市政厅（1951 年，右下图）采用了类似的手法，以墙中室作为办公室和员工设施，包围着一座庭院和议会厅的塔楼。以墙中室作为防御性外壳、包围着共有的观念上的中心，这种做法在特兰西瓦尼亚区（Transylvanian）的防御性教堂上最为明显，比如 14 世纪的弗劳恩多夫（Frauendorf）教堂（在罗马尼亚的 Axente Sever，下图）。补给品将存放在沿防御墙排列的仓库里，围墙保护着社区的教堂，人们在遇到危险时就去那里避难。

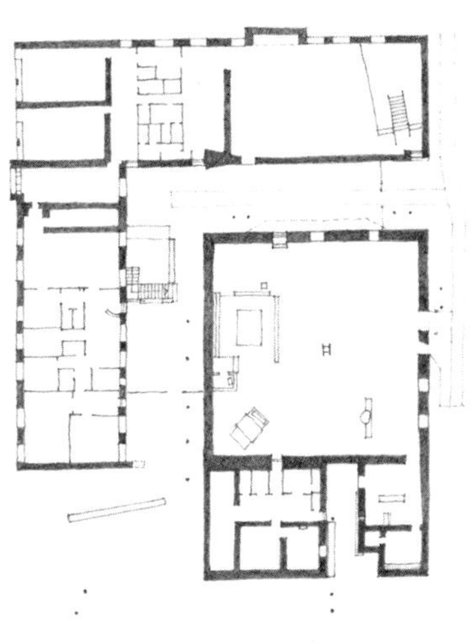

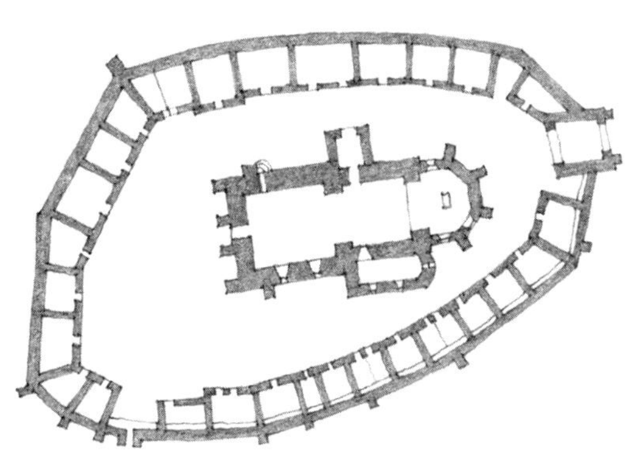

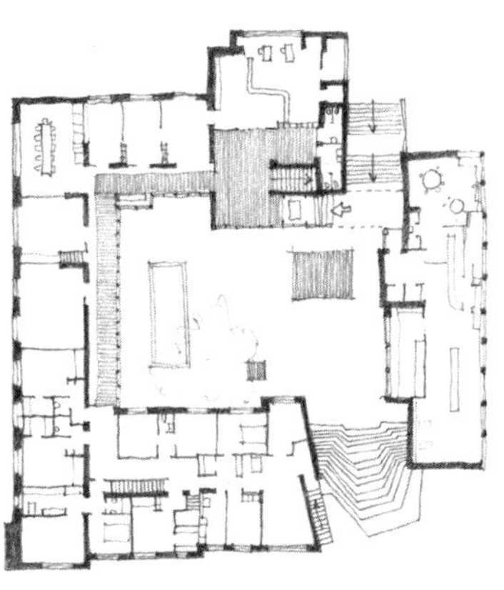

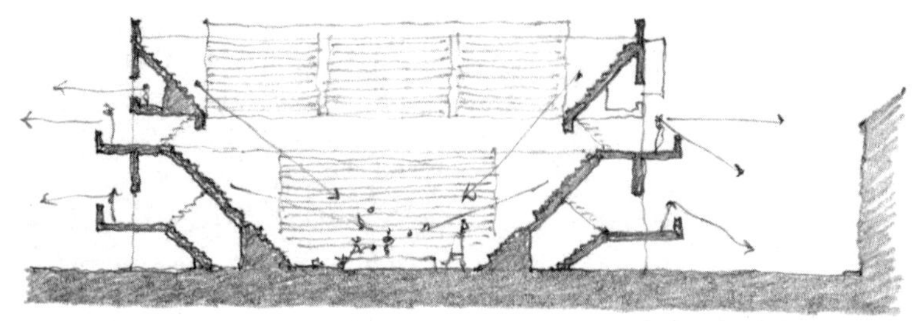

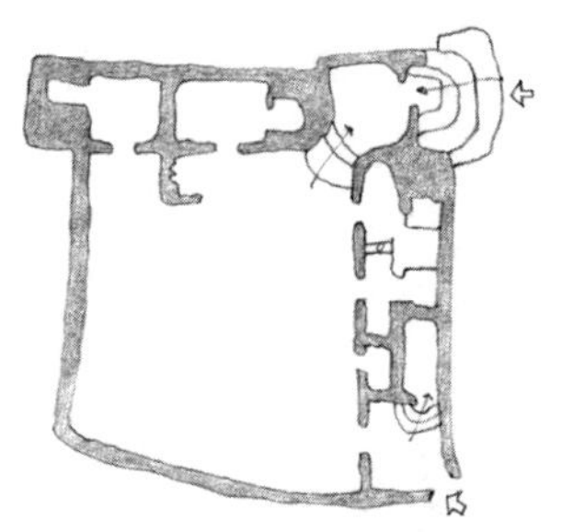

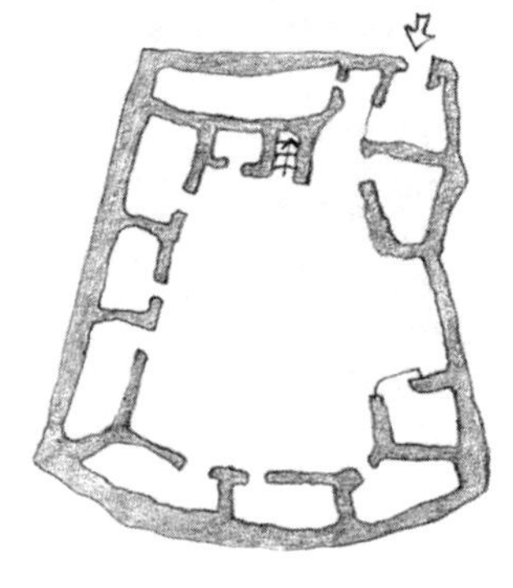

利比亚的耶夫兰市（Yafran）这些传统合院住宅表明，建造墙中室是经济的。它意味着一堵墙可以做很多事：界定并保护围合的建筑群；界定生活空间；支撑这些生活空间的屋顶（也可以是楼板）；框出入口。

232 上图是横贯体育场的剖面草图（它也可以是一个演出场所）。它（大体上）是巴黎的罗兰·加罗斯（Roland Garros）网球场 [也可以用伦敦的环球剧场（Globe Theatre）]。这种体育场看台就是很好的墙中室，它限定并保护着球场（或舞台）。它们供观看比赛（或演出）的数千名观众（听众）使用。墙中室有两个朝向——朝内和朝外。每个朝向都将人置于一种不同的社会关系上：作为观众（听众）朝内看演出时，人属于共同参与活动的一个大群体。朝外看时，人就变得孤独了，会独自思考外面的世界。朝内是共同的场景；朝外是更个人化的独自沉思的景象。这就像在一艘船上：一道舱门通向船上的公共活动；舱内的舷窗让人独自面对遥远的海平线陷入沉思。在勒·柯布西耶的拉图雷特修道院里：走廊朝内面向修道院僧众（任何朝外的视线都被挡住）；僧侣可以在各自的僧房里（遵照由建筑确立的空间法则）思考外面的尘俗世界——里昂周围的风景。所以无论外界被认为是一种威胁，还是比内部僧众的世界更世俗，墙中室作为一种“灰空间”带来了许多与这些差异有关的情形。

墙中室可以表达一系列特征和关系。科摩罗群岛（Comoro Islands）靠近非洲东海岸，其传统村落（右图）由两个同心圆的围墙界定出围绕公共庭院的居住区，院子里是水井、会堂和清真寺等公用设施。和前面的例子一样，这个墙中室的区域介于公共的中心和外部世界之间。它也体现了特征的变化。从事特定职业的各个宗族住在灰空间区域的不同部分：农夫住在朝向庄稼地的方向；牧民朝向草场；海商面向大海；工匠朝着第四个方向。每个宗族都有自己的门道，连接着他们的外区和村中心的公共区域。他们穿过各自的门道，来到中心就是社区的一员。走出门道，进入外部世界又表现出各自的职业特征。由建筑形式确定下来的空间组合构成并强化了居于其中的社会结构。

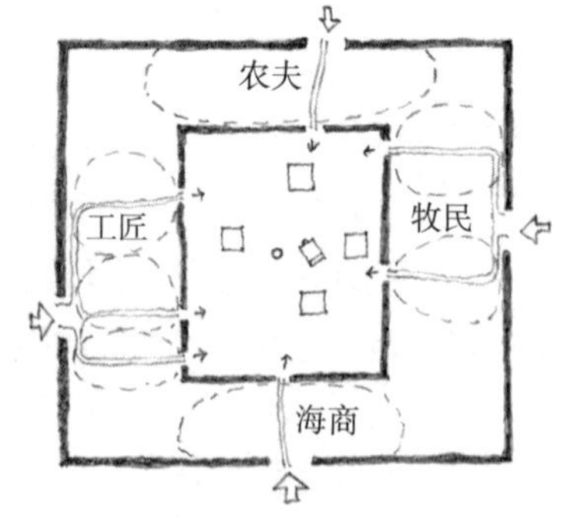

大海

有关科摩罗岛村落参见：
马克·霍顿（Mark Horton），“斯瓦希里建筑、空间、社会结构”（Swahili Architecture，Space，Social Structure），载于帕克－皮尔逊（Parker-Pearson）与理查兹（Richards）编著，《建筑、空间与秩序》（Architecture，Space and Order），1994 年，p151—152

与科摩罗岛村落相似的图示化组织关系启发了意大利科莫（Como）的法西斯宫（Casa del Fascio）平面。它是 20 世纪 30 年代
233 由朱塞佩·泰拉尼（Giuseppe Terragni）为意大利独裁者本韦努托·墨索里尼（Benvenuto Mussolini）设计建造的。作为对古代罗马联排住宅的现代主义演绎，法西斯宫（上图）围绕着一个中庭，几乎与建筑同高。军官的办公室是围绕这个中央空间的墙中室，他们就从这里出

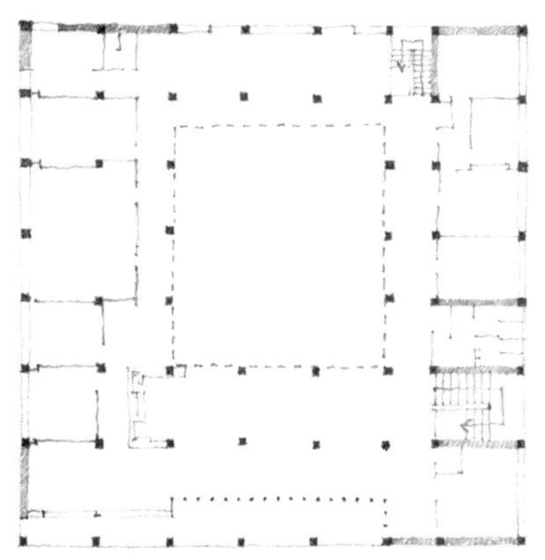

意大利科莫的法西斯宫的墙中室是围绕中庭的办公室和会议室。

来参加公共活动，比如聆听领袖的政治演说。在原来的罗马住宅 [右图；也是庞贝古城潘萨住宅（House of Pansa）的平面] 中，围绕内部中庭和列柱廊花园的墙中室布局是不同的。属于住宅的房间朝内开；朝外开的房间是店铺。除了在住宅入口处，这两种房间是互不相通的。室内房间都集中在内部，朝向住宅的私人家庭世界；而为社区提供服务、朝外的店铺将它们与外部世界隔开。

典型的庞贝住宅有中庭和露天的列柱廊花园，四周排列房间。另一层临街店铺将住宅与外部世界隔开。

墙中室能够以不同的方式处理我们个人同公共世界之间的关系。典型的联排住宅也是按照平行墙的原则组织的，它们也可以认为是一种墙中室（下图）。在朝向公众的一面上，这种墙中室界定出街道。在另一面上是属于每个住宅的私人花园。中间朝向两面的空间是最私密的区域，它是住宅的内室。这些房间根据朝向有不同的特征；在临街房间中的感受与朝向花园房间的是不同的。

内墙也可以有墙中室。当都市溢彩建筑师事务所在 2008 年翻新由奥利弗·希尔（Oliver Hill）设计的英格兰莫克姆（Morecambe）米德兰酒店（1933 年）时，他们沿走道墙做了一个墙中室，以此作为客房的卫生间（右图）。但是，这个提供淋浴的空间本身是由放马桶的墙中室、洗脸盆、桌台和衣柜界定出来的。使用马桶（在左边）时要旋转打开 L 形的部分，然后再把它像门一样关上，就可以不用担心自己的隐私了。

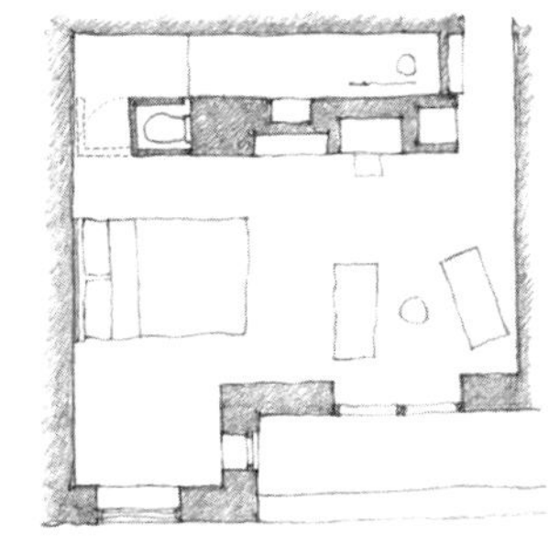

在都市溢彩（Urban Splash）建筑师事务所翻新的米德兰酒店（Midland Hotel）客房中，使用马桶的人在最后可能成为爱伦·坡小说中的黑猫。推开 L 形的门之后，丈夫就可以把他的妻子囚禁在墙里（或者反过来）！

234 都市溢彩事务所翻新的米德兰酒店客房卫生间布置运用了美国建筑师路易斯·康在 20 世纪中叶提出的“被服务与服务的空间”概

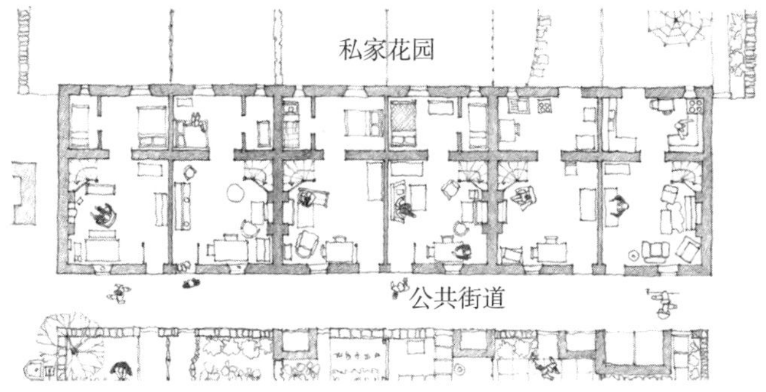

联排住宅（左图）是一种墙中室，在公共街道和私家花园之间是私人空间。

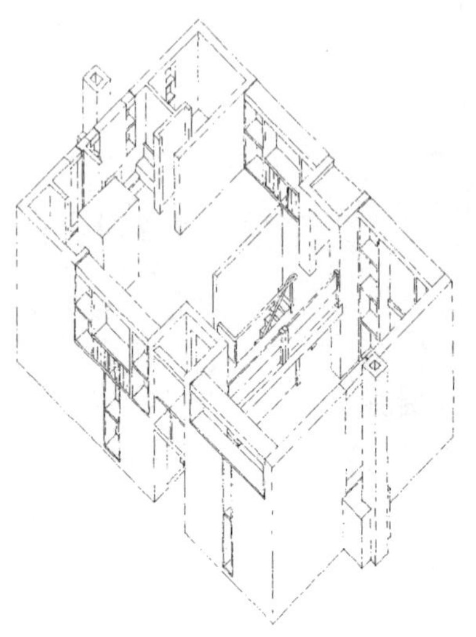

念。这一概念给他的很多作品带来了启发，包括费城栗山区（Chestnut Hill）的埃谢里克（Esherick）住宅（1959—1961年）。右侧是住宅的轴测图。下图是上层平面和住宅的两个墙中室的图示。服务的空间——厨房、卫生间、更衣室、楼梯等——都放在这些墙中室里，为被服务的空间——餐厅、起居室、卧室服务。另一侧的外墙也有墙中室：带书架、窗前座、梳妆台等。墙中室的概念与被服务和服务空间的概念是相辅相成的，由此形成了两个相互独立的建筑空间类型。

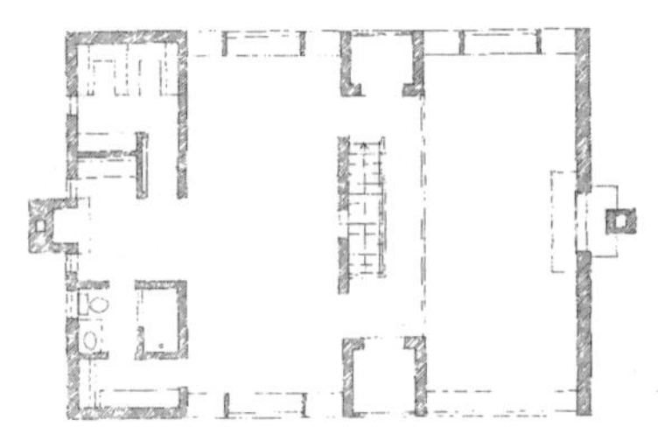

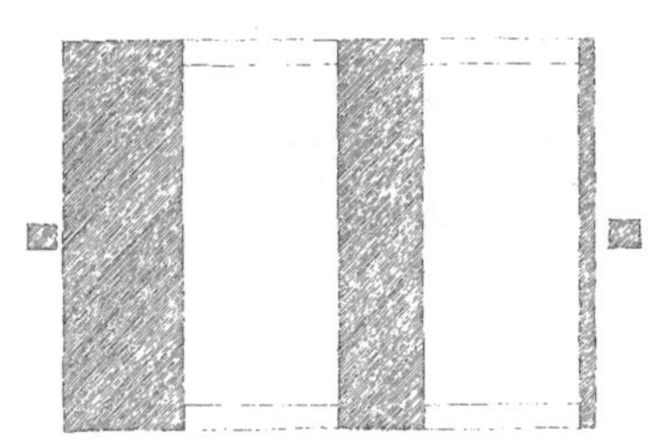

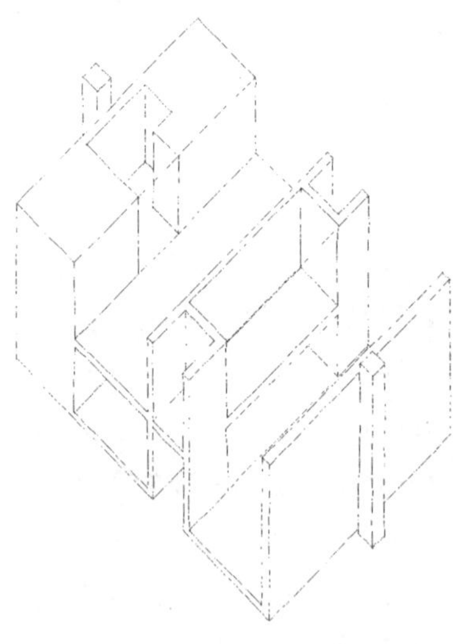

有关埃谢里克住宅参见：
西蒙·昂温，《每个建筑师应该理解的二十个建筑》，2010年，p101—108

我们最私密的隐蔽之处在头颅里。我们正是从这个头骨腔里观察周围世界的远景的，从这里静观事态发展，并考量对我们的影响。当我们躲到这里，就可以避开外面的世界，陷入自我的冥想，进入梦乡。

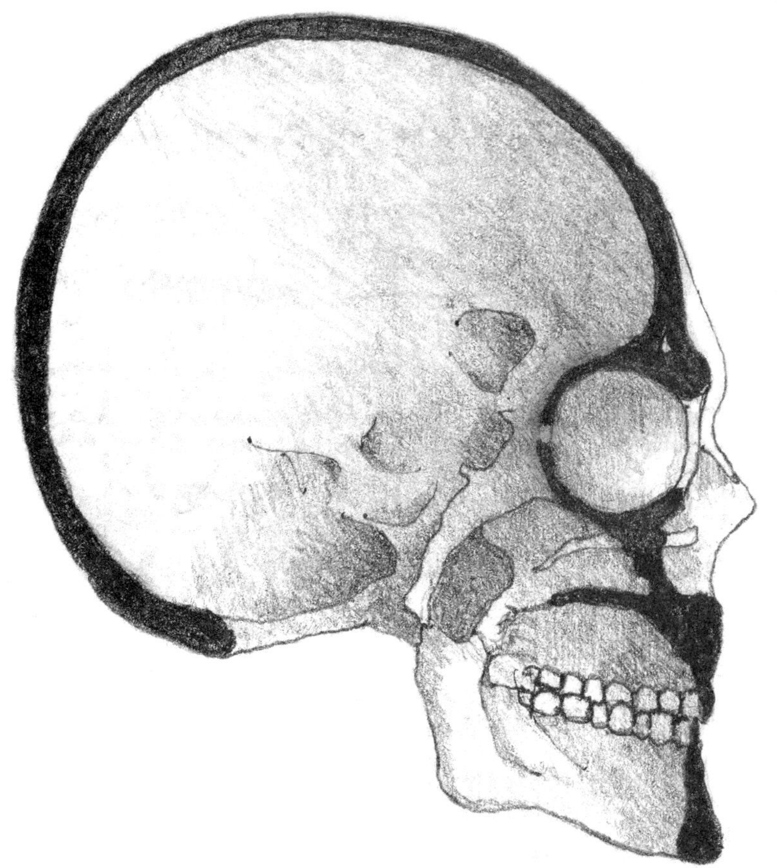

12.7　隐蔽与远景

“一把木椅将我和阳台上的树枝连接起来。这间白房子里唯一的另一件陈设是从顶棚上斜挂下来的蜘蛛网……蜗居在这个房间里的我是自由的：所有的根都与我同在这一片白茫中。我仿佛一个旅者，翻山越岭，一身轻松；无需证照，不带金银。我在窗前驻足。一道道石墙将乡野隔开。夕阳西下，日头将尽……透过斑驳的灌木和绿树，我已在一座白房子的阳台上享受过美景，远山的轮廓是那么清晰。我思考了头脑反观自我的逆向过程，它的灌木丛是深暗色的，就在双眼的后面，只与细细的地平连成一线……”

——阿德里安·斯托克斯，《光滑与粗糙》，1951 年，p37—38

“夏兰（Ciarán）的隐居所在一个葱郁的岸边。他用双手在那里建起了一堵矮墙。从这里可以俯瞰落日的海湾——那是海豹的家。”

——杰弗里·穆尔豪斯（Geoffrey Moorhouse），
《太阳起舞》（Sun Dancing），1997 年，p61

12.7 隐蔽与远景

图 1

237 假如以电视节目为依据，住宅最需要的特征之一就是视野。英国地理学家杰伊·阿普尔顿（Jay Appleton）在《景观的体验》（The Experience of Landscape，1975 年）中提出，我们对景观的审美欣赏在根本上是以“远景”（prospect）和“隐蔽”（refuge）为前提的：我们希望被包围（隐藏）并在一个隐蔽处（很可能不过就是一个洞窟或森林的边缘）获得（心理上和生理上）被保护的感受；而与此同时我们希望能看到身边的世界正在发生的事——尤其是，是否有人来到（可能会给我们的安宁带来威胁）。

图 2

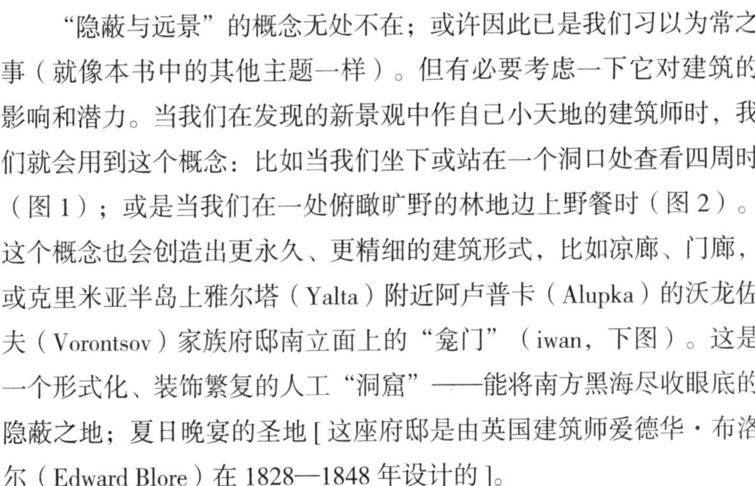

“隐蔽与远景”的概念无处不在；或许因此已是我们习以为常之事（就像本书中的其他主题一样）。但有必要考虑一下它对建筑的影响和潜力。当我们在发现的新景观中作自己小天地的建筑师时，我们就会用到这个概念：比如当我们坐下或站在一个洞口处查看四周时（图 1）；或是当我们在一处俯瞰旷野的林地边上野餐时（图 2）。这个概念也会创造出更永久、更精细的建筑形式，比如凉廊、门廊，或克里米亚半岛上雅尔塔（Yalta）附近阿卢普卡（Alupka）的沃龙佐夫（Vorontsov）家族府邸南立面上的“龛门”（iwan，下图）。这是一个形式化、装饰繁复的人工“洞窟”——能将南方黑海尽收眼底的隐蔽之地；夏日晚宴的圣地[这座府邸是由英国建筑师爱德华·布洛尔（Edward Blore）在 1828—1848 年设计的]。

立面

238 根据远景设计出来的隐蔽处实例不胜枚举。一个隐蔽处可能不过就是海滨小镇（后页左上图）里俯瞰大海的坡地上一棵树下的长椅或

剖面

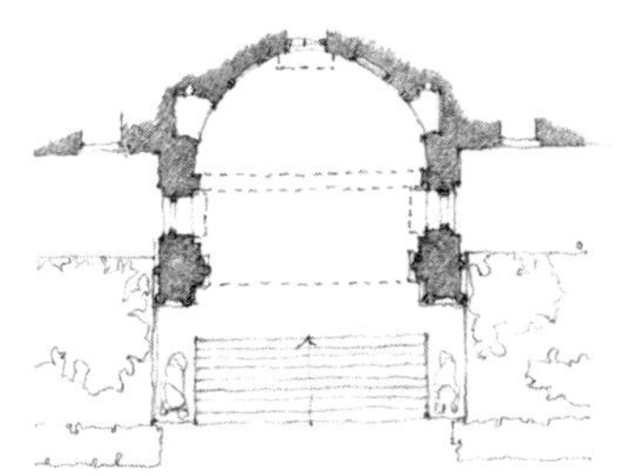

平面

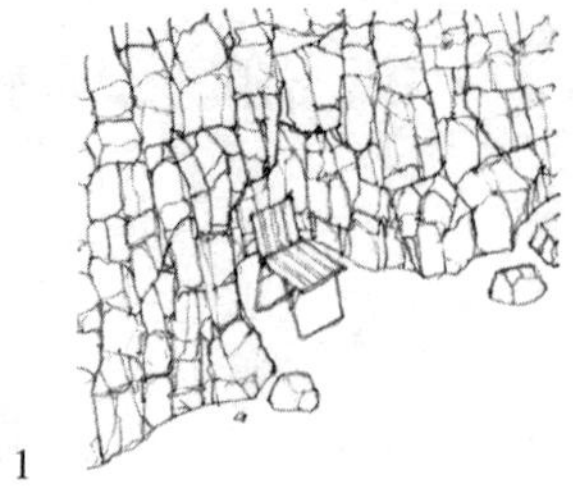

图 1

图 2

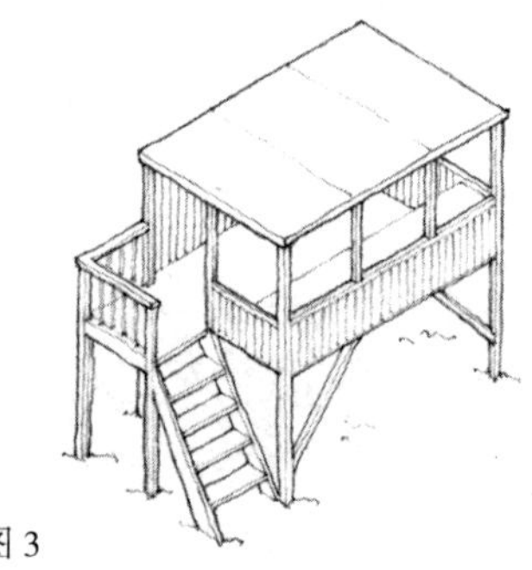

图 3

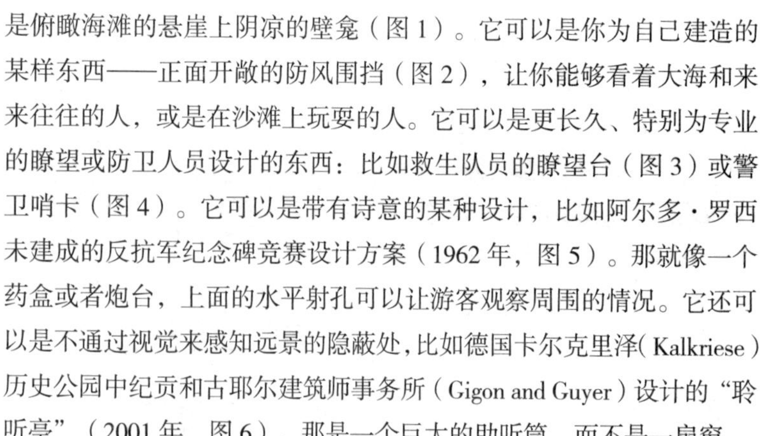

是俯瞰海滩的悬崖上阴凉的壁龛（图 1）。它可以是你为自己建造的某样东西——正面开敞的防风围挡（图 2），让你能够看着大海和来来往往的人，或是在沙滩上玩耍的人。它可以是更长久、特别为专业的瞭望或防卫人员设计的东西：比如救生队员的瞭望台（图 3）或警卫哨卡（图 4）。它可以是带有诗意的某种设计，比如阿尔多·罗西未建成的反抗军纪念碑竞赛设计方案（1962 年，图 5）。那就像一个药盒或者炮台，上面的水平射孔可以让游客观察周围的情况。它还可以是不通过视觉来感知远景的隐蔽处，比如德国卡尔克里泽(Kalkriese)历史公园中纪贡和古耶尔建筑师事务所（Gigon and Guyer）设计的“聆听亭”（2001 年，图 6）。那是一个巨大的助听筒，而不是一扇窗。

建筑师的视角

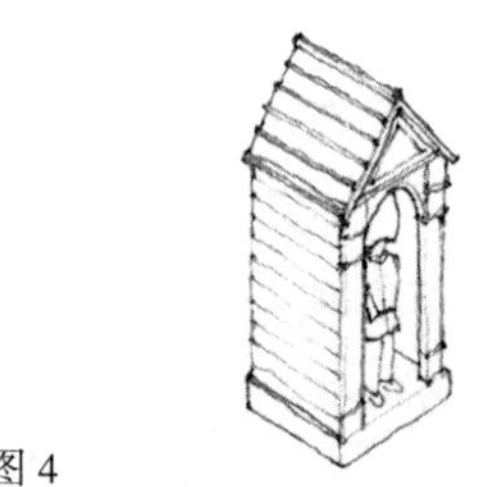

图 4

阿普尔顿论述的框架可以称作自我中心式的：人（他自己、你自己或我自己）会寻找隐蔽处，但也希望看到远景。人和隐蔽处表现为具有同一性（可以理解的是，由于我们都倾向于从我们自己的视角去看这个世界，比如从我们自己头颅的隐蔽处）。人 / 隐蔽处是“我”；

图 6

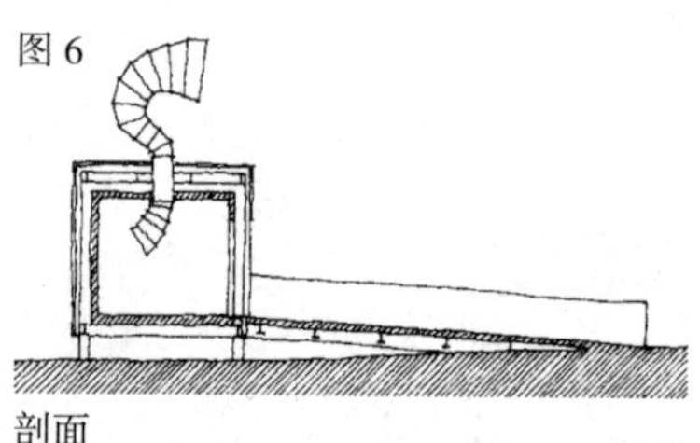

剖面

图 5

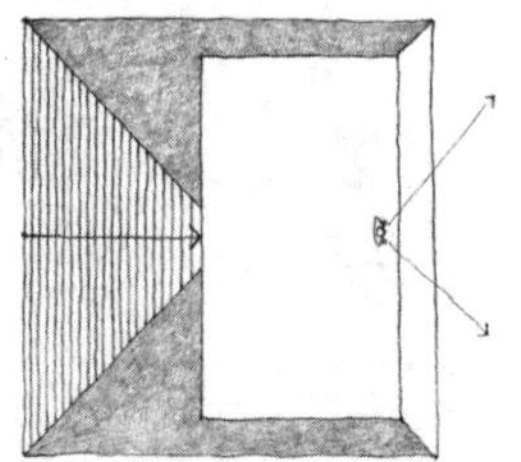

平面

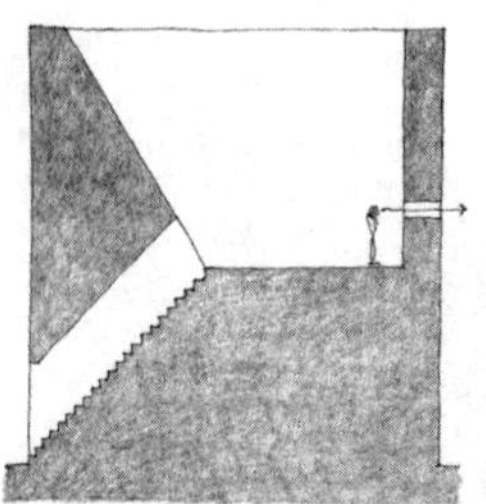

剖面

有关阿尔多·罗西在意大利库内奥（Cuneo）的反抗军纪念碑（Monument to the Resistance，1962 年）参见：
彼得·阿内尔（Peter Arnell）和（Ted Bickford）编著，《阿尔多·罗西：建筑与方案》（Aldo Rossi：Buildings and Projects），1985 年，p29—32

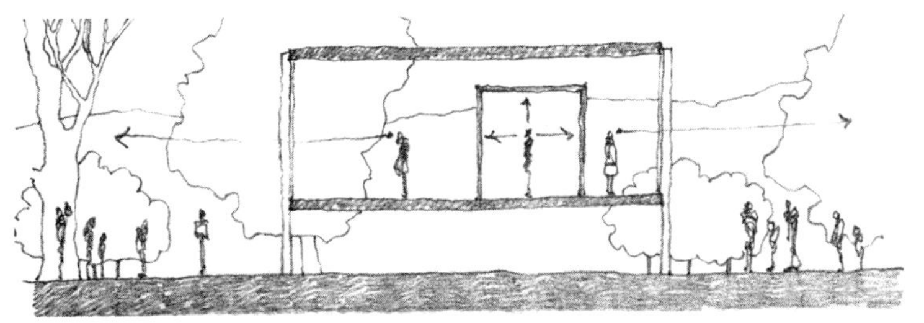

范斯沃斯医生（Dr Farnsworth）觉得密斯·凡·德·罗为她设计的住宅不舒服的原因之一是心理上的。它的墙都是透明的玻璃，使它更像一个展柜，而不是隐蔽处（尤其是夜晚点亮灯时）。唯一让她感到能躲开外界围观的地方就是处在住宅核心的卫生间。当代评论家刘易斯·芒福德（Lewis Mumford）写道：

“将我们的房屋毫无遮拦地向刺眼的阳光和户外敞开时，我们忘记了对反差、对宁静、对黑暗、对隐私、对内守……同等的需求，而这将是我们的威胁和损失。今天，内在生活的退化体现在一个事实上：唯一不受侵扰的圣地就是私密的卫生间。”

——刘易斯·芒福德，《城市发展史》，（The City in History，1961 年），1966 年，p310—311

有关范斯沃斯住宅，尤其是这一方面的深入讨论，参见：
《每个建筑师应该理解的二十个建筑》，2010 年，p61—80

239 远景是“非我”。但建筑师的视角不是以自我为中心的（与之截然不同！）。他会平等地看待隐蔽处和远景，相互并列，相辅相成……不会刻意区分“此处”和“彼处”。

窗户的形象（右图）体现出自我中心的视角。我画窗户时就在一个房间（隐蔽处）里看着外面（的远景）。隐蔽处是“此处”，是“我”；远景是“彼处”，是“非我”。当我坐在起居室里看电视，在桌前看电脑屏幕，或者在电影院里看电影时，都属于这种情况。相反，下图体现的是建筑师的视角。

虽然我画了这个剖面，但我没有从自己的视角来画，而是在独立地分析视角上。这幅图将我画在一个不同的房间里。假如我抬起头，就会看到窗外有一位妇女在人行道上推着婴儿车。不同于窗户的那张图（右图），这个剖面图没有把坐在房间里的**我的**视角放在第一位。它走出了透视图，以不同的方式来展示现实，在建筑的这个小片段中客观地揭示出其中的关系。“此处”和“彼处”得到了平等的展示；在这张图中，这位妇女和我同样都是在“此处”（或“彼处”）。这是建筑师的视角。而建筑兼有隐蔽和远景。

在透过窗户的远景透视图中，视角——“此处”、“我”——与隐蔽处合二为一。远景是“非此”、“非我”。

屏幕也是这样。我在“此处”、房间的隐蔽处；银幕上的画面是“非我”、“非此”。

借景

建筑不只局限在场地紧邻的边界之内。它不能改变在其控制以外的物体——例如远方的景物或旁边的森林——但它可以通
240 过借景（Shakkei）或框景将它们纳入其中，无论有多么遥远。

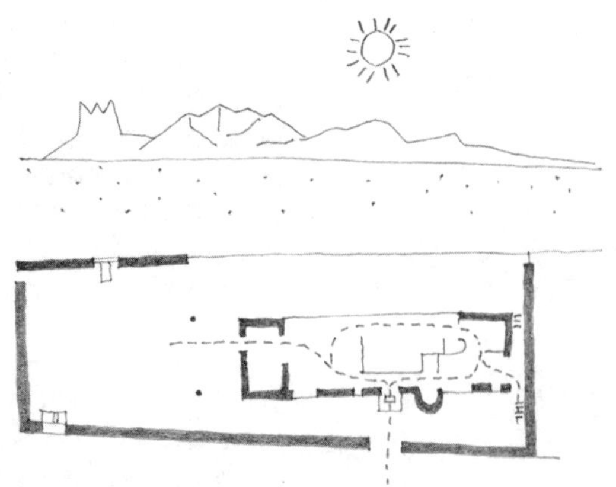

20 世纪 20 年代，勒·柯布西耶在为他的父母在瑞士蒙特勒（Montreux）设计一座小住宅湖畔别墅（Villa Le Lac）时，将莱蒙湖（Lac Léman）[即日内瓦湖（Lake Geneve）对岸的景色引入他的设计中。他用一幅这样的图展现出住宅与景色相得益彰的关系（左图），将住宅（他父母的隐居处）的平面与湖对岸群山（远景）的草图结合在一起。

这一景色如此醉人，勒·柯布西耶觉得不得不用墙和窗来控制它。

有关《湖畔别墅》参见：

西蒙·昂温，《湖畔别墅》（Villa Le Lac），2012 年（可通过苹果的 iBookstore 在 iPad 上阅读）

这些遥远的景物都是可资利用的。建筑师可以在设计房屋、花园或城市局部时利用远景 [想想建筑师克拉夫·威廉姆斯 – 埃利斯（Clough Williams-Ellis）是如何将远山引入他的布朗丹府邸（Plas Brondanw）花园设计的；参见第 139 页，以及诺曼·福斯特（Norman Foster）为 BBC 新广播中心设计的中庭是怎样聚焦在万灵教堂（All Souls Church）上的；参见第 78 页]。

远景甚至可以是一个建筑作品最突出或最具戏剧性的组成部分。20 世纪 20 年代，勒·柯布西耶为他的父母在瑞士靠近沃韦（Vevey）的莱蒙湖畔设计了一座小住宅——湖畔别墅或勒拉克别墅（Villa Le Lac）。湖对岸朝向勃朗峰（Mont Blanc）的景色是这个建筑的关键部分。他用一张草图证明了这个景色的重要性，我在前面进行了描摹。这个远景虽然被引入作品中，却是源于自然的。勒·柯布西耶巧于因借，超越了场地的边界。尽管这个景色不出自他手，却为他所用。事实上，他觉得这个远景如此醉人，以至于在它和别墅花园之间建了一堵墙，来控制它不要让人陶醉其中。然后他又开了一扇窗（右图）框出远山，让景色回归。如此一来，他既利用了远景（共同拥有）作为建筑的组成部分，又对它进行了创作。

勒·柯布西耶绝不是第一个将远景作为建筑重要组成部分的建筑师。两千五百年前，古希腊人就在景观中建造了剧场，比如塞杰斯塔（Segesta）剧场（下图，参见第 222 页），那里的风景（诸神之所在——西西里中部的群山）构成了演出的背景。

日本传统园林设计师有一个“借景”的原则。按照这个原则，从园林中能看到的远处的景物——无论是远山还是近前的树木——都

借景是日本传统园林设计的概念*，即“借用”远处的风景或附近的树木，将其引入自己的构图中。可以说，勒·柯布西耶在设计湖畔别墅时就是在借景。

“我们不仅借用自己的记忆，还会借用身边人的记忆。然而不仅仅是记忆创造出我们生活中的借景，而是我们看到、听到和感受到的每一个东西；我们见到和交谈的每一个人；我们借用聆听的音乐、阅读的书籍；我们借用过去和当下；我们借用未来，以及终有一天会登上的远山。我们将所有这些借用到我们的生活中来，而它们构成了我们日复一日游历其中、千变万化的景观。”

——陈团英（Tan Twan Eng）描述构思小说《晚雾花园》（The Garden of Evening Mists，2012 年）时的想法，《卫报》（评论），2012 年 10 月 13 日，p4

* 看上去原作者并不了解中国园林的基本设计手法。——译者注

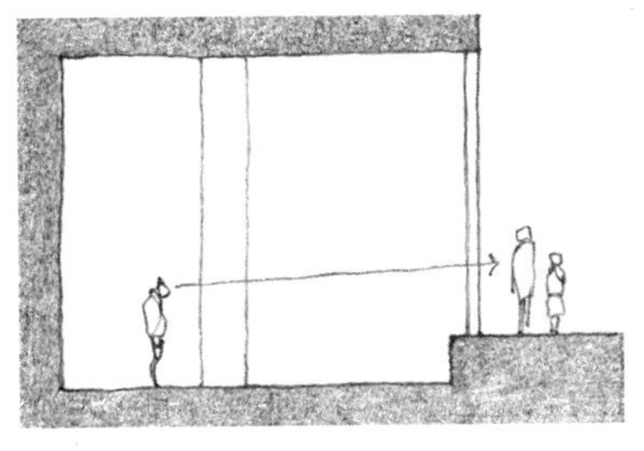

图 1

图 2

“一个女人
就在外头
望着里面
看到我了？

不，她没有
真的看我
她在欣赏
镜中的人

而我试图
不去注意
她在猛提
自己的裙

而就在她
捋长袜时
一头秀发
润湿起来”

——苏珊娜·维加（Suzanne Vega），“汤姆的小餐馆”（Tom's Diner），1981 年

可以随手引入设计中。通过这种方式，建筑就不会局限在自身场地的边界中。

241　隐蔽处和舞台

几年前一位艺术家在卡迪夫盘得一个小画廊。所有的家具都被清走，每一个表面都涂上灰色。灯被关上。乍一看似乎展览没有内容。但过了一会我意识到或许展览的内容其实在室外。画廊的一面墙是全玻璃的（图 1）。它将光线引进来，让人认为展览的对象是光的微妙变化以及灰色表面上的退晕。也许其中的意图是对虚空的反思。但这面玻璃墙能让人看到外面。它就像一个电影屏幕（图 2）。而画廊的焦点被转移到室外的景色上。路过的人成了一场安静的戏剧中的角色却毫不知情，许多短小的故事就这样发生了。大多数人走过去了，有的行色匆匆，有的游手好闲；有的停下来照镜子，细心地整理头发。这位艺术家（或许是无意中）将这座画廊变为一个幽暗的隐蔽处，从这里静观外面世界的远景，俨然一座舞台。

这个艺术装置展示了“隐蔽处与舞台”的建筑手段：私密（或相对私密）的场所与举行活动的场地之间关系。在卡迪夫的这个装置中，隐蔽处 / 舞台的关系从画廊中空旷的灰色退晕与室外的阳光、色彩和活动之间的强烈反差中得到了突出。这是建筑中常用的手段。特意建造的剧场也会采用这种布局（图 3），让观众坐在暗处观看明亮的舞台。而这也是一种咖啡厅的布局，让窗户朝向人流穿梭的商场（图 4）。它还是布满住宅的城市广场的布局（图 5），居民从这里就能看到外面的情况。

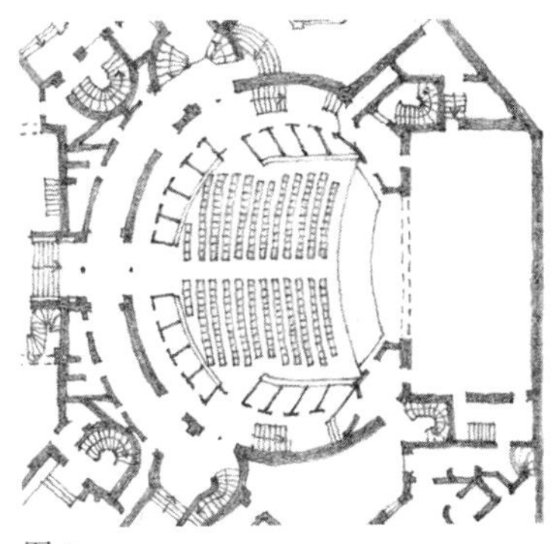

图 3

传统剧场的礼堂是一个幽暗的隐蔽处，我们在这里可以观赏明亮的舞台。

隐蔽处 / 舞台关系也会出现在其他更常见的情况中，比如俯瞰大道的咖啡厅（下图）或是城市广场周围的房间（左图）。

图 5

图 4

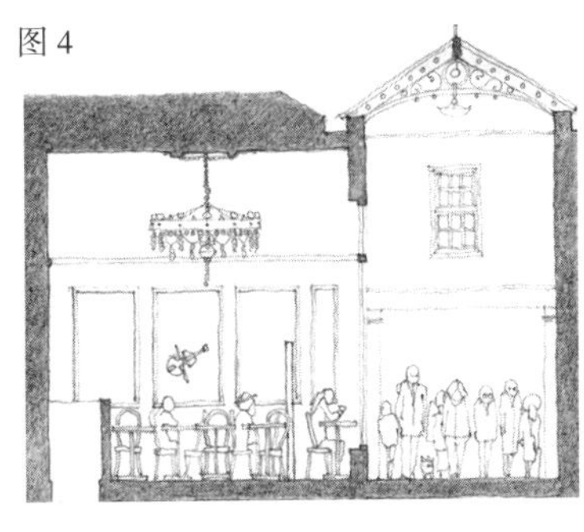

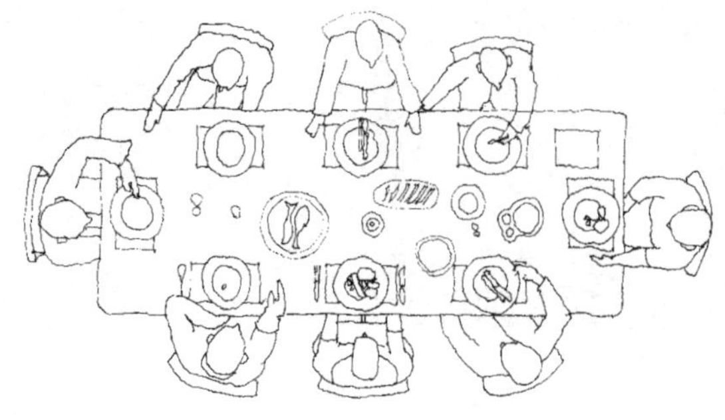
图 1

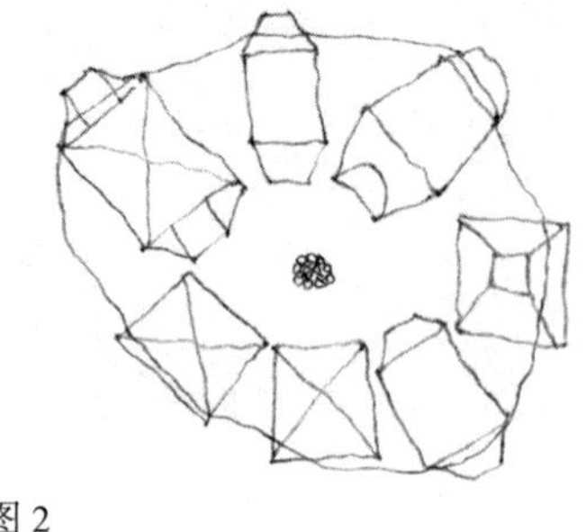
图 2

242 互动（共享与交互）的空间

餐桌（图 1）是坐在周围的人共享的场所（桌台）。桌面（一个限定的区域）是舞台。但这个舞台不只是为了观赏，也是为了让食客交流。它是一个互动空间。每位食客坐在自己的座椅上，餐垫、刀叉、餐盘、玻璃杯都有各自的位置……在它周围——即其间的空间——是共享的东西：蔬菜碗；盐罐和胡椒罐；水壶……从座椅到胡椒罐，餐桌包含了从个人到共享区域的微妙层次。而上方的空间被谈话、手势、表情占据……一切都由人的隐蔽处与舞台的基本布局建立起框架和秩序。食客坐在座椅的隐蔽处上，从他们脑袋的隐蔽处里，观察桌面上的舞台，适时进行回应和交谈——仿佛一个共同而热烈的比赛场。餐桌的结构协调着餐间的社交。

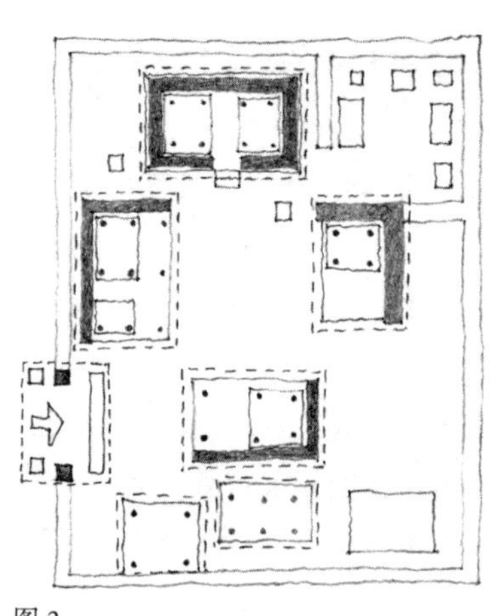
图 3

围绕一个共享空间布置房间或房屋也会出现这种情况，这个共享空间可以是村庄的绿地、城市广场或者学院的四合院。右上图（图 2）是音乐节 [比如格拉斯顿伯里（Glastonbury）] 典型的帐篷布置平面草图。它是围绕一个舞台——以篝火为中心的社交圈——布置的一圈隐蔽处——帐篷。还要注意的是，这个组群的统一性体现在由帐篷周围垂下的绳索上，它标明了地域的边界。传统的巴厘住宅 / 村庄（图 3）围绕着共用广场的舞台有一群开敞的棚屋。它也标明了地域的边界并
243 构成了防御，在这里就是一道墙和带顶篷的入口。传统的北非贝都因人（Bedouin）帐篷（图 4）的织物帘向外打开，分出与两个隐蔽处有关的舞台。一个是男性就座和交谈的地方，另一个是女性做活计的地

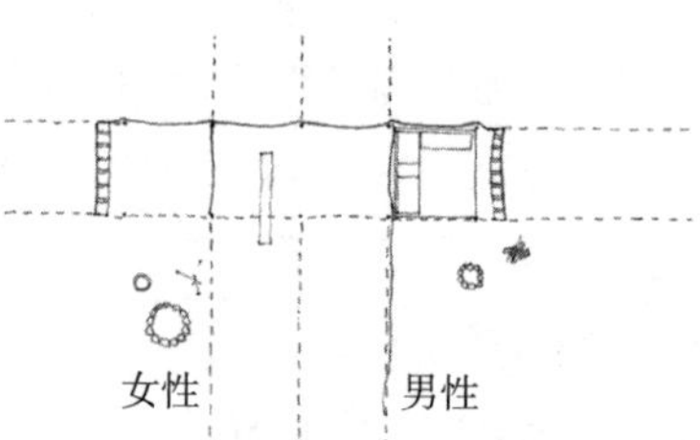

图 4

图 5

建筑是社交的框架。而社交通常由隐蔽处和舞台之间的关系构成。

方。一座地中海村庄城市广场的边缘（图 5）通常排满了店铺、咖啡厅、私人房间……都（像食客那样）面向社交的舞台。人们在那里交谈，孩子在那里玩耍，集市在那里开张。这些都是与隐蔽处有关的互动空间。在它们构成的框架中，我们既可以参与公共交流，也可以回到私人的空间里。

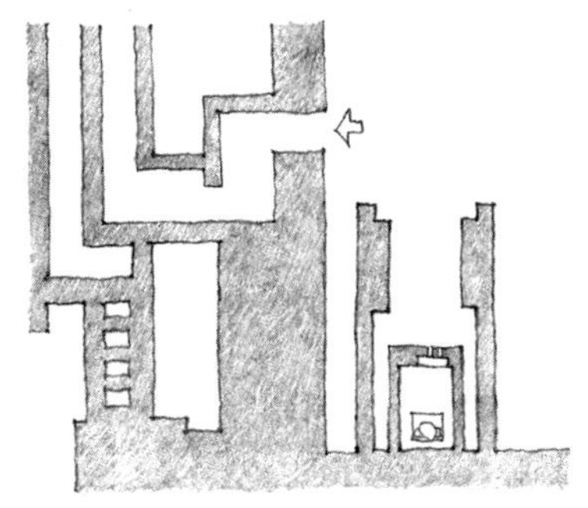

图 6

守卫

在埃及塞加拉（Saqqara）的左塞尔（Zoser）台地金字塔的葬礼庙入口外有一间小房子（图 6）。它没有门道，而有两个望孔。在这个“灵窖”（serdab）里面是国王的“灵魂”（ka）的雕像。这些望孔能让在隐蔽处的灵魂加入在外面庭院的舞台中举行的仪式。它们也让灵魂守卫着神庙的入口；人们走近这座神庙时，一定会注意到国王灵魂的双眼在悄悄地注视着你。

图 7

查尔斯·伦尼·麦金托什（Charles Rennie Mackintosh）20 世纪初设计的格拉斯哥艺术学院（Glasgow School of Art）也有一个类似的布局。在这里“国王的灵魂”是看门人，他有一个靠近建筑重心（图 8 中的 a 和图 9 的下部）并俯瞰入口的小岗哨。从学院入口大堂旁边的图中可以看到看门人的岗哨在楼梯的左侧（图 7）。在这里，看门人的隐蔽处的舞台就是那个门厅和通向楼梯的路。

图 8

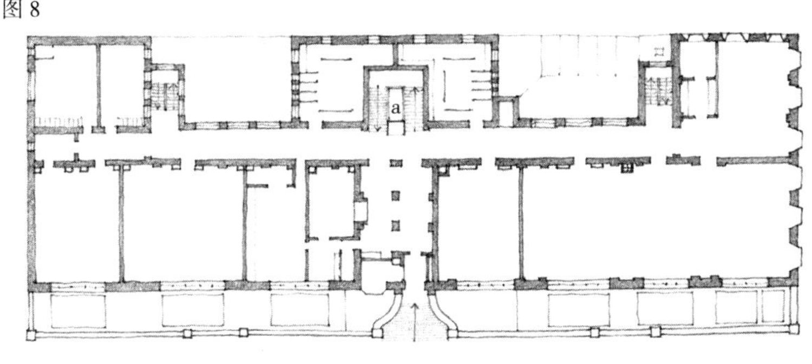

平面

图 9

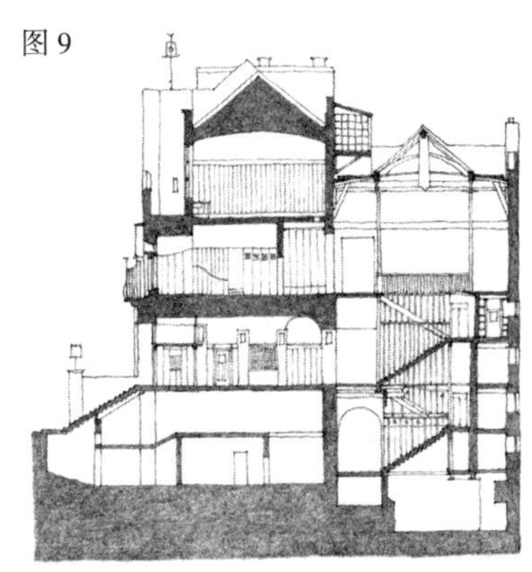

剖面

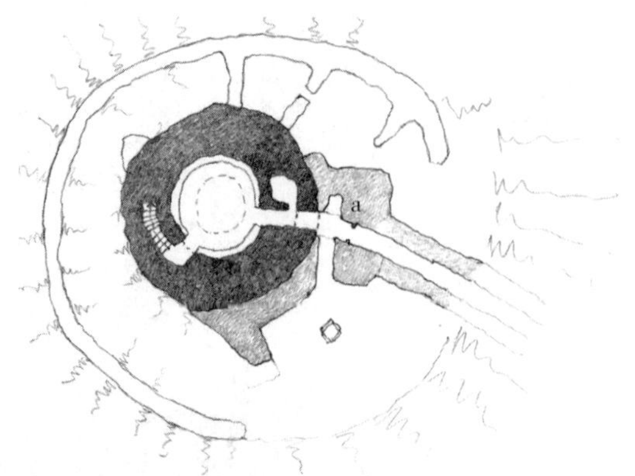

图 1

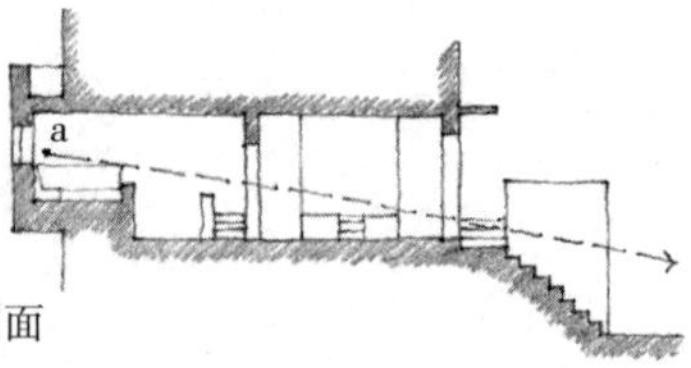

剖面

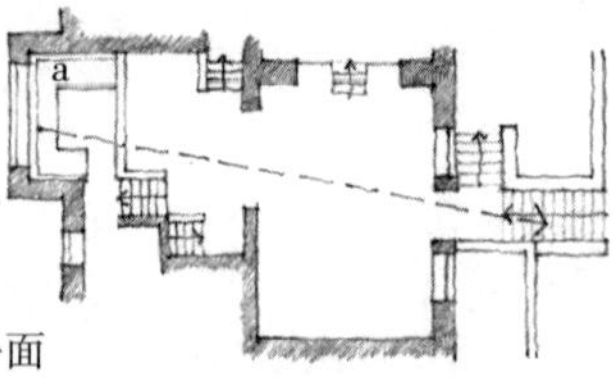

平面

图 2

244 创造一个可以安护远景的隐蔽处的设计思想体现在整个历史中的建筑实例上。在苏格兰东北岸两千年历史的灰岩（Càrn Liath）圆形工事上（图 1）可见一斑，那里有一个特殊的小房间（图 1 中的 a）用来守卫入口。它还体现在阿道夫·路斯 1930 年设计的位于布尔诺（Brno）的米勒之家（Müller House，图 2）上。凹进的窗前座这个隐蔽处被小心地摆放，让人能看到正门。大多数公共建筑都对入口前的区域有某种形式的监控。如今这种远景更多的是通过闭路电视摄像头从保安室的“隐蔽处”来观察的。

有关阿道夫·路斯（Adolf Loos）设计的位于布尔诺（Brno）的米勒之家（Müller House，1930 年）参见：

比阿特丽克斯·科洛米纳（Beatrix Colomina），“亲密与盛景”（Intimacy and Spectacle），载于怀特曼（Whiteman）等编，《建筑思维的策略》（Strategies in Architectural Thinking），1992 年，p72

柏拉图的“洞穴明喻”

哲学家喜欢用建筑的隐喻来解释他们的学科。例如，笛卡儿（René Descartes）在《方法论》（Discourse on the Method，1637 年）的第二部分，用建筑作为哲学的隐喻——哲学就好比思想的建筑（确实如此）。柏拉图的《理想国》（Republic，写于两千多年前）有一个“洞穴明喻”。这个哲学寓言以微妙的方式运用了隐蔽处/远景的概念。在某个场景（图 3）中我们会看到与电影院相似的地方，洞穴中的囚犯头部被固定，只能看到面前的墙。沿着道路走过的人操纵着屏幕上方的傀儡，而囚犯背后的火将它的影子照射出来。这在柏拉图看来就是蒙昧者观察世界的方式。当囚犯逃脱出来，在明亮的阳光下去看真实的世界时，就得到了启蒙。囚犯被认为是不思考的人；在道路上操纵傀儡的人是政治家、媒体操控者、电影导演，甚至是哲学家本人……那是谁最初创造了洞穴呢？是建筑师！这其中体现出来的建筑与哲学的关系，将留给读者去思考了。

“你知道那些曾经在伊朗的大不里士（Tabriz）和设拉子（Shiraz）制作的宫殿、大浴室（hamam）和城堡图画；这些图画可以重现无上真主的凝视。他无所不见，无所不知。微画画家会以剖断面来描绘宫殿，就像是用巨大的魔法刀将它一分为二。然后他会画出室内所有的细节——这些是无法以其他方式从室外看到的——一直到罐子和锅、饮水杯、墙面装饰、窗帘、笼中的鹦鹉以及最隐秘的角落；还有一位靠在枕头上的优美少女，她的神情仿佛从未见过阳光。”

——奥尔汗·帕穆克（Orhan Pamuk），格克纳尔（Göknar）译，《我名为红》（My Name is Red，1998 年），2002 年，p90

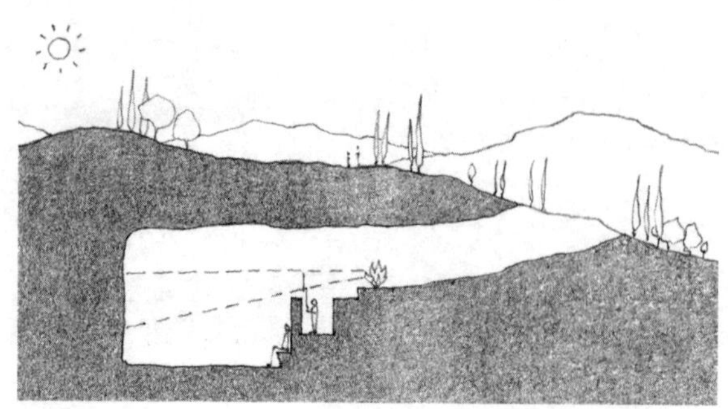

图 3

后 记

“赫西俄德（Hesiod）首次将‘混沌’（Chasm）这个概念引入他的神话体系，这是十分明智的。他之所以说‘世界先有混沌，然后才有天地（Earth）’，是因为万物生存都需要空间。也就是说，他和一般人有相同的观点，即万物都有其生存之所。如果这个生存的空间确有这样的作用，那它一定是非凡的、是万物存在的基础。也就是说它是其他事物存在的必要条件，但是它的存在却不会依赖其他事物，必然是万物之根本。最重要的一点就是当万物毁灭，这个空间不会随之毁灭。”

——亚里士多德（Aristotle）著，
沃特菲尔德（Waterfield）译，
《物理学》（Physics，约公元前 340 年），
1996 年，p79

“（有一个来自布宜诺斯艾利斯的女人，她在二战期间德军入侵波兰时逃了出来。）她的村子在波兰－俄国边境上，有十几座房子。‘先是纳粹摧毁了它，’亚历克斯（Alex）告诉我，‘然后苏联把剩下的一切洗劫一空。就连老路上的鹅卵石也没有留下。’这个女人联系了亚历克斯，然后打算一起回她的家。‘她的村子唯一留下的就是原来广场上的一棵大橡树，’他说。第二年，这个女人和妹妹回了家，第三年是和一个朋友，然后是她的孩子们，最后是她的孙子们。每年亚历克斯都会和他的委托人走过半英里泥泞的田野到她村子原来的地方，然后从这棵树开始，在街道和房屋间漫步。‘这原来是我祖母住的地方，’她说，‘这里是犹太会堂，我家就在这里。’亚历克斯摘下眼镜。‘现在什么都没有，而她能看到曾经的一切。’”

——斯蒂芬·格罗斯（Stephen Grosz），
《被诊察的人生》（The Examined Life），
2013 年，p185

后记，2013 年

247 在本书首版问世后 16 年，建筑的社会环境已是天翻地覆。许许多多由网站和社交媒体进入的无边无际、不断增长的虚拟场所，与我们有形世界并行存在，并呈现出全球性的维度。商店、美术馆、博物馆、学校、大学、剧院、保健中心、图书馆、银行、会议厅……都已成为 www. 的网址。各个机构以有形建筑来识别和界定公共“互动”场所的需求已经减少，而需要更多非公共的“隐秘”场所——电话中心、仓库和物流站、数据处理和通信监控中心……互联网的虚拟世界如今已成为许多活动和交往的平台，而曾经界定它们的是有形的建筑。

互联网的虚拟世界也有它的建筑：场所的思维结构（而往来其中几乎没有旅行的感觉）。但是（在电影《黑客帝国》的神奇技术尚未实现的今天）我们与之交互的唯一模式就是通过无处不在的四边屏幕（计算机、电视、平板电脑、智能手机……）形成的媒介。这个并行的世界总是在那扇窗的另一面。而我们依旧在这个所谓的“真实”世界中呼吸、行走、吃饭、睡觉……做私密的事情（上厕所、做爱……）……以及出生和死亡。就是在这个世界里，我们感受阳光照在皮肤上，在抚过香草时闻着那轻柔的气息，在敞开的窗前呼吸清爽的凉风，在跨过门槛时体会轻微的摩擦，站在轴线上时感受与远古的联系，体会与房间或花园几何造型的和谐，在咖啡桌上握着手交谈……这些只唤起了永恒的建筑元语言多重力量中的几个，支撑着我们与实体（以及虚拟）世界的联系。

后记，1997—2009 年

248 本书“解析建筑”的理论框架尚不完整，许多专题还有待继续深入和完善。建筑是一种创造性活动；它取决于人类对周围环境的理解，并在不同的态度和判断下如何改变，使之更为有序并更多样性地构造世界的一种愿望。在任何创造活动中，我们必须考虑各种因素之间的关系。比如个人的创造力，民众的接受度以及对传统概念的再诠释。即使是最有创造力的建筑师，也难以回避对前人理论的继续探索。

比如，被公认为 20 世纪最有创造力的建筑师勒·柯布西耶，他向别人“借用”了无数的设计概念：比如地面、墙体、门和屋顶这些基本建筑元素的运用；还有平行墙手法、竖向分层以及过渡空间等更加复杂的设计手法。在许多实例中，他的创造力恐怕并不仅仅体现在对新设计手法的探索，而是体现在他对已有设计概念的创造性再运用和再诠释。

但是分析一下这些智慧的产物，我们就可以（从不同的实例中）发现，面对相似的问题或者相似的概念“再利用”，不同建筑师给出的解答有时也是类似的。我们同样要赞颂一下想象力有时候对于突破既有的经典理念的贡献，它帮助我们突破了那些无既定标准的观念。不过本书主要讨论了一些在建筑设计中经常会遇到的概念标准，此举并不是为了削弱想象力在建筑设计中发挥的作用，而是为其提供更坚实的考据。

对我而言，有些课题限于篇幅，所以尚未涵盖于拙作之中。同样，本书中有许多的工作更需进一步的阐发。每章和每个基本及其变体的元素皆可自成主题，以期进一步的探讨。我自己写的书——《建筑笔记》（An Architecture Notebook: Wall, Routledge, 2000 年），专门对“墙体”进行了研究。此书是在《解析建筑》第一版以后发行的，论述了墙体的功能，应该说比本书有更细致的探讨，但还是有许多未尽之处。再比如《门口》（Doorway，Routledge，2007 年）一书，也仅仅是对这一基本的建筑元素从多种角度进行了初步的探索，浅析了建筑的一些显著的基本元素。还有许多尚待补充的，例如使用几何进行场所标识的各种方法；平行墙体许多技法细节的解析仍不够透彻；对“场所”这个概念的理解还可继续深入，等等。

本书意在筚路蓝缕以启山林，而非一窥全豹。除此之外，同时涌入我脑海的还有语言学和音乐领域这些具有创造力的要素，在此，我也研究了他们与建筑学之间的关系。

249 本书也讨论了一些建筑空间的组织方法，而不是仅仅关注它们的外观类型。许多类似的建筑书籍都证明了建筑的历史风格其实并没有失去它的魅力和伟大意义。本书向读者展示了不同风格的建筑师所运用的常见的建筑“语言”（元语言）。本书中列举的许多建筑概念，在历史的长河中，都被贴上了不同的建筑风格的标签，从毫无装饰的质朴风格发展到高度复杂化、高度装饰化的风格。举个例子，平行墙技术是许多不同风格的建筑都适用的空间组织手法。古埃及、米诺斯（Minoans）、特洛伊、古希腊、古罗马等都使用过这种技术。中世纪、文艺复兴风格、维多利亚哥特风格（Victorian Gothic）、维多利亚古典主义风格（Victorian Classicist）、工艺美术运动（Arts and Crafts）以及现代主义风格的建筑师们也都使用过这种建筑手法。同样，中东、印度、中国、日本以及南美地区的建筑也运用过这种空间组织手法。即使如此，平行墙技术还是保留了自身的特点，不会随着建筑风格的不同而改变。

* * *

简而言之，建筑首先应理解为对场所的标识，这是本书的立足点。建筑是对场所进行的一种标识——即标识性场所，这在首章就已深入探讨过，虽没有总是加以强调，但它是其他的基础。如基本元素不是用来自我定义，而是定义场所的；对“神庙与村舍”的概念认识不同，定义方式也就不同；“六向加中心”的原理就是用于标识的场所；平行墙体和构造是为了促进建筑的竖向分层，并有助于形成空间的层次、过渡、核心，最终达成对场所的标识。

这是建筑设计及分析的关键。认为建筑就是“房子”，其设计（或风格）是一回事；认为建筑是对场所的标识，那么设计又是另一回事。对于后者，其侧重点会从物质形态深入到行为空间，认为房子并非结果，而是探索结果的手段。这一思想其实并不新鲜，但意义重大（有时会被忽略）。全书大部分内容，包括最后所列的参考文献都各有侧重地贯穿着这一论点。

这一思想需要不断强调，以免被人们所忽视，更因为这一概念容易被其他看似重要的问题所掩盖。现实中，建筑处于合同义务及经济因素的重重压力之下，而建筑真正的本质——“存在的合理性”则被轻易地忽视了。

随着历史发展，一些其他影响因素逐渐成为人们关注的焦点。此消彼长，“标识场所”这一建筑概念被逐渐淡漠。人们更易于用看待有形世界的观点来思考问题，即不是将建筑作为抽象的概念——场所，而是代之以具体的形式来思考问题。

第一个影响因素是，许多建筑理论所隐含的观点容易对人产生误导，它们往往把“建筑”一词当作一种特殊的房屋分类。如尼古拉斯·佩夫斯纳（Nikolaus Pevsner）有句名言：“自行车棚只能说是一种再普通不过的房子，而林肯大教堂却是一座伟大的建筑。”* 如此以品质为据来评价建筑，无疑可以取悦建筑历史学家，但另一方面却使建筑的真实定义陷于混乱。

将建筑理解为“场所的标识”有其充分的理论依据。车棚和教堂
250 都是建筑，它们都拥有能标识场所的元素。二者或许有功能和质量上的差别，车棚用来存车，教堂用于信仰和崇拜，但它们的设计者都应称为“建筑师”，只是其中一人可能在某些方面更优秀一些（或更有资格）罢了。将建筑理解为对场所的标识，以此观点，每个人在某种程度上都可充当一名建筑师。在客厅里布置家具是一种建筑行为，为城市作整体规划道理也一样。不同的是，事情的轻重有别，程度各异，责任要求也不尽相同。

有的国家将建筑的相关责任上升为法律，因为建筑涉及合同义务和巨额投资，因而，必须指定专门的技术人员来组织实施。有些国家，包括英国在内，建筑师是具有法定地位的技术职称，另建有一套相应的评定标准，该标准就是建立在建筑是“标识性场所”的理解之上。毋庸置疑，是建筑师们（不论是否已取得法定专业职称）为了人类的生活和工作需要，将客观世界改造成有用的场所。建筑与医药、法律、宗教一样，负有相同的社会职责。评判的标准千差万别，每一个人都有自己评判事物（如健康、诉讼、信仰）的不同标准，但专业的标准则需要由受过专门教育，富有经验，必须履行合同义务的人员承担专门的责任。

第二个因素，理论上的故弄玄虚掩盖了建筑“场所的标识”这一本质，有些理论派别提出自相矛盾的所谓“无场所”（placeless）建

* 尼古拉斯·佩夫斯纳（Nikolaus Pevsner），《欧洲建筑概要》（An Outline of European Architecture），1945 年，pxvi。

筑概念。在此不再多提及它的细节，如奥斯瓦尔德·施宾格勒（Oswald Spengler）在 1918 年出版的《西方的没落》（The Decline of the West）一书中对所谓“无限”的执着追求；密斯·凡·德·罗致力于创造的所谓“万能空间”（universal space）；也可从 1926—1975 年间所谓“反街道”（anti-street）的大量城市规划中看到。1931 年，瑞典建筑师埃里克·贡纳尔·阿斯普隆德（Erik Gunnar Asplund）作了一次关于此类规划的报告，并宣称：“场所让位于空间！”

掩盖了这一概念的第三个因素主要是技术原因，人们越发重视具体的建造技术而忽视了标识场所的基本思想，同时也因为许多传统场所类型在当前逐渐失去了现实意义。“炉膛”不再是建筑的必然组成部分，热源由锅炉所取代，它可隐匿在壁柜或管井中，通过管道和暖气片散热；随着古埃及法老执政时代的结束，“墓穴”与建筑日益疏离；商品经济中“露天市场”为商店所取代，现在又逐渐受到电子购物和互联网的冲击；最具意义的可能是，传统的讲坛、瞭望台、舞台等建筑形式被小小的电视荧屏所取代，政客们可以同公众“面对面”地演说，而观众们不仅可以“看”到更为遥远的事物（甚至是月球或太阳系中更远的星座），并且能随时随地地通过电子视窗“观赏”演出。

当代，是有框画面不断激增与盛行的时代。正如第 8 章“建筑——形成框架”所述，图片里的作品与真实的建筑毫无二致，但人们无从获得亲历实境的场所感受。绘画、照片、电影、电视这些“画框里的
251 艺术”都概莫能外，尽管可以演示出充满动感的三维实景，还是无法替代亲身的感受。即便如此，我们能身临其境、亲历亲为的建筑毕竟有限，通过图面来丰富建筑体验是通行的方法。至于那些我们所努力模仿，媒体经常点评的优秀建筑，其中绝大多数也只能在图片中看到。这就容易将设计引入误区：更加注重建筑的视觉效果（甚至是图面效果），进一步削弱了对“场所的标识”建筑理念的认识。

毫不夸张地讲，投身于大型工程的建筑师们往往关注这样的问题：屋顶是否漏雨（还有没有其他与建筑机体性能有关的类似隐患）；是否满足了各方要求，以免使业主陷入代价高昂的法律纠纷（或许是针对建筑师的）。至于其本职工作：场所的标识、空间的塑造是否还有差强人意之处，已是不再关心的话题。当然，这种对可能影

有关阿斯普隆德（Asplund）作品参见：E·G·阿斯普隆德，“建筑空间的构思”（var arkitoniska rumsuppfattning），《建造者：建筑师》（Byggmasteren：Arkitektupplagan），1931 年，p203—210，由西蒙·昂温（Simon Unwin）和克里斯蒂娜·约翰逊（Christina Johnsson）译为《我们建筑的空间概念》（Our Architectural Conception of Space），ARQ（建筑研究季刊），第 5 卷第 2 本，2001 年，p151—160
[在此版中，“宣明”（declaration）被译为“围合的房间让位于开敞空间”（The enclosed room gives way to open space）]

响到个人工作、前程的各种现实和潜在问题的关心并无可厚非，但疲于应付各种技术细节、处世之道、合同与法律的相关义务之类琐事可能使建筑师们无暇顾及本职工作，甚至变得急功近利，错误地认为场所的标识与塑造在设计中无足轻重。

炉膛、墓穴、商店、学校、图书馆、博物馆、艺术馆、会议室、车间、办公室……均因技术进步而受到挑战。技术进步使场所空间更加复杂化、混合化，这是大势所趋，但也不是说场所的概念已不再适用了。和语言一样，建筑无时无刻不在使用中变化和发展着，旧的类型不断消亡，新的类型又不断涌现。建筑必须面对崭新的场所类型：电视、电脑、滑板运动、航空港、自动取款机、高速公路；这都是前所未有的新生事物，但也有不少传统场所仍然有用：卧室、厨房、餐厅、走廊、花园、客厅，等等。

* * *

以上表述是本书的理论实质所在。但本书的主要目的是介绍建筑作品及其相关技法，并通过融会贯通的理论框架对之进行解析。这不是说整个理论框架易于理解，甚至已十分完备。也不是说书中所论述的主题既适用于所有的既成建筑，又能完全应用到新的创作中去。

十分明显，不同历史时期的建筑思潮或不同的建筑师，在其相应的领域中，都是各有侧重，各有所长的。在建筑创作领域里，不同的主题或独立或部分的都受到不同程度的重视。某些建筑师或建筑流派可能注重于空间与结构的关系；而另外的则可能对结构的秩序性有所忽视，而更侧重社会几何体系在场所组织中的作用；有的建筑师侧重作品对“六向加中心”原则的运用，而另一些人则认为恰恰反其道行之效果会更好；有的人强调作品里对限定元素：如光线、声学、触觉的运用；而另外的建筑师则偏爱于基本元素的应用：如墙体、柱子、
252 屋顶；当然有些最关心他们的作品在媒体中的形象。这些手法变化多样，没有穷尽。

建筑不是要构筑系统，而是在进行判断。就如写作、谱曲、立法乃至科研一样，都是构思、观察进而发生兴趣的过程。建筑无疑是一项创造性劳动，通过不同的视角观察人与自然的相互关系。

因此，建筑也应属于政治、经济的范畴。之所以属于政治范畴，是因为建筑没有绝对的“对”与“错”之分，是否“有益”才是其真正的标准，这里的“有益”当然是指当权者作出的判断；之所以属于经济范畴，是因为建筑作为商品属于消费者市场。每一栋新建筑，如想成为一件成功的商品，取决于是否能赢得“消费者”的青睐。关于这一点会引发一些争议：对于建筑师而言，到底“谁”是他的“消费者”？

不论我们所面临的现实多么的令人不安，多么的复杂和不确定，作为创造性行业——建筑总能为自己找到合理可信的解答。通过分析各种案例，就可以理解它的各种作用并积累到设计应用上。

假如我们不以“物”的观念（物体或房子）来理解建筑，不生硬地以正规的类型、风格、结构、技术将它归类，而是将它视为设计的参考框架（这是本书探讨的主题的另一个术语）来理解，就可能建立既贯通如一，又不僵化限定的分析框架；进而从过去建筑作品的深入解析中，获得有益于今后创作的新理念。建筑不应仅仅局限于“它是什么或曾是什么”这样的简单分类，探索标识场所的新方法在于不断地开拓和创新，建筑的生命就维系于此。人类不懈努力的各个领域，如音乐、法律、科学——都需要以知识为基础，继而使求知者站在这些平台之上，能够继续他们的建构和发展。建筑就是如此。

案例研究

"很明显，素材的来源是艺术家（从现实的角度看）由原始世界，到对光、声和触觉的感知，始终要面对的问题。同样，每个人对这些基本素材的利用各不相同。事实上，在一定意义上，我们每个人都会这样做；我们对这个众所周知的公共世界进行解读，产生了与感知它们同样多的内心世界。在人类有限的认知以外，我们创造了一个有限的世界，它符合我们自身的理解，满足我们的自我需求。大家似乎对此习以为常，却未察觉到其实对我们内心世界感兴趣的大多是其他人，而非自己。但是艺术家开始创作时，却事先假设人们都想了解他的内心思想，然后他通过艺术作品，让人们与自己的内心产生共鸣，这样他便创造了一个虚构的世界。这种虚构是其信念的体现：能像现实一样被众人理解，而不是作为一种"艺术"的虚构，也不是寓言或者暗喻。"

——罗杰·希克斯（Roger Hinks），
《心灵健身房》（The Gymnasium of the Mind），
1984 年，p13

"只要连上！"

——爱德华·摩根·福斯特（E.M. Forster），
《霍华德庄园》（Howards End），1910 年，第 22 章

"时间不是线性的，它是一个神奇的线团，在任何时候都可以从中挑出一个线头，并找出一种解决办法——全无来龙去脉。"

——莉娜·波·巴尔迪（Lina Bo Bardi），
引自奥利维娅·德·奥利韦拉（Olivia de Oliveira），
《微妙的物质》（Subtle Substances），2006 年，p32

案例研究——引言

255 下面的案例研究有几个目的。1）前面各章中根据确定的主题对实例展开了分析，所探讨建筑的线索将在这一部分进行汇总；2）这些案例将评价前几章中提出的分析方法的应用性（在这里笔者认为最好不要将前面的章节作为分析清单，它们是能够帮助提炼实例的内在基本建筑类型的线索）；3）它们证明了乍看起来迥然不同的建筑之间存在着出人意料的共性。这在某种程度上支撑了一个观点：建筑的风格和外观的表面差异之下存在一种共同的建筑语言或元语言；4）一些案例研究表明了建筑师自己的建筑分析方式，以邂逅或研究的建筑来支撑自己的设计工作。这就印证了本书开篇时提出的观点：所有建筑师都可以从对他人作品的分析中汲取营养（提高建筑共同语言的多样性和流畅性），尤其是绘图；5）这些案例研究让作者有机会画更多的图，并为读者展示更多的建筑。

这些案例研究中分析的所有建筑的体量都比较小，但这并不意味着它们没有建筑的精妙。最基本和往往最具诗意的建筑精髓是蕴含在小型作品之中的。短诗可以带来最动人的情感；即便最长的交响乐也是由短小的乐章组成的宏大“结构”的。大型建筑可以出自一个鲜明的想法——将小实例的概念扩大——或是由小章节“编排”成空间的“交响乐”。

这些案例研究涵盖了整个建筑史，但不是按时间顺序展示的。这在一定程度上是为了突出贯穿本书的一个观点：历史上的建筑，甚至是来自远古的，都不应视为过时或无关的；有些建筑具有一种永恒的关联。有作用和有影响的建筑思想会出现在任何时代的建筑中；将它们传承下来并重新创造就可以给现在和未来的建筑注入活力。这些案例研究也反对简单地区分大师和无名建筑师的作品；所有作品都体现着建筑的共性。

希望看到更多案例研究，或是探索各种建筑思想潜力的读者可以阅读《每个建筑师应该理解的二十个建筑》（Routledge, 2010 年）。其中以本书提出的方法对更多实例进行了分析。

案例 1　铁器时代的住宅

英国，威尔士，卡斯特利围屋

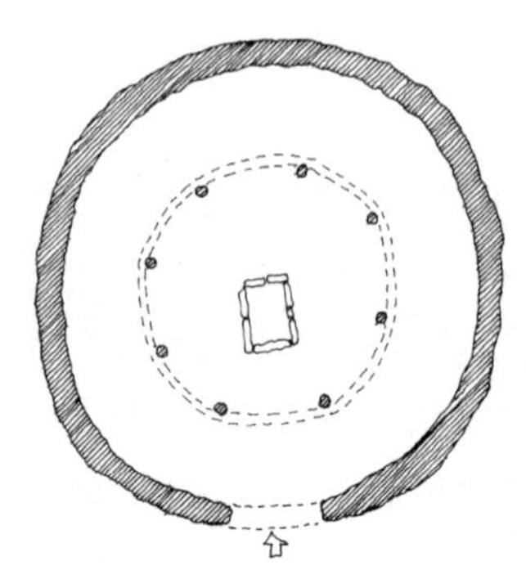

卡斯特利围屋中，圆形空间以炉火为中心，四周有墙体围绕，顶部为锥形屋顶。环形排布的柱子不仅能支撑屋顶，还将空间分隔为主要空间和环形的辅助空间。

256 在铁器时代，在现威尔士西部山区所在地区，原始住宅一般被设计成圆形的平面和圆锥形的屋顶。屋顶由结实的木材搭建，上面用茅草覆盖。人们按原貌还原出这种住宅，重现了它的原貌，称之为“卡斯特利围屋”（Castell Henllys）。它的结构和内部布局，部分是由考古学家通过对其遗址的研究推测出来的。不过其合理的复原形式也体现了当时基本的建筑设计手法。延续了几千年之后，这样的手法在场所标识方面依然拥有潜力。

有关“卡斯特利围屋”的网页参见：castellhenllys.com/english/castellhenllys.htm

场所的标识

从概念上看，住宅的中心是一个火炉，四周围绕着墙体，这样便形成了住宅圆形的外形并且保证了室内的温暖（右上图）。圆形平面的设计并不是因为圆形是“完美”的几何，而是为了从某区域划分出一个界限，从而区分出“内部”及“外部”的概念。而被墙体包围的火炉，就好像在报纸上用红笔框出一张图片一样，显得更加明显可辨。同样的空间组织在巨石阵（或围成一圈的竖立的石头）也有运用，只不过中心的焦点由火炉换成了祭坛。这个房子没有窗户，唯一的光线是从门口进来的。在黑暗中，这个房子首先是外部世界的避难所、安全的休息地，住户以它为参照就会知道他们的所在——在家还是在外。

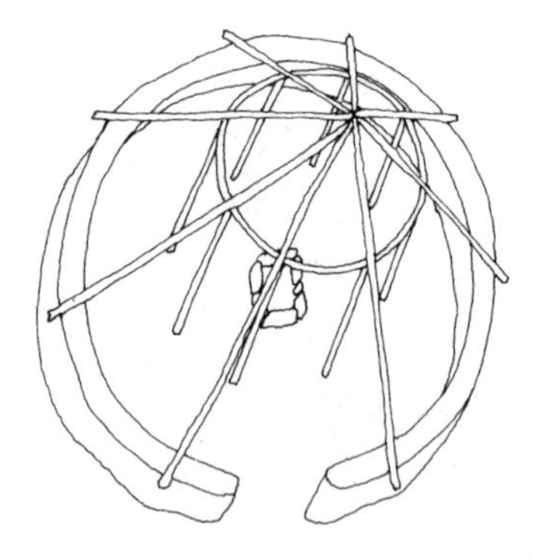

社会几何和制造几何

圆形的平面组织也受到社会几何的影响，因为一家人通常都是围着炉火生活。在卡斯特利围屋中，人们还还原出一种圆形布局的“会议”空间（右下图）。其内部座椅呈环状排列，座椅紧靠着支撑屋顶的柱子。这些案例都是以炉膛为中心而展开布置，这种布置体现出建筑设计与社会功用之间优美的和谐。

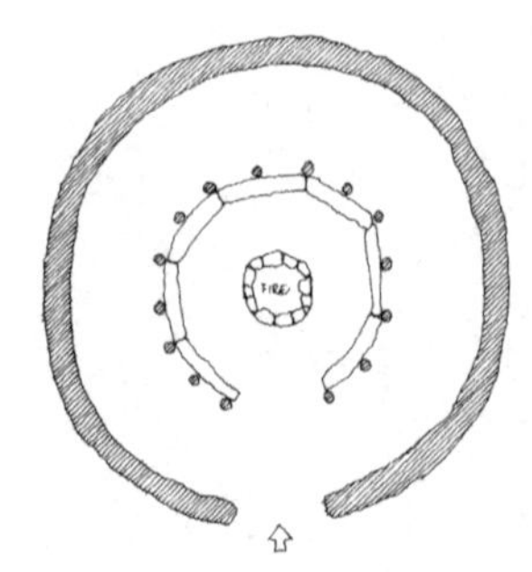

当考虑制造的几何形式时，这种和谐就会更加突出。圆形的平面也决定了制造锥形屋顶所必需的几何手法（右中图）。很难判断

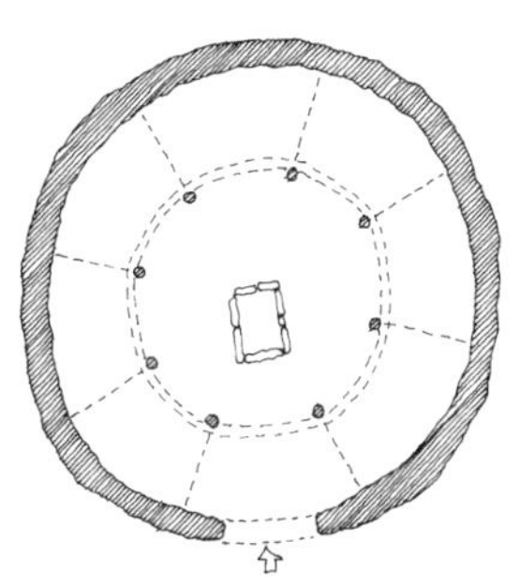

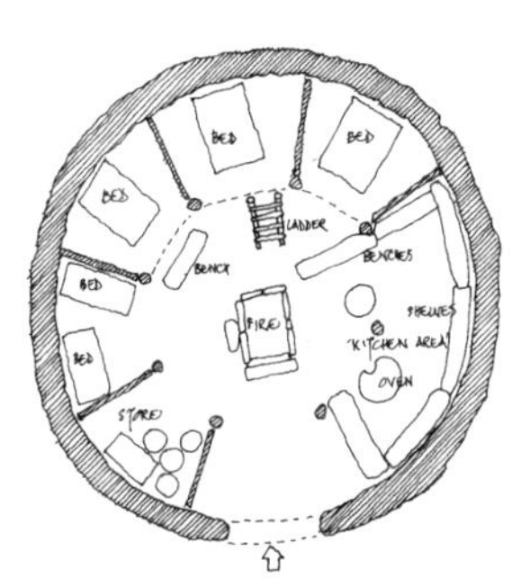

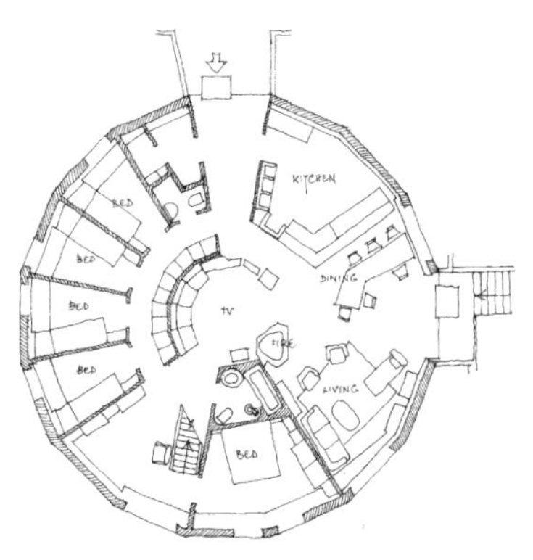

是锥形屋顶带来了圆形平面，还是它用在圆形平面上架屋顶而成，
使二者完美结合。屋顶木构架（由细长树上的上好枝干制作）的做
257 法与印第安人帐篷的结构相似。由于这些枝干比较长，需加以支撑，
防止它们倾斜；而屋内的一圈柱子正好起到了这样的作用。柱子撑
起一个木制圆环以及木椽（图中未画出），然后枝干就可以稳固地
架在上面（它们也表明圆凳在所谓的会议室中的位置）。

这座 20 世纪建造的住宅（上图）在空间组织上与卡斯特利围屋中的圆形住宅十分相似。恩斯特罗姆住宅（Engstrom House）由拉尔夫·厄斯金（Ralph Erskine）设计，于 1955 年在瑞典利斯岛（Lisö Island）建造。不同于圆形住宅的锥形屋顶及木构架，厄斯金的住宅是半球状的，建筑材料是曲面钢板，由钢构架支撑。相比圆形住宅的八个空间，恩斯特罗姆住宅内部空间分为十六个部分，同时它也要稍大于圆形住宅。但是它们在空间组织上却如出一辙：火膛驻于房间中间（一旁加了电视机），四周拥有放射状墙体，以此分隔卧室，以及一个开放式的厨房空间。

有关恩斯特罗姆住宅参见：
彼得·科利莫尔（Peter Collymore），《拉尔夫·厄斯金的建筑》（The Architecture of Ralph Erskine），1985 年，p68—69

空间与结构

住宅顺着屋内的一圈构造柱，形成了与一般“会议室”有所不同的室内空间。环形空间被等分成了八个部分，其中一部分出入口，过渡内外空间（中上图）。在复原的卡斯特利围屋中，其余空间都有不同的用途：一个用作储藏，四个作为卧室，两两隔开；剩下的两区是一个开放式厨房（右上图）。在卧室上方设计了阁楼，阁楼的地面由屋顶构架及木制圆环支撑（右下图，剖面）。这个阁楼要由梯子上去。如同“会议室”一样，屋内的结构排布与空间秩序形成了默契。

元素的多元影响

屋内多种的构成部件能起到不止一种作用：门户不单是房屋入口，同时还能保证光线和空气流通；屋墙在抵御寒流的同时，还能供人作画；梁顶支撑着屋顶，又同时提供了悬挂物品的佳处。不过可能所有之中，内环柱子应该是最为重要的。作为一种建筑元素，它们至少起到了五六个方面的作用：帮助支撑屋顶；支撑阁楼；将内部空间划分成不同功能的八个部分；强化了建筑的圆形外观和社会几何对应的具化功能（围绕在火炉旁）；盾牌和兽皮等私有财产也挂在它们上面。

整个建筑相当简单、原始，但却清楚地阐述了几种显著的建筑力量：一种界定、围合、保护的力量；一种界定社会生活和人际关系的力量；一种阐述生活状态和形式之间和谐的力量。

圆屋的剖面展示了上层空间以及连接用的爬梯。

案例 2　米诺斯王宫别墅

希腊，克里特岛，克诺索斯

这个透视图中王座的位置被台阶、矮墙和柱子从大厅中分离出来。

258 考古学经常能提供有基本空间关系的建筑实例，它们比现在的建筑更显而易见。右上图显示的是一座被称为王宫别墅的室内场景。这座建筑在克里特岛克诺索斯的米诺斯宫殿的遗址附近，它比主体皇宫小多了，而且建筑一半是在岩石斜坡里。王宫别墅大约建造于 3500 年前（也许比案例 1 中铁器时代的住宅还要早 1000 年）。下图是别墅的平面图，一部分由 20 世纪初的考古学家给修复了。

虽然一些建筑可能以不同的方式去理解，而且建筑师们也提供了参考信息，但有时候，人们始终不能说清建筑的建造意图或是用途。这座建筑似乎是为一些特别的仪式而建造的，在王宫别墅中，我们可以很清楚地看到别墅的中央空间，即中央大厅以一条中轴线对称，而西墙的壁龛中发现了王座的碎片，还有一个供人们聚集的大厅。而这种典型的布局形式可以在比克诺索斯更古老的古埃及的神庙、教堂、清真寺见到，是用来进行一些正式的仪式。我们可以注意到，这与一般的“会议室”的环形布局（如考古学家复原的卡斯特利围屋）有所不同，他强调公平公正性（尽管可能主席者会正对门而席），米诺斯王宫别墅的布局中则清楚地表明了建筑的作用：掌权者坐在王座上，象征着至高无上。

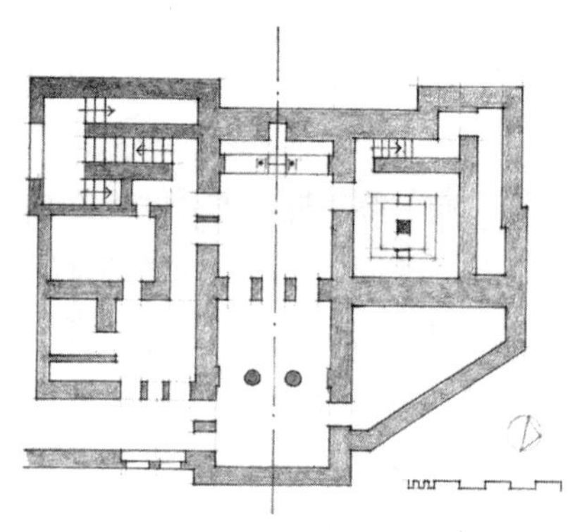

王宫别墅的平面显示出，建筑元素的排列是如何增强王座作为建筑构图核心地位的重要性。

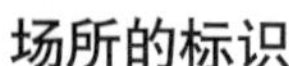

场所的标识

王宫别墅很好地体现了建筑如何识别场所，如何陈述某种特定关系内在的空间规律，无论是在地位高的人与乞讨者之间，在崇拜对象与信徒之间，或者在某些仪式上仪式的主持人与参与者之间。在这个案例中，考古研究解释倾向于认同这个建筑曾是增加某人势力的一个工具——这个人或许是米诺斯国王自己，也有可能是（因为别墅离王宫比较远）他的一个贵族或者是王宫中的一个高级女祭司——它能协调处理这个拥有权力的人与那些希望于处理诉讼或者做些祷告和祈求的没有权利的普通民众间的相互交流。这座建筑也许是种神庙，法院功能的场所或者也能在其中举办婚礼。它的形式布局能让它适用于任何仪式性活动。

有关克诺索斯的米诺斯王宫别墅参见：J·D·S·彭德伯里（J. D. S. Pendlebury），《克诺索斯的米诺斯宫殿指南》（A Handbook to the Palace of Minos at Knossos），1935 年

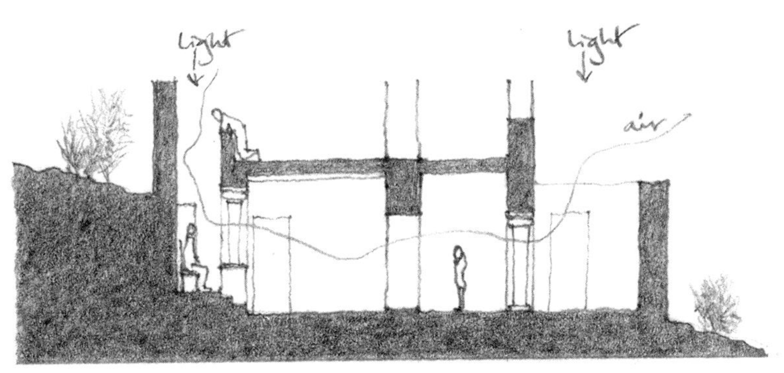

左边是王宫别墅的下半部分的剖面图。上层的建筑只有一部分（现已不复存在）。这张图形象地描绘出穿过开口的天光照亮建筑内部及中央大厅的通风情况（它也描绘出陪审官与国王耳语的场景！）。最右边的高墙是考古学家的推测结果。如果现实中没有这个高墙或者这堵墙更低一些的话，中央大厅的空间氛围将会面目全非。有了高墙，内部环境会是封闭甚至有点幽闭感的。如果是矮墙或者没有墙的话，坐在王座上的国王将会有一个开阔的视野。其他的比方说第 115 页中的实例研究表明，对米诺斯人来说，贵族府邸与外界风景之间的关系是很重要的。他们喜欢透过一两组或者多至三组柱子欣赏周围风景。

259　基本元素与限定元素

这座建筑运用了最简单的建筑基本元素：墙、路径、门道、屋顶、平台和柱子。其中一个柱子看上去比较特别，它处在一个正方形房间的中心，这个房间在建筑平面的右侧，考古学家们称之为“柱室”（pillar crypt）。柱子被一个方形通道所环绕，通道两侧安置有盛放液体的石柜和小容器，这个柱子于是乎有了宗教仪式的意义；其他类似的柱室在米诺斯建筑中也曾被发现。除此之外最有趣的基本元素有：放置王座的较高的平台和大厅之间用一层矮墙及两根支撑屋顶的柱子分离开；另外两组柱子定义出入口与王座之间的过渡空间。平行墙体设计因为建筑本身简单的结构而贯穿始终（除了平面图右下角的斜墙部分，它是一个露天的庭院）。中央大厅中两道平行墙的透视有助于将视线的焦点集中在王座上。

虽然这座建筑对声效的要求很高——这样法官、国王或女祭司就能清楚地聆听来访者，但这座建筑比较小，因此很少受外界噪声（或许有一两头山羊）的干扰。一些考古学家则认为王座上的开口是用来让隐藏在上层的陪审官帮助法官作出深思熟虑的判断（可以参考上面的剖面草图）。其他的建筑也有类似这种功能的设计（比如古代马耳他神庙），今天的政客们同样沿袭着把顾问们留在身边的传统。

王宫别墅中主要的限定元素要属光线和通风了。考古学家相信王座上方的开口能起到采光和通风的作用，这样一来，王座上法官或者祭司就有了很好的照明环境。研究报告同样显示环柱外最外面的过厅是被来自外界的反射光照亮的。除此之外有其他不同的因素。就像之后许多的希腊神庙中王座的房间（王室）设计成朝东方向，面向山谷对面太阳升起的方位；没人知道这个旭日之光对王宫别墅本身来说是否重要。同样或者站在最外的过厅中的来访者是否能清楚地看到坐在王座上的法官。同样重要的是大厅两端的开口所提供的通风效应。

也许这个“王宫别墅”是米诺斯文明中蛇神祭司举办神圣仪式的场所之一，或许柱室是放置蛇的房间。相比考古学家而言，这样的推测对建筑家们并不重要。对后者而言，更重要的是理解诸如“王宫别墅”这样的建筑语汇和如何利用这些语汇。

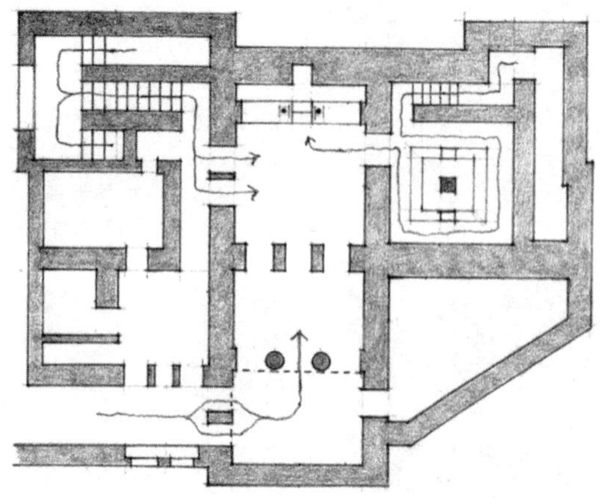

260 过渡、层次、核心

王宫别墅有一个非常明确的要点——王座的中心地位和它前方的空间。所有建筑内的路径的设计在这一地点达到高潮（上图）。一共有三部楼梯——两部通往上层，一部来自室外。对这座建筑有这样一些解读：因为这座建筑建在半坡上，所以通往室内的主入口设在上层（三层中间）。在克里特岛炎热的夏季中，楼上的房间能吹到一些微风。通往上层的两部楼梯中的一部同时也穿过柱室；另一部楼梯有庄重感的踏步（一跑楼梯中途变成双跑楼梯），入口处设有厕所、洗手间等辅助用房。这样的安排设计有人解释为法官可能从自己的房间出来经过柱室，到那儿去准备接待来访的请愿者或准备举行某些仪式（包括在容器中足浴，或者更可怕的祭祀，用圣器来盛满鲜血）。同时，其他神父或者官员从另外一部楼梯下到大厅。请愿者在被允许参加仪式前通常在外面等候或者站在过道里。值得注意的是他们不被允许站在以法官为中心线的中轴线上，只能从旁边两侧进来。三组方柱间都会设有双扇门，不过这种做法很有可能只是为了在不举行活动时关上大厅而不是用作其他特定的用途。

就像玩了一场游戏一样，这座小型建筑给参与到建筑场景中的不同玩家设定了相互间的不同关系：法官和请愿者；法官和他的陪审官。建筑正是这种种关系的基础和强化剂。也是建筑给予了人们所需要的特定的环境和氛围。

在《卡拉马佐夫兄弟》（The Brothers Karamazov）中，陀思妥耶夫斯基描述了一段老僧侣走出露台来聆听一群女人关心的话题：

“大约二十来个农村妇女组成的人群挤在木质的阳台外面。她们等待着僧侣的出现……最终老僧侣走了出来，走到了一个离阳台三步远的妇女跟前。老僧侣站在阳台的前面，居高临下，拂去身上的披风，念念有词地对妇女开始祷告。当那个妇女看见他的时候，她突然打起嗝来，并开始夸张地尖叫，仿佛恶魔缠身般。于是老僧侣把披风放在她的头上，在她跟前低语了几句，那个妇女立刻就恢复了平静。”

——陀思妥耶夫斯基著，马格沙克（Magarshack）译，1958 年，《卡拉马佐夫兄弟》（The Brothers Karamazov）（1880 年），1982 年，p50

这一场景（下图）中的建筑与王宫别墅（Royal Villa）相似，但形式或许没有那么规整。长者会从内室出来，登上一小跑台阶的顶部，站在高起的平台上，祝福那些前来祈求平安的人。这种场景在世界各地的文化中屡见不鲜，并且看上去有一种古老的起源。不过，在王宫别墅中，“法官”不是走到高台上的，而要从大厅层登上去。

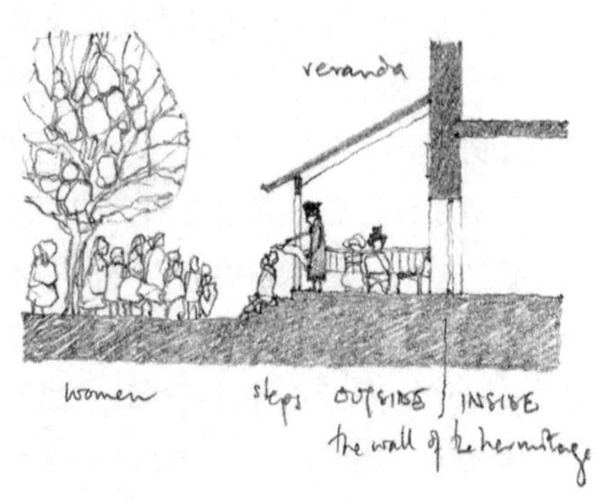

案例 3　拉兰法蒂住宅

英国，威尔士，圣法甘

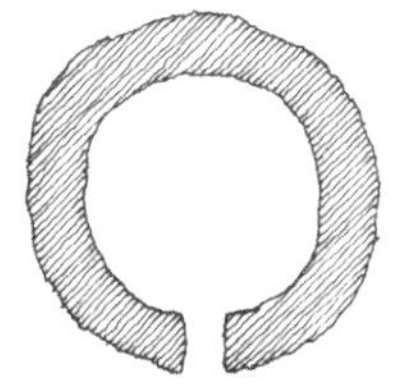

261 拉兰法蒂住宅（Llainfadyn）是一个小屋，已经从原址迁到了加迪夫（Cardiff）附近、位于圣法甘（St Fagans）街的威尔士民俗博物馆（the Museum of Welsh Life），并在那里重新装配。拉兰法蒂住宅建于 18 世纪，位于威尔士西北部罗斯特芬（Rhostryfan）内的村庄，是一位采石工人的居所。如今，来参观博物馆的游客都对其偏爱有加，因为它能给人们带来非同一般的感受，使他们了解过去的人类是怎样生活的。乍一看，这个小屋十分简陋。但是从建筑学角度来说，它还是具有一定的价值的，正因为这样，它才作为实例在本书的前文中被引用 [其室内空间草图在“案例研究”的章名页（第 255 页）上]。

场所的标识与建筑的基本元素

标识场所最有效无疑的方法之一，就是将一个场所用墙体围住，上方盖上屋顶，使它从其他空间中分离出来。大家可以想象一下从开阔的室外走进小屋会是怎样的一种感觉。在室外，我们会感受到天空、天气、阳光，还能接触到其他人；在室内，我们就像受到了保护、隔离和遮蔽。这样的小屋到处都有，所以他们的作用很可能被人忽略。墙体把生活划入室内，还拥有屋顶遮蔽，人们认为这些都是非常理所
262 当然的事情；但是，其中最大的意义在于：人类如果想要为了自身舒适而改变客观条件，建造这样的小屋才是最行之有效的方法之一。就

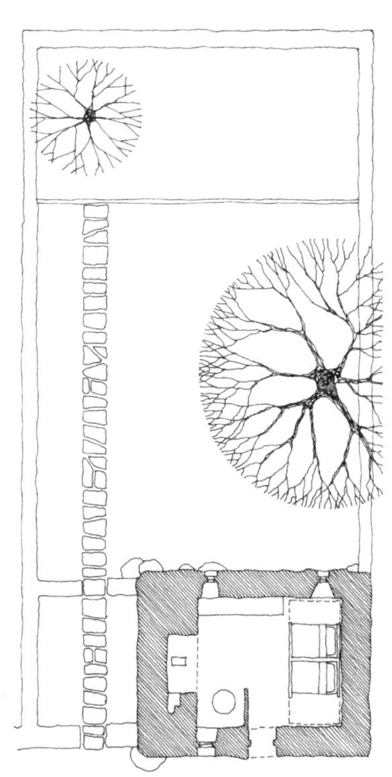

拉兰法蒂住宅包括农舍，和由围墙与树篱所围成的地块（上图）。

烟囱和袅袅炊烟表明这里有人居住（左图）。

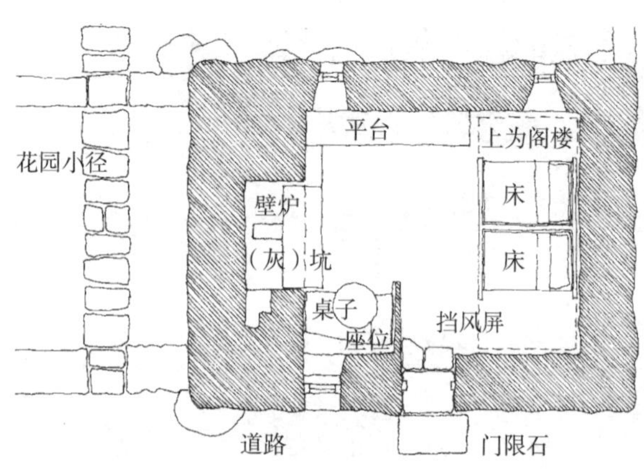

建筑的平面遵循着几何设计。虽然用这些圆形的、不规则的圆石来营造坚固的垂直墙体会有些困难（这也是为什么墙体会如此之厚），但在简单的矩形围墙上面盖个屋顶相对就容易多了。

如同从史前洞穴中形成的子宫般的房间才是世界的隐蔽处。拉兰法蒂小屋的墙体异常坚固。它们十分厚实，由巨大的石块砌筑（右下图）。入口较小，开窗也很小，嵌有加宽的窗框。从外面观赏这个小屋，它结实的外墙一定会给人留下深刻印象；在小屋内部，人们也一定会感到十分具有安全感。

在墙体和篱笆侧后方的空间同样属于小屋——这是一个院子，里面种满了粮食。小屋门前有一条小径，其宽度是由墙体和篱笆的位置决定的。拉兰法蒂小屋的存在，标志着这里曾经有人居住。而烟囱冒出的袅袅炊烟仿佛告诉人们屋子里还有一个温暖的壁炉。在屋子里，有许多不同用途的平台：放着床的是睡觉的空间，放着桌子的是做饭和用餐的空间，放着椅子的是休息空间，放着书架的便是储藏和展示空间。一个处在低处的石板平台可以防止放在上面的木制家具受潮。在最厚的一堵墙上有一个大壁炉，居住者可以在其中生火，一旁的小凹口是用来盛木灰的。入口边上竖着一块板岩作为挡风屏。“卧室”中只有床，两个“盒子”状的床紧挨着摆放，上方是一个木制阁楼。

墙体用大型不规则的圆石所垒成，这意味着要使墙体坚如磐石，墙就必须非常厚重。

建筑的限定元素

我们通过光线才能看到建筑物，同时我们也能通过光线看见我们自己在做什么。阳光倾洒下来，拉兰法蒂住宅粉刷过的巨石墙显得更具雕塑感，无意之中使小屋更加美丽。但过去的人们可能更关心这个小屋的实用性，比如怎样让足够多的光线进入室内，怎样才能不浪费过多的热量或者如何选用适当的材料使空间看上去更开阔。在拉兰法蒂住宅中，这三个实际问题直接影响了小屋的布置。两扇小窗被安置在壁炉附近，这样人们最好的活动空间就拥有了足够的光线。另一扇被安置在“卧室”处。在一般的情况下，屋内的光线比较弱，但是在阳光十分充足的条件下，人们可以把门打开引入更多的光线。晚上，除了炉火发出的光亮，人们也可以用烛光作一些补充。正是因为没有电灯，才使得小屋具有如此特征。

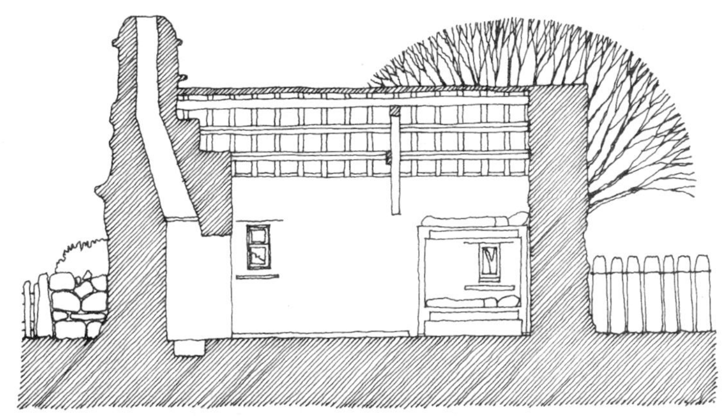

通过小屋的剖面显示出体量庞大的炉床，还可以看见在起居空间旁边有上下两层的就寝空间。

屋子中热量的来源当然是全屋的焦点——壁炉。厚实的外墙很好地减少了热量的流失，并且将热量储藏在墙体的石块中（尤其是炉火
263 附近）。木炭的味道弥漫在室内和房子周围。屋子内部空间的大小取决于结构材料的承受力（尤其是屋顶）、人们对充足居住面积的现实需求以及炉火是否能保证居住空间足够温暖。这三者处于平衡关系。小屋采用的是“人”的尺度，入口大小只要能让人顺利通过即可，不用太大也不能太小。内部空间也不能随心所欲地设计，以免尺度过于巨大，只要能足够容纳人们在其中的活动。

在一些必要的地点还运用了耐磨的光滑表面，比如：入口的门槛石；壁炉的铺地石；椅子表面以及桌子和书架。床上铺有柔软的床褥和温暖的床单。

在拉兰法蒂住宅中还存在不同的时间维度。在小屋的原址，人们对小屋的体验会根据一天的时间、不同的活动，天气以及季节的改变而发生改变。现在只有在博物馆开门时，由于其人为设置，小屋才会在白天根据天气和季节的不同给人以特别的体验。在小屋中，我们只能观赏它，我们不能坐在那儿的椅子上，更不可能睡在那里等待黎明，我们也不能为壁炉添些柴火或者在那里做一顿饭。博物馆将小屋的模样定格在两百年前。那里还有一只时钟，显示的是当时的时间，就好像它已经静止了。

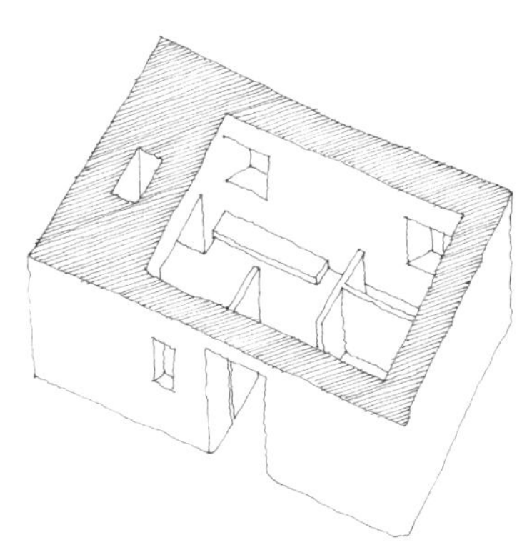

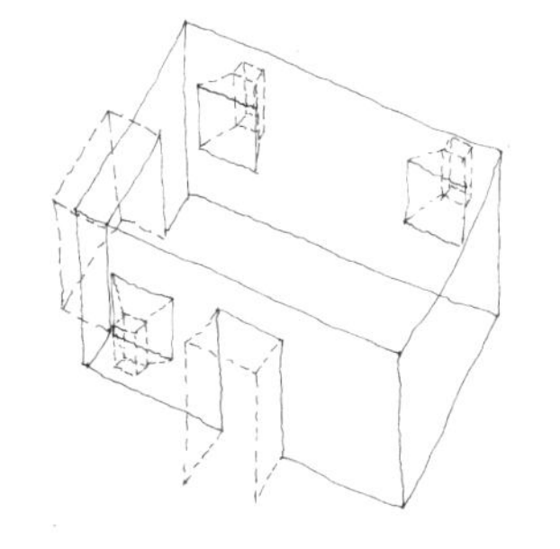

墙内的空间——窗、炉床、门口——有它们各自的功能：存储东西、晒干柴火去烧火，问候客人或者观雨。

元素的多元影响

在建筑设计中，人们不仅利用了元素本身的特性，也利用了元素的外观形态。在一些和拉兰法蒂住宅一样不铺张的建筑中，人们最关心的可能就是元素的实用性，而非刻意关注美丽外表下的奢华。在一些例子中，设计师并非刻意去追求建筑外观的唯美，而是向我们展示了经过元素的组合，巧妙组织空间成为场所的设计技巧极其精妙之处。这种技术来自建筑师对材料直接的探索，并且允许空间随时间推移逐渐改善，最后符合其使用的要求，而不是一开始就通过建筑草图进行设计或者在建筑完工后仅仅期望其有完美的空间组织。这样的技术和

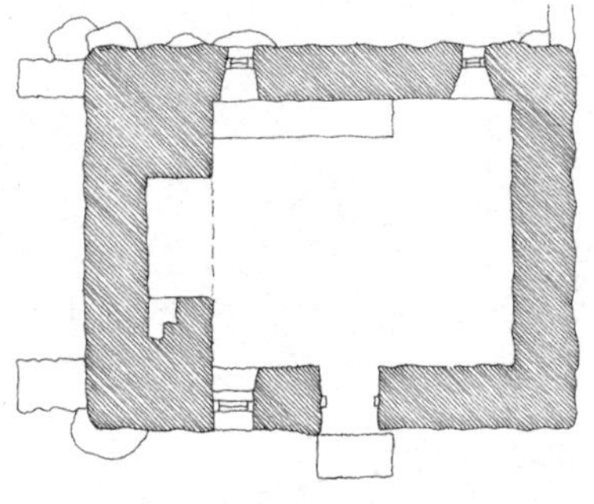

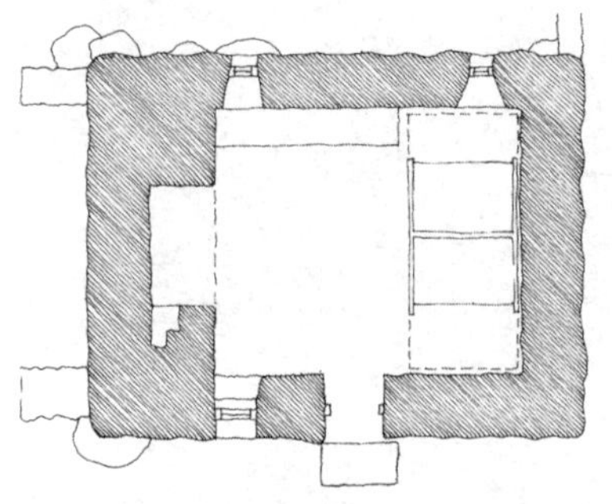

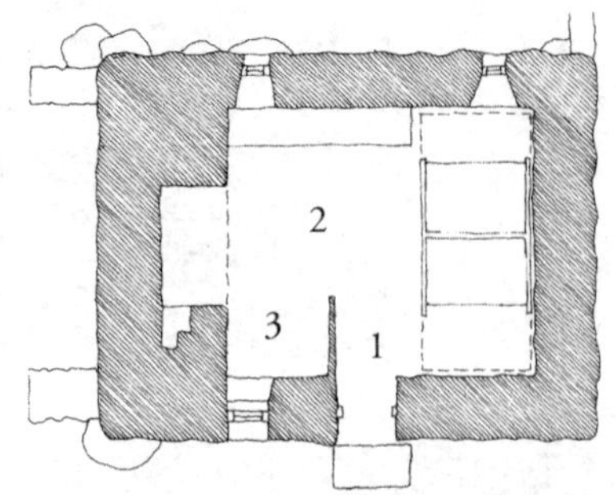

随时间推移逐渐改善的空间产生了场所与场所中人类生活的直接关系。

在拉兰法蒂住宅中，元素（基本元素和限定元素）在各个层面都起着一定作用，拥有不同的组合，这样就确立了小屋的场所。在小屋中，所有的元素和谐统一成一个整体。作为建筑作品，这便是其建筑品质的
264 重要方面。小屋的外墙构成了屋子主要的外形轮廓，同时也围出了其内部空间，但是它也为壁炉、靠墙的桌子以及两个“卧室”提供了一定空间。

入口处墙体的厚度几乎形成了一个小型门廊（屋子原本有一个木制门廊，博物馆方面并没有将其复原）。这种厚度同样出现在窗户边，这样人们就能充分感受到墙体的厚实。

屋子中最重要的元素之一就是入口边的挡风屏。小屋内部的空间通常以经济的、耐人寻味的方式布置成供人居住的场所。小屋中的场所是由家具和一些简单的元素进行划分，而不是用隔墙这种传统的方式组织分隔空间。小屋的基本平面是一个简单的矩形（左上图）。入口在一侧墙体的中部，壁炉在另一侧的端部。有两扇窗在温暖的壁炉边，另一扇在较冷的一侧。两张床被摆放在矩形屋子中较冷、较昏暗的一侧。这里可以分为四个空间（中上图）：两张床（只有一张床有自然光照射），床上方的阁楼以及一个主要的起居空间。在这样的布置中，入口直接通向了主要起居空间的中心，强调了它在整个小屋中的位置—— 一侧墙体的中部。在这个空间的概念组织中，挡风屏在入口的左侧（进入屋子的方向）（右上图）。这个简单的布置将主要的起居空间分为三个区域。首先是一个入口空间（图中 1 区），使人觉得在完全进入屋子前，他已经处在了居住的核心区域。并且向左转就能看见壁炉；同时还能看见右侧昏暗的“卧室”。其次，挡风屏也创造了一个一般用途的空间（图中 2 区），在屋中有许多活动都在这里进行；并且能通过此处进入第二个“卧室”和阁楼。最后，挡风屏还创造了一个小空间，在这里人们能坐在桌子边靠着温暖的炉火（图中 3 区）。在“案例研究”章名页的图中可以看到，这个空间也由一扇窗户照亮，是屋子中最重要的空间。

同克诺索斯的王宫别墅一样，拉兰法蒂住宅为内外空间都建立了一个框架。不同的是，比起正式的宗教或司法仪式或惯例，拉兰法蒂住宅主要是为平日的世俗生活服务：清晨起居、吃饭做菜、招待客人、修修补补、上床睡觉等生活琐事。

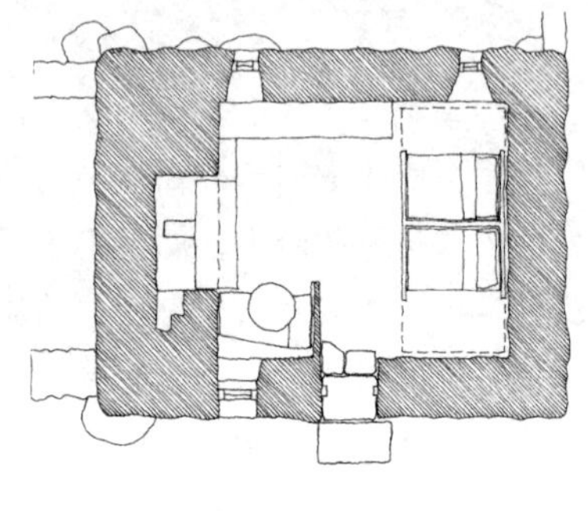

门口的挡风屏还有更多功能。除了起到在门口与炉火之间保护了室内空间的作用，它也把室内空间划分成了三个部分：一个入口或者说是过厅；一个可以放置小桌子的空间；一个炉火前的围合空间。

案例 4　喀拉拉泥屋

印度，喀拉拉邦，特里凡得琅

剖面

265 前三个案例研究分析的建筑相同之处在于：空间界定与场所识别的主要手段是区分室内与外部的围合墙。在下面的例子中，墙的主要作用不是围合与区分室内，而是在与周边环境保持开放关系的同时辅助空间组织。

右边的图是喀拉拉邦（印度南部）特里凡得琅（Thiruvananthapuram 或 Trivandrum）附近的一座小住宅的平面和剖面。它与案例 3 中拉兰法蒂的威尔士的石板工棚大小相仿，也同样是用有限的当地材料建造的。在这个例子中，石头作基础；木头作结构；泥（可能混合了牛粪和草秆）作墙和地面；椰树叶作屋顶。

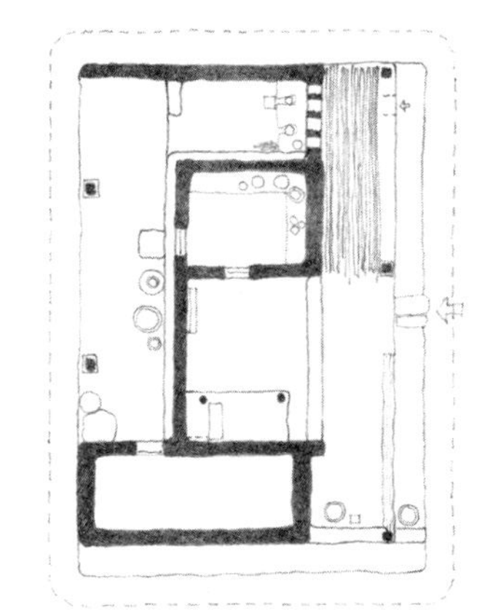

平面

这个住宅的空间组织、建筑与拉兰法蒂住宅的不同。威尔士北部住宅的墙会明显地围出室内，将它与外部区分开；而这个喀拉拉泥屋的墙是从内向外生长出来的，它以一种不同的方式界定出场所。

笔者在 2007 年 [由喀拉拉建筑师莉莎・拉贾 – 苏巴德拉（Liza Raja–Subhadra）带领] 进到这个房子里时，遇到了一生都住在那里的妇女。尽管她的孩子搬到了附近的当代住宅里，她却带着仅有的家当一直住在这里。她的儿子暂时和她住在一起（在平面图底部的围合房间里）。

场所与基本要素的识别

印度喀拉拉邦的气候不同于英国威尔士西北的。英国威尔士的气候很温和，夏季偶尔几天温暖；冬季寒冷，细雨频频。印度喀拉拉邦十分炎热，温湿度高，季风时有暴雨。拉兰法蒂的住宅是为了冬季保温、遮蔽连绵细雨而建的，而喀拉拉的住宅要遮挡阳光、充分利用难得的凉风，并抵御季风时暴雨的稀泥和洪水。

面对季风暴雨的挑战，喀拉拉住宅首要的基本要素不是墙，而是平台（图 1）。它的平台界定出了高出周围地面的起居空间，所以这里在潮湿的季节会更干燥。由于登上平台的台阶相当高，或许也能防御毒蛇。从图中（右图）可以看到这个平台有很多层。

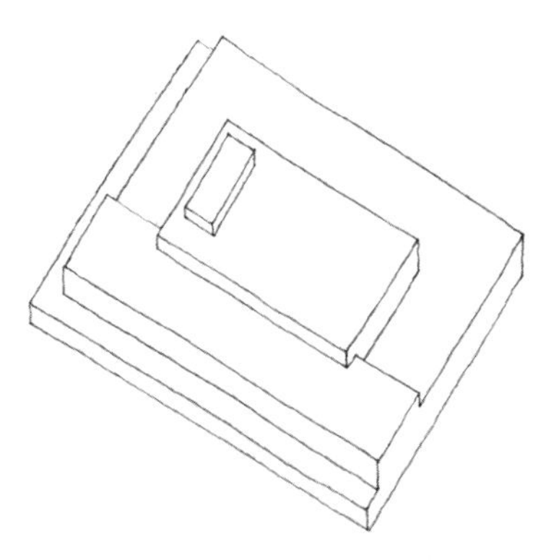

喀拉拉泥屋的多层平台

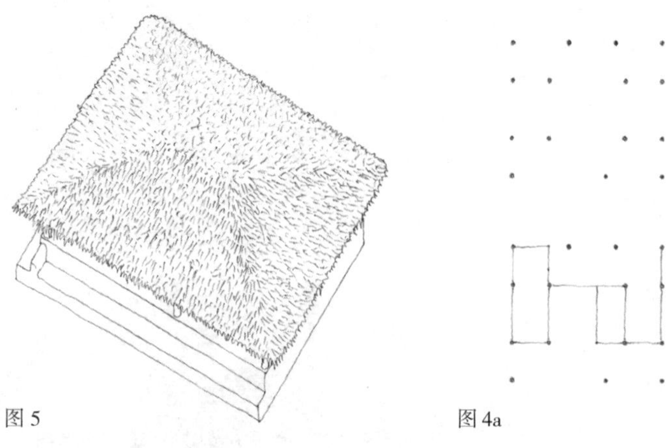

图 5

图 4a

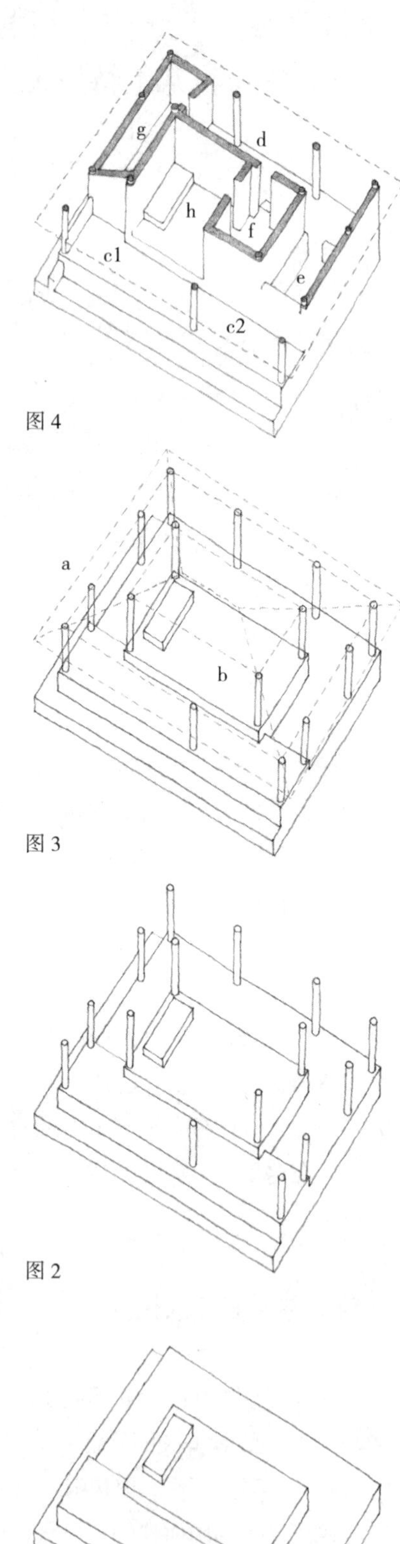

图 4

图 3

图 2

图 1

266 这个住宅基本的构成在右边的图中。在平台（图 1）上立木柱（图 2）。它们支撑着坡屋顶（图 3 中的虚线）。这些柱子并不在一个规则的几何结构柱网中；而是每一侧的间距都不同。但它们的确支撑着边缘（a）上的木梁和屋顶坡面中间的檩条（b）。这些梁和檩条支撑着椽子，上面再铺椰树叶。

住宅的泥墙连接起这些柱子之间的空间（图 4），就像“连点成线”的游戏（图 4a）。这些墙和柱子共同界定出住宅的各种空间，围合出一些空间，又使其他空间暴露在外。喀拉拉住宅的结果就是丰富多样的空间，有些是闭合的，而大多数是敞开的，可以利用任何一点微风来通风。

图中住宅的正面是用于社交的。另一面是用来工作的。它们被墙分开。图 4 中标记 c1 的区域是社交的凉廊，住户在这里款待家人和邻居，并以台阶为座；当笔者去拜访时，c2 区域是用来存放茅草顶材料的；d 区域是做家务的地方；e 区是厨房，穿堂风会带走厨火的烟，热量则通过墙与起居区隔开。唯一闭合的房间是 f 和 g：房间 f 可以关闭，是存放厨具和住户其他财物的；g 是备用房，笔者到访时，家中的儿子就临时住在这里。

这就让空间 h 成为住宅和核心。它向住宅的社交面敞开，并且由于没有墙，通风良好。它是住户的卧室，配有一张硬泥床、简单的壁龛和几个架子。

最后，茅屋顶为住宅的起居空间遮挡了阳光（图 5）并保护它不受季风暴雨的侵袭。假如把你的眼睛想象成印度南部的烈日，就会发现这个小住宅的室内空间是完全不受酷热与眩光影响的。

过渡、层次、核心

界定起居空间并构成住宅基础的平台并不简单；它有很多层，每层都与一种不同的活动有关，并暗示出地位的关系。不同的层代表着一种空间层级（图 6）。图中，住宅面向社交、接待的一侧在正面，i

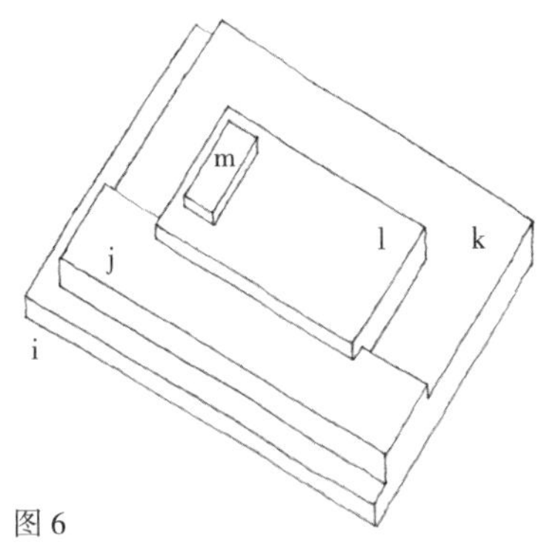

图 6

267 层是入口台阶，成为地面与住宅核心之间的过渡。i 层通向住宅的主要社交空间—— j 层；这也是一个墙中室的空间，它位于入口台阶层与住宅核心之间；k 层属于住宅的工作面，它比 i 层要高（入口台阶）但比 j 层低（社交凉廊）；厨房就在这一层；l 层是最高层——住宅的核心；它上面只有 m ——住户休息的床，珍藏住宅贵重物品的仓库也在这一层。

唯一的门道是通向两个闭合房间的。但入口台阶里嵌的两块扁石暗示出第三条门道的存在（图 7 中的 n）。作为更耐磨的表面，这些石头界定出入口的具体位置——住宅“正门”。它们靠近屋顶的一根支撑柱，这样就能帮人爬上高高的台阶。扁石暗示出来的门道通向卧室中床对面的一角，并靠近仓库的入口。这个“正门”也接近壁龛的轴线，即 o 处。这些微妙之处让这个乍看起来粗糙、原始的建筑成为一件细致入微的作品。

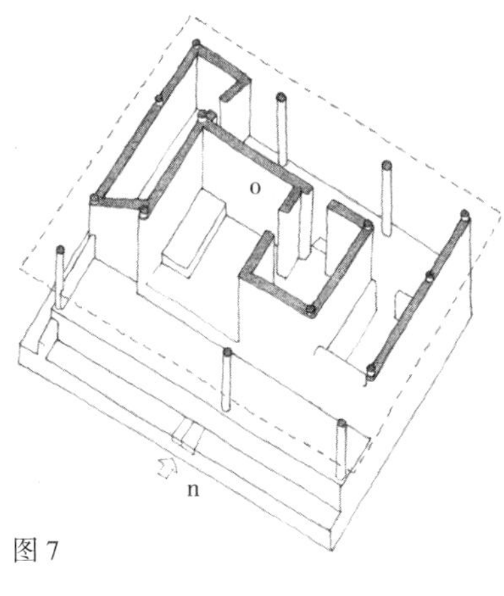

图 7

神庙与棚屋

喀拉拉泥屋看上去混合了“神庙”与“棚屋”。平台将界定出来的区域从地面上抬起，柱子支撑着对称的屋顶。这会让人将住宅解读为“神庙”——供奉住在里面的妇女；从图中看，这张床是没有墙的，仿佛一座“祭坛”，成为整个构图的焦点。但这座住宅没有任何地方表明它有意超越实用性和人性，除了壁龛和暗示出来的“正门”基本上是在一条轴线上的。它没有“完美的几何形体”。台阶不对称的平台将起居区抬离泥地和毒蛇，或许还有更流动的空气可以用于通风和降温。它的各层与活动的层级有关，但并没有脱离开来的愿望。屋顶的柱子不在一个理想的几何柱网里；它们大多在角上，那是最需要支撑的位置。屋顶本身是对称的，仅仅是因为更便于建造；即与制造构件的几何形体相符。泥屋的线条在柱间弯弯曲曲，把各点连接起来；它们的作用就是提供空间的基体，满足住宅中日常生活的需要。而这些是“棚屋”的特征。

268 框架

喀拉拉的这个小泥屋为人和她的家居生活提供了框架。在这里它

作者画的喀拉拉泥屋图不是准确的“测绘图”；它的尺寸是根据现场和照片推测的。

人与其占据的（为他在世界中提供“场所”的）建筑空间之间的紧密关系体现在古代墓碑（纪念石碑）上，比如在第8章“建筑——形成框架”章名页上所用的罗迪亚碑（参见第105页）。

剖面

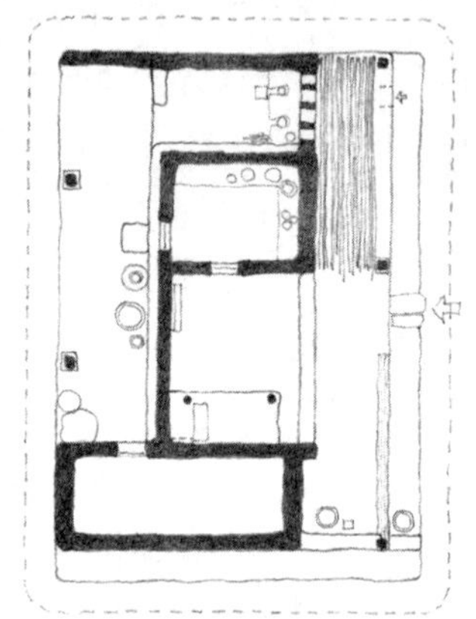

平面

就是一座“神庙”，她的神庙。当她不在里面的时候，这依然是她生活的框架。它处在她和世界之间。她与住宅的（同一）关系极为紧密（并且我们将她与它视为一体），以至于即使她的女儿们为她提供了与她们在一起的更舒适的现代住房，她也拒绝离开这个家。

这个住宅在另一个意义上可以称作“现代的”。尽管拉扯上一丝半缕的历史联系是站不住脚的，但从建筑上是可以与另一座住宅/神庙进行比较的：密斯·凡·德·罗为伊迪丝·范斯沃斯（Edith Farnsworth）医生设计的范斯沃斯住宅（去营造她的家居生活，并将她与世界连接起来）（下图）。这两座住宅的材料不同，但每座的选择都是同样有限的；密斯用的不是泥、木头和茅草，而是钢、石灰华和玻璃。其不同之处在于基本构成。二者都由平台、柱子和屋顶组成。它们都反对住宅要从围墙开始的理念；都只围合那些需要围合的空间，并保留起居空间与户外的联系（尽管密斯在不同的气候条件下是用玻璃包围他的起居空间的）。二者都反对用理想的形体来控制比例，而偏爱人造出来的几何形体的重要性。虽然属于截然不同的文化，并且手上的资源相差很大，但仿佛这两座迥异的住宅的建筑师在设计中使用了相同的建筑手法——都创造了为人构建的“神庙”。

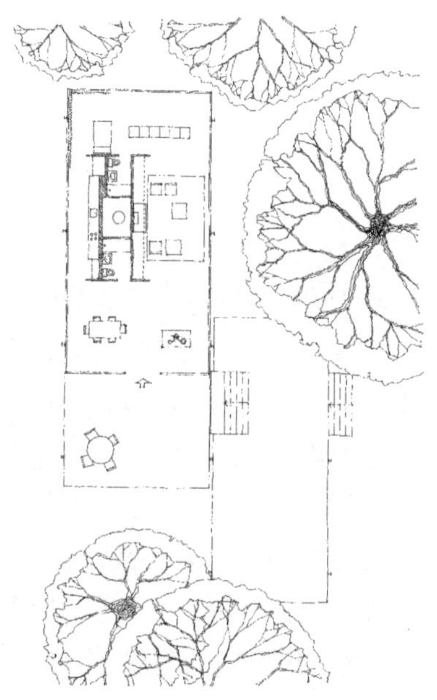

平面

有关范斯沃斯住宅参见：
西蒙·昂温，《每个建筑师应该理解的二十个建筑》，2010年，p61—80

案例 5　坦比哀多礼拜堂

意大利，罗马

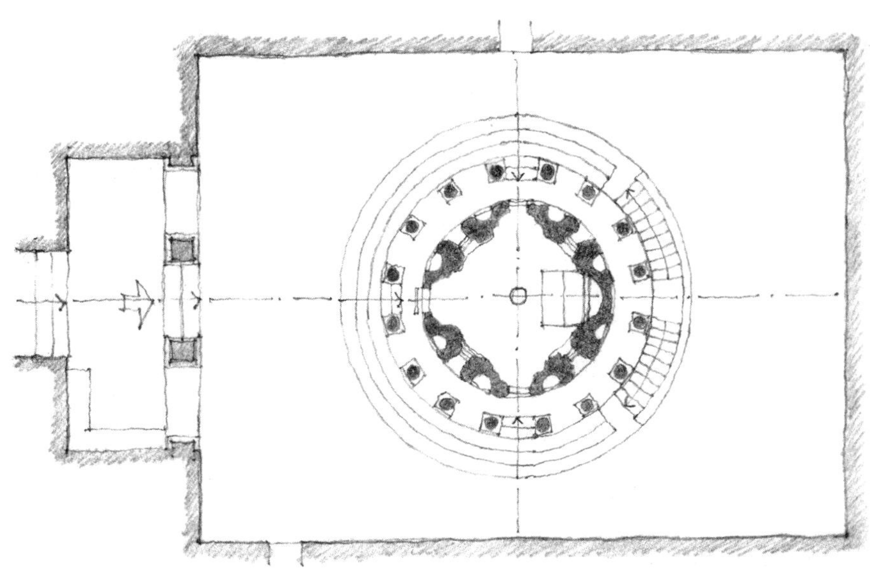

269 这个由伯拉孟特（Bramante）在 16 世纪初设计的小礼拜堂坐落在一个可以俯瞰罗马城的小山丘上的庭院内，它边上有一座教堂。它被世人称为"坦比哀多"（Il Tempietto）——小神庙——也是罗马城中最早采用继承古典先例的文艺复兴风格设计的建筑之一。

坦比哀多处于庭院的中央。它的剖面图（下图）显示它大致能分成三层。

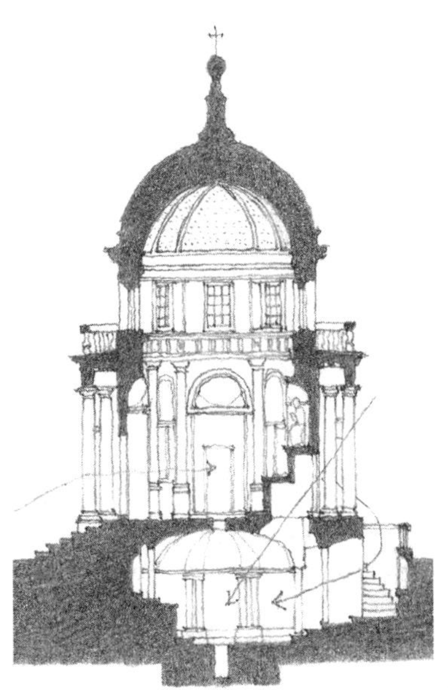

有关坦比哀多参见：
罗宾·埃文斯（Robin Evans），"被扰动的圆"（Perturbed Circles）《建造项目：建筑和它的三种几何》（The Projective Cast: Architecture and its Three Geometries），1995 年

场所的标识

坦比哀多不仅仅局限于做礼拜，也是罗马城中一个地标性的有巨大象征纪念意义的景点——罗马城的圣徒、罗马天主教会的创始人圣彼得曾在这里被倒着钉上十字架。这个礼拜堂隐蔽于院子中，远离城市，似乎还在诉说着这段辛酸史，控诉着人类竟然如此互相残害。

理想几何

除了从古罗马风格演化而来的古典主义风格装饰语言外，文艺复兴风格建筑的标准也是完美几何形态的表现语言之一。我们很想知道伯拉孟特是如何运用几何规律来营造这个建筑的，但如果没有他自己画的设计草图的话，这个愿望还是难以实现。也有可能他完成这些设计时要妥协，那样的话有可能造成几何形态的不准确性。就像柏拉图所预言的，在这个现实世界里不可能有精确的、完美的数学和几何关系。我们试图将它强加于设计图或者建筑形式，往往注定是要失败的。

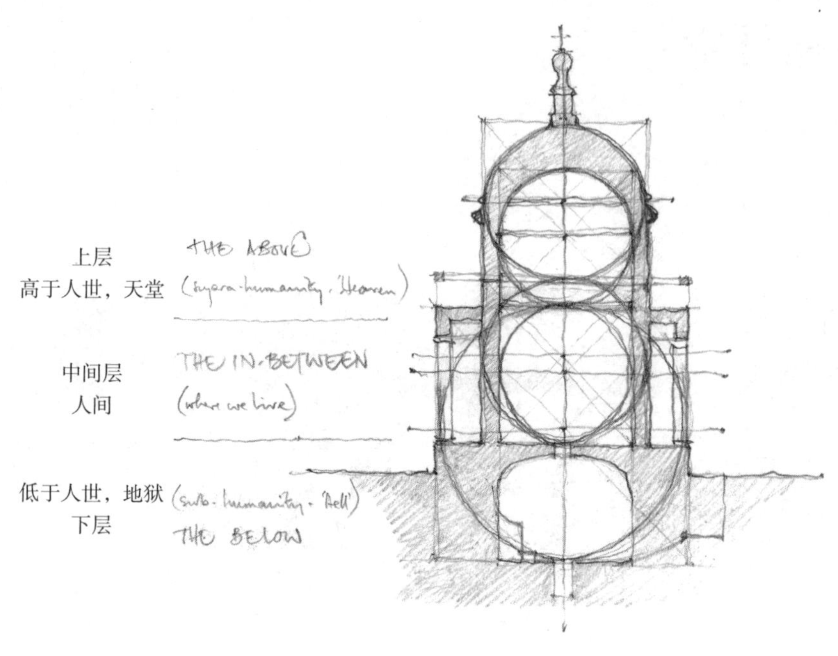

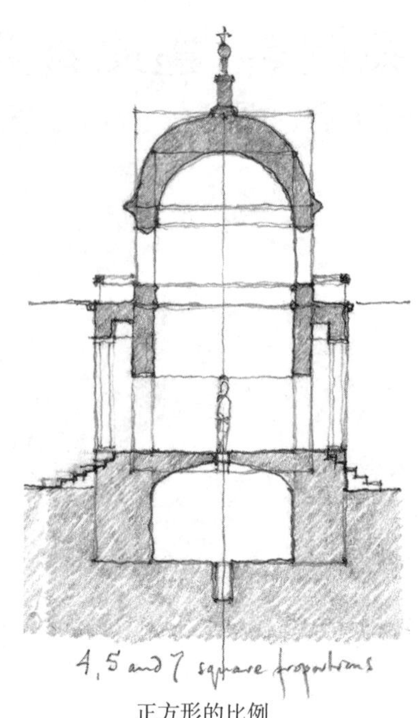

正方形的比例

270 上方的草图是我对这个建筑内在几何关系的研究。我不确定哪个会更接近真实情况，但这是不是伯拉孟特当时运用的几何规则已经不重要了。很明显他遵循了阿尔伯蒂的策略（引文见第 11 章“理想几何”开始部分），他很注重设计中建筑的“线性特征”，根据平、立、剖面草图中一系列方形与圆形的组合形成建筑轮廓——最终建筑的实体也可以看到圆柱形和球形等。

每个人都能从伯拉孟特的设计中解读出不同的内在几何关系。但可以肯定的是，他采用了类似正圆、正方形、圆柱形和球形等完美的几何形式。

竖向分层

根据本书概括罗列出的不同主题来分析这个建筑是完全可行的。尤其要用到竖向分层。当你参观这座建筑时，如果它是敞开的，你需要花一点时间才能发现原来在一个圣坛所在的房间中，地板上有个孔。透过这个孔你可以看到在它下面有另一个房间——一个地下室——它的地板上也有一个深入到地下的洞。渐渐你会明白原来这就是那个藏有圣彼得十字架的孔。这个建筑主要有三“层”：一层是有圣坛的房间，地坪比室外庭院高出几个台阶；一层以下为地下室，地板的孔里藏有十字架；二层就是圆屋顶或穹顶了。很明显，二层象征着天堂；地下室隐喻着圣彼得的受难；中间层夹在两者之间——是人间那层。

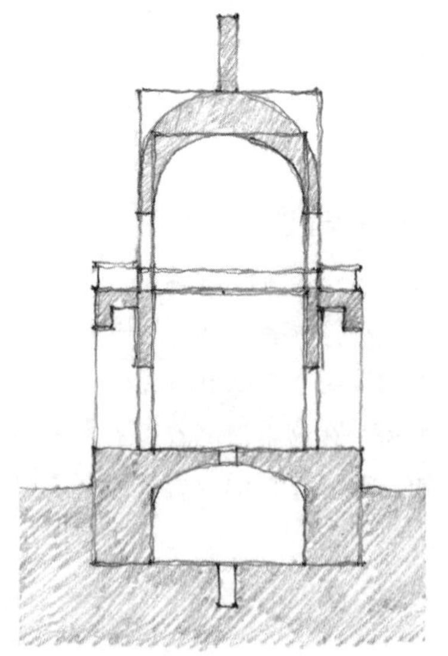

离开这礼拜堂绕到它背后，这里有一道上锁的门，门后是一条通向地下室的台阶。这个地下房间通过门上方的洞口采光。回顾前页（第 271 页）的剖面图你便会发现，设计者如何巧妙地通过挖空圣坛来预留这个洞口。

案例6　菲茨威廉学院礼拜堂

英格兰，剑桥

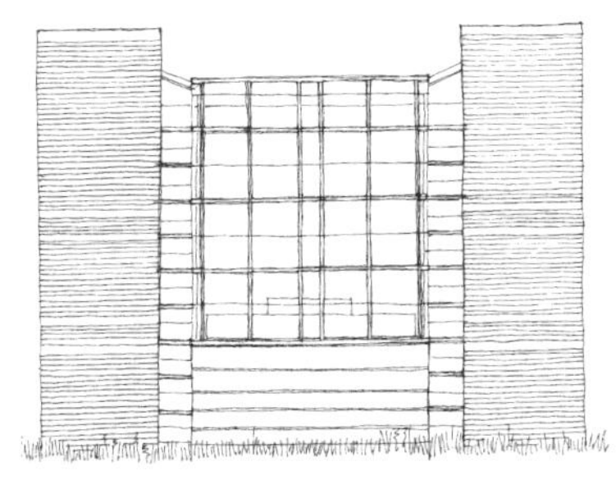
立面

271 英国剑桥菲茨威廉学院的小礼拜堂由英国建筑事务所的普里查德（MacCormac Jamieson Prichard）设计，建于1991年。这座礼拜堂是紧临着一栋现有学生公寓[20世纪60年代由拉斯顿（Denys Lasdun）设计]的山墙扩建而成的。礼拜堂正前方保留了一棵大树，几乎在长方形学院广场的正中央。围合礼拜堂平面的圆界定出一个场所，与这棵树构成了特殊的关系。这个建筑的目的是举行宗教仪式。圆形的砖墙有如庇护它的双手，将这里紧紧环抱起来，它们构成了围合礼拜堂的圆柱体。

基本元素及复合元素

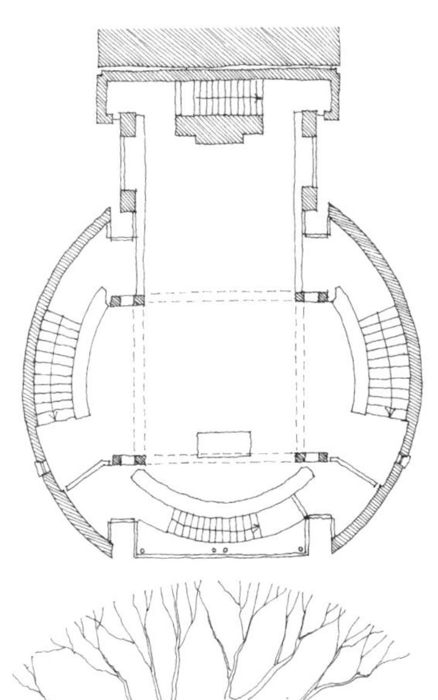
主要层平面

礼拜堂采用的主要建筑元素有：墙面、平台、方亭、祭坛、地下室、支柱和玻璃幕墙。礼拜堂的大平台支撑起建筑的主要空间（见后页剖面图所示）。平台抬离地面一段高度，使礼拜堂的室内空间与之分离，但玻璃幕墙面对着大树，使人感觉与外部环境隔而不离。平台之上是一座祈祷亭，亭子的平面为正方形，四角立着四组支柱。每两根柱子在结构上都是相互独立的：内圈的四根柱子支撑着中央的正方形屋面；外圈的四根立柱支撑起礼拜堂的次要屋面（它是一圈斜向顶板，架在外墙与方亭屋顶之间）。祈祷亭的正中就是祭坛，它是一张小桌子，上面铺有红色的台布。平台之下是地窖般的会议室，完全与世隔绝。其地面要略低于室外地坪。在这个会议室中，顶板的结构支柱有如厚重的石墩，破旧不堪的样子让人觉得承担着很重的荷载，烘托出地窖般的感受。它们与上部礼拜堂方亭的柱子是对齐的，形成了坚实可观的基础。地窖的顶棚是凸面的，犹如船体一般。

平台、带祭坛的祈祷亭以及下方的地下室，都完全围合在两道环形侧墙之间，形成礼拜堂的圆形平面。在开敞的一端，即两面墙之间，是通透的大面积玻璃窗，让人能看到那棵大树。

虽然不乏精心雕琢的细节，但建筑对上述元素的运用是简洁而直观的。每一处似乎都满足了其超越时间的目的：外墙起到围合与防护的作用；大平台兀立于地面之上；祈祷亭创造出独特的场所——祭坛，它是建筑的焦点与核心；地下室营造出与世隔绝的场所；柱子从结构上承载着地板和屋面的重量，同时有助于界定空间；玻璃幕墙不仅引入自然光，也让人能眺望远方。

关于菲茨威廉学院礼拜堂参见：
彼得·布伦德尔·琼斯（Peter Blundell Jones），“圣器”（Holy Vessel），《建筑师》杂志（Architects' Journal），1992年7月1日，p25。
“光中梦”（Dreams in Light），《建筑评论》，1992年4月，p26

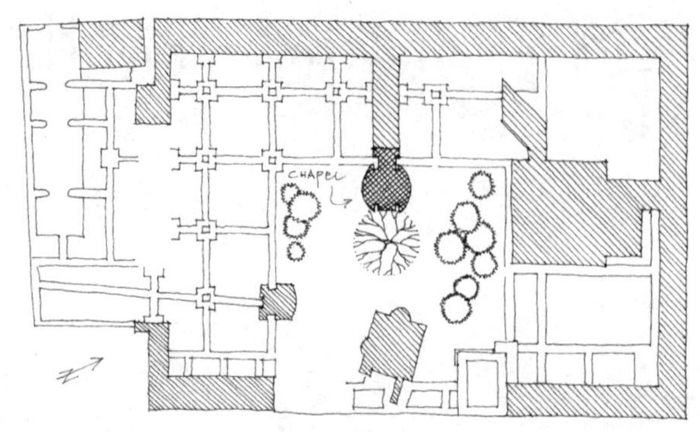

场地平面

272 建筑的限定元素

清晨，徐徐升起的一轮红日，透过婆娑的树影和蒙蒙的窗棂，将斑驳的霞光洒进礼拜堂。不论是礼拜堂还是地下室都有一圈采光槽，可使阳光倾泻下来：阴郁的日子里，如轻纱般朦胧；阳光明媚时，阴影清晰明快。阳光婉转迂回，室内也因之律动幻化，绝无一点雷同。夜幕降临，华灯初上，礼拜堂又仿佛是一盏灯笼或一座灯塔。与外墙的紫色形成鲜明的对比，内墙粉饰得温文尔雅、色彩柔和。夜晚，室内的灯光与夜色则形成更加强烈的对比。

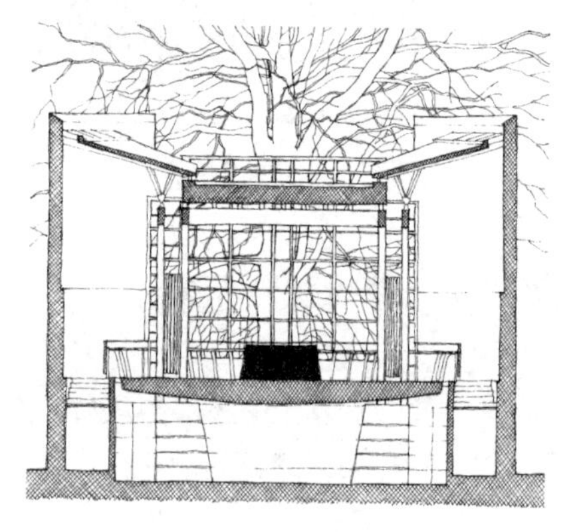

这是面对大树一侧的建筑剖视图，可以清晰地看到平台（其底面是一段微微隆起的弧线）。平台用以承托上部小亭式建筑的重量。这处小型建筑构造包含在礼拜堂的空间尺度之内，四根支柱恰好落在平台之下礼拜堂会议室的墙墩上。祭坛就安置在平台之上，正对着东侧的大片玻璃幕墙。屋顶及平台的周围均设有一圈采光天井，使光线能洒进礼拜堂及会议室中。

元素的多元影响与就地取材、因地制宜

平台既是地面又是顶板；玻璃幕墙既可以供人赏景，又是一盏夜晚的灯笼。祈祷亭既界定出礼拜堂的主空间和祭坛的场所，又辅助形成了四个次要空间：风琴席在礼拜堂后部；两段弧形楼梯从下方的入口升起；牧师的楼梯从地下室升起。内墙不仅构成了地下室的边界，也界定出三部楼梯，同时兼作礼拜堂环状座席的基础。

与其他建筑一样，这里的许多元素都同时有多元作用：每组柱子之间的空间装有立式暖气片；风琴的凹室既是一段外墙，又辅助围合着礼拜堂，并界定出另一处楼梯的位置。

礼拜堂用现有一翼的端部作为基点，并以树为伴。但它也在利用两者之间的场所，而那在之前是闲置的。它坐落在一个宽阔的景观合院中，是一个室外的房间。这个小礼拜堂给了这个合院一个它原本没有的焦点。

场所的原始类型及形成框架的建筑

礼拜堂标识出祭坛及相关的礼拜场所。这种原始场所被场或小房子包围的先例有很多；此处则二者兼有。礼拜堂的空间结构是在校园
273 原有建筑及周边绿地的共同限定中形成的。建筑的场本身就是一种礼拜围合体。置身于礼拜堂之中，祈祷亭周围的座椅是这个围合体之外的围合体；而祈祷亭是其中的又一个围合体；祭坛则是第三个框架的

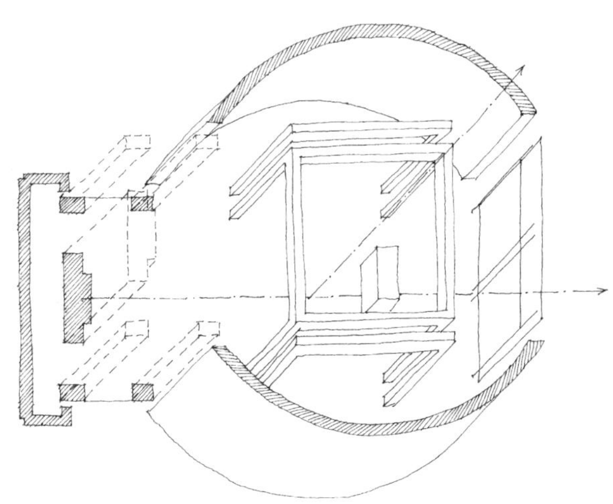

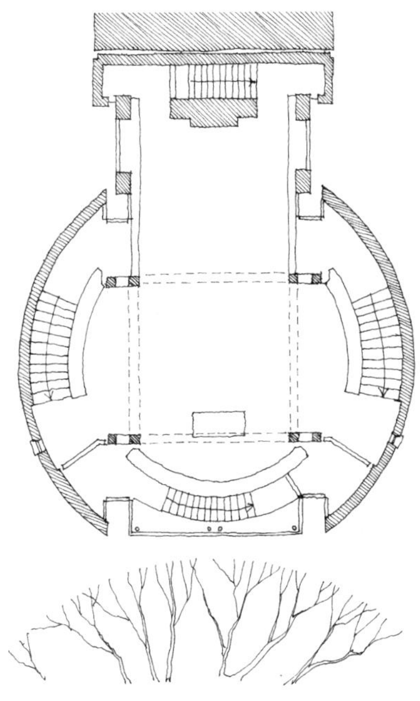

礼拜堂平面包括一处方形的小亭式建筑构造，其四向与外墙间形成礼拜堂的次要空间，包括：由礼拜堂入口处升起的两段楼梯；位于玻璃幕墙下方由会议室引出的牧师专用楼梯，以及礼拜堂后部形成的风琴席（礼拜堂中的专用场所）。

围合体，就像俄罗斯套娃一样。玻璃幕墙对着大树形成框景，形似一幅抽象画，并使室内空间与室外自然环境水乳交融（这一点与奥塔涅米大学礼拜堂相似，那里的十字架是一个外部核心）。

神庙与村舍

不论从建筑形式还是从功能而言，礼拜堂都是一处“神庙”。祈祷亭兀立在高出天然地面的平台上。礼拜堂的形态遵循着几何秩序；材料的完成都一丝不苟。新建筑虽然与原有建筑相连，并与大树形成关系，却不屈向任何一方。如果说它与旧建筑之间存在着一种协调，那或许就是所用的砖石与老建筑的相近。

场与六向加中心

礼拜堂创造出自己的“场”，并容纳着祭坛和它的“场”。礼拜堂的“场”还与大树的“场”相呼应，并存在于其中。在这些重叠的场之中，人们可以表达自己的场。

祈祷亭的立方体的六个面确定出礼拜堂的六向。横向被内墙打断。朝后的视线在风琴席的区域结束；朝下的方向体现在平台和地下室上（参见帕拉第奥的圆厅别墅和案例 5 的伯拉孟特的坦比哀多礼拜堂），并通过楼梯间让人意识到。

与大多数传统宗教建筑一样，向上和向前是这座礼拜堂最重要的朝向。向前的方向穿过祭坛和玻璃幕墙，直达大树及远方升起的朝阳。竖直向上的世界轴（axis mundi）没有在建筑中刻意强调（没有尖塔、拱顶或穹顶，也没有地板和地面中的孔洞），而仅仅是通过外墙的圆柱体和

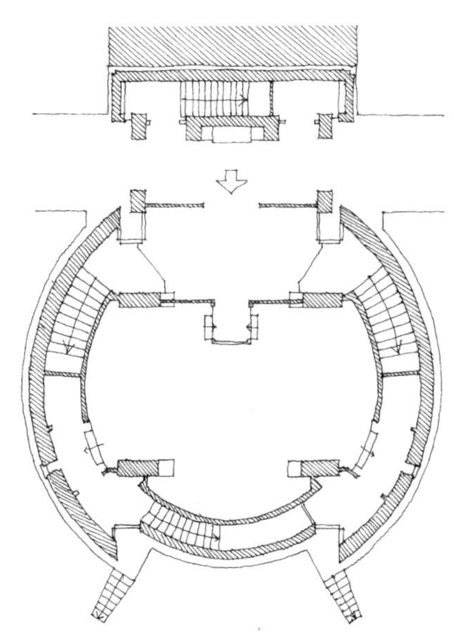

地下平面中安排了礼拜堂的主入口以及用以承托上部楼板的四道墙墩。

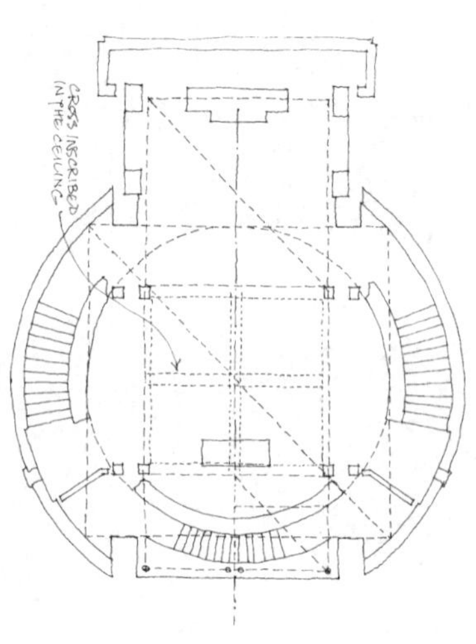

礼拜堂的形状似乎是对几何形体及空间体量强调的结果，整个平面中充满了圆与方的构图。

祈祷亭的立方体的重叠轴线暗示出来。这个中心和四个水平朝向，是由祈祷亭顶板内许多对平行线构成的隐约交错含蓄地暗示出来的。

274 社会几何、空间和构造

就像阿斯普隆德的林地礼拜堂（案例 9），这个礼拜堂和会议室的内部形状确定并形成了社交的圈子，尽管面向祭坛的座位通常的排布方式是与此相悖的。

这个社交圈由礼拜堂的主要结构元素包围——祈祷亭和侧墙构成的围合体——同时也是限定空间的主要因素。地下室的空间由四道结构墩围合而成，同时也由三道楼梯间的弧墙加以限定，但它们不承托上部楼板。

理想几何

在建筑形式和空间创造中，建筑师采用的几何形式十分模糊，有时很难确定。但在菲茨威廉学院礼拜堂中，主要的几何形式却组织得十分明确：圆与方，圆柱体和立方体的概念性框架十分突出（就像坦比哀多礼拜堂一样，这栋建筑也有竖向层次）。祈祷亭是居于建筑中心的立方体，它与那棵大树之间的距离恰为方形边长之半；距礼拜堂后部恰好等于一条边的长度，在此方位布置着风琴席。平面中，祈祷亭中央的方形之外还存在另外一个方形（横向上正对柱子中线，纵向上紧贴柱子的外皮），较前者大出三分之一，并决定了弧形外墙的半径。较大的方形中的内切圆形确定了祈祷亭四根外柱的位置，以及座椅的半径和祭坛后栏杆的位置。

与圆厅别墅相同，两栋建筑剖面的几何构成都不像平面那样清晰和简洁。祈祷亭的立方体也并不是一个纯粹的空间立方体——其高度从平台板算起，一直到平屋顶的立柱顶部。祈祷亭的方形在剖面上向下延伸了方形边长的一半，作为地下室的高度，尽管顶板即平台的厚度也计算在内。

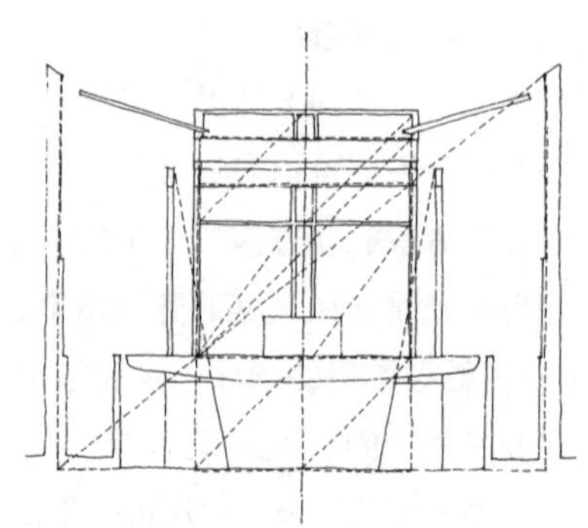

剖面中的几何关系也并不简单。加上一些关键的辅助线后，你会发现建筑形体与几何元素间存在着某种规则的关系。

从图中看，另一些元素间也是对应的：地下室中墙墩的坡度与上方礼拜堂外侧立柱的顶端对齐；侧墙的顶石坡度似乎也同剖面上的对

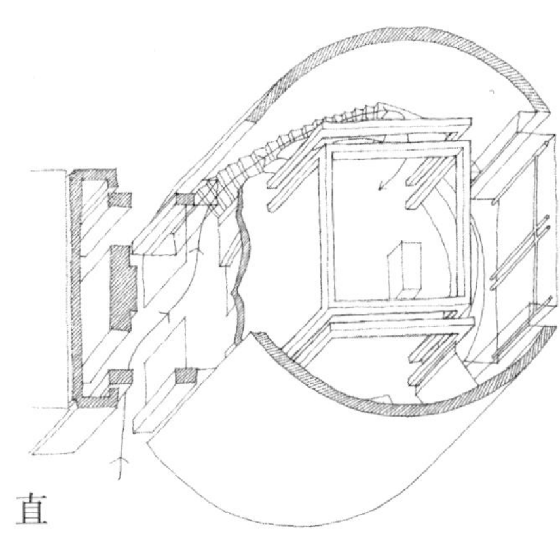

角线对齐。这条线从概念上的底角，穿过祈祷亭一侧内柱的底部，直至祈祷亭另一侧的柱顶。

礼拜堂给来访做礼拜的信众定义了一条从室外低层到室内祭坛的流线。

275 过渡、层次、核心

礼拜堂的体量虽然不大，但内外空间的过渡处理却很精巧。按传统做法，宗教建筑往往要营造“多层次的过渡空间”[出自克里斯托弗·亚历山大在《模式语言》(A Pattern Language)一书中所提的“第66种模式”]。

礼拜堂的线路形成一条建筑步道，经过一系列层次分明的空间过渡，以礼拜堂为高潮。那里可以将来时的室外风景一览无余（该手法与勒·柯布西耶设计的萨伏伊别墅不无相似之处，由建筑步道到达屋顶花园的“窗口”终点）。

进入礼拜堂之前，首先要穿过一条与学院宿舍旧建筑山墙相连而形成的通道。新旧建筑紧密围合出礼拜堂的入口“门廊”（原打算从此处延伸出一条带有顶棚的廊道，与场地平面中最靠内的路线相连，共同构筑成学院的内花园。但该廊道一直没有建成）。进入门厅，经过一处设有前门的过厅即可进入对面的会议室。人们不是通过主轴线，而是由两侧弧墙中的任意一部楼梯登上礼拜堂。

尽管采用了圆形平面和弧形侧墙，该礼拜堂仍不失平行墙建筑的某些特征，就像同一组建筑师设计的拉斯金图书馆（参见第198页）。前文已就凯亚·西伦和希耶基·西伦设计的奥塔涅米大学礼拜堂进行了比照。这两座建筑都是采用侧墙来形成进而围护礼拜堂场所的；它们都阻隔了横向并形成了特定的视线；二者穿过和进入礼拜堂的路线都让对外的视野不断变换。但是奥塔涅米大学礼拜堂并没有建在平台之上，其交通组织是沿着一道侧墙面纵向展开的，而菲茨威廉学院礼拜堂则采用了螺旋式上升的路线，而且是两条方向相反的楼梯，最终汇合在平台上。

菲茨威廉学院礼拜堂是一次运用几何的尝试，诗意地借鉴先前的建筑作品。人们可能会把它与伯拉孟特的坦比哀多礼拜堂进行对比。它们都具有封闭的庭院或四合院。平面都是圆形，且遵循几何框架的秩序。它们都在竖向空间分了三层：上层、下层和中间的主层。

案例 7　施敏克住宅

德国，勒包（Löbau）

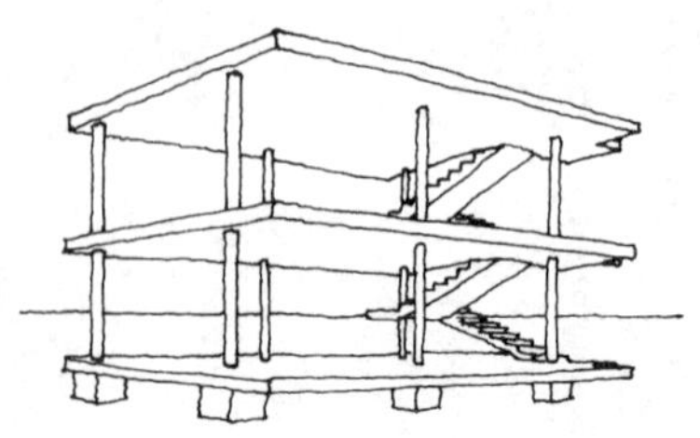

施敏克住宅（Schminke House）背对着斜坡而居（上图）。空间上这个建筑表达了柯布西耶的底层架空（Dom-Ino）的设计思想（左上图）。

276　施敏克（Schminke）住宅由汉斯·夏隆（Hans Scharoun）设计，建于 1933 年。业主是德国工业家弗里茨·施敏克（Fritz Schminke），他在靠近捷克斯洛伐克的边境附近开有一家面条加工厂。施敏克住宅就建在工厂的北侧。

设计背景

建筑基址是一块很大的场地，南面紧邻工厂，北向和东北向的视野开阔（但是采光与视野之间有冲突）。整块基地略带一定的坡度，从西南缓缓坡向东北一侧。

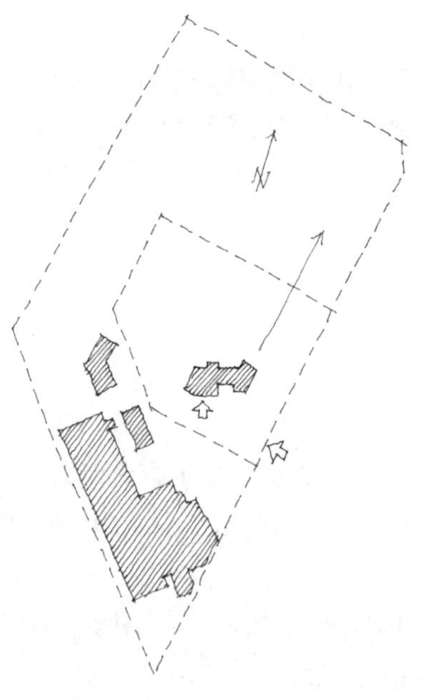

房屋处在一个棘手的地理位置上。委托人自己拥有的（难看的）工厂在它的南边，南边的景色并不宜人。朝北的视野是最好的。

夏隆设计该住宅时恰逢第一次世界大战刚刚结束，当时勒·柯布西耶等先锋派建筑师们正在大力倡导新建筑运动，建筑设计正处于前所未有的变革大潮之中，前景一片光明。1923 年，勒·柯布西耶发表了著名的《走向新建筑》一书，激进地宣扬工业时代大机器生产的先进性，列举了许许多多机器工业的最新成就，如巡洋游轮的美和雄壮。夏隆也和其他一些早期现代派建筑师们一起，成为新思想的追随者。1927 年，德意志制造联盟在斯图加特举办了魏森霍夫住宅展览会（Weissenhof housing exhibition），夏隆与勒·柯布西耶、密斯·凡·德·罗、格罗皮乌斯等人一道成为该展览会的发起人和参与者。

这一时期，钢和玻璃作为建筑结构材料开始得到大面积运用。许多建筑师，尤其是勒·柯布西耶开始尝试自由式的平面设计，如他于 1914 年提出的底层架空的设计思想（左上图）和 1929 年设计的萨伏伊别墅便是这方面的光辉范例。建筑师们还追求通过玻璃幕墙的手法来尽量减少室内外的空间隔绝，同时，集中供热技术的发展使建筑平面进一步摆脱对壁炉人工取暖的依赖，而电气照明技术也已在长期的普及中走向成熟。该住宅的主人施敏克是一位十分富有而又思想激进的绅士，他想使住宅尽可能体现出自己的远见和“现代”精神。要不是这些技术，施敏克先生家里可能就得雇一两个佣人了。

有关施敏克住宅参见：
彼得·布伦德尔·琼斯（Peter Blundell Jones）著，《汉斯·夏隆》（Hans Scharoun），1995 年，p74—81

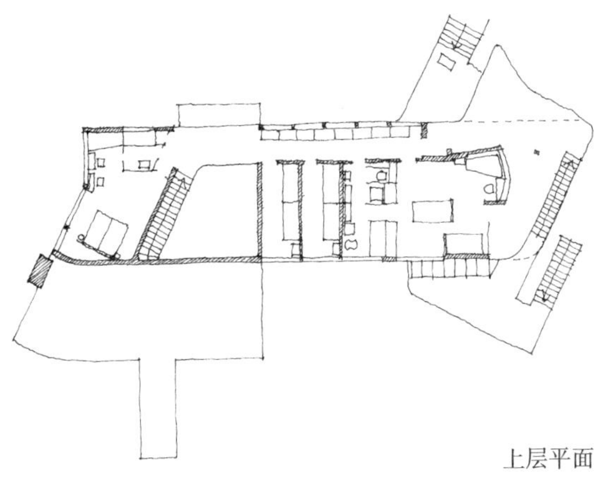

上层平面

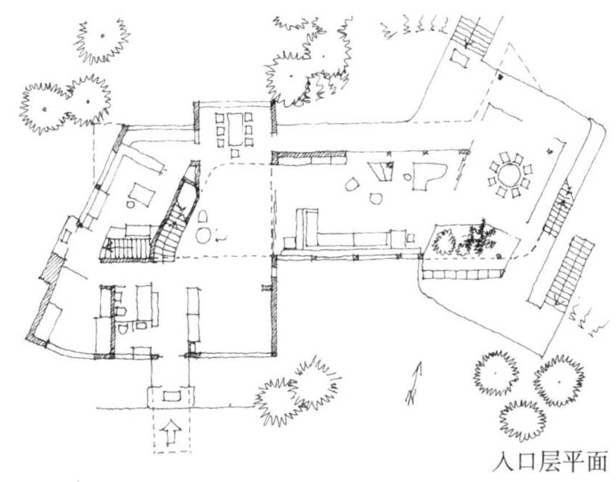

入口层平面

场所的标识与基本元素

夏隆所面临的任务是为界限模糊不清的居住行为标识出各自所适用的特定空间。他将人居行为分门别类，对于就餐、休息、聊天、社交、洗浴、烹饪、娱乐、园艺栽培等生活细节进行了深入考虑，逐一作出相应的空间安排。

他所采用的基本元素主要有：平台、屋顶、实墙面、玻璃幕墙和柱子。其中最主要的结构构件是按水平方向伸展的平台和屋顶，二者限定出住宅所含的全部起居空间，也构造出住宅东南端的一处阳台。

277 其他的基本元素还包括：通道，但只有通过楼梯间，登上顶层平台时才能明显感受得到；下沉平面，用以安排温室区域；雨棚，主入口的标志；起居厅里还设有一处炉膛，虽然不很华丽抢眼，但仍然成为起居空间的核心。另外，紧靠锅炉间设有一处大烟囱，高高地耸立在住宅的西侧，形似建筑外观上的某种标志物。夏隆原先曾打算将烟囱的高度减低一些，以进一步同整座住宅的水平线条有所呼应，但未能实现。

这些元素构成了整个住宅的内外环境。但从元素的运用手法可以看出，夏隆并没有采用传统的手法将空间封闭起来或是划分为小室，而是尽量使得空间开敞通透。当然，有些空间是必须围合的，如：女佣卧室、卫生间和小孩卧室。除此之外，主要的起居空间以及住宅东侧的主人卧室都不用隔墙封闭得很死，而是以视线较为通透的玻璃隔断取而代之。

278 建筑的限定元素

施敏克住宅所采用的最重要的限定元素就是光线。对于自然光线及开阔视野的追求是夏隆的一条基本设计理念。另外，他对人工照明的设计与安排也是不遗余力，尽量使不同的空间各具个性化的光学效果。

优雅的景观视野和充分的自然采光是整个住宅设计的神来之笔。场地的西南向是光线最充溢的方位，但因毗邻着厂房，环境品质并不理想。因此，在环境设计上特意对这一朝向有所弱化。为解决采光上

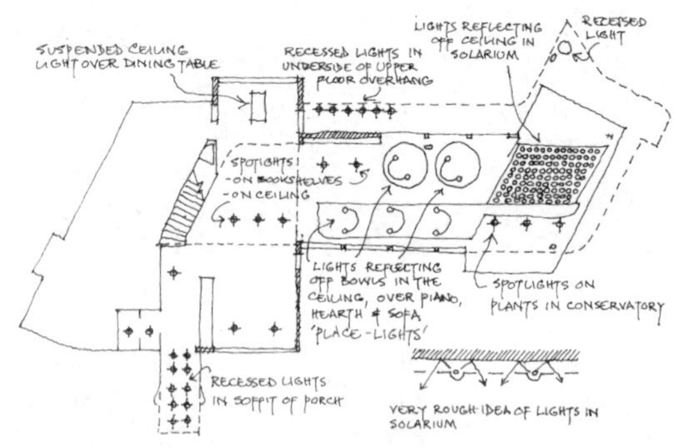

夏隆通过不同类型的灯光来区分起居空间内不同的房间。

的矛盾，夏隆利用部分南墙安排了一处温室，其余的墙面采用了玻璃幕墙，使光线能充分照射入室内。而室内设计中，他尽量使家具陈设面向北侧，通过建筑北立面的大面积幕墙来获得良好的视线，可将室外的优美景观尽收眼底。在住宅的两层平面中都设有北向出挑的平台（尤其是二层东北侧的大平台以极为尖锐的角度伸出），似乎是为了能够在夏日的黄昏欣赏到夕阳西下时的余晖而设计的。

从照明布置图中可以看到，夏隆运用了多种光源来识别住宅中的不同场所。不同的空间采用不同的人工照明，以达成各具特色的光学效果。这些光中，有些被他称为“场所光”（Platzleuchte）[在彼得 · 布伦德尔琼斯（Peter Blundell Jones）所著的关于夏隆的书中收录有两张照片，显示出起居空间在自然光照和人工照明之下十分不同的艺术效果，并进一步解析了夏隆所采用的不同光源产生的各种特殊效果]。

元素的多元影响

住宅一方面提供了舒适的人居空间，一方面巧妙利用和划分了建筑的场地。局部平面按一定的角度斜向布置，使主入口前方产生出一块庭院。而建筑本身的位置又巧妙地将花园和背后的工厂隔离开来，自成一片天地。

室内空间中，楼梯和炉膛的设计也是别具一格，体现出夏隆所用多元影响的元素的两个鲜明实例。

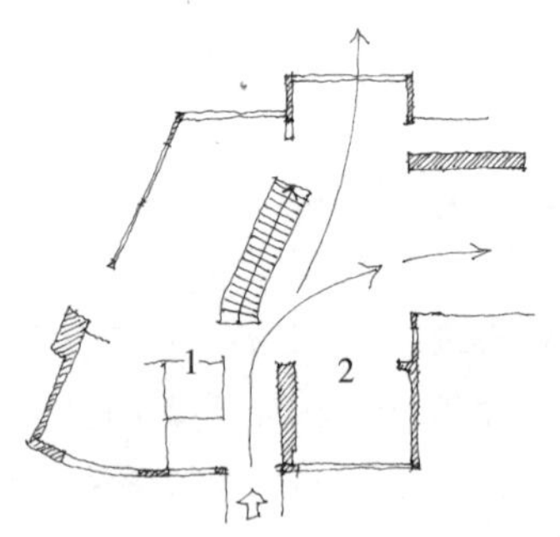

当你步入房屋，正对面的楼梯会引导你走向右边的起居空间。

连通上下楼层的主楼梯就设计在入口门厅的对面（右上图），楼梯不是僵直的“一”字形，而是将起步的三级台阶略微弯曲一个弧度，并斜置在空间中。看似很细小的处理，却使整部楼梯的造型顿时活泼起来，显得格外轻盈和舒展。一般情况下，楼梯仅是连接竖向各层的交通节点，在此，夏隆还利用它来划分不同的功能空间，将杂物空间（见右中图 1 区）和起居空间（见右中图 2 区）分隔开来。此外，楼梯还发挥着第三个作用，它正对着入口，并按一定角度斜置（与离开
279 工厂的厨房窗户角度相应），引导行人进入住宅后向右转弯，便可径直进入就餐和起居空间。

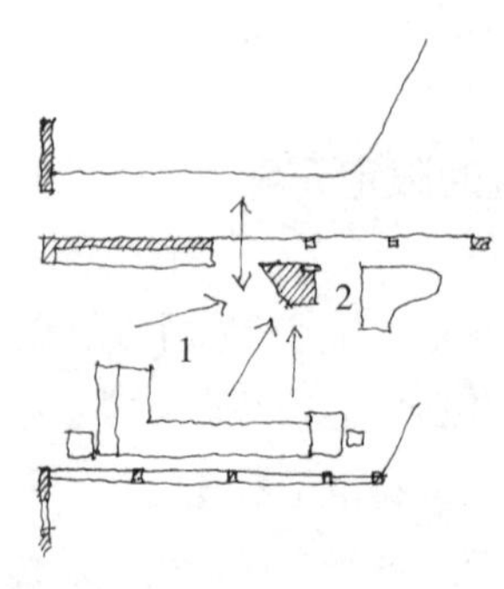

炉膛在传统上作为视觉焦点的同时，也分割了空间。

起居室中的炉膛既是空间的核心，又是休闲区（见右下图 1 区）和钢琴区（见右下图 2 区）的空间划分。它也斜着朝向长靠椅，就像

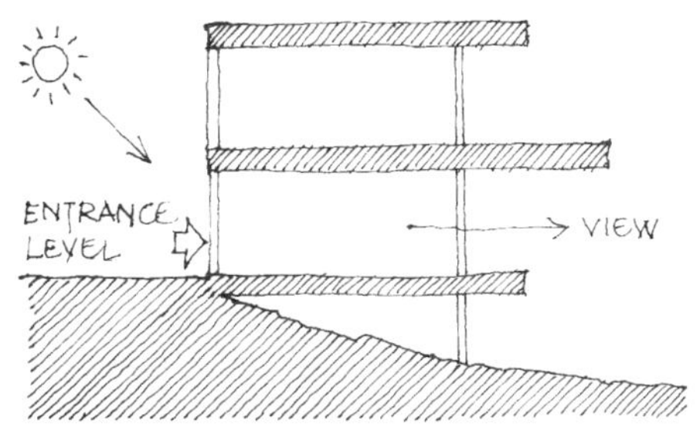

虽然你从底层进入这个建筑，同时也会发现在你下方还有一个庭园。这就像是种登上轮船甲板的感觉。

书中前文介绍的夏隆其他建筑一样，它的位置能将北边大部分开阔的乡野尽收眼底。

因地制宜

夏隆围绕场地北面和东北面的优美景致展开平面设计，同时侧重对地形高差的利用，因而将场地的东侧确定为住宅主体的布局范围，并将主要的起居空间均设置于此。住宅的主入口不是安排在坡地最低的一侧（传统的底层），而是取居中的标高上。这样一来，住宅通过门厅紧倚着坡地，形似一艘刚刚靠岸的航船。进入住宅，不必登上楼梯或坡道即可直接到达住宅的东区——架离地面的起居空间。对坡度的利用也为楼上主卧室的外伸阳台创造出极好的视野，由于同坡地间具有相当的高差，使人可以尽情地俯瞰大地。从很多抓拍的照片中也可以看到，这座小住宅的确就像是一叶悠然的孤舟，姿态安然地停泊在岸边。

原始场所类型

尽管夏隆并不热衷于传统的设计手法，但和其他住宅一样，施敏克住宅中也包含有一些必需的原始场所类型。炉膛就设置在客厅中（其多元作用前文已有所归纳）；楼上有床铺和洗漱的地方；厨房里有做饭的地方；甚至还有一个高台，偶尔可以（开玩笑地）用作讲台。但这些似乎都不是起居空间存在的理由；还有其他更有趣的事情发生。

建筑形成框架

与其他住宅一样，虽然都是生活空间的物质载体，但施敏克住宅的空间设计思路却是匠心独具的。其空间设计注重人在二维平面中活动的行为特点，根据场地的三个有利朝向来组织和划分内部空间。该住宅不是将生活严格地限定于一个封闭的壳子里；平台和屋顶为它们遮挡天空，通透的侧面使地平线、远景和太阳一览无余。

将其比作航船，说明住宅并非一个封闭的建筑，形象地讲，倒更

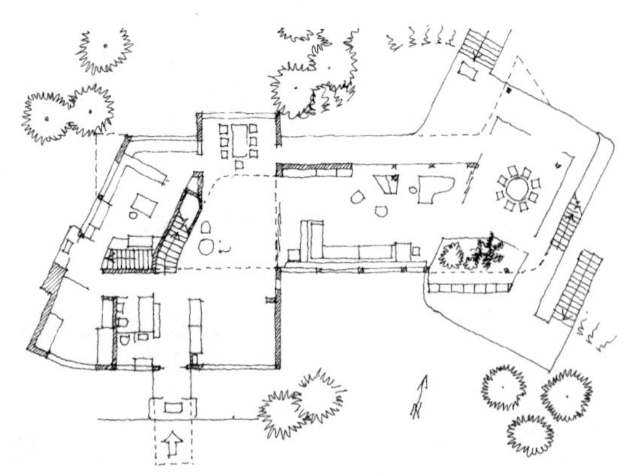

像是一种交通工具，仿佛甩开港湾绳索即可远行。自由开敞的平面可以经受住时空延展所带来的一切历险与变化，这一点是僵硬封闭的空间形式无法企及的。这是夏隆诗意设计的一部分。

神庙和村舍

施敏克住宅的三大特点体现着“神庙”的思想：起居空间与室外地坪在住宅的东区通过架高的平台相分离；所用建材全都是机器生产的制成品；结构和设备满足了气候条件下舒适的人居要求（无疑夏隆通过采暖可以弥补由玻璃幕墙散失的热量，现代防水材料的铺设则使平屋顶可以滴水不漏，如此等等）。

当然，住宅也具有“村舍”的某些特征：如建筑对景观、光线、地形的适应和协调以及设计与目标间的全面关系。

虽然规整的几何形体更能体现“神庙”的特征，但夏隆并没有简单化地采用这种手法，而是从环境因素出发，将采光条件、地形特征、视野的优劣、功能等因素考虑进来，最终设计出了自由式的住宅平面。形体虽不规则，但与地形的结合十分完美，因而产生出了强烈的雕塑感，并在住宅东部造型上突出地表现出来。可以断定，夏隆并不是一位形而上的唯美主义者，优美的建筑造型是其尊重自然、尊重生活的建筑哲学的自然结果。这座住宅的空间布局体现出几何形式间的许多冲突和矛盾。

几何形式

首先，该住宅没有刻意地运用基本的理想几何形式。平面中既没有圆形和方形，所采用的矩形空间也没有固定的尺度及比例关系。夏隆着手解决材料的存在几何与制作几何间的内在关系。他根据环境现状，决定沿着坡地的两个不同走向展开平面布局。十分明显，根据地形变化来运用建筑材料，最终生成的建筑并不是一个简洁端正的几何形体。自由空间的塑造，也从不以僵硬规则的几何为陈规重荷。该住

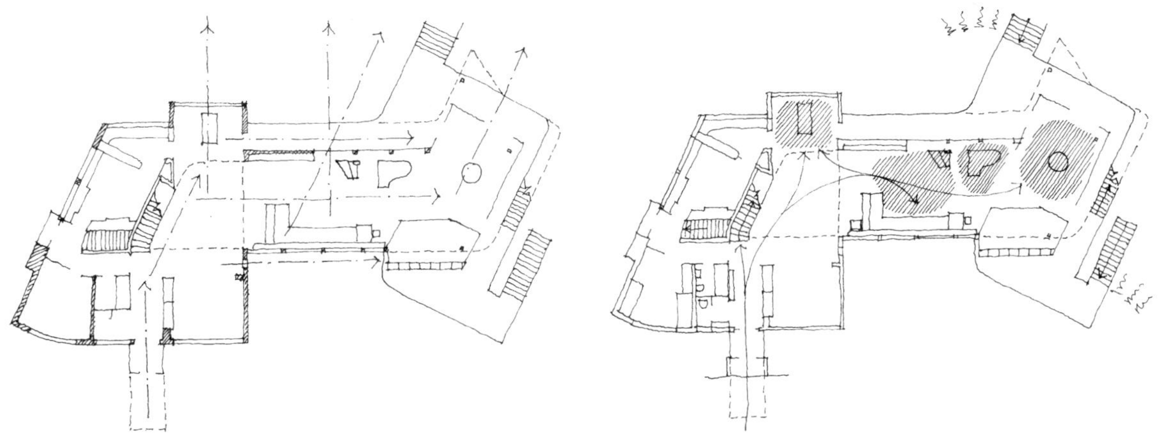

右上图中我们看到一些变形的场（自左向右），它们是餐桌、炉膛、钢琴和日光浴室中的桌子。我们还看到参观路线从它们旁经过或径直穿过。

左上图展示了平面中的轴线。请注意这些轴线遵从三个方向：第一条是主入口的方向；第二条界定了生活区域；第三条有一些角度，定出了主楼梯和日光浴室的方向。

宅中，各种场受到空间的限制；在构成屋中，场所在社会几何的影响下形成矩形，并根据人们的公共活动特点进行空间组合，进而形成餐厅、炉膛及其周围的休息区、日光浴室里桌子周围的地方（在主起居层的最东端）。

其次，夏隆很好地把握了室内的视觉效果以及由室内向外眺望的景观视野，他根据望向坡地的最佳视角来确定整个平面的主要朝向。这种重叠不同的几何形体，并拒绝服从制造的几何的做法，形成了一种与六向加中心的独特呼应。这座住宅有两种重叠的质感。上下两个方向在大多数位置上都是由水平的平台和屋顶包围，但加上四个水平方向，情况就更为复杂了。

一进入住宅大门，便可获得明确的前与后的方向感。通过斜置的楼梯间可进行视觉上的二次定位，进而感受到右向居室是空间上的重点，而左侧则相对弱化，由楼梯的偏转取而代之，并（以前文提到的方式）强调右向。

位于住宅顶端的日光浴室在两个水平方向的处理上也别具一格。其正向大致面对着北面的室外环境，将人的视觉重点引向风景优美的一侧。

其实，住宅中并没有明显的核心场所，确切地讲是一种多中心的空间布局方式。炉膛、餐桌、日光浴室桌都可以视作局部空间的核心。从这种空间的处理手法不难看出，夏隆在住宅设计中是将时刻都在活动中的人当作空间核心的。

282 空间和结构

住宅所采用的是钢结构。柱子的排布并不规律，而是根据前文提到的六向性复杂态度来定位的。住宅的东端尽量将柱子减至最少，以便使空间尽可能地畅通，即便如此它们也有助于场所的识别。日光浴室的顶端设有一根柱子；在向外挑出的平台上也立有一根柱子，用来支撑上一层平面中外伸的平台。在这里形成一处窄窄浅浅曲折的“门

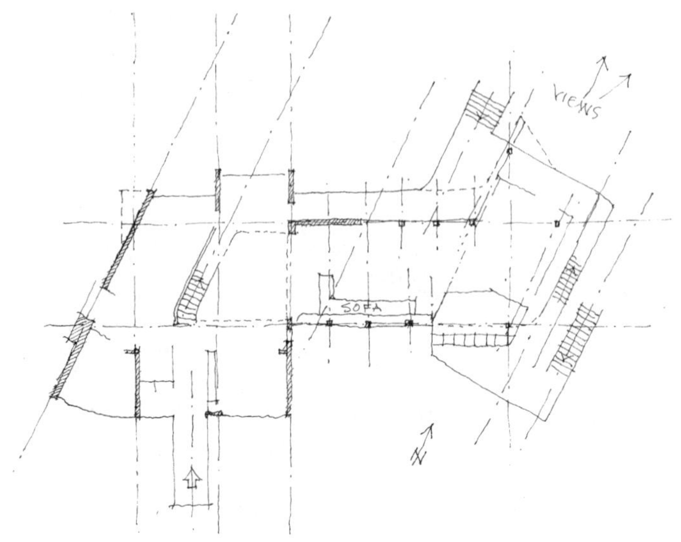

从图中可以看出，由房屋扩展生成的一些建筑纹理，没有制造几何，而是顺应地形地貌、景观视野、光照方向，经人工改造而成的。

廊”，拾级而下可进入室外花园之中；第三根柱子位于温室中，该柱子的位置似乎有碍于室内的观赏，所以被精心修饰一番，将柱面漆成颜色各异的方格拼贴图案，周围还摆放着美丽的仙人掌加以映衬（与场所的识别迥异）。

平面的其他几个转角完全由实墙面和玻璃幕墙加以封闭，相比之下空间较为完整。锅炉房和高耸的烟囱布置在建筑的西端，墙面由砖石砌成，因而具有很强的重量感，同东侧轻盈舒展的外伸平台形成鲜明的对比。

平台是用来休憩和沐浴的安静场合。餐厅、温室、卧室及屋顶花园也都是闹中取静之处。起居厅是住宅的核心，并以火膛为静态的焦点。不过，在某些情况下，这个核心也可以成为一个动态空间，同时是从门厅至日光浴室的必经通道。其他像楼梯、钢琴台、二层的走廊等处也都是活跃空间。

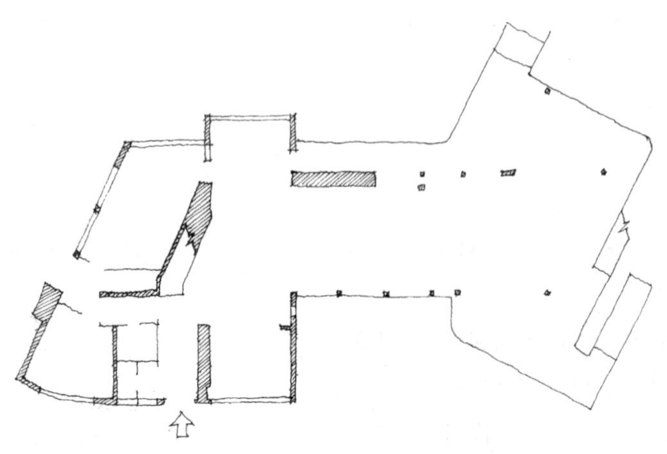

钢结构支撑柱并没有遵循常规的方形网格布置。在夏隆的大部分设计中，他反对使用规整的格网，也明确反对使用正方形或者圆形等形式，也不赞同制造的几何。他热衷于使用更复杂、更有隐喻效果的几何形式。

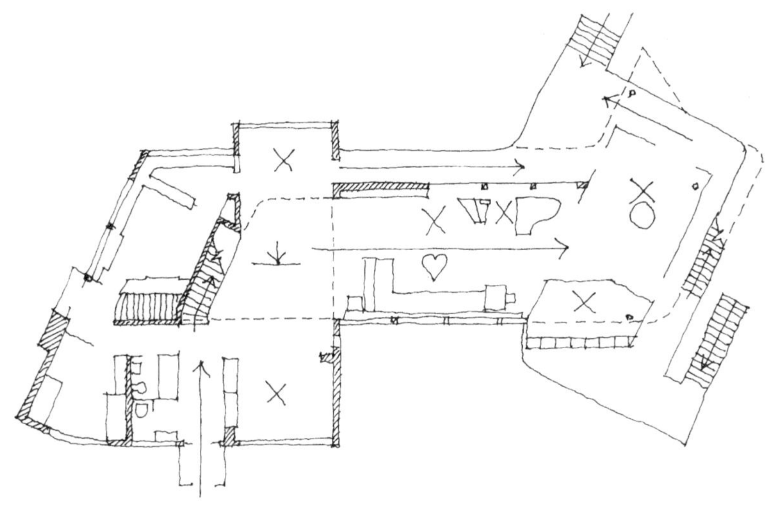

入口层平面上的通道定义出有规则的空间。整个住宅在炉火边的位置就像有了颗“心脏”。

入口前院的绿树浓荫为内外空间营造了某种过渡，这一空间较为闭塞，但与绝大部分通畅的空间相比，丝毫不会影响住宅的整体开放性特征。

283 夏隆擅长运用空间作为内外环境之间的过渡。他在一、二层中设计了许多外伸的平台，形成了一个既非全在室内又不全在室外的灰空间。紧贴外墙还设有一处温室，其与屋中的大部分空间不同，透过温室的玻璃天棚可以望见蔚蓝的天空。而日光浴室是介于起居空间和外伸平台之间的一种半开敞的空间。餐厅通过平台悬挑于坡地之上，大面积的玻璃窗外凸于墙面，在餐桌、窗洞、室外环境之间建立起良好的视景。

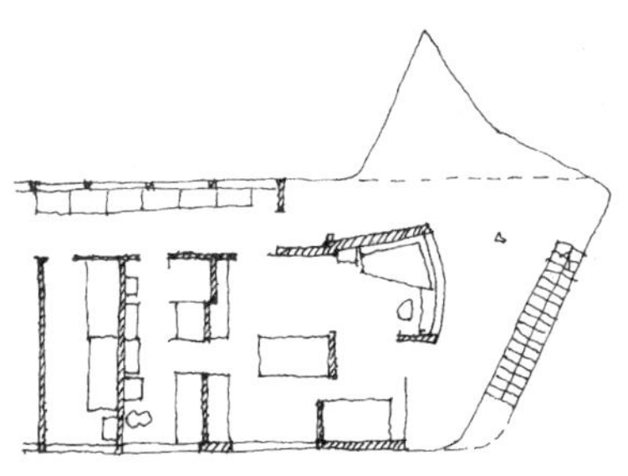

卧室层正面北侧突出的平台可以让人看到夕阳西下。它使得这个建筑不对着南方的工厂，有了很好的观景平台。

相比首层，二层的空间划分要更细致一些，通过几道曲折的墙面方能进入主卧室。主卧室大致呈方形平面，只是将一侧的墙面略微推斜，以扩大东北向的视野。斜置的墙面并没有同下部主起居层墙体对齐，这种“自由式”布局得益于将承重结构和围护结构分开设置的“底层架空”的思想。

整座住宅的竖向层次十分明确。地下层用作设备间，安放锅炉等其他设施；中间层也是地面上的第一层，主要包括门厅和起居空间；顶层，即地面之上的第二层，安排为卧室。站在主卧室的外伸平台上可以尽情地享受阳光，还可在夏日的傍晚纳凉。

施敏克住宅有别于同时代的其他建筑。在这个设计中，夏隆使用了当时鲜为使用的构造材料，同时也解放了空间和阳光。他探索出钢结构和大面积窗玻璃的潜在作用。他不喜欢像正方形和有比例关系的矩形（比如新古典主义建筑中的形式）一类的简单几何元素。他也不喜欢常规的住宅空间的主次关系，总喜欢敞开的可以极目远眺的空间。他甚至不遗余力地让地面脱离房屋。这个住宅从上上下下的设计中体现出经过重新塑造生活后有别于过去其他建筑的意味。

案例 8　文丘里设计的“母亲住宅”

美国，宾夕法尼亚州，切斯纳特希尔

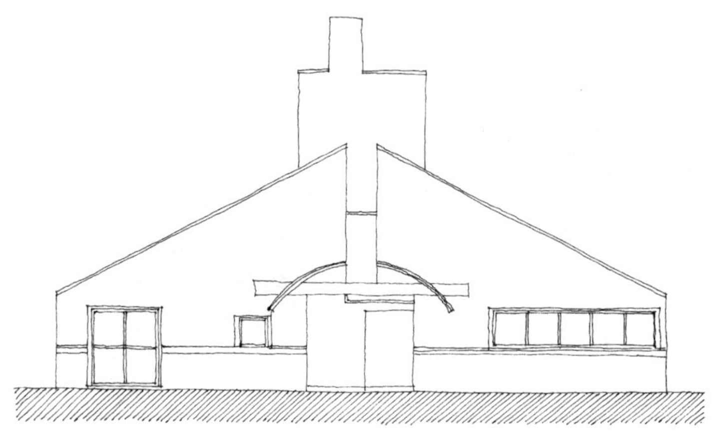

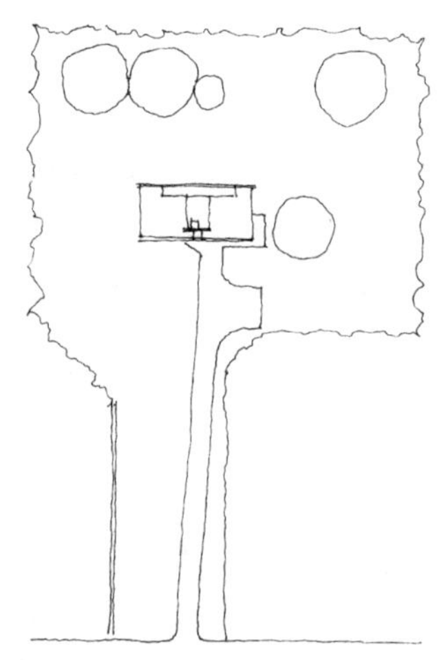

文丘里设计的母亲住宅建于一块平整的场地上，四周由树林和篱笆围合而成。经过一段狭长的地段可到达建筑的主入口，它设立在建筑的山墙之中。

284 这是文丘里为其母亲设计的住宅，被称作“母亲住宅”。1962 年建于宾夕法尼亚州的切斯纳特希尔。几乎在同一时期，即 1966 年，文丘里出版了他的名著《建筑的复杂性与矛盾性》（Complexity and Contradiction in Architecture）。而母亲住宅就是对该书众多新观点的最好呈现。

背景分析

母亲住宅的落成和这本轰动性著作出版之际，正值现代建筑思潮在实践和理论领域均居于绝对主导地位的时代。文丘里没有随波逐流，他在对现代建筑批判的审视中不断地质疑和思考，提出了自己的不同见解，并通过《建筑的复杂性与矛盾性》一书全面阐述了自己的理论体系。归结起来，就是彻底反对现代派建筑师所推崇的程式化立面风格及功能至上主义思想（这些风格和思想贯穿在弗兰克·劳埃德·赖特、密斯·凡·德·罗、路易斯·康等现代主义建筑大师们的作品和文集中，随处可见）。文丘里认为，只有充分理解建筑中的各种矛盾关系和复杂因素，并合理地表达在设计之中，建筑才可能充满人情味和文化内涵，才能富于哲理和象征意义，闪烁出崇高的审美追求和智慧的火花。

母亲住宅的设计和最终落成，是文丘里以实际行动对现代主义严肃而正统的思想发起的一次挑战。在设计中，文丘里构筑了许多与空间相冲突的混沌不清的建筑形式，有意造成空间的模糊和不确定。

有关母亲住宅参见：
安德烈亚斯·帕帕达基斯（Andreas Papadakis）等，《文丘里－斯科特－布朗联合事务所：关于住宅和居住》，《建筑论文集》，第 21 篇，1992 年，p24—29。
罗伯特·文丘里，《建筑的复杂性与矛盾性》，1966 年

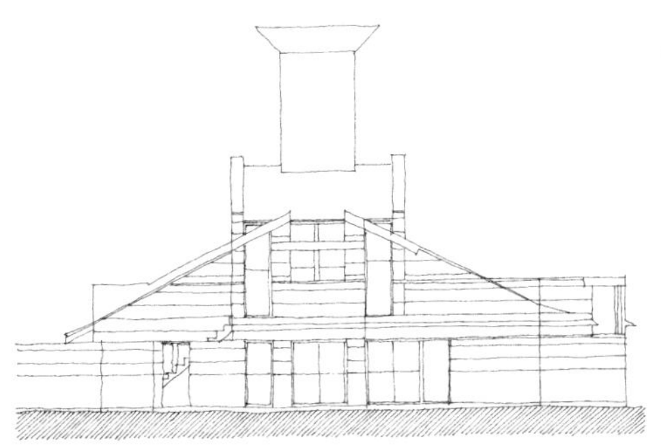

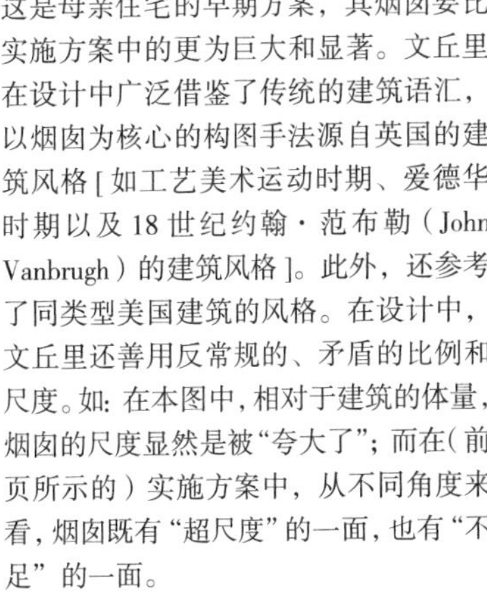

这是母亲住宅的早期方案，其烟囱要比实施方案中的更为巨大和显著。文丘里在设计中广泛借鉴了传统的建筑语汇，以烟囱为核心的构图手法源自英国的建筑风格［如工艺美术运动时期、爱德华时期以及 18 世纪约翰・范布勒（John Vanbrugh）的建筑风格］。此外，还参考了同类型美国建筑的风格。在设计中，文丘里还善用反常规的、矛盾的比例和尺度。如：在本图中，相对于建筑的体量，烟囱的尺度显然是被“夸大了”；而在（前页所示的）实施方案中，从不同角度来看，烟囱既有“超尺度”的一面，也有“不足”的一面。

基本元素

该建筑所选用的大量基本语汇同现代主义的手法是格格不入的。

现代主义建筑师们一般常用的正统手法包括：平直的屋面、强调（外部）舒展的楼板、框架柱网、底层架空和上部的自由平面、打破封闭并增进内外空间（视觉）对话的玻璃幕墙。此外，有意弱化室内壁炉及室外烟囱的构图作用（这些元素的运用在夏隆设计的施敏克住宅中都有不同程度的体现）。

285 在母亲住宅中，现代派所惯用的上述元素“规则”受到文丘里的极力抵制。屋顶是倾斜的，楼层的水平性没有表现在外部，没有柱子（母亲住宅仅在餐厅中设有一根立柱，用以承托上部屋面，许多有关该住宅平面的介绍中都将这根柱子忽略掉了）；住宅直接坐落于地面之上，没有架空层或是基座和平台；除了在餐厅的隔断处和露台的天棚上使用了成片的玻璃通窗外，其余主要立面均采用洞窗形式（几乎是传统窗户的夸张表述）。此外，对起居室中的壁炉作了重点塑造，同时还强化了烟囱在外立面中的构图作用。

空间组织和几何形式

住宅建成后便引起了轰动，各种评论纷至沓来，毁誉交加。主要疑问有：山墙为何要以手法主义设计成断裂的山花形式？门厅上方过梁的位置为何要以反现代主义加上拱形的装饰线角？楼下卧室内为何要设计内凹的角窗，餐厅的外立面为何设计成凹阳台的形式？由二层向上继续爬升的梯段为何没有出口？如此等等。但文丘里对复杂而矛盾的常规实践方式的态度，或许在他对这个住宅的空间组织以及他

文丘里的设计“开始”于一组平行墙的研究。

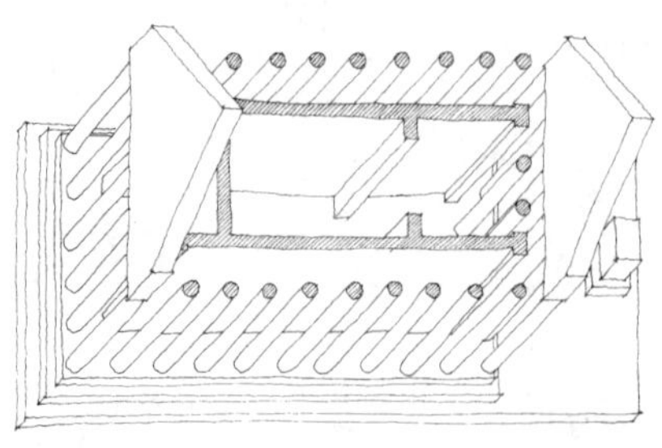

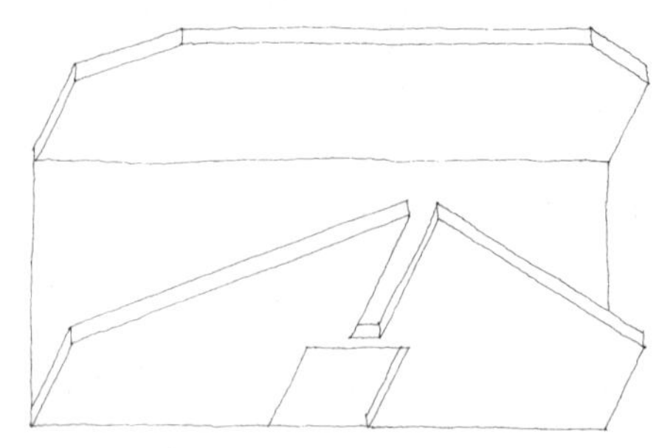

处理各种几何形体的方式上最具建筑性（就本书的角度而言）。

住宅的平面形成于两道平行墙体之间。正如第 12.2 节“平行墙体”讨论的那样，通常的做法是通过两道水平的主墙，确立出一条空间的纵轴，一方面形成住宅的主要朝向，另一方面建立出内外空
286 间的秩序关系。而文丘里的做法却与上述传统思路不同。首先，他将住宅的山墙面扭转 90°，面对场地的主轴线（即入口轴线，右图）垂直摆放，而一般情况下（神庙）山墙是位于建筑主朝向两侧的（右上图）。在古代神庙中，是制造的几何影响了屋顶的立体造型，形成了两端的三角形山花。文丘里的矛盾性布局和对柱式的回避，使母亲住宅的正立面像在矩形平面中“错误”一侧的山花，并直接落在地上。

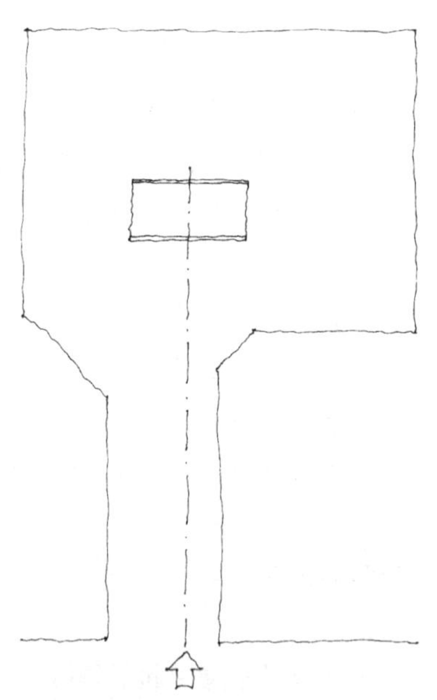

这所住宅完全是由两道伸展的平行墙形成的，其方向与地段的中轴向垂直。

从下面的剖面图可以看出，母亲住宅的坡屋顶竖向几何关系较为复杂：屋顶从三个不同的方向同时起坡，而坡顶的收头也并没有全部落在承重墙上（门厅上与二层卧室凹阳台上的局部坡顶全都如此。给人的错觉是正立面仅仅是一道高大的屏墙，既不起结构作用，又与内部空间没有多大关系，成为纯形式主义的构件。这一点也与现代派的设计手法格格不入，现代主义建筑师们认为一切非承重的，有碍于视线和采光通畅的外墙面都应该统统砍掉）。

母亲住宅的平面中同样也体现出了充满矛盾的设计手法。

在《建筑的复杂性与矛盾性》一书中，文丘里对母亲住宅的平面自有一番解释。他认为自己的手法源自帕拉第奥，但经过演化和变通后，一改帕拉第奥式的严格空间限定和完全对称的几何关系，并

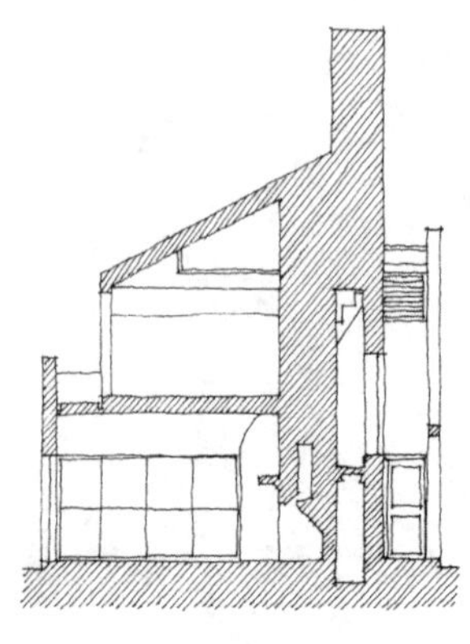

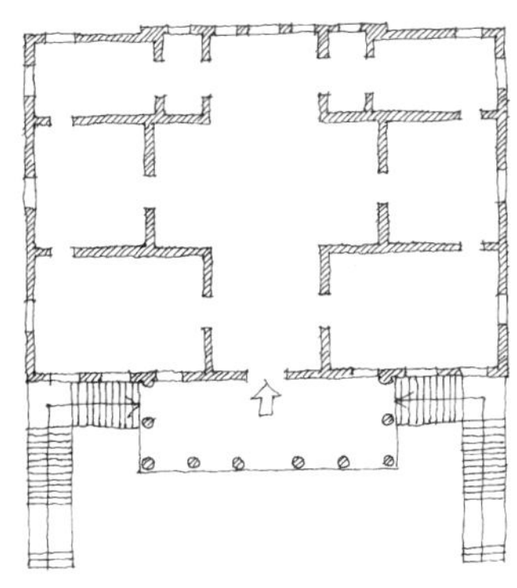

287 逐渐形成了自己的特色。鲁道夫·威特科尔（Rudolf Wittkower）在《人文主义时代的建筑原理》一书中将讲到，帕拉第奥在府邸设计中常常采用圆与方这两种理想几何形式和集中式的对称构图，中心位置往往是建筑的核心空间——中央大厅，平面的四向均以三段式手法来对称地布置次要空间 [上图便是帕拉第奥设计的福斯卡里（Foscari）府邸的平面。]

如果完全按照帕拉第奥的设计手法将母亲住宅重新设计一番，其可能的样式如下（右上两图）：平面中央是起居室，其他次要房间对称地布置在左右；主入口前会加上一道柱廊，窗户尽量均匀对称地排布在外墙上，而楼梯和壁炉则会对称地布置在大厅的两侧。实际上，文丘里在多处都打破了帕拉第奥的设计原则。母亲住宅中，他建立出某种对称关系，又通过空间变化尽量使之弱化；建立起轴线关系，又通过构造细节使之打断和模糊。这就是其设计手法的矛盾性与复杂性所在。首先采用的矛盾手法是将楼梯与壁炉结合为一体（右下两图），置于主入口的正前方，将房间的轴向感打断。在帕拉第奥的平面中，轴线必定是畅通无阻的，既是通向中央大厅的宽敞通道，又与笔直的视线同步而生。文丘里则是既创造着轴线又否定着轴线。矛盾手法的运用还体现在门厅的设计中。通常，门厅总是突出于立面之外的过渡空间，而文丘里干净利索地将其退让回住宅

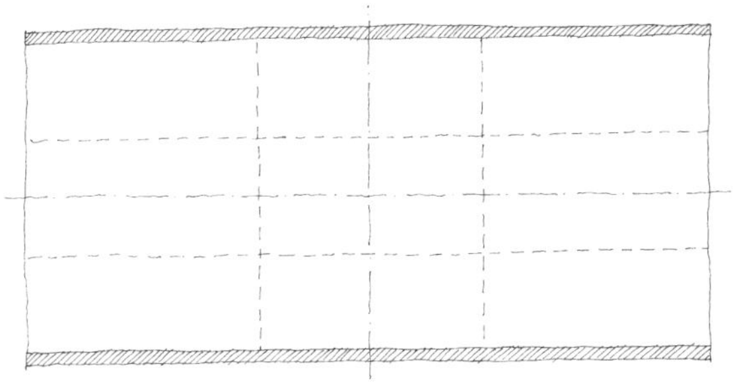

母亲住宅的平面几何布局同帕拉第奥住宅有所相似之处。

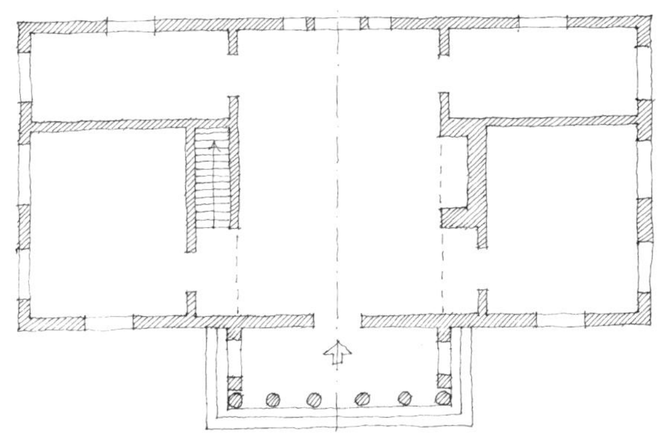

假如按照帕拉第奥的原则来设计这所房子，其最终形状可能会如上图所示一样。但他的设计如下（下图）。

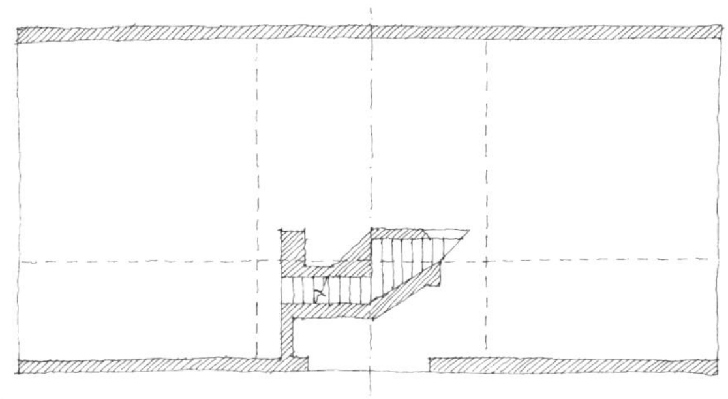

壁炉、楼梯、入口紧紧组合为一体，尽量地节省出空间……

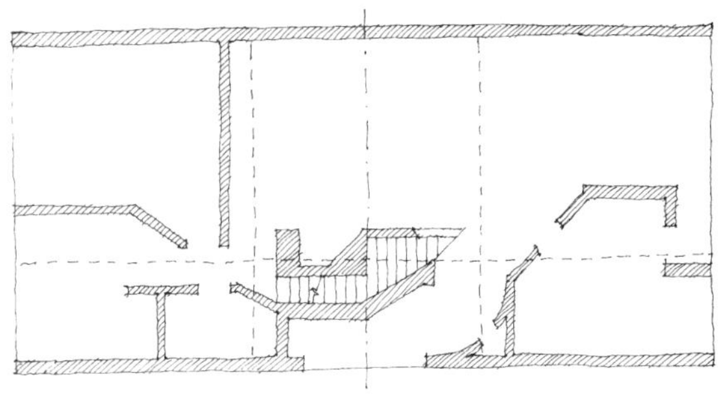

……隔墙的划分性改变了帕拉第奥式的几何构图，形成大小尺度不一的室内空间。

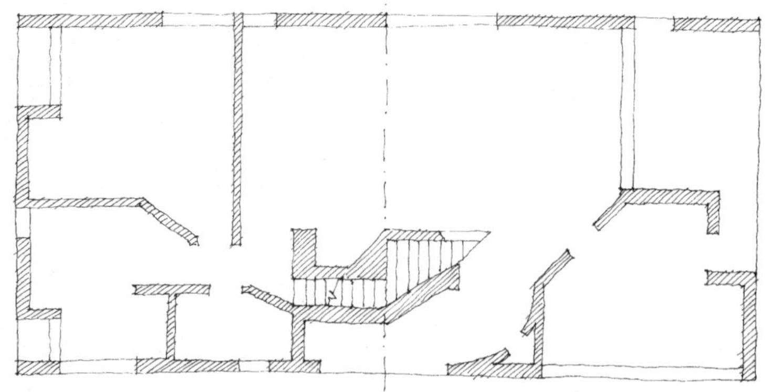

文丘里在住宅中设计了一扇大窗洞，窗的位置稍稍偏离于墙面的中心，它使窗子的边缘而非中线与建筑的中轴线对齐，手法非同寻常。近旁的另一处窗洞中，让垂直的隔墙穿插进来，对窗面形成一种打断和分割。

288 之中。门厅与楼梯间、壁炉紧密地组合在一起，尽可能地压缩在一块狭小的空间里，为住宅的其余空间争取出更多的面积。壁炉紧贴在轴线左侧，将更多的空间退让给楼梯间，壁炉上方是与之相连的烟囱，楼梯就环绕着烟道盘旋而上。门厅正对着主轴线，并将楼梯间的挡墙向内倾斜一定的角度，为门厅创造出导向感。

墙面的斜置还有助于缓和楼梯间对门厅的压抑感，加之将右侧盥洗室的墙面设计成近似四分之一圆的弧形墙面，进一步增强了门厅的导向性。在此，帕拉第奥式的轴线演化为一处通向室内的廊道。

平面左半区的布局形式（上图）也是对帕拉第奥规则平面的发展和演化。起居厅和卧式之间的隔墙（在平面的左边）是垂直的，其他几道隔墙则略有变化，这些墙体共同划分出卧室、浴室、入口和厨房。由于受到近旁的楼梯和壁炉在空间方位上的影响，平面略呈不规则状。

最后，门窗洞口的位置及式样也是文丘里运用矛盾手法的主要素材。文丘里在设计中极力回避对建筑元素单一而明确的运用，而是在立面中将各种类型的洞口混合在一起使用。

所有的建筑在一定程度上都具有哲学意义，这才使得我们在这个世界的体验是立体的而不是只停留在纸上谈兵的阶段。但文丘里的建筑，特别是母亲住宅，是富有哲学意义与争议的。它描述了建筑是如何包容文化评论的。施敏克住宅给我们带来一种全新的生活视野：向田野和阳光敞开，让眼界开阔无阻；而母亲住宅则将建筑辩证地聚焦在对抗现代主义上。文丘里在设计中所表达的，如同一个哲学家一般，清晰明了，并一一反驳了各种“对手”的观点。他就是宫廷中的弄臣，以反语忠告国王，不要被简洁性迷惑，并揭示出真实的复杂性。

案例9　林地礼拜堂

瑞典，斯德哥尔摩

289 林地礼拜堂矗立在斯德哥尔摩郊外林地火葬场广阔的林地之中。它是埃里克·贡纳尔·阿斯普隆德（Erik Gunnar Asplund）在一战刚刚结束后为儿童的葬礼设计的。乍看上去，这座礼拜堂朴实无华，作为一座普普通通的林中小屋毫无掩饰。但阿斯普隆德成功地为这座谦逊平凡的建筑注入了一种超凡脱俗而又恰如其分的诗意。无疑，这个“诗歌”的主题就是死亡。

场所的条件与辨识

阿斯普隆德设计林地礼拜堂时，现代主义还没有成为瑞典建筑的主流运动。主流的兴趣在于传统形式的力量和建造的方法——这一运动被称为“民族浪漫主义”。

穿过林地火葬场就会来到礼拜堂。主火葬场（一座后来的建筑，也出自阿斯普隆德之手）周围的景观是开敞的，在辽阔的天空之下起伏舒展。相反，林地礼拜堂则隐藏在幽暗的松树林中。

阿斯普隆德要做的是为葬礼确定一个场所：让亲友聚在这里哀悼。陡峭的坡屋顶成了林中的标志。

基本要素与限定要素

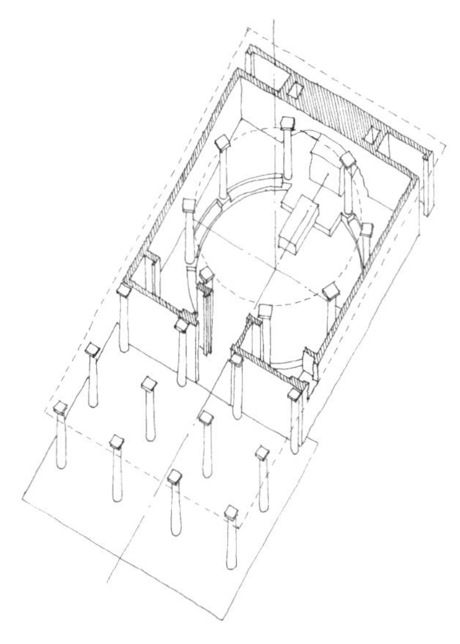

基本要素是以清晰而直截的方式运用的。地面、柱子、墙壁和屋顶都有明确的区域。这里还有通往建筑的小路、安放棺椁的平台，以及作为讲坛的平台。地面、墙壁和屋顶构成了一个朴素的单室。里面有一个在通路沿线上的门道，在角落里还有一个小内窗。礼拜堂室内周边的地面抬高了两步，表明主要的场所是一处浅坑。

礼拜堂矗立在林地斑驳的光影之中，松树散发着淡淡的清香。朝着建筑漫步，脚步在松针铺就的地毯上会发出沉闷的声音，一直到踏上石头的铺地。那是礼拜堂地面、室内和门廊下方的界限。

在室内，主场所通过穹形顶棚最高点上的天窗采光。硬实的表面则让回声四起。

有关林地礼拜堂参见：
卡罗琳·康斯坦特（Caroline Constant），《林地墓地：走向精神的景观》（The Woodland Cemetery: Towards a Spiritual Landscape），1994年。
彼得·布伦德尔·琼斯（Peter Blundell Jones），《贡纳尔·阿斯普隆德》（Gunnar Asplund），2006年

290 元素的多元影响

当人走近时，屋顶看上去犹如一座金字塔，起着标志物的作用。门廊的柱子支撑着屋顶，并引导着进入建筑的路径，在林地与室内之间形成了一种过渡。墙壁沿着入口折回，创造出一个脱开礼拜堂主空间的附属性小场所，同时也让单室的墙壁看上去比实际要厚实得多，强化了它洞窟般的特征。这种“厚墙”效果通过小窗深深的边框和讲坛所在的凹龛得到了突出。室内的柱子看上去支撑着上方的穹顶，并界定出主要的场所，仿佛林中的一片空地。

因地制宜

阿斯普隆德用林地为礼拜堂创造出别具一格的环境。通往建筑的小路从稍远处的门道开始，径直从错落有致的林间穿过。门廊的柱子亦如树木一般，虽然间距相同，却也将周围林地的某些特征纳入同一个屋檐下。

形成框架的原始场所类型和建筑

讲坛所在的凹龛虽不是炉膛，却十分相像（从室外看，在同一个位置是烟囱，而这是从地下室引出来的）。讲坛本身就像一座祭坛。安放棺椁的祭坛既是床榻，也是祭坛。它也是仪式场所的焦点——有如森林中的空地——由浅坑、四周的柱子和穹形顶棚所限定。

这座建筑是逝婴的遗体以及与葬礼相关仪式的临时载体。

从外部形式看，这座礼拜堂就像一座房屋，四周被林地包围。门廊包围着聚集而来的哀悼者，他们穿插于列柱之间（外形犹如参加葬礼的先祖）。

在屋顶下面还有一个单室，将葬礼的特殊场所与其他地方区分开来。在这间单室里是小坑和犹如原始石阵一般的环柱。这个圆环从上方的天空采光，并包围着支撑棺椁的祭坛，而棺椁本身又包裹着遗体。讲坛则
291 由自身的凹龛围合。石阵、祭坛、讲坛、棺椁和哀悼者，从构图上看都是被入口门道包围着的，而从建筑上看则包裹在子宫般的室内中。

292

神庙、村舍与几何形

这座礼拜堂是一座包裹在“村舍”中的“神庙”；在这里，死亡是无可置疑的主宰，笼罩在朴素的室内形象之中。这座建筑虽未立于平台之上，却形式规整对称。它没有实用的规则性，尽管它的材料简单、自然。它尺度小巧；是一座面向人类的建筑。

阿斯普隆德运用了很多种建筑几何形。

这一圈柱子——又仿佛是立在浅坑周围的先祖——实际上限定出祭坛和棺椁的“场”；它处在哀悼者围坐的这个场的社会几何之中。

入口门道处的流线与视线是重合的。从体验和象征上看，这座建筑——金字塔——在这条轴线上终止。它确定了礼拜堂里内在的六个方向中的两个——从象征性的炉膛延伸到西边的地平线与落日上。

八根柱子形成的圆确定了横轴，另外两个水平方向被侧墙挡住，进而确定出一个中心。下方是地下室，上方是通过穹顶的“天空”射入的光线（它的理想几何扰断了屋顶的制作几何）。穿过中心的是垂直轴线——世界轴（axis mundi）。

祭坛并不在世界轴的圆心上，而是在象征性的炉膛与垂直的轴线之间——在从人世走向永恒的仪式期间悬于其中。

在文丘里的母亲之家引起争议的地方，阿斯普隆德的林地礼拜堂成为诗意的表达。他用建筑为葬礼建立起一种历史悠久、超越时间的场所。在这里，他利用了柱子和树木之间的回声，并借鉴了远古的先例——在中心附近有祭坛的圆石阵。他也使用了象征手法，并体现在屋顶的金字塔形上。

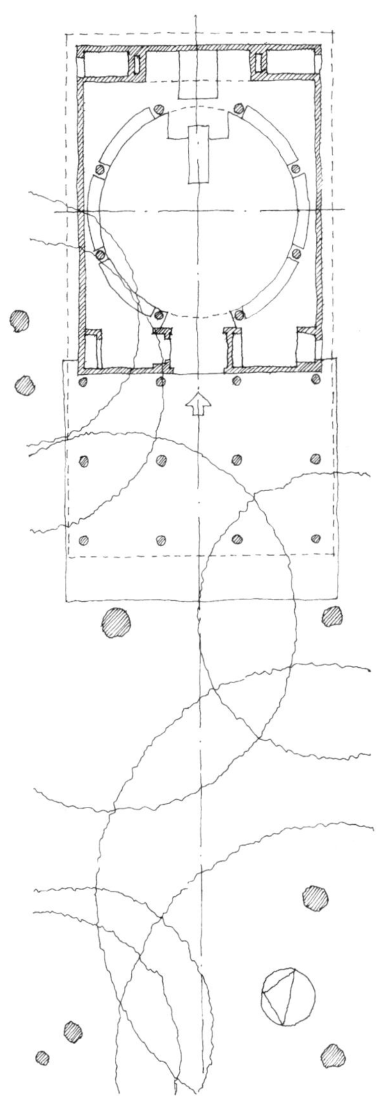

案例 10　住宅六号
美国，康涅狄格州，康沃尔

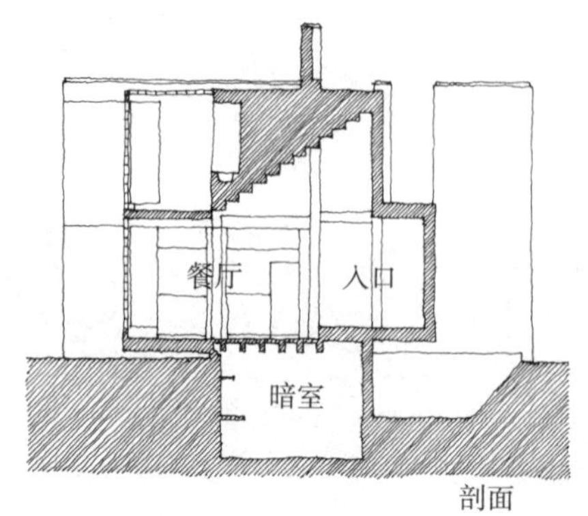

剖面

292　如果一个建筑师是“造物主”——意思是他能为我们建筑一个可居住的“伊甸园”——那么住宅六号的建筑师通常被视为一个妒忌的“上帝”，通常无视（不由辩解的）“亚当与夏娃”住在他所设计的“伊甸园”是否合理与舒适。

住宅六号由彼得·埃森曼设计，建于 20 世纪 70 年代上半叶（后在埃森曼的合伙人麦迪逊·斯宾塞的提议下由威尔·卡尔霍恩于 1990 年进行大规模重建），建筑位于康涅狄格州的康沃尔郡内。当时它就如其名称所暗示的一样，是埃森曼的第六个住宅设计，也是第四个即将建成的。至于“亚当与夏娃”——这个周末别墅的委托人——苏珊·弗兰克与迪克·弗兰克夫妇，他们试图入住其中，但由于它的声名狼藉而未能如愿，同时也用文字与影像记录了这个建筑（参考下文内容）。他们也为它的重建买了单。

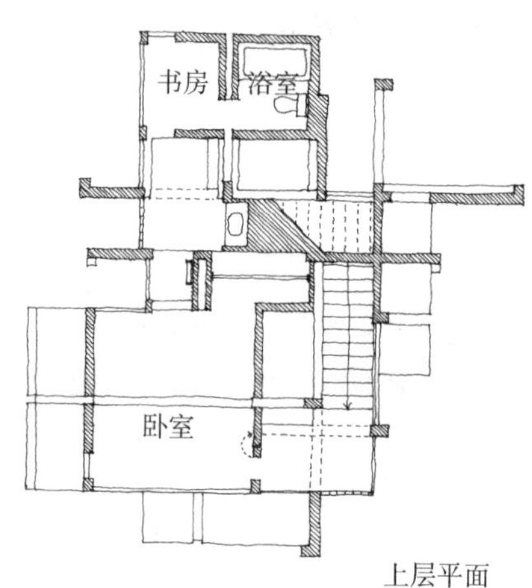

上层平面

神庙和村舍

住宅六号是一个“神庙”。它与古希腊神庙相比更接近“神庙－村舍”中的“神庙”的程度（在本书前文中已经论述过）。它被称为“住宅”暗示了它是一个居住空间，某种程度上它确实如此，但任何为居住提供场所的意图都让位于埃森曼的复杂几何构成。在苏珊·弗兰克的书里埃森曼显得有些“傲慢”，虽然她看上去似乎接受了这种傲慢是出自埃森曼一些原则性的理念。这个房子能体现埃森曼傲慢性的特征有以下几点：卧室的地板中间有一长条形构件，这使得卧室里放不了双人床，同时也失去了一些隐私；在就餐区域有一个柱子从正中间穿过，这使得餐厅里很难放置餐桌，而就餐的时候这个柱子就仿佛一个额外的客人；厨房里的碗橱由于要屈就于房子的几何设计而被置于高处，必须得用把折梯才能够得着它；还有就是一些高踏步，特别是一层上的踏步，使得人们走动不便。此外，许多房内的结构部件就因为气候等原因开始恶化，建筑落成后的短短两年时间就被迫需要重建了。

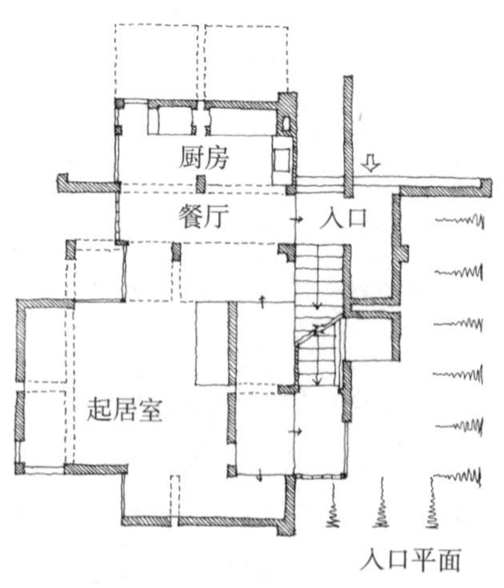

入口平面

除了这些对房屋主人生理和心理需求的漠不关心外，这个建筑能体现其“神庙”的特征还有以下几点：偏爱理想的几何规则甚至超越了制造几何；包藏隐蔽原本可见的结构（事实上房屋是木结构框架，

有关住宅六号参见：
苏珊·弗兰克（Suzanne Frank），《彼得·埃森曼的住宅六号：委托人的反应》，1994 年

对面页草图描述的是这个建筑在 1990 年重建之时，空间的演化形式。埃森曼最初的设计想法——记载在苏珊·弗兰克的书中——是建造两层高（近乎立方体）的生活空间，将二层上的床设计在一个壁龛中（参考前一实例）。

整个框架用上了色的夹板包裹着，隐藏了构件的连接处）；对正统结
293 构规律的否定（此外，建筑外立面的柱子都不落地，也是其出名的原因）；它的设计概念是房屋脱离地面（迪克·弗兰克把其中的暗房间改造成储藏室，但房子很难看上去像飘浮在它原本陡峭的地基之上）。除此之外，这个建筑遵循了严格的正交几何规则，所以背离了地心引力作用和所用木材的几何特征，更不符合居住者内在的“六向加中心”特征。房屋内的顶棚上奇怪的楼梯设计也背离了上述的规则，就像 M·C·埃舍尔的版画一样，把它倒置过来的话仍然仿佛是建筑的一部分，可以正常使用一样。

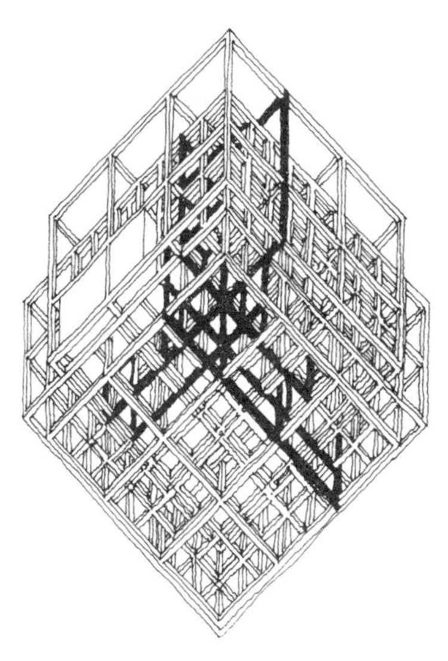

理想几何

要分析住宅六号的几何规律，最好还是要看看埃森曼的柏拉图式的草图，这些草图也体现出他对建筑的最纯粹的表现方式，他的设计不受诸如重力学、气候和人类使用情况的影响，但同样不可避免的是其建筑一旦被造出来后往往并不像想象中那般完美。埃森曼的图纸在精确性方面是一丝不苟的。苏珊·弗兰克在书中重新引用了这些图纸。

在本书第 1 章“如何解析建筑”中，我曾建议大家在画草图的时候在纸张的下方垫上坐标纸，这是十分有用的。这种方法在学习分析埃森曼的住宅六号时特别受用，即使如此这个建筑还是相当复杂，它的平面和剖面都超越了简单的几何分析。这个建筑的概念设计是在一系列重叠的三维立方网格的框架下产生的。最初的步骤是生成像板条箱形的 3 × 3 × 2 的立方体（右上图）。如此重复，网格的叠加和转移形成了更复杂的框架（右中图）。有了这个复杂的框架作为原型后就可以开始进行切割、成型和转换，最终变化成住宅。这过程中虽然许多构架都被移除了，但整体的复杂框架仍然固若金汤（右下图）。构架的间隙空间就变成了房屋的房间——起居室、卧室、厨房等。其余的构架成为建筑的支撑结构——虽然埃森曼并不想让构架落在地上，他想传达这样的概念：这个建筑首先是思维的结构，其次才是物理结构。有些框架的表面被装上了玻璃，成了窗户；而有些被填充成了大
294 片墙板。最后也最有趣的是，有些构架保留的同时，有些原本是构架的空间改装成了灯槽——卧室地板上长条物就是一个例子。埃森曼在

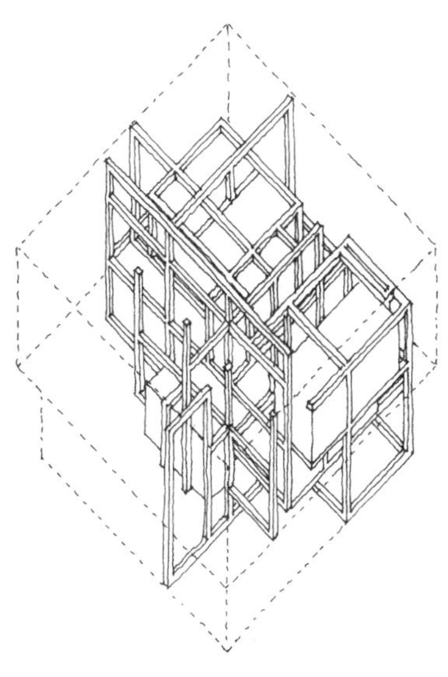

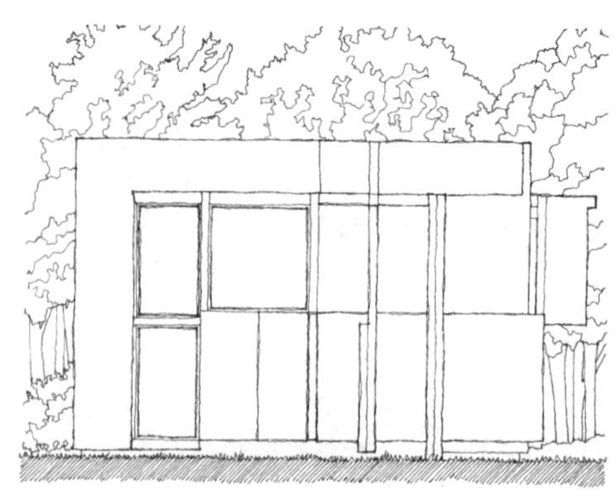

住宅六号的立面很像 20 世纪初期“新造型主义”画家蒙德里安（Piet Mondrian）的作品。埃森曼用了相似的方法拒绝将建筑建立在人们的日常生活习惯之上，像蒙德里安建议的那样：绘画不应该试图去描述现实生活。

他的草图和建筑实体中给复杂的构件组合定义了一套色彩“图层”。建筑外立面是灰色的；上二层的楼梯是绿色的；餐厅顶部的颠倒的楼梯是红色的，如此等等。

1963 年埃森曼在剑桥大学发表了他的博士学位论文*。论文标题为《现代建筑的形式基础》。住宅六号的设计也包括在论文中。它复杂的框架也许可以被视为一种向复杂性和多维数发展的趋势，就像里特·维尔德（Gerrit Rietveld）、密斯·凡·德·罗、勒·柯布西耶、朱塞佩·泰拉尼等大师，他们的设计发展自新古典主义建筑的形式和框架（如阿尔伯蒂、伯拉孟特、帕拉第奥），甚至可追溯到古罗马和古希腊的古典主义建筑以及维特鲁威的设计原则。从这个意义上讲，埃森曼的设计也许能在漫长的、延绵至今的、探究建筑几何形式的长河中占有一席之地。

刻薄地说，“在最后的分析中我们能清楚地定义这个‘神庙’般建筑的‘造物主’”，在这个特别的“伊甸园”中或许它的建筑更像是那条“娄蛇”（“夏娃”初次碰到埃森曼是在哥伦比亚大学艾弗里图书馆的复印机旁而不是在“善与恶的智慧之树”下）。但埃森曼认为他的住宅六号是种建筑宗教的“神庙”。它“纯净”的几何形式在超越世俗的同时也介于两种状态之间——就像约翰·迪伊（John Dee）定义的介于自然与超自然之间（参见第 11 章“理想几何”），或介于优于人间但次于天堂的状态。束缚于世俗需求被视为对这一追求的一种拖累。

在住宅六号重建的过程中，房屋所有人设法找到适应这个房屋的方法，就像我们多数人想要的状态——生活状态——这种状态下我们才找到了自我。建筑常常就是充当在自然条件下为人类提供庇护场所的角色，但在这个实例中，反倒是建筑给其使用者造成了种种不便。例如，“夏娃”最终还是妥协了，她不得不用折梯去高处的碗柜上取要吃的苹果；“亚当”则设计出一个可以跨坐在有长条杆件的卧室地板上的双人床。

* 彼得·埃森曼，《现代建筑的形式基础》（The Formal Basis of Modern Architecture），2006 年。

案例11　盒子

美国，加利福尼亚州，卡尔弗城

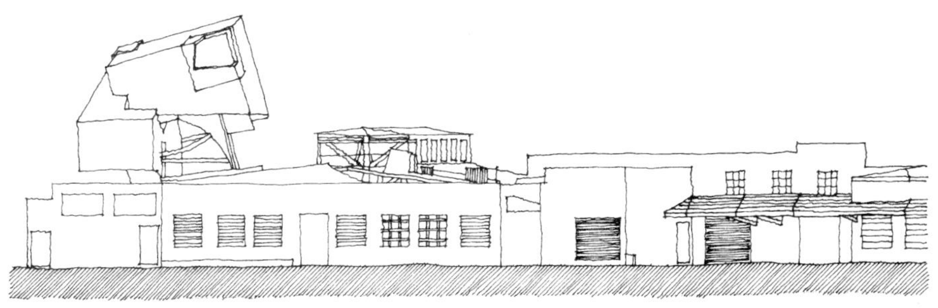

295 “盒子”建于1994年，由埃里克·欧文·莫斯（Eric Owen Moss）设计。这是美国加利福尼亚州卡尔弗城（Culver City）复兴计划的一部分。“盒子”是在一个现存的工业建筑中插入了一种断裂式抽象的小几何形体。其中最重要的空间，也就是“盒子”本身，是一个放置在原有建筑屋顶的会议室（初衷是想设计成一个休闲餐厅），经下层曲折的楼梯到达。“盒子”复杂的几何形式和统一的灰色表皮材料形成鲜明对比，好像一个“外星人”闯入了本来平凡而原始的建筑中。

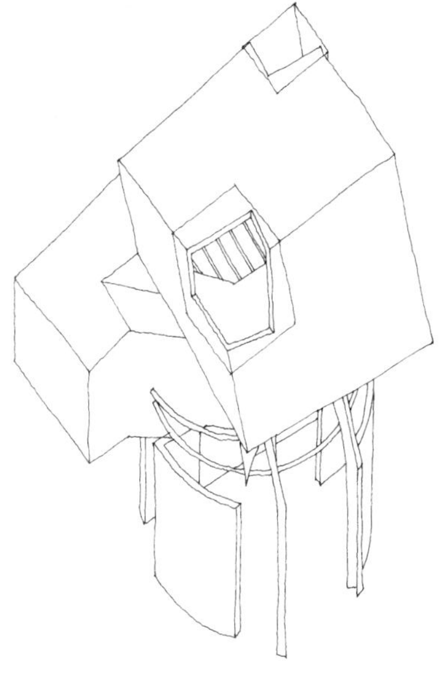

场所的标识

“盒子”并不是通过其特定的用途对自身进行场所标识，而是通过“突兀”于周围环境的形态，也就是以在环境中的古怪外形达到场所标识的目的。它是存在于自身世界的“神庙”，脱离世俗的干扰，摆放在下层无趣的屋顶上，就像一件奇怪的雕塑作品。它独立的特殊结构介入原有建筑或者说打破了原来传统的结构。“盒子”就像飘浮于尘世之上的“观景台”，人们可以在那非同一般的位置观赏周围的世界。“盒子”在这里好像超然于世界。它不仅仅通过奇怪的外形，也利用其对实用性的态度、施工方式或是建筑结构的设计手法来显示存在的与众不同。在这三个方面，“盒子”的设计手法对本书中提到的“存在几何”的许多方面发起了挑战。断裂和通过“理想几何”概念表现的草图，才是这个设计的根本出发点。

存在几何

在“盒子”这个设计中，莫斯对形式的设计并没有让步于建筑的实用性。这样恐怕并不符合一个供人“居住”的建筑的标准，就像马丁·海德格尔（Martin Heidegger）曾经在《筑居·思》（Building Dwelling Thinking）中暗示的：我们不是为了建造而去居住，而是为了居住才去建造，因为我们都是“居民”。“盒子”象征着一种抽象

有关“盒子”参见：
布拉德·柯林斯（Brad Collins）和安东尼·维德勒（Anthony Vidler），《埃里克·欧文·莫斯：建筑及方案2》（Eric Owen Moss: Buildings and Projects 2），1996年

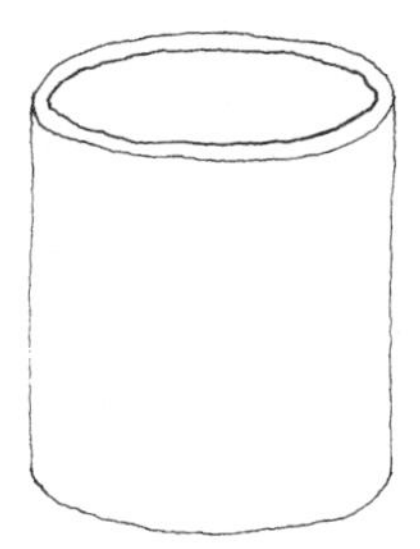

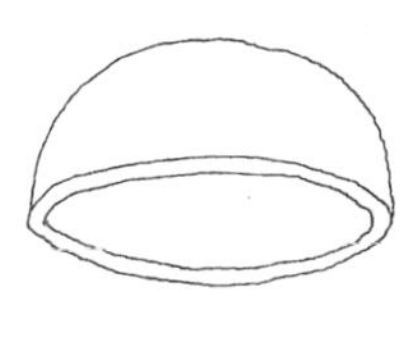

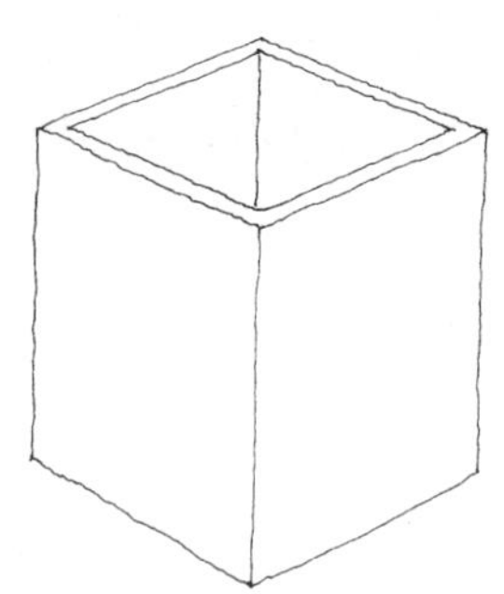

“盒子”由圆柱体、半球体和立方体这些简单的几何形式构成。

形式的建筑。它的地面是水平的，人们可以在上面走路或站立，也可以摆放些家具；有一部舒适的楼梯可以通往楼下；“盒子”内部通过一个开口采光，光线足够人们进行日常活动，同时也可以透过开口欣赏一下外面的风景，它还会遮风避雨。但是这些对“居住”功能的让步相对于其他需要考虑的设计因素就可以忽略不计。

296 “盒子”的构造方式以及对材料的使用都挑战了一般的制造几何原则。由于其不规则的几何外形，在装配标准的表皮材料时，工人们遇到了极大的困难。完工后，统一的灰色外皮给人以错觉，就好像整个建筑是由一整块外皮进行包裹。除了裂口上大片玻璃与墙角交接的地方，“盒子”所有的构造节点都被隐藏起来，一些必要的结构也比较明显，但是打破了传统的构造几何的规律。

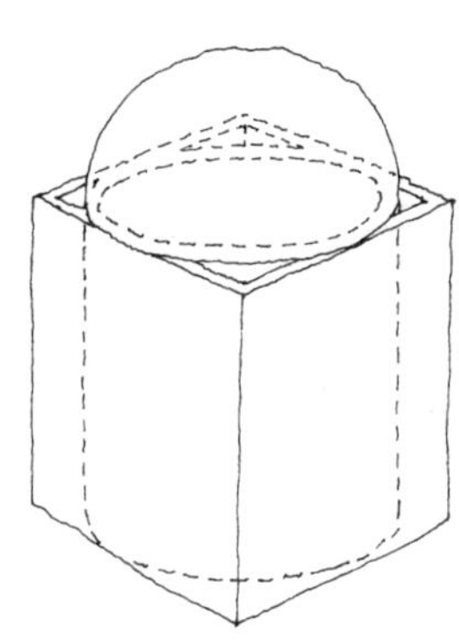

同样，“六向加中心原则”这种呼应人体、在大多数四面围合的建筑中常见的居住形式，也没有在“盒子”这种不规则的几何形式中体现出来。“盒子”建筑是基于理想几何形式设计的，只是以一种扭曲和断裂的形式体现。

理想几何

本页和下一页的图示向我们展示了“盒子”的几何构成。运用于构成的基本元素：圆柱体、半球体和立方体都是建筑中最基本的几何形体（上图）。它们三者可以组合成一个位于立方体内的圆厅（和圆厅别墅相似）。但是莫斯却用一种非同寻常的方式将它们组合起来。他将圆顶（半球体）安置在圆柱体上方（和一般组织方式相同），但是立方体却被平稳地放在了这两者之上。

莫斯接下来的概念就是将这些普通几何形式扭曲，在上面打开裂口并且放置成一种不稳定的形态（对面页图）。圆柱体的一部分被割去。半球形被抽象出来形成结构构架，这样形成的是一个半球形的空间，而并非半球形本身（立方体部分的地面由半球形构架提供支撑）。最值得注意的是，一般放置的立方体其水平方向应与地平线平行，竖直方向应与地面垂直。而这个立方体在两个维度上都有不同程度的倾斜，打破了环境和立方体内涵（建筑坐落之处，周边的环境以及在其中活动的人）的和谐相处。为了进一步使其几何形式复杂化，立方体

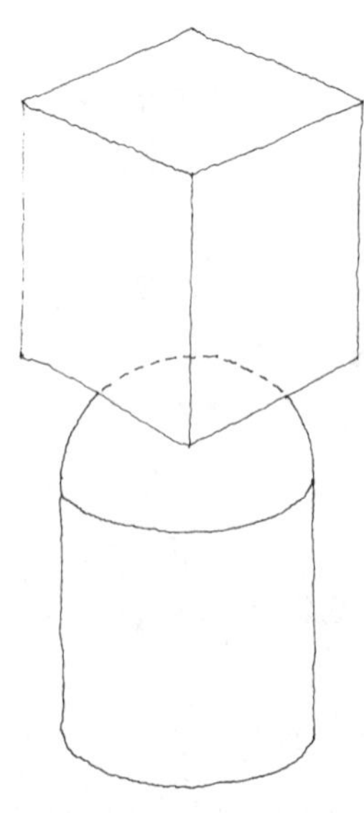

这些几何形式本可以以一种传统的方式进行组合，但是它们现在却被以古怪的形式放置在一起。立方体被放在了半球体和圆柱体上方。

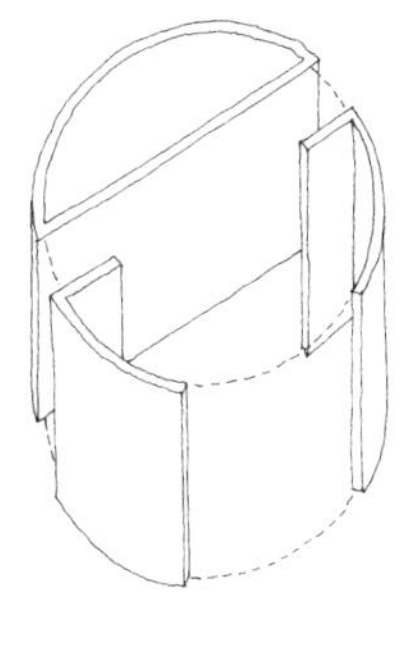

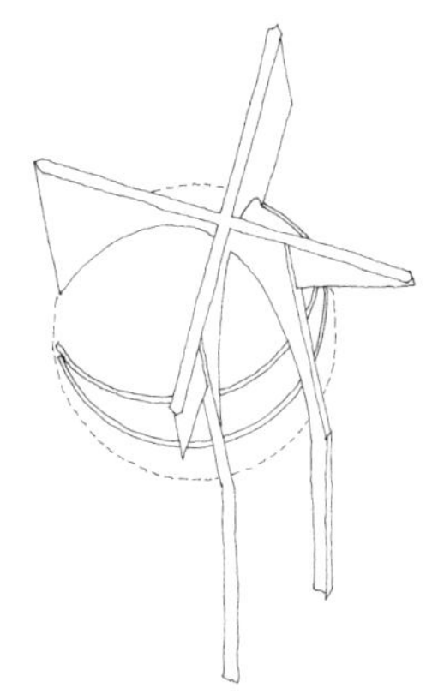

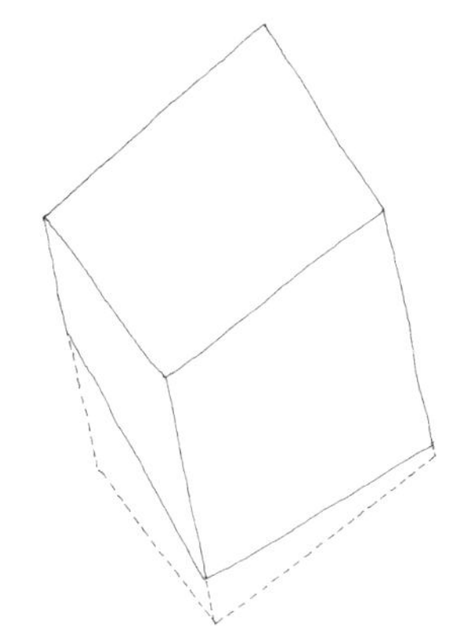

……开口，扭曲，分解。

的一部分被移到其水平面的下方。一个复杂的不规则楼梯将下方的圆柱体和上方的立方体联系起来。楼梯穿过半球形屋顶，尔后有一小部分悬挑在空中，靠近端部又重新回到了屋顶上方，最后到达立方体内部。楼梯间和结构构架支撑的“盒子”都穿过原有建筑屋顶的一个缺口，这个缺口上覆盖了一个简易的玻璃平台，由简单的木结构支撑。

297 设计最后关注的一方面就是“盒子”被切除了两个“负”立方体，以满足采光要求。而在这些开口上，都安装了简易的防水玻璃，上文已经有所涉及。

作为一个建筑作品，“盒子”的设计便是将完整的几何形式打碎并重组。不同于许多传统的建筑设计手法，如此做法因为其独特性，而受到人们更多的关注。由于“盒子”不规则的形式与周围建筑传统的几何形状形成鲜明对比，让我们注意到了“盒子”具有雕塑感的外部造型。这是一种令人耳目一新的建筑形式，几何游戏及美学复杂性而使整个建筑妙趣横生。但它也是种封闭的建筑形式，这种封闭感即便是身临其境的人也能感受到。人们不再作为建筑的参与者，而更像是雕塑偶像的仰慕者。

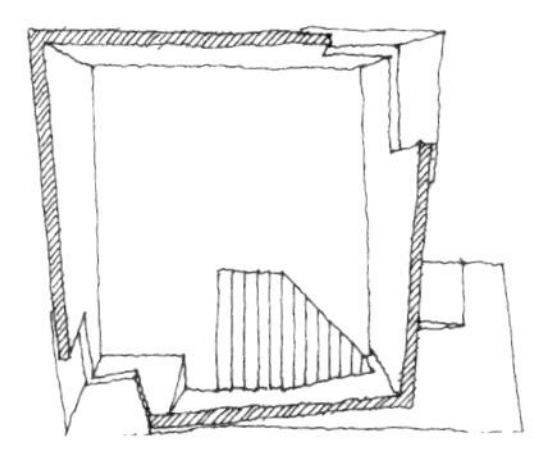

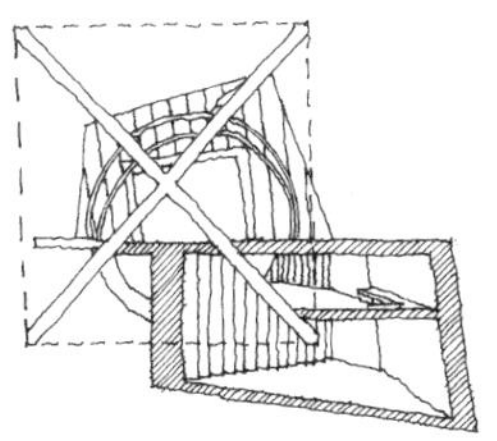

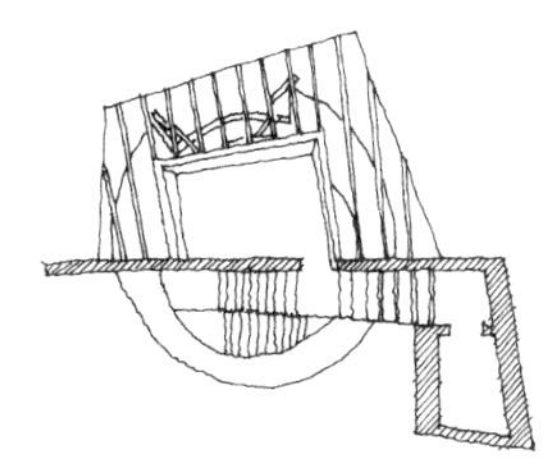

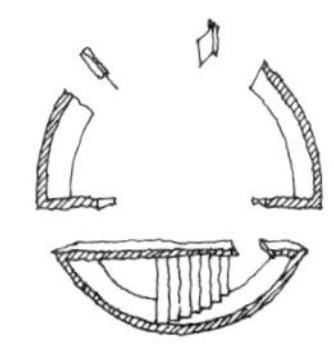

平面图体现了使用传统的建筑草图表达复杂组成的一些难点。

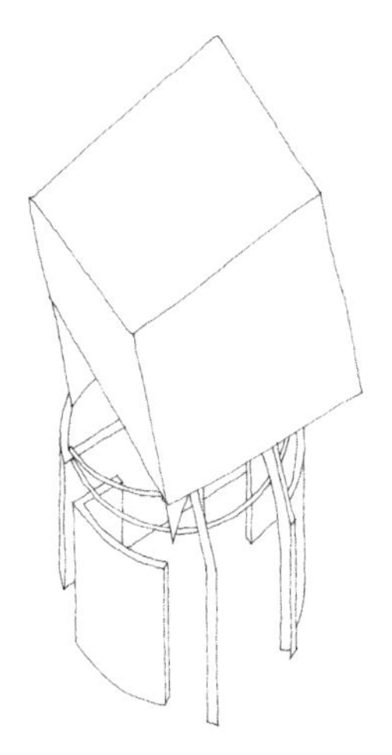

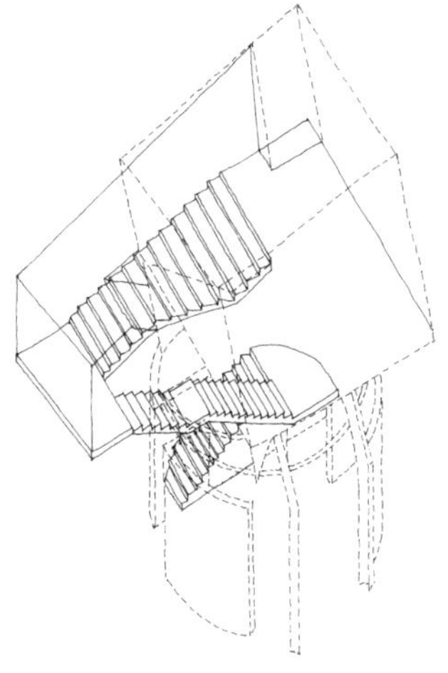

不规则的楼梯连接了圆柱体与立方体，盘旋而上。

案例 12　问鱼亭（茶室）

日本，京都

立面

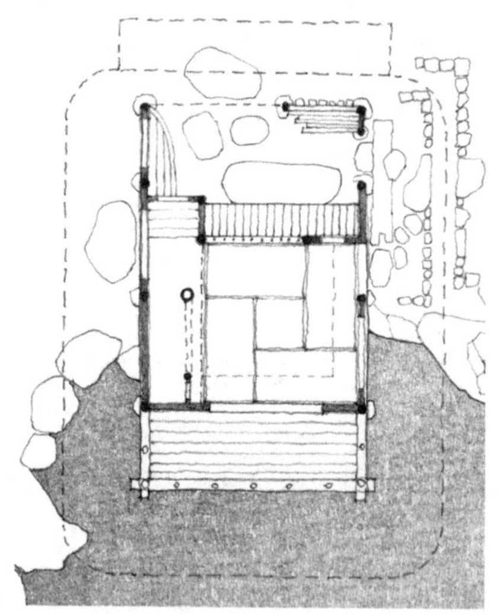

平面

298 建筑作品是管理我们自身（我们的活动、财物……）与周围世界（景观、气候、其他人……）之间关系的工具。它们介于内容和语境之间，要么将二者分隔开来，要么在它们之间协调各种互动。例如，拉兰法蒂住宅（案例 3）就是一座为了隐私和保护，用一堵厚石墙将室内与周边环境分开的建筑；它与外部的唯一联系就是通过门道（可以关闭）、小窗（为了透光而不是观景）和烟囱（用于排烟）。相反，喀拉拉泥屋（案例 4）是由不同的文化态度和气候形成的，所以它向四周敞开。这两个小住宅的内容相似——都为家居生活提供框架——但它们在内容和语境之间确立的关系是不同的。下一个要分析的建筑是日本的茶室（不是居住用的），它体现出内容（茶道）和语境（“漫步”园林）之间的关系如何能上升到诗意和美的境界。

白沙村庄

坐落在园林中的白沙村庄（Hakusasonso Villa）是艺术家桥本关雪（Kansetsu Hashimoto）在 1916 年后为自己建造的。它位于京都，就在银阁寺附近的哲学之道旁边。白沙村庄是 20 世纪“漫步”园林的早期实例，而这种思想已有数百年的历史（漫步园林的典范之一桂离宫也在京都，它是 17 世纪初建成的）。

漫步园林

漫步园林是一种构思巧妙的景观，往往会有一条蜿蜒的小径，穿过丛林，跨过小桥，在一座不规则的湖边营造出一系列景致。尽管有很多日本漫步园林，而且各有千秋，但它们的基本原则大致相同。摄影家会强调其中的画意（视觉特征），但它们的目的是提供全感官的体验。

漫步园林顾名思义是涉及时间的。游人可以闲庭信步，但他们选择的路线会不知不觉地受到布局的左右。当小路一分为二时，一条路会让湖水若隐若现，或是远不可及。小路有时用石头铺成，所以在落脚时要格外小心，只有驻足后才可以赏景。树木的排布会让阳光从背
299 后照来，让鲜花泛光，或是让枝叶在墙上留下靓影。插入地中的假山

的位置在日本园林设计中尤为重要。从周边地区“借用”山水树木等景物作为背景的借景手法也是至关重要的。

漫步园林的游赏需要时间和光。它还包括声音、尺度、触摸、气味甚至味道。它需要用心和休憩。除了身体的感受，园林还会调动情感的反应：好奇、期待、不安……发现、愉悦，有时还有释然——在园林中达到某个位置或场所的感受。日本漫步园林以其象征和对传统与典故的叙事性隐喻，创造出包罗万象的审美和叙事体验。游人绝不仅仅是观者，而是这个微妙的建筑（景观和房屋）中不可或缺的组成部分。这种构成会调动身心；一切都是根据感受和品位精心加以协调。这种协调不出自强加的意志，也不是任由天作的产物，而是在审美感的主导下二者的共生共融。

日本漫步园林不能被归为“神庙”或“棚屋”类：它单属于一种复杂的类型。其设计原则是“侘寂”（wabi-sabi），而这很难定义。作为自然的产物，园林在每一分钟、每一天、每一季、每一年、每一世纪都在变化。作为思维的产物，它在不断地微调，以追求均衡、齐整、和谐、美……万物都不是永恒的；什么都不会

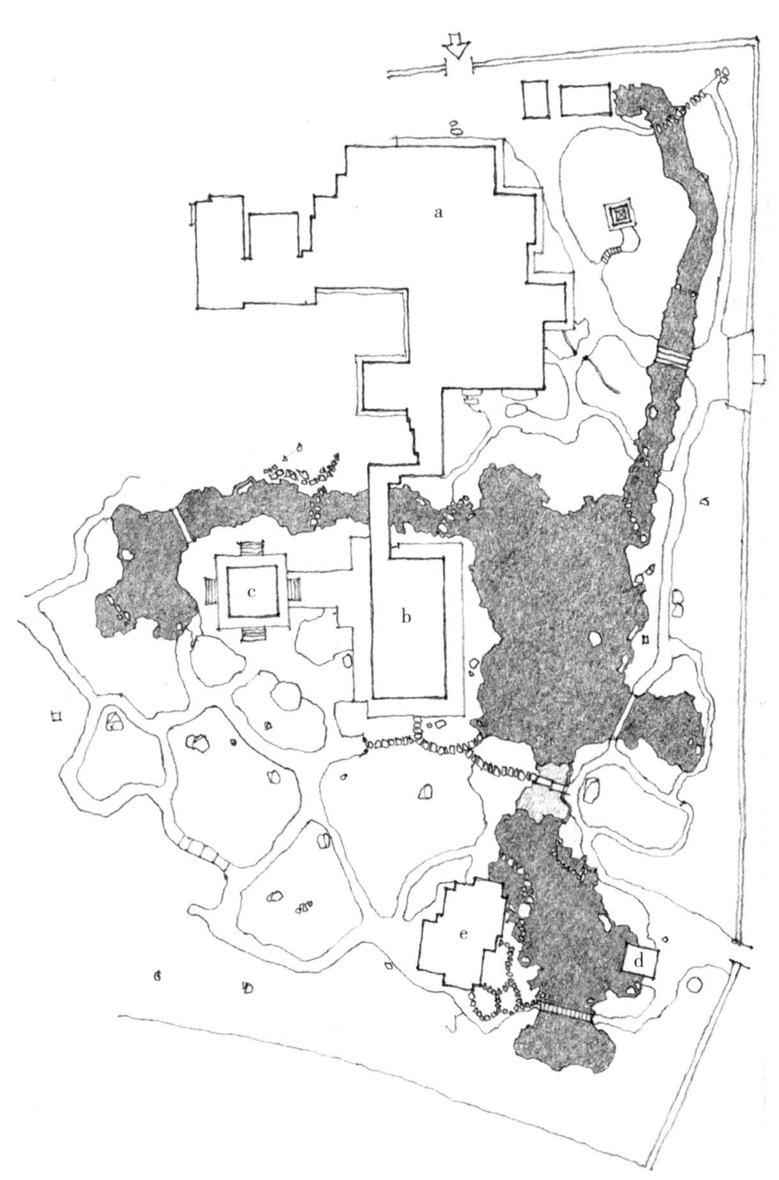

白沙村庄平面。别墅位于 a。桥本关雪的画室在 b，附有一座神庙 c。两座茶室 d 和 e 在图底部。还可以看到小路、桥和路石，在树间、湖边、桥上形成各式各样的走道。

一成不变；哪里也没有终点；完美是永远的追求，却永远无法达到。

300 茶室与仪式

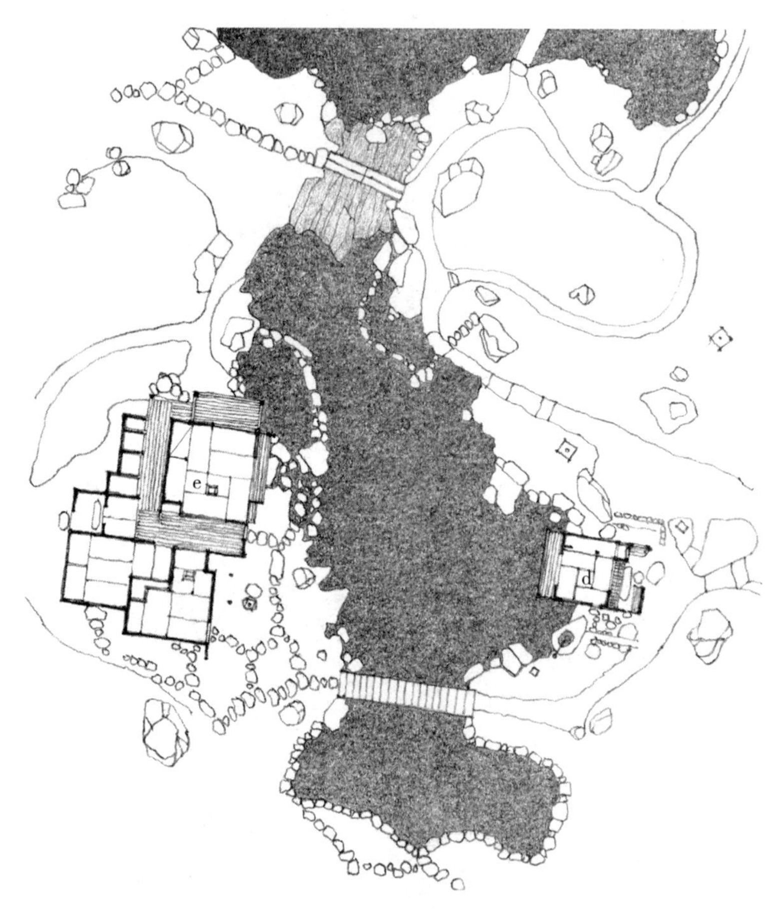

白沙村庄的两座茶室在两岸面对面，夕阳照耀着问鱼亭。

茶室是漫步园林最集中、最具诗意的建筑组成要素。虽然居住的别墅是这种园林的主要建筑，但茶室是重要的节点。与漫步的小路和小桥相对，茶室框出静态的场所，而这里不时会举行传统的茶艺。白沙园林里有两座茶室，以及别墅、画室和神龛（见前页平面图）等其他建筑。其中一座是大茶室（e），供这位艺术家的夫人举行正式茶艺使用。另一座是小的“随性”茶室——问鱼亭（d）；桥本关雪用它来冥想。这两座茶室在湖两岸（上图）面对面（形成对话）。每座都是对面景致中的焦点。小茶室问鱼亭是本案例的主题，而大茶室在午后阳光的照射之下。

茶室是小巧的建筑，不仅用于举行茶艺，还可以用于审美和礼节。它们通常也是园林中的装饰、充满画意的构图中的点睛之笔。同漫步园林一样，所有的茶室都各具特色，又有共同的组成要素。对面页中的图展现了这些要素，而不是一个具体的例子。

有关茶艺参见：
千宗室（Soshitsu Sen，日本茶道大师——译者注），《茶道：日本茶之道》（Chado: The Japanese Way of Tea），1979 年

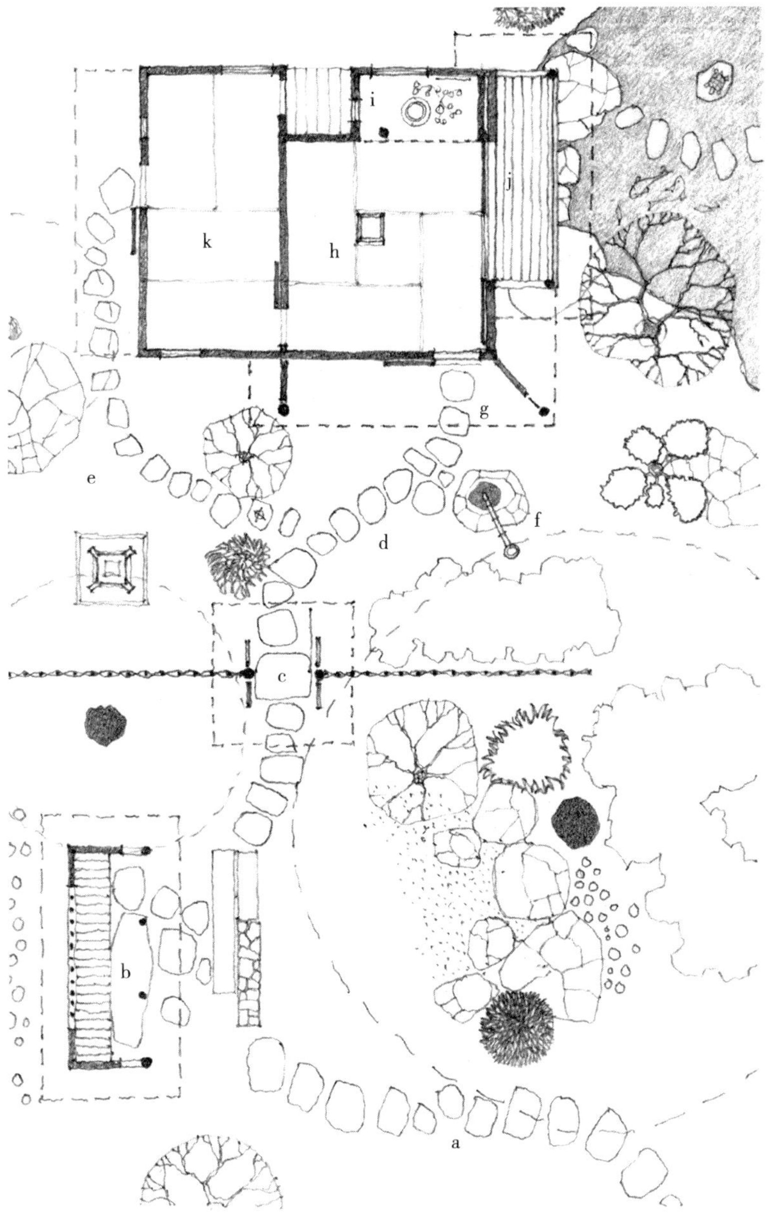

茶室是让客人摆脱日常生活，进入平和完美之境的旅行的终点。客人在进来之前会经过若干特殊的步骤：换上得体的衣装；然后慢步前行，踏着路石（a），来到带顶的长椅前（b），在这里可以静静地对着园林沉思，等候主人的出现；主人会穿过入口（c）来迎宾，并指示通向茶室的小路（d），然后从自己的小路（e）前往旁边的房间（k），准备餐食；客人则要洗手，并用大石盆（f）中的水漱口；来到茶室后，客人要脱鞋，在从一个矮门道“躏口”（nijiriguchi）（g）中爬进茶室——意在唤起进入净
301 地之人的谦卑之心。茶艺就在有榻榻米“畳”（tatami mats）和展示奇珍异宝（宾客需表示欣赏）的壁龛（i）的房间（h）里举行。主人会上一道简餐（在上茶前），但自己会在厨房吃。茶室通常在举行茶道时对外关闭，但在各道菜之间或在茶艺结束后，客人有机会走到凉廊处（j）欣赏园中美景。当包围茶室的屏风“障子”撤去，园景夺目而入的那一刻是极具冲击力的。

茶室本身是包括了等候亭、小径、门道、盥洗处在内的组群高潮。对于花园，人被当成融入其建筑中的要素，而不仅仅是观者。

典型的茶室组群

a—入口小路；路石让人放慢脚步；通往客人更衣的房间；
b—等候位；有屋顶；客人坐在这里对着园林沉思；
c—入口，主人在这里迎宾；
d—宾客路；
e—主人路，通向主人的入口；*
f—石洗手盆；
g—“躬身”矮门，带屏风，遮在檐下；**
h—茶室；架空地面上的榻榻米；配有炉台或火盆；
i—壁龛（tokonoma），陈列空间；
j—凉廊，客人在此赏园；
k—备餐室。

* 主人准备并呈上餐食，但自己在 k 处用餐。

** 客人必须脱鞋后爬进茶室；地位的差别被留在外面。

这座小茶室的主要元素是四帖半榻榻米的方形地板（h）。其所在的平台一半在陆上，一半在湖上。这就营造出一个似乎不在此世的场所，而是介于水陆天地之间。这就是举行茶艺的地方——由墙壁围合、屋顶遮盖出来的净地。

剖面（笔者没有画出屋顶结构，那是看不到的）

302 没有一座茶室是高大张扬的（那与茶道崇尚的至简精神是背道而驰的），但它们都是细致入微、精心营造而成的。一切尽在柔和微妙之中，匠心独运。它的目的是：用感受的美陶冶宾客（让他们脱离日常的自我）；综合景观、建筑、茶道和礼仪为他们带来美的感受；当然，还要用主人的热情和品位打动客人。

问鱼亭

白沙村庄的问鱼亭将茶室组群所有的主要元素都汇集到一座小房子中。不过，这座建筑没有将它与周围隔开的推拉屏“障子”；它更像是一座开敞的亭榭。通路(a)是环湖的一条弯曲小径；它有一个等候区（b）；门道（c）是主人迎宾的必经之路；还有一个大石头的洗手盆（f）；然后是宾客爬进茶室（h）的矮门（g）。茶室里面是展示艺术品（objets d’art）的壁龛（i）、赏园的凉廊（j）和主人做准备的凹龛（k）。问鱼亭的地上没有炉台；茶艺会用火盆或预先烧好的水。

问鱼亭并不经常用于茶艺——桥本关雪更多地是用它来思考自己的作品——但它的形式化布局代表（引发、证明……）

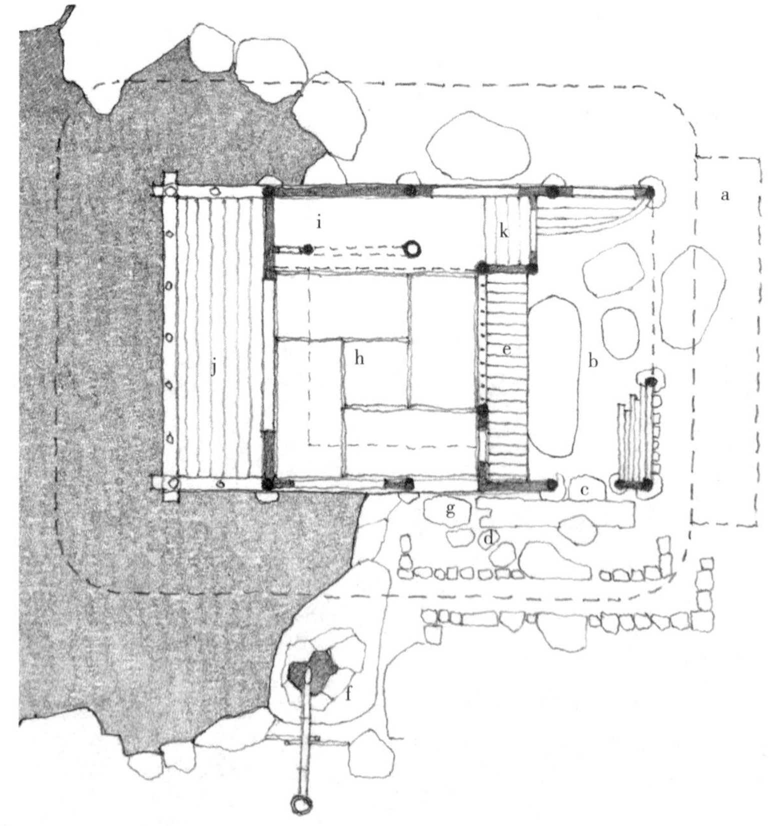

平面

在方形的榻榻米地板（h）周围是各种灰空间（边缘或“服务”空间）：b—等候区；e—望湖阶；c—“门”道；d—通往洗手处和躬身门的路石；g—躬身门道；j—凉廊；i—壁龛；k—主人做准备的凹龛。

[笔者的问鱼亭图不是准确的“测绘”图。它的尺寸是在现场（根据榻榻米的尺度）用照片估计出来的，然后再按可能的几何框架（见下图）进行整理。]

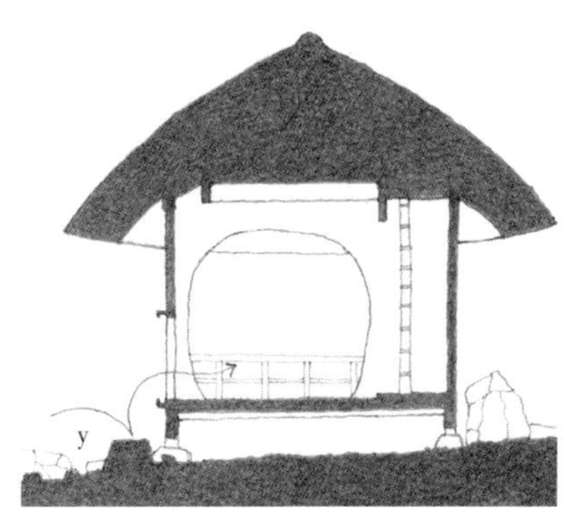

在出挑的茅屋顶下面，要把鞋脱在外面，借助过渡的路石（役石）进入“躙口”（躬身门道）。穿过门道具有一种转换性；在这里，转换的过程让进来的所有人都具有相同的社会地位，并为茶道唤起敬意。

了茶艺令人安宁的潜力；就像桌上的棋盘带来了下棋的可能性与智力上的消遣。建筑的框架就像按各种规则下棋的棋盘。从对岸的大茶室望去，问鱼亭就是茶道的象征。

303 过渡、层次、核心

虽然问鱼亭在白沙村庄的角色中是一个具有装饰性和象征意义的对象，但它也是居住和体验的框架。它营造出一系列过渡空间，为与其不可分割的园林、为无所不在的空间建立起一种以核心为终结的空间层级。

这个核心是一个精确的方形区域，由四帖半以人为尺度的榻榻米界定出来，上面还有出挑的茅草顶。它是凝思的场所，是在变幻莫测的大千世界中令人安定的中心。通向它的过渡空间从远处开始，即从外部世界到园林的入口。然后沿着各条小路穿过园林，或者跨过小桥，由通路（a）到达问鱼亭低矮的茅屋檐下，进入等候区（b）。

从等候区开始，过渡的时刻就会越来越准确：穿过代表传统茶室组群门的门道（c）；小心地跨过路石来到洗手盆（f）净手；然后准备进入躬身门道“躙口”（g）；最后借助过渡性的大踏石（右上图的 y）“役石”恭敬地（脱鞋）进入茶室内（h）。

所有这些过渡以及穿过的场所层级都营造出一种来到平和之地的感觉。还有一种过渡是向外到凉廊（j）的，在那里园林随着前前后后的过渡给人带来步移景异的感受。问鱼亭谦逊而有力地体现出建筑改变人与世界情感关系的方式。

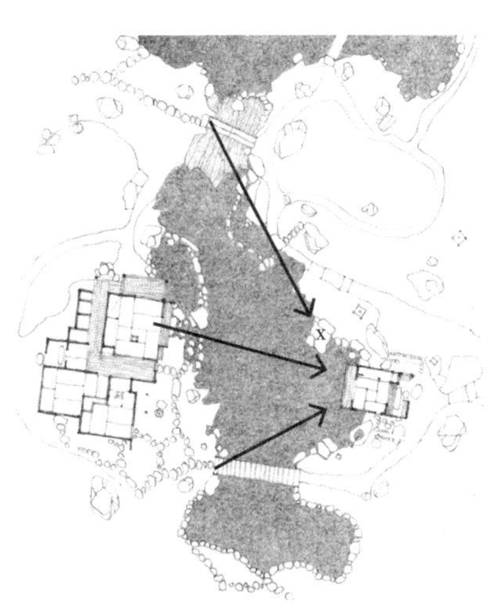

问鱼亭是观赏的对象：从对岸的大茶室；从园中的各个位置，尤其是桥上；还有一块大石头从水面上（在 x 处）挑出，从这里可以近观茶室。

但茶室本身也是诱导不同观赏模式的手段。

视线

虽然漫步园林与茶艺都需要身体的感官（包括品尝食物和茶水）和许多微妙的情感，但我们体验世界（以及建筑所调动）的首要感官是视觉。我们了解自己的所在并到达想去的地方主要是通过视觉的；对美的欣赏也是靠双眼的。

尽管问鱼亭符合阿普尔顿的“隐蔽与远景”理论（参见第 237 页），用观赏四周的隐蔽场所为靠近者提供了诱人的机会，但这个小茶室也

问鱼亭犹如一个相机，对湖对岸的大茶室进行框景。

穿堂望去

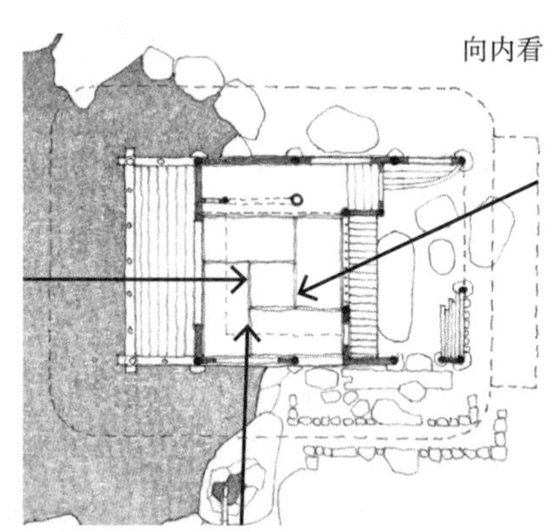

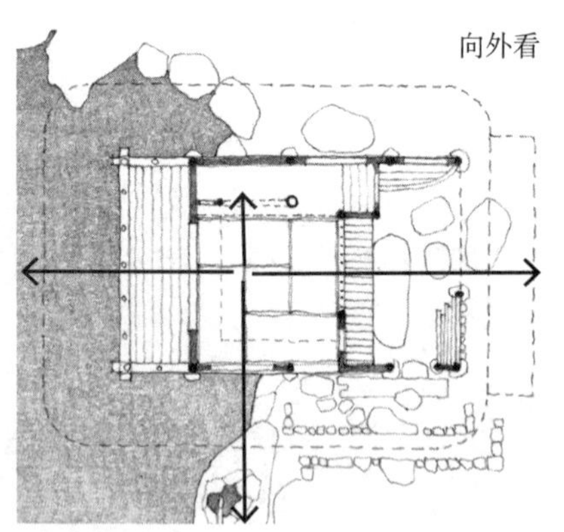

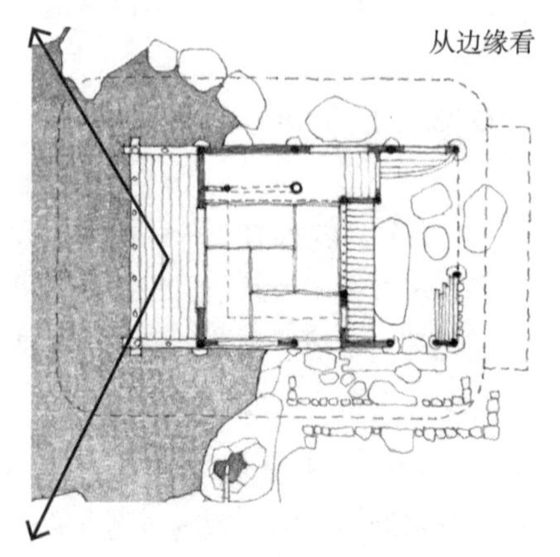

蕴含着其他的观赏模式。

304 首先，这个茶室是一个**对象**、景观中的点缀（焦点、引人注目之物）。它被设计为一个、甚至是一系列具有画意的构图中的要素，因为它可以从园林中多个精心布置的位置去观赏，而最主要的是大茶室（即第 300 页图中展示的景象）。

由于这座茶室无法从园中所有角度看到——它在主入口的最远处——所以也是一个**有待发现的目标**，或者，对曾经到访过并知道其所在的来客，它是**期待的目标**。新客第一眼看到这座茶室会感到惊喜。对于记忆和印象中已有这座茶室的老友，他会期待再次拜访。在记忆中，它被心灵的眼睛观赏。

问鱼亭是前后通透的。它可以被**望穿**。就像相机的取景器，它将对岸的大茶室作为框景的画（上图），展示给走近的访客和在等候区的客人。问鱼亭的地板，一半在陆地上，一半在水面上，介于通路和景观之间。

从等候区和对面的茶室看，问鱼亭也是一座**向内窥视**的盒子（匣子、展柜、舞台……），里面有不同凡响的东西：茶道的思想、可能与现实；身着华丽五彩丝衣的美人；拨弦吹箫、使园中余音绕梁的乐师；或是面对作品沉思的艺术家。

从室内看，客人是**向外观望**的。他们现在隐蔽处（或展柜里），站在清净的方形地板上。它由平台抬起并（从竖直和水平两个方向）滑入灰空间里。茶室让客人坐在中心，为他们营造出朝外的框中景：向前在湖对岸；向后朝着通路；向左穿过一扇窗框出另一幅如画的美景（园林的僻静之地）；向右朝着有艺术品和纸屏窗的壁龛（“向外看”图）。

最后，问鱼亭在凉廊处也可观景，园林的远景在那里开阔无阻。宾客会**从边缘赏景**，体会介于既不在室内又不在室外的感受。茶室界定了一个赏园的特定场所；为展示园林最美之处而精心挑选的视点；并考虑了将园林修剪出最佳效果的位置。

白沙村庄的小茶室表明建筑学不只是让建筑在室内外都美观的工作。它可以成为协调人与世界互动的手段，这种互动是通过视线、通过双眼和想象力在现实和比喻中实现的。

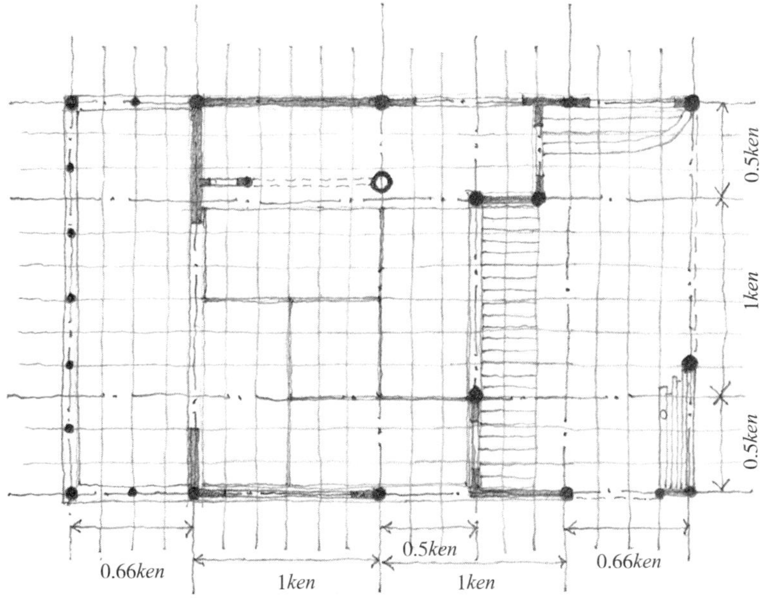

305 **几何形；贯穿线**

日本建筑尺度是以“间”（ken）为基础的。它又分为 6 “尺”，大致相当于英制的 1 英尺。这些是根据建筑的比例体系“木割”（kiwari）来使用的。“间”一般是木建筑的结构模数：主结构柱中线之间的距离。问鱼亭就属于这种情况。“间”是与人体和可用木材的强度有关的尺度。在垂直方向上，一间留出的高度足以让一个人轻松通过；在水平方向上，半间会留出足够的宽度。一道木梁很容易跨过一间。所以，“间”为建筑的使用者与建造材料的内在特征增加了一种敏感性。

上图是作者对问鱼亭基本几何柱网的理解。剖面也可以画出相似的图。作者将上图中的基本单位“间”进行了六等分。得出的方形柱网说明了建筑中几乎所有要素的位置和大小。核心区是一间半的方形，分为四块半榻榻米。局部被壁龛占去的低台给一侧增加了半间，这样建筑的总面积就是两间宽。凉廊是三分之二间深，与茶室面宽相等。等候区又在另一端加上半间和三分之二间，因此建筑就是 $3^1/_3$ 间长。所以建筑平面的结构比例就是 20 ∶ 12 或 5 ∶ 3（这个比例很接近黄金长方形——1.618 ∶ 1——但不是以同一种方式得出的）。这座建筑是以两间见方的结构核心为基础的，一端另有三分之二间用于等候区，另一端还有三分之二间是凉廊。所以建筑的基本几何框架在
306 两个方向上都是对称的（图 1）。不过，问鱼亭的空间布局不是对称的；它与基本几何柱网的规整对称是相反相成的。

倘若古希腊神庙的建筑师从同样的基本柱网出发，就会得到与图 2 相似的平面。它的空间会沿一条共同的轴线对称排列。入口的连线

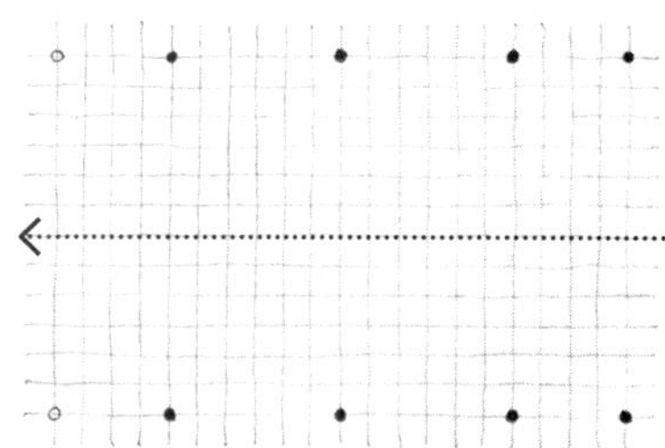

问鱼亭的基本结构形制在本质上是对称的。

有关日本传统建筑形制参见：海因里希·恩格尔（Heinrich Engel），《日本住宅：当代建筑的一种传统》（The Japanese House: a Tradition for Contemporary Architecture），1964 年

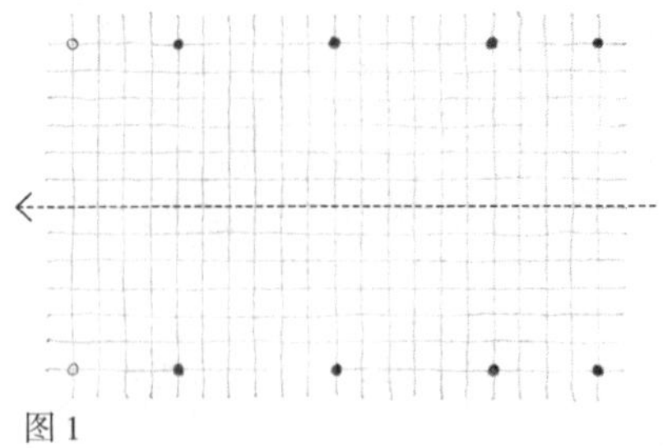

图 1

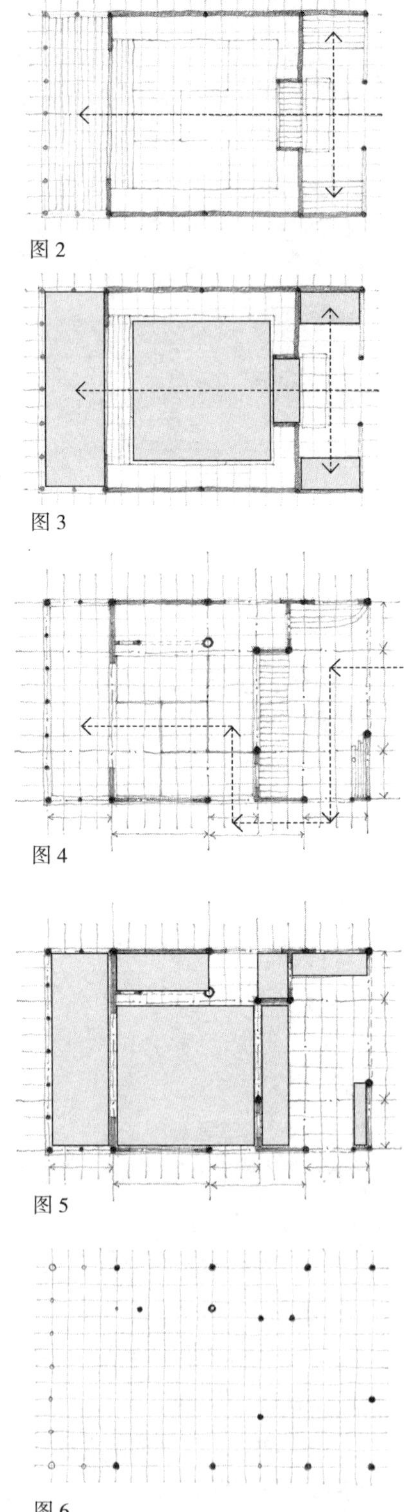

图 2

图 3

图 4

图 5

图 6

会沿着相同的轴线形成行进的序列，从通路穿过等候区进入净地，然后出来到凉廊。等候区会相向放置两条长凳。所有的空间都会相互平衡，或在建筑的中线（图 3）上，或在其两侧。

问鱼亭的建筑师对建筑进行了更为微妙的处理（采用了更微妙的建筑手法）。基本的规整结构没有内在的轴线（图 2），而在建筑的路线和空间布局中不是这样的（图 4）。进来的路从偏离轴线的位置进入等候区。从等候区出来到洗手处、再到躬身门道的路线将客人从建筑侧面带出，要转过 180° 后才能进来。净地不在轴线上。茶室朝向凉廊的开口也不在茶室、凉廊或整体的轴线上。而等候区被小心放置，避免正对供客人使用的长凳。这些空间一般都是符合柱网的（图 5），但位置并不在轴线上。还有些结构柱是随意放置的，形成了一种混合的不规则模式（图 6）。有些属于支撑屋顶的结构框架，其他的支撑着附属构件。就像围绕一段音乐节拍的旋律，问鱼亭的路线和空间也围绕着基本的结构形制来组织。轴线是表达层级与对应、决心与力量……的建筑手段，却（又通过建筑手段）被对人与场所之间更为微妙的情感关系的追求颠覆。

茶室几何框架在规整与随意之间的变换是“侘寂”设计手法的一个方面，因为它认识到人造的、移动的以及社交的几何形都有不同的需求；无法（也不应）将理想的规则几何形建筑强加给它们。它也认识到在规整与随意之间变换的审美潜力（一如音乐）。“侘寂”
307 的另一个方面是承认天然材料与人工材料之间的不同特征；一个是不规则的生长；另一个是直线。这种效果可以从一个例子中看到：树枝的轮廓投在平整的墙面上，同时又可以融入建筑的结构之中。这种效果往往不是对巧合与支配的结合，而是让（对尤为秀美的自然形式——树枝、鲜花、岩石、光影、锈迹……的）选择融入规则的几何性（直线、平面、精准的矩形或矩形柱网……）；而这些都是把握审美的模式。

自然的不规则与人工的规则性之间相互作用的典型体现在京都皇室桂离宫松琴茶室的壁龛上（对面页上图）。不规则的木料也用在问鱼亭的建筑上，与其大体上成正交的形体相反相成。它在壁龛处的侧轴由一根单独的竹子标示出来（参见第 304 页剖面图）。规则性与不

桂离宫松琴亭的壁龛就结合了规整与随意。它的构图以人造的几何形与人的尺度为基础，在艺术上是非对称的。它的中轴线是一根扭曲的枝干，并诗意地扭曲着。它支撑着屏风，并与木建筑其他部分的直线矩形相映成趣。平面被不规则的岁痕柔化。一切都被幻化的光影改变。

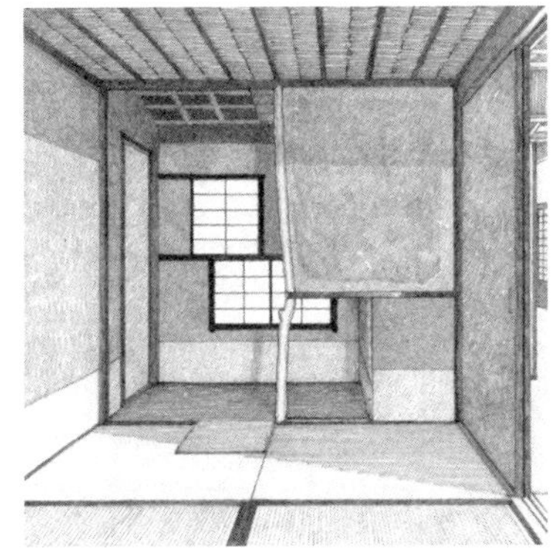

规则的叠加在这座建筑的透光窗（上图）上也能看到。这是由规则的直木框架支撑的纸屏（就像“障子”），但里面以不大规则的图案设置了弯曲的树枝格栅。右图展示了一幅纸屏的两面：一面是支撑纸面的规则框架（图 1）；另一面是弯曲树枝的不规则图案（图 2）。每面都展示了另一面框架的影子映在纸上的图案。其结果是规则性与不规则的相反相成，随着光的变幻或移动，或柔化，或加深。

图 1

图 2

结论

建筑介于内容与文脉之间、人与周围世界之间。它从内部、外部和中间为生活提供了空间框架的基体。其他艺术形式则通过再现、隐喻、抽象等方式间接地影响了世界的关系和阐释。而建筑是直接影响的；它改变了我们居住的世界（它是“一切艺术之母”）。问鱼亭就是发挥这种影响作用的手段。它的建筑涉及室内、室外和中间，精确地协调着人与周边环境的关系；它提供了各种框景的方式，调动着情感的响应；它的建筑使人融入一种沉浸其中的体验；它表明建筑不只是关注在实体世界中作为对象（装饰物）的外观。建筑将人作为一种组成要素，而不仅仅是一个旁观者。

致谢

原著第一版致谢

309 不仅是许多建筑系的学生们，众多公开或默默无闻的奉献者为本书贡献了智慧。为了完成本书，学生们积极参与形式多样的教学课题，有的建言献策，有的从事具体设计，促成了书中所涉及的思想与理念。

同样，从事建筑教育的同事们，尤其是那些与我一起工作在威尔士建筑学院的伙伴们为本书付出了大量劳动。凯尔仁·摩根（Kieren Morgan）、科林·霍克利（Colin Hockley）、罗斯·克莱门茨（Rose Clements）、约翰·卡特（John Carter）、克莱尔·吉本斯（Claire Gibbons）、杰弗·切尔森（Geoff Cheason）和杰里米·戴恩（Jeremy Dain）为本书提供了不少范例。

与格拉斯哥麦金托什建筑学院院长——查尔斯·麦克卡伦（Charles MacCallum）的讨论，以及该校帕特里克·霍奇金森（Patrick Hodgkinson）先生的热忱鼓励使我受益匪浅。

同时，感谢威尔士学院建筑系主任——理查德·西尔弗曼（Richard Silverman），以及到访过我院的众多学者，他们不吝赐教，有意无意间促进了书中一些思想观点的发展与成熟。

尽管某些同仁的观点与本人相左，但同样对本书的创作不无裨益，对这些观点慎思、求证的同时使我的思想不断深化。所以，虽不在此一一列举他们的名字，但要向这些理论对手同时也是我的挚友们深表谢意。

某些思想来自远方的朋友与辩论者。有的很少见到，有的甚至未曾谋面，我们不时沉浸在互联网的畅谈纵论之中，特别是与霍华德·劳伦斯（Howard Lawrence）及其他网友在“listserv”小组（DESIGN-L@psuvm.psu.edu）的讨论。

衷心感谢威尔士生命博物馆的杰拉尔特·纳什（Gerallt Nash）和尤尔温·威廉（Eurwyn Wiliam）二人，他们热心提供了案例 3“拉兰法蒂住宅”的测绘资料，第 12.1 节“空间与结构”章名页的插图据此而来。

尤为感谢威尔士学院设计教授迪恩·霍克（Dean Hawkes），他认真校阅了本书初稿并提出了许多宝贵意见。

最后，必须向身边过往密切，体谅并支持我完成书稿的挚友们致谢。他们是：吉尔（Gill）、玛丽（Mary）、戴维（David）和詹姆斯（James）。

西蒙·昂温，加的夫市，1996 年 12 月

原著第二版致谢

310 在本书第一版的“致谢”中我本应该提到特里斯坦·帕尔马(Tristan Palmer）和萨拉·劳伊德（Sarah Lloyd），他们是我在Routledge出版社最初结识的两位编辑，没有他们的帮助，本书可能根本不可能问世。在这里我要真诚地感谢他们两人。

在第二版的准备期间，我还要感谢Routledge出版社的卡罗琳·马琳德（Caroline Mallinder）和海伦·艾伯特森（Helen Ibbotson）的支持和鼓励，还有彼得·维利斯(Peter Willis)，他们仔细品读我的拙作，并且提出很多合理化建议。

同样我还要感谢那些从事建筑教育的同事们，他们是：托尼·奥尔德里奇(Tony Aldrich)、巴鲁克·巴鲁克(Baruch Baruch)、迈克尔·布劳恩（Michael Brawne）、彼得·卡罗琳（Peter Carolin）、安迪·卡尔（Andy Carr）、韦恩·福斯特（Wayne Forster）、戴维·格雷（David Gray）、理查德·哈斯勒姆（Richard Haslam）、朱利特·奥德杰斯（Juliet Odgers）、理查德·帕多文（Richard Padovan）、马尔科姆·帕里（Malcolm Parry）、索非亚·帕萨拉（Sophia Psarra）、弗罗拉·萨穆埃尔(Flora Samuel)、戴维·沙尔夫(David Shalev)、谬拉·巴·安·沙哈勒（Liora bar am Shahal）、亚当·沙拉（Adam Sharr）、罗杰·斯通豪斯（Roger Stonehouse）、安迪·罗伯茨（Andy Roberts）、伊里特·特萨拉夫–奈特亚胡(Irit Tsaraf–Netanyahu)、杰夫·特恩布尔(Jeff Turnbull）、理查德·韦斯顿（Richard Weston）……以及许多不同年级的建筑系学生。

西蒙·昂温，加的夫市，2003年3月

原著第三版致谢

310 右　能收到来自读者的许多电子邮件，是编写本书的乐趣之一，读者饶有兴致地阅读，同时或许能有所获益。这样的结果对拙作深化的工作意义重大。

我特别想感谢建筑师丽莎·拉朱·苏哈达（Liza Raju Subhadra），她促成了我人生中的第一次印度之旅，也感谢她热情地带我参观的一些非常有趣的景点，像在特里凡得琅市郊外的泥屋（记录于案例 4），也参观了她自己的拉梅什（Ramesh）住宅（记录于第 205 页）。我还想感谢特里凡得琅建筑学院的全体员工，特别是沙伊（Shaji.T.L.）教授邀请我参加他们学校关于建筑教育的研讨会。我祝愿他们的工作与研究都能一帆风顺。

我还想谢谢阿明·耶加内（Armin Yeganeh）先生热情参与到把《解析建筑》译成波斯语的版本，这让伊朗的学生获益良多。同样祝愿他事业有成。也感谢益弘上利（Masuhiro Agari）先生翻译的日文版的贡献。我恐怕无法和西班牙语、韩文和中文版的译者联系，但我同样感谢他们。

本书的第三版是在邓迪（Dyndee）大学建筑学院而不是以前的加的夫大学韦尔斯建筑学院的环境下编写完成的。所以我还想感谢这些新同事，谢谢他们对我困惑于建筑问题中的容忍，特别要谢谢学院的院长格雷姆·哈顿（Graeme Hutton）先生。我也想谢谢邓迪市艺术传媒大学的彼得·理查德森先生，感谢他对本书涉及主题的肯定与持续不断的探讨兴致。

我还想谢谢 Routledge 出版社的弗兰·福特先生，谢谢他为第三版的策划工作；同时感谢凯瑟琳·莫顿先生，谢谢他对书的全程制作工作。

最后，我得感谢我的朋友们，特别是阿兰·帕迪森（Alan Paddison），感谢他长久以来一直与我分享他的创作心得。还有我那“长期受苦”的家庭，特别是吉尔，其他的成员自从《解析建筑》第一版面世的十几年来都因不堪忍受而离我而去（或多或少），谢谢你们。

西蒙·昂温，邓迪市，2008 年 9 月

原著第四版致谢

在编写这样一本书的过程中，他人的帮助是至关重要的。游历四方（神游或旅行）最令人愉快的一点就是沿着他人指点的路线前进。这样可以探索的地方就会多得多，既激动人心又便捷实惠，而不是笨拙地自以为是轻车熟路。在编纂《解析建筑》第四版的过程中，很多挚友有意无意地为我提供了帮助和建议：莉迪娅·马利松－琼斯（Lydia Mallison-Jones）、特蕾西·麦康奈尔－伍德（Tracey McConnell-Wood）、戴维·麦克利斯（David McLees）、莉萨·兰德勒姆（Lisa Landrum）、特德·兰德勒姆（Ted Landrum）、亚历克斯·维尔（Alex Veal）、皮埃尔·达瓦纳（Pierre d'Avoine）、马修·布雷姆（Matthew Brehm）、克劳德·圣阿罗曼（Claude Saint-Arroman）、亚娜·戴维斯－珀尔（Jana Davis-Pearl）、丹·哈里斯（Dan Harris）、戴维·莱瑟巴罗（David Leatherbarrow）、马诺耶·基尼（Manoj Kini）、沃尔夫冈·博普（Wolfgang Bopp）、（Jeff Balmer）、迈克尔·T·斯威舍（Michael T. Swisher）、塞达·库尔特（Seda Kurt）和哈坎·土尊·蒂津·申京（Hakan Tuzun Şengun）。

我要感谢谢建军和陈曦将前一版《解析建筑》译成中文，感谢亚历山大·萨尔瓦泰拉（Alexandre Salvaterra）将它译成葡萄牙文，推向巴西市场。

我还要感谢 Routledge 出版社的弗兰·福德（Fran Ford）、劳拉·威廉森（Laura Williamson）、埃玛·加兹登（Emma Gadsden）和阿兰娜·唐纳森（Alanna Donaldson）在出版过程中给予的鼓励和支持。

西蒙·昂温，加的夫，2013 年 10 月

参考文献

Abin, Rob and de Wit, Saskia – *The Enclosed Garden: History and Development of the Hortus Conclusus and its Reintroduction into the Present-day Urban Landscape*, 010 Publishers, Rotterdam, 1999.

Ahlin, Janne – *Sigurd Lewerentz, Architect 1885–1975*, MIT Press, Cambridge, Mass., 1987.

Alberti, Leon Battista, translated by Rykwert and others – *On the Art of Building in Ten Books* (*c.*1450), MIT Press, Cambridge, Mass., 1988.

Alexander, Christopher and others – *A Pattern Language: Towns, Buildings, Construction*, Oxford UP, New York, 1977.

Alexander, Christopher – *The Timeless Way of Building*, Oxford UP, New York, 1979.

Appleton, Jay – *The Experience of Landscape*, John Wiley & Sons, Chichester, 1975.

Aristotle, translated by Waterfield – *Physics* (*c.*340BCE), Oxford UP, Oxford, 1996.

Arnell, Peter and Bickford, Ted, editors – *Aldo Rossi: Buildings and Projects*, Rizzoli, New York, 1985.

Asplund, Erik Gunnar, – 'Var arkitoniska rumsuppfattning', in *Byggmästeren: Arkitektupplagan*, pp. 203–10, translated by Unwin, Simon and Johnsson, Christina as 'Our Architectural Conception of Space', in *ARQ* (*Architecture Research Quarterly*), Volume 5, Number 2, 2001, pp. 151–60.

Atkinson, Robert and Bagenal, Hope – *Theory and Elements of Architecture*, Ernest Benn, London, 1926.

Austen, Jane – *Sense and Sensibility* (1811), Penguin, London, 1995.

Bachelard, Gaston, translated by Maria Jolas – *The Poetics of Space* (1958), Beacon Press, Boston, 1964.

Baker, Geoffrey H. – *Design Strategies in Architecture*, Van Nostrand Reinhold, New York, 1989.

Baker, Geoffrey H. – *Le Corbusier: an Analysis of Form*, Van Nostrand Reinhold, New York, 1984.

Balmer, Jeffrey and Swisher, Michael T. – *Diagramming the Big Idea: Methods for Architectural Composition*, Routledge, New York, 2012.

Benedikt, Michael – *For an Architecture of Reality*, Lumen Books, Santa Fe, NM, 1988.

Benzel, Katherine – *The Room in Context: Design Beyond Boundaries*, McGraw-Hill, New York, 1998.

Betsky, Aaron – *Zaha Hadid: Complete Buildings and Projects*, Thames and Hudson, 1998.

Blaser, Werner – *The Rock is My Home*, WEMA, Zurich, 1976.

Blundell Jones, Peter – 'Dreams in Light', in *The Architectural Review*, April 1992, p. 26.

Blundell Jones, Peter – 'Holy Vessel', in *The Architects' Journal*, 1 July 1992, p. 25.

Blundell Jones, Peter – *Hans Scharoun*, Phaidon, London, 1995.

Blundell Jones, Peter – *Gunnar Asplund*, Phaidon, London, 2006.

Bollnow, O.F., translated by Shuttleworth – *Human Space* (1963), Hyphen Press, London, 2011.

Bosley, Edward – *First Church of Christ, Scientist, Berkeley*, Phaidon, London, 1994.

Brand, Stewart – *How Buildings Learn*, Phoenix Illustrated, London, 1997.

Brawne, Michael – *Jørgen Bo, Vilhelm Wohlert, Louisiana Museum, Humlebaek*, Wasmuth, Tubingen, 1993.

Brook, Peter – *The Empty Space* (1968), Penguin, London, 2008.

Brown, Jane – *A Garden and Three Houses*, Garden Art Press, Woodbridge, Suffolk, 1999.

Ching, Francis D.K. – *Architecture: Form, Space and Order*, Van Nostrand Reinhold, New York, 1979.

Choisy, Auguste – *Histoire de l'architecture* (2 volumes), Editions Vincent, Fréal & Co., Paris, 1864.

Christ-Janer, Albert and Mix Foley, Mary – *Modern Church Architecture*, McGraw Hill, New York, 1962.

Clark, Roger H. and Pause, Michael – *Analysis of Precedent: an Investigation of Elements, Relationships, and Ordering Ideas in the Work of Eight Architects*, North Carolina State University, Raleigh, 1979.

Collins, Brad and Vidler, Anthony – *Eric Owen Moss: Buildings and Projects 2*, Rizzoli, New York, 1996.

Collins, Peter – *Concrete, the Vision of a New Architecture*, Faber and Faber, London, 1959.

Collymore, Peter – *The Architecture of Ralph Erskine*, Architext, London, 1985.

Colomina, Beatrice – 'Intimacy and Spectacle', in Whiteman *et al*, editors – *Strategies in Architectural Thinking*, MIT Press, Cambridge, Mass., 1992.

Constant, Caroline – *The Woodland Cemetery: Towards a Spiritual Landscape*, Byggforlaget, Stockholm, 1994.

(Coop Himmelb(l)au) – (Cinema, Dresden), *Architectural Review*, July 1998.

Crook, John Mordaunt – *William Burges and the High Victorian Dream*, John Murray, London, 1981.

Crowe, Norman and Laseau, Paul – *Visual Notes for Architects and Designers*, John Wiley & Sons, New York, 1984.

Cunningham, Michael – *The Hours*, Fourth Estate, London, 1999.

Daniels, Glyn – *Megaliths in History*, Thames and Hudson, London, 1972.

Dante Alighieri – 'Commedia' (*The Divine Comedy*), 1300.

Dee, John – *Mathematicall Praeface to the Elements of Geometrie of Euclid of Megara* (1570), facsimile edition, Kessinger Publishing, Whitefish, MT., undated.

Deleuze, Gilles and Guattari, Félix, translated by Massumi – '1837: Of the Refrain', in *A Thousand Plateaus* (1987), Continuum, London, 2004.

Deplazes, Andrea, editor – *Constructing Architecture: Materials, Processes, Structure*, Birkhäuser, Basel, 2005.

Descartes, René, translated by Haldane and Ross – 'Discourse on the Method of Rightly Conducting the Reason and Seeking for Truth in the Sciences' (1637), in Chávez-Arvizo, editor – *Descartes: Key Philosphical Writings*, Wordsworth Editions, Ware, 1997.

(Dewes and Puente) – 'Maison à Santiago Tepetlapa', in *L'Architecture d'Aujourd'hui*, June 1991, p. 86.

Donat, John, editor – *World Architecture 2*, Studio Vista, London, 1965.

Dostoyevsky, Fyodor, translated by Magarshack (1958) – *The Brothers Karamazov* (1880), Penguin, London, 1982.

Drange, Tore, Aanensen, Hans Olaf and Brænne, Jon – *Gamle Trehus*, Universitetsforlaget, Oslo, 1980.

Durand, J.N.L. – *Preçis des Leçons d'Architecture*, Paris, 1819.

Edwards, I.E.S. – *The Pyramids of Egypt*, Penguin, London, 1971.

Eisenman, Peter – *The Formal Basis of Modern Architecture*, Lars Müller Publishers, Switzerland, 2006.

Eliade, Mircea, translated by Sheed – *Patterns in Comparative Religion*, Sheed and Ward, London, 1958.

Eliade, Mircea, translated by Trask – *The Sacred and the Profane: the Nature of Religion*, Harcourt Brace and Company, San Diego, 1957.

(Endo, Shuhei) – (Lavatories, Japan), *Architectural Review*, December 2000.

Engel, Heinrich – *The Japanese House: a Tradition for Contemporary Architecture*, Tuttle, Tokyo, 1964.

Evans, Robin – *The Projective Cast: Architecture and its Three Geometries*, MIT Press, Cambridge, Mass., 1995.

Evans, Robin – *Translations from Drawing to Building and Other Essays*, Architectural Association, London, 1997.

Farrelly, Lorraine – *The Fundamentals of Architecture*, AVA Publishing SA, Switzerland, 2007.

Forster, E.M. – *Howards End*, Edward Arnold, London, 1910.

(Foster, Norman) – 'Foster Associates, BBC Radio Centre', in *Architectural Design 8*, 1986, pp. 20–7.

Frank, Suzanne – *Peter Eisenman's House VI: the Client's Response*, Whitney Library of Design, New York, 1994.

Frankl, Paul, translated by O'Gorman – *Principles of Architectural History* (1914), MIT Press, Cambridge, Mass., 1968.

Friedman, Jonathan Block – *Creation in Space, a Course in the Fundamentals of Architecture Volume 1: Architectonics*, Kendall/Hunt, Dubuque, Iowa, 1989.

Friedman, Jonathan Block – *Creation in Space, a Course in the Fundamentals of Architecture Volume 2: Dynamics*, Kendall/Hunt, Dubuque, Iowa, 1999.

Geist, Johann Friedrich, translated by Newman and Smith – *Arcades* (1979), MIT Press, Cambridge, Mass., 1983.

(Gigon and Guyer) – 'Kalkriese Historical Park', in *Architectural Review*, July, 2002.

Goldberger, Paul and others – *Richard Meier Houses*, Thames and Hudson, London, 1996.

Greene, Herb – *Mind and Image*, Granada, London, 1976.

Gregotti, Vittorio – 'Address to the Architectural League, New York, October 1982', in *Section A*, Volume 1, Number 1, February/March 1983, p. 8.

Gropius, Walter – *Scope of Total Architecture*, George Allen & Unwin, London, 1956.

Grosz, Stephen – *The Examined Life: How We Lose and Find Ourselves*, Chatto & Windus, London, 2013.

Guadet, Julien – *Éléments et Théorie de L'Architecture* (4 volumes), Librairie de la Construction Moderne, Paris, 1894.

(Hadid, Zaha) – 'Vitra Fire Station', in *Lotus 85*, 1995, p. 94.

Hammond, John – *The Camera Obscura: a Chronicle*, Hilger, Bristol, 1981.

Harbeson, John F. – *The Study of Architectural Design*, Pencil Points Press, New York, 1927.

Hawkes, Dean – *The Environmental Imagination*, Routledge, Abingdon, 2008.

Hawkes, Dean – *The Environmental Tradition*, Spon, London, 1996.

Heaney, Seamus – *The Redress of Poetry*, Faber and Faber, London, 1995.

(Hecker, Zvi) – (Apartments in Tel Aviv), in *L'Architecture d'Aujourd'hui*, June 1991, p. 12.

Heidegger, Martin – 'Art and Space', in Leach, editor – *Rethinking Architecture*, Routledge, London, 1997.

Heidegger, Martin, translated by Hofstader – 'Building Dwelling Thinking' (1951) and '... poetically man dwells...' (1951), in *Poetry Language and Thought* (1971), Harper and Row, London and New York, 1975.

Hertzberger, Herman – *Lessons for Students in Architecture*, Uitgeverij Publishers, Amsterdam, 1991.

Hertzberger, Herman – *Lessons in Architecture 2: Space and the Architect*, 010 Publishers, Rotterdam, 2000.

Hewett, Cecil – *English Cathedral and Monastic Carpentry*, Phillimore, Chichester, 1985.

Hinks, Roger – *The Gymnasium of the Mind*, Michael Russell, London, 1984.

Homer, translated by E.V. Rieu – *The Odyssey* (*c*.700BCE), Penguin, London, 1946.

Hussey, Christopher – *The Picturesque, Studies in a Point of View*, G.P. Putnam's Sons, London and New York, 1927.

Institut de Théorie et d'Histoire de l'Architecture – *Matiere d'Art: Architecture Contemporaine en Suisse*, Birkhäuser, Basel, 2001.

(Imafugi, Akira) – (Wall House), in *Japan Architect '92 Annual*, pp. 24–5.

Johnson, Philip – *Mies van der Rohe*, Secker and Warburg, London, 1978.

(Kaplicky, Jan) – (House, Islington), *Progressive Architecture*, July 1995.

Kent, Susan, editor – *Domestic Architecture and the Use of Space*, Cambridge University Press, Cambridge, 1990.

Kerouac, Jack – *On the Road* (1957), Penguin, London, 2000.

(Kocher and Frey) – (House on Long Island), in Yorke, F.R.S. – *The Modern House*, Architectural Press, London, 1948.

(Konstantinidis, Aris) – (Summer House), in Donat, John (editor) – *World Architecture 2*, Studio Vista, London, 1965, p. 128.

Lawlor, Anthony – *The Temple in the House*, G.P. Putnam's Sons, London and New York, 1994.

Lawrence, A.W. – *Greek Architecture*, Penguin, London, 1957.

Le Corbusier, translated by Žaknić – *Journey to the East* (1966), MIT Press, Cambridge, Mass., 1987.

Le Corbusier, translated by de Francia and Bostock – *The Modulor, a Harmonious Measure to the Human Scale Universally Applicable to Architecture and Mechanics*, Faber and Faber, London, 1961.

Le Corbusier, translated by Aujame – *Precisions on the Present State of Architecture and City Planning* (1930), MIT Press, Cambridge, Mass., 1991.

Le Corbusier, translated by F. Etchells – *Towards a New Architecture* (1923), John Rodker, London, 1927.

Le Corbusier – *Une petite maison* (1954), Basel, 2001.

Le Corbusier – *Voyages d'Orient (Carnets)*, Electa, Milan, and Fondation Le Corbusier, Paris, 1987.

Lethaby, William Richard – *Architecture: an Introduction to the History and Theory of the Art of Building*, Williams and Norgate, London, 1911.

Lethaby, W.R. and others – *Ernest Gimson, his Life and Work*, Ernest Benn Ltd, London, 1924.

Lim Jee Yuan – *The Malay House*, Masyarakat, Malaysia, 1987.

Lynch, Kevin – *The Image of the City*, MIT Press, Cambridge, Mass., 1960.

(MacCormac, Richard) – (Ruskin Library), in *Royal Institute of British Architects Journal*, January 1994, pp. 24–9.

(Mackintosh, Charles Rennie) – *Charles Rennie Mackintosh and Glasgow School of Art: 2, Furniture in the School Collection*, Glasgow School of Art, Glasgow, 1978.

Macleod, Robert – *Charles Rennie Mackintosh, Architect and Artist*, Collins, London, 1968.

Mallgrave, Harry Francis, and Ikonomou, Eleftherios, translators and editors – *Empathy, Form and Space*, Getty Center for the History of Art and the Humanities, Santa Monica, CA., 1994.

Mann, Thomas, translated by Lowe-Porter – *Joseph and His Brothers* (1933), Vintage, London, 1999.

March, Lionel and Scheine, Judith – *R.M. Schindler*, Academy Editions, London, 1993.

Márquez, Gabriel García, translated by Grossman – *The General in His Labyrinth* (1989), Penguin, London, 1991.

Márquez, Gabriel García, translated by Grossman – *Love in the Time of Cholera* (1985), Penguin, London, 1989.

Márquez, Gabriel García, translated by Grossman – *Strange Pilgrims* (1992), Penguin, London, 1994.

Martienssen, R.D. – *The Idea of Space in Greek Architecture*, Witwatersrand UP, Johannesburg, 1968.

(Masieri, Angelo) – (Casa Romanelli), in *Architectural Review*, August 1983, p. 64.

McKee, Robert – *Story*, Methuen, York, 1999.

McLees, David – *Castell Coch*, Cadw: Welsh Historic Monuments, Cardiff, 2001.

Melhuish, Clare – *Modern House 2*, Phaidon, London, 2000.

Merlau-Ponty, Maurice, translated by Lingis – 'The Intertwining – The Chiasm', in *The Visible and the Invisible* (1964), Northwestern University Press, Evanston, 1968.

Moore, Charles and others – *The Place of Houses*, Holt Rinehart and Winston, New York, 1974.

Moorhouse, Geoffrey – *Sun Dancing*, Collins, London, 1997.

Moshé, Salomon – *Urban Anatomy in Jerusalem*, Technion, Haifa, 1996.

(Moss, Eric Owen) – (The Box), *Eric Owen Moss: Buildings and Project 2*, Rizzoli, New York, 1996.

Mumford, Lewis – *The City In History* (1961), Penguin Books, Harmondsworth, 1966.

Murphy, Richard – *Carlo Scarpa and the Castelvecchio*, Butterworth Architecture, London, 1990.

Muthesius, Stefan – *The English Terraced House*, Yale UP, New Haven and London, 1982.

(MVRDV) – (VPRO Building), *Architectural Review*, March 1999.

(MVRDV) – (Dutch Pavilion), *Architectural Review*, September, 2000.

Neumeyer, Fritz, translated by Mark Jarzombek – *The Artless Word: Mies van der Rohe on the Building Art* (1986), MIT Press, Cambridge Mass., 1991.

Neumeyer, Fritz – 'Space for Reflection: Block versus Pavilion', in Schulze, Franz – *Mies van der Rohe: Critical Essays*, Museum of Modern Art, New York, 1989, pp. 148–71.

Nicolin, Pierluigi – *Mario Botta: Buildings and Projects 1961–1982*, Architectural Press, London, 1984.

Nishihara, Kiyoyuki, translated by Richard L. Gage – *Japanese Houses, Patterns for Living*, Japan Publications, Tokyo, 1967.

Nitschke, Günther – *From Shinto to Ando: Studies in Architectural Anthropology in Japan*, Academy Editions, London, 1993.

Norberg-Schulz, Christian – *Existence, Space and Architecture*, Studio Vista, London, 1971.

Norberg-Schulz, Christian and Postiglione, Gennara – *Sverre Fehn: Works, Projects, Writings, 1949–1996*, The Monacelli Press, New York, 1997.

de Oliveira, Olivia – *Subtle Substances. The Architecture of Lina Bo Bardi*, Romano Guerra Editoria, São Paulo, and Editorial Gustavo Gili, Barcelona, 2006.

Padovan, Richard – *Proportion: Science, Philosophy, Architecture*, Spon, London, 1999.

Pallasmaa, Juhani – *The Eyes of the Skin: Architecture and the Senses* (1996), John Wiley & Sons, Chichester, 2005.

Pamuk, Orhan, translated by Erdağ Göknar – *My Name is Red* (1998), Faber and Faber, London, 2002.

Papadakis, Andreas and others – *Venturi, Scott Brown and Associates, on Houses and Housing*, Academy Editions, London, 1992.

Parker, Barry and Unwin, Raymond – *The Art of Building a Home*, Longman, London, New York and Bombay, 1901.

Parker-Pearson, Michael and Richards, Colin, editors – *Architecture, Space and Order*, Routledge, London, 1994.

Pearce, Martin and Toy, Maggie, editors – *Educating Architects*, Academy Editions, London, 1995.

Pendlebury, J.D.S. – *A Handbook to the Palace of Minos at Knossos*, MacMillan & Co., London, 1935.

Perec, Georges, translated by Sturrock – 'Species of Spaces' (1974), in *Species of Spaces and Other Pieces*, Penguin, London, 1997, pp. 1–91.

Pevsner, Nikolaus – *A History of Building Types*, Thames and Hudson, London, 1976.

Pevsner, Nikolaus – *An Outline of European Architecture*, Penguin, London, 1945.

(Piano, Renzo) – (Beyeler Art Gallery), *Architectural Review*, December 1997.

Ponciroli, Virginia, editor, translated by Sadleir – *Katsura, Imperial Villa* (2004), Electa, Milan, 2005.

Pouillon, Fernand, translated by Gillott – *The Stones of Le Thoronet* (1964), Jonathan Cape, London, 1970.

Quinn, P., editor – *Temple Bar: the Power of an Idea*, Gandon Editions, Dublin, 1996.

Rapoport, Amos – *House Form and Culture*, Prentice Hall, New Jersey, 1969.

Rasmussen, Steen Eiler – *Experiencing Architecture*, MIT Press, Cambridge, Mass., 1959.

Rattenbury, Kester – (Baggy House swimming pool), in *Royal Institute of British Architects Journal*, November 1997, pp. 56–61.

Relph, Edward – *Place and Placelessness*, Pion, London, 1976.

Robbins, Edward – *Why Architects Draw*, MIT Press, Cambridge, Mass., 1994.

Robertson, D.S. – *Greek and Roman Architecture*, Cambridge UP, Cambridge, 1971.

Rosenau, Helen – *Boullée and Visionary Architecture*, Academy Editions, London, 1976.

Rowe, Colin, edited by Caragonne – *As I was Saying: Recollections and Miscellaneous Essays* (three volumes), MIT Press, Cambridge, Mass., 1996.

Rowe, Colin – 'The Mathematics of the Ideal Villa' (1947), in *The Mathematics of the Ideal Villa and Other Essays*, MIT Press, Cambridge, Mass., 1976.

Royal Commission on Ancient and Historical Monuments in Wales – *An Inventory of the Ancient Monuments in Glamorgan, Volume IV: Domestic Architecture from the Reformation to the Industrial Revolution, Part II: Farmhouses and Cottages*, HMSO, London, 1988.

Rudofsky, Bernard – *Architecture Without Architects*, Academy Editions, London, 1964.

Rudofsky, Bernard – *The Prodigious Builders*, Secker and Warburg, London, 1977.

Ruskin, John – *The Poetry of Architecture*, George Allen, London, 1893.

Rykwert, Joseph (Introduction) – *Richard Meier Architect 1964–84*, Rizzoli, New York, 1984.

Schinkel, Karl Friedrich – *Collection of Architectural Designs* (1866), Butterworth, Guildford, 1989.

Schmarsow, August, translated by Mallgrave and Ikonomou – 'The Essence of Architectural Creation' (1893), in Mallgrave and Ikonomou (editors) – *Empathy, Form, and Space*, The Getty Center for the History of Art and the Humanities, Santa Monica, CA., 1994.

(Schnebli, Dolf) – (Lichtenhan House), in Donat, John (editor) – *World Architecture 3*, Studio Vista, London, 1966, p. 112.

Schumacher, Thomas – *The Danteum*, Triangle Bookshop, London, 1993.

Scott, Geoffrey – *The Architecture of Humanism*, Constable, London, 1924.

(Scott, Michael) – (Knockanure Church), in Donat, John (editor) – *World Architecture 2*, Studio Vista, London, 1965, p. 74.

Scully, Vincent – *The Earth, the Temple, and the Gods; Greek Sacred Architecture*, Yale UP, New Haven and London, 1962.

Semenzato, Camillo – *The Rotonda of Andrea Palladio*, Pennsylvania State UP, University Park, Penn., 1968.

Semper, Gottfried, translated by Mallgrave and Hermann – *The Four Elements of Architecture* (1851), MIT Press, Cambridge, Mass., 1989.

Sharr, Adam – *Heidegger's Hut*, MIT Press, Cambridge, Mass., 2006.

Shreve, Anita – *Fortune's Rocks*, Abacus, London, 1999.

Sigel, Paul – *Zaha Hadid: Nebern*, William Stout, San Francisco, CA., 1995.

Smith, Peter – *Houses of the Welsh Countryside*, HMSO, London, 1975.

Smithson, Alison, editor – *Team 10 Primer*, MIT Press, Cambridge, Mass., 1968.

Smithson, Alison and Peter – *Changing the Art of Inhabitation*, Artemis, London, 1994.

Soshitsu Sen, translated by Masuo Yamaguchi – *Chado: The Japanese Way of Tea*, Weatherhill/Tankosha, New York and Tokyo, 1979.

Spengler, Oswald, translated by Atkinson – *The Decline of the West* (1918), Allen and Unwin, London, 1934.

Steinbeck, John – *East of Eden* (1952), Penguin, London, 2000.

Stokes, Adrian – *Inside Out*, Faber and Faber, London, 1947.

Stokes, Adrian – *Smooth and Rough*, Faber and Faber, London, 1951.

Stout, William, Ngo, Dung and Puchall, Lauri, editors – *William Turnbull Jr.: Buildings in the Landscape*, William Stout Publishers, San Francisco, CA., 2000.

Sucher, David – *City Comforts*, City Comforts Press, Seattle, 1995.

Sudjic, Deyan – *Home: the Twentieth Century House*, Laurence King, London, 1999.

Summerson, John and others – *John Soane* (Architectural Monographs), Academy Editions, London, 1983.

(Sundberg, Olson) – ('Renewal' museum), *Architectural Review*, August 1998, p. 82.

Tanizaki, Junichirō, translated by Harper and Seidensticker – *In Praise of Shadows* (1933), Vintage, London, 2001.

Tempel, Egon – *Finnish Architecture Today*, Otava, Helsinki, 1968.

Thoreau, Henry David – *Walden* (1854), Bantam, New York, 1981.

Turner, Victor – *From Ritual to Theatre: the Human Seriousness of Play*, John Hopkins University Press, Baltimore, Maryland, 1982.

Unwin, Simon – *An Architecture Notebook: Wall*, Routledge, London, 2000.

Unwin, Simon – 'Constructing Place on the Beach', in Menin, editor – *Constructing Place: Mind and Matter*, Routledge, London, 2003, pp. 77–86.

Unwin, Simon – 'Analysing Architecture Through Drawing', in *Building Research and Information*, Volume 35 Number 1, 2007, pp. 101–10.

Unwin, Simon – *Doorway*, Routledge, Abingdon, 2007.

Unwin, Simon – *Exercises in Architecture: Learning to Think as an Architect*, Routledge, Abingdon, 2012.

Unwin, Simon – *Skara Brae* (ebook), iBookstore, 2012.

Unwin, Simon – *Twenty Buildings Every Architect Should Understand*, Routledge, Abingdon, 2010.

Unwin, Simon – *Villa Le Lac* (ebook), iBookstore, 2012.

van der Laan, Dom H., translated by Padovan – *Architectonic Space: Fifteen Lessons on the Disposition of the Human Habitat*, E.J. Brill, Leiden, 1983.

van Eyck, Aldo – 'Labyrinthian Clarity', in Donat (editor) – *World Architecture 3*, Studio Vista, London, 1966.

van Eyck, Aldo – 'Place and Occasion' (1962), in Hertzberger and others – *Aldo van Eyck*, Stichting Wonen, Amsterdam, 1982.

(van Postel, Dirk) – (Glass Pavilion), *Architectural Review*, September 2002.

Venturi, Robert – *Complexity and Contradiction in Architecture*, Museum of Modern Art, New York, 1966.

Venturi, Robert, Scott Brown, Denise and Izenour, Steven – *Learning from Las Vegas*, (second edition), MIT Press, Cambridge, Mass., 1977.

Vitruvius, translated by Hickey-Morgan – *The Ten Books on Architecture* (first century BC), Dover, New York, 1960.

von Meiss, Pierre – *Elements of Architecture: from Form to Place*, Van Nostrand Reinholt, London, 1986.

Warren, John and Fethi, Ihsan – *Traditional Houses in Baghdad*, Coach Publishing House, Horsham, 1982.

Weaver, Lawrence – *Small Country Houses of To-day*, Country Life, London, 1912.

Weschler, Lawrence – *Seeing is Forgetting the Name of the Thing One Sees: a Life of Contemporary Artist Robert Irwin*, University of California Press, Berkeley, 1982.

Weston, Richard – *Alvar Aalto*, Phaidon, London, 1995.

Weston, Richard – *Villa Mairea* (Buildings in Detail Series), Phaidon, London, 1992.

Wittkower, Rudolf – *Architectural Principles in the Age of Humanism*, Tiranti, London, 1952.

Wrede, Stuart – *The Architecture of Erik Gunnar Asplund*, MIT Press, Cambridge, Mass., 1983.

Yorke, F.R.S. – *The Modern House*, Architectural Press, London, 1948.

Zevi, Bruno, translated by Gendel – *Architecture as Space: How to Look at Architecture*, Horizon, New York, 1957.

Zevi, Bruno – 'History as a Method of Teaching Architecture', in Whiffen (editor) – *The History, Theory and Criticism of Architecture*, MIT Press, Cambridge, Mass., 1965.

Zevi, Bruno – *The Modern Language of Architecture*, University of Washington Press, Seattle and London, 1978.

(Zumthor, Peter) – 'Peter Zumthor', *Architecture and Urbanism*, February, 1998.

Zumthor, Peter – *Thinking Architecture*, Birkhäuser, Basel, 1998.

Zumthor, Peter – *Atmospheres*, Birkhäuser, Basel, 2006.